Bert Heinrichs

Forschung am Menschen

Studien zu Wissenschaft und Ethik

Im Auftrag des

Instituts für Wissenschaft und Ethik

herausgegeben von
Matthias Lutz-Bachmann und Dieter Sturma

Band 3

Walter de Gruyter · Berlin · New York

Bert Heinrichs

Forschung am Menschen

Elemente einer ethischen Theorie
biomedizinischer Humanexperimente

Walter de Gruyter · Berlin · New York

♾ Gedruckt auf säurefreiem Papier,
   das die US-ANSI-Norm über Haltbarkeit erfüllt.

ISBN-13: 978-3-11-019310-7
ISBN-10: 3-11-019310-8

Bibliografische Information der Deutschen Nationalbibliothek

Die Deutsche Nationalbibliothek verzeichnet diese Publikation in der Deutschen
Nationalbibliografie; detaillierte bibliografische Daten sind im Internet
über http://dnb.d-nb.de abrufbar.

Meinen Eltern

Vorwort

Die vorliegende Arbeit ist im Rahmen des Projekts „Ethische Analyse und Beurteilung der Entwicklung neuer Behandlungsmöglichkeiten – Grundlegung und curriculare Vermittlung einer begleitenden Forschungsethik", das als ethisches Teilprojekt der Klinischen Forschergruppe 110 „Stammzelltransplantation – Molekulare Therapieansätze in der Pädiatrie" von der *Deutschen Forschungsgemeinschaft* gefördert worden ist, am *Institut für Wissenschaft und Ethik, Bonn* entstanden. Sie ist als Dissertation von der *Philosophischen Fakultät der Rheinischen Friedrich-Wilhelms-Universität Bonn* im Sommersemester 2006 angenommen worden.

Zahlreichen Menschen bin ich für ihre Unterstützung zu Dank verpflichtet, allen voran meinem Betreuer Prof. Dr. Dr. h.c. Ludger Honnefelder, der mir wichtige inhaltliche Anregungen für diese Arbeit gegeben hat und der mich darüber hinaus in vielfältiger Weise gefördert hat. Ferner danke ich Prof. Dr. Wolfram Hogrebe für die Erstellung des Zweitgutachtens, Prof. Dr. Andreas Bartels und Prof. Dr. Dr. Heinz Schott für ihre Bereitschaft, als weitere Mitglieder der Prüfungskommission das Promotionsverfahren zu begleiten, sowie Prof. Dr. Dieter Sturma und Prof. Dr. Dr. Matthias Lutz-Bachmann als Herausgebern für die Aufnahme der Arbeit in die Reihe *Studien zu Wissenschaft und Ethik*. Den *Freunden und Förderern des Instituts für Wissenschaft und Ethik* danke ich für die großzügige Gewährung eines Druckkostenzuschusses, der die Veröffentlichung der Arbeit in der vorliegenden Form ermöglicht hat.

Inhaltlich habe ich sehr vom interdisziplinären Austausch während der Arbeitstreffen der Klinischen Forschergruppe 110, die von Prof. Dr. Christoph Klein (Hannover) geleitet wird, sowie von den intensiven Diskussionen innerhalb der ethischen Projektgruppe, der Dr. Michael Fuchs, Prof. Dr. Dr. Thomas Heinemann sowie Dr. Dietmar Hübner angehört haben, profitiert. Daneben hat mir Prof. Dr. Dr. h.c. Kurt Fleischhauer mit hilfreichen Hinweisen zur Seite gestanden. Des Weiteren habe ich wichtige Einsichten – insbesondere für Kapitel III – durch die Teilnahme an dem Forschungsprojekt „European project on delimiting the research concept and research activities (EU-RECA)", das von Prof. John Harris (Manchester) koordiniert und durch die *Europäische Kommission* gefördert wird, gewinnen können. Zudem hatte ich die Gelegenheit, Teile der Arbeit im Rahmen eines Oberseminars von Prof. Dr. Christoph Horn zur Diskussion zu stellen.

Die hervorragende Forschungsumgebung, die ich zunächst am *Institut für Wissenschaft und Ethik* und später am *Deutschen Referenzzentrum für Ethik in den Biowissenschaften* vorgefunden habe, hat ebenfalls entscheidend zum Gelingen der Arbeit beigetragen.

Durch intensive Diskussion sowie zahlreiche kritische Anmerkungen zu allen Teilen des Manuskripts hat Dr. Dietmar Hübner maßgeblich zur Verbesserung der Arbeit beigetragen. Darüber hinaus haben Kristian Becker, Günter Heinrichs, Simone Hornbergs-Schwetzel, Karl-Heinz Olsinger, Kathrin Rottländer und Angela

Schräer das Manuskript ganz oder in Teilen Korrektur gelesen. Bei allen Genannten möchte ich mich für die Mühe, die sie auf sich genommen haben, herzlich bedanken!

Zu guter Letzt danke ich meiner Frau Katja Güldenring dafür, dass sie immer da gewesen ist und zudem mit Weisheit und Geduld geholfen hat, so manches philosophische Problem zu lösen.

Bonn, im Sommer 2006   B.H.

Inhaltsverzeichnis

Einleitung

Die vorliegende Untersuchung hat mit der *Ethik biomedizinischer Humanexperimente* eine Thematik zum Gegenstand, die wie kaum eine andere die Bioethik in ihrer Entwicklung geprägt hat. Spätestens seit den 1960er Jahren findet eine intensive philosophische Auseinandersetzung mit dem Problemkomplex statt, die ihren Niederschlag in einer kaum mehr zu überblickenden Menge an einschlägiger Fachliteratur gefunden hat. Bereits im Jahre 1981 hat Norman Howard-Jones in einer Darstellung für die CIOMS Round Table Conference die Ansicht geäußert, in Beiträgen zur Forschungsethik würden lediglich bereits vorgetragene Argumente wiederholt oder in Nuancen variiert – neue Ansätze seien hingegen nicht mehr zu erwarten. Nicht nur die schnelle Entwicklung der biomedizinischen Forschung und damit verbunden das Aufbrechen immer neuer Frage- und Problemstellungen, sondern auch die Natur der moralphilosophischen Auseinandersetzung selbst, die wesentlich durch eine kontinuierliche Selbstvergewisserung der eigenen Argumente bestimmt ist, lassen die Aussicht von Howard-Jones auf einen argumentativen Abschluss der Debatte zwar höchst fraglich erscheinen. Dennoch provoziert eine aktuelle Untersuchung zur Ethik der biomedizinischen Forschung am Menschen – insbesondere wenn sie nicht auf ein Detailproblem fokussiert ist – die Frage danach, was sie Neues bringen kann.

Überblickt man die differenzierte und facettenreiche Debatte, dann wird man – unweigerlich pauschalisierend – zwei Charakteristika konstatieren können: Zum einen ist ein Großteil der Untersuchungen Einzelaspekten gewidmet, sei es besonderen Elementen der Forschungsethik wie beispielsweise der informierten Einwilligung oder der Risikoanalyse von Humanexperimenten, sei es besonderen thematischen Aspekten wie etwa der Forschung an Minderjährigen oder randomisierten klinischen Studien. Systematische Arbeiten, die sich der Thematik im Ganzen widmen, gibt es nur wenige. Zum anderen dient einem Großteil der Untersuchungen – explizit oder implizit – der Theorierahmen, den die National Commission for the Protection of Subjects of Biomedical and Behavioral Research im Jahre 1978 im *Belmont Report* niedergelegt hat, respektive dessen Weiterentwicklung zum sogenannten Principlism durch Tom L. Beauchamp und James F. Childress als Referenztheorie. Der letztgenannte Umstand ist vor allem deshalb beachtlich, weil er in einem gewissen Widerspruch zur anhaltenden Kritik am Principlism steht. Spätestens seit den Beiträgen von Stephen Toulmin (1981) einerseits sowie von K. Danner Clouser und Bernard Gert (1991) andererseits sieht sich der Principlism nämlich fundamentaler Kritik ausgesetzt, die auf der „praxisnäheren" Ebene der Forschungsethik indessen wenig Beachtung zu finden scheint.

Die Grundannahme der vorliegenden Arbeit besteht darin, dass die beiden genannten Eigenarten der ethischen Diskussion über biomedizinische Humanexperimente aus moralphilosophischer Perspektive unbefriedigend sind: Bei der Bearbeitung von Teilproblemen kann nämlich nie der Problemkomplex als Ganzes in den Blick kommen. Es spricht indes vieles dafür, dass erst eine kritische Gesamt-schau Aufschluss über normativ relevante Strukturen und Zusammenhänge gibt, deren Kenntnis für die ethische Urteilsbildung – auch bezogen auf Einzelfragen – unerlässlich ist. Die Untersuchung unternimmt es daher, die Ethik der Forschung am Menschen ebenso grundlegend wie systematisch zu erschließen. Dazu knüpft sie zunächst an den Theorierahmen des Principlism an, nimmt aber zugleich die vorge-brachte Kritik daran ernst und versucht, diese durch eine Weiterentwicklung bzw. Umdeutung zu entkräften. Diesem Vorgehen liegt die Annahme zugrunde, dass sich Defizite auf einer fundamentalen Theorieebene unweigerlich negativ auf das Prob-lemlösungspotential eines Theorieansatzes auswirken. Oder anders gewendet: Eine Revision grundlegender Elemente der Ethik der Forschung am Menschen erfolgt in der Hoffnung, dass so kontrovers diskutierte Einzelprobleme eher einer wohlbe-gründeten Lösung zugeführt werden können.

Der Gang der Untersuchung beginnt bei einer historisch-kritischen Problemex-position, die gleichsam das Feld für die weitere Bearbeitung bereitet (Kapitel I). Daran anschließend wird der unmittelbare Problemkreis der Forschungsethik zu-nächst zugunsten von fundamentalethischen Überlegungen verlassen. Diese begin-nen mit einer Rekonstruktion des Principlism sowie der daran geäußerten Kritik. Auf dieser Grundlage wird dann eine Erweiterung bzw. Umdeutung des Principlism vorgeschlagen. Dazu wird auf zentrale Lehrstücke der praktischen Philosophie Kants zurückgegriffen: Das Würdeprinzip wird als übergeordneter Deutungshori-zont der Prinzipien des Principlism vorgestellt, die ihrerseits als „anthropologisch angereicherte" materiale Prinzipienderivate des Würdeprinzips als formalem Letztprinzip begriffen werden. Diese Konstruktion bietet zum einen eine geltungs-theoretische Begründung der „mittleren" Prinzipien, zum anderen eröffnet sie eine Lösung des Problems konfligierender Prinzipien. Dieses Vorgehen kann zugleich als Versuch verstanden werden, den „angloamerikanischen" Principlism mit dem „kontinentaleuropäischen" Würdegedanken zu verbinden (Kapitel II). Sodann wird der Handlungsbereich „biomedizinische Forschung" einer strukturellen Analyse unterzogen. Damit wird der eigentliche Gegenstandsbereich der Forschungsethik zum einen gegen andere Handlungsbereiche – insbesondere den der medizinischen Praxis (Diagnose, Therapie, Prävention) – abgegrenzt. Zum anderen werden ethisch relevante Binnenstrukturen aufgesucht, die bei einer produktiven Fortbestimmung allgemein-abstrakter ethischer Prinzipien zu spezifischen Prinzipien für die For-schungsethik beachtet werden müssen. Dies mündet in eine Typologie biomedizini-scher Humanexperimente in praktischer Absicht (Kapitel III). Schließlich werden die fundamentalethischen Überlegungen mit den Resultaten der Strukturanalyse des Handlungsbereichs zusammengeführt. Ein Großteil der dabei gewonnenen spezifi-schen Prinzipien ist aus der Forschungsethik ohne Zweifel bereits bekannt. Das Hauptaugenmerk liegt indessen nicht in erster Linie darauf, *neue* Prinzipien für die Forschungsethik zu entwickeln, sondern vielmehr in dem Aufweis des geltungstheo-retischen Ortes der (größtenteils) bekannten Prinzipien sowie ihres Zusammenwir-kens. Durch Rückbezüge auf die vorangegangenen Teile wird die systematische Gesamtstruktur hervorgehoben, Verweise auf einschlägige forschungsethische Kodizes – die *Declaration of Helsinki* der World Medical Association (WMA), die *International Ethical Guidelines for Biomedical Research Involving Human Subjects* des Council for International Organizations of Medical Sciences (CIOMS) sowie das *Additional Protocol to the Convention on Human Rights and Biomedicine Concerning Biomedical Research* des Council of Europe – markieren das Verhältnis der entwickelten Theorie zu bestehenden regulativen Ansätzen (Kapitel IV). Den Abschluss der Untersuchung bildet der Versuch, die entwickelte kritisch-systematische Forschungsethik im Hinblick auf drei nach wie vor kontrovers diskutierte Problemkomplexe auszuwerten und so zugleich das Potential des Ansatzes zu illustrieren; dies sind die Forschung mit Minderjährigen, randomisierte klinische Studien sowie die Forschung in Entwicklungsländern (Kapitel V).

Otfried Höffe fordert in seinem Beitrag *Wann ist eine Forschungsethik kritisch?*, die Forschungsethik solle auf den „Gestus der großen Theorie" verzichten und stattdessen anerkannte moralphilosophische Lehrstücke – wie etwa den Menschenrechtsgedanken – zur Lösung konkreter Probleme fruchtbar machen. Die vorliegende Untersuchung versteht sich in diesem Sinne nicht als „große Theorie". Sie will im Gegenteil einen Beitrag zu der von Höffe formulierten Aufgabe der konkreten Problemlösung leisten. Gleichwohl liegt ihr die Auffassung zugrunde, dass philosophische Überlegungen auch im Modus der Anwendung bisweilen nicht umhin kommen, auf eine grundsätzlichere Reflexionsebene zu wechseln, gerade um so konkrete Probleme besser bewältigen zu können. Als „große Theorie" versteht sich der vorliegende Ansatz schließlich auch deshalb nicht, weil er lediglich einzelne „Elemente" vorstellt. Eine abgeschlossene Theorie ist im Bereich der „angewandten" Ethik prinzipiell unmöglich, nicht zuletzt aus dem Grund, dass sich ihr Gegenstandsbereich, d.h. die unterschiedlichen Bereiche menschlicher Praxis, fortwährend verändern. Ein Abschluss der forschungsethischen Debatte ist daher weder zu erwarten noch wünschenswert. Gleichwohl besteht die Hoffnung, dass die vorliegende Untersuchung einen konstruktiven Beitrag zu dieser Debatte leistet.

I. Historisch-systematische Exposition: Biomedizinische Humanexperimente als ethisches Problem

1. Humanexperimente in der Antike und im Mittelalter

Seit der Antike haben sich Ärzte darum bemüht, durch mehr oder weniger systematische Beobachtungen immer tiefere Einblicke in die Strukturen und funktionalen Zusammenhänge des Lebendigen zu bekommen, auch und vor allem um auf der Grundlage dieses Wissens Prognosen und Diagnosen stellen und Therapien einleiten zu können.[1] Zwar erlangten empirische Forschungen nicht den Status „allgemein anerkannter Prinzipien der Naturwissenschaft"[2], dennoch wurde schon im 5. und 4. Jahrhundert v. Chr. die Notwendigkeit von systematischen Beobachtungen im Rahmen medizinischer Forschung betont und ihr wurde auch in der Praxis entsprochen.[3] Auf dem Gebiet der klinischen Medizin wurden zu diesem Zweck detaillierte Krankengeschichten festgehalten.[4] Im Bereich der (tierischen) Anatomie darf Aristoteles als Pionier gelten.[5] Er hat als einer der Ersten zur Aufklärung anatomischer Zusammenhänge unterschiedliche Tierarten seziert. Das Sezieren von menschlichen Leichen wurde, vermutlich in erster Linie aus religiösen Gründen, bis

---

[1] Zum Verhältnis von Prognose, Diagnose und Therapie im Rahmen der hippokratischen Medizin schreibt Lichtenthaeler: „Die Individualprognose hat den Vorrang vor der Diagnose und sogar vor der Therapie, was sich aus der damaligen therapeutischen Machtlosigkeit leicht erklären läßt." (Lichtenthaeler, *Geschichte der Medizin*, 148).

[2] Lloyd, *Art. „Beobachtung und Forschung"*, 236.

[3] Vgl. ebd., 222 ff.

[4] Vgl. Hippocrates, *Epidemics I and III*. Jones weist in der Einleitung zu seiner englischen Übersetzung der *Epidemien* ausdrücklich auf den wissenschaftlichen Charakter der Schrift hin: „The physician is acting, not qua physician but qua scientist; he has laid aside the part of healer to be for a time a spectator looking down on the arena [...]." (Jones, *Epidemics I and III: Introduction*, 144). Lloyd zufolge sind die „Aufzeichnungen minutiöser Beobachtungen auf dem Gebiet der klinischen Forschung" sogar das „älteste und beste Beispiel kontinuierlich durchgeführter Beobachtung und Forschung" überhaupt; vgl. Lloyd, *Art. „Beobachtung und Forschung"*, 224.

[5] Vgl. ebd., 226 f. Lichtenthaeler zufolge haben sich neben Aristoteles auch „andere frühe Forscher an Tieröffnungen versucht". (Lichtenthaeler, *Geschichte der Medizin*, 178). Edelstein weist im Anschluss an Wellmann auf Tiersektionen in vorsokratischer Zeit hin: „Alcmaeon of Croton's discoveries, according to a reliable tradition, were supported by dissection and vivisection of animals." (Edelstein, *The History of Anatomy in Antiquity*, 256).

zu dieser Zeit allgemein abgelehnt.[6] Aber auch der wissenschaftliche Nutzen wurde in Zweifel gezogen: Sektionen von Leichen seien, so wurde zumindest von zwei der hellenistischen Ärzteschulen, den Empirikern und den Methodikern, im Rückgriff auf Aristotelische Lehrstücke[7] argumentiert, nur für das Wissen über tote Wesen relevant, nicht aber für das Wissen von Lebenden, das allein, und auch nur insofern es zur Behandlung des Kranken befähige, im ärztlichen Interesse liege.[8]

Der römische Enzyklopädist Celsus berichtet im ersten nachchristlichen Jahrhundert davon, dass die alexandrinischen Ärzte Herophilos und Erasistratos im 3. Jahrhundert v. Chr. schließlich als Erste menschliche Leichen zu wissenschaftlichen Zwecken seziert haben.[9] Sie sollen der Überlieferung zufolge überdies Vivisektionen

---

[6]   Die Überzeugungskraft solcher religiösen Argumente gegen Sektionen von Leichen nahm mit der platonischen Philosophie zumindest unter Gelehrten, wie Edelstein ausführt, vermutlich stark ab: „Hellenistic philosophers then follow the Platonic line of thought and unanimously relinquish the popular ideas about death and the popular reverence for, and awe of, the corpse. Any idea that a magic power might yet inhabit the corpse is lacking. [...] With this all the religious and magical inhibitions which might keep people from touching the corpse fall away [...]." (Ebd., 279). Allerdings gibt der Autor auch zu bedenken, dass philosophische Theoreme nur langsam allgemein geteilte Überzeugungen zu ändern vermögen, sodass praktische Konsequenzen aus dem veränderten Todesverständnis in größerem Umfang erst verzögert eingetreten sein werden.

[7]   In seiner Schrift *De partibus animalium* führt Aristoteles aus: „If now this something that constitutes the form of the living being be the soul, or part of the soul, or something that without the soul cannot exist; as would seem to be the case, seeing at any rate that when the soul departs, what is left is no longer a living animal, and that none of the parts remain what they were before, excepting in mere configuration, like the animals that in the fable are turned into stone [...]." (Aristoteles, *De partibus animalium*, 641 a). [Die aristotelischen Schriften werden wie üblich mit der Seitenzählung der Bekker-Ausgabe zitiert. Bei wörtlichen Zitaten wird der deutsche Text der von Ernst Grumach begründeten Gesamtausgabe (*Werke*, Darmstadt 1962 ff.) wiedergegeben; liegt eine Übersetzung in dieser Ausgabe noch nicht vor, so wird die von John A. Smith und W. David Ross herausgegebene englische Ausgabe (*The Works of Aristotle*, Oxford 1908-1952) verwendet.]

[8]   Vgl. Lloyd, *Art. „Beobachtung und Forschung"*, 234 sowie Edelstein, *The History of Anatomy in Antiquity*, 285 ff.

[9]   Vgl. Celsus, *De Medicina*, Prooemium, 23. Lichtenthaeler mutmaßt, dass der „althergebrachte ägyptische Brauch der Einbalsamierung [...] diesen Schritt begünstigt haben [mag]." (Lichtenthaeler, *Geschichte der Medizin*, 178). Edelstein hingegen macht die schwindende Kraft überkommener religiöser Vorstellungen bezüglich des toten Körpers, ebenso wie die Einsicht, dass Analogieschlüsse vom Tierkörper auf den menschlichen Körper nur bedingt tauglich und daher Untersuchungen am Menschen erforderlich sind, geltend und weist zudem auf die besondere politische Situation in Alexandria hin: Sektionen „could only be performed where an authoritarian state interested in science provided the means for them, and for this reason they were performed only in Alexand-

an zum Tode verurteilten Straftätern durchgeführt haben.[10] In der Folgezeit und bis ins ausgehende Mittelalter beschränkten sich die Forscher dann aber wieder auf das Sezieren von Tieren.[11] Auch der für die Entwicklung der Medizin wohl einflussreichste antike Arzt, Galen, hat im ersten nachchristlichen Jahrhundert umfangreiche Sektionen an lebenden wie toten Tieren durchgeführt.[12] So erlangte er unter anderem wichtige Einblicke bezüglich der Nerven- und Gefäßsysteme. Vor diesem Hintergrund stellt Lichtenthaeler fest: „Und wie die Alexandriner Herophilos und Erasistratos lehrt uns auch Galen, daß die experimentelle Medizin an sich keine ‚moderne' Erfindung ist!"[13]

Belege für die Bedeutung von Experimenten im Rahmen der mittelalterlichen Medizin sind überaus rar. Es ist nach wie vor wenig darüber bekannt, in welchem Umfang mittelalterliche Ärzte Experimente durchgeführt haben. Eine diesbezüglich bemerkenswerte Textstelle enthält der wirkmächtige *Canon Medicinae* des Avicenna (Ibn Sina). Der Philosoph und Arzt formuliert dort im zweiten Buch, das der Arzneimittellehre gewidmet ist, insgesamt sieben methodische Regeln zur Überprüfung der Wirksamkeit von Arzneien. Als letzte Regel nennt er: „Et septima quidem est, ut experimentum sit in corpore hominis. Nam si experiatur in corpore non hominis, possibile est, ut fallat duobus modis. Unus eorum est, quoniam possible est, ut sit medicina comparata ad corpus hominis calida, et comparata ad corporis leonis, et equi frigida, quum haec medicina est calidior homine, et frigidior equo, vel leone."[14]

---

ria and at the beginning of the Hellenistic period, as Celsus tells." (Edelstein, *The History of Anatomy in Antiquity*, 297).

[10] Vgl. Celsus, *De Medicina,* Prooemium, 23-24; siehe dazu auch Porter, *Die Kunst des Heilens,* 67 und Lichtenthaeler, *Geschichte der Medizin,* 178 ff. Einen Abriss der Geschichte medizinischer Experimente an zum Tode verurteilten Straftätern gibt Kevorkian in seinem Aufsatz *A Brief History of Experimentation on Condemned and Executed Humans.*

[11] War es also für die hellenistischen Ärzte durchaus möglich, Sektionen an Leichen durchzuführen, so änderte sich dies wieder mit der Romanisierung Griechenlands: „In no other legal system are the dead and their graves protected as in the Roman, and this protection Christian law took over from Roman law. [...] The Roman empire permitted no dissections." (Edelstein, *The History of Anatomy in Antiquity*, 282 f.). Vgl. auch Pellegrin, *Art. „Medizin",* 378. Die erste dokumentierte öffentliche Sektion eines Menschen wurde von Mondino dei Luzzi im Jahre 1315 in Bologna vorgenommen; vgl. Porter, *Die Kunst des Heilens,* 133.

[12] Vgl. Debru, *Art. „Galen",* 575 f. Sektionen an menschlichen Leichen hielt Galen wohl für wichtig, die strikten römischen Gesetze machten ihm diese aber unmöglich; vgl. Edelstein, *The History of Anatomy in Antiquity*, 282 f.

[13] Lichtenthaeler, *Geschichte der Medizin,* 206.

[14] Avicenna, *Liber Canonis,* II, tract. 2, cap. 2, fol. 82 va. Sinngemäß übersetzt Crombie: „The experimentation must be done with the human body, for testing a drug on a lion or a horse might not prove anything about its effect on man." (Crombie, *Avicenna's Influence on the Medieval Scientific Tradition,* 90). Eine kritische Edition oder gar eine Überset-

Eine weitere interessante Passage gibt es im „philosophischen Inselroman" des Ibn Tufail. Der Autor erzählt darin die Geschichte des Hayy ibn Yaqzan, der allein auf einer einsamen Insel aufwächst und sich dort selbständig die unterschiedlichsten Wissensgebiete erschließt. In seinem zweiten Lebensabschnitt führt der Protagonist Tiersektionen durch und erhält auf diese Weise Einblick in die (tierische) Anatomie.[15] Auch wenn dies auf eine experimentelle Praxis schließen lässt, so gibt es anscheinend keine ausführlicheren Quellen, die eine solche Praxis belegen, oder zumindest sind diese noch nicht erschlossen.[16] Als Beleg gegen die verbreitete Durchführung von medizinischen Humanexperimenten im Mittelalter kann hingegen eine Textstelle in einer kleineren Schrift von Roger Bacon dienen. Er entschuldigt dort Mängel der medizinischen Lehre gerade damit, dass das experimentelle Vorgehen in der Medizin, im Gegensatz zu anderen Wissenschaften nur bedingt möglich sei: „But though there is much established in medicine, yet it contains many defects of the Latins. And no wonder, for it is exceedingly difficult and dangerous to perform operations on the human body, wherefore it is more difficult to work in that science than in any other. So that physicians are always to be excused, since needs must be that they have deficiencies. For the operative and practical sciences which do their work on insensate bodies can multiply their experiments till they get rid of deficiency and errors, but a physician cannot do this because of the nobility of the material in which he works; for that body demands that no error be made in operating upon it, and so experience (the experimental method) is difficult in medicine. Wherefore physicians are to be excused for their defects more than are other workers in the sciences."[17] Eine weitere Klärung der Frage, ob bzw. in welchem Umfang mittelalterliche Ärzte Humanexperimente durchgeführt haben, bleibt vorerst ein Desiderat der medizinhistorischen Forschung.

Aus dem bisher Gesagten wird deutlich, dass Experimente nicht erst in der Medizin der Neuzeit eine wichtige Rolle spielen. Dessen ungeachtet gibt es wesentliche Unterschiede zwischen dem methodischen Vorgehen antiker und neuzeitlicher Ärzte bei ihren Forschungen. Insbesondere dürfen die genannten Beispiele anatomischer und physiologischer Forschung nicht den Blick dafür verstellen, dass die Begriffe „Experiment" und „Erfahrung" bis zur Renaissance weitgehend synonym

---

zung des *Liber Canonis* liegt derzeit nicht vor; in einer Anmerkung gibt Crombie aber die lateinische Fassung der sieben Regeln in extenso wieder.

[15]   Vgl. Ibn Tufail, *Der Philosoph als Autodidakt*, 31 ff.

[16]   Vgl. Bull, *The Historical Development of Clinical Therapeutic Trials*, 221. Auch Rothman widmet in seinem im Ganzen sehr ausführlichen Artikel zur Thematik der historischen Entwicklung biomedizinischer Humanexperimente der Situation im Mittelalter nur wenige Zeilen; vgl. Rothman, *Art. „Research, Human: Historical Aspects".* Und Engelhardt stellt affirmativ fest: „Im christlichen Mittelalter ist es kaum zu naturwissenschaftlich-medizinischer Forschung gekommen." (Engelhardt, *Medizinische Forschung: Begriff und Konzeption im Wandel der Neuzeit*, 199).

[17]   Bacon, *On the Errors of Physicians*, 149.

gebraucht werden.[18] Ferner muss man eine unspezifische Verwendungsweise des Wortes klar von der wissenschaftstheoretisch-methodologischen unterscheiden, der zufolge ein Experiment ganz allgemein eine Handlung mit ungewissem Ausgang bezeichnet. In diesem Sinne ist jedes Abweichen von der Standardtherapie in der medizinischen Praxis ein Experiment, auch wenn ein solches Vorgehen nicht oder zumindest nicht primär auf eine Vermehrung oder Absicherung wissenschaftlicher Erkenntnisse abzielt. Es ist offensichtlich, dass ärztliches Handeln in diesem Sinne immer experimentelle Züge gehabt hat und haben wird. Davon deutlich unterschieden ist aber das gezielte Herbeiführen von Situationen bei gleichzeitig möglichst weitgehender Beherrschung der Rahmenbedingungen durch systematische Faktorenreduktion zur empirischen Aufklärung von Sachverhalten, also das Experiment im Sinne der neuzeitlich-naturwissenschaftlichen Methodologie. Nicht zuletzt ist die systematische Differenzierung zwischen beiden Bedeutungen grundlegend für jede Forschungsethik.[19] Im letztgenannten, also dem streng methodologischen Sinne, ist das Experiment in der antiken Medizin und Naturforschung weitgehend unbekannt. Die hippokratische Humoralmedizin war ihrem Wesen nach überwiegend passiv und beobachtend.[20] Es wurde nicht versucht, Vorstellungen und Überzeugungen experimentell zu bestätigen oder gar zu widerlegen.[21] Ebenso waren die Mediziner und allgemeiner die Naturforscher der Folgezeit weit davon entfernt, systematisch betriebenen empirischen Beobachtungen den Wert und die Bedeutung zuzumessen, die sie im Laufe der Neuzeit erhalten haben. Auch nach Galen zeichnet die Medizin vielfach, wie Pellegrin schreibt, ein „spekulativer Wahnsinn" aus, der sie in „ein

---

[18] Vgl. Frey, *Art. „Experiment"*, Sp. 868. Zu den ideengeschichtlichen Bedingungen der Ausbildung des (messenden) Experiments siehe Dingler, *Das Experiment*, 210 ff. sowie Dingler, *Über die Geschichte und das Wesen des Experimentes.*

[19] Begrifflich wird seit Ende des 19. Jahrhunderts zwischen „Heilversuchen" und „Humanexperimenten" unterschieden. Diese für die Forschungsethik zentrale begriffliche Differenzierung konnte sich natürlich erst zu einer Zeit herausbilden, in der das Experiment im Sinne der neuzeitlich-naturwissenschaftlichen Methodologie in der medizinischen Forschung zum Standard geworden war. Solange die Problematik des Humanexperiments nicht in voller Deutlichkeit hervortrat, blieb auch der Begriff des Heilversuchs als „Gegenbegriff" unbedeutend. Eine systematische Analyse der unterschiedlichen Handlungsweisen, die eine genauere begriffliche Bestimmung zum Ziel hat, wird in Kapitel III erfolgen.

[20] Vgl. Bynum, *Reflections on the History of Human Experimentation*. Für diese „relative Passivität" der hippokratischen Medizin gibt es neben dem erwähnten Fehlen einer Methodologie des Experiments auch einen theorieimmanenten Grund, wie Bynum ausführt: „The Hippocratics also developed an explicit notion of the ‚healing power of nature' (vis medicatrix naturae) – the body's inherent tendency to rid itself of excess or peccant ‚humor' associated with disease. [...] The Hippocratic context consequently was not conducive to an active program of human experimentation." (Ebd., 32).

[21] Vgl. Lichtenthaeler, *Geschichte der Medizin*, 152.

geistiges Universum [stellt], das sich von dem der modernen Wissenschaft deutlich unterscheidet."[22]

2.   Renaissance und Aufklärung: Die Entstehung der neuzeitlichen Wissensmethodologie und ihre Auswirkung auf die Medizin

Zwar gewinnen Beobachtungen und Experimente in der Medizin der Renaissance und besonders des 16. und 17. Jahrhunderts zunehmend an Bedeutung, die wissenschaftliche Methodologie dieser Medizin ist aber nicht „modern", ihre Vertreter bleiben „Schüler des Hippokrates, des Aristoteles, der Alexandriner und des Galen."[23] Dies gilt auch für den „Reformator der Anatomie Vesal"[24]. Der aus Brüssel stammende Arzt Andreas Vesal kaufte im Jahre 1539 Leichen von hingerichteten Kriminellen, um an ihnen anatomische Studien durchzuführen, die er 1543 in seinem Werk *De humani corporis fabrica* („Über den Bau des menschlichen Körpers") veröffentlichte.[25] Neben der grundlegenden Bedeutung, die Vesals Werk für die Erforschung der Anatomie des menschlichen Körpers hatte, ist es auch aus wissenschaftstheoretischen Erwägungen und damit – zumindest mittelbar – für den vorliegenden Zusammenhang bedeutsam. Es bildet nämlich, wie Porter schreibt, den „Grundstein zu einer Anatomie, die auf Beobachtung beruhte, und verkündet ein neues Prinzip der Forschung und Wahrheitsprüfung: Alle anatomischen Behauptungen sollten am menschlichen Leichnam überprüft werden."[26] Damit wird ein methodisches Vorgehen – wenn auch vorerst nur innerhalb der Anatomie – zum Standard, das Galen und den Ärzten des Mittelalters aus religiösen Gründen verwehrt war.[27]

Geht die Medizin und medizinische Forschung der Renaissance und der Folgezeit zwar derart über die Antike hinaus, so tut sie es doch nur, indem und insoweit sie dieser als Grundlage immer verpflichtet bleibt. Erst mit dem Aufkommen der „neuen Wissenschaft", d.h. einer wesentlich mechanistischen Weltdeutung und der

---

[22]   Pellegrin, *Art. „Medizin"*, 386.

[23]   Lichtenthaeler, *Geschichte der Medizin*, 409. Über vereinzelt durchgeführte medizinische Humanexperimente im 14. und 15. Jahrhundert informiert Bull, *The Historical Development of Clinical Therapeutic Trials*, 222 ff.

[24]   Lichtenthaeler, *Geschichte der Medizin*, 412.

[25]   Siehe dazu Porter, *Die Kunst des Heilens*, 180 f.

[26]   Ebd., 183. Kritisch bemerkt dagegen allerdings Diepgen, schon erhebliche Zeit vor Vesal „reißt sich der Anatom los von der Tradition zur Naturbeobachtung"; vgl. Diepgen, *Die Bedeutung des Mittelalters für den Fortschritt in der Medizin*, 107.

[27]   Kevorkian berichtet sogar von einigen Humanexperimenten, die in der Renaissance an zum Tode verurteilten Straftätern durchgeführt worden sind, u.a. durch Fallopius, einen Schüler Vesals; vgl. Kevorkian, *A Brief History of Experimentation on Condemned and Executed Humans*, 217 f.

damit verbundenen experimentellen Methode im 17. Jahrhundert sowie der theoretischen Fundierung durch Bacon, Galilei, Descartes und andere wurde die Basis für eine „moderne Medizin", die ausschließlich das „strenge" Experiment als Forschungsweg anerkennt, geschaffen.[28] Die außerordentlichen Erfolge vor allem der Physik vor Augen, begannen Forscher zunehmend das neue Paradigma auch in andere Bereiche der Wissenschaft zu übertragen. Schließlich trat auch in der Medizin an die Stelle tradierter Vorstellungen mehr und mehr ein mechanistisches Verständnis des menschlichen Körpers.[29]

Für das Aufkommen von biomedizinischen Humanexperimenten im engeren, neuzeitlichen Sinne sind damit im 17. Jahrhundert erstmals wesentliche Faktoren gegeben: Zum einen hat sich seit Vesal die experimentelle Forschung in der Anatomie als wissenschaftlicher Standard etabliert.[30] Theorien müssen sich von nun an (zumindest auf dem Gebiet der Anatomie) durch die unmittelbare Anschauung bestätigen lassen, der „spekulative Wahnsinn" (Pellegrin) verliert damit auch in der Medizin zunehmend an Boden. Zum anderen steht nun eine Wissenschaftstheorie und Methodologie zur Verfügung, die das Experiment als den zentralen Forschungsweg der Naturwissenschaften (und damit mittelbar auch der Medizin) ausweist. Dabei bedeutet „Experiment" nun nicht mehr das gleiche wie (weitgehend passiv verfahrende) „Erfahrung". Vielmehr handelt es sich beim Experiment im Verständnis der neuen Wissenschaftstheorie um eine aktiv herbeigeführte Situation, die so angelegt wird, dass möglichst alle für das Experiment relevanten Bedingungen kontrolliert werden können. Im Ergebnis führt diese Entwicklung dazu, dass der

---

[28] Als einer der Ersten hat Francis Bacon zentrale Gedanken für die experimentelle Methode im Sinne der neuzeitlichen Wissenschaftstheorie in seinem *Novum Organum* formuliert: „Es ist aber nicht nur eine größere Anzahl von Versuchen anzustreben und neu vorzubereiten, wie auch eine andere Art, als sie bisher betrieben worden ist, sondern eine völlig andere Methode, Anordnung und ein anderer Ablauf ist bei der Entwicklung der Erfahrung einzuführen. Denn eine planlose und sich selbst überlassene Erfahrung ist, wie bereits erwähnt, ein bloßes Umhertappen im Dunkeln, das die Menschen eher verdummt als belehrt. Wenn aber die Erfahrung eindeutig und stetig nach einer sicheren Regel voranschreitet, läßt sich Besseres für die Wissenschaft erhoffen." (Bacon, *Neues Organon*, I, Nr. 100; vgl. auch I, Nr. 70 und Nr. 82). Schon bei Leonardo da Vinci deutet sich die Hinwendung zur neuzeitlich-experimentellen Methode an, wenn er schreibt: „Sagst du, die Wissenschaften, die vom Anfang bis zum Ende im Geist bleiben, hätten Wahrheit, so wird dies nicht zugestanden, sondern verneint aus vielen Gründen, und vornehmlich deshalb, weil bei solchem reingeistigen Abhandeln die Erfahrung (oder das Experiment) nicht vorkommt; ohne diese aber gibt sich kein Ding mit Sicherheit zu erkennen." (Leonardo da Vinci, *Das Buch von der Malerei* zitiert nach Grewenig / Letze (Hrsg.), *Leonardo da Vinci*, 85).

[29] Vgl. Porter, *Die Kunst des Heilens*, 219 ff.

[30] Befördert wurde diese Entwicklung zudem durch die offizielle Billigung der Durchführung von Sektionen im Rahmen des Anatomieunterrichts durch Papst Clemens VII. im Jahre 1537; vgl. Porter, *Medical Science*, 154.

menschliche Körper mehr und mehr als „Maschine" begriffen wird und in der Medizin nicht nur die Resultate, sondern auch und gerade die Methoden der Naturwissenschaften relevant werden.

3.   Der „Aufbruch in die Moderne" in der Medizin des 19. Jahrhunderts

Obwohl bereits im 18. Jahrhundert vereinzelt systematische Experimente im neuzeitlichen Sinne durchgeführt werden,[31] vollzieht sich der endgültige „Aufbruch in die Moderne"[32] in der Medizin erst im 19. Jahrhundert.[33] Eine der Schlüsselfiguren in dieser Entwicklung ist der französische Arzt und Physiologe François Magendie, der sich „kurz nach seiner Promotion (1809) vornahm, der ‚Newton der Medizin' zu werden."[34] Hatte bis zu Magendie der Fortschritt der Medizin immer noch im Wesentlichen auf der Grundlage und im Rahmen der tradierten medizinischen

---

[31]   Lichtenthaeler zufolge sind im Hinblick auf die Entwicklung der Medizin das 17. sowie das 19. Jahrhundert „genial", zwischen ihnen nehme sich das 18. Jahrhundert „wie eine Talsohle" aus; vgl. Lichtenthaeler, *Geschichte der Medizin*, 475. Mit Bezug auf biomedizinische Humanexperimente ist es aber dennoch dieser Zeitraum, in den die ersten nennenswerten Ereignisse fallen: 1721 lässt Lady Montagu, angeregt durch Beobachtungen in Konstantinopel, an ihrer Tochter durch den Chirurgen Charles Maitland eine Variolation gegen Pocken vornehmen, es folgen Experimente an Schwerverbrechern und Waisenkindern; vgl. Porter, *Die Kunst des Heilens*, 277 f. Edmund Stone verabreicht 1763 50 Personen mit rheumatischem Fieber Silberweidenrinde. Seine Hoffnung auf einen therapeutischen Effekt basierte auf der damals verbreiteten Überzeugung, dass Gott dort Heilpflanzen wachsen lasse, wo Krankheiten entstünden: Die Silberweide wächst in feuchten Gegenden, wo auch Fiebererkrankungen oft beobachtet wurden; vgl. ebd., 272. Der Marinearzt James Lind formuliert 1753 die Hypothese, dass Zitrusfrüchte ein wirksames Mittel gegen Skorbut sind, und untermauert diese im folgenden Jahr durch „die weltweit erste ‚klinische Arzneimittelprüfung' an Bord der HMS Salisbury" (ebd., 298). Schließlich inokuliert der englische Arzt Edward Jenner 1796 einem achtjährigen Jungen Material aus einer Kuhpockenpustel einer Magd in der Hoffnung, so eine Immunität zu erreichen. Da der Krankheitsverlauf von Kuhpocken beim Menschen gutartig ist, bestand die Erwartung, dass dieses Verfahren gegenüber der durch Maitland eingeführten Variolation eine sicherere Immunisierungsmethode darstellen würde; vgl. ebd., 277 ff. Für weitere Beispiele siehe Bull, *The Historical Development of Clinical Therapeutic Trials*; Brieger, *Art. „Human Experimentation: History"*; Rothman, *Art. „Research, Human: Historical Aspects"*; zur geschichtlichen Entwicklung der medizinischen insgesamt siehe auch Fleischhauer / Hermerén, *Goals of Medicine in the Course of History and Today*, 118-165 (für den Zeitraum von der Mitte des 19. bis zur Mitte des 20. Jahrhunderts) sowie 247-306 (für die jüngere Vergangenheit).

[32]   Eckart, *Geschichte der Medizin*, 251.

[33]   Vgl. Engelhardt, *Medizinische Forschung: Begriff und Konzeption im Wandel der Neuzeit*, 199.

[34]   Lichtenthaeler, *Geschichte der Medizin*, 498.

Kunst stattgefunden, so wird von nun an nur noch das als gültig anerkannt, was den neuen Maßstäben – und das heißt: der experimentellen Überprüfung – standhält. In aller Deutlichkeit hat Magendies Schüler und Nachfolger auf dessen Lehrstuhl am Collège de France, Claude Bernard, diesen revolutionären Anspruch in seiner grundlegenden und in ihrer Wirkkraft kaum zu überschätzenden Schrift *Introduction à l'étude de la médecine expérimentale* aus dem Jahre 1865 formuliert: „In unserer Zeit hat dank der beachtlichen Entwicklung und der wertvollen Hilfe der physikalisch-chemischen Wissenschaften das Studium der Lebenserscheinungen im normalen wie im pathologischen Zustand überraschende Fortschritte gemacht, die sich täglich vermehren. Daraus wird für jeden nicht voreingenommenen Geist klar, daß die Medizin endgültig auf dem Weg zur Wissenschaft ist. Aber die wissenschaftliche Medizin kann sich ebenso wie andere Wissenschaften nur auf dem Wege des Experiments entwickeln, d.h. durch die unmittelbare, strenge Anwendung der Logik auf die Tatsachen, die uns Beobachtung und Experiment liefern."[35]

Die bisher in groben Zügen skizzierte historische Entwicklung der experimentellen Medizin ist aus zwei Gründen für eine ethische Theorie biomedizinischer Humanexperimente von Interesse.

(1) Es wird deutlich, dass es Experimente in einem weiten Sinne des Wortes in der Medizin seit der Antike gegeben hat. Aber auch da, wo Menschen als „Objekte" von gezielten Beobachtungen bzw. Experimenten dienten, folgte das ärztliche Handeln bis in das 19. Jahrhundert ausschließlich einer *Logik des Heilens*.[36] Zentrale Elemente dieser Logik kommen im tradierten ärztlichen Standesethos zum Ausdruck, etwa in den Grundregeln „salus aegroti suprema lex" und „primo nil nocere".[37] Von besonderer Wichtigkeit für den vorliegenden Zusammenhang ist darüber hinaus, dass die Medizin als „praktische Wissenschaft" und mit ihr die *Logik des Heilens* immer auf den individuellen Einzelfall ausgerichtet war und ist.[38] Die wenigen belegten Fälle, in denen vorneuzeitliche Ärzte von dieser Handlungslogik abgewichen sind, etwa die experimentellen Vivisektionen der alexandrinischen Ärzte Herophilos und Erasistratos, stehen dazu keineswegs im Widerspruch, weil sie als problematische Abkehrungen von dieser *Logik des Heilens* verstanden werden können und auch ver-

---

[35] Bernard, *Einführung in das Studium der experimentellen Medizin*, 15 f.

[36] Den Begriff *Logik des Heilens* zur Beschreibung der (methodischen und teleologischen) Besonderheiten des ärztlichen Handelns übernehme ich von Jürgen Habermas, der ihn in der Diskussion um eine „liberale Eugenik" einer auf Manipulation ausgerichteten „Züchtungslogik" gegenüberstellt; vgl. Habermas, *Die Zukunft der menschlichen Natur*, 79 ff., 92 f.

[37] Vgl. Honnefelder, *Die ethische Entscheidung im ärztlichen Handeln*, 137 f. Zur Entwicklung des ärztlichen Ethos von der Antike bis in die Gegenwart vgl. Bergdoldt, *Das Gewissen der Medizin*.

[38] Vgl. Wieland, *Diagnose*, 83 ff. sowie 69 ff.

standen worden sind und damit deren prinzipielle Geltung nicht in Frage stellen.[39] Insbesondere ist vor diesem Hintergrund auch verständlich, warum die ethische Legitimation medizinischer Forschung bis zu diesem Zeitpunkt nicht als fundamentales Problem begriffen wurde und werden konnte: Alle Forschung, wenn sie denn stattfand, war vollständig eingebettet in die *Logik des Heilens* und durch die darin wirksamen ethischen Prinzipien legitimiert und gleichzeitig begrenzt. Es hat zweifellos auch nach den Alexandrinern Ärzte gegeben, die Menschen aus theoretischem Interesse heraus zu „Objekten" der Forschung gemacht und dabei das „Wohl des Patienten" vernachlässigt haben. Diese Ausnahmen waren aus der bis dahin allein gültigen Perspektive des ärztlichen Ethos dann aber immer (moralisch bedenkliche) „Grenzüberschreitungen": Der Arzt handelte nicht mehr als Arzt, ohne dass für eine solche „Grenzüberschreitung" eine überzeugende Rechtfertigung im Rahmen der *Logik des Heilens* hätte gegeben werden können.

(2) Die skizzierte Entwicklung zeigt zum anderen, dass im 19. Jahrhundert eine neue Logik beginnt, das ärztliche Handeln mit zu bestimmen: die *Logik der Forschung*.[40] Diese aus den „exakten" Naturwissenshaften übernommene Handlungslogik hat das Aufdecken von funktionalen Zusammenhängen und natürlichen Gesetzmäßigkeiten zum Ziel. Zu diesem Zweck reduziert sie das Individuelle, vornehmlich vermöge des Experiments als methodischem Instrument, abhängig vom Kontext systematisch darauf, ein „Fall von" zu sein.

---

[39]   Dies gilt zumindest, wenn man ein ärztliches Ethos zugrunde legt, wie es im Hippokratischen Eid zum Ausdruck kommt; vgl. Hippocrates, *The Oath*. Dies scheint insofern gerechtfertigt zu sein, als das dieses Ethos bis heute für das ärztliche Selbstverständnis prägend ist. In diesem Sinne bezeichnet auch Tertullian in seiner Schrift *Über die Seele* Herophilos aufgrund der von ihm vorgenommenen Vivisektionen an Menschen abfällig als „Metzger"; vgl. Tertullian, *Über die Seele*, X, 4, siehe auch XXV, 2. Celsus hingegen stellt im Hinblick auf die von Herophilos und Erasistratos durchgeführten Vivisektionen fest: „Nor is it, as most people say, cruel that in the execution of criminals, and but a few of them, we should seek remedies for innocent people of all future ages." (Celsus, *De Medicina*, Prooemium, 26). Vertreter eines solches Verständnisses der Medizin bzw. des ärztlichen Ethos, das den Nutzen der Allgemeinheit grundsätzlich in den Vordergrund stellt, bildeten und bilden aber wohl eine Minderheit, sodass es berechtigt erscheint davon auszugehen, Inhalt und Geltung der *Logik des Heilens* im dargestellten Sinne zu bestimmen.

[40]   Der Begriff *Logik der Forschung* fungiert hier natürlich nur als Kontrastbegriff gegenüber der zuvor herausgearbeiteten *Logik des Heilens*. Keineswegs ist damit ein Verweis auf den Kritischen Rationalismus Popperscher Provenienz intendiert. In ähnlicher Weise wie hier verwendet Engelhardt den Begriff „Logik der medizinischen Forschung", vgl. Engelhardt, *Medizinische Forschung: Begriff und Konzeption im Wandel der Neuzeit*, 204.

4. *Logik des Heilens* versus *Logik der Forschung*

Ist die Adaption naturwissenschaftlicher Methoden durch die Medizin im 19. Jahrhundert zu verorten, so tritt die neue Handlungslogik, und darauf kommt nun alles an, nicht einfach beziehungslos neben die bestehende *Logik des Heilens*. Wäre dem so, könnten Humanexperimente weiterhin als „problematische Abkehrungen" begriffen werden. Der entscheidende Aspekt liegt aber darin, dass die *Logik des Heilens* selbst die Anwendung der neuen Methodologie erforderlich macht. Die Medizin ist, will sie ihr nach wie vor gültiges Ziel, das Heilen von Kranken, effektiv verfolgen, nicht mehr anders denn als *experimentelle* Medizin denkbar. Somit bleibt die *Logik der Forschung* jederzeit an den Heilauftrag der Medizin rückgebunden. Medizinische Forschung am Menschen erscheint nur und in dem Maße notwendig und legitimiert, wie sie im Namen der *Logik des Heilens* betrieben wird. Die neue Methodologie verlangt aber gleichzeitig auch die zumindest partielle Suspendierung zentraler Maßgaben der bis dahin exklusiv gültigen ärztlichen Handlungslogik. Zielt das ärztliche Handeln seiner internen Logik gemäß immer auf den individuellen Kranken ab, so ist im Rahmen der *Logik der Forschung* der Einzelfall nahezu bedeutungslos. Schon in Bernards Schrift von 1865 wird dies deutlich, wenn er einerseits feststellt: „Aber die besonderen Tatsachen sind niemals eine Wissenschaft, nur die Verallgemeinerung führt dazu."[41], andererseits aber eindringlich darauf hinweist: „Der Arzt ist doch nicht der Arzt für Lebewesen im allgemeinen, auch nicht der Arzt der zoologischen Klasse ‚Mensch', sondern der Arzt des *Individuums* Mensch und darüber hinaus der Arzt eines Individuums unter bestimmten pathologischen Bedingungen, die für ihn speziell Geltung haben und das darstellen, was man seine persönliche Idiosynkrasie genannt hat."[42] Während die naturwissenschaftliche Methodologie also gerade darin besteht, von allem Individuellen abzusehen und das Besondere nur insoweit zu betrachten, als es sich darauf reduzieren lässt, ein „Fall von" zu sein und damit den Blick auf Gesetzmäßigkeiten freigibt, ist für den Arzt im Gegensatz dazu das Allgemeine nur insofern von Bedeutung, als es ihm für die Behandlung des einzelnen Patienten in einer konkreten Situation hilfreich ist. Eindringlich hat auf diesen grundlegenden Gegensatz auch Wolfgang Wieland im Rahmen seiner Untersuchung zur ärztlichen Diagnose hingewiesen: „Von einem rein theoretischen Standpunkt aus ist der konkrete Einzelfall als solcher uninteressant. Zwar ist nun auch jedes naturwissenschaftliche Experiment ein konkreter Einzelfall. [...] Aber zu jedem kunstgerecht durchgeführten Experiment gehört, daß man alle Bedingungen angeben kann, unter denen es wiederholbar ist. In dieser Wiederholbarkeit liegt aber schon ein Bezug auf Allgemeinheit: jedes Experiment ist der Idee nach nur ein beliebig reproduzierbares Exemplar eines Zusammenhangs aus allgemeingültigen Gesetzmäßigkeiten und allgemeingültigen Handlungsschemata. Das individuelle Experiment ist immer nur von Interesse, insofern es Repräsentant eines Allgemei-

---

41 Bernard, *Einführung in das Studium der experimentellen Medizin*, 133.
42 Ebd., 134.

nen ist. Dagegen ist der Patient um seiner selbst willen von Interesse, wenn Beschwerden und Befund durch eine Diagnose erklärt und, wenn möglich, beseitigt werden sollen."[43]

Damit bricht in der Medizin ein fundamentaler Antagonismus auf: Gemäß der *Logik des Heilens* steht der Arzt unter der unbedingten Forderung, alles daran zu setzen, den individuellen Kranken nach bestem Wissen und Gewissen zu behandeln und sein Wohlergehen als oberstes – und zugleich bezüglich der verwendeten Mittel limitatives – Handlungsziel niemals aus dem Blick zu verlieren. Die Entwicklung besserer diagnostischer, therapeutischer und präventiver Verfahren ist jedoch, so die neue Einsicht der Medizin seit dem 19. Jahrhundert, nicht anders zu gewährleisten als dadurch, dass die Medizin sich naturwissenschaftlicher Forschungsmethoden bedient. Diese Methoden bringen es ihrerseits aber mit sich, dass der Einzelne, entgegen dem tradierten ärztlichen Ethos, zugunsten der Suche nach allgemeinen Gesetzmäßigkeiten in den Hintergrund tritt. Der Patient wird zum Probanden, d.h. er wird in methodologischer Absicht zum „Fall" reduziert und damit zum Instrument im Rahmen der wissenschaftlichen Aktivität des Forschers. Zwar müssen die Teleologien des ärztlichen Handelns einerseits und des Forschungshandelns andererseits nicht, wie Honnefelder aufzeigt, immer in Widerspruch zueinander geraten: Bisweilen können sie nacheinander oder zugleich verfolgt werden oder fallen sogar teilweise zusammen.[44] Sie können hingegen auch vollends auseinander treten. Entsprechend ist medizinische Forschung in einem Spannungsverhältnis zwischen der *Logik des Heilens* und der *Logik der Forschung* angesiedelt und es entsteht, wie Katz bemerkt, ein neues Dilemma in der medizinischen Praxis.[45]

Geht man von dieser Problemanalyse aus, dann kann die Forschungsethik in erster Näherung als Versuch verstanden werden, das neu aufgebrochene Spannungsverhältnis in der Medizin durch eine Vermittlung der Ansprüche, die sich aus den beiden – zumindest partiell – widerstreitenden Handlungslogiken ergeben, zu entschärfen. So konzipiert steht im Zentrum der Forschungsethik die Frage nach den Grenzen des *ärztlichen Handelns* im Rahmen der Forschung. Es wird indessen schnell klar, dass diese Aufgabenbeschreibung zwar vor dem Hintergrund der historischen Entwicklung zunächst naheliegend erscheinen mag, dass sie als abschließende Bestimmung der Forschungsethik jedoch unzureichend ist. Bleibt die *Logik des Heilens* nämlich ein unmittelbarer Referenzpunkt, dann kann Forschung mit gesunden Probanden nicht eigentlich als Problem der Forschungsethik begriffen werden. Bestenfalls könnte sie als „Grenzfall" eingefangen werden, in dem das ärztliche Handeln als solches gewissermaßen leer läuft. Eine wirkliche *Vermittlungsaufgabe* stellt sich hierbei freilich nicht. Auch der Fall, dass nichtapprobierte Wissenschaftler an biomedizinischen Humanexperimenten mitwirken, kann so nicht angemessen

---

[43] Wieland, *Diagnose*, 70 f.

[44] Vgl. Honnefelder, *Zur ethischen Beurteilung von Forschung am Menschen unter besonderer Berücksichtigung der Forschung an einwilligungsunfähigen Personen*, 14.

[45] Vgl. Katz, *Human Experimentation and Human Rights*, 8.

berücksichtigt werden. Dies würde aber nicht nur den großen Bereich der psychologischen Forschung aus der Forschungsethik ausklammern; so würde auch dem Umstand nicht Rechnung getragen, dass zunehmend Wissenschaftler aus den sogenannten Lebenswissenschaften (jenseits der Medizin) unmittelbar an Forschungsprojekten mit menschlichen Probanden beteiligt sind. Auch für sie stellt sich natürlich die Frage nach ethischen Handlungsregeln. Erneut könnte man hierin einen Grenzfall erblicken: Für nicht approbierte Wissenschaftler könnte, sofern sie an biomedizinischer Forschung am Menschen beteiligt sind, das ärztliche Ethos zumindest in Teilen als verbindlich angesehen werden. Aber auch diese Hilfskonstruktion kann kaum überzeugen. Angemessener erscheint es daher, den Aufgabenbereich der Forschungsethik umfassender zu bestimmen. Sie hätte es demnach mit der Frage zu tun, ob bzw. unter welchen Bedingungen der Mensch zum Objekt der *Logik der Forschung* gemacht werden darf. Oder anders gewendet: Die Forschungsethik muss die Möglichkeiten von ethisch vertretbarer biomedizinischer Forschung mit Menschen ausloten sowie konkrete Prinzipien und Regeln benennen, die zu beachten sind, damit Humanexperimente innerhalb der durch sie markierten Grenzen verbleiben. Dabei muss sie eine Vermittlung der unterschiedlichen Interessen – der Schutz von Probanden einerseits, der Fortschritt der Medizin andererseits – anstreben. Geht man von dieser Aufgabenbestimmung der Forschungsethik aus, dann stellt sich das Spannungsverhältnis zwischen der *Logik der Forschung* und der *Logik des Heilens* als ein – wenngleich besonders wichtiges – Spezialproblem dar, das vor allem dann virulent wird, wenn der Arzt zum Arzt-Forscher und der Patient zum Patient-Proband wird.[46]

5. Das Nichtschadenprinzip als erste Stufe der ethischen Reflexion des Humanexperiments bei Claude Bernard

Bernard hat in seiner *Introduction* nicht nur den methodologischen Grundstein für die experimentelle Medizin der Moderne gelegt,[47] er hat gleichzeitig auch Überlegungen

---

[46] Vgl. dazu ausführlich unten V.2.

[47] Weitgehend übersehen worden ist, dass Bernards Schrift auch in wissenschaftstheoretischer Hinsicht bemerkenswert ist. Tatsächlich finden sich vor allem im ersten Teil des Buches („Von der Schlußfolgerung auf Grund des Experiments", 19-89) Gedanken, die zentrale Lehrstücke des Kritischen Rationalismus, wenn nicht in begrifflicher Schärfe, so doch der Sache nach vorwegnehmen. Ein entsprechender Hinweis findet sich etwa in Kolakowski, *Die Philosophie des Positivismus*, 91. Kolakowskis Hauptaugenmerk liegt allerdings nicht auf den wissenschaftsmethodologischen Ausführungen Bernards, sondern auf dessen Bedeutung für die Herausbildung des Positivismus; vgl ebd., 93 f. Popper ist, wie man einer Bemerkung in seinem Aufsatz *Die Evolution und der Baum der Erkenntnis* entnehmen kann, erst in den 1960er Jahren durch einen Kollegen auf das Werk von

bezüglich der relevanten ethischen Prinzipien für eine in diesem Sinne agierende medizinische Forschung angestellt. Nachdem er die Notwendigkeit des experimentellen Vorgehens aus medizinisch-wissenschaftlicher Sicht dargelegt hat, stößt er auf das aus ethischer Perspektive grundlegende Problem: „Zuerst ergibt sich die Frage, ob man das Recht hat, Versuche und Vivisektionen am Menschen auszuführen."[48] Seine Antwort lautet, dass Ärzte tagtäglich „therapeutische Experimente" an ihren Patienten durchführten und, so darf man seinen Gedanken wohl ergänzen, nicht umhin kämen, diese durchzuführen. Fraglich sei also nicht ob, sondern in welchem Ausmaß Humanexperimente legitim seien. Als begrenzendes Prinzip formuliert Bernard in erster Näherung: „Man hat die Pflicht und infolgedessen auch das Recht, am Menschen einen Versuch auszuführen, wenn er ihm das Leben rettet, ihn heilen oder ihm einen Nutzen bringen kann. Der Grundsatz der ärztlichen und chirurgischen Moral besteht also darin, nie am Menschen einen Versuch auszuführen, der ihm in irgendeiner Weise nur schaden kann, auch wenn das Ergebnis für die Wissenschaft, d.h. die Gesundheit anderer, noch so interessant sein mag. Das bedeutet aber nicht, daß die täglich ausschließlich zum Wohl des Kranken ausgeführten Versuche und Operationen nicht zugleich auch für die Wissenschaft von Nutzen sind."[49] Es scheint also zunächst so, als wolle Bernard das Spannungsverhältnis zwischen der *Logik des Heilens* und der *Logik der Forschung* derart entschärfen, dass ausschließlich eigennützige, d.h. im Interesse des Probanden liegende Forschung in der Medizin zugelassen werden solle. Ausdrücklich weist er dann auch im Folgenden Beispiele „gefährlicher" Experimente an zum Tode verurteilten Straftätern als mit den „jetzigen Grundsätzen der Moral" unvereinbar zurück.[50] Damit würde die experimentelle Medizin auch weiterhin auf solche Handlungsweisen beschränkt, durch die im Interesse des je einzelnen Patienten neue therapeutische Methoden „versuchsweise" zur Anwendung gebracht werden, wobei nicht ausgeschlossen ist, dass auch die wissenschaftliche Forschung von solchen Experimenten profitiert. Eine strikte Ausrichtung an der *Logik der Forschung* bliebe in der Medizin demnach aber unmöglich. Dann jedoch relativiert Bernard das gerade aufgestellte Prinzip, indem er argumentiert, nicht die Ausführung von Experimenten an Menschen an sich sei unmoralisch, sondern einzig das Zufügen von Schaden. Daher seien im Namen des wissenschaftlichen Fortschritts solche Experimente erlaubt, die den Versuchspersonen weder Leiden noch Schaden zufügten: „Andere machten ähnliche Versuche an Phtisikern, deren Ende nahe bevorstand; auch Selbstversuche wurden ausgeführt. Da diesen Versuchen sehr hoher wissenschaftlicher Wert zukommt und sie nur dann beweisend sind, wenn sie am Menschen vorgenommen werden, scheinen sie mir durchaus erlaubt, wenn sie der Versuchsperson keinerlei

---

Bernard aufmerksam geworden; vgl. Popper, *Die Evolution und der Baum der Erkenntnis*, 270, Anm. 2.

[48] Bernard, *Einführung in das Studium der experimentellen Medizin*, 146.

[49] Ebd., 146 f.

[50] Vgl. ebd., 147.

Schmerzen oder Unannehmlichkeiten bereiten."[51] Schließlich kommt er sogar zu dem Schluss: „Also, von den Versuchen, die man am Menschen ausführen kann, sind jene, die nur schaden können, verboten, jene, die harmlos sind, erlaubt, jene, die nützen können, geboten."[52] Das zunächst formulierte Prinzip der Eigennützigkeit, das jede Forschung auf die Prinzipien der *Logik des Heilens* verpflichtet, verschwindet somit oder gerät doch zumindest deutlich in den Hintergrund. Nahezu unbemerkt treten an die Stelle von „therapeutischen Experimenten", also der „versuchsweisen" Anwendung neuartiger Therapiemaßnahmen im Interesse des Patienten, „wissenschaftliche Experimente", die ausschließlich oder doch zumindest in erster Linie dem Interesse dienen, Wissen zu vermehren oder abzusichern.[53]

Bei aller Weitsicht, die in Bernards Überlegungen sowohl im Hinblick auf methodologische Fragen als auch im Hinblick auf die ethischen Implikationen der neuen Medizin zum Ausdruck kommen, scheint ihm doch das grundsätzliche Spannungsverhältnis zwischen der tradierten ärztlichen Teleologie und der neuen Forschungsmethodologie noch nicht völlig klar gewesen zu sein.[54] Der unvermittelte Wechsel in seiner Argumentation von „therapeutischen Experimenten" zu (ungefährlichen) „rein wissenschaftlichen Experimenten" belegt dies. Damit verbunden ist sein tiefes Vertrauen in das Gewissen des Arztes als letztgültiger normativer Instanz in Fragen der moralischen Legitimität von Forschung: „Es ist unmöglich, daß Menschen, die über die Dinge unter so verschiedenen Gedanken urteilen, sich je verstehen können; da es unmöglich ist, es allen recht zu machen, braucht sich der Forscher nur um die Meinung der Forscher, die ihn verstehen, zu kümmern und sein Verhalten nur nach

---

[51] Ebd., 147 f. „Phtisis" (gr. Schwund) ist eine alte Bezeichnung für die durch Tuberkulose herbeigeführte allgemeine Auszehrung.

[52] Ebd., 148. Allerdings gilt das Gebot, nützliche Versuche durchzuführen, wohl nur unter der Bedigung, dass durch sie den Probanden kein Leid zugefügt wird, denn dies sei – so betont Bernard im Satz zuvor – durch die christliche Moral verboten.

[53] Anders interpretiert Maio die Ausführungen Bernards: „An keiner Stelle versucht Bernard, den nicht-therapeutischen Versuch, das Experiment ohne persönlichen Nutzen für den Patienten zu rechtfertigen; diese Frage stellt sich für ihn nicht." (Maio, *Das Humanexperiment vor und nach Nürnberg*, 48). Gegen Maios Lesart spricht, dass Bernard auf ein Experiment eines anderen Forschers verweist, der eine zum Tode verurteilte Frau Larven von Eingeweidewürmern schlucken ließ, um nach deren Tode zu sehen, wie diese sich entwickelt haben. Daran schließt sich die oben zitierte Passage an, in der er ausführt, andere hätten „ähnliche Versuche" durchgeführt und diese seien aufgrund ihrer Wichtigkeit für die Forschung, ebenso wie dadurch, dass sie dem Probanden keinen Schaden zufügten, erlaubt. Um therapeutische Experimente im Interesse der Probanden handelt es sich dabei offensichtlich nicht.

[54] Diese Auffassung vertritt auch Veatch, wenn er schreibt: „Bernard realized the crucial importance of doing systematic research. He may not have realized that it was in direct conflict with Hipporatic clinical ethics." (Veatch, *From Nuremberg Through the 1990s: The Priority of Autonomy*, 45).

seinem eigenen Gewissen zu richten."[55] Für Bernard bleiben die Fragestellungen, die sich mit der Durchführung medizinischer Humanexperimente zwangsläufig stellen, letztlich im Rahmen der „klassischen" ärztlichen Handlungslogik und des tradierten ärztlichen Ethos beantwortbar. Maio stellt daher nicht zu Unrecht fest, dass Bernard im Hinblick auf die Rechtfertigung biomedizinischer Humanexperimente einer ideengeschichtlich „ersten Reflexionsebene" zuzuordnen sei.[56] Dies gilt aber nicht nur, weil er das Humanexperiment zum ersten Mal zum Thema macht, wie Maio ausführt, sondern auch, weil es für ihn ein ethisches Problem ist, was Maio in Abrede stellt. Es ist für ihn allerdings, und insofern muss man Maio wieder zustimmen, ein Problem, das sich im Rahmen des traditionellen ärztlichen Ethos lösen lässt.[57] Solange der Arzt seinem Patienten als Probanden keinen Schaden zufügt, ist sein Handeln, nach der Auffassung Bernards, moralisch gerechtfertigt. Er ist unter Beachtung des „Nichtschadenprinzips" im Namen des wissenschaftlichen Fortschritts und damit im Interesse der künftigen Patienten sogar dazu verpflichtet, solche Forschung durchzuführen.[58] Man darf vermuten, dass Bernard unter ethischen Gesichtspunkten von einer weitgehenden strukturellen Ähnlichkeit des Arzt-Patient-Verhältnisses einerseits und des Forscher-Proband-Verhältnisses andererseits ausgeht, welche die Anwendung der gleichen Prinzipien rechtfertigt. Die Tatsache, dass (experimentelle) therapeutische Maßnahmen und Experimente zu rein wissenschaftlichen Zwecken bzw. die zugrunde liegenden Handlungslogiken partiell widersprüchlich sind, bleibt jedenfalls unklar.

---

[55] Bernard, *Einführung in das Studium der experimentellen Medizin*, 150.

[56] Maio, *Das Humanexperiment vor und nach Nürnberg*, 49. Maios weitergehender Behauptung, Bernard stelle die Prämisse auf, das Humanexperiment sei eine direkte Vorstufe zur Therapie und daher sei für ihn die Forschung am Menschen erlaubt, kann man zustimmen, wenn man hinzufügt, dass der therapeutische Nutzen nicht unbedingt dem Probanden selbst zukommen muss. Die Verwirrung in dieser Frage ist verständlich, da sie durch die Unklarheit bei Bernard selbst geradezu provoziert wird.

[57] Vgl. ebd., 49.

[58] Maio spricht deshalb auch von einem „Szientismusmodell", das bei Bernard im Hinblick auf biomedizinische Humanexperimente als Bewertungsmodell wirksam sei. Er will damit auf die prominente Rolle hinweisen, die der Wissenschaft bei der Lösung gesellschaftlicher Probleme zugewiesen wird, stellt aber nicht in Abrede, dass das Prinzip der Schadensvermeidung in Geltung bleibt. Aus ethischer Perspektive wäre m.E. der Begriff „Nichtschadenmodell" treffender, insbesondere im Kontrast zu den anderen (ethischen) „Modellen", die Maio noch nennt („Aporiemodell", „Einwilligungsmodell", „Tabumodell"); vgl. Maio, *Medizinhistorische Überlegungen zur Medizinethik 1900-1950*, besonders 375 f.

6. Die Patienteneinwilligung als Legitimationsvoraussetzung für ärztliches Handeln: Der „Fall Neisser" und die *Anweisung an die Vorsteher der Kliniken* (1900)

Durch die enormen Erfolge bestärkt, wurde die „moderne", d.h. experimentelle Medizin gegen Ende des 19. Jahrhunderts zu einem „ausgesprochenen Hoffnungsträger"[59]. Damit verbunden war eine „Art Experimentierwut"[60]. Getragen wurde diese von einem unausgesprochenen Konsens darüber, dass Versuche am Menschen zur Beförderung des medizinischen Fortschritts legitim seien. Sahen sich Forscher bis in die Mitte des Jahrhunderts immer noch verpflichtet, die Durchführung von Humanexperimenten im Rahmen von Publikationen explizit zu rechtfertigen, so „schienen nach 1885 ausführliche Rechtfertigungen nicht mehr in den Rahmen einer wissenschaftlichen Arbeit zu passen."[61]

Einen wichtigen Wendepunkt im Hinblick auf das Problemverständnis biomedizinischer Humanexperimente markiert der „Fall Neisser".[62] Der Arzt Albert Neisser hatte im Jahre 1892 Versuche zur „Serumtherapie bei Syphilis" durchgeführt, die er im Jahre 1899 in einer Festschrift unter dem Titel *Was wissen wir von einer Serumtherapie bei Syphilis und was haben wir von ihr zu erhoffen?* veröffentlichte. In seinen Versuchen hatte er insgesamt acht Mädchen bzw. jungen Frauen – die Jüngste war zehn Jahre alt –, aufgeteilt in zwei Gruppen, ein Serum von Syphilispatienten injiziert. Bei vier der acht Frauen, die Neisser durch die Abkürzung P.p. (= puella publica) als Prostituierte auswies, kam es während der Nachbeobachtungszeit zu einer Syphiliserkrankung, die Neisser jedoch auf „natürliche" Ursachen zurückführte. Gleichzeitig schloss er, dass das Serum keine immunisierende Wirkung habe.[63]

Neissers Veröffentlichung löste eine Welle öffentlicher Empörung aus: „Nach entrüsteten Berichten in der Presse sowie Debatten in beiden Kammern des preußischen Parlaments sowie im Reichstag wurde Neisser angeklagt und schließlich verurteilt, weil er ohne Einwilligung der Betroffenen gehandelt hatte."[64] Zwar folgte das Gericht Neissers Auffassung, dass das von Neisser verwendete Serum als unge-

---

[59] Tashiro, *Die Waage der Venus*, 140.

[60] Ebd., 147.

[61] Ebd., 142.

[62] Ebenfalls zu erwähnen ist in diesem Zusammenhang der weniger bekannte „Fall Strubell"; vgl. dazu Elkeles, *Wissenschaft, Medizinethik und gesellschaftliches Umfeld: Die Diskussion um den Heilversuch um 1900*, 23 ff.

[63] Vgl. Tashiro, *Die Waage der Venus*, 84 ff.; Winau, *Medizin und Menschenversuch*, 21 ff. Als ein Beispiel für die moralisch zweifelhafte Forschungspraxis in der Medizin findet der „Fall Neisser" schon bei Albert Moll in dessen Buch *Ärztliche Ethik* aus dem Jahre 1900 Erwähnung; vgl. Moll, *Ärztliche Ethik*, 560 f. und 24. Für den Hinweis auf die Schrift von Moll bin ich Prof. K. Fleischhauer zu Dank verpflichtet.

[64] Elkeles, *Wissenschaft, Medizinethik und gesellschaftliches Umfeld: Die Diskussion um den Heilversuch um 1900*, 24 f.

fährlich gelten könne. Es kritisierte jedoch die Verwendung kindlicher Probanden und beanstandete zudem, dass Neisser nicht die Einwilligung der gesetzlichen Vertreter eingeholt habe.[65] Es setzte sich damit – zumindest unter Juristen[66] – die Auffassung durch, dass das von Bernard formulierte Nichtschadenprinzip allein nicht hinreichend sei. Obwohl das Serum als ungefährlich galt, es sich in der Terminologie Bernards also um ein „unschuldiges" und damit „erlaubtes" Experiment handelte, kritisierte das Gericht, dass keine Einwilligung (in diesem Fall der Rechtsvertreter) eingeholt worden war. Neisser selbst hingegen hielt die Einwilligung „für einen bloßen formalen Akt, auf den er angesichts der Ungefährlichkeit des Serums habe verzichten können."[67] Das ärztliche Gewissen war für ihn, das wird aus dieser Reaktion deutlich, immer noch die letztgültige Entscheidungsinstanz, und die Orientierung am „Nichtschadenprinzip" zur Legitimation von Humanexperimenten hinreichend.

Die juridische Bewertung, die der „Fall Neisser" erfuhr, bleibt indes unverständlich, wenn man sie nicht im Zusammenhang mit einer anderen Problematik betrachtet. Schon seit den 1880er Jahren wurde von Juristen die Frage diskutiert, ob eine Einwilligung seitens des Patienten notwendige Voraussetzung dafür sei, dass ein medizinischer, insbesondere chirurgischer Eingriff, aber a fortiori auch ein Humanexperiment, nicht als rechtswidrige Körperverletzung gelten müsse.[68] Der Beanstandung des Gerichts, Neisser habe die Einwilligung der Probanden vor Versuchsbeginn einholen müssen, schreibt diese Entwicklung fort, die spätestens im Jahre 1894 durch eine höchstrichterliche Entscheidung prägenden Einfluss bekam. In diesem Jahr hatte das Reichsgericht in einem Urteil deutlich gemacht, dass es sich bei einem medizinischen Eingriff nur unter der Bedingung der Einwilligung nicht um eine rechtswidrige Körperverletzung handelt.[69] Insbesondere lehnten die Richter es

---

[65] Vgl. ebd., 25.

[66] Sauerteig betont, dass die Kritik an Neisser in erster Linie *nicht* von den ärztlichen Kollegen ausging; vgl. Sauerteig, *Ethische Richtlinien, Patientenrechte und ärztliches Verhalten bei der Arzneimittelprobung (1892-1931)*, 309.

[67] Elkeles, *Wissenschaft, Medizinethik und gesellschaftliches Umfeld: Die Diskussion um den Heilversuch um 1900*, 25.

[68] Vgl. Elkeles, *Der moralische Diskurs über das medizinische Menschenexperiment im 19. Jahrhundert*, 218 ff.

[69] Reichsgericht, *Urteil vom 31. Mai 1894 (Az. Rep. 1406/94)* („Von welchen rechtlichen Voraussetzungen hängt die Strafbarkeit oder Straflosigkeit von Körperverletzungen ab, welche zum Zwecke des Heilverfahrens von Ärzten bei operativen Eingriffen begangen werden?"). Für die rechtliche Entwicklung in den USA von besonderer Bedeutung ist der Fall Schloendorff v. Society of New York Hospital des Court of Appeals of New York aus dem Jahre 1914. In diesem Urteil findet sich die oft zitierte Feststellung von Richter Cardozo: „Every human being of adult years and sound mind has the right to determine what shall be done with his own body; and a surgeon who performs an operation without his patient's consent commits an assault, for which he is liable in damages, except in cases of emergency where the patient is unconscious, and where it is

ab, das Berufsrecht des approbierten Arztes „zur selbständigen Grundlage irgend welcher dem letzteren [d.i. der Arzt, B.H.] über den Körper von Kranken zustehenden originären Befugnisse zu erheben".[70] Im Gegenteil lassen die Richter keinen Zweifel daran, dass allein die Einwilligung des Patienten als Legitimationsgrundlage hinreichend ist: „Im übrigen vermögen auch die Anhänger selbständiger ärztlicher Berufsrechte sich der Erkenntnis nicht zu verschließen, daß unter allen Umständen diese freien Rechte ihre Schranke in dem entgegengesetzten Willen des verfügungsfähigen Kranken, dessen Angehörigen oder sonstigen rechtlichen Repräsentanten finden. Muß man aber diese Beschränkung einräumen, dann liegt darin auch das Zugeständnis, daß es an sich nicht das Berufsrecht des Arztes, sondern in erster Reihe der Wille des Kranken ist, welcher den ersteren legitimiert, Körperverletzungen straflos zu verüben [...]."[71] Die Entscheidung des Gerichts im „Fall Neisser" verdankt sich also nicht unbedingt der Einsicht in die strukturelle Besonderheit bzw. Andersartigkeit des Humanexperiments gegenüber therapeutischen Maßnahmen, sondern in ihr werden juristische Prinzipien appliziert, die ebenso für medizinische Eingriffe, die nicht zu rein wissenschaftlichen Zwecken durchgeführt werden, zu dieser Zeit in Geltung waren.[72]

Dennoch stellt der „Fall Neisser" eine wichtige Wendemarke dar. Tashiro konnte nachweisen, dass sich das Publikationsverhalten der Ärzte in den Folgejahren änderte. Sie kommt zu dem Ergebnis: „Es wurde über Versuche am Menschen nicht mehr mit der Selbstverständlichkeit geschrieben, die einmal üblich gewesen war."[73] Darüber hinaus führte die öffentliche Entrüstung auch dazu, dass die preußische Regierung im Jahre 1900 eine *Anweisung an die Vorsteher der Kliniken, Polikliniken und sonstigen Krankenanstalten* herausgab, in der „Eingriffe zu anderen als diagnostischen, Heil- und Immunisierungszwecken"[74] geregelt werden. Diese Anweisung ist in mancher Hinsicht beachtlich: Zum einen wird gemäß der herrschenden Rechtsauffassung für therapeutische Heilversuche und medizinische Eingriffe insgesamt die

---

necessary to operate before consent can be obtained." (Court of Appeals of New York, *Schloendorff v. Society of New York Hospital (March 11, 1914)*, 2); vgl. dazu auch Katz, *The Silent World of Doctor and Patient*, 48 ff.

[70]   Reichsgericht, *Urteil vom 31. Mai 1894 (Az. Rep. 1406/94)*, 379.

[71]   Ebd., 380.

[72]   Sauerteig weist indessen darauf hin, dass im Urteil des Reichsgerichts nicht von einer umfassenden Aufklärungspflicht die Rede sei. Weiter bemerkt er: „Außerhalb der Chirurgie war mithin eine ausdrückliche Einwilligung in die Therapie durch Patienten nicht vorgesehen." (Sauerteig, *Ethische Richtlinien, Patientenrechte und ärztliches Verhalten bei der Arzneimittelprobung (1892-1931)*, 321). Dies habe sich – *de jure* – erst durch ein Urteil des Reichsgericht aus dem Jahre 1932 geändert, *de facto* sogar erst sehr viel später; vgl. ebd., 321 f.

[73]   Tashiro, *Die Waage der Venus*, 161.

[74]   Minister der geistlichen, Unterrichts- und Medizinal-Angelegenheiten, *Anweisung an die Vorsteher der Kliniken, Polikliniken und sonstigen Krankenanstalten*, Nr. I.

Durchführung eines Experiments an die Einwilligung des Probanden geknüpft.[75] Darüber hinaus wird festgestellt, die Voraussetzungen für einen Versuch lägen auch dann *nicht* vor, wenn der Einwilligungserklärung nicht „eine sachgemäße Belehrung über die aus dem Eingriff möglicherweise hervorgehenden nachteiligen Folgen vorausgegangen ist."[76] Forschung an Minderjährigen sowie an nicht vollständig Geschäftfähigen wird ebenso ausgeschlossen.[77] Ferner wird deutlich hervorgehoben, dass „Eingriffe dieser Art nur von dem Vorsteher selbst oder mit besonderer Ermächtigung desselben vorgenommen werden dürfen"[78] und ausführlich dokumentiert werden müssen.[79] Schließlich wird erklärt, dass bestehende Bestimmungen über medizinische Eingriffe, d.h. Eingriffe zu diagnostischen, therapeutischen oder präventiven (Immunifizierungs-) Zwecken von der Regelung nicht berührt werden.[80] Damit liegt zum ersten Mal in der Geschichte eine staatliche Richtlinie für medizinische Humanexperimente vor, die darüber hinaus den Unterschied zwischen medizinischen und wissenschaftlichen Zwecken betont.[81] Trotz der klaren Unterscheidung zwischen „medizinischen Eingriffen zu diagnostischen, Heil- und Immunisierungszwecken" einerseits und solchen Eingriffen, die zu anderen, d.h. rein wissenschaftlichen Zwecken durchgeführt werden, bleibt es dabei, dass für beide Handlungsbereiche im Wesentlichen die gleichen Prinzipien geltend gemacht werden, wenn auch für letztere in einer verschärften Form. Ein grundlegender struktureller Unterschied oder gar ein partieller Widerspruch zwischen der *Logik des Heilens* und der *Logik der Forschung* wird anscheinend nicht angenommen. Nichtsdestoweniger tritt neben das von Bernard noch als hinreichend betrachtete „Nichtschadenprinzip" damit das „Einwilligungsprinzip" als Legitimationsvoraussetzung, allerdings in einer dem ärztlichen Ethos äußerlichen, juridischen Form. Insgesamt blieb eine paternalistische Haltung gegenüber Patienten und Probanden weiterhin dominierend.[82]

---

[75] Vgl. ebd., Nr. I Abs. 2.

[76] Ebd., Nr. I Abs. 3.

[77] Vgl. ebd., Nr. I Abs. 1.

[78] Vgl. ebd., Nr. II Abs. 1.

[79] Vgl. ebd., Nr. II Abs. 2.

[80] Vgl. ebd., Nr. III.

[81] Schon im Jahre 1891 erließ der preußische Innenminister ein Rundschreiben, in dem die Anwendung von Kochs Tuberkulin in Gefängnissen geregelt wurde. Darin findet sich „eher beiläufig", wie Winau feststellt, die Formulierung, dass das Mittel nicht „gegen den Willen des Kranken" angewendet werden solle. Prominent wurde das Zirkular vor allem wegen der Aufmerksamkeit, die ihm internationale Fachjournale, etwa das *Journal of the American Medical Association (JAMA)* und das *British Medical Journal (BMJ)*, schenkten; vgl. Winau, *Medizin und Menschenversuch*, 20 f.

[82] Vgl. Elkeles, *Der moralische Diskurs über das medizinische Menschenexperiment im 19. Jahrhundert*, 225 ff. Der Grund dafür könnte nicht zuletzt darin liegen, dass, wie Elkeles meint, im „Fall Neisser [...] vor allem die tendenziöse Zielsetzung der Kritiker eine wirksame Diskussion der Problematik des Menschenexperiments innerhalb und außerhalb des ärztlichen Standes [verhinderte]." (Ebd., 216).

7.   Humanexperimente und die *Ärztliche Ethik* von Albert Moll

Die *Anweisung* des Jahres 1900 enthält bereits zentrale Elemente, die in späteren Regelungswerken und Texten zur Forschungsethik immer wieder aufgegriffen werden. Das fundamentale Spannungsverhältnis zwischen der *Logik des Heilens* und der *Logik der Forschung* bleibt jedoch unausgesprochen. Als einer der Ersten, der diesen Konflikt thematisiert hat, darf der Arzt Albert Moll gelten. Angeregt durch „gewisse Experimente am lebenden Menschen"[83] sah sich Moll veranlasst, eine Ethik vorzulegen, die über die zu seiner Zeit gängigen Schriften zu ärztlichen Standespflichten und Fragen der Etikette hinausgeht.[84] Moll bearbeitet in seiner Schrift keineswegs nur die Problematik des Humanexperiments in der Medizin, vielmehr geht es ihm darum, eine Ethik zu entwerfen, welche die Pflichten des Arztes „in allen Beziehungen seiner Thätigkeit" – so der Untertitel des Buches – berücksichtigt. Dennoch nimmt die Diskussion der Problematik medizinischer Humanexperimente eine zentrale Stellung innerhalb des Buches ein.

Der Arzt hat, so stellt Moll fest, seine „Handlungsweise so einzurichten, dass sie der Gesundheit des Klienten nützt. [...] nicht die Nützlichkeit für die Allgemeinheit soll den Arzt in erster Linie leiten, sondern die Rücksicht auf den konkreten Fall."[85] Auf dieser Aufgabenbestimmung aufbauend formuliert er anschließend in aller wünschenswerten Deutlichkeit das fundamentale Spannungsverhältnis, welches zwischen den „eigentlichen" Aufgaben des Arztes und der medizinischen Forschung besteht: „Um die Lösung der der Medizin gestellten praktischen Aufgaben herbeizuführen, bedient sie sich zweier Wege: der Forschung und des Unterrichts. Die Forschung kann zwar auch den Zweck haben, ein Heilmittel für ein bestimmtes Individuum zu finden, das sich dem Arzte anvertraut hat. So ist in der Praxis des Arztes oft ein vorsichtiges Ausprobieren von Heilmitteln notwendig, um zu sehen, was im einzelnen Falle anschlägt. Die medizinische Forschung im allgemeinen Sinne aber berücksichtigt nicht das einzelne Individuum, sondern man forscht, um irgend welchen Leuten, die man noch gar nicht kennt, später Nutzen zu gewähren."[86] Klar unterschieden wird also zwischen dem unsystematischen Ausprobieren von Heilmitteln im Hinblick auf die Heilung eines bestimmten Patienten einerseits und methodisch streng geregelter Forschung zur Erweiterung des medizinischen Wissens andererseits, wobei Letztere so vorgestellt wird, dass sie in der Regel für den Probanden selbst nicht von Nutzen ist. Die vermeintliche „Entschuldigung" des späteren mannigfachen Nutzens von Experimenten ohne Nutzen für den Probanden lässt Moll nicht oder zumindest nur sehr eingeschränkt gelten, immer müsse „der

---

[83]   Moll, *Ärztliche Ethik*, V.

[84]   Derartige „ärztliche Ethiken" existierten bereits zuvor; besonders bekannt ist die Schrift *Medical Ethics* von Thomas Percival aus dem Jahre 1803.

[85]   Moll, *Ärztliche Ethik*, 16.

[86]   Ebd., 29.

Wert des Individuums maßgebend" sein.[87] Im Gegensatz dazu suche aber der forschende Arzt „gar zu leicht einen Kranken, der sich ihm anvertraut, für die Lösung eines wissenschaftlichen Problems zu benützen und gelangt so dazu, das Interesse des Kranken hintanzustellen."[88] Dass seine Befürchtungen hinsichtlich des forschenden Arztes sehr real sind, belegt Moll durch zahlreiche Fälle, in denen Ärzte im Namen der Forschung gegen das Interesse ihrer Patienten verstoßen haben.[89] Er präsentiert dieses Material, das er zeitgenössischen wissenschaftlichen Publikationen entnimmt, nicht zuletzt, weil „nirgends die Kollision zwischen der Pflicht des Arztes und dem Forscherdrang so deutlich" werde.[90] Bei Moll wird somit erstmals das grundsätzliche Spannungsverhältnis zwischen der *Logik des Heilens* und der *Logik der Forschung* thematisiert.

Nicht nur die Einsicht in das Kernproblem der Forschungsethik findet sich bei Moll, er formuliert auch ethische Prinzipien, die weit über das in der *Anweisung* von 1900 Gesagte hinausgehen, und kritisiert den Text in zentralen Punkten.[91] Allem voran weist er auf eine ungenaue Formulierung in der *Anweisung* hin. Dort heißt es, die Regelung beziehe sich nur auf Eingriffe „zu anderen als diagnostischen, Heil- und Immunisierungszwecken". Moll kritisiert, dass der notwendige Hinweis auf die Eigennützigkeit dieser Eingriffe fehle, sodass „Zweck" auch als „Zweck für andere" interpretiert werden könne. Die in der *Anweisung* geforderte Einwilligung nach vorhergehender Aufklärung ist nach Molls Überzeugung richtig und wichtig, sichergestellt werden müsse aber, dass diese Forderungen auch erfüllt würden. Der Text verlangt zwar einen entsprechenden Vermerk in der Krankenakte, dies scheint Moll aber nicht ausreichend zu sein. Die Regelung der Forschung an Minderjährigen hält er hingegen für zu rigide. Ganz allgemein sei eine Unterscheidung in „leichte" und „schwere" Eingriffe angeraten und nur „schwere" Eingriffe sollten bei Minderjährigen generell untersagt sein. „Leichte" Eingriffe, wie etwa das Abschneiden eines Haares oder die Entnahme einer geringen Menge Blutes, dürfe man hingegen nicht zu streng beurteilen, sogar eine schriftliche Einwilligungserklärung sei in diesen Fällen unangemessen. Darüber hinaus fordert Moll, dass Experimente nur nach vorherigen Tierversuchen und anderen wissenschaftlichen Vorprüfungen durchgeführt werden,[92] ausführliche Schaden-Nutzen-Analysen angestellt werden und,[93]

---

[87] Vgl. ebd., 559.

[88] Ebd., 557.

[89] Vgl. ebd., 505-552. Neben Moll hat auch noch der russische Arzt Wikentij Wikentjewitsch Smidowitsch unter dem Pseudonym Vikenty Veressayev (bisweilen auch in der Schreibweise W. Weressajew) in seinem 1902 in deutscher Übersetzung erschienen Buch *Berichte eines praktischen Arztes* kritisch auf Missbrauchsfälle hingewiesen. Auszüge der englischen Übersetzung *The Memoirs of a Physician* sind abgedruckt in Katz, *Experimentation with Human Beings*, 284-291.

[90] Vgl. Moll, *Ärztliche Ethik*, 506.

[91] Vgl. zum Folgenden ebd., 566 ff.

[92] Vgl. ebd., 555.

zumindest bei „gefährlichen" Experimenten, die Einwilligung des Kranken oder dessen Rechtsvertreter eingeholt wird, ohne dass dabei Druck durch den Arzt ausgeübt wird.[94] Moll formuliert damit – lange vor den *Reichsrichtlinien* von 1931, dem *Nuremberg Code* von 1947 oder gar der *Declaration of Helsinki* von 1964 – Prinzipien, die auch heute noch als wesentliche Elemente einer Forschungsethik angesehen werden müssen.

Es ist für das Problemverständnis und seine Entwicklung hilfreich, kurz auf die Begründung dieser Prinzipien bei Moll einzugehen. Erstaunlicherweise zeigt sich der Autor der *Ärztlichen Ethik* nämlich schon im ersten Kapitel seines Buches „Begriff und Inhalt einer ärztlichen Ethik" entschieden skeptisch gegen jede Art von ethischer Theorie. Dezidiert lehnt er den Utilitarismus Benthamscher Provenienz als Grundlage einer ärztlichen Ethik ab, nicht nur, weil in ihm die Interessen des Einzelnen hinter denen der Gemeinschaft zurückstehen, sondern auch weil sich, wie er meint, von diesem Standpunkt aus widersprechende Handlungen rechtfertigen ließen, sodass er als Theorierahmen für eine ärztliche, d.h. genuin praktische Ethik ungeeignet sei.[95] Aber auch alle anderen ethischen Theorieansätze hält er letztlich für gleichermaßen ungeeignet, sodass er zu dem Ergebnis kommt, es sei „das beste, bei der Begründung einer medizinischen Ethik auf Moraltheorie zu verzichten."[96] Stattdessen beruft er sich zum einen auf ein praktisch immer schon vorhandenes „moralisches Gefühl", welches zwar grundsätzlich kulturvariant sei, bei den „heutigen Kulturvölkern" aber wesentliche Übereinstimmungen aufweise.[97] Zum anderen, und das ist Molls zentrales Argument, denkt er das Arzt-Patient-Verhältnis als ein Vertragsverhältnis: Es ist der zwischen Arzt und Patient geschlossene *Vertrag*, der sowohl die Pflichten als auch die Rechte des Arztes klar begrenzt.[98] So hat nach Moll der Arzt keine grundsätzliche Pflicht zur Hilfeleistung, aber auch kein Recht zur Behandlung oder gar zur Forschung jenseits der Einwilligung des Patienten. Damit schließt sich Moll im Rahmen seiner Ethik der Auffassung an, die das Reichsgericht im Urteil aus dem Jahr 1894 vertreten hatte.[99] Mehr noch, seine Analyse der Problematik erfolgt im Wesentlichen in juridischen Kategorien.[100] Zwar betont er den „Wert des Individuums" als letztgültige Richtschnur des ärztlichen

---

[93] Vgl. ebd., 233 ff., 555 f.

[94] Vgl. ebd., 233, 556, 564.

[95] Vgl. ebd., 9.

[96] Ebd., 10.

[97] Vgl. ebd., 11 ff.

[98] Moll wörtlich: „Wir können uns des Arztes Thätigkeit am besten als eine Leistung vorstellen, die er auf Grund eines Vertrages mit dem Klienten erfüllt." (Ebd., 33).

[99] Ausdrücklich weist er darauf hin, dass seine Position „in Übereinstimmung mit der juristischen Auffassung ein Selbstbestimmungsrecht des Menschen in weiten Grenzen auch vom moralischen Standpunkt aus anerkenne". (Ebd., 262).

[100] Vgl. Maehle, *Zwischen medizinischem Paternalismus und Patientenautonomie: Albert Molls „Ärztliche Ethik" (1902) im historischen Kontext.*

Handelns, setzt diesen aber in erster Linie gegen die seiner Meinung nach unhaltbare Auffassung, der „Wert der Gemeinschaft" sei höher zu veranschlagen. Unhaltbar ist diese Auffassung für Moll aber deshalb, weil der Arzt *durch einen Vertrag* auf das Wohl des je einzelnen Patienten verpflichtet ist.[101] Wie hoch er die Autonomie des Patienten-Probanden veranschlagt, wird bei der Frage deutlich, ob der Experimentator bei Einwilligung des Probanden zu jeder Art von Versuchen berechtigt sei. Dies sei, so argumentiert Moll hier, bei besonders gefährlichen Experimenten einerseits eine Frage des Gewissens des Forschers, andererseits aber auch der Versuchsperson, die etwa ihre Pflichten gegenüber Angehörigen bedenken müsse.[102] Damit benennt er zwar mögliche moralische Grenzen, verschiebt diese aber in den Bereich des rein subjektiven Urteils von Forscher und Proband. Objektiv ist es beiden Parteien erlaubt, jede Form von Experiment zu verabreden. Eine solche Position ist vor dem Hintergrund der Begründung der ärztlichen Ethik durch einen Vertrag (und die allgemeinen Grundsätze einer für jeden Menschen gültigen Ethik) völlig konsequent. Einigen sich die „Vertragsparteien", d.h. der Arzt-Forscher und der Proband, und ist gewährleistet, dass keine Seite die andere übervorteilt hat, insbesondere natürlich der Arzt-Forscher den Patienten, indem dieser jenen nicht über alle Gefahren eines Experiments vollständig aufgeklärt hat, dann muss der Vertrag als hinreichende Legitimationsbasis gelten.[103] Einschränkend erklärt Moll allerdings, dass nur gebildete, urteilsfähige Personen zu einer solchen legitimierenden Zustimmung überhaupt fähig seien, Ärzte häufig aber den ihnen entgegengebrachten Respekt ausnützten, um eine Einwilligung ihrer Patienten zu bekommen. Daher schlägt er

---

[101] Vgl. Moll, *Ärztliche Ethik*, 559.

[102] Vgl. ebd., 510.

[103] Im Zuge der ausführlichen Darstellung von Fällen weist Moll darauf hin, dass viele der beschriebenen Experimente „durchaus in einwandsfreier Weise" gemacht wurden, da „sie an Personen vorgenommen wurden, die sich nach völliger Aufklärung willig dazu hergaben." (Ebd., 513). Nicht recht dazu passen will eine andere Stelle im Text. In Übereinstimmung mit dem bisher Gesagten führt Moll dort aus: „Eine solche [eine zu erwartende Schädigung, die nicht mit der Behandlung des Individuums zusammenhängt, B.H.] darf nie und nimmer ohne rechtliche und moralische Sanktion, z.B. unzweideutige Einwilligung zugelassen werden." Dann stellt er jedoch fest, dass „wir vom strengen ethischen Standpunkt auch nicht zu der kleinsten Schädigung eines Patienten berechtigt sind". (Ebd., 569). Nur dann steht diese Passage zu allem Vorherigen nicht im Widerspruch, wenn man ergänzt „im Rahmen eines Vertrags, der auf Heilbehandlung, nicht aber auf Forschung hin angelegt worden ist". Denn die Auffassung, dass medizinische Forschung überhaupt illegitim sei, vertritt Moll augenscheinlich nicht. Dass solche Forschung aber mit mehr als „kleinsten Schädigungen" verbunden sein kann, betont er selbst immer wieder.

vor, Experimente an Medizinern vorzunehmen, da sie die Tragweite eines Experiments am ehesten zu überblicken vermögen.[104]

Moll reagiert mit seinen Ausführungen auf die, wie er meint, Fehlentwicklungen seiner Zeit vor allem im Bereich der medizinischen Forschung, indem er die individuelle Ausrichtung der medizinischen Praxis auf den einzelnen Kranken in einem persönlichen Vertragsverhältnis rekonstruiert. Die auf das Allgemeine gerichtete *Logik der Forschung*, die das Individuum in den Hintergrund treten lässt, ist deshalb „unmoralisch", weil bzw. insofern damit eben jenes (Heil-)Vertragsverhältnis missachtet wird. Schließt der Arzt hingegen mit seinem Patienten nach vollständiger Aufklärung über zu erwartende Schädigungen und etwaige Risiken einen Vertrag, der ausdrücklich die Forschungshandlung zum Gegenstand hat, so ist sein Vorgehen legitimiert. Weitere Begrenzungen findet die Forschung nur noch in den je persönlichen Gewissensentscheidungen des Forschers wie des Probanden. Obwohl Moll dem „Einwilligungsprinzip" im Rahmen seines Ansatzes eine zentrale Rolle zuweist, bemerken einige Autoren gelegentlich, dass das medizinethische Konzept des „informed consent" bei ihm noch nicht anzutreffen sei. Moll komme, so kommentiert Maehle, dem Gedanken der Patientenautonomie zwar nahe, er schließe sich aber dem „juristischen Konzept des Selbstbestimmungsrechts der Person an."[105] Moll denke das Vertragsverhältnis zwischen Arzt und Patient nicht als symmetrisches Verhältnis, sondern es bleibe bei einem „„ungleichgewichtigen' Vertrag, in dem der Arzt die eigentliche Verantwortung trug".[106] Daher, so schließt Maehle, sei er mit seinem Ansatz zwischen Paternalismus und Patientenautonomie einzuordnen.[107] Gerade im Hinblick auf Humanexperimente betont Moll gleichwohl, dass es sich um „gebildete, urteilsfähige" Personen handeln müsse, die die „Tragweite solcher Versuche" einzuschätzen vermögen, da nur diese zu einer wirklichen, d.h. rechtfertigenden Einwilligung fähig seien – eine Forderung also, die eindeutig die Problematik möglicher und wirklicher „Informiertheit" in Rechnung stellt.[108]

---

[104] Vgl. ebd., 565. Eine ähnliche Überlegung hat später Jonas in seinem wirkmächtigen Aufsatz *Philosophical Reflections on Experimenting with Human Subjects* angestellt; vgl. dazu ausführlich IV.2.a.(i).

[105] Maehle, *Zwischen medizinischem Paternalismus und Patientenautonomie: Albert Molls „Ärztliche Ethik" (1902) im historischen Kontext*, 53; vgl. auch Elkeles, *Der moralische Diskurs über das medizinische Menschenexperiment im 19. Jahrhundert*, 225 ff.

[106] Maehle, *Zwischen medizinischem Paternalismus und Patientenautonomie: Albert Molls „Ärztliche Ethik" (1902) im historischen Kontext*, 53.

[107] Vgl. ebd., 53.

[108] Vgl. Moll, *Ärztliche Ethik*, 565. Die Auffassung, dass das Einwilligungsprinzip bzw. das Konzept des „informed consent" erst nach dem 2. Weltkrieg Bedeutung erlangt habe, ist also nicht ganz zutreffend. Möglicherweise haben Faden und Beauchamp mit ihrem Buch *A History and Theory of Informed Consent* (unfreiwillig) zu dieser Überzeugung beigetragen. Genau genommen behaupten die Autoren dort aber lediglich: „‚Informed consent' first appeared as an issue in *American medicine* in the late 1950s and early 1960s."

Molls *Ärztliche Ethik* nimmt viele Grundsätze der Forschungsethik vorweg, die erst später als allgemein gültig anerkannt worden sind. Dennoch zeigt seine Begründung der für die medizinische Forschung relevanten Prinzipien, dass auch er ein grundsätzliches Spannungsverhältnis zwischen der *Logik der Forschung* und der *Logik des Heilens* nur in bedingter Weise annimmt. Zwar spricht Moll von einem Konflikt, der zwischen medizinischer Praxis und Forschung bestehe, hält diesen aber für leicht entschärfbar. Das tradierte ärztliche Ethos wird nämlich zugunsten einer vertragstheoretischen Grundlegung des Arzt-Patient-Verhältnisses in Verbindung mit allgemeinen moralischen Grundsätzen, wenn nicht gänzlich aufgegeben, so doch in seiner Bedeutung und Geltung diesem untergeordnet. Eine „besondere Ethik" für den Arztberuf lehnt Moll ab.[109] So löst er das Problem, dass das ärztliche Handeln immer auf den einzelnen Kranken zielt durch einen eigens dazu geschlossenen (Heil-)Vertrag. Ein Vertrag, der explizit rein wissenschaftliches Handeln zum Gegenstand hat, wird analog als hinreichende Legitimationsgrundlage für die Forschertätigkeit angesehen. Den tradierten Grundsatz „salus aegroti suprema lex" gibt er, für den Fall, dass der Arzt als Forscher handelt und dies vertraglich abgesichert hat, somit auf. Der von Moll benannte Konflikt zwischen Zielen und Handlungen des Arztes einerseits, des Forschers andererseits ergibt sich somit nur im Rahmen eines rein ärztlichen (Heil-)Vertrages. Im vertraglich geregelten *Forscher-Proband-Verhältnis* dagegen kann der Konflikt zwischen der *Logik des Heilens* und der *Logik der Forschung* nicht mehr zum (ethischen) Problem werden.

Eine solche Bewertung des Mollschen Werks aus heutiger Sicht läuft freilich Gefahr, den historischen Umständen, in denen es entstanden ist, nicht gerecht zu werden. Zwar ist es durchaus legitim, auch historische Werke auf die in ihnen namhaft gemachten Prinzipien und mehr noch auf deren Begründung und Geltung hin zu befragen. Gleichzeitig darf man den historischen Kontext jedoch nicht völlig aus den Augen verlieren.[110] Molls *Ärztliche Ethik* muss man daher in erster Linie als vehemente Kritik an den zu seiner Zeit gängigen Forschungsmethoden, d.h. der

---

(Faden / Beauchamp, *A History and Theory of Informed Consent*, 86, Hervorhebung B.H.). In einer längeren Fußnote weisen sie sogar ausdrücklich darauf hin, dass in der europäischen Literatur der Zeit vor dem 2. Weltkrieg schon 27 Artikel speziell zur Thematik der Patienteneinwilligung zu finden sind; vgl. Faden / Beauchamp, *A History and Theory of Informed Consent*, 108, Anm. 121. Besonders Vollmann und Winau haben auf die Forderung nach (informierter) Zustimmung in der *Anweisung* von 1900 sowie in den *Reichsrichtlinien* von 1931 (siehe unten I.8.a) als Belege für das Bestehen des Konzepts des „informed consent" vor dem 2. Weltkrieg hingewiesen, vgl. Vollmann / Winau, *Informed consent in human experimentation before the Nuremberg code* sowie Vollmann / Winau, *History of informed medical consent*.

[109] Vgl. Moll, *Ärztliche Ethik*, 27.

[110] Dies gilt freilich, wie Sauerteig zu Recht bemerkt, für die Auseinandersetzung über die ethische Beurteilung von Humanexperimenten insgesamt; vgl. Sauerteig, *Ethische Richtlinien, Patientenrechte und ärztliches Verhalten bei der Arzneimittelerprobung (1892-1931)*, 304.

Forschung an Patienten ohne deren Einwilligung, begreifen. Die Diskussion über den Humanversuch, ebenso wie die Forderung nach Patienteneinwilligung bei Moll blieb einstweilen eine Ausnahme in der medizinischen Diskussion.[111] Die kritische Distanz Molls zur medizinethischen Literatur seiner Zeit nennt Maehle auch als Grund für „die eher kühle Aufnahme" und die begrenzte Wirkungsgeschichte unter den Fachkollegen.[112] Erst in neuerer Zeit wurde das Werk als früher Beitrag zur Fortentwicklung medizinischer Ethik wiederentdeckt.[113]

8.   Kodifizierte ethische Prinzipien als Reaktion auf Missbrauchsfälle

Trotz der *Anweisung* – und vereinzelter Kritiker wie Moll – änderte sich das Selbstverständnis der forschenden Ärzte und damit auch die Forschungspraxis in den 1910er und 1920er Jahren nicht grundlegend.[114] Im Jahre 1928 erschien in der Zeitschrift *Ethik. Sexual- und Gesellschafts-Ethik* ein Artikel zum Thema „Versuche am Menschen", in dem der Arzt Emil Abderhalden erneut deutliche Kritik an der Forschungspraxis seiner Kollegen übt und geltend macht, dass für den Arzt der Kranke niemals zum „Fall" heruntersinken dürfe.[115] Versuche, so Abderhalden, die „nur den Zweck haben, ein im Tierversuch erhaltenes Ergebnis am Menschen zu bestätigen, ohne daß dabei für jenes Individuum, das zum Versuch verwendet wird, eine günstige Beeinflussung irgendeines Zustandes in Aussicht steht, vielmehr mit der Möglichkeit einer mehr oder weniger großen Schädigung gerechnet werden muß"[116], seien mit der ärztlichen Ethik schlichtweg nicht vereinbar. Solche Versuche dürfe der Arzt nur an sich selbst oder an „Persönlichkeiten [...], die in voller Erkenntnis der möglichen Folgen aus Interesse an dem Ergebnis des Versuchs sich freiwillig zur Verfügung stellen"[117] vornehmen. Kranke Menschen, die sich dem Arzt in der Hoffnung auf Heilung anvertraut hätten, könnten dafür nicht in Betracht kommen, sondern „in der Regel nur Kollegen"[118]. Abderhalden hält – das wird aus seinen Ausführungen insgesamt deutlich – strikt an den tradierten Prinzipien der ärztlichen Ethik fest, eine partielle Suspension im Namen des medizinischen Fortschritts lehnt er ab.

---

[111] Vgl. Maio, *Medizinhistorische Überlegungen zur Medizinethik 1900-1950*, 380; Elkeles, *Wissenschaft, Medizinethik und gesellschaftliches Umfeld: Die Diskussion um den Heilversuch um 1900*, 26.

[112] Maehle, *Zwischen medizinischem Paternalismus und Patientenautonomie: Albert Molls „Ärztliche Ethik" (1902) im historischen Kontext*, 53.

[113] Vgl. ebd., 44 f.

[114] Vgl. Tashiro, *Die Waage der Venus*, 165.

[115] Abderhalden, *Versuche am Menschen*, 16.

[116] Ebd., 13 f.

[117] Ebd., 14.

[118] Ebd., 14.

In vier Antworten auf Abderhaldens Artikel nehmen Kollegen zu dessen Ausführungen Stellung. Der Königsberger Arzt Max Matthes weist in seiner Antwort auf die Notwendigkeit von Humanexperimenten hin. Sie seien auch an kranken Menschen aufgrund der „ethischen Zwecke", denen sie dienen, vertretbar. Allerdings müsse, so Matthes, das ärztliche Handeln jederzeit am Grundsatz des „nihil nocere" ausgerichtet bleiben.[119] Mit durchaus unterschiedlichen Akzentuierungen schließen sich diesem Tenor auch die übrigen drei Autoren an.[120] Die Problematik medizinischer Humanexperimente ist, das wird durch diese Beiträge deutlich, zwar weiterhin präsent, eine breite Diskussion erfolgt jedoch nicht. Insbesondere findet eine über die Fachgrenzen der Medizin und Rechtswissenschaften hinausreichende Auseinandersetzung weiterhin nicht statt.[121]

a)   Die Reichsrichtlinien zur Forschung am Menschen (1931)

War die *Anweisung an die Vorsteher der Kliniken, Polikliniken und sonstigen Krankenanstalten* aus dem Jahr 1900 wesentlich eine Reaktion auf den „Fall Neisser" und andere Fälle von „unmoralischer" Forschung, so entwickelt sich auch in der Folgezeit die Forschungsethik vor allem als Reaktion auf Missbrauchsfälle.[122] Als erstes Land setzt Deutschland, nicht zuletzt veranlasst durch eine misslungene Impfung, die im vorangegangen Jahr in Lübeck zu einer großen Zahl von Todesfällen geführt hatte,[123] im Jahre 1931 *Reichsrichtlinien zur Forschung am Menschen* in Geltung.[124] Darin

---

[119] Matthes, *Versuche am Menschen: Antwort 1*, 17.

[120] Vgl. His, *Versuche am Menschen: Antwort 2*; Liek, *Versuche am Menschen: Antwort 3*; Müller, *Versuche am Menschen: Antwort 4* sowie kommentierend dazu Frewer, *Medizin und Moral in Weimarer Republik und Nationalsozialismus*, 139-145.

[121] Vgl. Elkeles, *Der moralische Diskurs über das medizinische Menschenexperiment im 19. Jahrhundert*, 153.

[122] Dieses „reaktive" Moment ist symptomatisch für die Entwicklung der Forschungsethik insgesamt, zumindest bis in die 1970er Jahre. So stellt Grodin fest: „The codes of human experimentation all appear to have been developed in response to specific abuses and perceived needs." (Grodin, *Historical Origins of the Nuremberg Code*, 122). Eine interessante Analyse dieser „reactive dynamic" gibt Pettit, der die Entwicklung hin zu institutionalisierten Reviewverfahren im Anschluss an ein Modell von MacDonagh in vier Stufen einteilt: „Initially the reaction is to institute guidelines for research, first voluntary, professional guidelines and then often guidelines imposed from without. Next the reaction escalates to requiring review by committee of any research that is funded by certain bodies. And finally it culminates in the requirement of committee review for any research whatsoever." (Pettit, *Instituting a Research Ethic: Chilling and Cautionary Tales*, 99 f.). Die Kritik im Hinblick auf institutionalisierte Reviewverfahren, die der Autor im zweiten Teil seines Beitrages darlegt, ist allerdings – auch auf der Grundlage seiner vorangegangenen Analyse – nicht zwingend.

[123] Vgl. Winau, *Medizin und Menschenversuch*, 27. Sauerteig betont jedoch, dass die *Reichsrichtlinien* nicht als *unmittelbares* Ergebnis des Lübecker Impfskandals verstanden werden dürfen, sondern vielmehr das Resultat einer Auseinandersetzung darstellen, die bis ins

sind zahlreiche Punkte, deren Fehlen Moll in der *Anweisung* aus dem Jahr 1900 kritisiert hatte, berücksichtigt.

Sehr deutlich wird in den *Reichsrichtlinien* zwischen „neuartigen Heilbehandlungen", die im Interesse des jeweiligen Patienten durchgeführten werden, und „wissenschaftlichen Versuchen", die zu Forschungszwecken unternommen werden, unterschieden, wobei für Letztere zusätzliche bzw. striktere Prinzipien aufgestellt werden.[125] Zwar wird die grundsätzliche Notwendigkeit sowohl von Heilversuchen als auch von wissenschaftlichen Versuchen gerade vor dem Hintergrund des Auftrages der Medizin zur Heilung und Verhütung von Krankheiten anerkannt. Den deshalb den Ärzten einzuräumenden Rechten wird aber ausdrücklich die „besondere Pflicht des Arztes" gegenübergestellt, die darin besteht, „sich der großen Verantwortung für Leben und Gesundheit jedes einzelnen, den er neuartig behandelt oder an dem er einen Versuch vornimmt, stets bewußt zu bleiben."[126] Und im Weiteren wird noch einmal betont, dass jede Heilbehandlung – und damit *a fortiori* auch jeder Versuch zu wissenschaftlichen Zwecken – in Begründung und Durchführung mit den „Grundsätzen der ärztlichen Ethik" sowie den „Regeln der ärztlichen Kunst und Wissenschaft" in Einklang stehen muss.[127] Damit ist das Spannungsverhältnis zwischen *Logik der Forschung* und *Logik des Heilens* klar benannt. Das Hauptaugenmerk des Textes liegt natürlich nicht darin, eine Analyse der Problematik zu liefern, sondern in dem Versuch, eine Lösung des Problems durch Vermittlung der sich (zumindest partiell) widersprechenden Handlungslogiken vermöge positiv-rechtlicher Regelungen anzugeben. Dazu werden folgende Regeln formuliert: Humanexperimente sind nur dann statthaft, wenn sie von einem leitenden Arzt selbst oder unter seiner vollen Verantwortung durchgeführt werden und

---

19. Jahrhundert zurückreicht; vgl. Sauerteig, *Ethische Richtlinien, Patientenrechte und ärztliches Verhalten bei der Arzneimittelerprobung (1892-1931)*, 333 f. So hatte das Bekanntwerden anderer Fälle in der Weimarer Republik in den 1920er Jahren immer wieder für Empörung gesorgt, vor allem eine Studie des Arztes Vollmer, der davon berichtet, seine Experimente „an einem Material von 100 Ratten und 20 Kindern" durchgeführt zu haben; vgl. Liek, *Versuche am Menschen: Antwort 3*, 23; Winau, *Medizin und Menschenversuch*, 25 sowie Grodin, *Historical Origins of the Nuremberg Code*, 128 f.

[124] Sass zufolge waren die Reichsrichtlinien mit dem Tag ihrer Publikation (28. Februar 1931) rechtsverbindliches Gesetz; vgl. Sass, *Reichsrundschreiben 1931*, 100. Während des Nürnberger Ärzteprozesses hingegen wurde der rechtliche Status kontrovers diskutiert, wie Grodin berichtet. (Grodin, *Historical Origins of the Nuremberg Code*, 129).

[125] Reichsminister des Inneren, *Reichsrichtlinien zur Forschung am Menschen*, Nrn. 1-3. Die Nummern 12-14 der *Reichsrichtlinien* gelten zusätzlich zu den vorstehenden nur für wissenschaftliche Versuche.

[126] Ebd., Nr. 1 Abs. 2.

[127] Vgl. ebd., Nr. 4 Abs. 1.

(1)   der zu erwartende Nutzen in einem „richtigen Verhältnis" zu möglichen Schäden steht, insbesondere ist „planloses Experimentieren am Menschen" verboten;[128]

(2)   neue Verfahren zuvor im Tierversuch getestet wurden und Tierversuche den Menschenversuch nicht ersetzen können;[129]

(3)   der Proband oder sein gesetzlicher Vertreter auf der Grundlage einer „zweckentsprechenden Belehrung" in unzweideutiger Weise eingewilligt hat, wobei soziale Notlagen auf keinen Fall ausgenutzt werden dürfen, um entsprechende Einwilligungen zu erlangen;[130]

(4)   die Behandlung sowie die Einwilligungserklärung dokumentiert wird.[131]

Bei Kindern muss zusätzlich gewährleistet sein, dass nicht einmal eine geringe Gefährdung mit dem Versuch verbunden ist.[132] Versuche an Sterbenden sind grundsätzlich unzulässig.[133]

Wichtig ist bei diesen einschränkenden Regeln, dass eine Legitimation keineswegs einfach schon dadurch gewährleistet ist, dass der Proband nach Aufklärung in die Durchführung eines Experiments einwilligt. Im Gegenteil bleibt das „Verantwortungsgefühl"[134] des Arztes und d.h. die Grundsätze der (tradierten) „ärztlichen Ethik" darüber hinaus als normative Instanz in Geltung. Weder darf der Arzt jeden um eine Einwilligung ersuchen – ausgeschlossen bleiben zum Beispiel Sterbende und Kinder – noch darf er um eine Einwilligung für alle Arten von Experimenten ersuchen. Nur hochrangige Forschungsziele, die auf eine andere Weise nicht zu erreichen sind, dürfen vermöge eines Humanversuchs erprobt werden. Und selbst dann bleibt der Arzt dem Wohl des Probanden jederzeit verpflichtet.

Es liegt in der Natur der Textform, dass in den *Reichsrichtlinien* von 1931 eine ausführliche Begründung der aufgestellten Regeln in grundlegenderen (ethischen) Prinzipien nicht erfolgt. Der Ansatz macht aber deutlich, dass einerseits angenommen wird, dass im Namen des medizinischen Fortschritts eine partielle Instrumentalisierung des Einzelnen notwendig und (damit) auch legitim ist, andererseits jedoch sichergestellt werden muss, dass diese Instrumentalisierung niemals so weit geht, dass der Einzelne dem Nutzen der Allgemeinheit geopfert wird. Weder „subjektiv" noch „objektiv" darf es zu einer vollständigen Instrumentalisierung kommen. Der

---

[128] Vgl. ebd., Nr. 4 Abs. 2, Nr. 12 lit. b, Nr. 8.

[129] Vgl. ebd., Nr. 4 Abs. 3, Nr. 12 lit. b.

[130] Vgl. ebd., Nr. 5 Abs. 1, Nr. 12 lit. a.

[131] Vgl. ebd., Nr. 10.

[132] Vgl. ebd., Nr. 12 lit. c.

[133] Vgl. ebd., Nr. 12 lit. d.

[134] Ebd., Nr. 13. Sass stellt in einer Analyse der *Reichsrichtlinien* „responsibility" als Schlüsselkategorie heraus. Er weist dabei zu Recht auf die in den *Reichsrichtlinien* formulierte Verpflichtung des leitenden Arztes hin, alle Forschung entweder selbst auszuführen oder unmittelbar dazu den Auftrag zu geben und die Verantwortung dafür zu tragen; vgl. Sass, *Reichsrundschreiben 1931*, 101 f.

Respekt vor der Autonomie des Einzelnen, die ihren Ausdruck in der absoluten Notwendigkeit der informierten Zustimmung findet, soll dies von der „subjektiven" Seite aus gewährleisten, die Wahrung der körperlichen Integrität, die ihren Ausdruck in den zahlreichen Schutzbestimmungen und letztlich im tradierten ärztlichen Ethos findet, von der „objektiven" Seite aus. Schließlich werden noch Gerechtigkeitserwägungen berücksichtigt, insofern es explizit für unzulässig erklärt wird, die soziale Notlage von Menschen auszunutzen, um ihre Zustimmung zur Durchführung eines Experiments zu erhalten. In den Bestimmungen der *Reichsrichtlinien* kommt somit nicht nur die Einsicht in das fundamentale Spannungsverhältnis zwischen *Logik der Forschung* und *Logik des Heilens* zum Ausdruck, ebenso wird der Versuch unternommen, eine Vermittlung der unterschiedlichen Handlungslogiken zu erzielen. Dazu wird neben dem „Nichtschadenprinzip" und dem „Einwilligungsprinzip" noch ein drittes Prinzip, das man als „Gerechtigkeitsprinzip" bezeichnen kann, namhaft gemacht.

Im Rahmen einer solchen positiv-rechtlichen Regelung ist eine ausführliche Explikation der moralischen Überzeugungen, die derselben zugrunde liegen, sowie eine Begründung der namhaft gemachten ethischen Prinzipien nicht erforderlich. Positives Recht ist kein Medium der grundsätzlichen Reflexion, sondern der Regulierung der Praxis. Aber gerade im Hinblick auf die Praxis blieben die *Reichsrichtlinien* weitgehend wirkungslos und verfehlten damit ihren eigentlichen Sinn und Zweck.[135] Es ist von verschiedenen Autoren wiederholt und durchaus zu Recht auf die bittere Ironie hingewiesen worden, die darin liegt, dass es gerade in dem Land, in dem als einzigem staatliche Regelungen bezüglich biomedizinischer Humanexperimente in Geltung waren, zu den verbrecherischen Machenschaften nationalsozialistischer Ärzte kommen konnte.[136]

b)   Der Nuremberg Code (1947)

Die Experimente, die von Ärzten in deutschen Konzentrationslagern durchgeführt wurden, bilden zweifellos das dunkelste Kapitel medizinischer Forschung. In Unterdruck- und Unterkühlungsversuchen wurden physiologische Belastungsgrenzen erforscht, die besonders für die Luftwaffe von Interesse waren. Andere Versuche zielten beispielsweise auf die Entwicklung eines Fleckenfieber-Impfstoffs ab, hatten die Therapie von Wundinfektionen mit Sulfonamiden zum Gegenstand oder erkundeten die Trinkbarmachung von Meerwasser.[137] Bei vielen der vorgenommenen

---

[135] Vgl. ebd., 104; siehe auch Winau, *Medizin und Menschenversuch*, 27; Grodin, *Historical Origins of the Nuremberg Code*, 138.

[136] Entsprechende Bemerkungen finden sich zum Beispiel in Katz, *The Consent Principle of the Nuremberg Code*, 227; Faden / Beachaump, *A History and Theory of Informed consent*, 154; Levine, *Art. „Informed Consent: III. Consent Issues In Human Research"*, 1241.

[137] Zu Art und Umfang der Experimente vgl. Mitscherlich / Mielke, *Medizin ohne Menschlichkeit*; Klee, *Auschwitz, die NS-Medizin und ihre Opfer*; Lifton, *The Nazi Doctors*, besonders Chap. 15 „The Experimental Impulse", 269-302 und Chap. 17 „Dr. Auschwitz: Josef

Versuche wurde eine mögliche Gefährdung der Probanden nicht nur billigend in Kauf genommen, vielmehr bildete die aktive Schädigung oder sogar der Tod der Probanden häufig einen integralen Bestandteil der Experimente.[138] Nach dem Krieg wurden im Rahmen der Nürnberger Prozesse auch zwanzig Ärzte und drei weitere Personen im sogenannten „Doctors' Trial" oder „Medical Case" angeklagt.[139] Sieben der Angeklagten wurden wegen Kriegsverbrechen und Verbrechen gegen die Menschlichkeit zum Tode, neun weitere zu hohen Haftstrafen verurteilt.[140]

Auf der Suche nach einer Grundlage, von der aus eine Beurteilung der Angeklagten ermöglicht würde, stellt das Gericht schließlich unter maßgeblicher Beteiligung der beiden medizinischen Gutachter Leo Alexander und Andrew Ivy einen zehn Prinzipien umfassenden Kodex zusammen, der unter dem Namen *Nuremberg Code* in die Geschichte der Forschungsethik eingegangen ist. Die zentrale Aussage des Codes lautet: „The voluntary consent of the human subject is absolutely essential."[141] Es folgt eine detaillierte Ausführung, wann und unter welchen Umständen eine Zustimmung wirklich „freiwillig" zu nennen ist. Zu den genannten Bedingungen zählen die Abwesenheit von jeglicher Form von Druck, hinreichendes Wissen über Art, Dauer und Zweck des in Frage stehenden Experiments sowie mögliche damit verbundene Gefahren. In den folgenden neun Prinzipien werden weitere Bedingungen formuliert, die erfüllt sein müssen, damit ein Experiment legitimerweise an einem Menschen durchgeführt werden kann. Dazu zählen: die Hochrangigkeit des Forschungsgegenstandes sowie die Alternativlosigkeit des Forschungsweges,[142] vorgängige Tierexperimente,[143] die Vermeidung von unnötigem physischen und psychischen Schäden für die Probanden,[144] eine positive Nutzen-Schaden-Kalkulation.[145] Insbesondere sind Experimente dem Kodex zufolge dann nicht legitim, wenn „there is an a priori reason to believe death or disabling injury will occur; except, perhaps, in those experiments where the experimental physicians also serve as

---

Mengele", 337-383; sowie den von Annas und Grodin herausgegebenen Band *The Nazi Doctors and the Nuremberg Code*.

[138] Im Zusammenhang mit Unterdruckversuchen spricht der verantwortliche Mediziner, Rascher, in einem Brief an Himmler ausdrücklich von einem „terminalen Versuch", vgl. Mitscherlich / Mielke, *Medizin ohne Menschlichkeit*, 33.

[139] Vgl. Annas / Grodin, *Introduction*.

[140] Vgl. ebd., 4 sowie den ausführlichen Dokumentationsteil „The Doctor's Trial and the Nuremberg Code" (94-120, besonders 105 f., 111 und 120) im Band von Annas und Grodin. Dort ist auch das Eröffnungsplädoyer des damaligen Chefanklägers Telford Taylor wiedergegeben; vgl. Taylor, *Opening Statement of the Prosecution*; siehe dazu Katz, *Human Sacrifice and Human Experimentation*.

[141] Nuremberg Military Tribunal, *Nuremberg Code*, Nr. 1.

[142] Vgl. ebd., Nr. 2.

[143] Vgl. ebd., Nr. 3.

[144] Vgl. ebd., Nr. 4 und Nr. 7.

[145] Vgl. ebd., Nr. 6.

subjects."[146] Außerdem dürfen Humanexperimente nur von wissenschaftlich qualifiziertem Personal durchgeführt werden,[147] das, sobald es Grund zu der Annahme hat, dass die Fortführung des Experiments mit Schaden für die Probanden verbunden ist, dieses abbrechen muss.[148] Schließlich muss es Probanden möglich sein, einen Versuch von sich aus jederzeit abzubrechen.[149]

Im Gegensatz zu den *Reichsrichtlinien* von 1931 hat der *Nuremberg Code* eine wesentlich engere Ausrichtung. Grodin führt dazu aus: „As such, the Code specifically addresses the scope and limits of acceptable, nontherapeutic human experimentation conducted on adult prisoners. Because of the unique characteristics of such a competent yet confined population, the Code is particularly concerned with elements of coercion and duress. Informed consent becomes a fundamental method of ensuring the protection of this special population."[150] So tritt die Komplexität und Vielschichtigkeit forschungsethischer Problemkonstellationen in den Hintergrund. Ziel war vielmehr die Formulierung von Prinzipien, die es erlaubten, die Instrumentalisierung von (einwilligungsfähigen) Menschen gegen ihren (ausdrücklichen) Willen im Rahmen von (medizinischen) Experimenten kompromisslos zu verurteilen. Eine Diskussion um die Geltung dieser Prinzipien bzw. der Frage ihrer Begründbarkeit, etwa im Rahmen einer allgemeinen Ethik, blieb weiterhin aus. Im Vorwort zum *Nuremberg Code* stellen die Richter lediglich fest: „*All agree*, however, that certain basic principles must be observed in order to satisfy moral, ethical and legal concepts."[151] Es handelt sich also im Verständnis der Richter um *prima facie* gültige Prinzipien. Eine tieferreichende Begründung scheint vor dem Hintergrund der unterstellten allgemeinen Zustimmung nicht notwendig – oder vielleicht sogar nicht möglich.

Aber nicht allein die Entstehung in einer besonderen historischen Situation bedingte die enge Ausrichtung des Kodex. Die Richter und Gutachter verkannten

---

[146] Ebd., Nr. 5.

[147] Vgl. ebd., Nr. 8.

[148] Vgl. ebd., Nr. 10.

[149] Vgl. ebd., Nr. 9.

[150] Grodin, *Historical Origins of the Nuremberg Code*, 138.

[151] Zitiert nach Grodin, *Historical Origins of the Nuremberg Code*, 140. Die beiden Experten, Alexander und Ivy, stützten sich bei ihren Gutachten, die wesentlich zur Formulierung des *Nuremberg Code* beigetragen haben, vor allem auf vier klassische Texte: den *Hippokratischen Eid* und andere Hippokratische Schriften, die *Medical Ethics* von Thomas Percival (1803), Prinzipien zur Forschung am Menschen, die der US-amerikanische Arzt William Beaumont im Jahre 1833 formuliert hatte (abgedruckt unter dem Titel *William Beaumont's Code, 1833* in Beechers Monographie *Research and the Individual*, 219 f.) und die oben dargestellte Schrift von Claude Bernard, *Introduction á l'étude de la médecine expérimentale* (1865). Grodin weist auf den Umstand hin, dass alle diese Texte letztlich nur in sehr begrenztem Maße als Legitimationsgrundlage tauglich seien, da in ihnen – abgesehen von Beaumonts Text – das Problem nichttherapeutischer Forschung am Menschen überhaupt nicht behandelt werde; vgl. Grodin, *Historical Origins of the Nuremberg Code*, 122 ff.

vielmehr auch die Tatsache, dass – trotz der Einzigartigkeit der Experimente in den Konzentrationslagern – die Problematik biomedizinischer Humanexperimente keineswegs neu und auf Deutschland beschränkt war. In diesem Sinne bemerkt Katz: „Thus, the Tribunal thought that accepted principles had been violated by the Nazi physicians, and that their violations could be attributed solely to the ‚ravaging inroads of Nazi pseudo-sciences' (Trials of War Criminals). That fatal error permitted the Tribunal to overlook that the history of human experimentation has also been a history not of ravages, but of injuries, inflicted on human beings without their voluntary consent."[152] Katz vermutet daher: „Had the Tribunal been aware of the tensions that have always existed between claims of science and individual inviolability, it might have made some acknowledgment of this reality. Perhaps the Tribunal would have suggested that a balancing of these competing quests is necessary."[153] Man kann nun, wie Katz es tut, die so in ihrer Entstehung begründete Kompromisslosigkeit des *Nuremberg Code* als großen Vorteil begreifen. Nur wenn, so argumentiert er, die Notwendigkeit des „informed consent" kompromisslos und absolut anerkannt wird, kann überhaupt eine legitime Vermittlung von Interessen im Rahmen einer Forschungsethik erfolgen. Aber Katz betont zugleich, dass zentrale Fragen der Forschungsethik vom *Nuremberg Coode* nicht thematisiert werden.

Nicht zuletzt die Kompromisslosigkeit des Kodex hat dazu geführt, dass seine Wirkkraft sehr begrenzt gewesen ist. Er wurde verstanden als Antwort auf die Gräueltaten von einigen Ärzten in deutschen Konzentrationslagern. Sehr pointiert bemerkt Katz: „It was a good code for barbarians but an unnecessary code for ordinary physician-scientists."[154] Diese Einschätzung, der zufolge allgemeingültige ethische Standards für die Forschung am Menschen, zumindest in der Art, wie sie in den *Reichsrichtlinien* oder im *Nuremberg Code* formuliert sind, nicht notwendig seien, war jedoch zu optimistisch.[155]

c)   Die Forschungspraxis der Nachkriegsjahre in den USA und die Declaration of Helsinki (1964)

Der zweite Weltkrieg stellt auch und besonders einen entscheidenden Wendepunkt für die medizinische Humanforschung in den USA dar. Ab dem Jahr 1941 koordinierte das von Präsident Roosevelt neu geschaffenen Committee on Medical Research medizinische Humanexperimente. Rothman bemerkt dazu: „For the first time, clinical investigation became well-coordinated, extensive, and centrally funded team efforts; experiments were now frequently designed to benefit not the research

---

[152] Katz, *The Consent Principle of the Nuremberg Code*, 228.

[153] Ebd., 236.

[154] Ebd., 228.

[155] Jonsen zeigt, dass die Problematik US-amerikanischen Ärzten zu dieser Zeit und in den folgenden Dekaden keineswegs unbekannt war, dennoch stellt auch er fest: „Despite all this, the lesson of Nuremberg seems to have made little impression on the American world of medical research." (Jonsen, *The Birth of Bioethics*, 137).

subjects, but others – namely soldiers, vulnerable to the disease in question."[156] Die Entstehung staatlich geförderter und koordinierter Humanforschung unter den Vorzeichen des Weltkriegs beeinflusste die Einstellung zu und Beurteilung von dieser Forschung maßgeblich. Medizinische Forschung wurde mit dem Dienst des Soldaten an der Front parallelisiert, sodass sich die Gefährdung in beiden Fällen als legitimes „Opfer" des Einzelnen für die Allgemeinheit darstellte. Oder, wie Rothman schreibt: „In philosophical terms, wartime inevitably promoted utilitarian over absolutist positions."[157] Diese Grundüberzeugung bestimmte auch die Forschungspraxis der Nachkriegsjahre in den USA. An die Stelle des Kampfes gegen ein Unrechtsregime trat der „Kampf gegen Krankheit", der als Legitimationsgrundlage für die Instrumentalisierung Einzelner zur Maximierung des gesellschaftlichen Gesamtnutzens hinreichend erschien.[158] Nicht die Verwendung des utilitaristischen Paradigmas ist vor diesem Hintergrund, so Rothman, erklärungsbedürftig, sondern vielmehr die Abkehr von diesem. Insbesondere vermochten weder der *Nuremberg Code* noch nachfolgende internationale Kodizes, die Forschungspraxis entscheidend zu beeinflussen.

Als wichtigstes Dokument der Folgezeit darf die im Jahre 1964 von der World Medical Association (WMA) verabschiedete und seither mehrmals novellierte *Declaration of Helsinki* gelten.[159] Im Gegensatz zum *Nuremberg Code* steht die Notwendigkeit einer Vermittlung gegensätzlicher Ansprüche nun wieder im Vordergrund. Die Auffassung, die informierte Zustimmung des Probanden (oder dessen Rechtsvertreter) sei notwendige Bedingung für Humanexperimente, findet sich auch hier, allerdings rückt sie im Text und damit auch hinsichtlich ihrer inhaltlichen Gewichtung deutlich nach hinten.[160] Dem forschenden Arzt wird dagegen (wieder) eine wichtigere Rolle zugewiesen: Er bleibe, so wird in der Deklaration betont, auch bei rein

---

[156] Rothman, *Ethics and Human Experimentation*, 1196 f.

[157] Ebd., 1198.

[158] Auch im Rahmen militärischer Forschung in der Zeit des „Kalten Krieges" spielten Humanexperimente in den USA eine nicht unbedeutende Rolle; vgl. dazu sowie zu den bei dieser Forschung geltenden Standards Moreno / Lederer, *Revising the History of Cold War Research Ethics*.

[159] Nach dem Krieg verabschiedete die neu gegründete World Medical Association die *Declaration of Geneva* (1948), den *International Code of Medical Ethics* (1949) und die *Principles for Those in Research and Experimentation* (1954). Man könnte daher meinen, es sei nicht ganz zutreffend, dass ethische Standards für die Forschung am Menschen für überflüssig gehalten wurden. Tatsächlich haben diese Kodizes aber kaum Wirkung in der Praxis entfalten können, zumindest aber haben sie die zahlreichen Missbrauchsfälle in den 1950er und 1960er Jahren nicht verhindern können. Über die Entstehungsgeschichte der Deklaration von 1964 informiert Schaupp, *Der ethische Gehalt der Helsinki Deklaration*, insbesondere 70 ff. und 171 ff.

[160] World Medical Association, *Declaration of Helsinki (1964)*, Nr. III Abs. 3 lit. a-c. Zum Vergleich der *Declaration of Helsinki* und des *Nuremberg Code* vgl. Katz, *The Consent Principle of the Nuremberg Code*, 231 ff.

wissenschaftlicher Forschung, jederzeit der „protector of the life and health of that person on whom clinical research is being carried out."[161] Als Leitgrundsatz wird herausgestellt, dass jede Forschung am Menschen mit den „moral and scientific principles that justify medical research" verträglich sein müsse.[162] Um welche Prinzipien es sich dabei näherhin handelt, bleibt unausgeführt. In der kurzen Einleitung ist lediglich die Rede davon, dass Humanexperimente notwendig seien „to further scientific knowledge and to help suffering humanity"[163]. Die *Declaration of Helsinki* akzentuiert somit deutlich stärker die Notwendigkeit medizinischer Forschung und die Rolle des forschenden Arztes innerhalb des Forschungsprozesses, auch und gerade im Hinblick auf die Frage der moralischen Verantwortbarkeit.

Trotz der Annahme der *Declaration of Helsinki* durch die WMA kamen weiterhin immer wieder Fälle von gravierendem Missbrauch im Zuge von Humanexperimenten an die Öffentlichkeit. Im Jahre 1966 veröffentlichte der angesehene Medizinprofessor Henry K. Beecher im renommierten *New England Journal of Medicine* einen Artikel mit dem Titel *Ethics and Clinical Research*, in dem er 22 „Examples of Unethical or Questionably Ethical Studies"[164] beschreibt, die er Fachmagazinen entnommen hatte. Ausführlicher dokumentierte Maurice H. Pappworth in seinem Buch *Human Guinea Pigs*, das im folgenden Jahr erschien, Missbrauchsfälle im Rahmen medizinischer Forschung. Wie wenig das Vorgehen der beiden Autoren dem Zeitgeist entsprach, kann man den Rechtfertigungen entnehmen, die beide auf antizipierte Kritik seitens ihrer Kollegen vorbringen. So stellt Beecher fest: „It will certainly be charged that any mention of these matters does a disservice to medicine, but not one so great, I believe, as a continuation of these practices to be cited."[165] Und Pappworth schreibt in seinem Vorwort: „The vast majority of the medical profession are either genuinely ignorant of the immensity and the complexity of the problem or wish purposely to ignore the whole matter by sweeping it under the carpet. [...] But the medical profession must no longer be allowed to ignore the problem or to assert, as

---

[161] World Medical Association, *Declaration of Helsinki (1964)*, Nr. III Abs. 1.

[162] Ebd., Nr. I Abs. 1.

[163] Ebd.

[164] Beecher, *Ethics and Clinical Research*, 1355. Zwei der auch von Beecher erwähnten Fälle (Example 16 und 17, ebd., 1358) erregten besonderes Aufsehen und Empörung in der US-amerikanischen Öffentlichkeit: der „Jewish Chronic Disease Hospital Case" und die Experimente an der Willowbrook State School. Im erstgenannten Fall hatten im Jahre 1963 drei Ärzte 22 älteren und chronisch kranken Patienten ohne deren Wissen Krebszellen subkutan injiziert, um immunologische Effekte zu studieren. Im zweiten Fall hatten Ärzte im Jahre 1956 damit begonnen, geistig behinderte Kinder absichtlich mit Hepatitis zu infizieren, um den Verlauf der Krankheit zu erforschen; vgl. Katz, *Experimentation with Human Beings*, 9 ff. und 1007 ff.; Jonsen, *The Birth of Bioethics*, 143. und 153 f.; Rothman, *Art. „Research, Human: Historical Aspects"*, 2253 f.

[165] Beecher, *Ethics and Clinical Research*, 1354.

they do so often, that this is a matter to be solved by doctors themselves."[166] Während Beechers Artikel durchaus ernst genommen wurde, blieb Pappworths Schrift zunächst weitgehend unbeachtet.[167] Der endgültige „Durchbruch" der Forschungsethik war mit Beechers Artikel (und Pappworths Monographie) indessen noch nicht erreicht.[168]

Im Juli 1972 berichtete die *New York Times* erneut von einem Fall schweren Missbrauchs, der unter dem Titel „Tuskegee Syphilis Study" in die Geschichte der Medizin eingegangen ist. Über 40 Jahre hinweg, also seit 1932, wurden im US-amerikanischen Ort Tuskegee (Alabama) 399 an Syphilis erkrankte Männer, allesamt Farbige aus sozial schwachen Verhältnissen, vorsätzlich nicht nach dem Stand der Wissenschaft behandelt, um den Verlauf der Krankheit zu studieren.[169] Weder wurde den

---

[166] Pappworth, *Human Guinea Pigs*, ix. Im weiteren Verlauf berichtet Pappworth sogar von anonymen Anrufern, die ihn von der Publikation seines Buches abbringen wollten sowie zensurähnlichen Methoden bei Fachmagazinen; vgl. ebd., ix f. und 3.

[167] Edelson führt die ungleichen Reaktionen auf die beiden Publikationen nicht zuletzt auf die unterschiedliche Stellung der Autoren innerhalb der „medical community" zurück: Beecher war Professor für Anästhesie in Harvard, während Pappworth als selbständiger Tutor arbeitete, der Kandidaten auf die Aufnahmeprüfung des Royal College of Physicians vorbereitete, vgl. Edelson, *Henry K. Beecher and Maurice Pappworth: informed consent in human experimentation and the physicians' response.*

[168] Vgl. Vanderpool, *Introduction and Overview: Ethics, Historical Case Studies, and the Research Enterprise*, 9. Bemerkenswert ist, dass Pappworth in seinem Buch auch ethische Überlegungen anstellt und letztlich zu dem Ergebnis kommt, nur rechtsverbindliche Regelungen könnten einen angemessenen Probandenschutz gewährleisten (vgl. Pappworth, *Human Guinea Pigs*, 185-212, insbesondere 200), während Beecher nach wie vor auf das Gewissen des forschenden Arztes vertraute: „A far more dependable safeguard than consent is the presence of a truly *responsible* investigator." (Beecher, *Ethics and Clinical Research*, 1355). Siehe auch Beecher, *Research and the Individual*, 79 ff. sowie Beecher, *Tentative Statement Outlining the Philosophy and Ethical Principles Governing the Conduct of Research on Human Beings at the Harvard Medical School*, 848.

[169] Insgesamt waren 600 Männer an der Studie beteiligt, 201 von ihnen waren nicht an Syphilis erkrankt und dienten als Kontrollgruppe; vgl. Jones, *Bad Blood*; Brandt, *Racism and Research: The Case of the Tuskegee Syphilis Study*; Rothman, *Were Tuskegee & Willowbrook „Studies in Nature'?*; Jonsen, *The Birth of Bioethics*, 146 ff. Im Jahre 1997 erfolgte durch Bill Clinton eine offizielle Entschuldigung der US-amerikanischen Regierung bei den Überlebenden der Studie; vgl. dazu Chelala, *Clinton apologises to the survivors of Tuskegee*. Auch mehr als 20 Jahre nach Beendigung im Jahre 1972 wird die Frage, wie es dazu kommen konnte, dass eine solche Studie über 30 Jahre hinweg durchgeführt wurde, diskutiert. Der Hastings Center Report veröffentlichte dazu 1992 unter der Überschrift „Twenty Years After: The Legacy of the Tuskegee Syphilis Study" vier Artikel: Caplan, *When Evil Intrudes*; Edgar, *Outside the Community*; King, *The Dangers of Differences* und Jones, *The Tuskegee Legacy*. Der gerade für die Diskussion in den USA wichtigen Frage eines rassistischen Hintergrundes der „Tuskegee Study" widmet sich erneut Reverby, *More than Fact and Fiction.*

Männern mitgeteilt, dass sie an Syphilis erkrankt waren – man sagte ihnen, sie hätten „bad blood" –, noch dass sie Teil eines Forschungsexperiments waren und auch nicht, dass eine Behandlung möglich gewesen wäre. Zu dem Zeitpunkt, als die Studie an die Öffentlichkeit kam, lebten noch 74 der unbehandelten Versuchspersonen. Das Bekanntwerden der „Tuskegee Syphilis Study" brachte die Problematik medizinischer Humanexperimente endgültig ins öffentliche Bewusstsein und provozierte eine breite Diskussion: „The revelations seemed to bring the horrors of the Nazi medical experiments, which many had judged impossible in the United States, into our benign scientific and medical world. The ethics of research, which had been under quiet scrutiny for a decade, now broke into public view."[170] Gleichzeitig führte es – zusammen mit einer anderen dringlichen Frage, welche die US-amerikanische Öffentlichkeit beschäftigte, nämlich die nach der Legitimität von Forschung an Föten – dazu, dass im Jahre 1974 die National Commission for the Protection of Human Subjects of Biomedical and Behavioral Research eingerichtet wurde.[171]

9.   Forschungsethik als Gegenstand ethischer Reflexion: Der *Belmont Report* (1978)

Im Jahre 1978 verabschiedete die National Commission ein Dokument, das nicht nur für die Forschungsethik, sondern für die Bioethik insgesamt überaus einflussreich wurde, den *Belmont Report*. Anders als bisherige Kodizes und Regelungen enthält der Text nicht nur unmittelbar für die Forschungspraxis relevante Regeln. Die Autoren bemühen sich vor allem um die Bereitstellung von ethischen Prinzipien, die geeignet sind, solche Regeln zu begründen.

In einem ersten Teil des Reports[172] wird die Unterscheidung zwischen „research" und „practice" thematisiert, in erster Linie im Hinblick auf die Frage der Notwendigkeit von Reviewverfahren.[173] Während medizinische Praxis auf die Trias „Präven-

---

[170] Jonsen, *The Birth of Bioethics*, 148.

[171] Die gesetzliche Grundlage für die Einrichtung der National Commission bildete der am 12. Juli 1974 von Präsident Nixon unterzeichnete *National Research Act*. Über die genaueren Hintergründe des Zustandekommens sowie die zuvor unternommenen, vergeblichen Bemühungen um die Einrichtung einer solchen Kommission informiert Jonsen, *The Birth of Bioethics*, Chap. 4 „Commissioning Bioethics: The Government in Bioethics 1974-1983", 90-122, besonders 94 f.

[172] National Commission for the Protection of Human Subjects of Biomedical and Behavioral Research, *The Belmont Report*, „A. Boundaries between Practice and Research", 2-4.

[173] Begutachtungsverfahren für staatlich geförderte Forschung am Menschen wurden in den USA erstmals im Jahre 1966 auf Betreiben des U.S. Surgeon General, unterstützt vom Public Health Service (PHS), etabliert; vgl. McCarthy, *Art. „Research Policy: I. General Guidelines"*, 2288. Unabhängige Kontrollgremien hat es an universitären Forschungseinrichtungen vereinzelt jedoch schon sehr viel früher gegeben; vgl. dazu McCarthy, *Challenges to IRBs in the Coming Decades*, 127. Der heute in den USA gebräuchliche Name „In-

tion – Diagnose – Therapie" abziele, gehe es in der Forschung darum, Hypothesen zu testen und Gesetzmäßigkeiten aufzudecken. Da die beiden Bereiche im medizinischen Alltag oftmals zusammenfielen, drohe, so die Autoren, eine Konfusion. Gegen eine Verbindung beider Bereiche spricht aus der Sicht der Kommission nichts, allerdings gelte: „the general rule is that if there is any element of research in an activity, that activity should undergo review for the protection of human subjects."[174] Damit unterscheidet die Kommission der Sache nach Handlungen, die der *Logik des Heilens* folgen von solchen, denen die *Logik der Forschung* zugrunde liegt, und fordert für den Fall, dass eine Handlung auch nur in Teilen der zweiten verpflichtet ist, eine unabhängige Begutachtung. Im zweiten Teil des Berichts macht die Kommission drei „basic ethical principles" namhaft, die als für die Forschung am Menschen von besonderer Wichtigkeit ausgewiesen werden: „respect for persons", „beneficence" und „justice". Allgemein dienen solche Prinzipien der Kommission zufolge als „basic justification for the many particular ethical prescriptions and evaluations of human actions"[175]. Bezüglich ihrer Geltung geht die Kommission davon aus, dass sie als „generally accepted in our cultural tradition"[176] angesehen werden dürfen. Nach einer ausführlicheren Behandlung der drei Prinzipien folgt in einem dritten Teil schließlich ihre Anwendung („application") auf den Handlungsbereich „biomedizinische Humanexperimente". Dabei konkretisieren sie sich zu drei Forderungen: Forschung ist aufgrund der zuvor formulierten Prinzipien nur dann moralisch gerechtfertigt, wenn eine *informierte Einwilligung* sowie eine *Nutzen-Schaden-Analyse* vorgängig erfolgt ist und keine ungerechte *Probandenauswahl* zugrunde liegt. Bei den Ausführungen zu diesen drei Forderungen wird deutlich, dass die Kommission mit dem *Belmont Report*, nicht wie andere Kodizes, eine „list of items" geben wollte, sondern auf einer grundlegenderen Ebene die Bedingungen einer Vermittlung von medizinischer Forschung einerseits, medizinischer Praxis andererseits auszuloten versuchte.[177] Die Frage nach der Legitimität biomedizinischer Humanexperimente wird endgültig als genuin ethische Frage begriffen, die mit der Formulierung positiv-rechtlicher Regeln allein nicht befriedigend zu beantworten ist.

Die Einsetzung der National Commission for the Protection of Human Subjects of Biomedical and Behavioral Research und die Veröffentlichung des *Belmont Reports* sind nicht die einzigen Ereignisse, die zum endgültigem Durchbruch der Forschungsethik geführt haben. Schon gegen Ende der 1960er Jahre begannen sich

---

stitutional Review Board" (IRB) kam allerdings erst im Jahre 1974 auf; vgl. Jonsen, *The Birth of Bioethics*, 143 f.

[174] National Commission for the Protection of Human Subjects of Biomedical and Behavioral Research, *The Belmont Report*, 4.

[175] Ebd.

[176] Ebd.

[177] Jonsen, selbst Mitglied der Kommission, schreibt: „The commissioners judged that they were being asked to explore the ethical foundations for human research more deeply than had any extant statements." (Jonsen, *The Birth of Bioethics*, 102).

Philosophen und Theologen in den USA mit der Problematik zu beschäftigen. Zu nennen ist hier vor allem eine Studie zur Thematik, welche die American Academy of Arts and Science in den Jahren 1966 bis 1968 organisierte. Im Zusammenhang mit dieser Studie wurden zwei Konferenzen – 1967 und 1968 – ausgerichtet, deren Ergebnisse ein von Paul A. Freund herausgegebener Band mit Aufsätzen von Forschern aus unterschiedlichen Disziplinen dokumentiert, der 1969 unter dem Titel *Experimentation with Human Subjects* erschien. Darin befindet sich der gerade für die philosophische Diskussion sehr einflussreiche Artikel von Hans Jonas mit dem Titel *Philosophical Reflections on Experimenting with Human Subjects*.[178] Forschungsethische Fragestellungen wurden aber nicht einfach nur Gegenstand ethischer Analysen. Vielmehr entstand ein eigenständiger ethischer Diskurs. Jonsen bemerkt dazu in seiner Darstellung der Geschichte der Bioethik: „During the 1970s, many activities in bioethics shaped the ethics of research with human subjects into a coherent topic with its own discourse of new, usable definitions, sets of questions, and an array of arguments that allowed individuals to frame rational views and communities to adopt reasonable policies."[179] Damit bildet die Frage nach der Legitimität biomedizinischer Humanexperimente gleichzeitig einen der Problembestände, der zur Ausbildung einer gänzlich neuen philosophischen Disziplin geführt hat: der Bioethik. Es gab noch eine Reihe anderer Probleme, die neben den Fragen nach der Legitimität biomedizinischer Forschung am Menschen am Anfang der Bioethik standen,[180] dennoch ist die Entstehung der neuen Disziplin durch den *Belmont Report* auf besonders enge Weise mit der Forschungsethik verbunden.[181]

---

[178] Ohne Übertreibung spricht Jonsen im Hinblick auf den Aufsatz von Jonas von einer „landmark in the ethics of experimentation and in bioethics in general". (Ebd., 150).

[179] Ebd., 158.

[180] Vgl. ebd., Part II: Bioethical Beginnings: The Problems, 125-321.

[181] Vgl. ebd., 104. Unmittelbar aus der Arbeit der Kommission hervorgegangen ist der für die Bioethik sehr einflussreiche „principlism"-Ansatz von Tom L. Beauchamp und James F. Childress (Beauchamp / Childress, *Principles of Biomedical Ethics*) sowie der Versuch von Albert R. Jonsen und Stephen Toulmin, die Tradition der Kasuistik für bioethische Fragestellungen neu fruchtbar zu machen (Jonsen / Toulmin, *The Abuse of Casuistry*). Die Fundamentalkritik am sogenannten Principlism von K. Danner Clouser und Bernard Gert, die diese erstmals im Jahre 1990 in einem Aufsatz mit dem Titel *A Critique of Principlism* formuliert haben, hat eine Grundsatzdebatte in der Bioethik angestoßen, die wesentlich zur Selbstvergewisserung der Disziplin beigetragen hat und die nach wie vor andauert. Zum Inhalt der Debatte sowie zu weiteren Literaturhinweisen vgl. II.2.

10. Biomedizinische Humanexperimente im gegenwärtigen ethischen Diskurs

Nicht ohne einen kritischen Unterton bemerkt Höffe: „Auf dem wissenschaftlich-philosophischen Arbeitsmarkt gibt es eine neue Profession: die Forschungsethik. Obwohl die Profession noch jung ist, kann sie sich der Nachfrage kaum erwehren."[182] Tatsächlich bildet die Forschungsethik, und hier besonders die Frage nach moralischen Gründen und Grenzen von medizinischen Humanexperimenten, seit den 1970er Jahren einen wichtigen Bestandteil der sogenannten „angewandten Ethik". Mit der Ausbreitung der neuen Disziplin „Bioethik" über die Grenzen der USA hinaus hat auch in Europa die philosophische Auseinandersetzung mit forschungsethischen Fragestellungen stark zugenommen.[183]

Während der 1980er Jahre galt die Problematik biomedizinischer Humanexperimente aus ethischer Sicht vielen Bioethikern zunächst für weitgehend gelöst. In diesem Sinne stellte Capron fest: „Yet, today, the subject is often naively viewed as one of settled ethical principles, detailed statutory and regulatory requirements, and multifaceted procedures."[184] Die im *Belmont Report* bereitgestellte ethische Grundlage zusammen mit der Arbeit von lokalen Ethik-Kommissionen (Institutional Review Boards) schien hinreichend sicherzustellen, dass jeder Forschungsantrag daraufhin überprüft wird bzw. werden kann, ob in ihm eine in ethischer Hinsicht vertretbare Vermittlung von forschungslogischen Aspekten und Schutzansprüchen der Probanden wirksam ist. Howard-Jones leitete seinen Überblick für die CIOMS Round Table Conference 1981 gar mit der Bemerkung ein, die der Thematik gewidmeten Publikationen „necessarily tend to become more and more repetitive in the sense that they bring to light no new facts, or even ideas, but are variations on the same themes according to the cultural and professional backgrounds of their authors."[185]

Seit Beginn der 1990er Jahre sind biomedizinische Humanexperimente allerdings erneut problematisch geworden, nicht nur weil ihr ständiger Zuwachs, wachsende Anforderungen durch bisher unbekannte Krankheiten – insbesondere HIV/AIDS – sowie die Entwicklung neuartiger Technologien eine statische Forschungsethik in zunehmendem Maße fragwürdig werden ließen,[186] sondern auch weil die ethische Grundlage, die mit dem *Belmont Report* geschaffen worden war, selbst an Überzeugungskraft einbüßte. Die Einsetzung der National Commission for the Protection

---

[182] Höffe, *Wann ist eine Forschungsethik kritisch?*, 109.

[183] Einen vergleichbaren „overwhelming body of literature" (Vanderpool, *The Ethics of Research Involving Human Subjects*, vii.) zur Thematik wie in den USA gibt es in der deutschsprachigen Fachliteratur allerdings bis heute noch nicht; vgl. Howard-Jones, *Human Experimentation in Historical and Ethical Perspective*, 453.

[184] Capron, *Human Experimentation*, 136; vgl. auch McCarthy, *Challenges to IRBs in the Coming Decades*, 129

[185] Howard-Jones, *Human Experimentation in Historical and Ethical Perspective*, 453.

[186] Vgl. Vanderpool, *The Ethics of Research Involving Human Subjects*, vii.

of Human Subjects of Biomedical and Behavioral Research hatte der damalige Herausgeber des *New England Journal of Medicine*, Franz Ingelfinger, skeptisch mit den Worten kommentiert: „One may wonder if the diverse elements of the Commission really can reach a consensus. Or will eternal ethical verities be decided by 6 to 5 votes?"[187] Die Sorge, dass sich die Kommissionsmitglieder, die durchaus unterschiedliche gesellschaftliche Gruppen repräsentierten, in so grundlegenden ethischen Fragen nicht würden einigen können, stellte sich aber, wie Fuchs ausführt, als unbegründet heraus, denn die „Auftaktphase der Bioethik als wissenschaftlicher Disziplin und als öffentlicher Diskurs [ist] vom Staunen über den Konsens geprägt. In der National Commission for the Protection of Human Subjects of Biomedical and Behavioral Research in den USA gelingt es trotz weltanschaulich pluraler Zusammensetzung, gemeinsame ethische Prinzipien und Kriterien für die Forschung festzuschreiben."[188] Bemerkenswert an der Einigung hinsichtlich ethischer Prinzipien, welche die National Commission erzielen konnte und im *Belmont Report* niedergelegt hat, ist, dass es sich um eine Einigung auf Prinzipien „mittlerer Ebene" handelt. In grundsätzlichen Fragen, vor allem der, wie diese Prinzipien ihrerseits begründet sind bzw. werden können, konnte nämlich keineswegs ein vergleichbarer Konsens erzielt werden.[189] Für die Struktur des forschungsethischen Diskurses ist nun kennzeichnend, dass von vielen Ethikern die *prima facie* gültigen Prinzipien des *Belmont Report* als hinreichendes theoretisches Rüstzeug betrachtet werden.[190] Damit einher geht die Auffassung, dass es (nur noch) schwierige Detailfragen sind, die im Bereich der Forschungsethik weiterhin einer Klärung bedürfen. So zählt Capron zum Beispiel folgende Problemfelder zu den „Current Issues" der Forschungsethik: „Highly Risky Research", „Risky Behavior and Beneficence" (vor allem im Hinblick auf die AIDS-Forschung), „Randomization", „Disclosure of Research Design", „The Null Hypothesis", „Blind und Double-Blind Studies", „Placebos", „Special Problems of Nonconsent", „Waiver", „Dead or Nearly Dead Subjects".[191] Zuver-

---

[187] Zitiert nach Jonsen, *The Birth of Bioethics*, 105 f.

[188] Fuchs, *Grenzen der Grenzziehung: Der moralische Dissens in der Bioethik*, 1143.

[189] Vgl. Jonsen / Toulmin, *The Abuse of Casuistry*, 16 ff.

[190] In diesem Sinne bemerkt etwa Ackerman: „An important legacy of the National Commission is this alternative conceptual framework for addressing moral issues in clinical research. A significant current challenge is to apply it systematically to the analysis of moral issues in clinical research, both old and new. It should pay rich dividends in promoting reflective agreement about appropriate norms for the conduct of clinical research." (Ackerman, *Choosing between Nuremberg and the National Commission*, 101). Vgl. auch Levine, *Ethics and Regulation of Clinical Research*.

[191] Capron, *Human Experimentation*, 159 ff. Capron selbst zeigt sich skeptisch gegenüber der (vor allem in den 1980er Jahren verbreiteten) Auffassung, die grundsätzlichen Probleme in der Forschungsethik seien weitgehend gelöst: „History suggests that such claims must be viewed skeptically: the principles may be less conclusive and the guidelines less protective than they appear." (Ebd., 136). Er selbst geht aber in seiner Darstellung und Analyse kaum über die im *Belmont Report* formulierten Prinzipien hinaus.

sichtlich stellt Rothman in seinem Artikel über die historische Entwicklung der Humanexperimente in der Medizin fest: „In the United States, and to a growing degree in other developed countries, many of the earlier practices that had raised such troubling ethical considerations have been resolved. [...] Scientific progress and ethical behavior turn out to be compatible goals."[192]

Zweifellos sind viele Probleme bezüglich der ethischen Legitimation von Humanexperimenten, nicht zuletzt vermöge der Arbeit der National Commission, aufgehellt worden, und die von ihr formulierten Prinzipien bilden nach wie vor den maßgeblichen Orientierungsrahmen für die Diskussion um ethische Fragen biomedizinischer Humanexperimente. So kann Levine einfach von den „familiar basic ethical principles" sprechen, wenn er in einem forschungsethischen Kontext auf die Prinzipien des *Belmont Report* Bezug nimmt.[193] Dass die namhaft gemachten Prinzipien auch 25 Jahre nach dem Erscheinen des *Belmont Report* die Diskussion beherrschen, machen nicht zuletzt die im November 2002 neu herausgegebenen Richtlinien des Council for International Organizations of Medical Sciences (CIOMS) deutlich. Dort heißt es direkt zu Beginn unter der Überschrift „General Ethical Principles": „All research involving human subjects should be conducted in accordance with three basic ethical principles, namely respect for persons, beneficence and justice. *It is generally agreed that these principles* [...] *guide the conscientious preparation of proposals for scientific studies.*"[194] Dennoch weisen verschiedene Autoren auf sehr grundsätzliche Probleme hin, gerade auch im Hinblick auf die drei im *Belmont Report* namhaft gemachten Prinzipien „respect for persons", „beneficence" und „justice".

Grob lassen sich dabei zwei Arten von Kritik unterscheiden: Zum einen geben die Verfasser des *Belmont Report* keinen Hinweis darauf, wie sich die Prinzipien zueinander verhalten. Selbst wenn man die Gültigkeit und Angemessenheit der Prinzipien unterstellt, muss man davon ausgehen, dass sie bei der Bewertung von konkreten Forschungsvorhaben in Konflikt geraten können. Unklar ist, wie in einem solchen Fall zu verfahren ist, d.h. in welcher Weise eine einheitliche Bewertung bei widerstreitenden, aber gleichwohl durch die Prinzipien begründeten Ansprüchen ermöglicht wird. Zum anderen wird aber auch angezweifelt, ob es sich bei den drei Prinzipien tatsächlich um eine für die Forschungsethik vollständige Liste universell

---

[192] Rothman, *Art. „Research, Human: Historical Aspects"*, 2256.

[193] Levine, *International Codes and Guidelines for Research Ethics: A Critical Appraisal*, 238.

[194] Council for International Organizations of Medical Sciences (CIOMS), *International Ethical Guidelines for Biomedical Research Involving Human Subjects (2002)*, (Hervorhebung B.H.). Systematisch anders angelegt ist die vom Council of Europe (Europarat) 1997 veröffentlichte *Convention on Human Rights and Biomedicine* sowie das darauf aufbauende *Additional Protocol to the Convention on Human Rights and Biomedicine Concerning Biomedical Research* aus dem Jahr 2005. Beide Dokumente spielen zumindest in der europäischen Diskussion eine große Rolle. Deutschland hat allerdings aus verfassungsrechtlichen Bedenken die Konvention nach wie vor nicht ratifiziert.

gültiger ethischer Prinzipien handelt.[195] Trotz des Konsenses, den ein weltanschaulich plural zusammengesetztes Gremium hinsichtlich dieser Prinzipien erzielen konnte, ist nicht sichergestellt, dass damit ein kulturinvariantes Fundament gefunden worden ist, dessen universellen Geltungsanspruch tatsächlich jeder akzeptieren muss. Abgesehen davon kann man auch daran zweifeln, ob die Trias „respect for persons – beneficence – justice" für die Bewältigung der vielen Detailprobleme der an Komplexität zunehmenden Forschungsethik biomedizinischer Humanexperimente hinreichend ist. Selbst wenn man erneut die Angemessenheit der Prinzipien unterstellt, ist keineswegs auszuschließen, dass weitere Prinzipien zur Problembewältigung hinzugefügt werden müssen bzw. aus den allgemein-abstrakten Prinzipien spezifischere Normen und Regeln abgeleitet werden müssen, was natürlich die Frage des inneren Verhältnisses der Prinzipien, Normen und Regeln zueinander verschärfen würde. Nicht zuletzt die – besonders in Deutschland – überaus kontrovers geführte Diskussion über die einschlägigen Artikel der *Convention on Human Rights and Biomedicine* des Council of Europe belegt, dass eine weitere sachliche Klärung der Materie erforderlich ist.[196] Aus dem Gesagten wird deutlich, dass die Forschungsethik weiterhin mit schwierigen Detailfragen konfrontiert ist, dass aber auch fundamentalethische Probleme unmittelbar in die forschungsethische Debatte hineinspielen, ohne deren weitere Klärung Fortschritte bei der Lösung konkreter Streitfragen schwerlich zu erzielen sein dürften.

11.   Die Aufgabe einer kritischen Forschungsethik

Als Ergebnis der historisch-systematischen Problemexposition lässt sich eine Aufgabenbestimmung einer kritischen Forschungsethik im Hinblick auf biomedizinische Humanexperimente festhalten: Eine ethische Theorie biomedizinischer Humanexperimente muss einen Rahmen zur Verfügung stellen, der es erlaubt, in konkreten Einzelfällen zu bestimmen, ob eine aus ethischer Sicht begründete Vermittlung von Schutzansprüchen von Probanden einerseits und dem Wunsch nach medizinischem Fortschritt andererseits vorliegt, und weiter, wann ein Vermittlungsvorschlag in diesem Zusammenhang als „ethisch begründet" gelten darf.[197] Damit sind

---

[195] Einen kurzen, aber informativen Überblick über die beiden Arten der Kritik am *Belmont Report* gibt Vanderpool in der Einleitung zum ersten Teil des von ihm herausgegebenen Bandes *The Ethics of Research Involving Human Subjects: Facing the 21st Century*; vgl. Vanderpool, *Introduction to Part I*, 34 ff.

[196] Zur Convention on Human Rights and Biomedicine siehe ausführlich die Beiträge in Taupitz (Hg.), *Das Menschenrechtsübereinkommen zur Biomedizin des Europarates – taugliches Vorbild für eine weltweit geltende Regelung?.*

[197] Auch Foster bestimmt die Aufgabe der Forschungsethik dahingehend, ein „framework for determining the morality of a research project involving human participants" zur Verfügung zu stellen. (Foster, *The ethics of medical research on humans*, 63). Dabei rekon-

implizit zumindest zwei denkmögliche Standpunkte bereits ausgeschlossen: Einer solchen Aufgabenbestimmung liegt nämlich die Auffassung zugrunde, dass einerseits Forschung am Menschen im Namen des medizinisch-wissenschaftlichen Fortschritts faktisch notwendig und (in Grenzen) auch moralisch legitim ist, andererseits ein rein konsequentialistischer Standpunkt,[198] der letztlich auch das Opfer Einzelner rechtfertigt, wenn damit ein entsprechend hoher Nutzen für die Allgemeinheit verbunden ist, ethisch nicht zu überzeugen vermag. Ausgeschlossen sind damit also die beiden „Extrempositionen", welche die Notwendigkeit einer Vermittlung nicht anerkennen, insofern sie einen der potentiell konfligierenden Aspekte – den Schutz des Einzelnen oder den Nutzen für die Gesamtheit – dem jeweils anderen in einer Weise überordnen, dass eine Vermittlung weder möglich noch notwendig ist.[199] Bei aller Kritik an der Praxis medizinischer Humanexperimente ist – das hat der historische Überblick gezeigt – die begrenzte Legitimität von Experimenten am Menschen, auch für den Fall, dass damit kein Nutzen für den Probanden selbst verbunden ist,

---

struiert sie die ethischen Probleme biomedizinischer Humanexperimente als Konflikte zwischen drei unterschiedlichen Ethiktypen, nämlich einer „goal-based morality", einer „duty-based morality" und einer „right-based morality". Zwar gelingt es ihr auf diese Weise, eine übergreifende Struktur zur Problemanalyse zu entwickeln. Einen Ansatz zur Lösung der beschriebenen Konflikte bleibt Foster indes letztlich schuldig.

[198] Moll richtet sich in seiner Kritik der Forschungspraxis in Deutschland um das Jahr 1900 explizit gegen „utilitaristische" Rechtfertigungsversuche. Ebenso spricht Rothman davon, dass der 2. Weltkrieg in den USA zu einer „utilitaristischen" Position bei der Bewertung medizinischer Humanexperimente geführt habe, die bis in die 1960er Jahre hinein fortbestanden habe; vgl. oben I.8.c. Schließlich hat Leo Alexander, einer der medizinischen Gutachter beim „Doctor's Trial", die Experimente in deutschen Konzentrationslagern mit „utilitaristischen" Bewertungskategorien in Verbindung gebracht; vgl. Vanderpool, *Introduction and Overview: Ethics, Historical Case Studies, and the Research Enterprise*, Anm. 22. Vanderpool weist allerdings zu Recht darauf hin, dass es sich eher um eine Form von Konsequentialismus handele, die nicht ohne weiteres mit dem Utilitarismus gleichgesetzt werden dürfe.

[199] Mit Bezug auf die zum Teil völlig neuartigen Erkenntnis- und Handlungsmöglichkeiten, die durch die moderne Biomedizin eröffnet werden, auch und gerade im Bereich medizinischer Forschung, stellt Honnefelder fest: „In solchen komplexen Situationen wächst die Tendenz, bei Extremlösungen Zuflucht zu suchen: Die eine besteht darin, alles technisch Machbare nicht nur für legitim, sondern auch für geboten zu halten, solange sich dabei Erfolg einstellt, die andere darin, das Humane dadurch zu schützen, daß man die neuen ambivalenten Mittel erst gar nicht in Gebrauch nimmt. Beide Extreme können nicht überzeugen: Die Erfolgsethik gibt den Bezug auf das Humane preis, wenn sie Erfolg auf Effizienz reduziert; die Gesinnungsethik übersieht, daß das uneingeschränkte Gut des menschlichen Gelingens nur über begrenzte ambivalente Mittel zu erreichen ist und auch der Verzicht Folgen hat, die zu verantworten sind." (Honnefelder, *Zur ethischen Beurteilung von Forschung am Menschen unter besonderer Berücksichtigung der Forschung an einwilligungsunfähigen Personen*, 19).

kaum jemals bezweifelt worden.[200] Der hohe Stellenwert der *Logik des Heilens*, aus der heraus die Notwendigkeit zu solchen Versuchen erwächst, zusammen mit den großen Erfolgen, welche die experimentelle Medizin erzielen konnte, lassen eine völlige Ablehnung hochgradig unplausibel erscheinen. Eine Forschungspraxis, die an rein konsequentialistischen Bewertungskategorien ausgerichtet ist, in denen der gesellschaftliche Gesamtnutzen dem Wohl des Individuums in einer Weise übergeordnet wird, der auch das Opfer von Menschen mit einschließt, ist es andererseits gewesen, die immer wieder dazu geführt hat, dass die Öffentlichkeit mit Empörung regulierende Maßnahmen gefordert hat. Dieser Empörung liegt wohl die starke moralische Intuition zugrunde, dass trotz der Hochrangigkeit der Forschungsziele der Mensch als Forschungsobjekt nicht uneingeschränkt den Maßgaben der *Logik der Forschung* unterworfen werden darf.

Freilich können moralische Intuitionen im ethischen Diskurs nicht als „Gründe" in einem starken Sinne gelten, da ihre legitimierende Kraft immer nur so weit reicht, wie sie als Intuitionen geteilt werden. Bestreitet ein Diskursteilnehmer schlichtweg, eine in Frage stehende moralische Intuition zu haben, so verschwindet damit auch deren legitimierende Kraft. Dagegen helfen nur noch Immunisierungsstrategien, die das Fehlen bestimmter moralischer Intuitionen als „pathologisch" ausweisen und auf dieser Grundlage den Opponenten aus dem Diskurs ausschließen. Aber gerade das Nichtbefolgen elementarer (formaler) Regeln des Diskurses und damit auch solche Immunisierungsstrategien implizieren nun immer einen performativen Selbstwiderspruch des Proponenten, sodass dieser selbst aus dem ethischen Diskurs aussteigt und damit das um Begründung bemühte Verfahren seinerseits abbricht.[201] Die zentrale Bedeutung von Intuitionen stellt auch Rawls (im Rahmen der Behandlung des „Problems des Vorrangs", d.h. der Frage nach der Gewichtung konkurrierender Gerechtigkeitsgrundsätze) heraus: „Es gibt keinen Grund zu der Annahme, man könne um jede Berufung auf die Intuition herumkommen, welcher Art sie auch sei, oder man solle es versuchen."[202] Gleichwohl weist er auf den Umstand hin, dass Intuitionen im Rahmen eines Diskurses terminierende Wirkung haben: „Lassen sich diese Gewichte [d.i. auf Intuitionen gestützte] nicht auf vernünftige ethische Maßstäbe zurückführen, dann ist eine vernünftige Diskussion am Ende."[203] Und selbst Ross gesteht mit Blick auf die von ihm prominent gemachten „*prima facie* Pflichten" zu, dass er ihre Geltung einem skeptischen Gegenüber nicht beweisen könne. Er

---

[200] Auch im *Nuremberg Code* wird dies letztlich nicht bestritten. Zwar steht der „voluntary consent" als notwendige Voraussetzung im Vordergrund, im unmittelbaren Anschluss heißt es gleichwohl: „The experiment should be such as to yield *fruitful results for the good of society*, unprocurable by other methods or means of study, and not at random and unnecessary in nature." (Nuremberg Military Tribunal, *Nuremberg Code*, Nr. 2, Hervorhebung B.H.).

[201] Vgl. Habermas, *Erläuterungen zur Diskursethik*, insbesondere 131 ff.

[202] Rawls, *Eine Theorie der Gerechtigkeit*, 64.

[203] Ebd., 61.

könne lediglich hoffen „that they will ultimately agree that they know it to be true."[204] Auch er scheint also davon auszugehen, dass ein kritisch-rationaler Diskurs in einem solchen Fall nicht mehr möglich ist.

Muss man also davon ausgehen, dass moralische Intuitionen als solche nicht dazu geeignet sind, die Geltung moralischer Überzeugungen explizit auszuweisen, so haben sie dennoch eine wichtige *heuristische* Funktion. Zwar muss eine ethische Theorie erweisen, welche Handlungen als „richtig" oder „gut" gelten dürfen und damit verbunden das kritische Potential entwickeln, oftmals widerstreitende moralische Intuitionen gegebenenfalls als „ungültig" oder zumindest mit anderen „unverträglich" zurückzuweisen. Dennoch sollte die Tatsache, dass eine starke moralische Intuition im Rahmen einer Theorie nicht rational rekonstruiert werden kann, zumindest zur erneuten Überprüfung der Theorie sowie der ihr zugrunde liegenden Prämissen Anlass geben.[205]

Für eine ethische Theorie biomedizinischer Humanexperimente bedeutet dies, dass sie die moralische Intuition, der zufolge die beiden genannten Extrempositionen nicht zu überzeugen vermögen, (in einem heuristischen Sinne) ernst nehmen und daher den Versuch unternehmen muss, Möglichkeiten und Grenzen einer echten Vermittlung zwischen dem Verlangen nach medizinischem Fortschritt einerseits und den Schutzansprüchen von Probanden andererseits zu bestimmen. Außerdem ist es naheliegend, die in der historischen Entwicklung zur Vermittlung herangezogenen konkret-regulierenden Prinzipien – Nichtschadenprinzip, Einwilligungsprinzip und Gerechtigkeitsprinzip – sowie die Bemühung um eine tieferreichende Begründung in den ethischen Prinzipien „respect for persons", „beneficence" und „justice", wie sie im *Belmont Report* versucht wurde, aufzunehmen. Die im Raum stehende Kritik an dem theoretischen Rahmen, der mit diesen Prinzipien zur Verfügung steht, macht eine Prüfung in zwei Richtungen erforderlich: Zum einen in Richtung einer tieferen, d.h. unterhalb der Ebene „mittlerer Prinzipien" liegenden, Fundierung, zum anderen in Richtung einer höheren Ebene, auf der weiterhin offene Detailprobleme angesiedelt sind. Dabei besteht die Hoffnung, dass der Versuch, eine Begründung relevanter Prinzipien auf einer tieferen als der „mittleren" Ebene zu finden, zugleich auch wichtige Hinweise dafür liefert, wie Detailprobleme einer Lösung zugeführt werden könnten.[206] In diesem Sinne hat Wolfgang Marx in

---

[204] Ross, *The Right and the Good*, 20 f., Anm. 1.

[205] Neben dieser „negativen" Funktion können moralische Intuitionen auch positiv-heuristisch wirken, indem sie mögliche Lösungen für neue ethische Probleme aufzeigen, die dann jedoch in ihrer Geltung kritisch überprüft werden müssen.

[206] So schreibt auch Nida-Rümelin: „Wer im Sinne eines kognitivistischen Ethikverständnisses das Rationalitätspotential normativer Überzeugungen möglichst vollständig ausschöpfen möchte, wird an diese konsensualen Elemente anknüpfen und versuchen, sie sowohl im Hinblick auf die theoretische Verallgemeinerung als auch im Hinblick auf die Anwendungsdimension auszubauen." (Nida-Rümelin, *Theoretische und angewandte Ethik: Paradigmen, Begründungen, Bereiche*, 60).

Anlehnung an das berühmte erkenntnistheoretische Diktum Kants formuliert: „Fundamentalethik ohne Anwendung ist leer – angewandte Ethik ohne theoretische Begründung ist blind."[207] Gleichwohl geht auch Marx davon aus, dass aufgrund einer „sperrigen Wirklichkeit" eine bruchlos eindeutige Realisierung eines Normen-systems nicht zu erwarten ist.[208] Die Suche nach einer tieferreichenden Begründung verbunden mit der Hoffnung, auf der Grundlage einer solchen auch Einzelprobleme einer Lösung zuführen zu können, darf also nicht in dem Sinne missverstanden werden, als seien Probleme der angewandten Ethik mit einer „Fundamentalethik" bzw. deren „einfacher Anwendung" ein für alle Mal zu lösen. Dennoch ist es nicht unberechtigt anzunehmen, dass das Problemlösungspotential einer Theorie unter anderem davon abhängt, wie gut sie ihrerseits begründet ist.

Im Folgenden soll daher einerseits die Kritik aufgenommen werden, die an einer Begründung einer Forschungsethik durch Prinzipien „mittlerer Ebene" geübt worden ist und weiterhin geübt wird. Denn nicht zuletzt die offene Frage nach dem Verhältnis der drei im *Belmont Report* formulierten Prinzipien zueinander macht die Lösung von Detailproblemen schwierig, wenn nicht sogar unmöglich. Andererseits kann sich eine Theorie, welche die Kritik auf der Grundlegungsebene zu überwinden sucht, ihrerseits nur in der Lösung konkreter Probleme bewähren. Im Rahmen einer ethischen Theorie biomedizinischer Humanexperimente bleibt die Aufklärung von grundlegenden Strukturen letztlich immer dem Ziel verpflichtet, einen theoretischen Rahmen zur Verfügung zu stellen, der es erlaubt, konkrete Forschungsvorhaben in ethischer Hinsicht kritisch zu bewerten.

Gegen ein solches Projekt könnte man, wie Höffe es mit Bezug auf den gesamten Bereich der Forschungsethik zu tun scheint, einen skeptischen Einwand erheben: Den Umstand, dass eine Forschungsethik „kritisch" sein muss, hebt zwar auch Höffe hervor. Dabei grenzt er eine der Unparteilichkeit verpflichtete, „judikative" Kritik sowohl von einer „negativen Kritik", die ständig Krisen ausmacht und aufgrund dessen fortwährend Veränderungen anmahnt, wie auch von einer um Entlastung der Forschung von Ethik bemühten „affirmativen" Kritik ab.[209] Aus dieser Aufgabenbestimmung folgert er, Forschungsethik müsse auf den „Gestus der ‚großen Theorie'" verzichten. Stattdessen müsse sie „topisch" argumentieren, also von allgemein anerkannten Grundsätzen ausgehend – Höffe denkt hier an die Menschenrechte. Von binnenphilosophischen Kontroversen über diese außerhalb der Philosophie unstrittigen Grundsätze müsse die Forschungsethik abstrahieren, um „mit ihrer Hilfe ein gut Teil der forschungsethischen Fragen zu erörtern."[210] Der von Höffe vorgenommenen Bestimmung, dass der Forschungsethik in der Bewertung von konkreten Forschungsvorhaben eine Richterfunktion zukommt, kann man zweifellos zustimmen. Fraglich ist aber, ob im Rahmen angewandter Ethik ein Abs-

---

[207] Marx, *Angewandte Ethik*, 13.
[208] Vgl. ebd., 17.
[209] Vgl. Höffe, *Wann ist eine Forschungsethik kritisch?*, 109 ff.
[210] Ebd., 122.

trahieren von „binnenethischen Kontroversen" wirklich zur effektiveren Problemlösung beiträgt, oder ob nicht vielmehr die kontextspezifische „Anwendung" von Prinzipien zwangsläufig mit einer Vergewisserung über ihre geltungstheoretische Rückbindung verbunden sein muss. Das bedeutet freilich nicht, dass eine kritische Forschungsethik gleichsam *ab ovo* entwickelt werden müsste; eine „besondere Moralphilosophie" ist, wie Köhler zu Recht bemerkt, nicht erforderlich.[211] Im Gegenteil, der Rückgriff auf fundamentalethische Theoriebestände ist für die Bearbeitung der skizzierten Aufgabe ebenso möglich wie notwendig.

---

[211] Vgl. Köhler, *Rechtsphilosophische Grundsätze der Forschung am Menschen*, 74.

II. Grundlagen einer ethischen Theorie biomedizinischer Humanexperimente

Auch mehr als fünfundzwanzig Jahre nach ihrer Publikation im Jahre 1978 dominieren die im *Belmont Report* formulierten Prinzipien den Diskurs über die Ethik der Forschung am Menschen. Das (vermeintliche) „general agreement" über die Prinzipientrias „respect for persons – beneficence – justice" beruht – so kann man vor dem Hintergrund der historisch-systematischen Analyse des vorangegangenen Kapitels annehmen – im Wesentlichen auf zwei Faktoren: Zum einen handelt es sich bei den praktischen Anforderungen, die der *Belmont Report* durch Anwendung der drei Grundprinzipien auf das spezielle Handlungsfeld „Forschung am Menschen" entwickelt, nämlich dem Einholen einer informierten Einwilligung („informed consent"), der Durchführung einer Risiko-Nutzen-Analyse („risk / benefit assessment") und einer gerechten Probandenauswahl („fair subject selection"), um Bedingungen, die sich im Laufe der Zeit mit Blick auf die kritische Beurteilung der Forschungspraxis als wesentlich herauskristallisiert haben. Zum anderen hat die Arbeit der National Commission gezeigt, dass die Begründung dieser Handlungsregeln durch Prinzipien „mittlerer Ebene" auch über kulturelle und weltanschauliche Grenzen hinweg weitgehend konsensfähig ist. Beide Faktoren zusammen genommen vermögen die anhaltende Bedeutung der „basic ethical principles" zu erklären. Die nachhaltige Wirkung des *Belmont Report* bis in den gegenwärtigen Diskurs über die Ethik biomedizinischer Humanexperimente darf aber nicht darüber hinwegtäuschen – auch das hat die historisch-systematische Analyse ergeben –, dass der Ansatz, den die Mitglieder der National Commission verfolgt haben, von Beginn an der Kritik von unterschiedlichen Seiten ausgesetzt gewesen ist und weiterhin ist. Die nachhaltige Wirkung einerseits, die deutliche Kritik andererseits, lassen es naheliegend erscheinen, die Prinzipien des *Belmont Reports* sowie die an ihnen geübte Kritik als methodischen Ausgangspunkt für den nun folgenden Versuch einer Grundlegung einer ethischen Theorie biomedizinischer Humanexperimente zu wählen.

1. Die ethischen Prinzipien des *Belmont Report*

Wie oben bereits dargestellt, sah die National Commission ihre vornehmliche Aufgabe nicht darin, eine weitere Liste mit detaillierten Vorschriften in der Art des *Nuremberg Codes* oder der *Declaration of Helsinki* zu entwickeln.[1] Vielmehr ging es ihr darum, auf einer grundsätzlicheren Ebene einen konzeptionellen Rahmen bereitzustellen, der seinerseits dazu geeignet sein sollte, Beurteilungskriterien sowie konkrete Handlungsregeln zu begründen bzw. in ihrer Geltung auszuweisen. Die Autoren des

---

[1] Vgl. oben I.9.

Belmont Report sprechen daher auch von grundlegenden ethischen Prinzipien („basic ethical principles"), die als Rechtfertigung („basic justification") für spezielle ethische Vorschriften und Bewertungen von menschlichen Handlungen („particular ethical prescriptions and evaluations of human actions") dienen sollen.[2] Die konkreten Anforderungen, die aus ethischer Sicht bei der Durchführung biomedizinischer Forschung am Menschen erfüllt sein müssen („informed consent", „risk / benefit assessment" und „fair subject selection"), werden aus den grundlegenden Prinzipien („respect for persons", „beneficence" und „justice") durch Anwendung auf das Handlungsfeld „Forschung" („conduct of research") gewonnen. Dabei gehen die Kommissionsmitglieder von einem (kulturabhängigen) Konsens aus, der über die Geltung der grundlegenden Prinzipien herrscht.[3] Die Art und Weise, wie die drei Prinzipien im *Belmont Report* inhaltlich näherhin begriffen werden, soll im Folgenden zur Vorbereitung der kritischen Diskussion zunächst kurz skizziert werden.

a)   Respect for Persons

Unter dem Prinzip „respect for persons" werden von den Autoren des Reports zwei unterschiedliche moralische Grundüberzeugungen zusammen angesprochen: (1) Menschen sollen als autonom bzw. frei handelnde Wesen („autonomous agents") behandelt werden, und (2) Menschen mit eingeschränkter Autonomie („diminished autonomy") haben einen besonderen Anspruch auf Schutz.[4] Unter einer „autonomen Person" verstehen die Autoren dabei einen Menschen, der in der Lage ist, alternative persönliche Zielsetzungen zu erwägen und auf der Grundlage von solchen Überlegungen frei Entscheidungen zu treffen sowie entsprechend diesen Entscheidungen zu handeln. Der eine Aspekt des Prinzips „respect for persons" besteht daher darin, diese besondere Fähigkeit von Personen anzuerkennen, d.h. die individuellen Zielsetzungen von Menschen zu akzeptieren – zumindest solange sie nicht den Schaden anderer Personen implizieren – und ihnen die Freiheit zu gewähren, im Sinne ihrer eigenen Zielsetzungen zu handeln. Negativ formuliert bedeutet dies: Ein Mangel an Respekt vor dem Personenstatus eines Menschen liegt dann vor, wenn seine „überlegten Entscheidungen" („considered judgments") (unbegründet) missachtet werden und ihm nicht die Handlungsfreiheit gewährt wird, gemäß seinen Entscheidungen zu agieren. Darüber hinaus kann eine Verletzung des Prinzips nach Meinung der Kommission aber auch dann kritisiert werden, wenn einer Person Informationen vorenthalten werden, die es ihr überhaupt erst ermöglichen, überlegte Entscheidungen zu treffen.

Nicht alle Menschen können in diesem Sinne als „autonomous agents" angesehen werden. Sind Menschen bedingt durch Krankheit, Behinderung oder besondere

---

[2]   National Commission for the Protection of Human Subjects of Biomedical and Behavioral Research, *The Belmont Report*, 4.

[3]   Vgl. ebd.

[4]   Vgl. ebd., 4 ff.

(äußere) Umstände nicht oder nicht in vollem Maße dazu befähigt, wohlüberlegte Entscheidungen zu treffen bzw. selbstbestimmt zu handeln, dann kann – und darin besteht der andere Aspekt des Prinzips – der Respekt vor dem Personenstatus besondere Schutzansprüche begründen. Bei Menschen beispielsweise, die aufgrund einer geistigen Behinderung nicht imstande sind, unter Einbeziehung möglicher Konsequenzen eine wohlüberlegte Entscheidung zu treffen, kann der Respekt vor dem Personenstatus eine dezidierte Missachtung ihrer explizit geäußerten Wünsche implizieren, nämlich etwa dann, wenn ein solcher Wunsch als schwere Form einer selbstschädigenden Handlung eingestuft werden muss. Im Hinblick auf Personengruppen, bei denen die gesteigerte Gefahr einer Einflussnahme durch Dritte auf ihre Entscheidung besteht (beispielsweise Strafgefangene), muss hingegen sichergestellt werden, dass es nicht zu „fremdbestimmten" Zielsetzungen kommt.

Im Verständnis des *Belmont Reports* fordert das Prinzip „respect for persons", so kann man zusammenfassend sagen, einerseits, freie und (zumindest in einem schwachen Sinne) rationale Entscheidungen von Menschen, die dazu grundsätzlich in der Lage sind, anzuerkennen und gegebenenfalls durch die Bereitstellung von notwendigen Informationen allererst zu ermöglichen. Andererseits fordert es, Menschen, die zu solchen Entscheidungen nicht fähig sind, in besonderer Weise zu schützen. Beide Forderungen können, darauf weist der Text ausdrücklich hin, in Konflikt geraten, besonders mit Blick auf die Frage, inwieweit die faktischen Zielsetzungen einer Person respektiert werden müssen und in welchen Fällen solche Zielsetzungen als irrational oder pathologisch eingestuft werden dürfen oder gar müssen. Es ist daher: „in most hard cases [...] a matter of balancing competing claims urged by the principle of respect itself."[5] Der Doppelaspekt des Prinzips begründet mithin ein ihm immanentes Spannungsverhältnis und Konfliktpotential.

b)   Beneficence

Weiter gehen die Autoren davon aus, dass neben der Anerkennung von fremden Zielsetzungen und der Gewährung der Freiheit, diese zu verwirklichen, ein „ethischer Umgang mit Personen" auch beinhaltet, Menschen vor (von außen verursachtem) Schaden zu schützen und ihr Wohlbefinden zu sichern.[6] Dieser für das ärztliche Ethos zentralen Grundüberzeugung folgend explizieren die Autoren des *Belmont Report* das „beneficence"-Prinzip durch zwei Handlungsgrundsätze: „(1) do not harm and (2) maximize possible benefits and minimize possible harms".[7] Dabei rekurrieren sie explizit auf die medizinisch-ethische Tradition, namentlich auf Hippokrates und Claude Bernard. Ein offenkundiges Problem besteht darin, so wird ausgeführt, dass die Schadenvermeidung durch medizinische Behandlung nur dann effektiv gestaltet werden kann, wenn medizinische Forschung am Menschen durch-

---

[5]   Ebd., 6.
[6]   Vgl. ebd., 6 ff.
[7]   Ebd., 7.

geführt wird. Diese Forschung ist aber immer zumindest mit einem (wenn auch minimalen) Schadensrisiko verbunden. Gerade weil sich das Fürsorgeprinzip[8] sowohl an den einzelnen Forscher als auch an die Gesellschaft als Ganze richtet, entsteht auch hier ein prinzipienimmanentes Konfliktpotential.[9]

c)   Justice

Im Hinblick auf die zu behandelnde Problematik spricht die Kommission unter dem Begriff „justice" Fragen der distributiven Gerechtigkeit an.[10] Das Gerechtigkeitsprinzip fordert eine „faire" Verteilung von Nutzen und Lasten medizinischer Forschung auf die Gesellschaft als Ganze. Fraglich ist gleichwohl, was genau als „faire" Verteilung gelten darf. Zur Klärung dieser schwierigen Frage verweisen die Autoren in erster Näherung auf die Formel „Gleiche Fälle gleich behandeln!" und geben anschließend fünf unterschiedliche Interpretationen, was in dieser Formel „gleich" bedeuten kann bzw. bedeuten soll: „(1) to each person an equal share, (2) to each person according to individual need, (3) to each person according to individual effort, (4) to each person according to societal contribution, and (5) to each person according to merit."[11] Grundsätzlich werden mit Bezug auf die Verteilung von Forschungslasten und Forschungsnutzen, so stellen die Autoren fest, in allen fünf Interpretationen relevante Aspekte angesprochen. Vor dem Hintergrund der Geschichte der medizinischen Forschung am Menschen besteht ihrer Meinung nach die wichtigste Gerechtigkeitsforderung allerdings darin, sicherzustellen, dass Probanden nicht einzig aufgrund ihrer Zugehörigkeit zu einer bestimmten Gruppe ausgewählt werden, wenn diese Gruppenzugehörigkeit nicht für das Experiment sachlich zwingend ist.

d)   Kritik am Belmont Report

Zwar wird zu Beginn des *Belmont Report* klargestellt, dass die genannten Prinzipien nicht in jedem Fall dazu geeignet seien, auf dem Wege der Anwendung auf einen konkreten Fall eine endgültige Klärung ethischer Probleme herbeizuführen. Die

---

[8] Für die englischen Termini „beneficence" bzw. „principle of beneficence" werden hier und im Folgenden die deutschen Begriffe „Fürsorge" bzw. „Fürsorgeprinzip" gebraucht. Die gelegentlich verwendete Übersetzung „Wohltätigkeitsprinzip" trifft den eigentlichen Bedeutungsgehalt nicht.

[9] „Here again, as with all hard cases, the different claims covered by the principle of beneficence may come into conflict and force difficult choices." (Ebd., 8). Bei der von der Kommission hier benannten Problematik handelt es sich der Sache nach um einen Aspekt des oben beschriebenen Grundkonfliktes zwischen der *Logik des Heilens* und der *Logik der Forschung*; vgl. oben I.4.

[10] Vgl. National Commission for the Protection of Human Subjects of Biomedical and Behavioral Research, *The Belmont Report*, 8 ff.

[11] Ebd., 9.

Prinzipien seien auf einer Abstraktionsebene angesiedelt, die es Wissenschaftlern, Probanden, Mitgliedern von Ethik-Kommissionen und einer interessierten Öffentlichkeit ermöglichen solle, die ethischen Fragestellungen im Zusammenhang mit biomedizinischer Forschung am Menschen einordnen zu können.[12] Gleichwohl wird der klare Anspruch formuliert: „The objective is to provide an analytical framework that will guide the resolution of ethical problems arising from research involving human subjects."[13] Gerade dieser Anspruch, so glauben viele Kritiker, werde mit den namhaft gemachten Prinzipien aber nicht erfüllt und – so eine weitergehendere und fundamentalere Kritik – könne im Rahmen eines prinzipienbasierten Ansatzes auch gar nicht erfüllt werden.

Auch wenn man zugestehen muss, dass der erhobene Anspruch, mit dem vorgelegten Dokument über eine „list of items" hinauszugehen, von der National Commission sicher erfüllt wurde, wird die Struktur des angebotenen konzeptionellen Rahmens nicht vollständig durchsichtig. Der *Belmont Report* selbst bietet keine ausgearbeitete ethische Theorie, sondern bleibt eng an den Sachproblemen der Forschungsethik orientiert und seiner Argumentationsform nach überwiegend thetisch. Neben einer (tieferreichenden) geltungstheoretischen Fundierung der einzelnen Prinzipien oder zumindest der Diskussion, ob eine solche möglich bzw. notwendig ist, fehlt insbesondere jeder methodologische Hinweis darauf, wie im Fall von Kontroversen bezüglich der inhaltlichen Konkretisierungen bzw. Spezifizierung von Prinzipien sowie von konfligierenden Prinzipien eine begründete moralische Bewertung erzielt werden soll. Dabei spricht die Kommission selbst das Problem von widerstreitenden Ansprüchen an, die durch ein einziges Prinzip gerechtfertigt werden können. Mindestens ebenso schwierig sind aber solche Fälle, in denen zwei gleichermaßen als gültig ausgewiesene Prinzipien gegensätzliche Bewertungen eines Sachverhalts nahe legen. Mit Blick auf die ethischen Probleme, die durch biomedizinische Humanexperimente aufgeworfen werden, handelt es sich dabei keineswegs um seltene Ausnahmefälle. Im Gegenteil ist davon auszugehen, dass die drei namhaft gemachten Prinzipien in einem *fortwährenden Spannungsverhältnis* stehen. So kann beispielsweise eine dem gemeinschaftlichen Interesse an der Fortentwicklung von Diagnose- und Therapiemethoden verpflichtete Forschung auf das „beneficence"-Prinzip – und womöglich auch auf das Gerechtigkeitsprinzip – verweisen, um Eingriffe in die Autonomie des Einzelnen zu rechtfertigen, während das Prinzip „respect for persons" eher geeignet erscheint, solche Eingriffe grundsätzlich zu verbieten. Vor diesem Hintergrund ist (zumindest) eine Ergänzung oder Fortentwicklung des im *Belmont Report* skizzierten Ansatzes erforderlich, die die angesprochenen geltungstheoretischen und methodologischen Defizite behebt.

Als Versuch, eine solche Ergänzung bzw. Fortentwicklung zu formulieren, kann man vor allem den Ansatz von Tom L. Beauchamp und James F. Childress lesen, den sie in ihrem einflussreichen Buch *Principles of Biomedical Ethics* formuliert haben.

---

[12] Vgl. ebd., 2.
[13] Ebd.

Die beiden Autoren haben es dort unternommen, unter Aufnahme zentraler Theorieelemente des *Belmont Report* einen prinzipienbasierten Ansatz als Theorierahmen für die Bioethik insgesamt auszuformulieren und zu begründen. Unter dem Titel „Principlism" ist dieses Lehrstück mittlerweile zu einem festen Bestandteil der Bioethik avanciert.[14] Zur systematischen Vertiefung der Diskussion soll daher nun dieser Ansatz herangezogen werden. Konkrete forschungsethische Fragen und Problemstellungen treten dabei zunächst zugunsten einer grundsätzlicheren Analyse und Diskussion von geltungstheoretischen Fragen und Problemen (bio-)ethischer Methodologie in den Hintergrund. Allerdings erfolgt diese (Methoden-)Diskussion nur insoweit, als sie zur Klärung der hier in Frage stehenden Sachprobleme erforderlich und der Grundlegung einer ethischen Theorie biomedizinischer Humanexperimente dienlich ist.[15]

---

[14] Die Bezeichnung „Principlism" wurde ursprünglich in kritischer Absicht von K. Danner Clouser und Bernard Gert in deren Aufsatz *A Critique of Principlism* für den Ansatz von Beauchamp und Childress eingeführt, hat sich in der Zwischenzeit aber als auch von den Autoren der *Principles of Biomedical Ethics* akzeptierte Terminologie etabliert.

[15] Insbesondere wird auf den Methodenstreit, der durch den Ansatz von Beauchamp und Childress in der Bioethik ausgelöst worden ist und nach wie vor anhält, im Folgenden nicht in allen Einzelheiten eingegangen werden. Die Hauptgegner des Principlism innerhalb dieser Methodendebatte sind (bzw. waren, vgl. unten Anm. 40) einerseits Albert Jonsen und Stephen Toulmin, die es unternommen haben, die Tradition der Kasuistik für die Bioethik fruchtbar zu machen (vgl. Jonsen / Toulmin, *The Abuse of Casuistry*, sowie Jonsen, *Casuistry as Methodology in Clinical Ethics* und *Casuistry: An Alternative or Complement to Principles?*), andererseits und in stärkerem Maße K. Danner Clouser und Bernard Gert (vgl. Clouser / Gert, *A Critique of Principlism* und Gert / Culver / Clouser, *Bioethics: A Return to Fundamentals*). Eine solche Rekonstruktion müsste die durch die gegenseitige Kritik angeregte Entwicklung der drei Positionen berücksichtigen. Gerade Beauchamp und Childress haben ihren Ansatz im Laufe der Zeit wesentlich verändert. Ezekiel J. Emanuel hat angesichts dieser Entwicklung in seiner Besprechung der vierten Auflage der *Principles of Biomedical Ethics* gar von einem „Anfang vom Ende des Principlism" gesprochen; vgl. Emanuel, *The Beginning of the End of Principlism*. Hier wird nur auf die derzeit aktuelle fünften Auflage (2001) der *Principles of Biomedical Ethics* Bezug genommen. Einen Überblick über die Diskussion des prinzipienorientierten Ansatzes im Rahmen der Bioethik geben beispielsweise: Gillon (ed.), *Principles of Health Care Ethics*; Davis, *The Principlism Debate: A Critical Overview*, und Quante / Vieth, *Welche Prinzipien braucht die Medizinethik? Zum Ansatz von Beauchamp and Childress*; vgl. auch die Beiträge im *Kennedy Institute of Ethics Journal* 5 (1995), No. 3 (Special Issue: *Theories and Methods in Bioethics: Principlism and Its Critics*, eds. Veatch / Spicer), sowie im *Journal of Medicine and Philosophy* 25 (2000), No. 3 (Issue Title: *Specification, Specified Principlism and Casuistry*, ed. Iltis).

2. Die Konzeption von Beauchamp und Childress als Fortentwicklung des *Belmont Report*: Prinzipien „mittlerer Ebene" als Theorieansatz für die Bioethik

Anders als die Autoren des *Belmont Report* machen Beauchamp und Childress vier grundlegende Prinzipien namhaft. Zusätzlich zu den drei Prinzipien „respect for autonomy"[16], „beneficence" und „justice" erscheint bei ihnen „nonmaleficence" als eigenständiges, irrreduzibles Prinzip. Den weitaus größten Teil der *Principles of Biomedical Ethics* nimmt die Exemplifikation der einzelnen Prinzipien in Anspruch. Motiviert durch die von unterschiedlicher Seite teils vehement geübte Kritik bemühen sich die Autoren allerdings zunehmend – das Buch liegt seit 2001 in einer überarbeiteten fünften Auflage vor – auch um eine ausführliche Begründung des Principlism als ethische Theorie, wenngleich sie darauf hinweisen, dass sie ihren Ansatz nur bedingt als Theorie im klassischen moralphilosophischen Sinne verstehen – nicht zuletzt, weil sie die grundsätzliche Strategie solcher Theorien insgesamt überaus skeptisch bewerten.[17]

In methodischer Hinsicht bilden zwei Elemente den Kern des Principlism von Beauchamp und Childress: die „common morality" einerseits, eine „coherence theory of justification" andererseits. Die „common morality", d.h. die Menge aller „shared moral beliefs", fungiert als inhaltlicher Ausgangspunkt des Principlism. Damit nehmen Beauchamp und Childress ein zentrales Element des *Belmont Report*

---

[16] In der Weise, wie Beauchamp und Childress das Prinzip „respect for autonomy" explizieren, entspricht es sachlich weitgehend dem „respect for persons"-Prinzip des *Belmont Report*. Auf mögliche Unterschiede zwischen den beiden Konzeptualisierungen hat Veatch hingewiesen; vgl. Veatch, *Resolving Conflicts Among Principles: Ranking, Balancing, and Specifying*, 202 ff. Dessen ungeachtet werden beide Bezeichnungen im Folgenden synonym verwendet. Insbesondere, das sei hier vorgreifend bemerkt, handelt es sich bei dem Prinzip, wie Beauchamp und Childress es verwenden, nicht um das Kantische Autonomieprinzip, vgl. II.7.a.

[17] Die Begründungsproblematik sowie die damit verbundenen methodischen Fragen diskutieren die Autoren in einiger Ausführlichkeit in den Kapiteln 8 „Moral Theories" und 9 „Method and Moral Justification". Wichtige Hinweise dazu finden sich außerdem im Kapitel 1 „Moral Norms". Trotz dieser theoretischen Bemühungen betonen Beauchamp und Childress gelegentlich, dass es sich bei ihrem Ansatz nicht um eine Theorie im eigentlichen Sinne handele; so schreiben sie beispielsweise: „Our four clusters of principles do not constitute a general theory. They provide only a framework for identifying and reflecting on moral problems." (Beauchamp / Childress, *Principles of Biomedical Ethics*, 15). Und auch im Rahmen ihrer Diskussion von „Method and Moral Justification" äußern sie die Ansicht, dass der Begriff „Theorie" im Zusammenhang mit Ansätzen, welche die „common morality" in den Mittelpunkt rücken, in seiner Bedeutung zu „verwässert" sei, sodass es vielleicht besser sei, ihn gänzlich aufzugeben; vgl. ebd., 407. Dennoch scheint es nicht völlig verfehlt zu sein, den konzeptuellen Ansatz des Principlism zumindest in einem schwachen Sinne als (ethische) Theorie zu bezeichnen.

auf, denn auch die National Commission ging davon aus, dass die von ihr namhaft gemachten Prinzipien als innerhalb unserer kulturellen Tradition allgemein akzeptiert angesehen werden könnten, und implizierte dadurch, dass auch sie die „common morality" als inhaltliches Fundament für ihren Theorierahmen ansieht. Allerdings bemühen sich Beauchamp und Childress im Gegensatz zu den Autoren des *Belmont Report* um eine geltungstheoretische Rechtfertigung ihrer Wahl.

Nach Auffassung der Autoren gibt es keine „traditionelle" ethische Theorie, die einen besseren Ausgangspunkt für die Begründung von Prinzipien bilden würde als die allgemein geteilten moralischen Überzeugungen: „The general norms and schemes of justification found in philosophical ethical theories are invariably more contestable than the norms in the common morality. We cannot reasonably expect that a contested moral theory will be better for practical decision-making and policy development than the morality that serves as our common heritage. Far more social consensus exists about principles and rules drawn from the common morality (e.g. our four principles) than about theories. This is not surprising, given the central social role of the common morality and the fact that its principles appear in some form in all major theories."[18] Während nicht einmal unter Anhängern einer ethischen Theorie Einigkeit darüber bestehe, welche Regeln und Handlungsanweisungen sich aus der von ihnen vertretenen Theorie in einer konkreten Situation ergäben, und in noch viel geringerem Maße ein entsprechender Konsens zwischen Verfechtern unterschiedlicher Theorieansätze zu erzielen sei, so die weitere Argumentation von Beauchamp und Childress, sei allen ernsthaften Personen („all serious persons") die Grunddimension der Moralität immer schon bekannt, und niemand, der moralische Verpflichtungen ernst nehme („serious about morality"), würde die grundsätzliche Geltung zentraler moralischer Regeln wie beispielsweise „Du sollst nicht lügen!", „Du sollst nicht stehlen!", „Du sollst Versprechen einhalten!", „Du sollst die Rechte anderer respektieren!", „Du sollst nicht töten oder Unschuldigen Schaden zufügen!" in Frage stellen.[19] Im Gegensatz zur Auffassung vieler Moralphilosophen sei es diese Art von immer schon geteilter, intuitiver bzw. präreflexiver Moralität mit ihren Prinzipien, Normen und Regeln, die als fundamental gegenüber ethischen Theorien angesehen werden müsse. Sie bringen dies auf die Formel: „Morality is the anchor of theory; theory is not the anchor of morality."[20] Nur wenn es einer Theorie gelinge, die zentralen Gehalte der „common morality" adäquat zu rekonstruieren, könne sie als akzeptabler Theorieansatz gelten. Allerdings, so der Befund von Beauchamp und Childress, liege bis heute keine derartige Theorie vor. Im Gegenteil, die Autoren versuchen zu zeigen, dass alle „großen" Theorien der philosophischen Tradition entscheidende Schwächen haben, die

---

[18] Ebd., 404.
[19] Vgl. ebd., 3.
[20] Ebd., 405.

sie als alleinige Grundlage für eine Bioethik disqualifizieren.[21] Und weder sei die Entwicklung einer solchen Theorie zu erwarten, noch sei – falls dies wider Erwarten doch gelänge – damit im Vergleich zur „common morality" ein entscheidender Vorteil erzielt. Denn auch dann bliebe das „Problem der Anwendung" bestehen: Ethische Theorien seien, so die Autoren, ihrer Struktur nach zu allgemein, als dass sie eine „einfache" Applikation auf die moralische Wirklichkeit zuließen. Spätestens bei den notwendigerweise aufbrechenden Fragen der Konkretisierung bzw. Spezifizierung zu praktisch wirksamen Handlungsregeln werde daher ein Rekurs auf die „common morality" wieder unumgänglich.[22]

Darüber hinaus halten Beauchamp und Childress, und dieser Punkt ist für das Verständnis des Principlism gerade im Hinblick auf „klassische" moralphilosophische Theorien von entscheidender Bedeutung, alle Theorien, die ein singuläres Prinzip als Ausgangspunkt für die ethische Reflexion ansetzen, für unterkomplex gegenüber der moralischen Wirklichkeit.[23] Damit greifen sie ein weiteres zentrales Element des *Belmont Report* auf. Die National Commission ging ja ebenfalls, das macht der Text des Dokuments zumindest implizit deutlich, von der Notwendigkeit eines irreduziblen Prinzipienpluralismus aus. Die Verständigungsprozesse der Kommission hatten gerade gezeigt, dass ein Konsens mit Blick auf eine Mehrzahl von „mittleren" Prinzipien über kulturelle und weltanschauliche Grenzen hinweg möglich war, nicht aber bezüglich eines singulären Letztprinzips.[24] Charakteristisch für die „common morality" ist nun nicht zuletzt, dass sie eine Mehrzahl von zunächst gleichermaßen verbindlichen *prima facie* gültigen Prinzipien enthält, die gegenüber singulär-absoluten Prinzipien auf einer „mittleren Ebene" angesiedelt sind und über deren Bedeutung und Geltung für einen bestimmten Teilbereich der Wirklichkeit – beispielsweise die vier genannten Prinzipien für den Bereich der Bio- und Medizinethik – ein Konsens besteht.[25] Beauchamp und Childress vertreten nachdrücklich die Auffassung, dass eine tieferreichende Begründung von „mittleren

---

[21] Vgl. ebd., Chap. 8 „Moral Theories", 337-383. Die Betonung liegt hier darauf, dass keine dieser „großen" Theorien, etwa der Utilitarismus, die Deontologie Kantischer Provenienz, der Kontraktualismus oder der Kommunitarismus, *allein* eine zureichende Grundlage bildet. Jeder der genannten Ansätze enthält nach Auffassung der Autoren aber wichtige Aspekte und kann insofern bei der kritischen Reflexion ethischer Problemstellungen durchaus hilfreich sein: „We do accept as legitimate various *aspects* of many theories advanced in the history of ethics. However, we reject both the hypothesis that all leading principles in the major moral theories can be assimilated into a coherent whole and the hypothesis that each of the theories offers an equally tenable moral framework." (Ebd., 338).

[22] Vgl. ebd., 405.

[23] Vgl. ebd.

[24] Vgl. oben I.10.

[25] Ihr Verständnis von *prima facie* verbindlichen Prinzipien entwickeln Beauchamp and Childress wesentlich unter Rückgriff auf W.D. Ross; vgl. Beauchamp / Childress, *Principles of Biomedical Ethics*, insbesondere 14 f. sowie Ross, *The Right and the Good*, 19 ff.

Prinzipien" vermöge einer ethischen Theorie in einem höchsten Prinzip unnötig sei. Der durch die „common morality" verbürgte Geltungsstatus ist ihrer Meinung nach nicht zu überbieten. Durch jeden derartigen Versuch gewänne eine ethische Theoriekonzeption weder an Überzeugungskraft noch an kritischem Potential.[26]

Nach Auffassung von Beauchamp und Childress zeichnet eine intuitiv-unmittelbare Verbindlichkeit ebenso wie eine weite Konsensfähigkeit die „common morality" als inhaltlichen Ausgangspunkt für die Formulierung von Handlungsregeln im Bereich der (Bio-)Ethik aus. Gleichwohl ist ihnen bewusst, dass mit dieser Wahl nicht unerhebliche Probleme verbunden sind. Zum einen müssen unterschiedliche Prinzipien und Regeln, die gleichermaßen Bestandteil der „common morality" sind, nicht unbedingt und immer untereinander konsistent sein. Im Gegenteil, es ist für unsere präreflexiven moralischen Überzeugungen geradezu charakteristisch, dass sie oftmals undeutlich und bisweilen sogar widersprüchlich sind. Die moralische Urteilsbildung erscheint häufig gerade deswegen schwierig, weil sich konkurrierende moralische Intuitionen nicht in Einklang miteinander bringen lassen. Zum anderen steht eine Theorie, die in einem geltungstheoretisch starken Sinne Rekurs auf allgemein geteilte moralische Überzeugungen nimmt, immer im Verdacht, kaum kritisches Potential gegenüber dem Status quo entfalten zu können. Dabei ist aber keineswegs sichergestellt, dass nur weil moralische Überzeugungen faktisch geteilt werden, sie auch geteilt werden sollten. Mit anderen Worten, es besteht in einer solchen Theoriekonstellation immer die Gefahr, dass geteilte Überzeugungen unter der Hand und nur aufgrund ihrer Faktizität als moralisch richtig ausgezeichnet werden, ohne dass ein theoretischer Raum bleibt, um sie bezüglich ihrer Geltung in Frage zu stellen.

Beiden Einwänden begegnen Beauchamp und Childress im Rahmen ihrer Verteidigung des Principlism. Dem letztgenannten Einwand entgegnen die Autoren, dass die „common morality" nicht in eins falle mit „customary moralities".[27] Die kritische Reflexion auf der Grundlage der „common morality" könne sehr wohl dazu führen, dass weithin akzeptierte Überzeugungen kritisiert und sogar abgelehnt würden, denn: „In short, the common morality is a pretheoretic moral point of view that transcends local customs and attitudes. Conclusions that criticize those customs and attitudes are warranted when they maintain fidelity to the common morality."[28] Der Umstand, dass lokale Gebräuche und Einstellungen im Rahmen des Prozesses der kritischen Reflexion überschritten werden oder zumindest werden können, hängt direkt mit dem zweiten der genannten Einwände zusammen. Um ihm begegnen zu können, führen Beauchamp und Childress zusätzlich zur „common morality" einen kohärentistischen Begründungsansatz („coherence theory of justification") in ihr Theoriegefüge ein sowie – damit eng verbunden – die methodischen Instrumente des Abwägens („balancing") und Spezifizierens („specifying"). Weder

---

[26]   Vgl. Beauchamp / Childress, *Principles of Biomedical Ethics*, 385 ff., 404 f.

[27]   Vgl. ebd., 403.

[28]   Ebd.

relativ abstrakte Prinzipien, die unmittelbar der „common morality" entnommen werden können, noch die situationsbedingten intuitiven moralischen Urteile in einem konkreten Fall genießen im Principlism einen grundsätzlichen geltungstheoretischen Vorrang; beiden wird eine gleichermaßen wichtige Funktion im Rahmen der moralischen Urteilsbildung zugedacht.[29] Der kohärentistische Ansatz, wie die Autoren ihn unter Rückgriff auf das Konzept des Reflexionsgleichgewichts von John Rawls begreifen,[30] besteht nun darin, dass in einem dialektischen Verfahren abstrakte Prinzipien und erfahrungsgestützte konkrete Urteile in einem (kohärenten) System vereinigt und synchronisiert werden müssen. Eine Handlungsregel, ebenso wie ein abstraktes Prinzip werden demnach nur dann als gültig anerkannt, wenn sie mit allen übrigen Regeln und Prinzipien vereinbar sind. Lassen sich unterschiedliche Elemente nicht widerspruchslos vereinen, dann müssen sie solange modifiziert werden, bis sie ein kohärentes Gesamtsystem bilden, wobei keine theoretische Ebene des Systems von einer solchen Modifikation ausgenommen werden kann bzw. werden darf.[31]

Die Beurteilung von konkreten Fällen erfordert es außerdem, relativ abstrakte Prinzipien abhängig von gegebenen Parametern durch „Spezifikation" zu Handlungsregeln zu konkretisieren und, für den Fall, dass *prima facie* gültige Prinzipien miteinander in Konflikt geraten, gegeneinander „abzuwägen". Unter der Methode des Spezifizierens („method of specification") verstehen Beauchamp und Childress dabei den Prozess der Reduktion von Unbestimmtheit von abstrakten Prinzipien und Normen.[32] Abhängig von konkreten Situationsparametern werden allgemeine Grundsätze zu handlungsleitenden Regeln konkretisiert, indem sie inhaltlich angereichert werden. Die Regel „Ein Patient muss zu einer Behandlung seine informierte Einwilligung erteilen!" würde beispielsweise in dieser allgemeinen Form in einer Vielzahl von Situationen dazu führen, dass ein Arzt keine Behandlung einleiten kann, weil der Patient einwilligungsunfähig ist. Eine Spezifizierung der Regel im Sinne einer inhaltlichen Anreicherung könnte diese Fälle berücksichtigen und Aus-

---

[29] Vgl. ebd., 398.

[30] Das wirkmächtige, aber gleichwohl nicht unumstrittene Konzept des Reflexionsgleichgewichts („reflective equilibrium") hat John Rawls im Rahmen seiner Gerechtigkeitstheorie entwickelt; vgl. Rawls, *Eine Theorie der Gerechtigkeit*, 38 f. und 68 ff.

[31] Die Autoren gestehen zu, dass die Kohärenzforderung angesichts der Komplexität der moralischen Wirklichkeit ein „Ideal" bilde, das es zwar anzustreben gelte, das aber nicht immer erreicht werden könne; vgl. Beauchamp / Childress, *Principles of Biomedical Ethics*, 407.

[32] Vgl. ebd., 15 ff., sowie DeGrazia, *Moving Forward in Bioethical Theory: Theories, Cases, and Specified Principlism*, insbesondere 523 ff.; Richardson, *Specifying Norms as a Way to Resolve Concrete Ethical Problems*; Richardson, *Specifying, Balancing, and Interpreting Bioethical Principles*. Anders als DeGrazia und Richardson, auf deren kritische Anregungen Beauchamp und Childress wesentlich zurückgreifen, glauben sie jedoch nicht, dass jede Form von „Abwägen" sich als eine Art von „Spezifikation" begreifen lässt; vgl. Beauchamp / Childress, *Principles of Biomedical Ethics*, 18 f.

nahmebedingungen benennen, in denen die Einwilligung durch einen Stellvertreter als hinreichend angesehen werden kann oder sogar, wie in Notfallsituationen, gar keine Einwilligung als erforderlich vorschreibt. Der Prozess kann wiederholt angewendet und ein zunächst allgemein-abstraktes Prinzip sukzessive spezifiziert werden. Dennoch kann nicht ausgeschlossen werden, dass sich – besonders in komplexen Handlungskonstellationen – unterschiedliche Spezifikationsalternativen ergeben und der Prozess damit kein eindeutiges Ergebnis liefert.

Der für den Ansatz charakteristische Prinzipienpluralismus kann ferner dazu führen, dass konkurrierende Prinzipien und Regeln gegeneinander abgewogen werden müssen, wobei diese ihr „Gewicht" wiederum abhängig von den konkret gegebenen Situationsparametern erhalten.[33] Um das intuitive Moment bei dem Prozess des Abwägens von konfligierenden *prima facie* gültigen Prinzipien und Normen abzumildern,[34] geben die Autoren zusätzlich sechs prozedurale Metaregeln an, die erfüllt sein müssen, damit eine *prima facie* gültige Norm einer anderen im Zuge des Abwägens begründet vorgezogen werden darf.: „1. Better reasons can be offered to act on the overriding norm than on the infringed norm. [...] 2. The moral objective justifying the infringement must have a realistic prospect of achievement. 3. The infringement is necessary in that no morally preferable alternative actions can be substituted. 4. The infringement selected must be the least possible infringement, commensurate with achieving the primary goal of the action. 5. The agent must seek to minimize any negative effects of the infringement. 6. The agent must act impartially in regard to all affected parties; that is, the agent's decision must not be influenced by morally irrelevant information about any party."[35] Mit diesen Verfahrensregeln, deren Ziel es ist, dass Prinzipien nicht in beliebiger Weise gegeneinander ausgespielt werden können, versuchen die Autoren formale Kriterien zu benennen, die eine situationsabhängig objektive Bestimmung des Gewichts von einzelnen Prinzipien zumindest im Ansatz ermöglichen.

---

[33] Vgl. ebd., 18 ff. Die beiden Methoden stehen in keiner festen Reihenfolge, etwa derart, dass erst, nachdem der Spezifikationsprozess abgeschlossen ist und nicht zu einem befriedigenden Ergebnis geführt hat, Prinzipien gegeneinander abgewogen würden. Eher denken Beauchamp und Childress an unterschiedliche „Anwendungsbereiche": „Balancing is especially important for reaching judgments in individual cases, and specification is especially useful for policy development." (Ebd., 18). Allerdings gehen die Autoren davon aus, dass einige „spezifizierte" Normen einen quasi-absoluten Status haben, sodass sie nicht mehr gegen andere abgewogen werden können: „Although all moral norms are subject to balancing as well as specification, some specified norms are virtually absolute, and therefore usually escape the need for balancing." (Ebd., 19).

[34] Wörtlich schreiben Beauchamp und Childress: „As a response to criticisms that the model of balancing is too intuitive and open-ended – lacking in a commitment to firm principles – we can list a few conditions that reduce the amount of intuition involved." (Ebd., 19).

[35] Ebd., 19 f.

Sowohl der Prozess der „Spezifikation" als auch der des „Abwägens" bleibt dabei der Kohärenzforderung an das Gesamtsystem der moralischen Überzeugungen verpflichtet. Gerade dadurch soll es ermöglicht werden, „local customs and attitudes" bzw. die „customary moralities" zu kritisieren und gegebenenfalls, d.h. wenn sie mit anderen allgemein geteilten Überzeugungen unvereinbar sind, als ungültig zurückzuweisen. Dennoch ist nach Auffassung von Beauchamp und Childress nicht zu erwarten, dass ausgehend von der „common morality" und mit Hilfe des Instrumentariums von Spezifizieren und Abwägen sowie der Kohärenzforderung an das Gesamtsystem immer eindeutige und von allen akzeptierte moralische Bewertungen erzielt werden können. Dies könne, so betonen sie, aber nicht als Argument gegen den Principlism zählen. Vielmehr gelte es einzusehen: „We simply lack a single, entirely reliable way to resolve all disagreements. [...] Neither morality nor ethical theory has the resources to provide a single solution to every moral problem."[36] Angesichts mehrerer gleichermaßen gültiger Prinzipien garantieren auch die methodischen Instrumente keine eindeutigen Lösungen in allen ethischen Streitfällen.[37] Anders als Vertreter deduktivistischer Theorien halten die Verfasser des Principlism diesen Umstand aber nicht für grundsätzlich problematisch. Vielmehr vertreten sie die Auffassung, dass zumindest in einem begrenzten Maße Raum sein muss für einen Wertepluralismus, der unterschiedliche Beurteilungen zulässt.[38]

Überblickt man den Ansatz mit Bezug auf die Defizite des *Belmont Report*, so ist festzustellen, dass Beauchamp und Childress sowohl die Frage nach der Geltung der Prinzipien als auch das Problem konfligierender Prinzipien aufgreifen und zu lösen versuchen. Wie im *Belmont Report* dienen auch im Principlism mehrere, auf einer mittleren Ebene angesiedelte und in ihrer Geltung als gleichberechtigt vorgestellte Prinzipien als Grundlage. Beauchamp und Childress versuchen zu zeigen, dass diese Grundlage ihrerseits nicht noch einmal theoretisch unterboten werden kann bzw. muss. Die „common morality", der die Prinzipien entnommen sind, wird als zureichendes geltungstheoretisches Fundament ausgewiesen. Gleichwohl werden „local customs and attitudes" bzw. „customary moralities" einer kritischen Prüfung unterzogen, indem an sie eine Kohärenzforderung gestellt wird. Damit verbunden sind die methodischen Konzepte des Spezifizierens und Abwägens, die ein diskursivtransparentes Verfahren etablieren sollen, das es einerseits ermöglicht, von den abstrakten Prinzipien aus konkrete Handlungsregeln zu gewinnen, und andererseits angibt, wie im Fall von konfligierenden Prinzipien ein begründetes und konsensfähiges moralisches Urteil erzielt werden kann.

---

[36] Ebd., 21.
[37] Vgl. ebd., 21 ff. und 389 f.
[38] Vgl. ebd., 385 ff.

3.   Kritik am Principlism

Seit dem ersten Erscheinen sah sich der Principlism von Beauchamp und Childress heftiger Kritik ausgesetzt. Ohne die kontrovers geführte Debatte darüber, welcher methodische Ansatz für die Bioethik insgesamt angemessener erscheint, im Einzelnen nachzeichnen zu können,[39] stellt sich nun die Frage, inwieweit dieser Theorieansatz als hinreichende Ergänzung zum *Belmont Report* angesehen werden kann, d.h. inwieweit die theoretischen Bemühungen von Beauchamp und Childress dazu geeignet sind, die angesprochenen Defizite des *Belmont Reports* zu beheben.

In Zweifel gezogen wird dies vor allem durch die entschiedene Kritik am Principlism, wie sie von Bernhard Gert, Charles M. Culver und K. Danner Clouser verschiedentlich formuliert worden ist.[40] Ihr Haupteinwand gegen den prinzipienbasierten Ansatz von Beauchamp und Childress lautet: „We argue that the principles of principlism primarily function as checklist, naming issues worth remembering when one is considering a biomedical issue. ,Consider this... consider that... remember to look for...' is what they tell the agent; they do not embody an articulated, established, and unified moral system capable of providing useful guidance."[41] Vielmehr, so die Kritik weiter, ermangele der Principlism einer theoretischen Konzeption. Die einzelnen Prinzipien, die er in Stellung bringe, seien höchst unterschiedlichen klassischen Theoriestücken entnommen. So sei das Prinzip „respect for persons" Kantischer Provenienz, „beneficence" utilitaristischen Theoriestücken von John Stuart Mill entlehnt, „nonmaleficence" verweise auf Bernard Gerts Theorie und „justice" schließlich auf John Rawls.[42] Diese unterschiedlichen Theorieansätze seien aber ihrerseits nicht oder zumindest nicht auf einfache Weise miteinander vereinbar. Der diesbezügliche Versuch von Beauchamp und Childress führe dazu, dass eine konsistent begründete Bewertung von Handlungskonstellationen vermöge des Principlism unmöglich sei. Der Principlism lasse somit den fatalen Eindruck entstehen, es sei hinreichend, je nach gegebener Problemkonstellation aus einer

---

[39]   Vgl. oben Anm. 15.

[40]   Damit folge ich, was die Einschätzung der Diskussionslage betrifft, der Analyse von Quante und Vieth, die dargelegt haben, dass der Principlism nicht oder – wie man angesichts der Entwicklung der involvierten Positionen genauer sagen muss – zumindest nicht mehr, wie häufig behauptet, der Kritik von *zwei Seiten*, nämlich von kasuistischer Seite (vor allem vertreten durch Albert R. Jonsen und Stephen Toulmin) und von „deduktivistischer" Seite (gemeint sind hier insbesondere K. Danner Clouser und Bernard Gert), ausgesetzt ist. Die „Frontlinie" in der Auseinandersetzung verlaufe, so argumentieren Quante und Vieth, vielmehr zwischen Principlism und Casuism einerseits und Deductivism andererseits; vgl. Quante / Vieth, *Angewandte Ethik oder Ethik in Anwendung?*, 6 f.

[41]   Gert / Culver / Clouser, *Bioethics: A Return to Fundamentals*, 75; vgl. Clouser / Gert, *A Critique of Principlism*, 221.

[42]   Vgl. ebd., 223.

Reihe von Theorien bzw. Prinzipien, die auf Theorien verweisen, eines auszuwählen. Dieses „anthology syndrome", so das Fazit von Gert, Culver und Clouser „obscures and confuses moral reasoning by its failure to provide genuine action guides and by its eclectic and unsystematic account of morality."[43]

Zwar haben Beauchamp und Childress gegenüber früheren Auflagen einzelne Kritikpunkte konstruktiv in ihren Ansatz integriert, sodass der ursprüngliche und weitergehende Vorwurf von Gert, Culver und Clouser, dem zufolge keinerlei Hinweis gegeben werde, wie im Falle von konfligierenden Prinzipien zu verfahren sei, so nicht mehr zutreffend ist.[44] Dennoch bleibt der Vorwurf im Kern bestehen, dass nämlich dem Principlism eine *übergreifende theoretische Konzeption* fehle, die als einheitlicher Deutungsrahmen das Verhältnis der Prinzipien untereinander bestimmt. Selbst wenn man den nicht unerheblichen theoretischen Aufwand in Rechnung stellt, den die Autoren in der fünften Auflage der *Principles of Biomedical Ethics* auf methodologische und geltungstheoretische Fragen verwenden, so bleibt doch das Problem bestehen, *wie* im konkreten Einzellfall ein Prinzip zu spezifizieren ist und *nach welchen Kriterien* Prinzipien gegeneinander abgewogen werden sollen. Anscheinend vertrauen Beauchamp und Childress darauf, dass die relative Stabilität und Sicherheit der präreflexiven moralischen Überzeugungen zusammen mit der grundsätzlichen Kohärenzforderung eine weitgehend einheitliche ethische Beurteilung von Problemfällen ermöglicht. Wo dies nicht der Fall ist, so muss man Beauchamp und Childress wohl verstehen, ist ein „Wertepluralismus" auszuhalten und darf nicht als Argument gegen die Theoriekonzeption gewendet werden. Zwar räumen Gert, Culver und Clouser ein, dass die – gegenüber vorherigen Auflagen – stärkere Betonung der „common morality" und der Methode des Spezifizierens Weiterentwicklungen in „die richtige Richtung" gewesen seien.[45] Nichtsdestoweniger kann man mit ihnen skeptisch sein, ob nicht auch bei der Prinzipienspezifikation eine auf einer fundamentaleren Ebene angesiedelte Theorie bzw. ein übergeordnetes Prinzip notwendig ist, um als Interpretationsgrundlage und allgemeiner Deutungsrahmen für konkretere, jeweils im Einzelfall und abhängig von gegebenen Situationsparametern zu ermittelnde Handlungsregeln zu fungieren. Gerade das innere Spannungsverhältnis, in dem die Prinzipien mit Bezug auf forschungsethische Fragen von vornherein stehen, macht diese Annahme nicht unplausibel. Wenn beispielsweise, wie oben bereits

---

[43] Gert / Culver / Clouser, *Bioethics: A Return to Fundamentals*, 75. Veatch weist im Übrigen zu Recht darauf hin, dass Clouser und Gert, wenn sie das „lack of theory" des Principlism kritisieren, nicht eine stärkere Reflexion auf metaethische Fragestellungen anmahnen, sondern ein Defizit in der normativen Theoriekonstellation hinsichtlich ihrer direkten handlungsleitenden Relevanz anprangern; Veatch, *Contract and the Critique of Principlism*, 124.

[44] Gert, Culver und Clouser würdigen die nicht zuletzt durch sie veranlassten Änderungen, vgl. die entsprechenden Ausführungen in Gert / Culver / Clouser, *Bioethics: A Return to Fundamentals*, 88 ff.

[45] Vgl. ebd., 89.

erwähnt, medizinische Forschung, die den Personenstatus des Probanden missachtet, zum Nutzen der Gemeinschaft und zukünftiger Patienten durch Verweis auf die Prinzipien „beneficence" und „justice" gerechtfertigt werden könnte, einer solchen Rechtfertigung das Prinzip „respect for persons" aber entgegensteht, dann ist der Hinweis auf die Notwendigkeit von Abwägungsprozessen allein nicht ausreichend. Notwendig ist vielmehr die Bereitstellung und Begründung von *Kriterien*, mit deren Hilfe eine solche Abwägung getroffen werden kann.

Ein solches Kriterium könnte sich zum Beispiel daraus ergeben, dass *ein* Prinzip allen anderen vor- bzw. übergeordnet wird und damit als letztgültiger Deutungshorizont für ethische Beurteilungen Verwendung findet. Vielfach wird der Principlism selbst so gedeutet, als komme dem Prinzip des „respect for persons" eine solche übergeordnete Stellung innerhalb des Ansatzes zu. Die Autoren machen jedoch wiederholt und nachdrücklich deutlich, dass ihrem Verständnis nach keines der vier Prinzipien eine Vorrangstellung einnimmt.[46] Zwar kann es sein, dass bei der Beurteilung von ethischen Problemfällen oftmals diesem Prinzip *de facto* das größte Gewicht zukommt. Davon unterschieden ist aber eine grundsätzliche Vor- bzw. Überordnung: Ein derart ausgezeichnetes Prinzip müsste dann nämlich bei Abwägungsprozessen als Metaprinzip fungieren und richtunggebende Wirkung entfalten. Bei Beauchamp und Childress sollen hingegen allein die prozeduralen Regeln die kriteriologische Grundlage für Abwägungsprozesse bereitstellen, nicht jedoch eines der vier inhaltlichen Prinzipien. Allerdings zeigt sich schnell, dass diese Verfahrensvorschriften für den Prozess des Abwägens nicht den von den Autoren intendierten Zweck der Objektivierung zu erfüllen vermögen. Der Grund dafür ist, dass die genannten Regeln keineswegs rein formale Vorschriften sind, sondern selbst schon inhaltlich-normative Bestimmungen enthalten, die jedoch theoretisch unterbestimmt bleiben. Besonders deutlich wird dieses Problem bei der dritten von Beauchamp und Childress formulierten Regel, die fordert, dass ein Verstoß gegen ein Prinzip nur dann als erlaubt gelten kann, wenn keine moralisch vorzuziehende Handlungsoption besteht („morally preferable alternative actions can be substituted").[47] Was als „moralisch vorzuziehen" gelten darf, soll aber gerade erst durch den Abwägungsprozess ermittelt werden. Folglich können die von Beauchamp und Childress in Stellung gebrachten prozeduralen Regeln nicht als geeignetes Mittel gelten, Klarheit darüber zu verschaffen, wie man zu begründeten Prinzipienabwägungen gelangen kann.

Anders als Beauchamp und Childress bieten Gert, Culver und Clouser – unter Rückgriff auf eine ursprünglich von Gert[48] entwickelte ethische Theorie – eine Kon-

---

[46] Vgl. beispielsweise Beauchamp / Childress, *Principles of Biomedical Ethics*, 57.
[47] Vgl. ebd., 20.
[48] Vgl. zum Folgenden auch die ausführliche, über den Rahmen der Bioethik hinausgehende Darstellung in Gert, *Morality: Its Nature and Justification*.

zeption an, die ein einziges (inhaltliches) Letztprinzip namhaft macht.[49] Ausgehend von der Auffassung, dass die Grundbestimmung aller Moralität darin besteht, die Menge des Schadens in der Welt zu verringern, erheben die Autoren das Nichtschadenprinzip zum praktischen Fundamentalprinzip schlechthin.[50] Zwar betrachten auch Gert, Culver und Clouser die „common morality" als geltungstheoretisch hinreichendes Fundament. Anders als Beauchamp und Childress glauben sie jedoch, dass der Inhalt der präreflexiven Moral auf die Grundelemente „Schadenvermeidung" und „Beförderung des Wohls" zurückgeführt werden kann. Dabei unterscheiden sie zwischen „moral rules", die die Form von Verboten annehmen („Du sollst nicht töten", „Du sollst keine Schmerzen verursachen" etc.) und denen letztlich immer das (passiv gedachte) Nichtschadenprinzip zugrunde liegt, und „moral ideals", die auf die aktive Vermeidung von Schaden bzw. die Beförderung von Nutzen abzielen, ähnlich dem „beneficence"-Prinzip des Principlism.[51] Entscheidend ist nun, dass in dieser Systematik – im Gegensatz zum prinzipienbasierten Ansatz von Beauchamp und Childress – die Einhaltung der „moral rules" von jedem gleichermaßen und zu allen Zeiten gefordert ist, wohingegen die „moral ideals" eher supererogatorischen Charakter haben. Wesentlicher Grund dafür ist, dass die Verfolgung von „moralischen Idealen", etwa dem Grundsatz „Hilf anderen!", nicht gegenüber jedem und zu jeder Zeit möglich ist. Daher kann, so folgern Gert, Culver und Clouser, ihre Einhaltung auch nicht durch die Moral in einem strikten Sinne gefordert werden. Anders verhält es sich mit den (überwiegend) passiv-verbietenden moralischen Regeln („Du sollst nicht..."). Ihre Einhaltung ist zunächst gegenüber jedem gleichermaßen und zu jeder Zeit möglich – und auch geboten. Ausnahmen von dieser grundsätzlichen Verpflichtung sind nur dann erlaubt, wenn ein Verstoß gegen eine prinzipiell in ihrer Gültigkeit anerkannte moralische Regel gerechtfertigt werden kann. Eine solche Rechtfertigung liegt dann und nur dann vor, wenn eine unpar-

---

[49] Ob die Autoren selbst ihre Theorie als eine Form von „Prinzipienmonismus" sehen, mag dahingestellt bleiben, eine entsprechende Einordnung ist m.E. sachlich begründet; vgl. Veatch, der den Ansatz von Clouser und Gert ebenfalls als „single-principle theory" bezeichnet; vgl. Veatch, *Contract and the Critique of Principlism*, 129.

[50] Clouser bringt diese Auffassung stellvertretend auf den Punkt, wenn er schreibt: „,The purpose of morality is to reduce the amount of harm in the world." (Clouser, *Common Morality as an Alternative to Principlism*, 231).

[51] Vgl. Gert / Culver / Clouser, *Bioethics: A Return to Fundamentals*, 7 ff., 33 ff., 41 ff. Die Autoren weisen darauf hin, dass die Unterscheidung zwischen Regeln und Idealen nicht einfach gleichgesetzt werden könne mit der zwischen „negativen" und „positiven" Pflichten. Die „positiven" Pflichten der (aktiven) Pflichterfüllung und der Einhaltung von gegebenen Versprechen beispielsweise rechnen sie zu den „moral rules", deren Einhaltung strikt geboten ist; vgl. ebd., 42. Auch diesen Regeln liegt nach Auffassung der Autoren aber das Nichtschadenprinzip zugrunde.

teiische und rational agierende Person öffentlich begründen kann, dass der Regel-verstoß unter gleichen Bedingungen allgemein erlaubt sein sollte.[52]

Die Unterscheidung von „moral rules" und „moral ideals" und die damit einher-gehende systematische Vor- bzw. Überordnung des Nichtschadenprinzips hat zur Folge, dass Prinzipienkonflikte – anders als im Principlism – gar nicht erst entstehen können: Eine Handlung ist immer erst daraufhin zu analysieren, ob sie mit dem Nichtschadenprinzip verträglich ist. Dann und nur dann ist sie „moralisch erlaubt". Insbesondere sind also Handlungen, die lediglich durch (supererogatorische) morali-sche Ideale begründet werden können, moralisch verboten, wenn sie einen Bruch von moralischen Regeln implizieren.[53] Das bedeutet keineswegs, dass unterschiedli-che moralische Regeln nicht in Konflikt miteinander geraten können. Natürlich verkennen Gert, Culver und Clouser nicht, dass es Situationen gibt, in denen die Vermeidung eines Schadens mit der Vermeidung eines anderen Schadens unverein-bar ist oder einen anderen Schaden notwendig verursacht. In einem solchen Fall *muss* gegen *eine* „moral rule" verstoßen werden. Die Systematik legt in solchen Fällen aber klar fest, dass nur der Regelbruch moralisch gerechtfertigt ist, der sich von einer unparteiischen und rational agierenden Person öffentlich und *auf der Grundlage des Nichtschadenprinzips* rechtfertigen lässt. Da Schadenvermeidung als das, wenn nicht einzige, so aber doch letztgültige und allgemein verbindliche Ziel der Moral angesehen wird, wird eine solche Rechtfertigung eines Verstoßes gegen eine Regel wesentlich darauf abheben müssen, dass ihre Nichtbeachtung in der konkreten Situation *weniger Schaden* verursacht als die Nichtbeachtung einer anderen.[54] Damit ist die Bewertung auf der Ebene der Prinzipien klar geregelt. Gleichwohl kann auch in dieser Theoriekonstellation ein quasi-empirischer Dissens darüber bestehen, *welcher Schaden* in einer konkreten Situation als „größer" oder „kleiner" angesehen werden

---

[52] Wörtlich lautet der Grundsatz „Everyone is always to obey the rule unless an impartial rational person can advocate that violating it be publicly allowed. Anyone who violates the rule when no impartial person can advocate that such a violation be publicly allowed may be punished." (Ebd., 37). Zentral ist hierbei die Auffassung von Moral als einem „public system"; vgl. ebd., 17 ff.

[53] Erstaunlicherweise gehen Gert, Culver und Clouser in ihrer Konzeption nicht davon aus, dass diese systematische Vorordnung immer und ausnahmslos gilt. Das Verfolgen eines moralischen Ideals kann, so argumentieren sie, auch in Fällen gerechtfertigt sein, in denen es es einen Regelbruch impliziert, nämlich genau dann, wenn jeder diesen Re-gelbruch öffentlich und allgemeinverbindlich erlauben würde. Als Beispiel nennen die Autoren die spontane Hilfeleistung bei einem Autounfall, die den Bruch eines Verspre-chens, etwa einer Verabredung zum Kino, entgegensteht; vgl. ebd., 42. Auch wenn man der gegebenen Einschätzung im Ergebnis sicher nur zustimmen kann, stellt sich die Frage, ob damit nicht die Systematik insgesamt hinfällig zu werden droht; vgl. zu dieser Kritik auch Veatch, *Contract and the Critique of Principlism*, 132 ff.

[54] Vgl. ausführlich dazu Gert, *Morality: Its Nature and Justification*, Cahp. 9 („Justifying Violations"), 221-246.

muss, d.h. welche „Schadensskala" (in einer bestimmten Situation) angemessen ist.[55] Oftmals resultieren unterschiedliche Einschätzungen dieser Art, so die Erfahrung der Autoren, aus unterschiedlichen Ansichten über die vorliegenden Fakten, sodass eine Verständigung nicht mehr in den eigentlichen Bereich einer um die Aufklärung von Prinzipien bemühten Ethik fällt.[56]

Der von Gert, Culver und Clouser entwickelte Theorieansatz, der hier nur in groben Zügen skizziert werden konnte, lässt noch einmal die grundsätzliche Kritik am Principlism deutlich hervortreten. Während bei Gert, Culver und Clouser die Vielzahl der „moral rules" immer auf das Nichtschadenprinzip zurückverweisen und durch dieses einen übergeordneten Deutungshorizont erhalten, der eine eindeutige Bewertung von Situationen zumindest auf prinzipieller Ebene ermöglichen soll, fehlt gerade ein solch übergeordneter Rahmen im Principlism: Die vier Prinzipien stehen geltungstheoretisch gleichberechtigt nebeneinander. Im Konfliktfall ist daher unklar, nach welchen Kriterien ein Abwägungsprozess zu verfahren hat.[57] Auch die prozeduralen Metaregeln, die Beauchamp und Childress namhaft machen, um das intuitive Moment in ihrem Ansatz zu verringern, vermag diese grundsätzliche Kritik nicht auszuräumen. Da die Theoriekonstellation selbst keinen verbindlichen Deutungshorizont auszuweisen vermag, muss es der intuitiven Bewertung überlassen bleiben, welches der Prinzipien in einer konkreten Situation das „größte Gewicht" hat.[58]

Sind die vorstehenden Überlegungen zutreffend und teilt man die von Gert, Culver und Clouser am Principlism geübte Kritik, dann kann der Principlism nicht als hinreichende theoretische Ergänzung zum *Belmont Report* angesehen werden. Selbst wenn man die „common morality" als geltungstheoretisch hinreichendes Fundament innerhalb der Ethik akzeptiert, ist auch mit der von Beauchamp und Childress vorgeschlagenen methodischen Ergänzung keine befriedigende Lösung für den Fall von konfligierenden Prinzipien gegeben. Gleichwohl ist mit dieser kritischen Einschätzung noch nicht erwiesen, dass die von Gert, Clouser und Culver vorgetragene

---

[55] Vgl. Gert / Culver / Clouser, *Bioethics: A Return to Fundamentals*, 26 f. und 99 f., sowie ausführlicher Gert, *Morality: Its Nature and Justification*, 97 ff.

[56] Gert zufolge sind neben verschiedenen Schadensskalen („rankings") und Uneinigkeiten über Fakten oftmals auch unterschiedliche Ansichten über die menschliche Natur der Grund für divergierende moralische Bewertungen; er spricht mit Bezug auf die letzte Art auch von „ideological disputes", da er sie einer objektiven Klärung nur für bedingt zugänglich erachtet; vgl. ebd., 237 ff.

[57] Die weitergehende Kritik von Clouser und Gert, dass unklar sei, wie die Prinzipien inhaltlich näherhin zu bestimmen seien, soll hier unberücksichtigt bleiben; vgl. Clouser / Gert, *A Critique of Principlism*, 226 f.

[58] Beauchamp und Childress selbst zeigen sich erstaunlicherweise durchaus kritisch gegenüber intuitionistischen Theorieelementen. Quante und Vieth haben jedoch überzeugend dargelegt, dass der Principlism als ein „gemäßigter Intuitionismus" begriffen werden muss; vgl. Quante / Vieth, *Angewandte Ethik oder Ethik in der Anwendung*, siehe auch Vieth, *Intuition, Reflexion, Motivation*, 50-59.

Alternativkonzeption zu überzeugen vermag. Fraglich ist vor allem, ob das Nichtschadenprinzip als alleiniges Letztprinzip und damit als übergeordneter Deutungsrahmen hinreichend für die ethische Beurteilung einer moralisch komplexen Wirklichkeit ist. Sowohl die National Commission als auch Beauchamp und Childress
haben ja nicht zuletzt deshalb drei bzw. vier Prinzipien namhaft gemacht, weil ihnen
ein einziges Prinzip angesichts der Vielfältig- und Vielschichtigkeit von gegebenen
Problemkonstellationen unterkomplex erschien. Gerade im Hinblick auf die sich in
der Forschungsethik ergebenden Probleme müssen Zweifel angemeldet werden, ob
das Nichtschadenprinzip als alleiniges Fundamentalprinzip zu überzeugen vermag.
So ist beispielsweise ein Verstoß gegen das Prinzip der freien Selbstbestimmung
(„respect for persons") in dieser Theoriekonstellation nur dann zu kritisieren, wenn
er als „Schaden" begriffen werden kann. Ob aber ein Eingriff in die persönliche
Autonomie immer darauf reduziert werden kann, ein Schaden zu sein, muss durchaus bezweifelt werden.[59] Sachlich angemessener ist es wohl, mit Beauchamp und
Childress „respect for persons" als ein moralisches Prinzip *sui generis* anzusehen, das
nicht auf das Nichtschadenprinzip zurückgeführt werden kann. Ein Verstoß gegen
dieses Prinzip ist aus ethischer Sicht problematisch, unabhängig davon, ob ein (sub-
jektiver oder objektiver) Schaden damit verbunden ist. Wenn aber das „respect for
persons"-Prinzip gleichberechtigt neben dem „nonmaleficence"-Prinzip steht, dann
fehlt wiederum der letztgültige Deutungshorizont. Folglich wird das bei Beauchamp
und Childress kritisierte Methodenproblem konfligierender Prinzipien erneut
virulent.

4.   „Single-principle"-Ansätze versus „multi-principles"-Ansätze

Robert Veatch hat in seiner Analyse der methodologischen Problematik darauf hingewiesen, dass beide (paradigmatisch) vorgestellten methodischen Alternativen, d.h.
solche Ansätze, die ein einziges Prinzip in Stellung bringen („single-principle"-An-
sätze) wie auch solche, die von einer irrreduziblen Prinzipienpluralität ausgehen
(„multi-principles"-Ansätze), problematisch sind.[60] Die einfachste Lösung für das
Problem konfligierender Prinzipien bestehe darin, so Veatch, nur ein einziges Prinzip in Stellung zu bringen. Jede derartige Lösung laufe indes Gefahr, unterkomplex

---

[59]   Vgl. zu dieser Kritik Veatch, *Resolving Conflict Among Principles: Ranking, Balancing, and
Specifying*, 202 ff., sowie Veatch, *Contract and the Critique of Principlism*, 128 ff. und 135 f.

[60]   Die Ansätze von Gert, Culver und Clouser respektive von Beauchamp und Childress
sind keineswegs die einzigen Beispiele für „single-principle"- bzw. „multi-principles"-
Ansätze. Als Beispiele für den ersten Theorietyp nennt Veatch noch den Libertarianis-
mus, den Utilitarismus und den Hippokratismus (jeweils in idealtypischer Reinform).
Beispiele für den letzteren Theorietyp ergeben sich naheliegenderweise einfach aus
Kombinationen der Ersteren; vgl. Veatch, *Resolving Conflicts Among Principles*, 206 ff.

bezüglich der moralischen Wirklichkeit zu sein.[61] Demgegenüber mache ein irreduzibler Prinzipienpluralismus es erforderlich, eine Methode zur Lösung von Konflikten bereitzustellen. Dabei hält Veatch die Methode des Abwägens von Prinzipien für theoretisch unbefriedigend. Neben dem Vorwurf des Intuitionismus weist er dabei vor allem auf eine mit moralischen Grundüberzeugungen schwer zu vereinbarende Konsequenz hin: Theorieimmanent kann nicht überzeugend dargelegt werden, dass einige Prinzipien vom Abwägungsprozess grundsätzlich ausgeschlossen werden müssen bzw. können; vielmehr müssten bei diesem Modell grundsätzlich *alle* Prinzipien zur Disposition stehen – auch gemeinhin als fundamental und uneinschränkbar erachtete Rechte des Einzelnen. Aus diesem Grund diskutiert Veatch eine andere, auf John Rawls zurückgehende Strategie zur Lösung von Prinzipienkonflikten: das „lexical ranking"[62]. Dabei werden die Prinzipien nicht als gleichermaßen gültig bzw. gleichermaßen bedeutend vorgestellt, sondern es wird eine innere Geltungshierarchie angenommen, in der die Prinzipien immer schon stehen. Im Konfliktfall gibt die Hierarchie klar vor, welche Prinzipien erst erfüllt sein müssen und welchen ein lediglich nachgeordneter Geltungsstatus eignet. Allerdings sieht Veatch mit Blick auf die von Beauchamp und Childress namhaft gemachten Prinzipien keine überzeugende Hierarchisierung für alle vier Prinzipien.[63] Er selbst favorisiert deshalb eine dreischrittige „gemischte Strategie"[64]: Zunächst sollen die konsequentialistischen Prinzipien „beneficence" und „nonmaleficence" gegeneinander abgewogen werden, wobei beiden die gleiche „Prioritätsstufe" zugedacht wird, dann sollen die nicht-konsequentialistischen Prinzipien „respect for persons" und „justice" ebenso gegeneinander abgewogen werden. Schließlich sollen der „aggregate effect" der Letzteren dem der Ersteren „lexikalisch übergeordnet" werden. Anders formuliert: Eine Handlung wird zunächst daraufhin analysiert, wie viel Schaden bzw. Nutzen sie verursacht, wobei alle zu erwartenden Schäden und Nutzen aufsummiert werden und nur die „Endsumme" in die weitere Kalkulation übernommen wird. In ähnlicher Weise werden strikte Verpflichtungen gegeneinander abgewogen, wie zum Beispiel Verstöße gegen die personale Selbstbestimmung von Beteiligten, Gerechtigkeitserwägungen etc. Schließlich werden beide Teilabwägungen zusammengeführt, allerdings nur unter der Bedingung, dass die in Frage stehende Handlungsoption sich im zweiten Abwägungsprozess, also mit Blick auf die nichtkonsequentialistischen Prinzipien, als „moralisch erlaubt" erwiesen hat.

Veatchs auf den ersten Blick vielleicht etwas mechanistisch und kompliziert wirkender Lösungsvorschlag einer „mixed strategy" versucht einerseits, den Gedanken einer irreduziblen Prinzipienpluralität beizubehalten. Andererseits soll aber auch sichergestellt werden, dass im Rahmen einer Abwägung nicht alle Prinzipien glei-

---

[61] Vgl. ebd.

[62] Zum Konzept der „lexikalischen Ordnung" („lexical ranking") bei Rawls vgl. Rawls, *Eine Theorie der Gerechtigkeit*, 62 ff.

[63] Vgl. Veatch, *Resolving Conflicts Among Principles*, 210.

[64] Vgl. ebd., 211 ff.

chermaßen zur Disposition stehen. Genauer: Es soll ausgeschlossen werden, dass ein hinreichend hoher Gesamtnutzen die Einschränkung oder gar Aufhebung von personalen Grundrechten legitimiert. Er trägt damit der plausiblen Annahme Rechung, dass es zwar eine Mehrzahl von nicht ineinander auflösbaren moralischen Prinzipien gibt, dass diesen aber bei der moralischen Urteilsbildung nicht allen dieselbe Priorität zukommt bzw. zukommen sollte. Gleichwohl machen einige weitere Überlegungen deutlich, dass der Vorschlag von Veatch unzureichend bleibt.

Selbst wenn man Veatch in der Annahme folgt, dass nicht-konsequentialistische oder deontologische Prinzipien wie „respect for persons" und „justice" konsequentialistischen Prinzipien wie „beneficence" und „nonmaleficence" *immer* „lexikalisch" vorgeordnet werden müssen, so bleibt doch unklar, wie *innerhalb* dieser Prinzipiengruppen im Konfliktfall zu verfahren ist. Dort wird nämlich eine ganz ähnliche Problematik virulent wie zuvor mit Bezug auf alle Prinzipien. Die geringere Zahl der dann abzuwägenden Prinzipien – „respect for persons" vs. „justice", „beneficence" vs. „nonmaleficence" – stellt, wenn überhaupt, nur einen quantitativen Vorteil dar, in qualitativer Hinsicht bleibt die Sachlage unverändert.[65] Bei ihm bleibt, genau wie bei Beauchamp und Childress, mangels eines übergreifenden Deutungshorizontes ungeklärt, wie bzw. nach welchen Kriterien die erforderlichen Abwägungsprozesse erfolgen sollen. Auch er sieht sich daher dem Vorwurf ausgesetzt, im Kern seiner Konzeption seien intuitionistische und eklektizistische Theorieelemente enthalten. Folglich kann auch sein Modell nicht als befriedigende methodologische Antwort auf das Problem konfligierender Prinzipien in „multi-principles"-Ansätzen gewertet werden.

Anders würde sich die Situation darstellen, wenn man auch innerhalb der unterschiedlichen Prinzipienklassen von einer lexikalischen Binnenstruktur ausginge, wenn also vermittels einer durchgängigen Hierarchie klar festgelegt wäre, wie im Fall von (dann vermeintlichen) Konflikten zu verfahren ist. Diese Option lehnt Veatch aber ausdrücklich und mit guten Gründen ab. Hinsichtlich der Frage, ob – wie man vielleicht annehmen könnte – die freiheitliche Selbstbestimmung des Einzelnen als unabwägbares Oberprinzip angesehen werden müsse, argumentiert Veatch, es sei unplausibel dies für alle erdenklichen Fälle festzuschreiben. Zwar könne reine Nutzenmaximierung niemals als hinreichender Grund für eine solche Einschränkung

---

[65] Im Übrigen gehen auch Beauchamp und Childress in ihrer Konzeption von der Existenz gewisser situationsunabhängiger Prinzipien- oder Normenhierarchien aus. Ausdrücklich weisen sie darauf hin, dass einige spezifizierte Normen nahezu absolute Geltung beanspruchen dürften. Ihnen komme ein derart „großes" Gewicht zu, dass sie faktisch einer einschränkenden Abwägung gegen andere enthoben seien; vgl. Beauchamp / Childress, *Principles of Biomedical Ethics*, 19, wo ausgeführt wird: „Although all moral norms are subject to balancing as well as specification, some specified norms are virtually absolute, and therefore usually escape the need for balancing." Vor diesem Hintergrund könnte man Veatchs „lexical ranking" vielleicht sogar als eine Interpretation des Principlism ansehen.

dienen, es sei aber sehr wohl denkbar, dass die Schlechtestgestellten Gerechtigkeits-
ansprüche hätten, hinter denen der Freiheitsanspruch Einzelner zurückstehen
müsse.[66] Während das Prinzip „respect for persons" gegenüber den zwei
konsequentialistischen Prinzipien „beneficence" und „nonmaleficence" immer
absolute Priorität besitze, besteht nach Veatchs Ansicht zwischen jenem und dem
Gerechtigkeitsprinzip ein Konkurrenzverhältnis.[67] Wie weit diese Konkurrenz zwischen den beiden deontologischen Prinzipien reicht, bleibt jedoch weitgehend unklar. Er scheint zumindest davon auszugehen, dass nur in wenigen außergewöhnli-
chen Umständen ein Eingriff in die Freiheit des Einzelnen durch Gerechtigkeitsan-
sprüche Dritter legitimiert werden kann.

Fraglich erscheint aber auch, ob eine absolute Priorität des Prinzips „respect for
persons" gegenüber den konsequentialistischen Prinzipien aus ethischer Sicht immer
angemessen ist, gerade wenn man, wie Veatch es in Übereinstimmung mit Beauchamp und Childress tut, das Autonomieprinzip wesentlich als liberal-freiheitliches
Abwehrrecht begreift.[68] Eine solche absolute Vorordnung kann nämlich ihrerseits
hochgradig unplausible Konsequenzen mit sich führen. Denkbar ist beispielsweise
der pathologische Fall, in dem eine Person schwer selbstschädigend handelt oder
schädigende Handlungen von anderen erbittet. Zwar erkennt Veatch in seiner Konzeption „nonmaleficence" und „beneficence" als eigenständige Prinzipien an. Wenn
jedoch die Person mit dem Verweis auf ihr Freiheitsrecht einen helfenden Eingriff
durch Dritte ablehnt (bzw. einen schädigenden verlangt) und zudem feststeht, dass
sie über die notwendige Einsichtsfähigkeit zur Beurteilung ihrer eigenen Situation
verfügt, müsste dem aufgrund der lexikalischen Vorordnung *immer* stattgegeben
werden.[69] Aus dieser Überlegung erwächst die Frage, ob Veatchs eigene Kritik an
Clouser und Gert nicht auch in abgewandelter Weise seine eigene Konzeption trifft.
Gegenüber diesen hatte er geltend gemacht, es sei durchaus zweifelhaft, ob das
Nichtschadenprinzip immer eine angemessene und hinreichende Grundlage für die
ethische Bewertung und Beurteilung abgebe. Nun kann man gegen Veatch kritisch
einwenden, dass es ebenso zweifelhaft ist, den deontologischen Prinzipien *absolute*
Priorität zuzusprechen. Es sind, wie Veatch zu Recht gegen Clouser und Gert bemerkt, Situationen denkbar, in denen eine Missachtung des Personenstatus nicht als
Schaden im Sinne des Nichtschadenprinzips begriffen werden kann; es sind aber
ebenso Situationen denkbar, in denen ein Verstoß gegen das Nichtschadenprinzip
schwerer wiegt als ein Eingriff in das Freiheitsrecht des Einzelnen. Weder ist die

---

[66] Vgl. Veatch, *From Nuremberg Through the 1990s: The Priority of Autonomy*, 51 ff.
[67] Vgl. ebd., 54.
[68] Vgl. ebd., 55 ff.
[69] Natürlich besteht ein Lösungsansatz für diese Problematik darin, jeder Person, die
selbstschädigend handelt, die Fähigkeit zur rationalen Selbstbeurteilung abzusprechen
oder zumindest einen selbstschädigenden Akt grundsätzlich nicht als selbstbestimmte
Handlung anzuerkennen. Ob eine solche einfache Gleichsetzung sachlich angemessen
ist, muss jedoch bezweifelt werden.

moralische Wirklichkeit auf das Nichtschadenprinzip reduzierbar, noch ist sie durch eine grundsätzliche Vorordnung des Freiheitsrechts des Einzelnen adäquat zu erfassen.

*   *   *

Fasst man die bisherigen methodologischen Überlegungen zusammen, so ergibt sich folgendes Bild: Die National Commission hat im *Belmont Report* drei Prinzipien namhaft gemacht, deren Bedeutung für die Forschungsethik weitgehend unbestritten ist. Sie hat aber weder versucht, diese Prinzipien in ihrer Geltung jenseits des faktischen Konsenses auszuweisen, noch hat sie Lösungsansätze aufgezeigt, wie im Fall von konfligierenden Prinzipien zu verfahren ist. Gerade vor dem Hintergrund des immanenten Spannungsverhältnisses, in dem die namhaft gemachten Prinzipien mit Blick auf forschungsethische Problemstellungen stehen, wiegt dieses *methodische Defizit* besonders schwer. Beauchamp und Childress haben mit ihrem prinzipienbasierten Ansatz den Versuch unternommen die genannten Defizite des *Belmont Report* zu überwinden. Durch die methodischen Instrumente des *Spezifizierens* und *Abwägens* von Prinzipien, sowie durch eine *kohärentistische Begründungsstrategie* soll sichergestellt werden, dass ungeachtet eines *irreduziblen Prinzipienpluralismus* konsistente und begründete moralische Bewertungen ermöglicht werden. Trotz dieser Bemühungen vermag der Principlism nicht zu klären, *nach welchen Kriterien* in einer konkreten Situation die Gewichtung der unterschiedlichen Prinzipien erfolgen soll. Im Kern enthält die Konzeption ein *eklektizistisches* und *intuitionistisches Element*, wie Gert, Culver und Clouser zu Recht kritisiert haben. Deren Alternativkonzeption, die statt auf einem Prinzipienpluralismus wesentlich auf einem Prinzip, nämlich dem *Nichtschadenprinzip* gründet, vermeidet zwar die Probleme von Prinzipienkonflikten, allerdings zu dem Preis, dass die Theorie *gegenüber der moralischen Wirklichkeit unterkomplex* ist. Veatch schließlich hat, ausgehend von einer Analyse der Vor- und Nachteile von „single-principle"- bzw. „multi-principles"-Ansätzen eine *gemischte Strategie* vorgeschlagen, die einerseits von einem Prinzipienpluralismus ausgeht, andererseits aber eine *Prinzipienhierarchie* in Stellung bringt, um zu vermeiden, dass grundsätzlich alle Prinzipien gegeneinander abgewogen werden können. Dabei bleibt aber unklar, *nach welchen Kriterien* innerhalb der Prinzipienklassen Abwägungen getroffen werden sollen. Zudem muss man bezweifeln, ob die namhaft gemachte Hierarchie nicht *ihrerseits unterkomplex* ist bezüglich der moralischen Wirklichkeit. Teilt man dennoch Veatchs Analyse der Vor- und Nachteile von „single-principle"- bzw. „multi-principles"-Ansätzen, dann stellt sich die Frage, ob nicht eine Möglichkeit besteht, die Vorzüge beider Theorietypen konstruktiv zu verbinden.

5. Die Unterscheidung von formalen und materialen praktischen Prinzipien und die Notwendigkeit ihrer systematischen Verbindung in der Ethik

Zunächst könnte es scheinen, als sei eine Verbindung von „multi-principles"- und „single-principle"-Ansätzen schon allein aus logischen Gründen unmöglich. Besagt doch der Grundgedanke des ersten Theorietyps, dass nur eine irreduzible Prinzipienpluralität der Komplexität der moralischen Wirklichkeit gerecht zu werden vermag, während der zweite Theorietyp eine solche Pluralität ablehnt – nicht zuletzt weil damit notwendigerweise Abwägungsfragen aufbrechen, für die keine befriedigende Lösung in Sicht ist. Unmöglich ist eine solche Verbindung gleichwohl nur unter der Annahme, dass es ausschließlich *eine Art von Prinzipien* geben kann. Unter dieser Prämisse kann es tatsächlich entweder *ein Prinzip* oder *viele Prinzipien* geben, ein Drittes ist logisch ausgeschlossen. Diese Annahme ist aber ihrerseits keineswegs zwingend. Denkbar ist vielmehr eine Theoriekonstruktion, die – ähnlich wie der Principlism – von einer *Prinzipienpluralität auf einer mittleren Ebene* ausgeht, gleichzeitig aber auf einer *geltungstheoretisch übergeordneten Ebene nur ein einziges Prinzip* annimmt, das gleichsam einen übergeordneten Deutungshorizont bestimmt, in dem Prinzipienkonflikte der mittleren Ebene gelöst werden können. Dieses übergeordnete singuläre Prinzip kann dabei nicht von der gleichen strukturellen Art sein wie diejenigen, die auf der mittleren Ebene angesiedelt sind. In diesem Fall würde nämlich doch entweder nur ein Prinzipienmonismus statuiert, den der Vorwurf der mangelnden Komplexität unmittelbar träfe, oder ein Prinzipienpluralismus in Geltung gesetzt, der weiterhin keine überzeugende Handhabe zur Lösung von Prinzipienkonflikten anzubieten hätte – ein „dritter Weg" zwischen „multi-principles"- und „single-principle"-Ansätzen würde so nicht eröffnet.

Mit Bezug auf die zuvor diskutierten Ansätze bedeutet dies konkret: Eine Lösung der Art, dass drei der vier Prinzipien des Principlism als „Prinzipien mittlerer Ebene" ausgewiesen werden und eines als „Masterprinzip" in Stellung gebracht wird, das als übergeordneter Deutungshorizont fungiert, muss konzeptionell immer unzureichend bleiben. Ein Mittelweg kann sich nur dann auftun, wenn die Prinzipien mittlerer Ebene mit einem Prinzip *anderen Typs* verbunden werden. Insbesondere ist eine einfache Kombination der Ansätze von Beauchamp und Childress einerseits, von Gert, Culver und Clouser andererseits, in der „respect for persons", „beneficence" und „justice" als „mittlere Prinzipien" beibehalten werden und zugleich das Nichtschadenprinzip als verbindliches Letztprinzip dient, ausgeschlossen. Es wäre dies nur eine besondere Form von Prinzipienmonismus. Auch Veatchs Ansatz einer „mixed strategy" kann nicht als Lösung in diesem Sinne gelten. Zwar könnte man argumentieren, Veatch mache mit der Unterscheidung zwischen konsequentialistischen und nicht-konsequentialistischen oder deontologischen Prinzipien gerade einen strukturellen Unterschied geltend. Tatsächlich handelt es sich aber auch dabei nur um eine quantitative Vorordnung grundsätzlich gleichartiger Prinzipien. Deutlich wird dies an dem Verfahren, das Veatch zur Prinzipienanwendung vorgibt: Die vorgängige Prüfung der deontologischen Prinzipien entspricht einer reinen quantitativen Vorordnung gegenüber den konsequentialistischen Prinzipien. Insbesondere sind diesem Prüfungsschritt keine Hinweise zu entnehmen, wie im Falle verbleibender Prinzipienkonflikte innerhalb der beiden Gruppen zu verfahren ist. Auch Veatch kennt letztlich nur Prinzipien gleichen Typs, die, in zwei Gruppen aufgeteilt, in einer fixen Hierarchie angeordnet sind. Sein Vorschlag stellt keine wirkliche Verbindung von „multi-principles"- und „single-principle"-Ansätzen dar. Trifft diese Überlegung zu, d.h. kann ein singuläres, theoretisch übergeordnetes bzw. überzuordnendes Prinzip in struktureller Hinsicht nicht von der gleichen Art sein wie die Pluralität „mittlerer Prinzipien", dann besteht ein naheliegender erster Schritt bei der Suche nach einem solchen Prinzip in dem Versuch, die „mittleren Prinzipien" ihrer Struktur nach genauer zu charakterisieren.

Als ein Charakteristikum der vier vom Principlism namhaft gemachten Prinzipien lässt sich zweifellos der von Clouser und Gert in kritischer Absicht hervorgehobene und oben referierte Umstand benennen, dass sie unterschiedlichen ethischen Lehr-stücken zugeordnet werden können. Blendet man nun die fundamentalethischen Begründungselemente dieser Lehrstücke – wie Beauchamp und Childress es weitge-hend tun – aus und betrachtet die Prinzipien als gleichberechtigte, abstrakt-allge-meine ethische Grundsätze in ihrer Verschiedenheit, dann liegt die folgende Deu-tungsweise nicht fern: Jedes der vier Prinzipien nimmt integrativ Bezug auf ein „Moment" der dem Menschen eigenen – „wesentlichen" – Grundverfasstheit. Die unterschiedlichen anthropologischen Grundbestimmungen, die dabei jeweils primär in den Blick genommen werden, bestimmen den ethischen Schwerpunkt, der in jedem einzelnen Prinzip zum Ausdruck kommt.

So betrachtet nimmt das Nichtschadenprinzip den Menschen als naturales Wesen in den Blick, dessen psycho-physische Integrität grundsätzlich bedroht ist. Das Ge-bot „Du sollst einem Menschen keinen Schaden zufügen!" setzt in offensichtlicher und nahezu trivialer Weise voraus, dass Menschen Wesen sind, denen Schaden zu-gefügt werden kann. Und die im Nichtschadenprinzip mit enthaltenen konkreteren Forderungen „Du sollst nicht töten!", „Du sollst keine Schmerzen zufügen!" etc. setzen darüber hinaus voraus, dass der Mensch ein schmerzempfindendes Wesen ist, dem eine psycho-physische Integrität eignet und für den der Schutz und Erhalt dieser Integrität von zentraler Bedeutung ist. Dem „beneficence"-Prinzip liegt hin-gegen als primärer Befund zugrunde, dass der Mensch als „Mängelwesen" (Herder, Gehlen) immer ein bedürftiges Wesen ist.[70] Das Gebot der Hilfeleistung und der

---

[70] Die „Nähe" des „beneficence"- und des „nonmaleficence"-Prinzips, d.h. der Umstand, dass in beiden der Mensch als endlich-naturales Wesen angesprochen wird, führt bis-weilen dazu, dass sie – in sachlich problematischer Weise – in einem einzigen Prinzip zusammengefasst werden. So hat beispielsweise die National Commission im *Belmont Report* nur ein Prinzip angenommen, das inhaltlich beide Aspekte umfassen sollte. Für eine getrennte Behandlung der beiden Prinzipien hat schon Ross argumentiert; vgl. Ross, *The Right and the Good*, 21. Beauchamp und Childress haben sich dieser Argumen-tation angeschlossen; vgl. Beauchamp / Childress, *Principles of Biomedical Ethics*, 114 ff.

Fürsorge setzt die Bedürftigkeit des Menschen voraus, denn ohne sie wäre ein solches Gebot sinnlos. Auch dem Gerechtigkeitsprinzip liegt eine Bestimmung menschlicher Existenz zugrunde. Es nimmt Bezug auf den Umstand, dass der Mensch ein soziales Wesen ist und als solches in gesellschaftlichen Beziehungen lebt – womit natürlich nicht geleugnet wird, dass es Menschen gibt, die willentlich oder unwillentlich außerhalb jeder Art von Gemeinschaft leben. Die Frage „fairer" Verteilungen von Nutzen und Lasten stellt sich wiederum nur, weil der Mensch (zumeist) in Verbänden lebt, die eine solche Verteilung überhaupt erst erforderlich machen. Das Prinzip „respect for persons" schließlich nimmt Bezug auf den Mensch als zweckesetzendes und selbstgesetzte Zwecke verfolgendes Wesen, d.h. auf die menschlichen Fähigkeiten der Selbstbestimmung und Selbstverwirklichung.[71] Auch die Forderung, die Zwecksetzungen von anderen Menschen zu respektieren, kann normativ überhaupt nur deshalb bedeutsam sein, weil für den Menschen die Fähigkeit, Zwecke zu setzen und aktiv zu verfolgen, wesentlich ist.[72]

Bei den angeführten anthropologischen Grundbestimmungen handelt es sich nicht um Wesensbestimmungen, die einer elaborierten philosophischen Anthropologie entlehnt sind; gleichwohl erschöpfen sie sich auch nicht in der einfachen Übernahme von Erkenntnissen aus den empirischen Wissenschaften. Auch wenn die Charakterisierungen, um eine Wendung Kants aufzugreifen, den „empirischen Charakter" betreffen, der dem Menschen, insofern er eine „Erscheinung der Sinnenwelt" ist, eignet,[73] erfolgen sie aus der integrierenden und reflektierenden Perspektive, die gerade die philosophische Anthropologie auszeichnet.[74] Worauf hier rekurriert wird, sind keine falsifizierbaren Aussagen der Naturwissenschaften

---

[71] Plessner hat dafür die treffende Formulierung geprägt: „Der Mensch lebt nur, indem er ein Leben führt." (Plessner, *Die Stufen des Organischen und der Mensch*, 310).

[72] Es ist zwar zweifellos eine Vereinfachung und Verkürzung, dennoch erscheint es nicht grundsätzlich verfehlt, eine der vier genannten anthropologischen Grundbestimmungen jeweils als zentrales Moment im systematischen Aufbau von unterschiedlichen Ethikansätzen zu erblicken. Eine ansatzweise treffende Zuordnung besteht zumindest zwischen der Grundbestimmung des Menschen als Wesen mit einer schutzbedürftigen psychophysischen Integrität und dem „Hippokratismus" (Gert), der Fähigkeit der Zwecksetzung und deontologischen Ethiktypen sowie der Sozialnatur des Menschen und dem Kontraktualismus. Die Verbindung der Bestimmung des Menschen als bedürftigem Wesen und dem Utilitarismus ist hingegen weniger eindeutig. Richtig ist natürlich, dass der Utilitarismus in seinen unterschiedlichen Varianten wesentlich auf die Bedürfnisstruktur des Menschen abhebt.

[73] Vgl. Kant, *Kritik der reinen Vernunft*, B 574. [Die Kantischen Schriften werden unter Angabe von Titel, Band und Seitenzahl nach der Akademie-Ausgabe zitiert. Davon abweichend wird die *Kritik der reinen Vernunft* wie üblich mit der Seitenzählung der ersten Auflage 1781 (A) und der zweiten Auflage 1787 (B) auf der Textgrundlage des Bandes 37a der *Philosophischen Bibliothek* des Meiner Verlages wiedergegeben.]

[74] Zu dieser Bestimmung der philosophischen Anthropologie vgl. Honnefelder, *Das Problem der philosophischen Anthropologie*, besonders 23.

über den Gegenstand „Mensch", sondern Elemente einer philosophischen „Partial-anthropologie"[75], d.h. Aussagen über die spezifische Existenzweise des Menschen. Damit wird unmittelbar ein Problem virulent, dem sich jede philosophische Anthropologie gegenübersieht, nämlich dass es „den Menschen" nicht gibt, „weil Menschen sich erst zu dem machen, was sie sind, und das, den Umständen nach, je auf eine andere Weise".[76] Dessen ungeachtet dürfen die angeführten anthropologischen Bestimmungen für sich genommen als begründete und konsensfähige Feststellungen über die Existenzweise des Menschen gelten, die auch dadurch nicht in Zweifel gezogen werden, dass einzelne Menschen den genannten Charakterisierungen nicht vollumfänglich entsprechen.

Diese Deutungsweise der vier Prinzipien des Principlism darf nun nicht so verstanden werden, als solle damit unterstellt werden, dort würde der Versuch unternommen, aus Wesenbestimmungen des Menschen (unmittelbar) normative Aussagen abzuleiten. Im Gegenteil, es gibt keinen Anlass, die von Hume geübte Kritik am einfachen Übergang von deskriptiven zu normativen Aussagen, die seit Moore als „naturalistischer Fehlschluss" bezeichnet wird, hier anzubringen.[77] Dies wäre nur dann der Fall, wenn man die anthropologischen Grundbestimmungen selbst als normative Prinzipien deuten würde.[78] Es sollte hier jedoch einstweilen nur der Umstand herausgestellt werden, dass jedes der vier Prinzipien auf anthropologische Elemente *Bezug nimmt.*

Auch wenn die Autoren der *Principles of Biomedical Ethics* nicht explizit betonen, dass die von ihnen vorgeschlagenen Prinzipien auf die angegebene Weise auf Bestände einer philosophischen Anthropologie zurückverweisen, so ist es der Sache nach kaum zu leugnen. Deutlich wird es zum Beispiel in einer Bemerkung von Beauchamp und Childress, die eigentlich darauf abzielt, der Kritik entgegenzuwirken, das „respect for persons"-Prinzip sei in ihrem Ansatz dominant. In diesem Zusammenhang stellen sie nämlich fest, dass ihr Verständnis von Autonomie keineswegs die „social nature of individuals" verneine.[79] Diese Anmerkung deutet darauf hin, dass ihrem Verständnis von diesem, wie auch von den übrigen Prinzipien Annahmen über die menschliche Natur zugrunde liegen. Angesichts der Tatsache,

---

[75] Höffe, *Transzendentale Interessen: Zur Anthropologie der Menschenrechte*, 18 ff.

[76] Vgl. Habermas, *Philosophische Anthropologie*, 105 f.

[77] Vgl. Hume, *Ein Traktat über die menschliche Natur*, Bd. II, 211 f. sowie Moore, *Principia Ethica*, 40 f. und 78 f.

[78] In diesem Sinne hat Kottow zu Recht Rendtorffs Vorschlag, „vulnerability" als ein „europäisches" Prinzip der Bioethik zu betrachten, widersprochen; Kottow wörtlich: „By stating that humans are vulnerable and that this constitutes an ethical principle, a naturalistic fallacy is being committed. Vulnerability is an essential and universal mode of being human, it is not an ethical dimension in itself, but of course it does have a legitimate and strong claim to inspire a bioethical principle of protection." (Kottow, *Vulnerability: What kind of principle is it?*, 284).

[79] Vgl. Beauchamp / Childress, *Principles of Biomedical Ethics*, 57.

dass die in Anspruch genommenen Bestimmungen auf einer allgemein-abstrakten Ebene verbleiben und als weitgehend unbestrittene Feststellungen über die Seinsweise des Menschen gelten dürfen, ist die Vermutung nicht unplausibel, dass Beauchamp und Childress keine Notwendigkeit sahen, auf diesen Aspekt im Rahmen ihrer Konzeption näher einzugehen. Jedenfalls scheint es nicht zu gewagt, davon auszugehen, dass die vier Prinzipien des Principlism die genannten Bestimmungen menschlicher Existenz beinhalten bzw. voraussetzen.

Ohne nun behaupten zu wollen, dass die menschliche Existenzweise in den vier Bestimmungsmomenten – Vermögen zur Selbstbestimmung, verletzbare psychophysische Integrität, Bedürftigkeit und Sozialität – vollständig erfasst ist, kann man jedenfalls annehmen, dass damit gerade für die ethische und speziell für die bioethische Reflexion anthropologische Grundbestimmungen angesprochen werden, ohne die eine „Ethik für Menschen" nicht konzipierbar ist.[80] Menschliches Handeln muss sich – folgt man dieser Überlegung – gerade dann einer kritischen Überprüfung stellen, wenn eines der genannten Momente berührt ist. Dies kommt in den vier Prinzipien – in diesem Sinne ist eine „Checkliste", um den von Clouser und Gert in kritischer Absicht verwendeten Terminus zu benutzen, sachlich nicht völlig ungerechtfertigt – zum Ausdruck: Weil und insofern der Mensch wesentlich ein zwecksetzendes und zweckverfolgendes, psycho-physisch verfasstes, bedürftiges und in gesellschaftlichen Beziehungen lebendes Wesen ist, sind Handlungen daraufhin zu prüfen, ob sie Menschen in einem dieser Momente (in unbegründeter Weise) lädieren. Ohne einen derartigen Rekurs auf anthropologische Elemente ist eine Ethik, zumindest wenn sie für die *menschliche Praxis* Relevanz besitzen soll, überhaupt nicht denkbar.[81] Für die Aufklärung der Struktur praktischer Prinzipien ist es indessen von grundlegender Wichtigkeit zu erkennen, *dass* hier auf anthropologische Theoriebestände zurückgegriffen wird.

Stimmt man dieser Lesart zu, dann lässt sich die allgemeine Struktur der im Principlism namhaft gemachten praktischen Prinzipien dahingehend charakterisieren, dass es sich um „anthropologisch angereicherte" Prinzipien handelt. Unter Rück-

---

[80] Eine Zusammenstellung von für die menschliche Existenzweise grundlegenden Bestimmungsmomenten ist überhaupt immer nur im Sinne einer „offenen" Liste denkbar; einer abschließenden Festlegung steht das dem Menschen wesentliche „Nicht-festgestellt-Sein" (Nietzsche) entgegen. Einen etwas anderen Weg als den hier skizzierten hat Nussbaum im Zuge ihrer Verteidigung universeller Werte beschritten. Sie hat dort den Versuch unternommen, „Central Human Functional Capabilities" zu benennen. Davon, dass es sich um eine endgültige oder abgeschlossene Liste handele, scheint aber auch Nussbaum in ihrem Ansatz nicht auszugehen; vgl. Nussbaum, *In Defense of Universal Values*, 385 ff.

[81] Siep fasst diese Einsicht in dem einfachen Satz zusammen: „Keine Ethik kommt ohne Anthropologie aus." Bei der Frage nach der Bedeutung der Anthropologie für die Ethik könne es, so Siep weiter, lediglich um „das Maß gehen, in dem man von Kenntnissen über den Menschen Gebrauch macht." (Siep, *Ethik und Anthropologie*, 274).

griff auf einen Begriff Kants kann man auch sagen, es handele sich um *materiale praktische Prinzipien*. Eine Grundeinsicht, zu der Kant im Rahmen seiner Moralphilosophie gelangt, besteht nun darin, dass solche *materialen Prinzipien* unterschieden werden müssen von *rein formalen Prinzipien*: In der *Grundlegung zur Metaphysik der Sitten* bestimmt Kant praktische Prinzipien als *formal*, „wenn sie von allen subjectiven Zwecken abstrahiren", hingegen als *material*, wenn sie solche subjektiven Zwecke „zum Grunde legen"[82], wobei mit „subjektiven Zwecken" immer auch (subjektive und natürliche) Eigenschaften assoziiert sind, die solche Zwecksetzungen ihrerseits bedingen. Mit dieser Differenzierung gibt Kant einen entscheidenden Strukturunterschied im Hinblick auf praktische Prinzipien an, der auch für den vorliegenden Zusammenhang von größter Bedeutung ist. Um dies zu verdeutlichen, soll der Gedankengang, der der Kantischen Unterscheidung zugrunde liegt, in aller Kürze rekonstruiert werden.[83]

a)   Die Unterscheidung von formalen und materialen praktischen Prinzipien in der Ethik Kants

In einem weiteren Sinne unterscheidet man in Kants ethischer Systematik zwischen einem *formalen Teil* (dargestellt in der *Grundlegung zur Metaphysik der Sitten* sowie in der *Kritik der praktischen Vernunft*) und einem *materialen Teil* (dargestellt in den zwei Teilen der *Metaphysik der Sitten*). Der erste Systemteil hat entsprechend die Aufklärung der *formalen praktischen Prinzipien* zum Ziel, wohingegen der zweite um die Bereitstellung *materialer Prinzipien* bemüht ist.[84]

Im ersten, formalen Systemteil seiner Ethik argumentiert Kant, dass praktische Gesetze, die im Gegensatz zu bloßen Klugheitsregeln für das Wollen und Handeln *unbedingte* Geltung beanspruchen können sollen, nicht auf materiale Zwecke gegründet werden können, und zwar weil solche materialen Zwecke immer wesentlich durch „ein besonders geartetes Begehrungsvermögen des Subjects" geprägt sind und deshalb nicht „für alle vernünftige Wesen und auch nicht für jedes Wollen gültige und nothwendige Principien, d.i. praktische Gesetze, an die Hand geben" können.[85] Diese Überlegung trägt dem Umstand Rechung, dass Menschen, insofern sie

---

[82]   Kant, *Grundlegung zur Metaphysik der Sitten*, IV, 427; vgl. Kant, *Kritik der praktischen Vernunft*, V, 21 ff.

[83]   Im Folgenden werden lediglich die Hauptargumente Kants rekonstruiert, und dies auch nur in groben Zügen und mit Blick auf die hier im Mittelpunkt stehende Sachproblematik. Für eine ausführlichere Darstellung muss auf die umfängliche Sekundärliteratur verwiesen werden.

[84]   Zu dieser Einteilung sowie zum Verhältnis der beiden Systemteile vgl. Schmucker, *Der Formalismus und die materialen Zweckprinzipien in der Ethik Kants*.

[85]   Kant, *Grundlegung zur Metaphysik der Sitten*, IV, 427 f.; vgl. Kant, *Kritik der praktischen Vernunft*, V, 21 ff. sowie Kant, *Zum ewigen Frieden*, VIII, 376 f. Eine konzise Darstellung dieser und der folgenden Überlegungen Kants findet sich in Baumanns, *Kants Ethik*, insbesondere 45 ff.

endliche Vernunftwesen sind, kontingente und abgesehen davon auch höchst unterschiedliche Bedürfnisse und Präferenzen haben. In Folge dessen verfolgen sie durchaus unterschiedliche Zwecke. Würde man nun solche stets kontingenten Zwecke zum Fundament der Ethik machen, dann könnten die darauf aufbauenden praktischen Prinzipien niemals den Anspruch auf strenge Allgemeingültigkeit erheben. Selbst im Bereich elementar-natürlicher bzw. triebhaft bedingter Neigungen und Bedürfnisse, die der Erfahrung nach jeder Mensch hat, ist, so hebt Kant hervor, alles „scheinbare Vernünfteln *a priori* [...] im Grunde nichts, als durch Induction zur Allgemeinheit erhobene Erfahrung, welche Allgemeinheit (*secundum principia generalia, non universalis*) noch dazu so kümmerlich ist, daß man einem jeden unendlich viel Ausnahmen erlauben muß, um jene Wahl seiner Lebensweise seiner besonderen Neigung und seiner Empfänglichkeit für die Vergnügen anzupassen [...]."[86] Dabei darf „strenge Allgemeingültigkeit" hier nicht, wie oftmals missverständlicherweise gegen Kants Konzeption eingewendet worden ist, im Sinne einer Uniformierung aller menschlichen Handlungen aufgefasst werden.[87] Im Gegenteil, der Diversität materialer Zwecksetzungen wird gerade durch diese theoretische Konzeption Rechnung getragen, und ihre grundsätzliche Berechtigung wird durchaus anerkannt. Allein, will die Ethik überhaupt praktische Prinzipien in Stellung bringen, die dazu geeignet sind, menschliches Wollen und Handeln auf seine Gültigkeit hin kritisch zu prüfen, dann müssen solche Prinzipien für *jeden potentiellen Adressaten* verbindlich sein können.[88] Auf materialer Ebene lassen sich aber keine Zwecke derart auszeichnen, dass sie *von allen* als verbindlich anerkannt werden müssten. Mehr noch, gäbe es keine verbindlichen Kriterien jenseits der materialen Ebene, dann könnten letztlich *alle* denkbaren Zwecksetzungen, und seien sie noch so abwegig, mit demselben Anspruch auf Anerkennung auftreten – strenge Allgemeingültigkeit bliebe unerreichbar. Als rational ausgezeichnet könnten folglich nur solche Handlungsregeln begründet werden, die relativ zu einem vorgegebenen materialen Zweck darüber Auskunft geben, wie dieser am besten zu verwirklichen ist, nicht aber solche, die auf Zwecke bzw. das Haben von Zwecken selbst abzielen. Oder, in der Terminologie Kants gesprochen: Materiale Zwecke sind gleichzeitig immer nur relative, d.h. vom jeweiligen Subjekt abhängige Zwecke und vermögen als solche nur *hypothetische Imperative* zu begründen, nicht aber *kategorische Imperative*. Daraus folgt: Will man den

---

[86] Kant, *Metaphysische Anfangsgründe der Rechtslehre*, VI, 215 f.

[87] Vgl. Baumanns, *Kants Ethik*, 58 f.

[88] Dieser Einschätzung stimmen im Übrigen auch Beauchamp und Childress zu: „Kant argued that when good reasons support a moral judgment, those reasons are good for all relevantly similar circumstances. [...] If Kant had done nothing else than establish this point, he would have made a significant contribution to ethical theory." (Beauchamp / Childress, *Principles of Biomedical Ethics*, 355). Auch ihre eigenen Prinzipien betrachten sie als „verbindlich für alle Menschen an allen Orten", ohne damit eine gewisse kulturelle Diversität zu leugnen; vgl. dazu vor allem Beauchamp, *The Mettle of Moral Fundamentalism: A Reply to Robert Baker*, besonders 393 ff.

Anspruch auf strenge Allgemeingültigkeit in der Ethik nicht aufgeben, und das heißt nach dem oben Gesagten: will man Ethik überhaupt nicht aufgeben, dann ist es – zumindest auf dieser grundlegenden Ebene – erforderlich, etwas anderes als materiale Zwecke ausfindig zu machen, das zur Begründung für allgemeingültige praktische Prinzipien (praktische Gesetze) dienen kann.

Kant argumentiert nun, wenn die *Materie der Zwecksetzung (das Objekt des Wollens)* nicht zur Begründung praktischer Gesetze herangezogen werden kann, dann kann es nur *die Form der Zwecksetzung* sein, eine andere Möglichkeit gibt es nicht.[89] Dabei handelt es sich zunächst lediglich um eine problematische Feststellung, mit der noch nicht erwiesen ist, dass ein solches *formales Bestimmungsprinzip* tatsächlich existiert. Den entsprechenden Nachweis liefert Kant erst durch die Formulierung des „Grundgesetzes der reinen praktischen Vernunft", dessen Bewusstsein Kant als ein (nicht zu leugnendes) „Factum der Vernunft" betrachtet.[90] Es erweist sich als eben das gesuchte *formale praktische Prinzip*, denn es besagt gerade nicht in materialer Hinsicht, *was* wir wollen und tun dürfen, sondern, dass unser Wollen und Handeln eine gewisse *formale Struktur* besitzen muss, d.h. *wie* wir wollen müssen, damit unser Wollen und Handeln als berechtigtes Wollen und Handeln gelten kann.[91]

Kant geht aber noch weiter in seinen Überlegungen, wobei der nun folgende, immer noch im formalen Systemteil angesiedelte Argumentationsschritt besonders für die praktische Anwendung von größter Wichtigkeit ist. Gemäß der oben erfolgten Bestimmung sind materiale Zwecke immer bloß subjektiv (d.i. nicht persönlichbeliebig, sondern durch die kontingente Beschaffenheit des Subjekts bedingt) und vermögen als solche nur hypothetische Imperative zu begründen. Daher kommt den Zwecken selbst auch immer nur ein relativer Wert zu. Ließe sich nun aber ein *objektiver Zweck* ausmachen, *„dessen Dasein an sich selbst* einen absoluten Wert hath, was als *Zweck an sich selbst,* ein Grund bestimmter Gesetze sein könnte",* dann, so argumentiert Kant, „würde in ihm und nur in ihm allein der Grund eines möglichen kategorischen Imperativs, d.i. praktischen Gesetzes liegen."[92] Ein solcher *objektiver Zweck* lässt sich indes tatsächlich ausfindig machen: der Mensch und jedes vernünftige Wesen, weil und insofern er selbst der Ursprung unbedingter Zwecksetzung ist. Mit dem Wissen darum, Ursprung unbedingter Zwecksetzung zu sein, ist notwendig die Einsicht verbunden, dass der Mensch nicht bloß ein *relativer Zweck* unter anderen (natürlichen „Dingen") ist, sondern dass er sich als *objektiven Zweck* oder als *Zweck an sich selbst,* dessen Wert jenseits aller natürlichen Axiologien liegt, begreifen *muss.*[93] Denn: „[D]as aber, was die Bedingung ausmacht, unter der allein etwas Zweck an

---

[89] Vgl. Kant, *Kritik der praktischen Vernunft,* V, 27 ff.

[90] Vgl. ebd., V, 30 f. sowie die „Gesetzesformel" in Kant, *Grundlegung zur Metaphysik der Sitten,* IV, 421.

[91] Zur Unterscheidung von „was wollen" und „wie wollen" vgl. Wagner, *Philosophie und Reflexion,* 238 ff., besonders 245.

[92] Kant, *Grundlegung zur Metaphysik der Sitten,* IV, 428.

[93] Vgl. ebd., IV, 429.

sich selbst sein kann, hat nicht bloß einen relativen Werth, d.i. einen Preis, sondern einen inneren Werth, d.i. Würde."[94] Anders gewendet: Als „Subject des moralischen Gesetzes"[95] – das heißt: als „Person" – steht der Mensch außerhalb der Menge aller möglichen relativen Zwecke – das sind „Sachen" –, die bloß einen relativen Wert oder einen Preis haben und die durch ein Äquivalent substituiert werden können. Im Gegensatz zu diesen kommt dem Menschen ein absoluter Wert zu, den Kant mit dem Begriff „Würde" kennzeichnet. Aus dieser Überlegung erwächst nun die Forderung, den besonderen Status des Menschen als „Würdeträger" jederzeit zu respektieren. Es handelt sich dabei um eine Forderung, die als *unbedingt gültiges* praktisches Prinzip angesehen werden muss, sodass man vom *Würdeprinzip* als ethischem Letztprinzip sprechen kann. Ausgehend vom Zweckbegriff formuliert Kant denselben Anspruch in der bekannten zweiten Formel des kategorischen Imperativs als *Instrumentalisierungsverbot*: „Handle so, daß du die Menschheit sowohl in deiner Person, als in der Person eines jeden anderen jederzeit zugleich als Zweck, niemals bloß als Mittel brauchst."[96]

Wichtig zu bemerken ist noch, dass das *Würdeprinzip* (respektive das *Instrumentalisierungsverbot*) und die oben referierte Forderung nach Prüfung der *formalen Struktur des Wollens* Kant zufolge „im Grunde einerlei"[97] sind, d.h. sie implizieren sich wechselseitig. Insbesondere handelt es sich nach Kants Definition auch bei der sogenannten „Menschheitsformel" um ein *Formalprinzip*, weil darin nach wie vor von allen *materialen Zwecken* abgesehen wird. Versteht man den Begriff „Formalismus" hingegen in einem engen, ausschließlich auf die Form der Maximen abhebenden Sinne – wie es heute zumeist üblich ist –, dann handelt es sich bei der zweiten und dritten Formel („Naturgesetzformel" bzw. „Menschheitsformel") der *Grundlegung*, wie Schmucker zu Recht bemerkt, nicht um Formalprinzipien, da sie auf „das Sein der Person als Zweck an sich selbst und unbedingten Wert" Bezug nehmen.[98] Das macht sie aber natürlich nicht zu materialen Prinzipien im hier bisher zugrunde gelegten Verständnis.

Kant war jedoch keineswegs der Auffassung, dass materiale Zwecke bzw. Prinzipien in der Ethik insgesamt entbehrlich seien. Im Gegenteil, in der Vorrede zur *Kritik der praktischen Vernunft* heißt es: „Denn die besondere Bestimmung der Pflichten als Menschpflichten, um sie einzutheilen, ist nur möglich, wenn vorher das Subject dieser Bestimmung (der Mensch) nach der Beschaffenheit, mit der er wirklich ist, obzwar nur so viel als in Beziehung auf Pflicht überhaupt nöthig ist, erkannt worden; diese aber gehört nicht in eine Kritik der praktischen Vernunft überhaupt, die

---

[94] Ebd., IV, 435

[95] Vgl. Kant, *Kritik der praktischen Vernunft*, V, 131 f.

[96] Kant, *Grundlegung zur Metaphysik der Sitten*, IV, 429; vgl. auch Kant, *Kritik der praktischen Vernunft*, V, 87. Man kann das Instrumentalisierungsverbot als eine Operationalisierung des Würdeprinzips verstehen.

[97] Kant, *Grundlegung zur Metaphysik der Sitten*, IV, 438.

[98] Vgl. Schmucker, *Der Formalismus und die materialen Zweckprinzipien in der Ethik Kants*, 123.

nur die Principien ihrer Möglichkeit, ihres Umfangs und Grenzen vollständig ohne besondere Beziehung auf die menschliche Natur angeben soll. Die Eintheilung gehört also hier zum System der Wissenschaft, nicht zum System der Kritik."[99] Und in der *Einleitung in die Metaphysik der Sitten* stellt er klar: „So wie es aber in einer Metaphysik der Natur auch Principien der Anwendung jener allgemeinen obersten Grundsätze von einer Natur überhaupt auf Gegenstände der Erfahrung geben muß, so wird es auch eine Metaphysik der Sitten daran nicht können mangeln lassen, und wir werden oft die besondere Natur des Menschen, die nur durch Erfahrung erkannt wird, zum Gegenstande nehmen müssen, um an ihr die Folgerungen aus den allgemeinen moralischen Principien zu zeigen, ohne daß jedoch dadurch der Reinigkeit der letzteren etwas benommen, noch ihr Ursprung a priori dadurch zweifelhaft gemacht wird. – Das will so viel sagen als: eine Metaphysik der Sitten kann nicht auf Anthropologie gegründet, aber doch auf sie angewandt werden."[100] Aus diesen Ausführungen wird zum einen ersichtlich, dass der formale Systemteil allein unvollständig bleibt und durch einen materialen Teil ergänzt werden muss. Zum anderen ist das Verhältnis, in dem die beiden Systemteile stehen, deutlich gekennzeichnet: Während das Ziel des ersten, *formalen* Teils der Systematik die Aufklärung grundlegender ethischer Geltungsprinzipien ist, soweit sie in der (reinen praktischen) Vernunft begründet sind bzw. werden müssen – und insofern keinerlei *materiale (anthropologische) Überlegungen* enthalten dürfen –, geht es im zweiten, *materialen* Teil darum, „Pflichten als Menschenpflichten" bzw. Prinzipien einer „spezifisch menschlichen Ethik"[101] auszuweisen, was naheliegenderweise nur möglich ist, wenn man das „Wesen des Menschen" in allen für die Ethik relevanten Momenten in den Blick nimmt.[102] Durch „Anwendung reiner Pflichtprinzipien auf Fälle der Erfahrung", so formuliert Kant in den *Metaphysischen Anfangsgründen der Tugendlehre*, gilt es, diese im Rahmen einer Metaphysik der Sitten „gleichsam zu schematisieren und zum moralisch-praktischen Gebrauch fertig darzulegen."[103] Anders als im Bereich der reinen Vernunft fällt der „Schematismus" im Praktischen aber nicht in den Bereich der Kritik, d.h. in den Bereich des formal-apriorischen Teils des Systems, sondern in

---

[99] Kant, *Kritik der praktischen Vernunft*, V, 8.

[100] Kant, *Metaphysische Anfangsgründe der Rechtslehre*, VI, 216 f. Siehe auch Kant, *Grundlegung zur Metaphysik der Sitten*, IV, 412.

[101] Schmucker, *Der Formalismus und die materialen Zweckprinzipien in der Ethik Kants*, 147.

[102] Vgl. Woods Feststellung: „It will obviously require empirical knowledge of human nature to determine which ends will suitably honor the rational nature of human beings and which ends are contrary to the respect we owe to human dignity." (Wood, *Kant's Ethical Thought*, 195); dazu ausführlich auch Schmucker, *Der Formalismus und die materialen Zweckprinzipien in der Ethik Kants*, besonders 129 ff.

[103] Kant, *Metaphysische Anfangsgründe der Tugendlehre*, VI, 468.

den Bereich der Anwendung, die jedoch „zur Vollständigkeit der Darstellung" gehört.[104]

* * *

Mit Bezug auf die oben aufgeworfene Fragestellung, ob bzw. wie eine Verbindung von „single-principle"- und „multi-principles"-Ansätzen möglich sein könnte, gibt die Konzeption Kants also die folgenden wichtigen Hinweise:

(1) Es gibt zwei grundsätzlich verschiedene Arten von praktischen Prinzipien, *formale Prinzipien* und *materiale Prinzipien.*

(2) Beide Arten von Prinzipien müssen in einer Ethik notwendig enthalten sein.

(3) Als Letztprinzip kann nur ein *formales Prinzip* in Betracht kommen.

(4) Als zureichendes formales Letztprinzip lässt sich das Würdeprinzip bzw. das Instrumentalisierungsverbot (als Ausdruck des sittlichen Subjektseins des Menschen) ausweisen.

(5) Erst durch die „Anwendung" dieses formalen Prinzips auf die Grundverfasstheit des Menschen können die materialen praktischen Prinzipien einer „spezifisch menschlichen Ethik" erkennbar werden.

---

[104] Vgl. ebd., VI, 469. Der Begriff „Schematismus" kann in diesem Zusammenhang leicht zu Verwirrungen führen, zumal Kant selbst in der *Kritik der praktischen Vernunft* ausführt: „Aber dem Gesetz der Freiheit (als einer gar nicht sinnlich bedingten Causalität) mithin auch dem Begriff des unbedingt Guten kann keine Anschauung, mithin kein Schema zum Behuf seiner Anwendung *in concreto* unterlegt werden." (Kant, *Kritik der praktischen Vernunft*, V, 69). Dies liegt einfach darin begründet, dass im Bereich des Praktischen, d.h. mit Blick auf das Vermögen der Freiheit *zunächst nur* der Verstand und nicht *auch* die Einbildungskraft als Erkenntnisvermögen gefragt ist. Der Mensch als empirisches Wesen ist nämlich lediglich ein „sinnliches Zeichen" für den intelligiblen Charakter; vgl. Kant, *Kritik der reinen Vernunft*, B574. Insofern kann es gerade kein (transzendentales) Schema *des unbedingt Guten* geben. In der Terminologie der *Kritik der Urteilskraft* könnte man vielleicht auch sagen, der Mensch als empirisches Wesen ist lediglich ein *Symbol* und kein *Schema* für das sittliche Subjektsein; vgl. Kant, *Kritik der Urteilskraft*, V, 351 f. Davon unberührt ist die Möglichkeit und Notwendigkeit, das formale Pflichtprinzip durch Anwendung auf Erfahrungsfälle *zu schematisieren*, d.h. „zum Gebrauch fertig darzulegen". Denn auch wenn es begrifflich möglich ist, zwischen dem empirischen und dem intelligiblen Charakter des Menschen zu unterscheiden, so sind uns beide doch faktisch immer nur als unlösliche Einheit gegeben: „Nun ist aber der Körper die gäntzliche Bedingung des Lebens, so daß wir keinen Begrif von einem anderen Leben haben als vermittelst unseres Körpers, und der Gebrauch unserer Freyheit ist nur durch den Körper möglich; so sehen wir daß der Körper einen Theil unserer selbst ausmacht [...]." (Kant, *Vorlesung zur Moralphilosophie (Hg. Stark)*, 216). [Da die von Werner Stark herausgegebene Ausgabe der *Vorlesung zur Moralphilosophie* in dieser Form nicht in der Akademie-Ausgabe enthalten ist, beziehen sich die Seitenangaben auf die Einzelausgabe der Schrift.]

Im Anschluss an diesen Exkurs gilt es nun, die Einsichten Kants für die Problemkonstellation einer Forschungsethik bzw. zunächst für die methodologischen Fragen, die sich durch den *Belmont Report* und die unterschiedlichen Versuche einer Fortentwicklung ergaben, fruchtbar zu machen.

b)   *Die systematische Verbindung des Würdeprinzips als formalem Letztprinzip mit materialen praktischen Prinzipien „mittlerer Ebene"*

Die Verbindung eines „single-principle"- und eines „multi-principles"-Ansatzes ist, folgt man der Systematik Kants, nicht nur durchführbar, sondern innerhalb der Ethik nachgerade zwingend. Nur so ist es möglich, eine Ethik zu entwickeln, die jenseits kontingenter Verabsolutierungen den Anspruch auf strenge Allgemeingültigkeit erheben kann, ohne sich dabei in einem leeren Formalismus erschöpfen zu müssen. Die Grundlage einer solchen ethischen Systematik bildet das sittliche Subjektsein des Menschen, d.h. die nichthintergehbare Tatsache, dass der Mensch „Subjekt des moralischen Gesetzes" ist.[105] Daraus erwächst – immer noch auf einer formal-abstrakten Ebene – das *Würdeprinzip* (bzw. als operationales Äquivalent das *Instrumentalisierungsverbot*) als *formales Letztprinzip*, das als letztgültiger Prüfstein für menschliches Handeln und Wollen fungiert:[106] Dann und nur dann kann menschliches Wollen und Handeln als moralisch gerechtfertigt gelten, wenn die Würde sowohl des Handelnden selbst als auch die eines jeden anderen Menschen dadurch

---

[105] So auch Honnefelder, *Güterabwägung und Folgenabschätzung in der Ethik*, 49. Bei seinen Überlegungen, die im Ergebnis der hier entwickelten Systematik durchaus ähnlich sind, greift Honnefelder allerdings nicht auf Kant, sondern auf Lehrstücke von Thomas von Aquin zurück.

[106] Ohne die Diskussion im Detail rekonstruieren zu können, soll an dieser Stelle nicht verschwiegen werden, dass gerade die praktische Relevanz des Würdeprinzips in neuerer Zeit (wieder) von vielen Autoren in Frage gestellt worden ist. Dabei wird gelegentlich auf die inhaltliche Unbestimmtheit (bezogen auf den Bereich der medizinischen Ethik oder auch überhaupt) und – nicht völlig unbegründet – das dem Begriff inhärente Pathos hingewiesen, das ihn schnell zu einem „knock-down-argument" verkommen lasse. Besonders pointiert hat in diesem Sinne Ruth Macklin festgestellt: „Dignity is a useless concept in medical ethics and can be eliminated without any loss of content." (Macklin, *Dignity is a useless concept*, 1420). Ebenfalls eine kritische Position vertreten Hailer / Ritschl, *The General Notion of Human Dignity and the Specific Arguments in Medical Ethics* sowie Birnbacher, *Ambiguities in the Concept of Menschenwürde*. Gleichzeitig werden auch eher theoretische Einwände gegen den Versuch einer (vermeintlich) „metaphysischen Letztbegründung" erhoben, so etwa Wetz, *Die Würde des Menschen ist antastbar* und (allerdings eher mit Bezug auf rechtsphilosophische Fragen des Art. 1 Abs. 1 des *Grundgesetzes*) Hoerster, *Zur Bedeutung des Prinzips der Menschenwürde*. Eine eindrucksvolle Verteidigung des Begriffs hat hingegen Wagner in seinem Buch *Die Würde des Menschen* geliefert; affirmativ auch Baumgartner et al., *Menschenwürde und Lebensschutz: Philosophische Aspekte*.

nicht verletzt wird, d.h. wenn durch es weder der Handelnde selbst noch irgendein anderer Mensch zu einem bloßen Mittel degradiert wird.

In ihrer Formalität abstrahieren beide Prinzipien von allen materialen (anthropologischen) Aspekten. Um „gehaltvollere" praktische Prinzipien formulieren zu können, stellt sich daher die Frage, was es näherhin bedeutet, einen Menschen als bloßes Mittel zu benutzen oder ihn in seiner Würde zu verletzen. Und diese Frage ist erkennbar nur unter Rückgriff auf die psycho-physische Natur des Menschen beantwortbar.[107] Bei diesem Rückgriff muss das Würdeprinzip indessen jederzeit den normativen Deutungshorizont bilden. Der empirische Anteil der materialen Prinzipien seinerseits bedingt, dass die materialen Prinzipien nicht in derselben strengen Allgemeingültigkeit formuliert werden können wie das formale Letztprinzip, das seinerseits jenseits aller relativierenden Anfechtungen und insbesondere auch über zeitliche und kulturelle Grenzen hinweg Geltung beansprucht.[108] Für die materialen Prinzipien kann dies offensichtlich nicht in derselben Weise gelten, da die Selbstwahrnehmung und Selbstdeutung des Menschen immer auch durch zeit- und kulturabhängige Faktoren geprägt ist.[109]

Gleichwohl wird man auch hier auf einer relativ allgemeinen Ebene einige anthropologische Grundbestimmungen namhaft machen können, die relativierenden Einwänden wenn nicht völlig, so doch zumindest weitgehend enthoben sind. Zu diesen anthropologischen Grundbestimmungen zählen sicherlich diejenigen, die oben als Bezugspunkte der im Principlism in Stellung gebrachten Prinzipien herausgestellt worden sind. Demnach ist der Mensch wesentlich ein zweckesetzendes und selbstgesetzte Zwecke verfolgendes, psycho-physisch verfasstes, bedürftiges und in gesellschaftlichen Beziehungen lebendes Wesen. Dem widerspricht nicht – um einem Einwand, der an dieser Stelle möglicherweise erhoben werden könnte, direkt zu begegnen –, dass es Menschen gibt, die faktisch nicht in gesellschaftlichen Beziehungen stehen oder die keine selbstgesetzten Zwecke verfolgen (können) – etwa aufgrund einer Behinderung. Die benannten anthropologischen Grundbestimmun-

---

[107] Von einem vergleichbaren Verweisungsverhältnis von „praktischer Vernunft und menschlicher Natur" geht auch Honnefelder im Anschluss an Thomas von Aquin aus; vgl. Honnefelder, *Güterabwägung und Folgenabschätzung in der Ethik*, 50 ff.

[108] Mehr noch: es beansprucht Gültigkeit für *alle vernünftigen Wesen*; vgl. Kant, *Grundlegung zur Metaphysik der Sitten*, IV, 408, 412, 428 ff., 436.

[109] Dies gilt offenkundig nicht für die Bestimmung der Leiblichkeit überhaupt. Die Tatsache, dass der Mensch immer und ganz wesentlich auch Leib ist, ist jeder kulturvarianten Deutung entzogen: Ein leibloser Mensch wäre schlichtweg kein Mensch mehr – ein Umstand, der im Rahmen von transzendentalphilosophischen Theorieansätzen oftmals nicht hinreichend gewürdigt worden ist. Die Attribute der Verletzlichkeit und Bedürftigkeit *schlechthin* sind mit der Leiblichkeit unmittelbar impliziert. Für die Bestimmung materialer Prinzipien ist jedoch ein weiterer Bestimmungsschritt erforderlich, in den dann unweigerlich Elemente einer zeitlich und kulturell imprägnierten Selbstwahrnehmung und Selbstdeutung einfließen.

gen können nicht im Sinne einer klassifikatorischen Liste von Eigenschaften oder Fähigkeiten gedeutet werden, die jedes Wesen haben muss, um als Mensch gelten zu dürfen. Die hier in Rede stehende Grundverfasstheit menschlicher Existenz muss vielmehr auch da angenommen werden, wo sie sich nicht manifestiert. Auch darf der Umstand, dass sich eines dieser Wesensmerkmale, namentlich das Vermögen, Zwecke zu setzen und aktiv zu verfolgen, an einem Menschen empirisch nicht beobachten lässt, nicht als Ausschlusskriterium im Hinblick auf die „moral community" fungieren. Das Anerkenntnis der Zugehörigkeit eines Menschen zur Moralgemeinschaft ist selbst ein normativer Akt, der nicht allein auf die empirische Feststellung von bestimmten Fähigkeiten gegründet werden kann, sondern vielmehr vom Bewusstsein der eigenen Personalität ausgehend qua Analogieschluss erfolgen muss. Einem Menschen den Status des „Würdeträgers" zu versagen, weil er bestimmte Fähigkeiten und Vermögen faktisch nicht zu realisieren vermag, negiert infolgedessen nachgerade den Sinn des Würdebegriffs selbst.[110]

Betrachtet man nun die im Vorangegangenen aus dem Principlism extrahierten anthropologischen Grundbestimmungen aus der Perspektive des Würdeprinzips, dann werden durch sie Bereiche ausgewiesen, in denen eine Würdeverletzung des Menschen, insofern er ein endliches Wesen mit einer bestimmten existentiellen Grundverfasstheit ist, *erfolgen kann*. Die vier Prinzipien des Principlism erscheinen in diesem Begründungszusammenhang als auf einer mittleren Theorieebene angesiedelte *materiale Derivate*[111] bzw. als *Schematisierungen* des formalen Letztprinzips: Weil der Mensch ein zweckesetzendes und selbstgesetzte Zwecke verfolgendes Wesen ist, droht seine Würde besonders dann verletzt zu werden, wenn ihm ein selbstbestimmtes Leben verwehrt wird („Prinzip der Selbstbestimmung"[112]). Ferner, weil der

---

[110] Wieland hat dargelegt, dass es die „Moralfähigkeit" des Menschen, verstanden als „dispositionelle Potentialität", ist, die den Grund der Würde bildet. Bei der Bestimmung des Menschen als *moralfähiges Wesen* handelt es sich aber um eine *normative Bestimmung*, die sich eben nicht „durch Beobachtungen feststellbare, aktual vorliegende faktische Eigenschaften [...] auf den Begriff bringen lässt". (Wieland, *Pro Potentialitätsargument: Moralfähigkeit als Grundlage von Würde und Lebensschutz*, 162). Vgl. auch Baumgartner et al., *Menschenwürde und Lebensschutz: Philosophische Aspekte*, 217 f.

[111] Der Begriff „Derivat" darf hier nicht im Sinne einer einfachen und vollständigen Ableitung – wie im Falle von formallogischen oder mathematischen Schlüssen – verstanden werden. Er zeigt lediglich an, dass die materialen Prinzipien *geltungstheoretisch* als Ableitungen des Würdeprinzips *rekonstruiert* werden können. Legt man die Begrifflichkeit von Kopelman zugrunde, dann handelt es sich bei den materialen Prinzipien um „derivative" Theorieelemente, da das Würdeprinzip durch die „Anwendung" selbst nicht verändert werden kann; vgl. Kopelman, *What Is Applied About „Applied" Philosophy*. Siehe zu dieser Problematik auch unten II.8.

[112] Um Missverständnisse und Fehldeutungen zu vermeiden, wird hier und im Folgenden nicht (mehr) die von Beauchamp und Childress verwendete Terminologie („respect for autonomy") und auch nicht die des *Belmont Report* („respect for persons") verwendet, sondern der Begriff „Prinzip der Selbstbestimmung" („respect for self-determination").

Mensch ein psycho-physisch verfasstes, bedürftiges Wesen ist, droht seine Würde besonders dann verletzt zu werden, wenn seine psycho-physische Integrität verletzt wird und wenn (näher zu bestimmende) Grundbedürfnisse nicht befriedigt werden („Nichtschadenprinzip" und „Fürsorgeprinzip"). Schließlich: Weil der Mensch ein in gesellschaftlichen Beziehungen stehendes Wesen ist, droht seine Würde besonders dann verletzt zu werden, wenn seine individuellen Ansprüche und Bedürfnisse in diesen gesellschaftlichen Beziehungen keine angemessene Berücksichtigung finden („Gerechtigkeitsprinzip").

In dieser Perspektive wird deutlich, dass die Geltungsreichweite der „mittleren Prinzipien" *nur in Abhängigkeit vom Würdeprinzip* bestimmt werden kann. Das bedeutet: *Nicht immer* wenn individuelle Zwecksetzungen missachtet werden und *nicht immer* wenn in die psycho-physische Integrität eingriffen wird, markiert dies eine Würdeverletzung und ist infolgedessen der moralischen Kritik ausgesetzt.[113] Ebenso muss *nicht jedes* individuelle Bedürfnis befriedigt werden und *nicht jede* Inanspruchnahme des Einzelnen im Rahmen des gesellschaftlichen Zusammenlebens ist kritikwürdig. Es handelt sich lediglich um Bereiche, in denen aufgrund der menschlichen Grundverfasstheit Würdeverletzungen in naheliegender Weise und in besonderem Maße *möglich* sind. In Frage steht im Grunde genommen aber immer, ob die Würde eines Menschen verletzt zu werden droht. Anders gewendet: Nicht jede Handlung, die auf *faktischer* Ebene unvereinbar mit einem der materialen Prinzipien ist, muss auch auf *moralischer* Ebene als Verstoß gegen das entsprechende Prinzip angesehen werden. Ein solcher Verstoß liegt nur dann vor, wenn sich eine *faktische Unvereinbarkeit* im Lichte des formalen Letztprinzips auch als eine *moralische Unvereinbarkeit* darstellt.[114] Das Würdeprinzip muss jederzeit als *allgemeiner und verbindlicher normativer Deutungshorizont* für alle nachgeordneten materialen Prinzipien fungieren. Als *formales*

Durch diesen Begriff soll die Rückbeziehung auf das menschliche Vermögen zur Zwecksetzung herausgestellt werden. Zugleich kann so auch der ideengeschichtlich überaus komplexe Begriff der Autonomie vermieden werden; vgl. dazu auch IV.1.a.(ii).

[113] Green hat zu Recht unterstrichen, dass es ein Missverständnis wäre, würde man die „Selbstzweckformel" des kategorischen Imperativs so verstehen, als erhebe sie die *faktischen* Zwecksetzungen anderer Menschen automatisch zur Richtschnur für sittliches Handeln: „What Kant is telling us, I think, is that we do not treat someone as a ,means only' just because we frustrate his or her will. Nor do treat the person as an end in himself or herself by satisfying their desires." (Green, *What Does it Mean to Use Someone as ,A Means Only': Rereading Kant*, 254). Handelt es sich um Zwecksetzungen, die ihrerseits gegen das Sittengesetz verstoßen, dann kann es sogar geradezu geboten sein, sie zu missachten.

[114] Die Frage, *ob* ein Verstoß gegen das Würdeprinzip vorliegt oder nicht, lässt keine graduell abgestufte Antwort zu, sie kann nur bejaht oder verneint werden. Damit ist nicht gesagt, dass jede würdeverletzende Handlung gleich beurteilt werden müsste: Mit Blick auf die Schwere der Schuld, die aus einer Handlungsweise erwächst, sind Differenzierungen natürlich möglich und notwendig. Auch in der positiv-rechtlichen Bewertung einer Tat wird zwischen der *Rechtswidrigkeit* und der *Schuldhaftigkeit* unterschieden.

Prinzip ist es zugleich auch *formgebendes Prinzip*.[115] Oder, mit Wood positiv formuliert: Das Würdeprinzip verlangt, dass unsere Handlungen „express proper respect or reverence for the worth of humanity".[116]

Aus dieser geltungstheoretischen Architektonik folgt unmittelbar, dass es grundsätzlich unzulänglich ist, ein materiales Prinzip isoliert in den Blick zu nehmen und allein auf dieser Grundlage eine moralische Bewertung vorzunehmen. Dies käme einer Verabsolutierung eines einzigen materialen Zwecks gleich, wodurch die spezifische Existenzweise des Menschen – in normativer Hinsicht – auf ein einziges anthropologisches Moment reduziert würde. Folglich würde das daran anknüpfende materiale Prinzip als alleiniges und damit zugleich letztgültiges Prinzip an die Stelle des formalen Würdeprinzips gesetzt. Damit ginge indes der eigentliche Geltungsgrund verloren. Die materialen Prinzipien müssen – bezogen auf das formale Letztprinzip – als *geltungstheoretisch nachgeordnet* sowie – aufeinander bezogen – als *gleichursprünglich* begriffen werden. Zusammen bilden sie ein *Gesamtgefüge*, dessen einzelnen Elementen kontextabhängig mehr oder weniger Bedeutung zukommt. Jedoch nur in der Perspektive des sittlichen Subjektseins, d.h. rückbezogen auf das Würdeprinzip, erhalten die anthropologischen Aspekte überhaupt normative Bedeutung.

c)   Ein kurzer Vergleich mit Kants materialer Ethik

Zwar ist die systematische Unterscheidung von formalen und materialen Prinzipien, wie Kant sie in seiner Ethik vornimmt, im Vorangegangenen als konzeptionelle Grundlage herangezogen worden. Dessen ungeachtet unterscheidet sich der materiale Teil der Kantischen Ethik in der Durchführung von der hier entwickelten Systematik deutlich. Die „Anwendung auf die Anthropologie" in der *Metaphysik der Sitten* erfolgt auf eine durchaus andere Weise, als hier vorgeschlagen wurde. Kant versucht dort nicht, praktische Prinzipien „mittlerer Eben" aus der Verbindung des formalen Letztprinzips und Beständen der Anthropologie abzuleiten. Er konzipiert den materialen Teil der Ethik zum einen als Lehre von Rechten, zum anderen als „materiale Zwecklehre", d.h. als Lehre von Zwecken, die zu haben Pflicht ist.

Der Sache nach finden sich die hier benannten anthropologischen Grundbestimmungen als Bezugspunkte für materiale praktische Prinzipien im Sinne von „speziell menschlichen Pflichten" gleichwohl auch bei Kant. Ohne den Kantischen Ansatz im Einzelnen weiter zu verfolgen, soll dies anhand von wenigen Stichpunk-

---

[115] Vgl. dazu auch Knoepffler, der bemerkt, dass es sich beim Würdeprinzip um ein „Konstitutionsprinzip" handele, das auch als „regulatives Prinzip" bezeichnet werden könne: „Es ist das Prinzip ‚hinter' den Prinzipien, sozusagen der Schlussstein des ethischen Prinzipiengebäudes." (Knoepffler, *Menschenwürde in der Bioethik*, 16). So ist denn auch nur das Würdeprinzip *Prinzip im eigentlichen Sinne*, d.h. ein Erstes, „aus dem/von dem her etwas ist oder geschieht oder erkannt wird", vgl. Aubenque et al., *Art. „Prinzip"*, insbesondere Sp. 1338, 1345, 1355.

[116] Wood, *Kant's Ethical Thought*, 141.

ten kurz aufgezeigt werden, nicht zuletzt um dem möglichen Einwand entgegenzuwirken, der hier entwickelte Ansatz sprenge einen deontologischen Theorierahmen,
und die Inanspruchnahme der formalen Grundlegung im Sinne Kants würde infolgedessen obsolet.[117]

Bekanntlich gliedert sich die *Metaphysik der Sitten* in zwei Teile, die *Metaphysischen
Anfangsgründe der Rechtslehre* und die *Metaphysischen Anfangsgründe der Tugendlehre*. Damit
folgt Kant der „Innen-Außen" Struktur der freien Willkür, d.h. dem Umstand, dass
es einen äußeren und einen inneren Gebrauch derselben gibt, nämlich (innerliches)
Wollen und (äußerliches) Handeln.[118] In der *Rechtslehre* behandelt Kant ausschließlich solche Pflichten, für die eine *äußere Gesetzgebung* möglich ist, wohingegen in der
Tugendlehre Zwecke ermittelt werden, die zu haben Pflicht ist.[119] Weil nun die Rechtslehre (*Ius*) geradezu der „Inbegriff der Gesetze [ist], für welche eine äußere Gesetzgebung möglich ist"[120], kommt in ihr der Mensch als Wesen mit dem Vermögen zu
äußerem Freiheitsgebrauch in den Blick, d.h. als ein Wesen, das selbstgesetzte Zwecke aktiv-handelnd verfolgen kann.[121] Dieses Vermögen auch auszuüben (ohne
damit das Recht eines anderen zu verletzen), ist nach Kant nachgerade das einzige
angeborene Recht überhaupt: „Freiheit (Unabhängigkeit von eines Anderen nöthigender Willkür), sofern sie mit jedes Anderen Freiheit nach einem allgemeinen Gesetz zusammen bestehen kann, ist dieses einzige, ursprüngliche, jedem Menschen
kraft seiner Menschheit zustehende Recht."[122] Das so formulierte Rechtsprinzip
lässt sich als eine materiale Ausdifferenzierung des formalen Grundgesetzes der reinen praktischen Vernunft für den Bereich des äußeren Freiheitsgebrauchs begreifen.[123] Analog gibt es eine materiale Ausdifferenzierung für den inneren Freiheitsgebrauch. Diese hebt darauf ab, sich Zwecke zu setzen, die zu haben Pflicht ist.[124]
Als solche weist Kant die eigene Vollkommenheit und die fremde Glückseligkeit
aus.[125]

---

[117] Esser weist die systematische Vermittlung der empirischen Wirklichkeit und des praktischen Gesetzes in Kants Tugendlehre als den Versuch aus, zu einer kritisch fundierten
und zugleich lebensweltlich relevanten Ethikkonzeption zu gelangen, vgl. Esser, *Eine
Ethik für Endliche*.

[118] Vgl. Oberer, *Sittengesetz und Rechtsgesetz a priori*, 174 f.

[119] Vgl. Kant, *Metaphysische Anfangsgründe der Rechtslehre*, VI, 239. Für beide Bereiche formuliert Kant kategorische Imperative; vgl. ebd., VI, 231 und Kant, *Metaphysische Anfangsgründe der Tugendlehre*, VI, 395. Insbesondere handelt es sich dabei zwar um materiale
Ausdifferenzierungen, aber um solche, deren Geltung a priori verbürgt ist, d.h. die
Strukturierung des menschlichen Freiheitsgebrauchs fällt nicht in den Bereich bloß em-
pirischer Gewissheit.

[120] Kant, *Metaphysische Anfangsgründe der Rechtslehre*, VI, 229.

[121] Vgl. Gregor, *Kants System der Pflichten*, XXXVIII.

[122] Kant, *Metaphysische Anfangsgründe der Rechtslehre*, VI, 237.

[123] Vgl. Oberer, *Sittengesetz und Rechtsgesetz a priori*, 175.

[124] Vgl. Kant, *Metaphysische Anfangsgründe der Tugendlehre*, VI, 395.

[125] Vgl. ebd., VI, 391 ff.

Unter diesen Überschriften kommt der Mensch, auch insofern er ein psycho-physisch verfasstes und bedürftiges Wesen ist, als Quelle spezieller Pflichten – gegen andere wie gegen sich selbst – in den Blick.[126] Besonders deutlich wird dies in Kants *Vorlesung zur Moralphilosophie*, in der unter der Überschrift „Von den Pflichten in An-sehung des Körpers selbst" festgestellt wird: „Unser Körper gehört zu unserm Selbst, und zu den allgemeinen Gesetzen der Freyheit, nach denen uns die Pflichten zukommen. Der Körper ist uns anvertraut, und unsere Pflicht in Ansehung dessel-ben ist: daß das menschliche Gemüt den Körper erstlich *discipliniert*, und dann *Vor-sorge* für ihn tragen soll."[127] Nicht alle körperlichen Bedürfnisse können demnach als legitim gelten. Gleichwohl kann die Ethik die leiblich-naturale Verfasstheit und die damit verbundene Bedürfnisstruktur des Menschen auch nicht vollends ignorieren. In den *Metaphysischen Anfangsgründen der Tugendlehre* weist Kant auf die Pflicht zur „Wohltätig[keit], d.i. anderen Menschen in Nöthen zu ihrer Glückseligkeit, ohne dafür etwas zu hoffen, nach seinem Vermögen beförderlich zu sein"[128] hin. Man darf annehmen, dass hinter dieser Pflicht die Einsicht in die grundsätzliche Bedürf-tigkeit des Menschen steht.

Schließlich thematisiert Kant in der *Vorlesung zur Moralphilosophie* auch den Aspekt gesellschaftlichen Miteinanders. Er führt dort aus, dass „wohltätige Handlungen" und „Almosen" gegen Arme, d.h. gegen eine Gruppe, die als solche nur im gesell-schaftlichen Miteinander existiert, nicht eigentlich ausreichend sind. Denn: „Wären die Menschen pünktlich gerecht so möchte es keine solche Arme geben in Anse-hung derer wir dieses Verdienst der Wohltätigkeit zu beweisen glauben und Almo-sen geben."[129] Darin kommt nichts anderes zum Ausdruck, als dass der Mensch, insofern er in gesellschaftlichen Beziehungen steht, besondere Pflichten hat, auch und gerade im Hinblick auf die Verteilung von Nutzen und Lasten innerhalb eines Gemeinwesens.[130]

Trotz aller Unterschiede wird aus diesem kurzen Überblick deutlich, dass nicht nur die Idee der Anwendung eines formalen Letztprinzips auf die besondere Ver-fasstheit menschlicher Existenz für die Kantische Systematik konstitutiv ist, sondern dass auch die aus dem Principlism extrahierten anthropologischen Grundbestim-mungen zumindest im Kern von Kant zur Ableitung spezieller Pflichten herangezo-gen worden sind. Vor dem Hintergrund dieses Befundes kann die vorangegangene Inanspruchnahme Kantischer Theorieelemente als statthaft gelten.

---

[126] Kant benennt in den *Metaphysischen Anfangsgründen der Tugendlehre* unter anderem Pflich-ten, die der Mensch gegen sich selbst „als einem animalischen Wesen" hat (§ 5), und Pflichten gegen andere „bloß als Menschen" (§ 23-36).

[127] Kant, *Vorlesung zur Moralphilosophie (Hg. Stark)*, 230.

[128] Kant, *Metaphysische Anfangsgründe der Tugendlehre*, VI, 453.

[129] Kant, *Vorlesung zur Moralphilosophie (Hg. Stark)*, 340.

[130] Vgl. auch die letzte „kasuistische Frage", die Kant hinsichtlich der Pflicht zur Wohltätig-keit thematisiert; Kant, *Metaphysische Anfangsgründe der Tugendlehre*, VI, 454.

6.   Ein Vergleich mit dem Principlism

Der *Belmont Report* und mehr noch seine theoretische Fortentwicklung zum Principlism durch Beauchamp und Childress hat im Vorangegangenen als methodischer Ausgangspunkt für die Grundlegung einer ethischen Theorie biomedizinischer Humanexperimente gedient. Aus zwei Überlegungen heraus ist es angezeigt, die systematische Verbindung formaler und materialer Prinzipien nun noch einmal im unmittelbaren Vergleich mit dem Principlism zu betrachten: Zum einen wird gerade in den mitunter gravierenden Unterschieden zwischen dem Principlism und dem hier entwickelten Ansatz, die dabei zu Tage treten, dieser Ansatz selbst weiter an Kontur gewinnen, zum anderen wird es so auch möglich sein, kritischen Einwänden gegen eine solche Konzeption zu begegnen.

Bisher ist möglicherweise der fälschliche Eindruck entstanden, als könne eine theoretische Konzeption, die an Kants Unterscheidung zwischen formalen und materialen praktischen Prinzipien orientiert ist, neben dem Würdeprinzip als formalem Letztprinzip die vier materialen Prinzipien des Principlism und damit zugleich diese Konzeption insgesamt in einfacher Weise als materialen Systemteil übernehmen und in eine neue Gesamtsystematik integrieren. Tatsächlich stehen einer solchen einfachen Übernahme eine Reihe von konzeptionellen Problemen entgegen. Zentrale Elemente des Principlism sind mit der im Vorangegangenen entwickelten Systematik nicht oder nur bedingt kompatibel. Eine Integration der vier Prinzipien ist daher nur möglich, wenn sie im Lichte der formalen Grundlegung umgedeutet werden und gleichzeitig Theorieelemente, die für den Principlism von zentraler Bedeutung sind, aufgegeben werden. Entscheidende Ansatzpunkte sind dabei zum einen der *geltungstheoretische Status* der Prinzipien, zum anderen die *methodischen Instrumentarien* des Abwägens und Spezifizierens.

a)   Der geltungstheoretische Status der Prinzipien

Ein wichtiger Unterschied zwischen den vier Prinzipien des Principlism und den materialen Prinzipien, wie sie in der hier – unter Rückgriff auf zentrale Lehrstücke Kants – entwickelten Konzeption begriffen werden, ist ihr geltungstheoretischer Status. Der von Beauchamp und Childress in Stellung gebrachte zweifache Geltungsgrund der Prinzipien, die „common morality" einerseits, eine „coherence theory of justification" andererseits, der die *prima facie*-Gültigkeit der Prinzipien verbürgen soll, kann in dieser Form in der im Vorangegangenen entwickelten Systematik keine Bedeutung mehr haben. Als Geltungsgrund der materialen Prinzipien kann einzig und allein die Tatsache gelten, dass der Mensch sittliches Subjekt oder Person ist und ihm deshalb, anders als Dingen oder Sachen, kein bloß relativer Wert, sondern Würde zukommt. Dieses nichthintergehbare formale Letztprinzip muss auf die spezifische Situation der menschlichen Existenz angewendet werden, um materiale Prinzipien zu gewinnen. Diese ihrerseits haben aber keinen unabhängigen Geltungsstatus; sie erhalten ihr „moralisches Gewicht" ausschließlich in Abhängigkeit von dem formalen Letztprinzip. Gegen die Annahme, dass das geltungstheoretische

Verhältnis auf diese Weise bestimmt werden muss, spricht nicht der möglicherweise faktisch zutreffende Befund, dass in der „common morality" die von Beauchamp und Childress namhaft gemachten Prinzipien zunächst und zumeist als eigenständige und nicht weiter hintergehbare *prima facie*-Prinzipien erscheinen und nicht etwa als materiale Derivate eines formalen Letztprinzips. Zwar unterstreicht auch Kant in einer Anmerkung in der Vorrede zur *Kritik der praktischen Vernunft* die Bedeutung der „common morality", wenn er einem Kritiker zugesteht, dass er „kein neues Princip der Moralität, sondern nur eine neue Formel aufgestellt" habe. Aber, so fährt er fort: „Wer wollte [...] auch einen neuen Grundsatz aller Sittlichkeit einführen und diese gleichsam zuerst erfinden? Gleich als ob vor ihm die Welt in dem, was Pflicht sei, unwissend oder in durchgängigem Irrthume gewesen wäre."[131] Das im Allgemeinen verlässliche Wissen um das, was die Moral vom Menschen zu tun verlangt, d.h. um den *Inhalt der Moral*, ersetzt jedoch nicht die philosophische Aufklärung der formalen Strukturen moralischer Verpflichtungen, d.h. der *Geltungsverhältnisse*, mit deren Hilfe auch dann Normen und Regeln begründet werden können, wenn das präreflexive moralische Wissen unsicher wird. Damit entfällt auch die Grundlage für die Unterscheidung von *prima facie*-Pflichten und tatsächlichen oder absoluten Pflichten („actual or absolute duties"), wie Beauchamp und Childress sie im Anschluss an Ross vornehmen.[132] Kann nämlich in einer konkreten Situation eine Pflicht durch das Würdeprinzip rekonstruiert werden, dann ist ihre Geltung verbürgt, kann sie hingegen nicht in dieser Weise rekonstruiert werden, dann handelt es sich in der konkreten Situation gar nicht um eine Pflicht.

Schließlich beinhaltet auch Kants Systematik – wie jede theoretische Konzeption – den Anspruch auf Kohärenz und Konsistenz; insbesondere begründet das formale Letztprinzip keine widerstreitenden Normen und Regeln.[133] Anders als bei Beauchamp und Childress ist für den Fall von widersprüchlichen Auffassungen darüber, was in einer konkreten Situation zu tun ist, das Würdeprinzip von einer Revision grundsätzlich ausgenommen. Zu prüfen ist dann vielmehr, ob eine Handlung *unmittelbar* als Verstoß gegen ein materiales Prinzip und *mittelbar* als Verstoß gegen das Würdeprinzip *beurteilt* werden muss. Dabei handelt es sich um eine Fragestellung, deren Beantwortung nicht in den Bereich der *reinen praktischen Vernunft* fällt, sondern in den der *(reinen praktischen) Urteilskraft*.[134] Denn anders als in der Konzeption von

---

[131] Kant, *Kritik der praktischen Vernunft*, V, 8 (Anm.); vgl. auch Kant, *Grundlegung zur Metaphysik der Sitten*, IV, 404.

[132] Vgl. Beauchamp / Childress, *Principles of Biomedical Ethics*, insbesondere 14 f. sowie Ross, *The Right and the Good*, 28 f.

[133] Vgl. Kant, *Metaphysische Anfangsgründe der Rechtslehre*, VI, 224. Zur hieran anschließenden Problematik moralischer Dilemmata siehe unten II.6.b.

[134] Vgl. Kant, *Kritik der praktischen Vernunft*, V, 67 ff.; vgl. auch Kant, *Grundlegung zur Metaphysik der Sitten*, IV, 389 sowie Kant, *Die Religion innerhalb der Grenzen der bloßen Vernunft*, VI, 186, wo Kant das Gewissen als „die sich selbst richtende moralische Urtheilskraft" bestimmt.

Beauchamp und Childress gilt es hier, im Falle eines Dissenses bezüglich der Bewertung einer konkreten Situation zu klären, ob eine Handlung wirklich als ein Fall einer Würdeverletzung zu werten ist, nicht aber, ob das Würdeprinzip in der jeweiligen Situation Geltung beanspruchen kann. Anders formuliert: Während im Principlism *Geltungsfragen* virulent werden, sind es hier *Subsumptionsfragen*. So entscheidend dieser Unterschied ist, so wenig soll damit behauptet werden, dass Fragen der richtigen Subsumption immer einfach zu beantworten oder gar einem simplen Algorithmus folgend auf quasi-mechanische Weise zu lösen wären. Im Gegenteil, eine Antwort darauf, ob ein vorliegender Fall letztlich als Instantiierung einer Würdeverletzung begriffen werden muss, wird man häufig nur auf der Grundlage von detaillierten Analysen und unter Zuhilfenahme kasuistischer Methoden beantworten können. Insofern muss man Höffe Recht geben, wenn er darauf hinweist, dass die Anwendung moralischer Prinzipien „mehr als eine bloße Subsumption" und „mehr als lediglich eine Konzeptualisierung" erfordere, zumindest, wenn man diese Begriffe in einem mechanistischen Sinne deutet.[135] Gerade angesichts von Prinzipienkonflikten bedarf es, wie Höffe zutreffend feststellt, einer „höherstufigen Urteilskraft", die sich durch Sensibilität, Flexibilität und Kreativität auszeichnet.[136]

b)   Das Abwägen und Spezifizieren von Prinzipien

Neben dieser Umdeutung im Hinblick auf den geltungstheoretischen Status der Prinzipien gilt es auch, wichtige Unterschiede bezüglich der methodischen Lösung von Prinzipienkonflikten und die damit verbundene Rückwirkung auf die Prinzipien selbst herauszustellen. Klar ist zunächst, dass es – anders als bei Beauchamp und Childress – in der hier verfolgten Systematik keine fundamentalen Prinzipienkonflikte geben kann, einfach weil auf der obersten Theorieebene nur *ein singuläres Prinzip* angesiedelt ist. Ungeachtet dessen gibt es mindestens zwei Bereiche, in denen Abwägungsfragen dennoch aufbrechen können: (1) moralische Dilemmata und (2) uneindeutige Situationsbeurteilungen.

(1) Im Zusammenhang mit moralischen Dilemmata, die man als Situationen charakterisieren kann, in denen jede mögliche Handlungsalternative eine Pflichtverletzung notwendig impliziert, scheinen prinzipienrelativierende Abwägungen unausweichlich.[137] Gerade mit Blick auf solche Situationen wird deontologischen Theoriekonzeptionen gelegentlich vorgeworfen, sie seien aufgrund ihrer strikten Pflichtkonzeption nicht in der Lage, klare und vor allem eindeutige Handlungsanweisungen zu begründen.[138] Angesichts gleichermaßen verbindlicher Pflichten ist es dem Akteur

---

[135] Vgl. Höffe, *Universalistische Ethik und Urteilskraft: ein aristotelischer Blick auf Kant*, 555.

[136] Vgl. ebd., 557.

[137] Einen konzisen Überblick über den Problemkomplex moralischer Dilemmata gibt McConnell, *Art. „Moral Dilemmas"*.

[138] Beauchamp und Childress gehen offenbar davon aus, dass sowohl in utilitaristischen als auch in Kantisch geprägten Theoriekonstellationen dilemmatische Konflikte *nicht* ent-

scheinbar unmöglich, eine „moralische" Wahl zwischen Handlungsoptionen zu treffen. Entgegen dieser Kritik kann angesichts eines (tatsächlichen) moralischen Dilemmas auch von einem deontologischen Standpunkt aus nach der „besten" Handlungsalternative Ausschau gehalten werden, wobei gegebenenfalls theorieexterne (pragmatische) Überlegungen herangezogen werden müssen. Im Gegensatz zu anderen Konzeptionen „löst" eine deontologische Konzeption das Dilemma dabei aber nicht, sondern hält im Gegenteil daran fest und „bewahrt" somit gewissermaßen die Tragik der Situation.[139] Insofern trägt sie dem Umstand Rechung, dass es Konstellationen gibt, in denen sich eine Würdeverletzung nicht vermeiden lässt.[140] Dies impliziert indes nicht die Unmöglichkeit einer „realistischen" Haltung, die auch in solchen Situationen die Notwendigkeit, überhaupt zu handeln, anerkennt. Das Abwägen unterschiedlicher Handlungsalternativen ist auf der Grundlage eines deontologischen Ansatzes nicht unmöglich und – so muss man hinzufügen – angesichts der moralischen Wirklichkeit bisweilen unvermeidbar. Die Theorie verdammt den Handelnden dann nicht zu „prinzipieller Passivität". Der entscheidende Punkt ist vielmehr, dass im Falle von wahrhaft dilemmatischen Situationen ein notwendi-

---

stehen können, weil ein „supreme value" in beiden Theorietypen immer ein eindeutiges Sollen generiere; vgl. Beauchamp / Childress, *Principles of Biomedical Ethics*, 11.

[139] Als Beispiel für ein moralisches Dilemma wird in der Moralphilosophie bisweilen „Sophie's Choice" diskutiert: Eine nach Auschwitz deportierte Mutter wird auf der Rampe vor die Wahl gestellt, eines ihrer beiden Kinder zu opfern. Verweigert sie die Entscheidung, so werden beide Kinder getötet. Natürlich liegt das Unmenschliche hier auf der Seite derer, die von Sophie die Preisgabe eines ihrer Kinder verlangen. Dennoch kann man die Frage stellen, ob es eine in moralischer Hinsicht vorzuziehende Handlungsoption (Wahl des einen Kindes, Wahl des anderen Kindes, Verweigerung einer Auswahl) für Sophie selbst gibt, oder ob gar eine Handlungsoption als moralisch unzulässig gelten muss. Ein utilitaristisches Kalkül vermag auch in einer solchen Situation eine eindeutige Handlungsanweisung zu generieren (ohne dass ein Utilitarist dadurch gezwungen wäre, die moralische Schuld im Falle des Verfehlens der „besten Lösung" bei Sophie statt bei demjenigen, der sie vor die Wahl stellt, verorten zu müssen). Es ist aber durchaus zweifelhaft, ob eine eindeutige Handlungsanweisung in dieser Situation aus ethischer Sicht überhaupt angemessen erscheint oder ob die unlösliche Tragik Sophies dadurch nicht verschleiert wird; siehe dazu auch Esser, *Eine Ethik für Endliche*, 264 ff. Den Versuch einer ethischen Analyse von „Sophie's Choice" hat ferner Anderson in seinem Aufsatz *Sophie's Choice* unternommen.

[140] Hoffmann merkt an, dass es nicht ausgeschlossen ist, dass „im Einzelfall, der als wirklicher Einzelfall aber dann gerade schon nicht mehr als ‚Beispiel' für eine Regelabweichung [...] tauglich ist, punktuelle Gewissensentscheidungen anders lauten als die Würderegel." (Hoffmann, *Menschenwürde – ein Problem des konkreten Allgemeinen*, Anm. 40). Gerade aus diesem Grund, so fährt Hoffmann fort, habe Kant die von ihm in den *Metaphysischen Anfangsgründen der Tugendlehre* aufgeworfenen „kasuistischen Fragen" (vgl. VI, 421-437, 454, 458) unbeantwortet gelassen und keine „Ausnahmen von der Regel" abgeleitet.

ges Abwägen nicht mehr auf der Ebene *ethischer* Prinzipien erfolgt bzw. erfolgen kann, sondern beispielsweise auf reine Klugheitsregeln zurückgegriffen werden muss.[141]

(2) Abwägungsfragen können aber auch da virulent werden, wo es um die *Beurteilung* einer Situation geht. Denkbar ist beispielsweise, dass bei Beteiligten Uneinigkeit drüber besteht, ob der Wunsch eines Patienten nach Abbruch einer Behandlung zu respektieren ist oder nicht. Befürworter eines Behandlungsabbruchs können argumentieren, es komme einer Würdeverletzung gleich, wenn der dezidierte Wille des Patienten missachtet würde. Befürworter einer Behandlungsfortführung hingegen können geltend machen, dass Gesundheit und Leben des Patienten gefährdet seien und dass angesichts einer solchen Situation gerade ein Behandlungsabbruch als Würdeverletzung angesehen werden müsse. Auch hier liegt kein Dissens auf der obersten Prinzipienebene vor. Denn anders als im Ansatz von Beauchamp und Childress, wo die beschriebene Situation nur dadurch gelöst werden könnte, dass ein Prinzip in seiner Geltung partiell suspendiert wird, ohne dass dabei auf einen übergeordneten Deutungsrahmen Bezug genommen werden könnte, stellt sich die Situation in der hier verfolgten Systematik wesentlich als Frage danach dar, wie abhängig von den jeweiligen Umständen das Menschsein des Patienten bzw. dessen Status als Würdeträger am ehesten respektiert wird. Zwar kann auch vor diesem Hintergrund nicht ausgeschlossen werden, dass auf der Grundlage der gleichen Interpretationsfolie – dem Würdeprinzip respektive dem Instrumentalisierungsverbot – unterschiedliche, aber gleichermaßen begründete Interpretationen einer Situation gefunden werden können. Dennoch gewährleistet die Verbindlichkeit des Deutungshorizontes zumindest eine weitgehende Vergleichbarkeit und Transparenz der Interpre-

---

[141] Nicht zu Unrecht gilt im Commonlaw die Maxime „Hard cases make bad laws". Lehrreich ist in diesem Zusammenhang – und besonders vor dem Hintergrund, dass in der angewandten Ethik oftmals unter Rückgriff auf dilemmatische Situationen argumentiert wird – eine Anmerkung aus Kants Logik. Dort heißt es: „Die Alten machten sehr viel aus dem Dilemma und nannten diesen Schluß cornutus. Sie wußten einen Gegner dadurch in die Enge zu treiben, daß sie alles hersagten, wo er sich hinwenden konnte und ihm dann auch alles widerlegten. Sie zeigten ihm viele Schwierigkeiten bei jeder Meinung, die er annahm. Aber es ist ein sophistischer Kunstgriff, Sätze nicht geradezu zu widerlegen, sondern nur Schwierigkeiten zu zeigen; welches denn auch bei vielen, ja bei den mehrsten Dingen angeht. Wenn wir nun alles das sogleich für falsch erklären wollen, wobei sich Schwierigkeiten finden: so ist es ein leichtes Spiel, alles zu verwerfen. Zwar ist es gut, die Unmöglichkeit des Gegentheils zu zeigen, allein hierin liegt doch etwas Täuschendes, wofern man die Unbegreiflichkeit des Gegentheils für die Unmöglichkeit desselben hält. Die Dilemmata haben daher vieles Verfängliche an sich, ob sie gleich richtig schließen. Sie können gebraucht werden, wahre Sätze zu vertheidigen, aber auch wahre Sätze anzugreifen durch Schwierigkeiten, die man gegen sie aufwirft." (Kant, *Logik (Hg. Jäsche)*, IX, 131).

tationsalternativen.[142] Zu erwarten, dass eine Theorie jeden Dissens über die moralische Beurteilung einer Situation auszuschließen vermag, und dies gleichsam zum
Kriterium für die Qualität der Theorie erheben zu wollen, ist ohnehin – in diesem
Punkt muss man sowohl Beauchamp und Childress als auch Gert, Culver und Clouser zustimmen – unangemessen.[143] Im Gegenteil, eine ethische Theorie muss
moralische Dissense erklären und – bis zu einem gewissen Grade – auch integrieren
können.[144] In der hier verfolgten Systematik stellen sich unterschiedliche Beurteilungen und Bewertungen jedoch nicht als Dissense über ethische Prinzipien dar, sondern als divergierende Meinungen darüber, wie sich das Würdeprinzip in Verbindung mit anthropologischen Grundbestimmungen und abhängig von einer konkreten Situation bzw. den dort moralisch relevanten Parametern manifestiert. Uneingeschränkte und vollständige Einheitlichkeit ist daher allein deshalb schon nicht zu
erwarten, weil die Selbstwahrnehmung und Selbstdeutung des Menschen immer
auch zeitlich und kulturell geprägt ist, aber auch, weil die Bewertung und Beurteilung von Situationen nicht in strenger Allgemeingültigkeit erfolgen kann, sondern
immer Raum für unterschiedliche Interpretationen lässt.[145] Gerade die Erfahrungen
der Medizin- und Bioethik zeigen, dass der Versuch einer angemessenen Einordnung von konkreten Fällen oftmals in eine hochkomplexe Kasuistik führt, in der das
Koordinatensystem von Vergleichspunkten selbst nicht starr ist. Im Gegensatz zu
solchen Konzeptionen, die ausschließlich materiale Prinzipien namhaft machen, ist
das Würdeprinzip als formales Letztprinzip aber durchaus dazu geeignet, auch über

---

[142] Esser hat gegenüber partikularistischen Ansätzen in der Ethik zu Recht hervorgehoben,
dass man *moralisch relevante* Erfordernisse einer Situation gerade in solchen Beschreibungen der Situation erlangt, die bereits unter der Voraussetzung eines moralischen Anspruchs angestellt werden; vgl. Esser, *Eine Ethik für Endliche*, 271. Insofern kann in einem ethischen Diskurs nicht jede beliebige – partikulare – Situationsbeschreibung gleichermaßen Gültigkeit beanspruchen. Im Gegenteil, das Würdeprinzip als Deutungsrahmen bestimmt gerade, *welchen* Aspekten einer Situation moralische Relevanz zukommt.

[143] Vgl. Beauchamp / Childress, *Principles of Biomedical Ethics*, 21 ff.; Gert / Culver / Clouser,
Bioethics: A Return to Fundamentals, 26 ff.

[144] Vgl. Woods Ausführungen zur Stellung eines ethischen Fundamentalprinzips – auch
und gerade bei Kant: „No fundamental principle should be seen as directly solving all
moral problems (especially controversial ones). Its task is rather to provide a correct
framework within which problems can be raised and discussed." (Wood, *Kant's Ethical
Thought*, 155).

[145] Diese Einsicht liegt – entgegen anderslautendem (Vor-)Urteil – schon der Kantischen
Ethik zugrunde, wie Wood hervorhebt: „We badly misunderstand Kant's theory if we
suppose he thought the *a priori* principle of morality (in any formulation) could determine what to do apart from such empirical principles of application. The intermediate
premises are disputable because rational nature reveals itself only under particular cultural and historical circumstances and our views on it are corrigible (as we learn more
about ourselves)." (Wood, *Kant's Ethical Thought*, 154).

zeitliche und kulturelle Grenzen hinweg gewisse moralische Forderungen allgemein-verbindlich zu begründen und einen verbindlichen Rahmen für die Arbeit der prak-tischen Urteilskraft zur Verfügung zu stellen.

Schließt die Singularität des formalen Letztprinzips Abwägungsprozesse auf der höchsten theoretischen Ebene aus, so bedingt sie in umso stärkerem Maße die Spe-zifikation dieses Prinzips. Dabei kann das Spezifizieren – ähnlich wie im Principlism – als „process of reducing the indeterminateness of abstract norms and providing them with action-guiding content"[146] verstanden werden. Anders als in der Konzep-tion von Beauchamp und Childress stellen sich dabei auch die „höchsten" materia-len Prinzipien als Spezifikationen des formalen Letztprinzips dar. Wie dort muss man davon ausgehen, dass weitere „Anreicherungen" notwendig sind, um Bewer-tungen konkreter Situationen zu ermöglichen. Durch die klare Unterscheidung eines formalen und eines materialen Systemteils tritt die Struktur des Spezifikationspro-zesses jedoch deutlicher zu Tage als im Principlism: Es handelt sich dabei um den (notwendigen) Übergang von einer *allgemeinen Ethik* zu einer *spezifisch menschlichen Ethik* und weiter zu je *angewandten („Bereichs-")Ethiken*, d.h. um eine Konkretisierung des *Würdeprinzips*, das für jedes vernünftige Wesen gilt, zu solchen *Prinzipien, die für Wesen gelten, die so verfasst sind, wie Menschen es sind,* und schließlich zu *Normen und Regeln für bestimmte Bereiche menschlichen Handelns.*[147] Dieser Übergang kann daher nicht bei den bisher namhaft gemachten vier Prinzipien stehen bleiben. Erst auf der Grund-lage einer detaillierten Analyse und Systematisierung von spezifischen Handlungsbe-reichen sowie gegebenenfalls einer umfassenderen Anthropologie können befriedi-gende ethische Bewertungsmaßstäbe für spezifische Bereiche gewonnen werden. Mit dieser Einschätzung verbunden ist allerdings, wie oben bereits dargelegt wurde, dass der Spezifikationsprozess einen gewissen Interpretationsspielraum eröffnet und zwar in dem Maße, in dem die Bestimmung der Grundverfasstheit des Menschen auf unterschiedliche Weise erfolgen kann und Handlungsbereiche auf unterschiedli-che Weise systematisiert werden können. Daraus folgt: Je konkreter die Bestimmun-gen und Systematisierungen werden, d.h. je stärker der zugrunde liegende Hand-lungsbereich seiner Struktur nach konzeptionalisiert und interpretiert ist (bzw. je detaillierter die in Anspruch genommene Anthropologie ist), desto „angewandtere" Bewertungskategorien kann die Ethik bereitstellen, jedoch zu dem Preis einer ab-nehmenden Allgemeingültigkeit.[148] Eine vollständige und abschließende Darstellung

---

[146] Beauchamp / Childress, *Principles of Biomedical Ethics*, 16.

[147] In den „angewandten Ethiken" werden somit zwar spezielle Prinzipien, Normen und Regeln in Geltung gesetzt, ohne dass damit aber die grundsätzliche Einheitlichkeit der Ethik in Frage gestellt würde.

[148] Anerkanntermaßen gibt es moralische Normen, die nur innerhalb von bestimmten Wertegemeinschaften Geltung beanspruchen dürfen, nicht aber als universelle morali-sche Normen angesehen werden können. Legt man die vorangegangenen Überlegungen zugrunde, dann können solche Normen als Endpunkte des beschriebenen Spezifizie-rungsprozesses begriffen werden: Indem sie auf gruppenspezifische Deutungsmuster

ist freilich nicht möglich, da die moralische Wirklichkeit zu vielschichtig, komplex und auch veränderlich ist, als dass eine endgültige Systematik jemals erzielt werden könnte. Dies betrifft gleichwohl, wie Kant formuliert, nur den Aspekt der Anwendung – der aus diesem Grund auch nur an das System angehängt werden kann –, nicht aber die Arten der ethischen Verpflichtung.[149]

Vor dem Hintergrund dieser Überlegungen wird auch verständlich, dass, anders als Beauchamp und Childress annehmen, mit dem Spezifikationsprozess keine (latent) vitiöse Zirkelstruktur vorliegt. Sie argumentieren, erst im Fall von konfligierenden Prinzipien sei ein Spezifikationsprozess erforderlich, an dessen Ende jedoch zumindest potentiell unterschiedliche (in höherem Grade spezifizierte) Prinzipien oder Normen stünden, die gegebenenfalls erneut in einem Konfliktverhältnis stehen könnten und daher (erneut) spezifiziert werden müssten.[150] Einen Ausweg sehen sie in der Verknüpfung mit dem von ihnen propagierten Kohärenzmodell sowie mit dem methodischen Instrument des Abwägens. Sie verkennen dabei aber, dass es sich um zwei durchaus unterschiedliche Problemstellungen handelt. Die Notwendigkeit, formal-abstrakte Prinzipien (sukzessive) zu spezifizieren, erwächst nicht aus dem Umstand, dass unterschiedliche Prinzipien in Konflikt miteinander geraten, sondern allein daraus, dass sowohl die spezifisch menschliche Natur als auch besondere Handlungsfelder bei der Formulierung „gehaltvoller" Prinzipien in Rechnung gestellt werden müssen. Davon unterschieden ist die Frage, ob in einer konkreten Situation eine Handlung als Instantiierung eines Prinzipienverstoßes gewertet werden muss. Oder anders formuliert: Im einen Fall handelt es sich um die Frage, ob einer Spezifikation eine angemessene Deutung der menschlichen Natur bzw. des in Frage stehenden Handlungsfeldes zugrunde liegt und ob infolgedessen das spezifizierte Prinzip grundsätzlich anerkannt wird, im anderen Fall ist fraglich, ob in einer konkreten Situation ein grundsätzlich anerkanntes (spezifiziertes) Prinzip einschlägig ist.

7. Kritische Einwände

Die vier, vom Principlism namhaft gemachten „mittleren Prinzipien" sind im Vorangegangenen, auf der Grundlage der Kantischen Ethikkonzeption als materiale Derivate des formalen Würdeprinzips interpretiert worden. Im Vergleich der beiden Ansätze hat sich gezeigt, dass diese Interpretation dazu führt, dass zentrale Ele-

rekurrieren, sind sie einerseits „gehaltvoller" als solche Normen, die universelle Geltung beanspruchen, andererseits bleibt ihre Geltung auf den (womöglich kleinen) Kreis derer beschränkt, die die unterliegenden Überzeugungen teilen. Folglich lassen sich gruppenspezifische Normensysteme als eine besondere Art der „angewandten Ethik" verstehen.

[149] Vgl. Kant, *Metaphysische Anfangsgründe der Tugendlehre*, VI, 468 f.; siehe dazu auch Esser, *Eine Ethik für Endliche*, 390.

[150] Vgl. Beauchamp / Childress, *Principles of Biomedical Ethics*, 17 f.

mente des Principlism zugunsten einer genuin deontologischen Theoriekonstellation aufgegeben werden müssen. Damit stellt sich die Frage, ob die an Kantisch geprägten Ethikkonzeptionen geübte Kritik, wie sie von Beauchamp und Childress, aber auch von anderen Autoren im Rahmen des bioethischen Methodenstreits geäußert worden ist, nicht auch diesen Versuch trifft.

a)   Die Kritik von Beauchamp und Childress an der Ethik Kants

Die Autoren der *Principles* halten, wie oben bereits referiert wurde, *jede* „traditionelle" ethische Theorie isoliert betrachtet für unzureichend. Zwar enthalten ihrer Auffassung nach viele dieser Theorien wichtige Einzelaspekte; die Annahme, alle Prinzipien, deren Bedeutung und Geltung durch die „common morality" verbürgt ist, könnten in einem kohärenten Theorierahmen (traditioneller Art) vereinigt werden, müsse jedoch zurückgewiesen werden.[151] Diese Generalkritik trifft, *pars pro toto*, auch die ethische Theorie Kants sowie darauf aufbauende Ansätze.

Im Kapitel 8 ihres Buches diskutieren Beauchamp und Childress eine Reihe von klassischen Theorieansätzen, nicht zuletzt, um so aus ihrer Perspektive Vor- und Nachteile der jeweiligen Konzeptionen im Vergleich zum Principlism im Detail aufzeigen zu können.[152] Gegen den „Kantianism" machen sie dort drei Einwände geltend: 1. das Problem widerstreitender Verpflichtungen, 2. die Überbetonung von Gesetzen und die Geringschätzung von interpersonellen Beziehungen sowie 3. die Formalität und inhaltslose Abstraktheit des Ansatzes. Alle drei Punkte werden in der einen oder anderen Form seit langem gegen die Kantische Ethik vorgebracht. So verweisen Beauchamp und Childress mit Blick auf den Vorwurf des „inhaltlosen Formalismus" auch auf die entsprechende Kritik, die schon Hegel gegen Kant erhoben hat. Ohne hier auf die Kritikpunkte in größerer Tiefe und unter Würdigung der umfangreichen Literatur eingehen zu können, zeigt eine kurze Analyse der Ausführungen von Beauchamp und Childress, dass sie – wie andere auch – bei ihrer Kritik von unzutreffenden Voraussetzungen ausgehen.

(1) Der kategorische Status moralischer Verpflichtungen, so argumentieren sie, führe dazu, dass Kant oftmals *Unmögliches* fordern müsse, nämlich die Ausübung von sich gegenseitig ausschließenden Handlungen. Dies gilt gleichwohl nur für den Fall eines moralisches Dilemma – also die (seltene) Situation, in der tatsächlich kategorische Verpflichtungen gegeneinander stehen –, dessen Unlösbarkeit auch im Principlism nicht geleugnet wird. Tatsächlich stellt sich das Problem widerstreitender kategorischer Verpflichtungen in „moralischen Alltagssituationen" jedoch nicht; entweder weil die vermeintlich kategorischen Verpflichtungen nicht wirklich kategorisch sind oder weil zwischen wahrhaftig kategorischen Verpflichtungen kein unlösbarer Widerspruch vorliegt – womit nicht gesagt ist, dass es immer einfach zu entscheiden wäre, welche Handlung in einer konkreten Situation tatsächlich moralisch

---

[151] Vgl. ebd., 338.
[152] Vgl. ebd., 337-383, insbesondere zum „Kantianism" 348 ff.

ausgezeichnet bzw. verpflichtend ist. Beauchamp und Childress illustrieren ihre Bedenken an einem Beispiel: „Suppose we have promised to take our children on a long-anticipated trip, but now find that if we do, we cannot assist our sick mother in the hospital."[153] Den moralisch relevanten Kern des Szenarios kann man darin sehen, dass die Einhaltung eines gegebenen Versprechens der Pflicht zur Hilfeleistung entgegensteht. Fälschlicherweise gehen sie bei ihrer Analyse nun davon aus, dass sowohl die Hilfeleistung als auch die Einhaltung des Versprechens unbedingte und unabänderliche Verpflichtungen darstellen. *Unbedingt* verpflichtet ist man jedoch nur dazu, das eigene Wollen und Handeln daraufhin zu überprüfen, ob es mit der Würde der eigenen wie der aller anderen Personen vereinbar ist – und natürlich, falls es dies nicht sein sollte, dazu, das eigene Wollen und Handeln zu ändern. Dabei handelt es sich nicht um einen sophistischen Rückzug ins Abstrakt-Prinzipielle, wie man vielleicht meinen könnte. Es wird nämlich keineswegs nur ein moralisches Ideal benannt, das angesichts realer Problemkonstellationen ohne praktische Folgen bliebe. Die *unbedingte Verpflichtung* impliziert beispielsweise, dass die Hilfeleistung nicht einfach verweigert werden darf. Denkbar ist aber, dass kurzfristig jemand anders ausfindig gemacht werden kann, der sie zu leisten im Stande ist, sodass das Versprechen eingehalten werden kann. Oder es handelt sich nicht um eine akute Notsituation, sodass die Hilfe zu einem späteren Zeitpunkt in gleicher Weise gewährt werden kann. Sie impliziert auch, für den Fall, dass die eigene und sofortige Hilfeleistung alternativlos ist, demjenigen, dem das Versprechen gegeben wurde, zu erklären, warum man es nicht einhalten kann, und um Dispensierung zu bitten.[154] Gerade dadurch wird zum Ausdruck gebracht, dass der andere in seinem Personsein anerkannt wird – ansonsten wäre eine Begründung und Entschuldigung schlicht überflüssig. Schließlich besteht die moralische Forderung, genau zu prüfen, ob die jeweiligen Umstände das Geben von mittel- und langfristigen Versprechen überhaupt zulassen oder ob der Versprechensgeber damit Konfliktsituationen unnötig provoziert.[155] Diese wenigen Überlegungen zeigen, dass die Kantische Ethik zwar

---

[153] Ebd., 354.

[154] Interessant ist an dieser Stelle die Frage, welche Auswirkung ein nicht erteilter Dispens, dessen Gewährung seinerseits geboten ist, auf die ursprüngliche Verpflichtung hat. Für den Fall, dass der Versprechensgeber gute Gründe für die Nichteinhaltung anführen kann, kann die Darlegung dieser Gründe allein möglicherweise schon ausreichend sein für dessen Entlastung. Die Bitte um Dispensierung darf aber nicht vorschnell als ein bloßer Akt der Höflichkeit erscheinen, der letztlich gar entbehrlich wäre. Gerade durch die Darlegung von Gründen und die Bitte um Entschuldigung wird der Respekt vor der moralischen Persönlichkeit des anderen dokumentiert.

[155] Eine ähnliche Überlegung liegt dem Vorschlag von DeMarco zugrunde, den Ansatz von Beauchamp und Childress um ein „mutuality principle" zu ergänzen: „I am proposing that probable or actual moral conflict, where at least one norm will be violated, involves a new moral obligation, beyond regret or compensation. This new obligation, to be added to Beauchamp and Childress' principlism, ensures, where feasible, that such conflict does not arise in the future. [...] The obligation readily follows from this principle:

durchaus kategorische und nicht nur *prima facie* gültige Verpflichtungen namhaft macht, die Einlösung dieser Verpflichtungen aber zumeist, d.h. abgesehen von dilemmatischen Situationen, nicht im Bereich des Unmöglichen liegt.[156]

(2) Der zweite, von Beauchamp und Childress erhobene Einwand richtet sich gegen die vermeintliche Konzentration der Theorie auf „lawful obligations", verbunden mit einer Vernachlässigung der Bedeutung persönlicher Beziehungen. Auch diese Kritik ist aber nicht stichhaltig: Zwar ist es zutreffend, dass das Würdeprinzip, insofern es ein rein formales Prinzip ist, von allen materialen Bestimmungen abstrahiert, also auch von persönlichen Beziehungen. Gleichwohl erkennt Kant im materialen Teil seiner Ethik durchaus an, dass besondere Beziehungen auch besondere Pflichten zu begründen vermögen. Ein prominentes Beispiel dafür sind seine Ausführungen zum Elternrecht in den *Metaphysischen Anfangsgründen der Rechtslehre.*[157] Die entsprechende Kritik ist daher gegenstandslos.[158]

(3) Schließlich kritisieren Beauchamp und Childress die Abstraktheit und Inhaltsleere der Konzeption: „Kant's relatively empty formalisms have little power to identify or assign specific obligations in almost any context of everyday morality, thereby raising questions about the theory's practicability."[159] Vor allem diese Kritik ist an der Kantischen Systematik immer wieder geübt worden, unter anderem von Hegel, auf dessen Kritik Beauchamp und Childress direkt Bezug nehmen. In den *Grundlinien der Philosophie des Rechts* lobt Hegel Kant zwar dafür, die „unbedingte Selbstbestimmung des Willens als Wurzel der Pflicht herauszuheben", kritisiert dann aber, dass „die Festhaltung des bloß moralischen Standpunktes, der nicht in den Begriff der Sittlichkeit übergeht, diesen Gewinn zu einem *leeren Formalismus* und die moralische Wissenschaft zu einer Rednerei von *der Pflicht um der Pflicht willen*" heruntersetze.[160] Dieser Vorwurf basiert aber, wie der obige Exkurs deutlich gemacht haben sollte, auf der schlicht unzutreffenden – aber gleichwohl weitverbreiteten – Voraussetzung, dass Kant in den formalen Grundlegungsschriften schon seine

---

Mutuality principle: Act to establish the mutual enhancement of all basic moral values." (DeMarco, *Principlism and moral dilemmas: a new principle*, 102).

[156] Auch nach Kant gilt im Übrigen der (Rechts-)Grundsatz: „ultra posse nemo obligatur", wie er selbst bemerkt; vgl. Kant, *Zum ewigen Frieden*, VIII, 370.

[157] Vgl. Kant, *Metaphysische Anfangsgründe der Rechtslehre*, VI, 280 ff. Ein Anknüpfungspunkt für eine systematische Rekonstruktion solcher speziellen Pflichten besteht darin, familiäre Beziehungen als konstitutiv für die Existenzweise des Menschen auszuweisen.

[158] Beauchamp und Childress stellen mit dieser Kritik allerdings auch nicht in erster Linie auf Kant ab, sondern auf kontraktualistische Lehrstücke, die sich ihrerseits auf Kant berufen, wie beispielsweise die Gerechtigkeitstheorie von John Rawls. Ob die geäußerte Kritik mit Bezug auf diese Theorieansätze als berechtig gelten kann, kann hier nicht weiter erörtert werden.

[159] Beauchamp / Childress, *Principles of Biomedical Ethics*, 355.

[160] Hegel, *Grundlinien der Philosophie des Rechts*, 252. Besonders nachdrücklich vertreten worden ist die Formalismuskritik an der Kantischen Ethik später von Scheler in seiner Schrift *Der Formalismus in der Ethik und die materiale Wertethik*.

gesamte Systematik entfaltet habe.[161] Nur unter dieser Voraussetzung kann der Eindruck eines „inhaltlosen Formalismus" entstehen. Berücksichtigt man hingegen auch den materialen Systemteil und nimmt die Hinweise Kants ernst, dass zum Aufweis „spezifisch menschlicher Pflichten" eine Anwendung des formalen Letztprinzips auf die Anthropologie notwendig ist, dann zielt der Formalismusvorwurf ins Leere.

Dieses Missverständnis versperrt Beauchamp und Childress auch den Blick darauf, dass der Theorierahmen Kants durchaus dazu geeignet ist, alle von ihnen selbst namhaft gemachten „mittleren Prinzipien" – nach entsprechender Modifikation des Gesamtkonzepts – aufzunehmen. In ihrer Deutung beschränkt sich Kants Theorie im Wesentlichen auf den Gedanken der Autonomie. Dabei machen sie gelegentlich deutlich, dass ihr „respect for autonomy"-Prinzip, das sich wesentlich als ein Recht auf freie Selbstbestimmung darstellt, wenig mit dem Autonomiebegriff im Sinne einer Selbstgesetzgebung der reinen praktischen Vernunft, wie Kant ihn verwendet, gemein hat.[162] Dass der Autonomiegedanke Kants und das damit eng verbundene formale Würdeprinzip Raum dafür lässt, den Gedanken der zu respektierenden freien Selbstbestimmung als eine materiale Konkretisierung zu begreifen, sehen Beauchamp und Childress nicht.

Zusammenfassend muss man zu dem Schluss kommen, dass die Kritik, die Beauchamp und Childress im Rahmen der Darstellung ihres Principlism an der Theorie Kants äußern, nicht überzeugend ist. Sie basiert zu einem großen Teil auf der unzutreffenden Annahme, dass schon in den formalen Schriften die gesamte Systematik enthalten sei, und blendet damit den materialen Teil sowie die Konsequenzen, die sich aus diesem für die Gesamtsystematik ergeben, nahezu vollständig aus. Für den vorliegenden Zusammenhang wichtiger als dieser Befund ist jedoch, dass mit dieser Annahme auch die Einschätzung hinfällig wird, dass keine „traditionelle" ethische Theorie in der Lage sei, alle von ihnen namhaft gemachten Prinzipien in einem kohärenten Rahmen zu vereinigen.

b)   Kasuistische Kritik an „deduktivistischen" Theoriekonzeptionen in der Ethik

Von Seiten kasuistischer Theoretiker wird gegen „deduktivistische" Theoriekonzeptionen, d.h. solche die von Prinzipien ausgehen („top-down" oder „upwards-down" models), statt den Ausgang bei konkreten Fällen zu nehmen („bottom-up"

---

[161] Zum Befund dieser einseitigen Rezeption der Kantischen Ethik vgl. Gregor, *Kants System der Pflichten*, LXV. Neben anderen hat Allen W. Wood in neuerer Zeit auf die große Bedeutung der *Metaphysik der Sitten* für das Gesamtverständnis der Kantischen Ethik hingewiesen, vgl. Wood, *Kant's Ethical Thought*; eine Reihe von problemorientierten Aufsätzen sind versammelt in Timmons (ed.), *Kant's Metaphysics of Morals*; als nach wie vor grundlegender Interpretationsbeitrag kann Gregors frühe Studie *Laws of Freedom* gelten.

[162] Beauchamp / Childress, *Principles of Biomedical Ethics*, 351. Ungeachtet dessen dient er ihnen an anderer Stelle (vgl. ebd., 63 f.), zusammen mit Mill, als Gewährsmann für die Geltung „ihres" Autonomieprinzips.

oder „downwards-up" models),[163] vor allem der Einwand erhoben, ihr Anspruch auf Universalisierbarkeit sei in der Ethik deplatziert. Es gelte vielmehr, die Besonderheit und Einzigartigkeit von realen Situationen oder Fällen („cases") anzuerkennen. An die Stelle einer mechanischen Prinzipienapplikation nach dem Modell der theoretischen Vernunft müsse in der Ethik eine mit Analogiebildung operierende praktische Vernunft im Sinne der Aristotelischen „phronesis" treten.[164] Denn anders als im Bereich der theoretischen Erkenntnis sei, wie Aristoteles schon in der *Nikomachischen Ethik* festgestellt habe, im Bereich des Praktischen kein Wissen mit demselben Grad an Sicherheit erreichbar.[165] In besonders pointierter Weise hat Stephen Toulmin – mit Blick auf den prinzipienbasierten Ansatz, den die National Commission im *Belmont Report* verfolgte – von einer „Tyrannei der Prinzipien" gesprochen und festgestellt: „Such principles serve less as foundations, adding intellectual strength or force to particular moral opinions, than they do as corridors or curtain walls linking the moral perception of all reflective human beings, with other, more general positions – theological, philosophical, ideological, or Weltanschaulich."[166] Ungeachtet der Tatsache, dass die Anerkennung von „genuine moral complexities, conflict, and tragedies" in öffentlichen Diskussionen über Ethik „unmodern" sei, gelte es einzusehen, dass man diesen nur auf der Basis einer Einzelfallanalyse gerecht werden könne.[167] „Paradigmatische" Fälle, über deren moralische Beurteilung ein allgemeiner Konsens bestehe, sollten, so die Konzeption, als Grundlage für die Bewertung komplexerer Fälle herangezogen werden. Allerdings nicht, wie Jonsen deutlich macht, in der Art, dass diese ihrerseits als Quelle für starre Prinzipien fungieren, um anschließend doch auf eine mechanische Weise angewendet zu werden. Stattdessen bemüht er aus der Biologie entlehnte Begriffe

---

[163] Zur Unterscheidung der beiden Theoriemodelle vgl. beispielsweise Brody, *Quality of Scholarship in Bioethics*, 170 ff. sowie Beauchamp / Childress, *Principles of Biomedical Ethics*, 385 ff. Vor allem den frühen Ausgaben der *Principles of Biomedical Ethics* ist ihr „deduktivistischer" Grundansatz vorgeworfen worden. In der fünften Auflage positionieren sich die Autoren dezidiert in einer Mittelposition zwischen beiden Modellen. Sie verweisen dabei auf die Notwendigkeit einer dialektischen Abgleichung von Prinzipien und Einzelfallbewertungen in einem „reflective equilibrium".

[164] Vgl. etwa Jonsen, *Casuistry As Methodology in Clinical Ethics*, 303 und Jonsen, *Casuistry: An Alternative or Complement to Principles?*, 245.

[165] An der einschlägigen Stelle zu Beginn der *Nikomachischen Ethik* führt Aristoteles (bezogen auf die Staatswissenschaft) aus: „Die Darlegung wird dann befriedigen, wenn sie jenen Klarheitsgrad erreicht, den der gegebene Stoff gestattet. Der Exaktheitsanspruch darf nämlich nicht bei allen wissenschaftlichen Problemen in gleicher Weise erhoben werden, genau so wenig wie bei handwerklich-künstlerischer Produktion. [...] Im selben Sinne nun muß auch der Hörer die Einzelheiten der Darstellung entgegennehmen: der logisch geschulte Hörer wird nur soweit Genauigkeit auf dem einzelnen Gebiet verlangen, als es die Natur des Gegenstandes zulässt." (Aristoteles, *Ethica Nicomachea*, 1094 b).

[166] Toulmin, *The Tyranny of Principles*, 32.

[167] Vgl. ebd., 34; siehe dazu auch Toulmin, *How Medicine Saved the Life of Ethics*.

wie „Morphologie", „Taxonomie" und „Kinetik", um die kasuistische Methodologie einer deduktivistischen entgegenzustellen.[168]

Man muss dieser Kritik zugestehen, dass der Analyse von realen wie auch von hypothetisch-konstruierten Fällen in der Ethik tatsächlich eine wichtige Funktion bei der Aufklärung von Zusammenhängen zukommt, die in ihrer Bedeutung bisweilen unterschätzt worden ist. Allerdings kann es sich dabei nur um eine *heuristische Funktion* handeln, allein schon deshalb, weil anders, d.h. ohne die Annahme von Prinzipien, die unabhängig vom Einzelfall aufgrund einer theoretischen Fundierung Geltung beanspruchen, gar nicht ersichtlich werden könnte, welche Fälle als „paradigmatisch" angesehen werden müssen und warum.[169] Es sei denn, man geht entweder davon aus, dass über diese Frage *immer und unter allen Beteiligten* ein Konsens besteht oder dass es *moralische Autoritäten* gibt, die sich auf eine Auswahl verständigen können. Die erste Annahme ist offensichtlich unbegründet. Würde ein derart weitreichender Konsens tatsächlich bestehen, dann wäre ethische Reflexion insgesamt überflüssig. Tatsächlich wird aber gerade in der Bioethik so kontrovers diskutiert, weil in vielen Fragen keine Einigkeit bezüglich der moralischen Beurteilung von Handlungsoptionen besteht. Auch die zweite Annahme ist aus zwei Gründen abzulehnen: Zum einen ist nicht ersichtlich, wer in einer pluralistischen Gesellschaft eine derartige Autorität darstellen könnte. Wichtiger ist aber noch, dass, selbst wenn es eine solche Autorität geben würde, auch diese *Gründe* angeben können müsste, warum sie gerade zu dieser Beurteilung gelangt ist. Gelegentlich scheint es so, als vertrete Jonsen die zweite Position. Gegen den Einwand, die Beurteilung der Fälle – die er mit der ästhetischen Urteilsbildung vergleicht – setze sich dem Vorwurf des Subjektivismus aus, argumentiert er nämlich: „Instead, I shall [...] suggest that one way of avoiding the epistemological conundrums is to put together a group of reasonably intelligent persons to argue an ethical problem, not in the abstract but in the concrete, and to demand of them resolution [...]."[170] Selbst wenn man Jonsen zugesteht, dass dies ein geeignetes Verfahren sein kann, um in pluralistischen Gesellschaften zu tragfähigen Kompromissen im Hinblick auf die Etablierung von Richtlinien und Gesetzen zu gelangen, werden die „erkenntnistheoretischen Rätsel" dadurch keineswegs gelöst – die Geltung einer ethischen Bewertung kann niemals

---

[168] Vgl. Jonsen, *Casuistry As Methodology in Clinical Ethics*, 298-306.

[169] So auch Arras, der die von kasuistischer Seite propagierte „theoriefreie Fallanalyse" mit der Idee einer theoriefreien (Natur-)Beobachtung im Sinne der prä-Kuhnianischen Wissenschaftstheorie vergleicht und auf die Notwendigkeit eines (theoriegeladenen) „principle of relevance" hinweist; vgl. Arras, *Getting Down to Cases: The Revival of Casuistry in Bioethics*, 39 f. Eine ähnliche Kritik äußert auch Wildes, *The Priesthood of Bioethics and the Return of Casuistry*. Gegen jede Form des moralischen Partikularismus wendet auch Höffe ein, dass etwas wahrnehmen immer bedeute, etwas *als* etwas aufzufassen und somit ein Singuläres als Fall einer Regel anzusprechen; vgl. Höffe, *Universalistische Ethik und Urteilskraft: ein aristotelischer Blick auf Kant*, 546.

[170] Jonsen, *Morally Appreciated Circumstances: A Theoretical Problem for Casuistry*, 46.

allein durch einen faktischen Konsens begründet werden. An anderer Stelle gesteht Jonsen allerdings zu, dass die Kasuistik selbst keine ethische Theorie, sondern nur eine Methodik sei, die *als Methodik* bisweilen – wenn auch nach seiner Einschätzung selten – darauf angewiesen sei, dass sie auf eine Theorie und die von ihr bereitgestellten Prinzipien zurückgreifen könne.[171] Man mag über die Häufigkeit streiten, mit der eine prinzipielle Reflexion in der Ethik erforderlich wird, jedenfalls weist Jonsen selbst mit dieser Einlassung der Kasuistik eine *ausschließlich heuristische Funktion* zu.[172]

Es bleibt somit nur noch der Einwand, der Anspruch auf Universalisierbarkeit sei in der Ethik insgesamt verfehlt, weil im Praktischen kein der theoretischen Erkenntnis vergleichbarer Grad an Allgemeingültigkeit erreicht werden könne. Zweifellos zutreffend ist die Einschätzung, dass weder auf der Ebene „materialer Prinzipien" noch im Hinblick auf die Beurteilung einer realen Situation endgültige Gewissheit möglich ist. Der empirisch-anthropologische Anteil der materialen praktischen Prinzipien bedingt, wie oben herausgestellt worden ist, dass sie als grundsätzlich revidierbar angesehen werden müssen. Ebenso kann die praktische Urteilskraft, der es in einer konkreten Situation zukommt zu entscheiden, ob eine Handlung ein Fall eines praktischen Prinzips ist oder nicht, immer fehlgehen. Als *endliches Vernunftwesen* kann der Mensch niemals sicher sein, dass sein faktisches Urteil richtig bzw. wahr ist – auch nicht im Bereich der theoretischen Erkenntnis. Diese beiden Faktoren bedingen, dass ein großer Teil der konkreten praktischen Prinzipien und *a fortiori* auch praktische Urteile nicht den Status sicherer Erkenntnisse erlangen können. Anders liegt die Sache mit Bezug auf das formale Letztprinzip. Folgt man der Kantischen Argumentation, dann ist dessen Geltung unhintergehbar. Daraus folgt aber nicht – was mit der Kritik an der Universalisierbarkeit oftmals gemeint zu sein scheint –, dass die Pluralität und Diversität menschlicher Lebensweisen nicht berechtigt wäre, oder gar, dass die Einzigartigkeit von realen moralischen Problemkonstellationen bestritten würde.[173] An keiner Stelle spricht Kant davon, dass *reine Verallgemeinerbarkeit* die moralische Richtigkeit einer Handlung verbürgt. Zwar stellt das formale Würdeprinzip als singuläres Letztprinzip der Ethik den Ausgangspunkt

[171] Vgl. Jonsen, *Casuistry: An Alternative or Complement to Principles?*, 246 ff. und Jonsen, *Of Balloons and Bicycles or The Relationship between Ethical Theory and Practical Judgment*. Siehe auch Beauchamp, der auf der Grundlage der neueren Arbeiten von Jonsen die Kasuistik und den Principlism „more like allies than enemies" betrachtet; Beauchamp, *Principlism and Its Alleged Competitors*, insbesondere 190 ff.

[172] Zum Umstand, dass eine rein kasuistisch-fallbezogene agierende „gemeine Menschenvernunft" selbst aus praktischen Gründen angetrieben werde, „einen Schritt ins Feld der praktischen Philosophie", d.h. hin zu Prinzipien, zu tun, vgl. Kant, *Grundlegung zur Metaphysik der Sitten*, IV, 404 f.

[173] Diesen Punkt scheinen Quante und Vieth gegen Ethikkonzeptionen Kantischer Prägung geltend machen zu wollen; vgl. Quante / Vieth, *Angewandte Ethik oder Ethik in Anwendung?*, 29 ff.

für ein deduktives Verfahren zur praktischen Urteilsbildung dar. Innerhalb dieses Verfahrens spielen empirische und damit zugleich partikulare Aspekte jedoch eine ganz entscheidende Rolle. Unterschlägt man diesen Teil, dann wird man der Kantischen Ethik schlicht nicht gerecht.[174] Aber gerade die verkürzte Karikatur des kategorischen Imperativs auf die Frage danach, was geschähe, wenn alle so handeln würden wie man selbst, dient Kritikern oftmals dazu, offensichtlich absurde Szenarien zu konstruieren und diese dann als Argumente gegen die Gesamtsystematik ins Feld zu führen. Ein *universaler* Geltungsanspruch wird aber (nur) insoweit erhoben, als dass mit dem (formalen) Würdeprinzip ein Prinzip geltend gemacht wird, an dem sich *jedes menschliche Wollen und Handeln muss messen lassen.*[175]

Aus der vorstehenden Analyse und Diskussion geht hervor, dass die Kritik, die von kasuistischer Seite an „deduktivistischen" Ethikkonzeptionen geübt wird, im Kern nicht zu überzeugen vermag. Im Gegenteil, es ist deutlich geworden, dass die Kasuistik ihrerseits als Methodik begriffen werden muss, die nicht ohne Prinzipien sowie eine prinzipienbegründende Theorie auszukommen vermag. Gleichwohl lenken ihre Vertreter zu Recht den Blick auf die wichtige *heuristische Funktion,* die der Analyse von Fällen im Rahmen der ethischen Reflexion zukommt. Auch wenn in *geltungstheoretischer* Hinsicht das deduktive Verfahren („top-down") allein angemessen ist, kann es sinnvoll und bisweilen sogar notwendig sein, in *argumentationspraktischer* Hinsicht den umgekehrten Weg von konkreten Einzelfällen hin zu allgemeinen Prinzipien („bottom-up") zu nehmen.[176] Vor allem die Angewandte Ethik, die um die Bereitstellung von praktischen Prinzipien für bestimmte Handlungsfelder bemüht ist und dazu neben der Reflexion im Hinblick auf die Spezifizierung bzw. Konkretisierung praktischer Prinzipien auch eine gewisse Systematisierung von Handlungsfeldern erbringen muss, wird ohne solche Fallanalysen kaum auskommen. Anders gewendet heißt dies: Es müssen zwei *Denkbewegungen* unterschieden werden, die beide eine wichtige Rolle im Rahmen ethischer Theoriebildung haben und von denen keine als entbehrlich gelten kann.

---

[174] So auch Wood: „It seems more faithful to Kant's best insights, therefore, to portray the application of FH [formula of humanity as end in itself, B.H.] in terms of a process of deductive reasoning from that principle and intermediate premises to a set of general conclusions, requiring a clear argument from such a fundamental principle, about what we have a duty to do and not to do. Only subsequently, on the basis of further critical reasoning and a faculty of judgment irreducible to general rules, can we draw conclusions about what these duties require of us under particular circumstances." (Wood, *Kant's Ethical Thought*, 152).

[175] Natürlich spielt in der Kantischen Ethik (auch) der Gedanke der Universalisierbarkeit eine entscheidende Rolle, aber eben nicht bezogen auf *Handlungen*, sondern bezogen auf *Maximen*.

[176] Siehe dazu die Ausführungen von Höffe zur doppelten Aufgabe – argumentationstheoretisch einerseits und argumentationspraktisch andererseits –, die Aristoteles der Syllogistik zuspricht; vgl. Höffe, *Aristoteles*, 56 sowie 81 ff.

8. Zum Begriff „angewandte Ethik"

In engem sachlichen Zusammenhang zu der im Vorangegangenen diskutierten Kritik stehen Bedenken, die immer wieder gegen den Begriff „angewandte Ethik" vorgetragen werden.[177] Da die hier entwickelte konzeptionelle Grundlegung implizit wie explizit diesen nicht unumstrittenen Begriff in Anspruch nimmt, ist es angezeigt, einige dieser Bedenken im Hinblick auf die systematische Verbindung des Würdeprinzips mit materialen praktischen Prinzipien „mittlerer Ebene" kurz zu diskutieren.

Obwohl der Begriff „angewandte Ethik" („applied ethics") bereits seit den 1970er Jahren Verwendung findet,[178] ist nach wie vor nicht vollständig geklärt, was mit ihm näherhin bezeichnet werden soll.[179] Einem verbreiteten Verständnis nach handelt es sich lediglich um einen Oberbegriff für moralphilosophische Untersuchungen, die sich einem speziellen Bereich menschlicher Praxis zuwenden. Diesem Verständnis nach gliedert sich die „angewandte Ethik" in Medizinethik, Technikethik, Wirtschaftsethik, Umweltethik etc. Allerdings setzt sich in der deutschsprachigen Debatte für diesen klassifikatorischen Zweck zunehmend der Begriff „Bereichsethiken" durch.[180] Wichtiger als diese eher terminologische Frage ist jedoch, ob dem Begriff „angewandte Ethik" (auch) eine systematische Bedeutung zukommt. Dagegen spricht zunächst der Einwand, dass Ethik als *praktische Wissenschaft* immer schon die Anwendungsdimension beinhaltet und daher die Rede von einer *angewandten* Ethik sinnlos oder tautologisch ist.[181] Entgegen dieser Kritik ist es möglich, innerhalb der Ethik *zwei verschiedene Bereiche* zu unterscheiden: Während das Ziel der *Fundamentalethik* dahingehend bestimmt werden kann, dass ihr die Klärung von allgemeinen geltungstheoretischen Zusammenhängen zukommt, ist es die Aufgabe der *angewandten Ethik,* konkrete Normen und Handlungsregeln für die diversen Felder menschlicher Praxis zu eruieren.[182] Stimmt man einer solchen Aufteilung zu, dann stellt sich die Frage nach dem Verhältnis, in dem die beiden Bereiche zueinander stehen. Kritiker wenden ein, dass dem Begriff der Anwendung ein naives und für den Bereich der Ethik unzureichendes Verständnis mechanischer Prinzipienapplikation zugrunde liege. Es sei, so der Einwand weiter, im Bereich normativer Reflexion nicht möglich, Normen und Regeln „von oben herab", d.h. aus allgemeinen

---

[177] Für eine kurze Zusammenfassung der terminologischen Kritik vgl. Düwell, *Art. „Angewandte oder Bereichsspezifische Ethik".* Düwell selbst plädiert – vor allem angesichts der gelegentlich vorgeschlagenen Alternativen – dafür, am Begriff „angewandte Ethik" festzuhalten.

[178] Vgl. Honnefelder, *Anwendung in der Ethik oder angewandte Ethik,* 273.

[179] Vgl. Kaminsky, *Was ist angewandte Ethik?,* besonders 37 ff.

[180] Vgl. Nida-Rümelin, *Theoretische und angewandte Ethik: Paradigmen, Begründungen, Bereiche,* 63 ff.

[181] Vgl. Honnefelder, *Anwendung in der Ethik oder angewandte Ethik,* 273 f.

[182] Vgl. Düwell, *Art. „Angewandte oder Bereichsspezifische Ethik",* 246.

Prinzipien zu deduzieren. Die Begründungsrelationen zwischen beiden Bereichen verlaufen nicht nur in eine, sondern in beide Richtungen, also sowohl vom Allgemeinen zum Speziellen als auch vom Speziellen zum Allgemeinen. Die „Anwendungsdimension" erhält, so formuliert etwa Nida-Rümelin – der den Begriff „angewandte Ethik" nicht grundsätzlich ablehnt –, in der Ethik einen völlig neuen Status: „Konkrete anwendungsorientierte Probleme der moralischen Beurteilung sind dann konstitutiver Bestandteil ethischer Theoriebildung selbst."[183] Und weiter: „Theoretische und praktische Fragen der Ethik bilden nicht zwei disjunkte Klassen, sondern ein Kontinuum, und die Begründungsrelationen verlaufen weder von der Theorie zur Praxis noch von der Praxis zur Theorie, sondern richten sich nach dem Gewißheitsgefälle unserer moralischen Überzeugungen."[184] Trifft dies zu, dann ist es allerdings so, dass die Verwendung des Begriffs „angewandte Ethik" fragwürdig wird, hätte er doch im Verhältnis zum Begriff „Fundamentalethik" keine differenzierende Bedeutung mehr. Es gibt, so muss man Nida-Rümelin letztlich verstehen, keine sachlich unterschiedenen und danach benennbaren Bereiche innerhalb der Ethik, sondern lediglich „ein Kontinuum". „Angewandte Ethik" kann demnach tatsächlich nur als Synonym für den klassifikatorischen Terminus „Bereichsethiken" dienen.

Der Auffassung von Nida-Rümelin muss man entgegenhalten, dass in ihr eine zentrale Unterscheidung, die schon im Zuge der Kritik der Kasuistik bedeutsam gewesen ist, keine Beachtung findet. *Geltungstheoretisch* kann die Begründungsrelation nicht anders als von den Prinzipien zu den konkreten Normen und Regeln verlaufen. Nur ein *Allgemeines* vermag als *logischer Grund* für ein *Spezielles* zu fungieren – eine in die entgegengesetzte Richtung verlaufende Relation kann keine *Begründungsrelation* sein. Damit ist aber weder gesagt, dass es sich bei der Anwendung allgemeiner Prinzipien um eine *rein logische Deduktion* handelt, noch dass *alle Relationen* zwischen Fundamentalethik und angewandter Ethik *in eine Richtung* verlaufen.[185] Das von Nida-Rümelin zu Recht ins Spiel gebrachte „Gewißheitsgefälle", das bisweilen auch von der Anwendungsebene in Richtung der Grundlagenebene verlaufen kann, weist auf die wichtige *heuristische Funktion* hin, die Einzellfälle oder Falltypen für die Theoriebildung haben. Ohne Zweifel gibt es eine Vielzahl von moralischen Überzeugungen, die von einer ethischen Theorie nicht einfach außer Kraft gesetzt werden können.

---

[183] Nida-Rümelin, *Theoretische und angewandte Ethik: Paradigmen, Begründungen, Bereiche*, 60.

[184] Ebd., 61.

[185] Dies übersieht auch Kopelman bei ihrer Kritik am Konzept der angewandten Ethik in *What Is Applied About „Applied" Ethics?*. Allgemein-abstrakte Prinzipien sind durchaus in einem wohlbestimmten Sinne „epistemically privileged". Das bedeutet jedoch weder, dass alle Prinzipien von einer Revision grundsätzlich ausgenommen sind, noch dass nicht bei der Anwendung auf konkrete Fälle die Unzulänglichkeit eines (spezifizierten) Prinzips ins Bewusstsein kommen kann. Diese Auffassung deckt sich im Übrigen nur zum Teil mit dem, was Kopelman „weaker forms of intuitionism" nennt (siehe ebd., 204) und in deren Rahmen sie die Verwendung des Begriffs „angewandt" („applied") für problematisch erachtet.

Ist eine Theorie nicht dazu geeignet solche Überzeugungen in angemessener Weise zu rekonstruieren, muss dies als *Hinweis* für Probleme innerhalb der Theorie, d.h. der allgemeineren Prinzipien, der Konzeptualisierung von Handlungsbereichen sowie der aus dem Zusammenspiel beider gewonnenen konkreten Normen und Handlungsregeln gelten. In diesem Sinne existieren durchaus Relationen zwischen Fundamentalethik und angewandter Ethik, die „von unten nach oben" laufen und deren Bedeutung nicht unterschätzt werden darf, auch und gerade im Hinblick auf die ethische Theoriebildung. Zweierlei gilt es dabei gleichwohl zu beachten: Zum einen negiert der Befund, dass eine ethische Theorie unplausibel erscheinen kann, weil sie nicht in der Lage ist, moralische Grundüberzeugungen angemessen zu rekonstruieren, keineswegs den geltungstheoretischen Primat der allgemeinen Theorie gegenüber dem Einzelfall. Lediglich *diese Theorie* bzw. *Elemente dieser Theorie* können dadurch als unzulänglich herausgestellt werden. Eine solche Kritik wird man freilich zum Anlass nehmen, nach einer angemesseneren theoretischen Konzeption zu suchen, die dann ihrerseits die erforderliche Begründungslast zu übernehmen vermag.[186] Zum anderen, und damit verbunden, kann das in dieser Überlegung zum Vorschein kommende Konzept des „Überlegungsgleichgewichtes" nicht auf alle Ebenen einer ethischen Theorie ausgedehnt werden; ein *normativer Kern* muss jedem revidierenden Zugriff entzogen bleiben. Würde man dies nicht tun, so verlöre die Theorie in letzter Konsequenz ihr gesamtes kritisches Potential gegenüber der Wirklichkeit und würde damit gegenstandslos werden.[187] Geht man davon aus, dass

---

[186] Nur am Rande sei bemerkt, dass im Bereich theoretischer Erkenntnis dieser Zusammenhang unbestritten ist: Ein experimentelles Ergebnis, das auf dem Wege des *modus tollens* zur Zurückweisung einer Theorie führt, stellt nicht die Suche nach einer Theorie insgesamt in Frage, sondern lediglich die Geltung der vorliegenden Theorie. Ein ethischer Partikularist wird diesen Begründungszusammenhang für den Bereich des Praktischen allerdings zurückweisen. So bemerken etwa Vieth und Quante: „Wenn man akzeptiert, dass die Welt neben deskriptiven auch evaluative Aspekte aufweist, dann hat man den unabhängigen ethischen *Input*, der sich einer deduktivistischen Konzeption praktischer Vernunft versperrt." (Quante / Vieth, *Angewandte Ethik oder Ethik in Anwendung?*, 28). Unter dieser Annahme ist die Suche nach einer (neuen) ethischen Theorie, welche die Unplausibilitäten einer anderen zu überwinden sucht, in der Tat nicht zwingend: der Einzelfall entzieht sich diesem Verständnis nach schlicht jeder allgemeinen Beschreibung.

[187] Auf den Umstand, dass in der (Fundamental-)Ethik jederzeit von einem *Primat* der Theorie ausgegangen werden muss, hat Kant in seiner Schrift *Über den Gemeinspruch* nachdrücklich hingewiesen: „Denn hier [d.i. im Bereich der Tugend- und Rechtspflichten, B.H.] ist es um den Kanon der Vernunft (im Praktischen) zu thun, wo der Werth der Praxis gänzlich auf ihrer Angemessenheit zu der ihr untergelegten Theorie beruht, und Alles verloren ist, wenn die empirischen und daher zufälligen Bedingungen der Ausführung des Gesetzes zu Bedingungen des Gesetzes selbst gemacht und so eine Praxis, welche auf einen nach bisheriger Erfahrung wahrscheinlichen Ausgang berech-

das Würdeprinzip als (formales) Letztprinzip ein hinreichendes Fundament für die Ethik darstellt, dann bedeutet dies bezogen auf den im Vorangegangenen formulierten Ansatz konkret: Kein Einzelfall kann die Geltung des Würdeprinzips außer Kraft setzen; es bildet den unveränderlichen normativen Kern der Ethik überhaupt. Auch die materialen Prinzipien „mittlerer Ebene" dürfen wohl ein hohes Maß an Revisionsresistenz für sich in Anspruch nehmen. Allerdings gilt es, in Abhängigkeit von den Strukturbedingungen unterschiedlicher Handlungsbereiche näherhin zu bestimmen, wann beispielsweise ein Verstoß gegen das Nichtschadenprinzip angenommen werden muss und wann ein Eingriff in die psycho-physische Integrität einer Person moralisch legitim ist. Dazu müssen *kontextabhängige Prinzipienspezifikationen* formuliert werden, die ihrerseits immer wieder kritisch überprüft werden müssen. Bei dieser Prüfung kommt nicht nur dem Gesamtgefüge ethischer Prinzipien eine wichtige regulative Funktion zu, sondern auch moralischen Intuitionen, die sich nicht zuletzt an Einzelfällen manifestieren können.

Aus dem zuletzt Gesagten wird auch ersichtlich, dass Kritiker bisweilen ein verzerrtes Bild vom „deduktiven Verfahren" in der Ethik zeichnen. Natürlich können konkrete Normen und Handlungsregeln nicht „einfach" aus allgemein-abstrakten Prinzipien logisch deduziert werden, wie Sätze der Mathematik logisch abgeleitet (und dadurch zugleich bewiesen) werden. Das hier in Anspruch genommene Verständnis von angewandter Ethik einerseits und Fundamentalethik andererseits zeichnet sich vielmehr dadurch aus, dass die Moralphilosophie mit zwei Aufgaben betraut ist: Sie muss zum einen allgemeine ethische Prinzipien in ihrer Geltung ausweisen und zum anderen diese zu konkreten Normen „fortbestimmen"[188]. Diese Fortbestimmung erfordert eine Analyse und Konzeptualisierung der Strukturbedingungen der jeweiligen Handlungsbereiche – was zugleich impliziert, dass angewandte Ethik wesentlich *interdisziplinär* betrieben werden muss.[189] Bei diesem Verfahren handelt es sich daher nicht um eine „einfache Ableitung", sondern um eine „kritisch-produktive Konkretion universaler ethischer Kriterien [...], die das Wissen um Kontexte der jeweiligen Handlungskonstellation mit dem Wissen um die Verbindlichkeit der allgemeinen Norm und die damit verbundenen Begründungspflichten zu verbinden vermag."[190] Insbesondere folgt daraus, dass konkrete Normen und Handlungsregeln nicht unabhängig von den jeweiligen Handlungsfeldern aufgefunden werden können. Sie müssen im Zuge eines eigenständigen, d.h. von Fragen der Fundamentalethik unterschiedenen Reflexionsprozesses entwickelt werden. Damit ist der wohlbestimmte Ort der angewandten Ethik innerhalb der Ethik insgesamt gekennzeichnet. Es ist dieses Verständnis von angewandter Ethik,

---

net ist, die für sich selbst bestehende Theorie zu meistern berechtigt wird." (Kant, *Über den Gemeinspruch*, VIII, 277).

[188] Honnefelder, *Anwendung in der Ethik oder angewandte Ethik*, 281.

[189] Vgl. ebd., 274 und 281.

[190] Ebd., 281.

welches der im Vorangegangenen entwickelten Konzeption zugrunde liegt und welches auch im Folgenden Verwendung finden wird.

9. Operationalisierung als Form von Spezifizierung: Die Umsetzung materialer Prinzipien „mittlerer Ebene" in konkrete Handlungsregeln

Neben dem Erfordernis der Spezifizierung allgemein-abstrakter Prinzipien in Abhängigkeit von besonderen Anwendungsfeldern beinhaltet die Fortbestimmungsforderung im Rahmen der angewandten Ethik auch die Aufgabe, Operationalisierungsformen der als gültig ausgewiesenen Prinzipien bereitzustellen. Natürlich sind beide Aufgaben eng miteinander verbunden und eine strikte Trennung wird häufig weder möglich noch erforderlich sein. Die Vermutung liegt nahe, dass mit zunehmendem Differenzierungsgrad auch die unmittelbare Handlungsrelevanz ethischer Prinzipien wächst, d.h. dass Spezifizierung und Operationalisierung unweigerlich ineinander laufen. Auf einer hohen Abstraktionsebene hingegen, auf der nur eine geringe Verknüpfung mit den jeweiligen Anwendungsbereichen gegeben ist, lassen sich beide Aspekte deutlicher voneinander unterscheiden. Insbesondere ist eine erste, wenn auch notwendigerweise grobe Fortbestimmung der im Vorangegangenen namhaft gemachten materialen Prinzipien im Sinne einer Operationalisierung möglich, ohne schon den Anwendungsbereich „biomedizinische Humanexperimente" näher in den Blick zu nehmen. Möglich ist eine solche Fortbestimmung vor allem auch deshalb, weil entsprechende Operationalisierungsformen schon lange im Rahmen der Forschungsethik bekannt sind und Anwendung finden. An dieser Stelle, d.h. im Rahmen der Darstellung der Grundlagen einer kritischen Forschungsethik, geht es nicht darum, die vielfältigen Probleme in den Blick zu nehmen, die mit den (anerkannten) Regeln der Forschungsethik direkt oder indirekt verbunden sind. Vielmehr sollen die bekannten Fortbestimmungen nur kurz benannt werden, in Vorbereitung auf eine vertiefende Analyse und Diskussion, die jedoch erst erfolgen kann, wenn auch der Anwendungsbereich selbst näher in den Blick genommen worden ist.

Ethische Regeln für die medizinische Forschung am Menschen sind, das hat die historische Exposition gezeigt, schon formuliert worden, lange bevor die National Commission ihre Arbeit aufgenommen und ihre Ergebnisse – unter anderem – im *Belmont Report* niedergelegt hat. Sie hat diese Regeln aber, ausgehend von den drei Prinzipien, als *Anwendungen* oder *Operationalisierungen* mit Blick auf den Handlungsbereich „biomedizinischer Forschung" darstellen können.[191] Das „respect for persons"-Prinzip (respektive das „Prinzip der Selbstbestimmung") verbindet die National Commission mit der Forderung nach informierter Einwilligung durch den Probanden („informed consent"); das „beneficence"-Prinzip mit der Verpflichtung,

---

[191] Vgl. National Commission for the Protection of Human Subjects of Biomedical and Behavioral Research, *The Belmont Report*, 10 ff.

eine Risiko-Nutzen-Analyse durchzuführen, und das Gerechtigkeitsprinzip schließlich mit dem Gebot einer fairen Auswahl von Probanden. Mit diesen Forderungen sind unmittelbar handlungsleitende Regeln benannt, die den Sinngehalt der abstrakt-allgemeinen Prinzipien konkretisieren und damit im Sinne einer angewandten Forschungsethik operationalisieren. Sie können damit mittelbar als Forderungen verstanden werden, die sich aus dem sittlichen Subjektsein des Menschen ergeben. Allerdings verbleiben sie in dieser Form auf einer Allgemeinheitsstufe, die spezifische Fragen der Durchführung biomedizinischer Humanexperimente und daraus erwachsende Probleme noch weitestgehend ausklammert.[192]

10.   Die *Logik der Würde* als Vermittlungsinstanz

Den Anlass zu den vorangegangenen methodologischen und geltungstheoretischen Überlegungen hat der Befund gegeben, dass sowohl der Ansatz, der im *Belmont Report* entwickelt worden ist, wie auch dessen Fortentwicklung zum Principlism durch Beauchamp und Childress zwar Elemente enthalten, die für eine Forschungsethik von zentraler Bedeutung sind, gleichzeitig aber gewichtige theoretische Mängel aufweisen und daher nicht als hinreichende Grundlagen für eine ethische Theorie biomedizinischer Humanexperimente gelten können. Die weitere Analyse hat ergeben, dass sowohl solche Theorien, die ein einziges (materiales) praktisches Prinzip in Stellung bringen, als auch solche, die von einer irreduziblen Prinzipienpluralität ausgehen, unüberwindlichen Problemen gegenüberstehen. Folgt man der vorstehenden Argumentation, dann liegt die Lösung aus diesem scheinbaren Dilemma in einer *systematischen Verbindung eines formalen Letztprinzips mit einer Mehrzahl von materialen Prinzipien*, wobei das erstgenannte als allgemeiner und verbindlicher Deutungshorizont für die letzteren fungiert, auch und gerade im Fall von konfligierenden materialen Prinzipien. Nun gilt es, den entwickelten Rahmen für den speziellen Handlungsbereich der biomedizinischen Humanexperimente fruchtbar zu machen. Ein erster Schritt auf diesem Weg besteht darin, den am Ende des ersten Kapitels formulierten Befund, dass der Stand der Forschungsethik eine Kritik in zwei Richtungen angezeigt erscheinen lasse, vor dem Hintergrund der entwickelten Systematik erneut in Augenschein zu nehmen.

Die historisch-systematische Problemanalyse hatte ergeben, dass man die Aufgabe einer kritischen Forschungsethik so bestimmen kann, dass sie einen Theorierahmen bereitstellen muss, der es erlaubt, die Möglichkeiten von ethisch vertretbarer biomedizinischer Forschung mit Menschen auszuloten sowie konkrete Prinzi-

---

[192] Die National Commission hat im *Belmont Report* noch weitere Ausführungen zu den einzelnen „Anwendungen" gemacht. Hier ist lediglich gemeint, dass diese erste Stufe der Konkretisierung Probleme, die sich aus dem speziellen Bereich biomedizinischer Humanexperimente ergeben, zumindest weitestgehend unberücksichtigt lässt. Sie können in dieser Form auch für andere Anwendungsbereiche als einschlägig gelten.

pien und Regeln zu benennen, die zu beachten sind, damit Humanexperimente innerhalb der durch sie markierten Grenzen verbleiben. Mit Bezug auf die in der historischen Entwicklung herangezogenen konkret-regulierenden Prinzipien – Nichtschadenprinzip, Einwilligungsprinzip und Gerechtigkeitsprinzip – war daraufhin eine kritische Prüfung in zwei Richtungen angemahnt worden: Zum einen in Richtung einer tieferen Begründung der Prinzipien, jenseits einer faktisch-konsensfähigen „mittleren Ebene", zum anderen in Richtung einer höheren Ebene, auf der weiterhin ungelöste Detailprobleme zu verorten sind. Mit Bezug auf diese Problemanalyse kann man die bisherigen Überlegungen zusammenfassend so formulieren: Das (nichthintergehbare) sittliche Subjektsein des Menschen hat sich als zureichende Begründung für die „mittleren Prinzipien" erwiesen, genauer: das unmittelbar aus dem sittlichen Subjektsein des Menschen folgende Würdeprinzip begründet als formales Letztprinzip in der Anwendung auf eine Reihe von anthropologischen Grundbestimmungen materiale praktische Prinzipien, die zu Handlungsregeln für bestimmte Handlungsbereiche weiter spezifiziert werden können und müssen.

Das Würdeprinzip fungiert aber nicht nur als geltungstheoretischer Grund materialer Prinzipien, sondern auch als übergeordneter Deutungsrahmen: Die notwendige Vermittlung zwischen der *Logik des Heilens* und der *Logik der Forschung* und allgemeiner zwischen den Schutzansprüchen von Probanden und dem Wunsch nach medizinischem Fortschritt muss also auf der Grundlage einer *Logik der Würde*[193] erzielt werden.[194] Das bedeutet, dass die aus der *Logik des Heilens* erwachsenden moralischen Normen und Regeln und wiederum allgemeiner auch allgemeine ethische (Schutz-)Ansprüche zugunsten der *Logik der Forschung* nur insoweit relativiert werden dürfen, wie die Würde von Patienten-Probanden dadurch nicht verletzt wird. Insbesondere darf die Anwendung der Forschungslogik auf den Menschen zu keiner Zeit dazu führen, dass sein Subjektsein auf dem Wege einer vollständigen Objektivierung negiert wird. Umgekehrt heißt es aber auch, dass ein Abweichen von einem strikten ärztlichen Ethos, das allein am Wohl des individuellen Patienten orientiert ist, ethisch legitim und mit Blick auf den Nutzen, den medizinischer Fortschritt bringen kann, sogar wünschenswert ist, solange dadurch die Annerkennung

---

[193] In einer der hier intendierten Bedeutung nicht unähnlichen Weise verwendet auch Hoffmann den Begriff „Logik der Würde"; vgl. Hoffmann, *Menschenwürde – ein Problem des konkreten Allgemeinen*, 122.

[194] Eine ähnliche „Struktur der ethischen Urteilsbildung bezüglich der Forschung am Menschen" steht Honnefelder zufolge hinter den Regelungen, die in der *Convention on Human Rights and Biomedicine* bzw. im *Additional Protocol to the Convention on Human Rights and Biomedicine Concerning Biomedical Research* des Council of Europe in Geltung gesetzt worden sind; vgl. Honnefelder, *Zur ethischen Beurteilung von Forschung am Menschen unter besonderer Berücksichtigung der Forschung an einwilligungsunfähigen Personen*, insbesondere 16 f. Man kann die hier entwickelte kritisch-systematische Forschungsethik insofern auch als theoretische Explikation des Ansatzes lesen, welcher der Konvention des Council of Europe implizit zugrunde liegt.

der Würde von Patienten-Probanden als letztgültiges ethisches Prinzip nicht in Frage gestellt wird.[195]

Weitgehend ungeklärt ist aber vorerst noch, *wie* sich die *Logik der Würde* als Vermittlungsinstanz konkret manifestiert, d.h. welche Forderungen, Möglichkeiten und Grenzen aus der Würdelogik im Hinblick auf die Anwendung der Forschungslogik auf das Forschungsobjekt „Mensch" damit erwachsen. Zwar liegen mit der Forderung nach informierter Einwilligung, Risiko-Nutzen-Analyse und fairer Probandenauswahl erste Operationalisisierungsformen vor. Diese verbleiben aber auf einer Allgemeinheitsstufe, auf der spezifische Aspekte biomedizinischer Humanexperimente noch nicht berücksichtigt sind. Eine weitere Aufklärung dieser Zusammenhänge wird – das legen die bisherigen Überlegungen nahe – in zwei Schritten vorgehen müssen: (1) Die Analyse des Spezifikationsprozesses hat ergeben, dass detailliertere Regeln und Normen nur begründet werden können, wenn das Handlungsfeld „biomedizinische Forschung am Menschen" genauer analysiert und systematisiert wird. Ziel muss es daher sein, eine Art „Typologie" medizinisch-experimentellen Handelns zu formulieren. Der Versuch einer solchen Typologie kann dabei an die in der einschlägigen Literatur geführte Debatte über die Bestimmung und Abgrenzung des Begriffs „Humanexperiment" anschließen. Damit wird zugleich ein Problem aufgegriffen, das schon im Verlauf von Kapitel I angeklungen ist. (2) Daran anschließend gilt es zu klären, welche (allgemeinen) Normen und Handlungsregeln auf der Grundlage der Strukturanalyse für den Bereich der biomedizinischen Humanexperimente im Zuge weiterer Spezifizierung aus den materialen Prinzipien abgeleitet werden können. Als inhaltlicher Ausgangspunkt dafür können die im *Belmont Report* und in anderen regulatorischen Texten regelmäßig namhaft gemachten sowie in der forschungsethischen Literatur diskutierten Regeln und Normen dienen. Schließlich sollen diese allgemeinen Regeln und Normen mit Blick auf ausgewählte Probleme der Forschungsethik, die im Rahmen der zuvor erfolgten Strukturanalyse ermittelt werden, herangezogen werden, um in paradigmatischer Weise die entwickelte Systematik auf ihr Problemlösungspotential hin zu überprüfen.

---

[195] Man könnte in Anlehnung an Kant auch sagen: Sowohl bei der *Logik des Heilens* als auch bei der *Logik der Forschung* handelt es sich um „hypothetische" Handlungslogiken, der *Logik der Würde* hingegen kommt kategorische Geltung zu. Aus ihr allein ergeben sich daher *unbedingte* Grenzen für menschliches Handeln.

III. Strukturelemente medizinisch-experimentellen Handelns

1. Der Begriff „biomedizinische Forschung": Probleme der Bestimmung und Abgrenzung

Nachdem im Vorangegangenen die methodisch-systematischen Grundlagen für eine kritische Forschungsethik entwickelt worden sind, gilt es nun, auf dieser Grundlage konkrete Frage- und Problemstellungen aus dem Bereich biomedizinischer Humanexperimente in den Blick zu nehmen. Ausgangspunkt dafür soll ein Problem sein, das in systematischer Hinsicht der Fortbestimmung von abstrakt-allgemeinen Prinzipien hin zu Regeln und Normen einer angewandten Forschungsethik vorgelagert ist, nämlich die begriffliche Bestimmung des Handlungsbereichs „medizinische Forschung". Nur wenn Momente ausgewiesen werden können, die es erlauben, wissenschaftlich-experimentelles Handeln im medizinischen Kontext hinreichend deutlich zu charakterisieren und dadurch zugleich gegen die medizinisch-klinische Praxis abzugrenzen, ist *Forschungs*ethik als eigenständiger Diskurs mit einem distinkten Gegenstandsbereich überhaupt möglich. Dass eine solche Vergewisserung mit Blick auf den Gegenstandsbereich für jede Forschungsethik von zentraler Bedeutung ist, hat schon die historisch-systematische Exposition erkennen lassen. Gerade eine gewisse Unschärfe gegenüber nicht experimentell-wissenschaftlicher medizinischer Praxis hat zunächst den Glauben genährt, die Prinzipien der (traditionellen) *medizinischen Ethik* seien auch für diesen Handlungsbereich hinreichend.[1] Die Problemexposition hat indessen erkennen lassen, dass medizinische Forschung am Menschen ethische Probleme eigener Art evoziert, die nicht zuletzt darin bestehen, dass (zumindest rein fremdnützige) Humanexperimente aus der Perspektive eines strikten ärztlichen Ethos, dem zufolge allein das Wohl des individuellen Patienten als Prüfstein für die Legitimität von ärztlichem Handeln dienen muss, nicht gerechtfertigt werden können. Gleichwohl sind beide Bereiche auf das Engste miteinander verbunden, nicht nur im Hinblick auf den faktischen Ort der Durchführung sowie die legitimatorische Rückbindung der Forschung an die Praxis, sondern auch weil – wie die vorangegangenen Ausführungen belegen – ähnliche ethische Prinzipien in beiden Bereichen Geltung beanspruchen, wenn auch in zum Teil durchaus unterschiedlichen Bedeutungsvarianten.

Eine überzeugende begriffliche Unterscheidung von medizinischer Forschung und medizinischer Praxis zu geben, stellt sich als überaus schwierig dar. Seinen Niederschlag findet dieser Umstand nicht zuletzt in der seit langem intensiv geführten Debatte über diese Problematik. Zahlreiche Begriffe und Distinktionen sind im Laufe der Zeit vorgeschlagen worden, deren Verhältnis untereinander jedoch häufig

---

[1] Vgl. oben I.5.

unklar bleibt. Schon ein Blick in die verschiedenen der Thematik gewidmeten Richtlinien und Kodizes macht dies deutlich:[2] Die im Jahre 1900 erlassene *Anweisung an die Vorsteher der Kliniken, Polikliniken und sonstigen Krankenanstalten* hatte ausdrücklich nur „medizinische Eingriffe zu anderen als diagnostischen, Heil- und Immunisierungszwecken" zum Gegenstand;[3] in den *Reichsrichtlinien zur Forschung am Menschen* von 1931 wird dann zwischen „neuartigen Heilbehandlungen" und „wissenschaftlichen Versuchen" unterschieden;[4] im *Nuremberg Code* ist schlicht die Rede von „experiment";[5] die *Declaration of Helsinki* differenziert „medical care", „medical research" und „unproven or new prophylactic and therapeutic measures";[6] der *Belmont Report* schließlich verwendet die Begriffe „practice" und „research".[7] Diese Terminologie findet auch Verwendung in den *International Ethical Guidelines for Biomedical Research Involving Human Subjects* des Council for International Organizations of Medical Sciences (CIOMS).[8] Die *Convention on Human Rights and Biomedicine* des Council of Europe schließlich spricht zunächst allgemein von „intervention[s] in the health field"[9] und spezifiziert im Folgenden dann Regeln für „scientific research".[10]

---

[2]   Vgl. Vollmann, *„Therapeutische" versus „nicht-therapeutische" Forschung – eine medizinethisch plausible Differenzierung?*, 67 ff.

[3]   Vgl. Minister der geistlichen, Unterrichts- und Medizinal-Angelegenheiten, *Anweisung an die Vorsteher der Kliniken, Polikliniken und sonstigen Krankenanstalten*, Nr. I und Nr. III.

[4]   Vgl. Reichsminister des Inneren, *Reichsrichtlinien zur Forschung am Menschen*, Nr. 1.

[5]   Vgl. Nuremberg Military Tribunal, *Nuremberg Code.*

[6]   Vgl. World Medical Association, *Declaration of Helsinki (2000)*, insbesondere Nr. 8 und Nr. 32. In der ursprünglichen Fassung aus dem Jahr 1964 finden sich demgegenüber die Begriffe „Clinical Research Combined with Professional Care" (Abschnitt II) und „Non-therapeutic Clinical Research" (Abschnitt III).

[7]   Vgl. National Commission for the Protection of Human Subjects of Biomedical and Behavioral Research, *The Belmont Report*, 2 ff.

[8]   In der Präambel der *CIOMS Guidelines* heißt es: „Biomedical research with human subjects is to be distinguished from the practice of medicine, public health and other forms of health care, which is designed to contribute directly to the health of individuals or communities." (Council for International Organizations of Medical Sciences (CIOMS), *International Ethical Guidelines for Biomedical Research Involving Human Subjects (2002)*, Preamble).

[9]   Vgl. Council of Europe, *Convention on Human Rights and Biomedicine*, Art. 4.

[10] Vgl. ebd., Chap. V; vgl. auch Council of Europe, *Additional Protocol to the Convention on Human Rights and Biomedicine Concerning Biomedical Research*, Chap. 1 sowie die entsprechenden Ausführungen im *Explanatory Report*. Es muss insofern bezweifelt werden, dass, wie Fröhlich behauptet, der Convention eine neue begriffliche Differenzierung entlang dem individuellen Nutzen zugrunde liegt; vgl. Fröhlich, *Forschung wider Willen?*, 16 ff. Die Artikel 16 und 17 behandeln überhaupt nur den Gegenstandsbereich biomedizinischer Forschung, in dem dann – wie üblich – zwischen solchen Verfahren, die einen direkten Nutzen für den Probanden mit sich bringen, und solchen, bei denen dies nicht der Fall ist, unterschieden wird.

Noch unübersichtlicher als in den regulatorischen Texten ist die Lage in der einschlägigen Fachliteratur. In der deutsprachigen Debatte wird vermehrt die Dreiteilung „Humanexperiment – Heilversuch – Heilbehandlung" gebraucht, wenngleich die Begriffe in durchaus unterschiedlichen Bedeutungsweisen verwendet werden.[11] Dies liegt nicht zuletzt daran, dass eine klare Grenzziehung, besonders zwischen den beiden ersten Begriffen – darauf wird in der Debatte regelmäßig hingewiesen –, für problematisch gehalten wird.[12] In dem Bemühen, trennschärfere Abgrenzungen zu erzielen, sind in der englischsprachigen Debatte weitere begriffliche Differenzierungen vorgeschlagen worden, von denen drei von besonderer Wichtigkeit sind und auch in der deutschsprachigen Diskussion auftauchen: (1) „therapeutic / nontherapeutic experiments", (2) „beneficial / nonbeneficial experiments" und (3) „validated / nonvalidated procedures".[13] Ein allgemein anerkannter *Terminus technicus* ist schließlich der Begriff „clinical trial" (deutsch: „klinische Studie" oder „klinische Prüfung"). Anknüpfend an eine ursprünglich durch die US-amerikanische Food and Drug Administration (FDA) im Jahre 1977 eingeführte Definition werden heutzutage vier Phasen (I bis IV) unterschieden, die jeweils spezifische methodologische Abschnitte im Rahmen der Prüfung eines neuen Medikaments bzw. Medizinprodukts am Menschen bezeichnen.[14] Die vier Phasen einer klinischen Studie sind, gemäß einer Kurzbeschreibung der National Institutes of Health (NIH), folgendermaßen definiert:

> „Phase I: Initial studies to determine the metabolism and pharmacologic actions of drugs in humans, the side effects associated with increasing doses, and to gain early evidence of effectiveness; may include healthy participants and / or patients.
> Phase II: Controlled clinical studies conducted to evaluate the effectiveness of the drug for a particular indication or indications in patients with the disease or condition under study and to determine the common short-term side effects and risks.
> Phase III: Expanded controlled and uncontrolled trials after preliminary evidence suggesting effectiveness of the drug has been obtained, and are intended to gather additional information to evaluate the overall benefit-risk relationship of the drug and provide an adequate basis for physician labeling.
> Phase IV: Post-marketing studies to delineate additional information including the drug's risks, benefits, and optimal use."[15]

---

[11] Vgl. Helmchen / Böckle / Eser, *Art. „Humanexperiment / Heilversuch"* sowie Koch / Schaupp, *Art. „Humanexperiment / Heilversuch / Heilbehandlung"*.

[12] Vgl. beispielsweise Vollmann, *„Therapeutische" versus „nicht-therapeutische" Forschung – eine medizinethisch plausible Differenzierung?*, 68 f.

[13] Vgl. Schaffner, *Art. „Research Methodology: Conceptual Issues"*, besonders 2272 f.

[14] Siehe dazu ebd., 2274 ff.

[15] URL *http://www.clinicaltrials.gov/ct/info/glossary*, zugegriffen am 20.02.2006.

Bei Verfahren, die mit einem besonders hohen Risiko oder besonders starken Nebenwirkungen verbunden sind, beispielsweise Chemotherapien, ist eine reine Toxizitätsprüfung an gesunden Probanden aus ethischen Gründen nicht praktikabel, sodass die Phasen I und II zusammenfallen. Ist zudem die Häufigkeit einer Krankheit sehr gering, wie es etwa bei bestimmten genetisch bedingten Immundefekten der Fall ist, kann auch eine klare Abgrenzung gegenüber der Phase III schwierig werden. Besondere Relevanz besitzt dies etwa im Hinblick auf die klinische Erprobung von somatischen Gentherapien für solche Störungen. Neben den Phasen I bis IV wird zwischen randomisierten und nichtrandomisierten Studien sowie zwischen einfachen Studien und sogenannten Blindstudien bzw. Doppelblindstudien unterschieden. Die erste Differenzierung bezieht sich auf die Art der Zuweisung von Probanden zu den verschiedenen Versuchsgruppen oder „Armen" einer Studie, die zweite darauf, ob diese Zuweisung den Probanden bzw. zusätzlich den Versuchsärzten unbekannt bleibt.[16]

Als Methodenbegriff steht der Terminus der klinischen Studie nicht in unmittelbarer Konkurrenz zu den zuvor genannten Begriffen „Humanexperiment" und „Heilversuch"; fraglich ist vielmehr, welches Verhältnis zwischen den methodischen Phasen I bis IV und den anderen – normativ imprägnierten – Begriffen besteht.[17]

Betrachtet man die Diskussion, dann scheinen einer Klärung des Gegenstandsbereichs der Ethik der biomedizinischen Humanforschung vor allem drei Hindernisse entgegenzustehen: (1) die grundsätzliche Schwierigkeit, eine (experimentelle) Forschungshandlung als solche zu charakterisieren, (2) der Umstand, dass im medizinischen Alltag häufig Mischformen von medizinischer Forschung und Praxis vorliegen, und schließlich (3) die immer schon mitgedachte ethische Dimension der begrifflichen Bestimmung, die in das Bemühen um Klarheit einen zusätzlichen Komplexitätsgrad hineinträgt.

a)   Das Experiment als eine auf Erkenntnisgewinn abzielende Forschungshandlung

Als Ausgangspunkt für eine Problemanalyse kann zunächst das Faktum dienen, dass wissenschaftliche Forschung wesentlich durch ein vorgängiges *Nichtwissen* sowie den Wunsch, dieses zu überwinden, bestimmt ist. Forschung im Allgemeinen und medizinische Forschung im Speziellen hebt immer mit dem Bestreben an, ein vorhande-

---

[16]   Vgl. dazu ausführlich unten V.2.a.

[17]   Das deutsche *Arzneimittelgesetz (AMG)* regelt, wie das ebenfalls einschlägige *Medizinproduktegesetz (MPG)*, die „klinische Prüfung bei Menschen" (§§ 40-42a *AMG* und §§ 20-23 *MPG*). Zur juristischen Auslegung des Begriffs im *AMG* vgl. Laufs, *Heilversuch und klinisches Experiment*, 1030 ff. sowie Kloesel / Cyran, *Arzneimittelrecht Kommentar*, § 40, 1b (Blatt 66 f.); für das *MPG* siehe Deutsch / Lippert / Ratzel, *Medizinproduktegesetz*, 226. Einschlägige Regelungen für biomedizinische Forschung am Menschen enthält außerdem noch die *Strahlenschutzverordnung (§§ 23, 24, 87-92, StrlSchV)* sowie die *Röntgenverordnung (§§ 28 lit. a-g, RöV)*. In den beiden letzten Normen findet der unspezifische Begriff „medizinische Forschung" Verwendung.

nes *Erkenntnisdefizit* zu überwinden. Ist ein solches Defizit nicht gegeben bzw. wird ein Nichtwissen nicht als (theoretisches oder praktisches) Defizit begriffen, dann besteht keine Veranlassung, Wissenschaft und Forschung zu betreiben.[18] Folglich kann Forschung in erster Näherung als *menschliche Handlung* bestimmt werden, die einen *Erkenntnisgewinn* zum Ziel hat. Oder wie Ziman schreibt: „[...] science in action is *research*. [...] Good science produces knowledge. But research is not just *discovery*. It is conscious *action* to acquire a particular kind of knowledge for some particular purpose."[19] Als Handlung, die auf einen Erkenntnisgewinn abzielt, ist für Forschung eine eigene Handlungs*logik* bestimmend, die oben bereits als *Logik der Forschung* benannt worden ist.[20]

Freilich wird man nicht *jede* menschliche Handlung, die auf einen Erkenntnisgewinn abzielt, schon als eine *Forschungshandlung* ansehen. Auch das zaghafte Erfühlen der Temperatur des Badewassers kann nämlich als Handlung verstanden werden, die auf einen Erkenntnisgewinn abzielt. Dennoch wird man dabei wohl kaum von einer Forschungshandlung sprechen. Naheliegend erscheint hier möglicherweise der Versuch, eine präzisere Beschreibung bzw. Abgrenzung von Forschungshandlungen durch den Begriff der Methode zu erzielen. Angesichts der übergroßen Bandbreite von Arten, Forschung zu betreiben, stellt sich ein solcher Ansatz jedoch als nicht unproblematisch heraus.[21] Aber auch wenn es schwer fallen dürfte, *bestimmte* Metho-

---

[18] Die möglicherweise elementarste, weil nicht durch ein spezielles Interesse motivierte Form, in der ein Nichtwissen sich äußern kann, ist das „Staunen", das sowohl Platon als auch Aristoteles als Ursprung der Wissenschaft galt (vgl. Platon, *Theaetetus*, 155 d; Aristoteles, *Metaphysica*, 982 b). Die Empfänglichkeit dafür, ein bloßes Nichtwissen auch als Defizit zu empfinden, kann dabei, wie Aristoteles im berühmten Einleitungssatz zu seiner *Metaphysik* feststellt, als Wesenszug des Menschen gelten: „All men by nature desire to know." (Aristoteles, *Metaphysica*, 980 a). Dabei darf jedoch nicht unbeachtet bleiben, dass sich das Verständnis des Begriffs Wissenschaft von der Antike hin zur Neuzeit in fundamentaler Weise gewandelt hat. Der Wissenschaftscharakter moderner Wissenschaft gründet nicht mehr (primär) auf den erzielten Resultaten, sondern auf der Methode wissenschaftlichen Arbeitens; vgl. dazu Diemer, *Was heißt Wissenschaft?*, insbesondere 31 ff. sowie Diemer, *Der Wissenschaftsbegriff in historischem und systematischem Zusammenhang*. In dieser Hinsicht bezeichnen Wissenschaft und Forschung nicht länger zwei distinkte Phänomene – in der Moderne *ist* Wissenschaft wesentlich Forschung. Es handelt sich eher um zwei unterschiedliche Aspekte eines einzigen Phänomens: Bei dem Begriff Wissenschaft steht ein erkenntnistheoretisches Moment im Vordergrund, bei dem Begriff Forschung hingegen ein handlungstheoretisches.

[19] Ziman, *Real Science*, 14.

[20] Vgl. oben I.3 und I.4.

[21] Zur Methodenvielfalt in Wissenschaft und Forschung bemerkt Balzer: „Forschungshandlungen dienen dem direkten Ziel der Wissenserzeugung. Die wichtigsten Typen solcher Handlungen sind Lesen, Nachdenken, Experimentieren, Diskutieren in der Gruppe, wobei wir unter Nachdenken auch entsprechende Hilfstätigkeiten subsumieren, die das Nachdenken unterstützen, wie Zeichnen von Diagrammen, Notizenmachen,

den als allein zum wissenschaftlichen Kanon zugehörig auszuzeichnen, so ist doch das *methodische Vorgehen überhaupt* charakteristisch für Forschung.[22] Dazu tritt eine „Radikalisierung des Fragens über den Alltag hinaus"[23]: Wissenschaftliche Forschung bleibt nicht bei den für die Bewältigung des Alltags zureichenden Antworten stehen, sondern drängt weiter zu immer grundsätzlicheren Fragen und Begründungsebenen.[24] Es bleibt indessen fraglich, ob die beiden genannten Aspekte – methodisches Vorgehen einerseits, Radikalisierung des Fragens andererseits – hinreichend sind, um eine klare Grenze zwischen wissenschaftlicher Forschung und anderen, im täglichen Leben praktizierten Arten der Erkenntnisvermehrung zu markieren.[25] Möglicherweise muss der Versuch einer objektiven Bestimmung des Wissenschaftsbegriff letztlich ein „Abenteuer" bleiben.[26]

Rechnen, Information sammeln." (Balzer, *Die Wissenschaft und ihre Methoden*, 27). Und Ziman stellt fest: „The diverse methods do not fall into an obvious pattern." (Ziman, *Real Science*, 14). Vgl. auch die Ausführung des Bundesverfassungsgerichts: „Es gibt im übrigen keine eindeutige und allgemein anerkannte Definition des Begriffs Forschung, die als Maßstab genutzt werden könnte, um eine Tätigkeit exakt zu qualifizieren und einzuordnen [...]." (Bundesverfassungsgericht, *Beschluß des Ersten Senats vom 20. Oktober 1982 (Az. 1 BvR 1467/80)*, 246). Dessen ungeachtet wird man aber zumindest sagen können, dass sich alle wissenschaftlichen Methoden und alles wissenschaftliche Forschen durch ein kritisches Moment auszeichnen, d.h. durch die Offenheit für Widerlegungsversuche, sei es durch empirische Daten in den Naturwissenschaften, sei es durch das überzeugendere Argument in den Geisteswissenschaften. In diesem Sinne hat auch das Bundesverfassungsgericht im sogenannten „Hochschul-Urteil" wissenschaftliche Tätigkeit definiert als „alles, was nach Inhalt und Form als ernsthafter planmäßiger Versuch zur Ermittlung der Wahrheit anzusehen ist." (Bundesverfassungsgericht, *Urteil des Ersten Senats vom 29. Mai 1973 (Az. 1 BvR 424/71 und 325/72)*, 113).

[22] Vgl. Honnefelder, *Zur ethischen Beurteilung von Forschung am Menschen unter besonderer Berücksichtigung der Forschung an einwilligungsunfähigen Personen*, 12 f. Kritisch weist Wohlgenannt in diesem Zusammenhang auf die – von Reichenbach in seiner Schrift *Elements of Symbolic Logic* eingeführte – Unterscheidung zwischen „Entdeckungszusammenhang" („context of discovery") und „Begründungszusammenhang" („context of justification") hin. Dazu führt er aus: „Angesichts dieser Unterscheidung wird der methodische Charakter nicht mehr allgemein als Merkmal der Wissenschaftlichkeit angesehen." (Wohlgenannt, *Was ist Wissenschaft?*, 46).

[23] Holzkamp, *Wissenschaft als Handlung*, 24.

[24] Es erscheint jedoch übertrieben, diese „Radikalisierung" so weit zu fassen, dass wissenschaftliche Fragen „vom Alltagsstandpunkt aus gesehen sinnlos" erscheinen, wie Holzkamp meint; vgl. ebd.

[25] Eine zusätzliche Schwierigkeit ergibt sich noch durch das weiterhin ungelöste „Abgrenzungsproblem", d.h. die Frage, anhand welcher Kriterien die empirischen Wissenschaften gegenüber anderen Bereichen (Logik, Mathematik sowie Metaphysik und Pseudowissenschaften) zu charakterisieren sind. Popper sah in dieser Frage eines der beiden Zentralprobleme der Wissenschaftstheorie. Sein Lösungsvorschlag, die empirische Falsifizierbarkeit als Kriterium heranzuziehen, wird heute überwiegend als unzureichend an-

Das „strenge", d.h. den Maßgaben der neuzeitlichen Wissenschaftsmethodologie verpflichtete Experiment muss als das wichtigste Forschungsinstrument der (neuzeitlichen) empirischen Wissenschaften angesehen werden. Mehr noch, Wissen gilt – zumindest in den empirischen Disziplinen – nur (noch) dann als „wirkliches", d.h. als gültig anerkanntes Wissen, wenn für die ihm zugrunde liegenden empirischen Tatsachen die Bedingungen der experimentellen Reproduzierbarkeit angegeben werden können. In künstlich herbeigeführten Situationen, die so angelegt werden, dass sie durch Reduktion und Variation eine möglichst weitgehende Kontrolle aller für den zu erforschenden Zusammenhang relevanten Faktoren zulassen, wird die Natur gezielt „befragt" und die so erhaltene Antwort gilt dann und nur dann als glaubhaft, wenn sie unter den gleichen Bedingungen jederzeit und von jedem aufs Neue provoziert werden kann.[27] Eine zentrale Bedeutung kommt aus diesem Grund dem *standardisierten Versuchsprotokoll* zu. Nicht allein das Ergebnis eines Experiments

gesehen; vgl. dazu Popper, *Logik der Forschung*, insbesondere Kap. I. Eine allgemein anerkannte Lösung ist seither nicht in Sicht, sodass eine genaue Bestimmung dessen, was als Wissenschaft zu gelten hat, weiterhin aussteht. Dies hat natürlich Auswirkungen auf den Begriff der Forschung. Als pragmatisch-zureichende „Arbeitsdefinition" für die wissenschaftsethische Analyse mag Höffes Versuch einer begrifflichen Bestimmung dienen: „Mittels Beobachtungen und Experimenten, begrifflichen Analysen und anderen Verfahren sucht die Wissenschaft auf methodischem Weg nach wahrer Erkenntnis von Sachverhalten (der Natur und Gesellschaft, der Sprache, Kunst, auch der Erkenntnis selbst) sowie nach deren Ursachen, Gründen und Gesetzmäßigkeiten." (Höffe, *Art. „Wissenschaftsethik"*, 297 f.).

[26] Vgl. Roellecke, *Wissenschaft als institutionelle Garantie?*, 730.

[27] In der Vorrede zur zweiten Auflage der *Kritik der reinen Vernunft* verwendet Kant die Metapher der „richterlichen Befragung" zur Beschreibung des Experiments: „Die Vernunft muß mit ihren Prinzipien, nach denen allein übereinstimmende Erscheinungen für Gesetze gelten können, in einer Hand und mit dem Experiment, das sie nach jenen ausdachte, in der anderen an die Natur gehen, zwar um von ihr belehrt zu werden, aber nicht in der Qualität eines Schülers, der sich alles vorsagen läßt, was der Lehrer will, sondern eines bestallten Richters, der die Zeugen nötigt auf die Fragen zu antworten, die er ihnen vorlegt. Und so hat sogar Physik die so vorteilhafte Revolution ihrer Denkart lediglich dem Einfalle zu verdanken, demjenigen, was die Vernunft selbst in die Natur hineinlegt, gemäß dasjenige in ihr zu suchen (nicht ihr anzudichten), was sie von dieser lernen muß, und wovon sie für sich selbst nichts wissen würde. Hierdurch ist die Naturwissenschaft allererst in den sicheren Gang einer Wissenschaft gebracht worden, da sie so viel Jahrhunderte durch nichts weiter als ein bloßes Herumtappen gewesen war." (Kant, *Kritik der reinen Vernunft*, B XIII f.). Gelegentlich wird auch das Bild der Folter bemüht, der man die Natur aussetzen müsse, damit sie ihre Geheimnisse preisgebe. Pesic weist ebenso ausführlich wie nachdrücklich darauf hin, dass Bacon, dem die Metaphorik der Folter häufig zugeschrieben wird, dieses Bild in seinen Schriften nie benutzt hat. Es handelt sich wohl eher um eine verzerrte Darstellung, die in der Absicht aufgebracht wurde, die naturwissenschaftliche Methodologie zu diskreditieren; vgl. Pesic, *Proteus Unbound: Francis Bacon's Successors and the Defense of Experiment*.

ist aus Sicht der neuzeitlich-kritischen (Natur-)Wissenschaften entscheidend; nur in Verbindung mit dem Versuchsprotokoll als „Anweisung zur Reproduktion" kommt den Resultaten eine erkenntnisvermehrende Bedeutung zu.[28] Der Vollzug eines Experiments lässt sich somit auch als eine „Realisationshandlung, bei der ein verändernder Eingriff in reale Gegebenheiten stattgefunden hat"[29] charakterisieren, mit dem Ziel, auf der Basis der auch im wörtlichen Sinne „gemachten" Beobachtungen allgemeine, in der Regel mathematisch quantifizierbare Gesetzmäßigkeiten in Form von Hypothesen und Theorien zu formulieren, denen die Objektwelt insgesamt bzw. Teile der Objektwelt folgen.[30] Insbesondere ist der im Rahmen des Experiments vorgenommene „verändernde Eingriff" niemals Selbstzweck, sondern ausschließlich ein Mittel der auf einen Erkenntnisgewinn abzielenden Forschungshandlung. *A fortiori* sind die involvierten realen Objekte und Gegebenheiten bloße Mittel im Handlungskontext des Experiments. Und selbst als Mittel dienen sie nicht dazu, Auskunft über ihr *individuelles Sosein* zu erhalten, sondern zur Aufklärung kau-

---

[28] Neben die Bedeutung des Versuchsprotokolls als „Anweisung zur Reproduktion" tritt im Bereich der Anwendung noch die einer „Anweisung zur Produktion": Während das Versuchsprotokoll in wissenschaftlicher Hinsicht die Möglichkeit der Kontrolle durch Dritte verbürgen soll, erlangt es im praktisch-angewandten Bereich die Bedeutung einer Anleitung zur Nutzbarmachung der Natur. Auch wenn es, wie etwa Jonas in seinem Beitrag *Freedom of Scientific Inquiry and the Public Interest* argumentiert, Anzeichen dafür gibt, dass eine strikte Trennung von Grundlagenforschung und Anwendungsforschung zunehmend schwierig wird, so scheint es doch möglich, die beiden Bereiche zumindest in dieser Hinsicht zu unterscheiden: Nicht jede Forschungshandlung ist von einem praktischen Interesse geleitet.

[29] Holzkamp, *Wissenschaft als Handlung*, 253 ff. Dort wird zur weiteren Präzisierung noch zwischen „herstellender" und „auswählender" Realisationshandlung bzw. einem „Herstellungsanteil" und einem „Selektionsanteil" im Experiment differenziert. Auch eine überwiegend passive Beobachtung kann demzufolge als Experiment im Sinne einer Realisationshandlung gelten, zumindest wenn die beobachteten Gegenstände erst durch einen gezielten Auswahlprozess zum Forschungsobjekt werden.

[30] Eine Aufklärung systematischer Zusammenhänge erfolgt natürlich nicht nur, wenn sich Regularitätsannahmen experimentell bestätigen lassen, sondern auch und gerade durch falsifizierende Experimente, also dann, wenn eine angenommene Regularität sich experimentell nicht nachweisen lässt. Die weiteren methodologischen und wissenschaftstheoretischen Zusammenhänge, zum Beispiel zwischen Experiment und Theorie, sowie der genaue systematische Ort des Experiments innerhalb der modernen Wissenschaftstheorie sind hier nicht weiter von Interesse. Erwähnenswert ist an dieser Stelle jedoch der Umstand, dass das Experiment aus wissenschaftstheoretischen Erwägungen heraus vermehrt als eigenständiger Faktor in den Blick gerät und damit die These der vollständigen Theorieabhängigkeit von Beobachtungen, wie sie etwa Popper in der *Logik der Forschung* vertreten hat, relativiert wird; vgl. dazu Chalmers, *Wege der Wissenschaft*, besonders Kap. 3 „Das Experiment", 25-34 und Kap. 13 „Der Neue Experimentalismus", 155-169.

saler Zusammenhänge, denen sie als *Elemente einer Klasse von Objekten* unterliegen. Aus wissenschaftlicher Sicht entscheidend ist nicht, dass sich *dieses* Objekt *so* verhält, sondern dass das Verhalten oder die Reaktion dieses Objekts ein Indiz dafür ist, dass sich *Objekte dieser Art allgemein so* verhalten. Damit unmittelbar einher geht, dass im Experiment die phänomenologische Komplexität der realen Objekte und Gegebenheiten systematisch reduziert wird bzw. werden muss. Gemäß dem „methodisch notwendigen Zwang zur radikalen Versachlichung des Gegenstandes"[31] ist der Forscher bei der Durchführung eines Experiments angehalten, von allem abzusehen, was zur Aufklärung des in Frage stehenden Zusammenhangs unwichtig ist oder gar störend sein könnte. Er muss die Forschungsobjekte darauf reduzieren, ein „Fall von" zu sein, denn nur insofern sie diese Bedingung erfüllen, sind sie für den experimentellen Zusammenhang von Bedeutung. Alles, was sie darüber hinaus auch immer noch sind, muss aus der (methodischen) Perspektive des Forschers (vorübergehend) als irrelevant ausgeblendet werden.[32]

Begreift man Forschung in diesem Sinne als Klasse von Handlungen, die darauf abzielt, ein Erkenntnisdefizit zu beheben bzw. einen Erkenntnisgewinn zu erzielen und das Experiment als Instrument, das zur Realisation dieses Zwecks Verwendung findet, dann wird damit zugleich ein fundamentaler Unterschied zwischen biomedizinischer Forschung und Praxis offenkundig: Erklärtes (Primär-)Ziel medizinischer Praxis ist nämlich nicht die Überwindung eines Erkenntnisdefizits, sondern die Beförderung des (individuellen) Patientenwohls, was in der klassischen Trias „Diagnose – Therapie – Prävention" zum Ausdruck kommt. Für beide Bereiche sind damit zugleich, wie bereits oben herausgestellt worden ist, unterschiedliche *Handlungslogiken* bestimmend, für die medizinische Praxis die *Logik des Heilens*, für die biomedizinische Forschung die *Logik der Forschung*.[33]

b)   Die Intention als primäres Unterscheidungskriterium

Die Beschreibung des Experiments als eine auf Erkenntnisgewinn abzielende *Forschungshandlung*, der eine spezifische *Handlungslogik* eignet, lässt es naheliegend erscheinen, die *Handlungsabsicht* oder die *Intention* des Arzt-Forschers als Anknüpfungspunkt für eine praktische Unterscheidung zwischen den *Handlungsarten* medizinisch-klinischer Praxis einerseits und wissenschaftlich-experimenteller Forschung andererseits heranzuziehen. In diesem Sinne hat schon die National Commission im *Belmont Report* die folgende, viel zitierte Begriffsbestimmung formuliert: „For the most part the term ‚practice' refers to interventions that are designed solely to en-

---

[31] Böckle, *Art. „Humanexperiment / Heilversuch (2. Ethik)"*, Sp. 498.

[32] Der „Strenge" des Experiments, d.h. der Möglichkeit der Faktorenreduktion bzw. -variation wie der Reproduktion sind in der Medizin natürlich, wie Staak zu Recht bemerkt, schon durch die Art der Objekte andere Grenzen gesetzt als etwa in der Physik; vgl. Staak, *Wesen und Bedeutung der Unterscheidung zwischen therapeutischen und rein wissenschaftlichen Versuchen*, 274.

[33] Vgl. oben I.4.

hance the well-being of an individual patient or client and that have a reasonable expectation of success. The purpose of medical or behavioral practice is to provide diagnosis, preventive treatment or therapy to particular individuals. By contrast, the term ‚research‘ designates an activity designed to test a hypothesis, permit conclusions to be drawn, and thereby to develop or contribute to generalizable knowledge (expressed, for example, in theories, principles, and statements of relationships). Research is usually described in a formal protocol that sets forth an objective and a set of procedures designed to reach that objective.“[34] Viele Autoren teilen die Auffassung der National Commission und stellen zur begrifflichen Unterscheidung von medizinischer Praxis und Forschung die Handlungsabsicht des Arzt-Forschers zumindest als primäres Charakteristikum in den Mittelpunkt. Vehement hat beispielsweise Levine den Ansatz der National Commission verteidigt und spricht von „satisfactory definitions of research and practice“.[35] Und Schaffner schreibt: „the intent of the investigator is critical in determining whether the intervention (or withholding of an intervention) is to be characterized as primarily beneficial to the subject or as contributing to general knowledge.“[36] Laufs schließlich führt aus: „Dem *Heilversuch* gibt also die in einem konkreten Krankheitsfall ins Werk gesetzte *therapeutische Absicht* das Gepräge. Beim *klinischen Experiment* hingegen steht das *wissenschaftliche* oder allgemein medizinische *Interesse* im Vordergrund des Bemühens.“[37] Auch die National Bioethics Advisory Commission (NBAC) erwähnt in ihrem letzten Bericht aus dem Jahre 2001 die Intention als wesentlichen Aspekt:

---

[34] National Commission for the Protection of Human Subjects of Biomedical and Behavioral Research, *The Belmont Report*, 2 f. Vgl. auch den Title 45, Part 46 des US-amerikanischen *Code of Federal Regulations*, in dem Schutzvorschriften für menschliche Probanden kodifiziert sind; dort wird die folgende Definition von Forschung zugrunde gelegt: „Research means a systematic investigation, including research development, testing and evaluation, designed to develop or contribute to generalizable knowledge. Activities which meet this definition constitute research for purposes of this policy, whether or not they are conducted or supported under a program which is considered research for other purposes. For example, some demonstration and service programs may include research activities.“ (45 CFR § 46.102 lit. d).

[35] Levine, *Clarifying the Concepts of Research Ethics*, 21. Siehe auch Levine, *Ethics and Regulation of Clinical Research*, besonders 3-10. Levine war allerdings als Berater für die Kommission tätig und hat daher zumindest mittelbar auf den Text des *Belmont Report* Einfluss genommen. Insofern ist seine Verteidigung dieser Position vielleicht nicht überraschend.

[36] Schaffner, *Art. „Research Methodology: Conceptual Issues“,* 2273.

[37] Laufs, *Heilversuch und klinisches Experiment,* 1021. Eine besondere Verwirrung entsteht bisweilen dadurch, dass der Begriff „therapeutisch“ Verwendung findet, um einen *direkten medizinischen Nutzen für den Patienten-Probanden* anzuzeigen. Ein solcher Nutzen kann, wie Woopen zutreffend feststellt, freilich auch diagnostischer oder präventiver Art sein und damit nichttherapeutisch im strengen Sinne; siehe Woopen, *Ethische Aspekte der Forschung an nicht oder teilweise Einwilligungsfähigen,* 52; vgl. auch Helmchen / Lauter, *Dürfen Ärzte mit Demenzkranken forschen?,* 13 f.

„Federal policy should cover research involving human participants that entails systematic collection or analysis of data with the intent to generate new knowledge."[38]
Bei anderen Autoren lässt sich bisweilen nicht eindeutig ausmachen, ob sie die
subjektive Intention oder eher einen *objektiven Zweck* als Unterscheidungskriterium im
Sinn haben, so etwa bei Hübner, der das Humanexperiment als ein Handeln definiert, dass „in erster Linie auf wissenschaftlichen Erkenntnisgewinn ausgerichtet
ist"[39], oder bei Schaupp, dem zufolge das Humanexperiment „ganz oder vorwie-
gend auf allgemeinen Erkenntnisgewinn abzielt"[40]. Beide Formulierungen lassen
eine Lesart zu, die die Unterscheidung nicht an die subjektive Absicht des Arzt-Forschers, sondern an einen objektiven Zweck bindet. Dieser Perspektivwechsel wird
spätestens dann relevant, wenn die subjektive Absicht und der objektive Zweck
einer Handlung auseinanderfallen. Es erscheint jedoch nicht unangemessen, davon
auszugehen, dass die (subjektive) Absicht als Differenzierungskriterium von den
beiden zitierten Autoren zumindest nicht gänzlich abgelehnt wird.

Ungeachtet der zahlreichen Befürworter ist die Intention des Arzt-Forschers als
(primäres) Unterscheidungsmerkmal nicht unumstritten. Tyson hat gegen die – seiner Meinung nach vor allem in regulativen Texten dominante – Unterscheidung
anhand der Intention des Arzt-Forschers insgesamt sechs Kritikpunkte formuliert,
die grob den drei zu Beginn des Kapitels bereits formulierten Hindernisgründen für
eine Verständigung über eine Bestimmung des Gegenstandsbereichs der Forschungsethik zugeordnet werden können. Sein erster Punkt lautet: „Physician intent
cannot be objectively determined."[41] Die folgenden vier Kritikpunkte lassen sich der
zweiten oben skizzierten Argumentationslinie zurechnen: Sie zielen darauf ab, dass
die klinische Praxis nicht ausschließlich auf die Beförderung des individuellen Patientenwohls ausgerichtet sei (Punkt 2), dass die Absicht, verallgemeinerbares Wissen
zu generieren, auch in der klinischen Praxis relevant sei (Punkt 3 und 4) sowie dass
häufig auch bei experimentellen Handlungen eine Intention zur Hilfe („intent to
benefit") präsent sei (Punkt 5).[42] Der letzte Punkt schließlich stellt die normative
Bedeutung der Absicht des Arztes insgesamt in Frage. Tyson betont demgegenüber
die Bedeutung der Kategorien „patient welfare" und „autonomy".[43] Dieser Einwand
kann dem dritten oben skizzierten Argumentationskomplex zugerechnet werden.

---

[38] National Bioethics Advisory Commission (NBAC), *Ethical and Policy Issue in Research
Involving Human Participants*, Summary, 9.
[39] Hübner, *Art. „Humanexperiment"*, Sp. 132.
[40] Schaupp, *Art. „Humanexperiment / Heilversuch / Heilbehandlung (2. Ethisch)"*, 243. Auch der
Text des *Belmont Report* lässt eine „objektive" Interpretation zu. Man darf aber davon
ausgehen, dass die National Commission eine subjektiv-intentionale Begriffsbestimmung im Sinn hatte, zumindest wird der Report allgemein in dieser Weise ausgelegt.
[41] Tyson, *Dubious Distinctions between Research and Clinical Practice Using Experimental Therapies*,
218.
[42] Vgl. ebd.
[43] Vgl. ebd., 218 f.

Zusammenfassend stellt Tyson fest: „Thus, current regulations are based on dubious assumptions and a misunderstanding of the nature and importance of physician intent in research and practice."[44]

In Auseinandersetzung mit Tyson hat sich auch Beauchamp kritisch zur Intention als Kriterium zur Unterscheidung von Forschung und Praxis geäußert. Zwar ist er nicht, wie Tyson, davon überzeugt, dass der Absicht des Arzt-Forschers eine derart zentrale Rolle in der Debatte zukomme. Gleichwohl hält auch er die Bezugnahme auf sie für fragwürdig: „It is not the intention of the clinician or investigator, but the design of the inquiry and its scientific structure that makes the difference."[45] Mit seiner Kritik bietet Beauchamp zugleich also ein Alternativkonzept an: An die Stelle der *subjektiven Handlungsabsicht* möchte er *objektive Handlungsmerkmale* als Differenzierungskriterien setzen. Die Frage, welche Kriterien hier näherhin heranzuziehen sind, hält er dabei für weitgehend geklärt. Er gesteht zwar zu, dass es eine wichtige und schwierige Frage sei, wie Wissenschaft zu definieren sei, fährt dann jedoch fort: „[W]e should not have to debate what constitutes research. Research is the systematic investigation of hypotheses and theories that is controlled by sound scientific techniques and designed to develop or contribute to generalizable knowledge. Research is not merely the systematic pursuit of hunches or the use of inductive reasoning to reach general conclusions."[46] Darüber hinaus macht Beauchamp noch einen weiteren Einwand geltend, der sachlich dem sechsten Kritikpunkt von Tyson nahe steht: „Surely the most basic question that confronts contemporary biomedical ethics is which investigatory activities should be reviewed, not whether the activities constitute research, practice, or some in-between territory."[47]

In ähnlicher Weise hat sich schließlich Maio geäußert. Insbesondere mahnt er eine nähere Klärung dessen an, was unter einer „Intention zur Hilfe" überhaupt verstanden werden solle. Dazu bietet er drei Kriterien an: den Adressaten, die Zeit und die Erfolgswahrscheinlichkeit.[48] Selbst wenn man, so Maio, im Hinblick auf das Adressatenkriterium festlege, dass Hilfe in einem auf den individuellen Patienten beschränkten Sinne verstanden werden solle, bleibe das Konzept so lange problematisch, wie es nicht an „bestimmte Erfolgsaussichten" gekoppelt werde: „Die besten Absichten können kaum verhindern, daß höchst aussichtslose oder gar fragwürdige Methoden angewendet werden, ja im Gegenteil, gerade die besten Absichten taugen gut dazu, gewagte Methoden anzuwenden."[49] In ähnlicher Weise hat sich

---

[44] Ebd., 219.

[45] Ebd., 233.

[46] Ebd., 235.

[47] Beauchamp, *The Intersection of Research and Practice*, 235 f.

[48] Vgl. Maio, *Ethik der Forschung am Menschen*, 40 f.

[49] Ebd., 41. Maio betont allerdings, dass *auch* die Ausrichtung auf wissenschaftliche Erkenntnis als ein zentrales Bestimmungselement des Experiments gelten müsse. Seine Kritik an der Definition der National Commission zielt darauf ab, dass diese eine *rein*

auch King geäußert. Allerdings schlägt sie vor, aus dem Befund weitergehende Konsequenzen zu ziehen: „I propose that giving up ‚experiment' versus ‚treatment' makes it easier to focus on the informed consent procedure and harder to beg questions about uncertainty, authority, and the elusive ideal of shared decisionmaking in medicine."[50] Sie macht geltend, dass eine begriffliche Unterscheidung – insbesondere entlang der Linie der Intention – zu Verwirrungen sowohl auf Seiten der Arzt-Forscher als auch auf Seiten der Patienten-Probanden führen könne: „Researchers may offer patient-subjects participation in research, wrongly characterizing it as for their benefit; and when they participate in research, patient-subjects may also wrongly feel betrayed when they are treated as subjects rather than as patients."[51] Solche Überlegungen, die auf Begriffsassoziationen abheben, stellen auch Maio und Vollmann an. Während mit den Begriffen „Experiment" oder „nichttherapeutisch" Bedeutungsgehalte wie Unsicherheit und Misstrauen verbunden seien, so argumentiert Maio, suggeriere der Begriff „therapeutisch" Sicherheit und Vertrauen.[52] Vollmann meint, schon die Wortwahl von „experimental treatment" oder „innovative treatment" führe zu einem „falschen Sicherheitsgefühl"[53]. Aus diesen Gründen sei eine Aufteilung von Handlungen in die Bereiche (biomedizinische) Forschung einerseits, (biomedizinische) Praxis andererseits aus ethischer Sicht zumindest problematisch.

Anknüpfend an die eingangs skizzierte Einteilung von Hindernissen, die einer Verständigung über die Problematik entgegenzustehen scheinen, kann man in der Kritik, die in den Beiträgen von Tyson, Beauchamp, Maio, King und Vollmann zum Ausdruck kommt, grob drei Argumentslinien ausmachen:

(1)   Es wird geltend gemacht, statt der subjektiven Absicht des Arzt-Forschers müssten objektive Merkmale herangezogen werden, um eine Handlung den Bereichen der Forschung bzw. Praxis zuzuordnen, teils weil bezweifelt wird, dass sich eine Forschungshandlung durch Rekurs auf eine intentionale Struktur definieren lasse, teils weil behauptet wird, dass sich die Absicht eines Menschen nicht objektiv bestimmen lasse und deshalb als Unterscheidungskriterium ungeeignet sei.

(2)   Es wird darauf hingewiesen, dass in vielen Handlungen die benannten Intentionen unlöslich miteinander verwoben seien, sodass eine Grenzziehung entlang dieser Linie schlicht unmöglich sei. Ein weiterer Einwand, der diesem

---

intentional begründete Unterscheidung von Forschung und Praxis vornehme; vgl. ebd. 39 ff.

[50]   King, *Experimental Treatment*, 13; ähnlich wie King argumentiert auch Vollmann, *„Therapeutische" versus „nicht-therapeutische" Forschung – eine medizinethisch plausible Differenzierung?*, insbesondere 70 ff.

[51]   King, *Experimental Treatment*, 12.

[52]   Maio, *Zum Nutzen des Patienten*, A 3244.

[53]   Vollmann, *„Therapeutische" versus „nicht-therapeutische" Forschung – eine medizinethisch plausible Differenzierung?*, 71.

ersten jedoch sachlich nahe steht, lautet, dass auch in der klinischen Praxis die Absicht, verallgemeinerbares Wissen zu generieren, einen berechtigten Platz habe bzw. klinische Praxis nicht ausschließlich dem Wohl des individuellen Patienten verpflichtet sei und daher für bestimmte Arten medizinischen Handelns beide Absichten gleichermaßen leitend seien.

(3)   Mit Blick auf die normative Bewertung wird eine Unterscheidung von Forschung und Praxis insgesamt und besonders anhand der Absicht des Arzt-Forschers als inadäquat oder sogar gefährlich angesehen, weil die Begrifflichkeit selbst nicht wertneutral sei und das Ziel eines effektiven Schutzes von Probanden bzw. Patienten erschweren könne.

Zusammengenommen stellen diese Einwände die Angemessenheit der an der Intention orientierten Unterscheidung von Forschung und Praxis ernstlich in Frage. Zur weiteren Klärung der Problematik sowie zur Einordnung und Bewertung der vorgetragenen Kritik bietet sich ein Rückgriff auf die Rechtswissenschaft an, genauer auf die Strafrechtslehre, da hier das Problem der begrifflichen Bestimmung von Handlungsarten auch und gerade mit Blick auf die Möglichkeit der Zurechenbarkeit von jeher eine zentrale Rolle einnimmt und daher die Theoriebildung entsprechend elaboriert ist. Bei einem solchen Rückgriff geht es natürlich nicht um Aspekte der juridischen Bewertung von Handlungen (Rechtswidrigkeit und Schuldhaftigkeit), sondern allein um den Komplex der *Tatbestandsmäßigkeit* einer Handlung. Gänzlich verfehlt wäre die Annahme, die folgende Theorieanleihe ziele darauf ab, biomedizinische Humanexperimente in evaluativer Hinsicht als Straftatbestände zu charakterisieren; die ethisch-normative Bewertung von Humanexperimenten ist von den Bemühungen um eine klare Gegenstandsabgrenzung ausdrücklich zu unterscheiden. Nur mit Bezug auf die letzte Problemstellung erfolgt der Rückgriff auf strafrechtlich Theoriestücke.

c)   *Exkurs: Zur Bedeutung von subjektiven und objektiven Tatbestandsmerkmalen in der strafrechtlichen Systematik*

In der strafrechtlichen Systematik wird im Rahmen der Tatbestandslehre zwischen *subjektiven* und *objektiven Tatbestandsmerkmalen* unterschieden: „Die objektiven Tatbestandsmerkmale beschreiben die Handlung, das Handlungsobjekt, gegebenenfalls den Erfolg, die äußeren Umstände der Tat und die Person des Täters."[54] Sie dürfen

---

[54]   Jescheck / Weigend, *Lehrbuch des Strafrechts*, 274. Eine vergleichbare Systematisierung findet sich schon bei Aristoteles, der im dritten Buch der *Nikomachischen Ethik* sechs zu beachtende Handlungsumstände nennt: „Es ist also nicht unnütz diese Umstände genauer abzugrenzen: welcher Art sie sind und in wie vielen Formen sie auftreten, also (nach der Unwissenheit darüber) zu fragen (1) wer denn handelt und was (2) er tut und welches (3) der Gegenstand oder die Person ist, auf die sich sein Handeln richtet; gelegentlich ferner zu fragen, (4) womit er handelt, etwa mit welchem Werkzeug und zu welchem (5) Zweck, etwa um Hilfe in Lebensgefahr zu bringen; und auf welche (6) Weise, ob ruhig oder heftig." (Aristoteles, *Ethica Nicomachea*, 1111 a) Für Thomas von

jedoch nicht einfach mit „Gegenständen der Außenwelt" gleichgesetzt werden, da es sich häufig um „komplizierte Begriffe [handelt], deren Bedeutungsgehalt sich nur teilweise oder gar nicht der Anschauung erschließt, sondern durch seelische Vorgänge oder rechtliche und soziale Wertungen bestimmt oder wenigstens mitbestimmt wird."[55] Im Bereich der objektiven Merkmale ist alles zu verorten, „was außerhalb des seelischen Bereichs des Täters gelegen ist".[56] Als *allgemeine[s]* subjektive[s] Tatbestandsmerkmal" kann demgegenüber der Vorsatz bezeichnet werden.[57] Besondere subjektive Tatbestandsmerkmale kommen hinzu, die „den Handlungswillen des Täters näher charakterisieren". Als Merkmale werden sie „zum Aufbau des Tatbestandes" benutzt bzw. dienen dazu, das „Unrecht einer bestimmten Deliktart zu konstituieren".[58] Das bedeutet insbesondere, dass der Vorsatz nicht nur ein „Schuldmerkmal" markiert, sondern eine Doppelfunktion einnimmt: Der Vorsatz ist einerseits für die Art und die Schwere des Schuldvorwurfs, der aus einer Tat resultiert, zentral, andererseits bestimmt er aber als „Steuerungsfaktor des Verhaltens" auch den „Handlungssinn" einer Tat.[59]

Ein einfaches Beispiel kann helfen, den Zusammenhang von subjektiven und objektiven Tatbestandsmerkmalen im Sinne der strafrechtlichen Systematik zu verdeutlichen. Nimmt man beim Verlassen eines Restaurants vorsätzlich einen fremden Regenschirm, in der Absicht, sich diesen dauerhaft zuzueignen, dann begeht man einen *Diebstahl*.[60] Subjektives Tatbestandsmerkmal ist hier die *Absicht*, sich fremdes bewegliches Eigentum dauerhaft zuzueignen.[61] Hinzu kommt als objektives Tatbestandsmerkmal die faktische Wegnahme des Regenschirms. Hat man hingegen zwar die Absicht, sich den Regenschirm dauerhaft zuzueignen, wird aber bei der Aus-

---

Aquin stellt sich dann die Frage, ob (akzidentielle) Handlungsumstände die Art einer Handlung bestimmen oder lediglich zur Privilegierung und Qualifizierung einer Handlung herangezogen werden können. Er kommt zu dem Ergebnis, dass es Fälle gibt, in denen auch (akzidentielle) Umstände Auswirkungen auf die Handlungsart haben. So kann beispielsweise der Diebstahl eines Gegenstandes durch einen bestimmten Handlungsort zu einem Sakrileg werden, vgl. Thomas von Aquin, *Summa Theologica*, I-II 18, 10; siehe dazu Honnefelder, *Güterabwägung und Folgenabschätzung in der Ethik*, 50 f. sowie ausführlich Nister, *Akzidentien der Praxis*.

[55] Jescheck / Weigend, *Lehrbuch des Strafrechts*, 273.

[56] Vgl. ebd., 273.

[57] Vgl. ebd., 317.

[58] In einigen Fällen dienen subjektive Tatbestandsmerkmale auch zur Qualifizierung bzw. Privilegierung eines Grunddelikts, d.h. zur Bildung unselbständiger Abwandlungen eines Grunddelikts.

[59] Vgl. ebd., 243 und 430.

[60] Vgl. *Strafgesetzbuch (StGB)*, § 242 Abs. 1. Ausführlich zum Diebstahlsdelikt siehe beispielsweise Maurach / Schroeder / Maiwald, *Strafrecht*, 321 ff.

[61] Nur der Vollständigkeit halber sei erwähnt, dass das Strafrecht neben der Absicht noch zwei andere Arten des Vorsatzes kennt, den „direkten Vorsatz" und den „bedingten Vorsatz"; vgl. Jescheck / Weigend, *Lehrbuch des Strafrechts*, 297 ff.

übung der Tat vom Eigentümer überrascht und am Fortnehmen gehindert, liegt kein Diebstahl vor, aber doch ein *versuchter Diebstahl*. Das subjektive Tatbestandsmerkmal ist weiterhin erfüllt, allein das Fehlen der Tatvollendung als objektives Tatbestandsmerkmal zeichnet den Versuch aus.[62] Auch wenn man den fremden Regenschirm vorsätzlich nimmt, aber mit der Absicht, ihn nur kurz zu benutzen und ihn dann zurückzubringen, wird man nicht von Diebstahl sprechen, sondern eher von *Gebrauchsanmaßung*.[63] Als objektives Tatbestandsmerkmal kann der Umstand angesehen werden, dass der Regenschirm weggenommen worden ist und der Eigentümer des Regenschirms diesen daher – zumindest unmittelbar nach der Tat – nicht mehr an der Garderobe vorfindet. Im Gegensatz zum Fall des Diebstahls handelt es sich jedoch nur um einen vorrübergehenden Zustand. Wesentlich für die Charakterisierung der Handlung als Gebrauchsanmaßung und nicht als Diebstahl ist der von Anfang an vorliegende *Rückgabewille* des Täters, der im Bereich des Subjektiven zu verorten ist. Nimmt man schließlich aus Unachtsamkeit statt seines eigenen den fremden Regenschirm beim Verlassen des Restaurants, dann ist dies sicher kein Diebstahl – und das, obwohl der objektive Tatbestand erfüllt ist, mit der Folge, dass der rechtmäßige Eigentümer ohne Regenschirm zurückbleibt. Da eine Zueignungsabsicht im Hinblick auf den *fremden* Regenschirm aber fehlt, wird man allenfalls ein *fahrlässiges Handeln* konstatieren.[64] Zur Konstituierung einer Handlung als Diebstahl gehört demzufolge sowohl das objektive Wegnehmen einer fremden beweglichen Sache als auch die dauerhafte Zueignungsabsicht des Täters.[65]

Das Beispiel verdeutlicht, dass in der strafrechtlichen Systematik *sowohl subjektive als auch objektive Merkmale* herangezogen werden, um einen Tatbestand als spezifischen Tatbestand zu bestimmen. So wird ein Spektrum aufgespannt, vom *fahrlässigen Handeln* einerseits bis zum *bloßen Versuch* andererseits. Im ersten Fall fehlt das subjektive Element des Vorsatzes, im zweiten Fall das objektive Element der Tatver-

---

[62]   Der Versuch ist ein „unselbständiger" Tatbestand, da „seine Merkmale stets auf einen im Gesetz umschriebenen Tatbestand bezogen werden müssen." (Ebd., 515).

[63]   Vgl. Maurach / Schroeder / Maiwald, *Strafrecht*, 396 ff. Handelt es sich nicht um einen Regenschirm, sondern um ein fremdes (nicht an Schienen gebundenes) Kraftfahrzeug oder Fahrrad, dann ist solches Handeln nach *Strafgesetzbuch (StGB)*, § 248b („Unbefugter Gebrauch eines Fahrzeugs") strafbar. Im Fall des Regenschirms hingegen ist dies nach deutschem Recht – erstaunlicherweise – nicht der Fall.

[64]   Fahrlässig ist die Handlung natürlich nur dann, wenn der zugrunde liegende Irrtum nach allgemeinem Dafürhalten vermeidbar gewesen wäre. Da beim Diebstahl die dauerhafte Zueignungsabsicht bezogen auf eine *fremde* bewegliche Sache ein konstitutives Tatbestandsmerkmal darstellt, ist ein fahrlässiger *Diebstahl* natürlich nicht möglich; in diesem Fall müsste man daher richtiger von einem fahrlässigen *Wegnehmen* sprechen. Der verwickelte Komplex der Irrtumslehre im Strafrecht soll hier nicht weiter thematisiert werden, siehe dazu Jescheck / Weigend, *Lehrbuch des Strafrechts*, insbesondere 305 ff. (Tatbestandsirrtum) und 456 ff. (Verbotsirrtum).

[65]   Vgl. Maurach / Schroeder / Maiwald, *Strafrecht*, 325 ff. zum objektiven Tatbestand und 333 zum subjektiven Tatbestand.

wirklichung. Dabei handelt es sich nicht um eine Skala, auf der ein jeweils gleicher Tatbestand nur im Hinblick auf die Schuldhaftigkeit eingeordnet wird – über die Rechtswidrigkeit und Schuldhaftigkeit der Tat wird an dieser Stelle der strafrechtlichen Fallprüfung noch überhaupt nichts ausgesagt. Denkbar ist beispielsweise, dass eine an sich rechtswidrige, vorsätzlich begangene Tat im konkreten Fall durch Notstand gerechtfertigt oder entschuldigt ist. Die Bestimmung der subjektiven und objektiven Tatbestandsmerkmale dient zunächst nur zur Klärung der Frage, welcher spezifische Tatbestand überhaupt vorliegt. Das bedeutet natürlich nicht, dass die Bestimmung nicht wesentliche Hinweise mit Blick auf die Rechtswidrigkeit und Schuldhaftigkeit einer Tat gibt. So ist das bloß fahrlässige Wegnehmen – beispielsweise eines Regenschirms, in der irrigen Annahme, es handele sich um den eigenen – schon nicht tatbestandsmäßig und *a fortiori* nicht rechtswidrig, der Diebstahl eines Regenschirms schon; das fahrlässige Töten eines anderen Menschen ist rechtwidrig, wird aber in der Frage der Schuldhaftigkeit in der Regel anders zu bewerten sein als der (vorsätzliche) Totschlag oder gar Mord.

Das beschriebene Spektrum lässt sich noch weiter fassen. So kann man jenseits der Fahrlässigkeit Ereignisse verorten, die zwar *rein kausal* einem Menschen zugeordnet werden können, die aber nicht *handlungstheoretisch zurechenbar* sind.[66] In diesem Sinne ist beispielsweise eine Körperverletzung als Resultat einer Reflexbewegung nicht einmal fahrlässig.[67] Anders verhält es sich mit eingeübten Verhaltensmustern, die grundsätzlich beherrschbar sind. Sie liegen diesseits der Zurechenbarkeitsgrenze. Am anderen Ende lässt sich das Spektrum über den Versuch hinaus fortführen zum *irrealen oder abergläubischen Versuch*.[68] Freilich liegen nur Extremformen – z.B. das „Verhexen" eines anderen in der Absicht, ihm Schaden zuzufügen – in diesem strafrechtlich nicht mehr erfassten Bereich. Hat ein Täter lediglich „aus grobem Unverstand verkannt, dass der Versuch nach der Art des Gegenstandes, an dem, oder des Mittels, mit dem die Tat begangen werden sollte, überhaupt nicht zur Vollendung führen konnte"[69], so ist die Tat trotzdem als Versuch zu bewerten. Allerdings kann ein Gericht in solchen Fällen von einer Strafe absehen oder diese nach eigenem Ermessen mildern.

Die strafrechtliche Theoriebildung legt nahe, dass zur Bestimmung einer Handlung als spezifische Handlung (bzw. eines Tatbestandes) *subjektive und objektive Merkmale* herangezogen werden müssen. Dieser theoretischen Konzeption steht nicht entgegen, dass subjektive Tatbestandsmerkmale – als dem prinzipiell unzugängli-

---

[66] Schon Thomas von Aquin nimmt in der *Summa Theologica* die Unterscheidung von „actus humanus" und „actus hominis" vor. Im eigentlichen Sinne menschlich („actus humanus") werden nach ihm nur solche Akte genannt, derer der Mensch Herr ist, d.h. die in seiner Entscheidungsgewalt liegen. Andernfalls handelt es sich lediglich um „Akte eines Menschen" („actus hominis"); vgl. Thomas von Aquin, *Summa Theologica*, I-II 1, 1.

[67] Vgl. Jescheck / Weigend, *Lehrbuch des Strafrechts*, 224 f.

[68] Vgl. ebd., 532.

[69] *Strafgesetzbuch (StGB)*, § 23 Abs. 3.

chen Inneren des Täters zugehörig – nicht direkt beobachtbar sind, sondern nur durch Indizien erschlossen werden können. Dieser Umstand mag die *Beweisbarkeit* einer Tat schwierig oder im Einzellfall sogar unmöglich machen, spricht aber nicht dagegen, subjektive Merkmale als tatbestandskonstitutive Elemente anzusehen. Würde man dagegen auf subjektive Merkmale bei der Charakterisierung eines Tatbestandes verzichten, so würde damit die Sinndimension menschlichen Handelns nahezu vollständig ausgeblendet, was speziell eine adäquate normative Bewertung unmöglich machen würde.

Nur kurz soll an dieser Stelle noch auf den Begriff der Handlung im Allgemeinen eingegangen werden. Wie die kontroversen Debatten im Rahmen der (analytischen) Handlungstheorie zeigen, stellt sich die Frage, was genau eine Handlung ausmacht, als besonders hartnäckiges Problem dar.[70] Insbesondere ist ein einfacher Rekurs auf die Absicht oder Intention scheinbar nicht geeignet, den Begriff der Handlung in befriedigender Weise zu charakterisieren und gegenüber anderen Ereignissen abzugrenzen. Ein Grund dafür liegt in der Tatsache begründet, dass wir in lebensweltlichen Zusammenhängen bisweilen auch ein unabsichtliches Tun als Handeln klassifizieren. Davidson hat vor dem Hintergrund dieses Befundes die Möglichkeit der *Beschreibbarkeit von Ereignissen als absichtliches Tun* als besonderes Merkmal von Handlungen vorgeschlagen.[71] Das Vorliegen einer Absicht impliziere zwar, so Davidson, ein Handeln, der Umkehrschluss jedoch gelte nicht, sodass das Merkmal der Absicht (unmittelbar) nicht als Definitionsmerkmal verwendbar sei. Es gibt nämlich, so Davidsons Argument, Handlungen, die auf einem Irrtum beruhen und deshalb keine *absichtlichen* Handlungen im eigentlichen Sinne sind, aber dennoch Handlungen.[72] Daher muss Davidson zufolge zur Definition von Handlungen der Umweg über die Beschreibbarkeit genommen werden. Dieser Ansatz erinnert an das Heranziehen von objektiven Merkmalen in der strafrechtlichen Systematik. Dadurch wird auch dort gewährleistet, dass Handlungen, denen ein Irrtum inhäriert, als zurechenbare Handlungen verstanden werden können. Dass in evaluativer Hinsicht jedoch auch diese Lösung nicht befriedigend ist, wird mit Blick auf *fahrlässige Handlungen* deutlich, die gerade dadurch gekennzeichnet sind, dass ein Akteur einen Tatbestand „ungewollt infolge der Verletzung einer Sorgfaltspflicht verwirklicht und dies pflichtwidrig nicht erkennt oder dies zwar für möglich hält, aber pflichtwidrig darauf vertraut, daß der Erfolg nicht eintreten werde."[73] Im Falle fahrlässigen Handelns ist also nicht einmal eine Absicht in Verbindung mit einem Irrtum gegeben. Nach –

---

[70] Einen Überblick über verschiede Ansätze der analytischen Handlungstheorie gibt Meggle (Hg.), *Analytische Handlungstheorie. Band 1: Handlungsbeschreibungen* und Beckermann (Hg.), *Analytische Handlungstheorie. Band 2: Handlungserklärungen.*

[71] „Und damit sind wir m.E. bei einer richtigen Antwort auf unsere Frage angelangt. Sie lautet: Jemand vollzieht dann eine Handlung, wenn das, was er tut, so beschrieben werden kann, daß er es absichtlich tut." (Davidson, *Handeln*, 286).

[72] Vgl. ebd., 284 f.

[73] Jescheck / Weigend, *Lehrbuch des Strafrechts*, 563.

mittlerweile – herrschender Meinung muss daher im Rahmen der strafrechtlichen Systematik eine „soziale Handlungslehre" zugrunde gelegt werden.[74] Diese nimmt eine Mittelstellung zwischen den vormals vertretenen rein kausalen bzw. finalen Handlungslehren ein. Handlung ist demnach „sozialerhebliches menschliches Verhalten", wobei unter „Verhalten jede Antwort des Menschen auf eine erkannte oder wenigstens erkennbare Situationsanforderung durch Verwirklichung einer ihm nach seiner Freiheit zu Gebote stehenden Reaktionsmöglichkeit" verstanden wird.[75] Der Oberbegriff „Verhalten" kann in diesem Verständnis also sowohl aktives Tun als auch bestimmte Arten von Unterlassungen umschließen.[76] Dieser Handlungsbegriff rekurriert augenscheinlich in starkem Maße auf lebensweltliche Vorstellungen davon, was als „sozialerhebliches" Verhalten gelten *soll*. In evaluativer Absicht scheint ein solcher Rekurs unumgänglich zu sein, er macht es jedoch offensichtlich erforderlich, den Versuch einer strikt analytischen Charakterisierung des Handlungsbegriffs aufzugeben.

d) *Die Unterscheidung von Forschung und Praxis im Lichte der Systematik von subjektiven und objektiven Tatbestandsmerkmalen*

Überträgt man die strafrechtliche Theoriekonzeption auf das Problem der Abgrenzung von medizinischer Forschung und medizinischer Praxis, so lassen sich mit Bezug auf die erste Art der oben dargestellten Kritik einige unmittelbare Schlussfolgerungen ziehen: Die Handlungsabsicht des Arzt-Forschers als (primären) Anknüpfungspunkt für eine Differenzierung zu wählen, erscheint vor diesem Hintergrund zumindest dann nicht problematisch, wenn *auch* objektive Merkmale mit in Betracht gezogen werden. Dieser Umstand dürfte indes auch von Vertretern einer Definition, die wesentlich auf die Handlungsabsicht rekurriert, kaum jemals in Zweifel gezogen worden sein. Um überhaupt darüber diskutieren zu können, ob eine bestimmte Handlung eher dem Bereich der biomedizinischen Praxis oder der biomedizinischen Forschung zuzurechen ist, muss die in Frage stehende Handlung zweifellos einige *objektive Merkmale* aufweisen, die sie im weitesten Sinne als „biomedizinische Handlung" qualifiziert. Den Versuch etwa, einen Patienten gesund zu hexen, wird man nicht als eine solche Handlung beschreiben, sondern im Bereich „irrealer Versuche" verorten. Die Folgefrage, ob dabei ein Behandlungsinteresse oder ein Erkenntnisinteresse leitend gewesen ist, stellt sich somit erst gar nicht.

Natürlich ergibt sich damit die Frage nach einer Liste von objektiven Merkmalen, die es ermöglicht, diese erste Zuordnung zu vollziehen. Eine solche Liste objektiv-

---

[74] Vgl. ebd., 217 ff.

[75] Vgl. ebd., 223.

[76] Vgl. ebd., 222 ff. Der Begriff „Verhalten" wird hier also nicht, wie in philosophischen Zusammenhängen oftmals der Fall, zur Bezeichnung von natürlich bedingten Reaktionsweisen und damit in gewisser Weise als Komplementärbegriff zu bewusstem Handeln verwendet.

deskriptiver Merkmale kann sich an den oben referierten allgemeinen objektiven Tatbestandsmerkmalen der strafrechtlichen Systematik – *Handlungsbeschreibung, Handlungsobjekt, äußere Umstände* und *Person des Täters bzw. Akteurs* – orientieren.[77] Wichtige Elemente für die Charakterisierung einer biomedizinischen Handlung im Allgemeinen könnten demzufolge etwa die *fachliche Qualifikation des Akteurs*[78], ein (im weitesten Sinne) *heilkundlicher Handlungskontext* und ein *Mensch als Objekt der Handlung* sein. Die objektive Handlungsbeschreibung könnte beispielsweise am *Vorliegen eines Eingriffs in die psycho-physische Integrität eines Menschen*[79] anknüpfen.[80] Allerdings können

[77]   In der scholastischen Tradition – und darüber vermittelt in der christlichen Morallehre – wird mit Blick auf die Typisierung und moralische Bewertung einer Handlung zwischen drei (handlungstheoretischen) „Quellen der Moralität" („fontes moralitatis") unterschieden: Dem „finis operis" („Handlungsziel", auch „obiectum actionis", d.i. „Gegenstand der Handlung"), dem „finis operantis" („Ziel des Handelnden", auch „intentio", d.i. „Absicht") und den „circumstantiae" („Handlungsumstände", siehe dazu auch oben Anm. 54); vgl. Peschke, *Art. „Quellen der Moralität"* sowie speziell zur Lehre des Thomas von Aquin, auch im Hinblick auf Bezüge zur Theoriebildung der modernen Rechtswissenschaft, Nister, *Akzidentien der Praxis*, insbesondere 39 ff.

[78]   Eine Begrenzung auf approbierte Ärzte erscheint hier vor dem Hintergrund zunehmender fachlicher Spezialisierung nicht mehr uneingeschränkt angemessen. Denkbar ist beispielsweise, dass auch Humanbiologen unmittelbar an biomedizinischen Humanexperimenten beteiligt sind. Dessen ungeachtet spricht einiges dafür, dass im Bereich der *biomedizinischen Forschung an Menschen* immer ein Arzt mit der Leitung eines Forschungsprojekts betraut sein sollte; vgl. Laufs, *Die neue europäische Richtlinie zur Arzneimittelprüfung und das deutsche Recht*, 586 f. Zur Frage, ob Pflegekräfte *eigenständig* Forschung an Menschen betreiben dürfen vgl. die (rechtswissenschaftliche) Bewertung Taupitz / Fröhlich, *Dürfen Pflegekräfte eigenständig klinisch forschen?*

[79]   Dieses *objektive Merkmal* erfüllt natürlich auch eine Körperverletzung. Dieser Umstand darf nicht verwundern, da beide Handlungsarten tatsächlich Gemeinsamkeiten aufweisen. So gelten medizinische Eingriffe ohne Einwilligung des Patienten und ohne andere rechtfertigende Gründe als Körperverletzungen; vgl. dazu sowie zu von der Rechtssprechung abweichenden Meinungen in der Strafrechtslehre Jescheck / Weigend, *Lehrbuch des Strafrechts*, 379. Eine besondere – womöglich historisch bedingte – (Über-)Betonung finden die objektiven Gemeinsamkeiten von medizinischer Forschung und Verbrechen gegen die psycho-physische Integrität durch die gemeinsame Nennung im Artikel 7 der *International Covenant on Civil and Political Rights*, wo es heißt: „No one shall be subjected to torture or to cruel, inhuman or degrading treatment or punishment. In particular, no one shall be subjected without free consent to medical or scientific research." (United Nations General Assembly, *International Covenant on Civil and Political Rights*, Art. 7); siehe dazu auch Katz, *Human Experimentation and Human Rights*, 21 f.

[80]   Für eine *medizinrechtliche* Charakterisierung des Begriffs „Heilbehandlung" (auch dort als Ausgangspunkt für die Bestimmung dessen, was als biomedizinisches Experiment zu gelten hat) vgl. Fröhlich, *Forschung wider Willen?*, 9 f.

auch Eingriffe in die „informationelle Integrität"[81] in diesem Zusammenhang von Bedeutung sein, insbesondere im Hinblick auf epidemiologische Forschung.[82] Des Weiteren wird man an die Art des Eingriffs minimale *methodische Kriterien* anlegen, allerdings müssen diese so weit gefasst werden, dass Außenseitermethoden nicht per se ausgeschlossen werden.[83] Damit ist zweifellos keine endgültige und erschöpfende Liste objektiver Merkmale gegeben. Dessen ungeachtet scheint die Grobklassifizierung einer Handlung als „biomedizinische Handlung" weniger Schwierigkeiten zu bereiten als die Folgekategorisierung in die Bereiche medizinischer Forschung bzw. medizinischer Praxis.

Auch wenn man also zugestehen muss, dass objektive Merkmale zur Bestimmung einer Handlung notwendig sind, so greift doch Beauchamps Auffassung, dass *allein* „the design of the inquiry and its scientific structure" darüber entscheidet, ob es sich um Forschung handelt, und *keineswegs* die Intention des Arzt-Forschers, zu kurz. Eine rein auf Erkenntnisgewinn abzielende Untersuchung, die wissenschaftlich-methodologische Anforderungen nicht erfüllt, muss zumindest als eine Art von *versuchter* Forschung gelten.[84] Es kann, so könnte man pointiert sagen, nicht die man-

---

[81]   Der Begriff „informationelle Integrität" ist angelehnt an das Recht auf „informationelle Selbstbestimmung", welches vom Bundesverfassungsgericht in seiner Entscheidung zur Volkszählung erstmals als Bestandteil des allgemeinen Persönlichkeitsrechts festgeschrieben worden ist; vgl. Bundesverfassungsgericht, *Urteil des Ersten Senats vom 15. Dezember 1983 (Az. 1 BvR 209, 269, 362, 420, 440, 484/83).*

[82]   Epidemiologische Studien werden häufig aus dem Regelungsbereich von Richtlinien bzw. Gesetzen für biomedizinische Forschung am Menschen explizit ausgeschlossen, so beispielsweise in 45 CFR § 46.101 lit. b Nr. 5 des US-amerikanischen *Code of Federal Regulations*. Capron weist indessen darauf hin, dass auch solche Forschungen mit ethischen Problemen behaftet sein können; vgl. Capron, *Protection of Research Subjects*. Damit soll natürlich nicht behauptet werden, dass *jede* epidemiologische Studie einen Eingriff in die informationelle Integrität darstellt.

[83]   Hier wird erneut das oben (vgl. Anm. 25) bereits erwähnte „Abgrenzungsproblem" der Wissenschaftstheorie virulent, diesmal mit Bezug auf die Trennung von wissenschaftlicher Medizin und pseudowissenschaftlichen Praktiken. Eine klare Abgrenzung beider Bereiche anhand methodologischer Kriterien erscheint auch in diesem speziellen Fall kaum möglich, dennoch darf man wohl davon ausgehen, dass methodische Aspekte wichtige Hinweise liefern können. Die Frage, welche Methoden als „wissenschaftlich" gelten dürfen, muss letztlich wohl die „scientific community" immer wieder neu und im freien Austausch bestimmen.

[84]   Der entgegengesetzte Fall, also eine Handlung, die die objektiven Merkmale einer Forschungshandlung erfüllt, ohne dass eine entsprechende Intention des Akteurs vorliegt, kann hier vernachlässigt werden. Analog zum Beispiel des Diebstahls wird man auch bei Forschungshandlungen die Intention des Akteurs gewissermaßen als *notwendiges subjektives Tatbestandsmerkmal* ansehen müssen, mit der Konsequenz, dass es die Handlungsweise im Modus der Fahrlässigkeit nicht gibt. Natürlich ist es beispielsweise vorstellbar, dass ein Arzt zufällig eine für den wissenschaftlichen Fortgang der Medizin wichtige Entde-

gelnde (methodische) Qualität eines Forschungsprotokolls sein, die dazu führt, dass ein Projekt nicht als Forschung eingestuft wird – zumindest solange nicht gänzlich irreale Mittel zur Anwendung kommen. Auch gilt es zu bedenken, dass beispielsweise in der Chirurgie bisweilen Eingriffe vorgenommen werden, die den Charakter von Forschungshandlungen haben, ohne dass ein Versuchsprotokoll vorliegt.[85] Damit wird natürlich nicht bestritten, dass das Vorliegen eines standardisierten Forschungsprotokolls als *Beleg* dafür gelten kann, dass es sich bei einer Handlung um medizinische Forschung und nicht um medizinische Praxis handelt.[86]

Ebenso verfehlt wie der Einwand von Beauchamp ist die Kritik von Tyson und Maio, die darauf abzielt, dass die Absicht des Arzt-Forschers nicht objektiv bestimmbar sei und deshalb als Unterscheidungskriterium ausscheide. Das Faktum der (unmittelbaren) Unzugänglichkeit von Intentionen mag es im strittigen Einzelfall schwierig machen *herauszufinden, ob,* bzw. *zu beweisen, dass* es sich um eine wissenschaftliche Untersuchung und nicht um einen Akt medizinischer Praxis handelt. Über die Möglichkeit und Richtigkeit der begrifflichen Unterscheidung ist damit aber nichts ausgesagt. Richtig ist allerdings, dass es zur *Operationalisierung* der begrifflichen Unterscheidung von Forschung und Praxis, etwa im Rahmen von regulatorischen Texten, erforderlich sein kann, objektive Kriterien zu finden, die der Forschungsabsicht des Arzt-Forschers korrespondieren.[87] Das Vorliegen eines formellen Versuchsprotokolls – insbesondere wenn darin verschiedene „Arme" oder sogar ein „Placebo-Arm" vorgesehen sind – ist, wie gesagt, in dieser Hinsicht zweifellos ein wichtiges Indiz.

---

ckung macht, während er einen Patienten behandelt. Man wird dann aber kaum sinnvoll von „fahrlässiger" Forschung sprechen.

[85]   Margo weist auf diese Fälle „informeller Forschung" in der Chirurgie hin; vgl. Margo, *When is surgery research? Towards an operational definition of human research*, 42 f. Parker et al. sehen auch im Bereich der Erforschung seltener genetischer Erkrankungen besondere Abgrenzungsprobleme. Sie schlagen als pragmatisches Unterscheidungskriterium die aktive Rekrutierung von Probanden vor; beschränkt sich ein Arzt bei seinen Untersuchungen auf die Familie eines Patienten, so könne die Handlung als Diagnose im Rahmen medizinischer Praxis gelten und sollte daher – dieser Punkt steht im Zentrum des Beitrages – nicht einer lokalen Ethik-Kommission zur Begutachtung vorgelegt werden müssen. Der entscheidende Aspekt der Absicht des Arzt-Forschers bleibt weitgehend unberücksichtigt; vgl. Parker et al., *Ethical review of research into rare genetic disorders*.

[86]   Im Versuchsprotokoll kommt gerade die *Absicht* der Arzt-Forscher zum Ausdruck, einen Beitrag zum wissenschaftlichen Fortschritt zu liefern. Helmchen weist allerdings zu Recht darauf hin, dass es auch standardisierte *Behandlungs*protokolle gibt; vgl. Helmchen, *Art. „Humanexperiment / Heilversuch (1. Medizin)"*, Sp. 490.

[87]   So auch Margo: „I submit that this involves establishing criteria for informal research that are operational in nature and that correspond to intent." (Margo, *When is surgery research? Towards an operational definition of human research*, 42). Siehe auch Fröhlich, *Forschung wider Willen?*, 16.

Auch mit Blick auf die zweite der oben angeführten Argumentationslinien, derzufolge eine klare Aufteilung in biomedizinische Praxis und Forschung entlang der Linie der Intention inadäquat sei, lassen sich Hinweise zur Problemlösung aus der strafrechtlichen Theoriebildung gewinnen. Geht man nämlich davon aus, dass die Handlungsabsicht maßgeblich über den Sinn einer Handlung entscheidet, dann ist es für den Fall, dass mehrere Handlungsabsichten zugleich vorliegen, naheliegend, eine *Primärintention* dahingehend zu bestimmen, welcher Zweck mit einer Handlung *schwerpunktmäßig* verfolgt wird.[88]

Dass im Rahmen medizinischer Praxis auch das Moment des Nichtwissens relevant werden kann, ist schon früh als Argument dafür angeführt worden, dass eine (strikte) Trennung von medizinisch-klinischer Praxis und wissenschaftlicher Forschung sachlich nicht zu überzeugen vermag. Im Gegenteil, so der Einwand in seiner weitesten Variante, müsse *jede* medizinische Handlung im Grunde genommen als Experiment verstanden werden. In diesem Sinne hat beispielsweise Blumgart formuliert: „Every time a physician administers a drug to a patient, he is in a sense performing an experiment. It is done, however, with therapeutic intent and within the doctor-patient relationship since it involves a judgment that the expected benefit outweighs the risk. Even the most commonly used agents [...] involve risk. We can standardize drugs, but we cannot standardize patients; medical care of the patient demands adjusting the drug to the individual's unique characteristic."[89] Blumgart übersieht bei seiner Argumentation, wie auch Tyson, dass ein Erkenntnisdefizit zwar

---

[88] Im sogenannten „Thorotrast-Urteil" stellte der Bundesgerichtshof fest, dass im gegebenen Fall bei der Behandlung mit dem Kontrastmittel Thorotrast der Forschungszweck „im Vordergrund stand und ihr das entscheidende Gepräge gab". Das Gericht ging also davon aus, dass *auch* die Heilung des Patienten intendiert gewesen sein mag, dass jedoch *primär* eine wissenschaftliche Intention vorgelegen habe, die für den Charakter der Handlung insgesamt entscheidend gewesen sei; vgl. Bundesgerichtshof, *Urteil vom 13. Februar 1956 (Az. III ZR 175/54)*, 66. Wie oben (Anm. 77) bereits erwähnt, unterscheidet die scholastische Tradition zwischen dem „Handlungsziel" („finis operis") und dem „Ziel des Handelnden" („finis operantis"). Zur Verdeutlichung der begrifflichen Distinktion führt Thomas von Aquin als Beispiel das Bauen an: Das Handlungsziel bildet in diesem Falle das Haus, das Ziel des Erbauers hingegen kann sehr wohl in etwas anderem bestehen, beispielsweise darin, durch den Bau einen Gewinn zu erzielen; vgl. Thomas von Aquin, *Summa Theologica*, II-II 141, 6. Es liegt vielleicht nahe, hier eine Parallele zur Unterscheidung von primären und sekundären Handlungsabsichten zu vermuten. In der scholastischen Tradition werden das „finis operis" und das „finis operantis" jedoch als Elemente verstanden, die auf *unterschiedlichen* handlungstheoretischen Ebenen angesiedelt sind. Anders verhält es sich bei der hier vorgenommenen Differenzierung zwischen einer *primären* und *sekundären Intention*: In handlungstheoretischer Perspektive sind diese, insofern es beides *Handlungsabsichten* sind, auf der *gleichen* Ebene angesiedelt; gleichwohl stehen sie in einer klaren Rangfolge zueinander.

[89] Blumgart, *The Medical Framework for Viewing the Problem of Human Experimentation*, 44; vgl. auch Shimkin, *The Problem of Experimentation on Human Beings*, 205.

immer *Auslöser* von Forschung ist, Forschung als Handlung dadurch aber nicht hineichend charakterisiert ist, sondern zusätzlich *als intendiertes Ziel* ein Erkenntnisgewinn hinzutreten muss. Das in einem erweiterten Sinne experimentell genannte Handeln eines Arztes unter Unsicherheit zeichnet sich demgegenüber zwar auch durch ein Nichtwissen aus, Ziel der Handlung bleibt – wie Blumgart selbst betont – aber, das Wohl eines Patienten zu befördern. Die Verwirrung liegt zum Teil wohl darin begründet, dass die Begriffe „Experiment" bzw. „experimentell" neben Handeln, das auf einen Erkenntnisgewinn abzielt, auch unspezifischer ein Handeln mit unsicherem Ausgang bezeichnen können. Es ist aber verfehlt, auf die Unsicherheit des Erfolges zur Unterscheidung von medizinischer Praxis und medizinischer Forschung zurückzugreifen. Sehr deutlich hat Levine diesen Punkt bezogen auf noch nicht validierte und neue Verfahren herausgestellt, bei denen die Unsicherheit des Erfolges naturgemäß besonders groß ist: „Thus, performing a procedure that is innovative, or, for some other reason, nonvalidated, is not research; rather, it is a form of practice that ought to be made the object of formal research."[90] Levines Hinweis darauf, dass ein neues, noch nicht validiertes Verfahren zum Gegenstand von Forschung gemacht werden *sollte*, weist auf einen weiteren wichtigen Punkt hin: Das in der Praxis empfundene Defizit ist ein *praktisches Nichtkönnen* in einem konkreten medizinisch-praktischen Handlungskontext, während das Defizit, das den Auslöser für ein Forschungsprogramm bildet, besser als ein *theoretisches Nichtwissen* beschrieben wird. Weil beide – vor allem in der Medizin als praktischer Wissenschaft – eng miteinander verbunden sind, aber eben nicht notwendigerweise in eins fallen, nimmt es die Form einer Forderung an, dass das praktische Nichtkönnen zugleich auch als *Defizit* im Sinne eines theoretischen Nichtwissens begriffen werden *soll* und damit zum Auslöser für Forschung wird.

Diese Überlegungen machen deutlich, dass die bloße Unsicherheit des Erfolges bzw. die Neuheit eines Verfahrens sowie der Umstand, dass ein Verfahren nicht den validierten Standard bildet, nicht automatisch dazu führt, dass der Einsatz eines solchen Verfahrens als Forschung gewertet werden darf, und zwar weil die *primäre Handlungsabsicht* von diesen Faktoren unberührt bleibt. Um in einem ohnehin unübersichtlichen Feld nicht unnötig Verwirrung zu stiften, ist es daher angezeigt und wohl auch zunehmend Konsens, das ärztliche Handeln unter (gesteigerter) Unsicherheit in therapeutischer, diagnostischer oder präventiver Absicht nicht „experi-

---

[90] Levine, *Clarifying the Concepts of Research Ethics*, 22. Auch Deutsch und Spickhoff betonen, eine Handlung sei nicht deswegen ein Experiment, weil ihr Ausgang nicht sicher feststehe. Vielmehr stehe der Versuch im Gegensatz zum Standard; vgl. Deutsch / Spickhoff, *Medizinrecht*, 452 f. Aber auch diese Gegenüberstellung ist irreführend: Nicht-Standardverfahren können im Rahmen von medizinischen Behandlungen Verwendung finden, die allein am Wohlergehen des individuellen Patienten ausgerichtet sind, und ebenso ist es möglich, dass Standardverfahren in experimentellen Zusammenhängen zum Einsatz kommen, in denen es um die Überprüfung einer wissenschaftlichen Hypothese geht.

mentell" zu nennen, auch wenn die umgangssprachliche Verwendungsweise des Wortes dies durchaus zulässt.[91]

Auch der umgekehrte Einwand, dass zumindest bestimmte Formen medizinisch-wissenschaftlicher Forschung einen unmittelbaren Nutzen für die Probanden haben und von daher eine Unterscheidung fragwürdig bleiben muss, kann nicht überzeugen. Mit einer Handlung kann ein Akteur zwar mehrere Absichten zugleich verfolgen. Dessen ungeachtet bleibt immer *genau eine Primärabsicht* bestimmend für eine Handlung. So kann man ohne Frage von Experimenten sprechen, die „therapeutic" oder „beneficial" in dem Sinne sind, dass in ihnen das Bemühen um einen Erkenntnisgewinn mit einem Individualnutzen für die Patienten-Probanden vereint ist. Im Hinblick auf die Charakterisierung der Handlung stellt sich dann aber die Frage, ob *im Konfliktfall* das Wohl des Patienten vorrangig ist oder die Beantwortung der wissenschaftlichen Fragestellung. Und dies hängt von der Primärabsicht ab, die der Handlung des ausführenden Arzt-Forschers zugrunde liegt. Man könnte versucht sein, gegen diese Konzeption einzuwenden, dass *jedes* Experiment im Falle von schwerwiegenden „adverse effects" zum Schutz von Probanden abgebrochen werden muss. Damit genieße das Wohl des Patienten prinzipiellen Vorrang vor der Beantwortung einer wissenschaftlichen Fragestellung. Folglich gäbe es – abgesehen von Experimenten an gesunden Probanden – überhaupt keine Humanexperimente, sondern ausschließlich Behandlungen mit neuartigen Verfahren. Genau besehen steht das Gebot des Abbruchs eines Experiments aber nicht mit der *Absicht zur Durchführung* in Verbindung. Es ist ein reiner Schutzmechanismus für die Probanden in *Notfällen*. *Konfliktfälle* hingegen können schon da auftreten, wo die individuelle Konstitution oder Befindlichkeit eines Patienten-Probanden das (möglicherweise nur kurzzeitige oder minimale) Abweichen von einem Versuchsplan nahe legen würde.[92] Eine solche – wirkliche oder hypothetische – Situation kann als Prüfstein für die zugrunde liegende Primärabsicht gelten. Ist der Arzt-Forscher dazu jederzeit bereit, handelt er primär in therapeutischer, diagnostischer order präventiver Ab-

---

[91] Heubel hält das deutsche Wort „Versuch" für zweideutig; es erlaube die Verwendungsweise im Sinne von „wissenschaftlichem Experiment" („trial") sowie im Sinne von „ärztlicher Intervention in therapeutischer Absicht, aber ungewisser Aussicht ohne Forschungsinteresse" („attempt"). Dagegen meine das Wort „Experiment" eindeutig ein methodisch bewusstes, experimentelles Arrangement; vgl. Heubel, *Humanexperimente*, 323. Zumindest umgangsprachlich lassen jedoch beide Wörter eine nichteindeutige Verwendungsweise zu; vgl. zum Begriff „Experiment" Grimm / Grimm, *Deutsches Wörterbuch* (1999), Bd. 8, Sp. 2510 f. und Simpson / Weiner, *The Oxford English Dictionary* (1989), Vol. V, 564 f. sowie zum Begriff „Versuch" Grimm / Grimm, *Deutsches Wörterbuch* (1956), Bd. 12.I, Sp. 1822 ff.

[92] Vgl. die Ausführungen von Levine: „Thus, the individualized dosage adjustments and changes in therapeutic modalities are less likely to occur in the context of a clinical trial than they are in the practice of medicine. The deprivation of the experimentation ordinarily done to enhance the well-being of a patient is one of the burdens imposed on the patient-subject in a clinical trial." (Levine, *Ethics and Regulation of Clinical Research*, 10).

sicht. Gleichwohl ist nicht ausgeschlossen, dass er dabei *auch* einen Beitrag zur wissenschaftlichen Entwicklung leistet. Dennoch ist für sein Handeln die *Logik des Heilens* die primär bestimmende Handlungslogik. Steht hingegen die Absicht im Vordergrund, verallgemeinerbares Wissen zu generieren, dann kann ein solches Abweichen nur in Notsituationen als akzeptabel gelten. Der Arzt-Forscher handelt somit primär in wissenschaftlicher Absicht, wobei nicht ausgeschlossen ist, dass er dabei *auch* im Interesse des individuellen Patienten-Probanden agiert. Als bestimmende Handlungslogik muss in diesem Fall aber die *Logik der Forschung* gelten. So berechtigt also die Einwände sind, dass es faktisch dauernd zu Überschneidungen von medizinischer Praxis und medizinischer Forschung kommt, so wenig spricht dies gegen eine begriffliche Trennung beider Bereiche und zwar entlang der Linie der verfolgten (Primär-)Absicht.

Gegen die an der Intention orientierte Abgrenzung von medizinischer Praxis und Forschung wird gelegentlich noch eingewendet, dass es spezifische medizinische Eingriffe gibt, die allgemein dem Bereich der Praxis zugerechnet werden, obwohl sie keinen unmittelbaren medizinischen Nutzen für den Patienten haben – z.B. Entnahme von Blut, Knochenmark oder Organen zu Spendezwecken – und daher eine therapeutische, diagnostische oder präventive Absicht nicht vorliegen kann.[93] Diese Feststellung ist zutreffend, gleichwohl muss man bemerken, dass dadurch die Auffassung, die Absicht, einen Erkenntnisgewinn zu erzielen, stelle ein konstitutives (subjektives) Handlungsmerkmal für medizinische Forschung dar, nicht unmittelbar berührt wird. In Zweifel gezogen wird mit diesem Einwand lediglich, dass eine (am Wohl des individuellen Patienten orientierte) „Intention zur Hilfe" zur Charakterisierung von *medizinischer Praxis* sachlich angemessen ist. Diese Frage kann hier nicht abschließend erörtert werden. Eine Möglichkeit, dieses Problem zu lösen, bestünde aber beispielsweise darin, zwischen *therapeutisch-diagnostisch-präventiver* und *fremdnütziger* medizinischer Praxis zu unterscheiden. Treffender wäre es vielleicht jedoch, für diesen Bereich, der sich dem durch das klassische ärztliche Ethos beherrschten Handlungsspektrum nicht problemlos zurechnen lässt, einen eigenen Begriff zu reservieren, auch wenn damit die Gefahr einer gewissen Künstlichkeit verbunden ist.

Vor dem Hintergrund der bisherigen Überlegungen können zwei der drei oben genannten Haupteinwände gegen die Absicht des Arzt-Forschers als primären Anknüpfungspunkt für eine Unterscheidung von medizinischer Forschung einerseits,

---

[93]   Diesen Einwand hat schon die National Commission diskutiert und verworfen, allerdings mit dem Argument, auch bei Blut- oder Organspenden sei ein Nutzen gegeben, wenngleich für einen anderen Patienten oder eine Patientengruppe; vgl. National Commission for the Protection of Human Subjects of Biomedical and Behavioral Research, *The Belmont Report*, 3. Dieses Argument ist insofern nicht überzeugend, als es auch auf nahezu jede Art von biomedizinischer Forschung angewendet werden kann: Diese ist zumindest mittelbar immer dem Ziel verpflichtet, durch eine Verbesserung diagnostischer, therapeutischer und präventiver Verfahren einen Nutzen für Patienten zu erbringen.

medizinischer Praxis andererseits als entkräftet gelten. Als dritter und letzter Einwand steht noch die Kritik aus, die die Unterscheidung von Forschung und Praxis in ethischer Hinsicht für problematisch erachtet. Auch mit Bezug auf diesen dritten Einwand kann der Rekurs auf die strafrechtliche Theoriebildung einen erhellenden Hinweis liefern. Dort wird nämlich, wie gesehen, die Frage der normativen Bewertung, d.h. der Rechtswidrigkeit und Schuldhaftigkeit einer Tat erst im Anschluss an die grundsätzliche Bestimmung der Tat als spezifische Tat behandelt. Die *normative Bewertung* ist damit von der *deskriptiven Bestimmung* wohl unterschieden. In diesem Sinne könnte man auch bezogen auf die Unterscheidung von biomedizinischer Forschung bzw. Praxis geltend machen, dass etwaige Schutzvorschriften für Patienten-Probanden unabhängig von der Bestimmung einer Handlung – als dem Bereich der medizinischen Praxis oder Forschung zugehörig – zu sehen sind. Gleichwohl kann man nicht leugnen, dass die Einordnung einer Tat in die Systematik der Tatbestände des Strafrechts letztlich immer in normativer Absicht erfolgt. Und auch der Unterscheidung zwischen wissenschaftlicher Forschung und medizinisch-klinischer Praxis liegt ein praktisches Interesse zugrunde. Eine an der Intention des Arzt-Forschers orientierte Unterscheidung ist aber gerade geeignet, dieses praktische Interesse zu erfüllen. Die Forschungsethik ist nämlich nicht ausschließlich – und möglicherweise nicht einmal in erster Linie – mit dem Schutz von Probanden vor dem Risiko eines psycho-physischen Schadens im Rahmen eines biomedizinischen Experiments befasst, sondern auch mit dem Schutz vor einer „radikalen Versachlichung" des Menschen als Forschungsobjekt.[94] Diese Gefahr hängt nun aber wesentlich von der Handlungsabsicht des Arzt-Forschers ab. Damit ist keineswegs gesagt, dass die Anwendung eines neuen, bisher unerprobten Verfahrens in therapeutischer, diagnostischer oder präventiver Absicht *per se* als ethisch unproblematisch gelten darf. Der Hinweis ist durchaus berechtigt, dass rein fremdnützige Experimente bisweilen mit wesentlich geringerem Risiko verbunden sind als die Anwendung von Standardver-

---

[94] Die hier vertretene Auffassung ist freilich nicht unbestritten: So führt etwa Wikler aus: „[...] there is a single issue which might reasonably be regarded as being of central importance: the possibility of subjects being injured or hurt." (Wikler, *The Central Ethical Problem in Human Experimentation and Three Solutions*, 380). Gleichwohl geht auch Wikler davon aus, dass der informierten Einwilligung eine zentrale Rolle bei medizinischer Forschung am Menschen zukomme, und zwar weil die Einwilligung den Schaden in moralischer Sicht legitimiere. Später führt er jedoch auch aus, dass im Erfordernis der Einwilligung der Respekt vor der Würde des Probanden zum Ausdruck gebracht werde: „Consent respects the dignity of the subject." (Ebd., 382). Es bleibt unklar, ob er damit (implizit) den Aspekt der Instrumentalisierung anspricht oder ob er weiterhin ausschließlich den Schutz vor Schaden im Sinn hat oder ob er eine mögliche Instrumentalisierung schlicht als Schaden auffasst. Nachdrücklich hat Ramsey die besondere Dimension der Forschungsethik herausgestellt, wenn er feststellt: „This surely is the morality of the matter: a subject can be wronged without being harmed." (Ramsey, *The Patient as Person*, 39). Ähnlich auch Capron, der schreibt: „[...] people may have been wronged even when they have not suffered harm." (Capron, *Protection of Research Subjects*, 166).

fahren in therapeutischer, diagnostischer oder präventiver Absicht, deren Sicherheit und Effektivität niemals überprüft worden ist. Dennoch muss die Anwendung neuer Verfahren im Allgemeinen als eine Option angesehen werden, die durch die Therapiefreiheit im Rahmen des Arzt-Patient-Verhältnisses – zumindest bei Fehlen eines effektiven Standards – geschützt ist und daher trotz der gesteigerten Unsicherheit klar dem Bereich der Praxis zuzurechnen ist. Dass der behandelnde Arzt in solchen Fällen sowohl eine gesteigerte Verantwortung als auch eine besondere Aufklärungspflicht gegenüber seinem Patienten hat, ist dabei unbestritten.

Mit Blick auf die Unterscheidung von biomedizinischer Forschung und Praxis weisen King, Maio und Vollmann freilich zu Recht auf den Umstand hin, dass das Alltagsverständnis der Begriffe „experimentell" bzw. „therapeutisch" die Gefahr einer Verschleierung tatsächlicher Risikoprofile bergen könne, der entgegengewirkt werden müsse.[95] Natürlich darf die klare begriffliche Unterscheidung zwischen biomedizinischer Forschung und Praxis nicht das Bewusstsein dafür trüben, dass es vergleichsweise ungefährliche Humanexperimente und durchaus risikoreiche Heilbehandlungen gibt. Ebenso wenig wie „experimentelle" Handlungen immer und grundsätzlich (objektiv) „gefährlich" sind, sind „therapeutische" Maßnahmen generell gefahrlos für den Patienten. Es ist indessen nicht einzusehen, warum die Beibehaltung von sachlich angemessenen Begriffskategorien dieser Einsicht entgegenstehen sollte. Entscheidend ist hier, dass in der Kommunikation zwischen Arzt-Forscher und Patient-Proband sowohl der Hintergrund als auch die möglichen Konsequenzen eines Verfahrens klar thematisiert werden.

Ebenfalls zutreffend ist, dass auch auf Seiten der Arzt-Forscher bisweilen Unklarheit darüber herrschen kann, welchem der beiden Bereiche eine Handlung zuzuordnen ist. Gerade wenn in einer Handlung beide Zwecke – Beförderung des Wohlergehens eines individuellen Patienten und Erkenntnisgewinn – zugleich verfolgt werden können, ist die Frage, was die eigentliche Primärabsicht ist, möglicherweise für den Akteur selbst schwer zu beantworten. Dieser Umstand lässt es aus ethischer Sicht angeraten erscheinen, die Grenzziehung im Zweifel so zu treffen, dass auch

---

[95] Ness hat, im Anschluss an den *Belmont Report*, nachdrücklich darauf hingewiesen, dass die übliche Gegenüberstellung von Risiken und Nutzen problematisch sei. Im Gegensatz zum Begriff „Risiko" drücke der Begriff „Nutzen" nämlich keine Wahrscheinlichkeit aus. Richtiger sei daher die Verwendung der Begriffe „möglicher Nutzen" und „möglicher Schaden". Ness argumentiert weiter: „Thus, this asymmetrical language is something of a rhetorical trope that conveys connotations of benevolence and optimism – benevolence, because it communicates indirectly that benefits are intended and harms are not, and optimism, because it suggests that harms are a product of chance but benefits are not." (Ness, *The Concept of Risk in Biomedical Research Involving Human Subjects*, 367). Da es sich inzwischen um eine Art *Terminus technicus* handelt, wird im Folgenden der Begriff „Risiko" beibehalten. Der Einwand von Ness sollte jedoch zum Anlass genommen werden, die Begrifflichkeit, die im Rahmen der Probandenaufklärung verwendet wird, sorgfältig daraufhin zu prüfen, ob sie sachlich korrekt und „neutral" ist.

jene Handlungen als Humanexperiment gelten, bei denen der Erkenntnisgewinn als Primärabsicht nicht sicher feststeht, aber auch nicht ausgeschlossen werden kann. Dies hat zur Folge, dass Handlungen, bei denen Zweifel über die angemessene Zuordnung bestehen, grundsätzlich in den Anwendungsbereich forschungsethischer Prinzipien gelangen, was dem Schutz von Patienten-Probanden – und auch von Arzt-Forschern – zuträglich ist. Eine vollständige Preisgabe der begrifflichen Unterscheidung von biomedizinischer Forschung und Praxis, wie King sie vorgeschlagen hat, erscheint aus systematischen wie auch aus pragmatischen Gründen hingegen kaum überzeugend.[96] Nur durch eine klare Trennung beider Bereiche ist sichergestellt, dass die spezifische Problematik der Instrumentalisierung und Objektivierung von Probanden im Rahmen von Humanexperimenten als solche erkennbar ist und bleibt.[97]

e)   Der Heilversuch als Mittelglied zwischen Humanexperiment und Heilbehandlung

Um die besondere Stellung solcher Handlungen deutlicher hervorzuheben, in denen eine „Intention zur Hilfe" und eine „Intention zum Erkenntnisgewinn" ineinander spielen, sind schon früh Begriffe in die Diskussion eingeführt worden, die eben diesen „mittleren Bereich" gegenüber dem Humanexperiment einerseits, der Heilbehandlung andererseits kennzeichnen sollen. Damit wird zugleich die strikte Dichotomie der Bereiche „Forschung" und „Praxis", wenn nicht preisgegeben, so doch in Frage gestellt und möglicherweise aufgeweicht.

---

[96]   Aus pragmatischen Gründen votiert auch Maio – trotz aller Kritik – für eine Beibehaltung: „Trotz der berechtigten Vorbehalte und eingedenk der grundsätzlichen Relativität solcher Termini ist pragmatisch dafür zu plädieren, an der Unterscheidung zwischen Heilbehandlung und Experiment festzuhalten, da ein völliges Aufweichen der Grenzen mit einem solchen Verlust an Orientierungsmöglichkeiten verbunden sein könnte, daß am Ende neue latente Unsicherheiten entstünden, die die Beziehung zwischen Arzt und Patient in noch gravierenderer Weise belasten würden als dies momentan durch den kommunikationshemmenden Rekurs auf genannte Definitionen der Fall ist." (Maio, *Ethik der Forschung am Menschen*, 47).

[97]   In diesem Sinne hat auch Katz festgestellt: „From all I have said so far, it follows that a major problem compromises the protection afforded to subjects of research resides in the obfuscation of the boundaries between clinical research as a distinct category, sharply delineated from clinical practice." (Katz, *Human Experimentation and Human Rights*, 17). Für eine strikte Trennung beider Bereiche haben sich zuletzt auch Miller und Brody im Rahmen ihrer Analyse des „Equipoise"-Konzepts ausgesprochen; vgl. Miller / Brody, *A Critique of Clinical Equipoise* sowie Brody / Miller, *The Clinician-Investigator: Unavoidable but Manageable Tension*. Ausführlich wird die Position von Miller und Brody unten in V.2 thematisiert werden.

In der deutschsprachigen Debatte hat sich dafür der Begriff „Heilversuch"[98] etabliert. An die Stelle der absichtsorientierten Zweiteilung von Forschung und Praxis tritt damit eine Dreiteilung, in der die Art von Handlungen, bei denen beide Absichten zugleich präsent sind, als Kategorie *sui generis* begriffen wird. Auch wenn die Hervorhebung dieses mittleren Bereiches sachlich sicher nicht völlig unbegründet ist, stellt sich dennoch die Frage, ob dadurch nicht – entgegen dem Anliegen, das mit einer feineren Begrifflichkeit immer verbunden ist – gerade das Charakteristikum der zu klassifizierenden Handlungen eher verdeckt wird. Augenfällig wird dies, wenn man betrachtet, wie der Begriff des Heilversuchs von unterschiedlichen Autoren im Verhältnis zu den Begriffen „Humanexperiment" (Forschung) und „Heilbehandlung" (Praxis) sowie zum Methodenbegriff der klinischen Studie mit ihren vier Phasen bestimmt wird.

Unter einem Heilversuch versteht Hart beispielsweise eine medizinische Handlung, die „durch den Behandlungszusammenhang und die Abweichung vom medizinischen Standard definiert [ist]."[99] Allerdings ist Hart zufolge „nur diejenige vom ärztlichen Standard abweichende Behandlung [...] Heilversuch, die auf einer wissenschaftlich plausiblen Hypothese basierend den ärztlichen Standard verändern, einen neuen begründen oder überprüfen will, um dem Kranken zu helfen."[100] Als Heilversuch gelten ihm nur „solche Abweichungen vom Standard, die nicht durch die Konstitution des Patienten oder das spezielle Krankheitsbild, sondern durch das *Ziel einer Veränderung des ärztlichen Standards* begründet sind."[101] Anpassungen des Standards „an die einzelne Behandlung" sind keine Heilversuche.[102] Aus der Perspektive einer absichtsorientierten Unterscheidung von Forschung und Praxis verortet Hart den Heilversuch damit deutlich in der Nähe des Humanexperiments. Konsequenterweise ordnet er klinische Phasen II- und III-Studien dem Heilversuch zu.[103]

---

[98] Auch die Begriffe „Therapieversuch" und „therapeutische Forschung" sind gebräuchlich, in der englischsprachigen Literatur finden sich vor allem die Begriffe „experimental treatment", „therapeutic experiment" und „therapeutic research", allerdings bleibt unklar, ob sie allesamt synonym zum Begriff „Heilversuch" sind.

[99] Hart, *Heilversuch, Entwicklung therapeutischer Strategien, klinische Prüfung und Humanexperiment*, 99.

[100] Ebd., 95.

[101] Ebd., 98.

[102] Vgl. ebd., 101. Wörtlich führt Hart aus: „Solche Abweichungen, also Anpassungen des Standards an die einzelne Behandlung, sind nicht Heilversuch, sondern liegen im Bereich der ärztlichen Therapiefreiheit und der Patientenselbstbestimmung." Diese Gegenüberstellung ist freilich etwas ungenau. Man sollte als zweite Satzhälfte eigentlich erwarten „sondern Heilbehandlungen (und liegen *folglich* im Bereich der ärztlichen Therapiefreiheit und der Patientenselbstbestimmung)".

[103] Ebd., 95. Noch weiter geht Fröhlich, wenn er schreibt: „Wie schon erwähnt, sind die meisten klinischen Versuche in der Arzneimittelprüfung – insbesondere solche der Phasen I bis IV – Heilversuche." (Fröhlich, *Forschung wider Willen?*, 75). Wie man Phase I-Studien, also Toxizitätsprüfungen an gesunden Probanden, zur Kategorie der Heilversu-

Eine grundlegend andere Auffassung vertritt hingegen Eser, dem zufolge der Heilversuch zwar *methodisch-experimentellen* Charakter hat, jedoch durch „das *subjektive Behandlungsinteresse* der Kategorie der Heilbehandlung näher [steht]."[104] Auf der Grundlage dieses Begriffsverständnisses muss man zumindest Phase I- und II-Studien als Humanexperimente bezeichnen, da hier das Erkenntnisinteresse eindeutig im Vordergrund steht. Bei Phase III-Studien ist dies weniger klar, vor allem dann nicht, wenn keine effektiven Therapien für eine Krankheit zur Verfügung stehen. In diesem Fall kann man argumentieren, dass die Aufnahme eines Patienten durch einen behandelnden Arzt in therapeutischer (diagnostischer, präventiver) Absicht erfolgt. Die strikten Regeln eines Studienprotokolls legen jedoch nahe, dass der entscheidende Sinn und Zweck von Phase III-Studien im Erzielen eines Erkenntnisgewinns besteht.[105] Dafür spricht auch, dass Medikamente bei lebensbedrohlichen Krankheiten (z.B. bei AIDS) schon während einer klinischen Studie auf einer „off protocol" Basis, d.h. außerhalb der eigentlichen Studie, an Kranke verteilt werden können.[106]

Wie disparat die Handlungen sind, die unter dem Begriff des Heilversuchs gefasst werden können, wird endgültig in den Ausführungen von Helmchen deutlich: „Die Variationsbreite des Heilversuchs reicht also von einer ‚innovativen' Variation einer ‚Standard'-Behandlung oder einer erstmaligen Anwendung einer neuen Behandlung bis zur systematisch-wissenschaftlichen Überprüfung ihrer Wirksamkeit. [...] Bei einem erstmaligen Behandlungsversuch [...] wird ganz das *ärztliche Helfenwollen* im Vordergrund stehen. [...] *Forschendes Wissenwollen* hingegen bestimmt die Durchführung eines Heilversuchs als kontrollierten Versuch."[107] Helmchen rückt also, anders

---

che rechnen kann, muss allerdings unverständlich bleiben. Phase I-Studien können nachgerade als die exemplarische Form des Humanexperiments gelten; vgl. Laufs, *Die neue europäische Richtlinie zur Arzneimittelprüfung und das deutsche Recht*, 589.

[104] Eser, *Art. „Humanexperiment / Heilversuch (3. Recht)"*, Sp. 505.

[105] In den *Marburger Richtlinien zur Forschung mit einwilligungsunfähigen und beschränkt einwilligungsfähigen Personen* wird der Heilversuch sogar noch enger gefasst: Er bezeichnet dort die Anwendung eines nicht etablierten Verfahrens zum Wohl eines individuellen Patienten „ohne daß zugleich Maßnahmen zur Gewinnung neuer verallgemeinerungsfähiger Erkenntnisse getroffen werden." (zitiert nach Freund / Heubel, *Forschung mit einwilligungsunfähigen und beschränkt einwilligungsfähigen Personen*, 349).

[106] Dieses Verfahren bezeichnet man mit den Begriffen „parallel track" oder „expanded access". Vgl. dazu und zu den damit verbundenen Problemen Freedman / Boston Research Group, *Nonvalidated Therapies and HIV Disease*, insbesondere 17 ff. sowie Skerrett, *Parallel Track: Where Should It Intersect Science?*; Beauchamp / Childress, *Principles of Biomedical Ethics*, 203.

[107] Helmchen, *Ethische Fragen in der Psychiatrie*, 354 f.; vgl. auch Helmchen / Lauter, *Dürfen Ärzte mit Demenzkranken forschen?*, 13. Dort nennen die Autoren einen weiteren interessanten Aspekt, nämlich die kontrollierte und partiell fremdnützige Anwendung von medizinischen Maßnahmen zu Ausbildungszwecken. Auch hier könne man, so die Autoren, von Heilversuchen sprechen.

als Hart bzw. Eser, den Begriff „Heilversuch" weder einseitig in die Nähe des „Humanexperiments", noch nähert er ihn lediglich der „Heilbehandlung" an, sondern dehnt diese begriffliche Kategorie in *beide* Richtungen aus. Dem eigenständigen Bereich des Heilversuchs, der in der Mitte zwischen Forschung und Praxis angesiedelt ist, sind folglich eine große Zahl von medizinischen Handlungen zuzurechnen, wohingegen der Umfang der „reinen" Kategorien „Heilbehandlung" und „Humanexperiment" abnimmt.

Stimmt man der Auffassung zu, dass die Intention im Hinblick auf die Bestimmung einer Handlung von zentraler Bedeutung ist, müssen Zweifel an der systematischen Leistung des Begriffs „Heilversuch" aufkommen, zumindest wenn man damit eine eigenständige Kategorie zwischen dem Bereich der Forschung einerseits und dem Bereich der Praxis andererseits bezeichnen will. Für einen Bereich zwischen medizinischer Forschung und Praxis im Sinne einer *eigenständigen* Begriffskategorie lässt die absichtsorientierte Zweiteilung keinen Raum. Aus dieser Perspektive muss der Heilversuch als Begriffskategorie entweder aufgegeben werden oder als eine besondere *Unterkategorie* gelten, wie es sich etwa bei Hart – als Unterkategorie von Forschung – oder Eser – als Unterkategorie von Praxis – andeutet. Der Versuch hingegen, eine klare Festlegung auf einen der beiden Bereiche (medizinische Forschung bzw. Praxis) durch Ausweitung der Begriffskategorie zu umgehen, muss aus systematischen Gründen unbefriedigend bleiben: Sie führt nämlich dazu, dass Handlungen kategorial zusammengefasst werden, die zwar Gemeinsamkeiten aufweisen, bei denen aber die primäre Handlungsabsicht und damit der eigentliche Handlungssinn höchst unterschiedlich sein können.[108] Einen nicht unerheblichen Anteil an der Verwirrung hat möglicherweise der Umstand, dass Juristen den Begriff „Heilversuch" häufig im Sinne von „therapeutische Forschung", d.h. genauer: Forschung mit unmittelbarem medizinischen Nutzen für die Probanden, verwenden, während in der ethischen Diskussion und wohl auch bei Medizinern ein Verständnis vorherrscht, das „Heilversuch" mit „Behandlung eines Patienten mit unerprobten Methoden und Verfahren" identifiziert.[109] Gerade der – an sich erfreuliche – Umstand, dass sowohl Ethiker und Mediziner als auch Juristen wechselseitig ihre Diskussionsbeiträge durchaus aufgreifen, macht ein disziplinabhängiges Begriffsverständnis so problematisch.

Die vorstehenden Überlegungen machen deutlich, dass ein Festhalten am Begriff des Heilversuchs nur dann sinnvoll sein kann, wenn der Bedeutungsgehalt des Begriffs auf der Grundlage der absichtsorientierten Unterscheidung von medizinischer Forschung und Praxis präzise gefasst wird. Dazu stehen grundsätzlich zwei Optio-

---

[108] Weiterer Verwirrung leistet die Differenzierung zwischen „Heilversuch" und „individuellem Heilversuch" Vorschub, die Freier vornimmt; vgl. Freier, *Kindes- und Patientenwohl in der Arzneimittelforschung am Menschen – Anmerkungen zur geplanten Novellierung des AMG*, 610.

[109] Diese Beobachtung haben auch Dahl und Wiesemann gemacht; vgl. Dahl / Wiesemann, *Forschung an Minderjährigen im internationalen Vergleich*, 105 (Anm. 29).

nen offen: Versteht man den Begriff „Heilversuch" als Form von biomedizinischer Forschung, dann wäre er dem Humanexperiment untergeordnet; die spezifische Differenz zu diesem bestünde im unmittelbaren medizinischen Nutzen, den die darunter fallenden Handlungen für die Probanden voraussichtlich haben. *Primär* wäre der Heilversuch jedoch auf Erkenntnisgewinn gerichtet. Begreift man den Begriff „Heilversuch" hingegen als eine Form biomedizinischer Praxis, dann wäre er der Heilbehandlung untergeordnet; die spezifische Differenz bestünde in diesem Fall im Abweichen vom etablierten Standard im Rahmen eines medizinisch-praktischen Handlungskontextes.[110] Eine solche Verortung schließt natürlich nicht aus, dass die Erfahrungen, die ein Arzt-Forscher bei der Durchführung eines Heilversuchs sammelt, *auch* (sekundär) zum wissenschaftlichen Fortschritt beitragen können, etwa indem sie helfen, Hypothesen zu generieren. In beiden Varianten fügt sich der Begriff als Unterbegriff in die absichtsorientierte Zweigliederung von Forschung und Praxis ein (siehe Abbildung 1).[111]

Abbildung 1

Trotz der Gefahr eines missverständlichen und uneinheitlichen Gebrauchs spricht einiges dafür, am Begriff des Heilversuchs festzuhalten. Bei einheitlicher Verwen-

---

[110] Dies umfasst natürlich nicht nur therapeutische, sondern auch präventive und diagnostische Methoden.

[111] Vgl. das von diesem abweichende Schema mit drei Hauptkategorien (Behandlung – Heilversuch – Humanexperiment) in Helmchen, *Ethische Fragen in der Psychiatrie*, 353 (Abb. 1), auch abgedruckt in Vollmann, *„Therapeutische" versus „nicht-therapeutische" Forschung – eine medizinethisch plausible Differenzierung?*, 69 (Abb. 1). Ebenfalls drei Hauptkategorien (Behandlung – Therapeutische Forschung – Wissenschaftliches Experiment) setzt Taupitz bei seiner schematischen Darstellung an; vgl. Taupitz, *Biomedizinische Forschung zwischen Freiheit und Verantwortung*, 40 sowie Taupitz / Brewe / Schelling, *D – Landesbericht Deutschland*, 412. Sowohl Helmchen als auch Taupitz suggerieren durch ihre Schemata einen *kontinuierlichen Übergang* von medizinischer Praxis und Forschung. Dies verkennt jedoch gerade, dass es sich um zwei unterschiedliche *Handlungstypen* handelt, die jeweils durch eine *primäre Handlungsabsicht* (Wohl des Patienten vs. Erkenntnisgewinn) charakterisiert sind.

dungsweise kann er nämlich zu einer differenzierteren Bestimmung von Handlungsweisen beitragen, die auch und gerade in evaluativer Hinsicht zweifellos wünschenswert ist.[112]

Mit Blick auf die Frage, welche der beiden – in Abbildung 1 graphisch dargestellten – Optionen für eine Präzisierung des Begriffs „Heilversuch" vorzuziehen ist, könnte der berechtigte Hinweis auf die Gefahr sprachlicher Unklarheiten den Ausschlag geben. In dieser Hinsicht ist es nicht unplausibel, eine größere Nähe zwischen den Begriffen „(Heil-)Behandlung" und „Heilversuch" zu sehen als zwischen den Begriffen „(Heil-)Versuch" und „Experiment". Die Silbe „Heil" rückt den Begriff deutlich in das semantische Feld medizinischer Praxis. Hält man dieses Argument für überzeugend, dann spricht dies für die Annahme der Option 1.[113] Die systematische Bedeutung des Begriffs „Heilversuch" bestünde folglich in der Kennzeichnung eines Handlungsbereichs, der zwar im Gegenstandsbereich der *medizinischen Ethik* liegt, in dem aber Aspekte relevant werden, die auch und in besonderer Weise in der Forschungsethik zum Tragen kommen.[114] Eine Handlung, die nach diesem Schema als Heilversuch klassifiziert werden muss, liegt vollumfänglich im Bereich der ärztlichen Therapiefreiheit,[115] der seinerseits durch den allgemeinen Grundsatz des „lege artis" sowie durch spezielle standesrechtliche Vorgaben normativ geprägt ist. Interessant ist in diesem Zusammenhang die Stellungnahme *Zum Schutz nicht-einwilligungsfähiger Personen in der medizinischen Forschung* der Zentralen Ethikkommission zur Wahrung ethischer Grundsätze in der Medizin und ihren

---

[112] Vgl. Laufs, *Die ärztliche Aufklärungspflicht*, 481. In der englischen Debatte sprechen sich zahlreiche Autoren dafür aus, den tatsächlich missverständlichen Begriff „therapeutic experiments" bzw. „therapeutic research" ganz aufzugeben, so etwa Levine, *Clarifying the Concept of Research Ethics*; Annas, *Questing for Grails: Duplicity, Betrayal, and Self-Deception in Postmodern Medical Research*, 328; Moreno, *Abandon All Hope?*, 481.

[113] Mit Bezug auf die im englischen Sprachraum verwendeten Begriffe ist eine eindeutige Verwendungsweise ebenso wenig wie in der deutschsprachigen Debatte zu erkennen. Rein semantisch tendiert der Begriff „experimental treatment" in die Richtung der hier angegebenen Option 1, wohingegen „therapeutic experiment" eher der Verwendungsweise von Heilversuch im Sinne der Option 2 nahe kommt.

[114] Vgl. Heubel, der angesichts der sprachlichen Ungenauigkeit eine klare terminologische Trennung anmahnt: „Deshalb sollte das Wort ‚Heilversuch' besser für die therapeutische Handlung ohne Forschungsinteresse reserviert bleiben." (Heubel, *Humanexperimente*, 323). Die Verwendungsweise von „Heilversuch" im Sinne von „therapeutischem Experiment" hält er für „missverständlich" (ebd., 324). So im Ergebnis auch Taupitz: „Aus den dargelegten Gründen ist es berechtigt, die klinische Praxis (Standardbehandlung und individuellen Heilversuch umfassend) von der Forschung zu trennen und Forschung besonderen Regeln zu unterwerfen, umgekehrt aber auch die Standardbehandlung und den individuellen Heilversuch aus einem speziellen Forschungsprotokoll auszuklammern." (Taupitz, *Biomedizinische Forschung zwischen Freiheit und Verantwortung*, 41); ebenso Laufs, *Die ärztliche Aufklärungspflicht*, 481; Fröhlich, *Forschung wider Willen?*, 10 f.

[115] Vgl. World Medical Association, *Declaration of Helsinki (2000)*, Nr. 32.

Grenzgebieten bei der Bundesärztekammer (ZEKO). Sie unterscheidet dort vier Arten von Forschung (mit nicht-einwilligungsfähigen Personen). Dabei fasst sie den Terminus „Heilversuch" in der hier als Option 1 bezeichneten und favorisierten Weise. Die ZEKO hebt nun hervor, dass es bisweilen sogar geboten sein könne, einen in diesem Sinne verstandenen Heilversuch durchzuführen: „Anerkannt ist, daß Heilversuche, bei denen die Behandlung im Einzelfall ärztlich indiziert ist und deren Besonderheit lediglich darin besteht, daß eine noch nicht etablierte Therapie angewandt wird, nicht nur grundsätzlich durchgeführt werden dürfen, sondern unter Umständen im unmittelbaren Interesse des nicht-einwilligungsfähigen Patienten geboten sind."[116] Dessen ungeachtet sieht sich der Arzt bei der Durchführung eines Heilversuchs besonderen ethischen Anforderungen ausgesetzt, etwa einer gesteigerten Aufklärungspflicht sowie einer umfassenden Risiko-Nutzen-Analyse. In jedem Fall muss der Arzt-Forscher den involvierten Patienten-Probanden ein etwaiges allgemein-wissenschaftliches Interesse offen legen.[117]

Natürlich trägt der Arzt-Forscher auch die Verantwortung dafür, sein eigenes Handeln in das Schema von Heilbehandlung respektive (individuellem) Heilversuch bzw. Humanexperiment mit direktem medizinischem Nutzen für den Patienten-Probanden einzuordnen. Dabei kann nicht ausgeschlossen werden, dass der Arzt-Forscher im Hinblick auf die Art der eigenen Handlung irrt.[118] Im Einzelfall mag es, wie Katz berichtet, auch dazu kommen, dass Arzt-Forscher bewusst oder unbewusst eine Forschungshandlung als Heilversuch deklarieren und so das Erfordernis externer Begutachtung durch eine Ethik-Kommission umgehen.[119] Im Interesse eines größtmöglichen Probandenschutzes sollte im Zweifelsfall, d.h. wenn die Primärabsicht einer Handlung nicht klar erkennbar ist oder die persönliche Einordnung durch den Arzt-Forscher fragwürdig erscheint, zunächst davon ausgegangen werden, dass es sich um ein Humanexperiment mit direktem medizinischen Nutzen für die Teilnehmer handelt. Als ein Indiz dafür, dass es sich *nicht* um einen Heilversuch handelt, kann schon die Anwendung bei einer Mehrzahl von Patienten gel-

---

[116] Zentrale Ethikkommission (ZEKO), *Zum Schutz nicht-einwilligungsfähiger Personen in der medizinischen Forschung*, A 1011.

[117] Vgl. Katz, *Human Experimentation and Human Rights*, insbesondere 29 ff.

[118] Vgl. ebd., 28 f.

[119] Katz schildert die folgende instruktive Begebenheit: „For example, at a national meeting I listened to an interesting paper on treatment of leukemia in young children. The investigator reported that he had performed more than half a dozen bone marrow biopsies during a two-week interval in order to monitor the efficacy of the anti-leukemic drugs employed. During the discussion period I expressed surprise that he had been able to receive IRB committee approval for a project that exposed infants to considerable discomfort. He responded that committee review had been unnecessary because his was not a research project, but a therapeutic intervention. I pressed him for an explanation and he told me that he had employed these procedures only in order to be more helpful to his infant-patients in the therapeutic management of their disease." (Katz, *The Regulation of Human Experimentation in the United States – A Personal Odyssey*, 5).

ten.[120] Ein weiteres Indiz stellt die formelle Rekrutierung von Patienten-Probanden dar: Wird ein potentieller Teilnehmer gezielt gesucht, so liegt es nahe, davon auszugehen, dass diese Suche in erster Linie zu dem Zweck erfolgt, das neuartige Verfahren zu überprüfen.[121] Folglich wäre ein wissenschaftliches Interesse leitend. Andererseits darf auch nicht übersehen werden, dass angesichts der Komplexität moderner Therapieansätze medizinische Forschung und Praxis immer häufiger getrennt sind, sodass die Zusammenführung eines potentiellen Patienten und einer experimentellen Methode oftmals nur über Rekrutierungsmaßnahmen erfolgen kann. Es kann vor diesem Hintergrund wohl nicht grundsätzlich ausgeschlossen werden, dass die konkrete Durchführung in solchen Fällen den Charakter eines Heilversuchs hat.

Dessen ungeachtet erscheint es ethisch angezeigt, eine „in dubio pro experimento"-Regel in Geltung zu setzen, d.h. im Zweifelsfall davon auszugehen, dass es sich bei einer Handlung um ein Humanexperiment und nicht um einen Heilversuch handelt. Eine solche Verfahrensweise darf freilich nicht als grundsätzliches Misstrauen gegen Forscher oder gar als Angriff auf die Therapiefreiheit des Arztes verstanden werden. Sie trägt lediglich dem Umstand Rechnung, dass eine externe Begutachtung dazu beitragen kann, sachlich angemessene und transparente Bewertungen zu erzielen, was auch im Interesse des Arzt-Forschers liegt bzw. liegen muss.

In der Praxis scheint es oftmals der Fall zu sein, dass neuartige und risikoreiche Verfahren grundsätzlich und nur aus dem Grund, ein externes Review durch eine Ethik-Kommission zu erhalten, als Humanexperimente klassifiziert werden. In systematischer Hinsicht kann der Versuch, ein normatives Problem dadurch zu lösen, dass man begrifflich-konzeptionell falsche Zuordnungen vornimmt, indessen nicht überzeugen. Sachlich angemessen wäre es stattdessen, die Anwendung neuartiger und besonders risikoreicher Verfahren auch dann einer externen Begutachtung zuzuführen, wenn sie im Rahmen medizinischer Praxis und mit der primären Absicht, das Wohl eines individuellen Patienten zu befördern, vorgenommen werden. Man könnte dafür die Form des „kontrollierten Heilversuchs" einführen.[122] Als

---

[120] Bender kommt zu dem – entgegen ihren Beteuerungen etwas willkürlich anmutenden – Ergebnis, dass „die Schwelle zur klinischen Prüfung" überschritten sei, wenn die Behandlung bei mehr als zehn Patienten erfolgen solle; vgl. Bender, *Heilversuch oder klinische Prüfung?*, 515.

[121] Vgl. Parker et al., *Ethical review of research into rare genetic disorders*. Schon Moll hat in seinem Buch *Ärztliche Ethik* kritisiert, dass Ärzte einen Patienten in der Absicht suchen, um ihn zur Lösung eines wissenschaftlichen Problems zu benutzen. Dabei drohe, so Moll, das Interesse des Patienten in den Hintergrund zu rücken; vgl. ebd., 16.

[122] Das Konzept des „kontrollierten Heilversuchs" hat meines Wissens erstmals Thomas Heinemann in Diskussionen der Klinischen Forschergruppe 110 „Stammzelltransplantation – Molekulare Therapieansätze in der Pädiatrie" der DFG vorgeschlagen; vgl. dazu Heinemann et al., *Der „kontrollierte individuelle Heilversuch" als neues Instrument bei der klini-*

Heilversuche wären solche Handlungsweisen klar der medizinischen Praxis zuge-ordnet, dennoch würden sie aufgrund ihres hohen Risikoprofils den strengen Prin-zipien der Forschungsethik, und hier insbesondere der externen Begutachtung durch eine Ethik-Kommission, unterworfen. Eine standesrechtliche Festlegung, welche Verfahren als „kontrollierte Heilversuche" durchgeführt werden müssen, könnte sicherstellen, dass die ärztliche Therapiefreiheit grundsätzlich gewahrt bleibt.[123] Zugleich darf die Verortung einer Handlung im Bereich der biomedizini-schen Forschung nicht automatisch dazu führen, dass beispielsweise Kinder unter keinen Umständen als Patienten-Probanden berücksichtigt werden können. Unter bestimmten Bedingungen – besonders wenn ein großer individueller Nutzen zu er-warten ist – wird man die Teilnahme von Kindern an Humanexperimenten durch-aus als ethisch vertretbar ansehen können. Lehnt man dies kategorisch ab, dann steht zu befürchten, dass Handlungen, die aus konzeptionell-begrifflicher Sicht als Humanexperimente gelten müssten, fälschlich dem Bereich der biomedizinischen Praxis zugeordnet werden, um Aufnahmeverbote zu umgehen.[124]

*   *   *

Fasst man die Ergebnisse der vorangegangenen Überlegungen zusammen, dann ist es möglich, die Frage nach einer begrifflichen Bestimmung und Abgrenzung des Gegenstandsbereichs der Ethik der biomedizinischen Forschung am Menschen durch eine Definition zu beantworten:

---

schen Erstanwendung risikoreicher Therapieformen – Ethische Analyse einer somatischen Gentherapie für das Wiskott-Aldrich-Syndrom.

[123] Plausibel erscheint es etwa, dass neuartige Therapien auf der Grundlage eines Gentrans-fers *immer* einer externen Begutachtung unterzogen werden sollten. Damit wäre eine Be-schränkung solcher Verfahren auf den Kontext klinischer Studien nicht erforderlich; so jedoch Paul-Ehrlich-Institut, *Regulation of Gene Transfer Medicinal Products in Germany*, wo unter Punkt IV. festgehalten wird: „Prior to licensing, gene transfer medicinal products are to be used in or on humans during clinical trials only (according to the appraisal of the KSG-BÄK [= Kommission Somatische Gentherapie des Wissenschaftlichen Beira-tes der Bundesärztekammer, B.H.]). Very few exceptions require special consideration by the KSG-BÄK." Siehe dazu auch Cichutek et al., *Regulatorische Aspekte der Anwendung von Gentransfer-Arzneimitteln in der Humanmedizin*. Die Autoren bemerken: „Heilversuche erhalten derzeit von der Kommission Somatische Gentherapie [...] nur in äußerst selte-nen Fällen ein positives Votum." (Ebd., 1085).

[124] Man könnte freilich argumentieren, Kranke oder zumindest kranke Kinder, müssten generell von Handlungen, die (primär) der *Logik der Forschung* folgen, ausgenommen werden. Dies würde allerdings bedeuten, dass Forschung nur auf dem Wege der *retro-spektiven Analysen individueller Behandlungsversuche* erfolgen könnte. Eine derart weitgehende Einschränkung der biomedizinischen Forschung wäre indessen ihrerseits ethisch frag-würdig; vgl. dazu ausführlich unten V.1.

> *Der Begriff „biomedizinische Forschung am Menschen" bzw. „biomedizinisches Humanexperiment" soll jede Art von methodisch geleitetem Eingriff in die psycho-physische oder informationelle Integrität eines Menschen bezeichnen, der mit der primären Absicht erfolgt, einen wissenschaftlichen Beitrag zum Bereich der Biomedizin zu erbringen, einschließlich solcher Untersuchungen an Gewebe, Blut etc., die sich mittelbar oder unmittelbar an einen solchen Eingriff anschließen. Erfolgt ein solcher Eingriff in einem diagnostischen, präventiven oder therapeutischen Kontext und ist davon auszugehen, dass der Proband einen direkten medizinischen Nutzen durch die Teilnahme erfährt, dann handelt es sich um Forschung mit direktem (therapeutischem, diagnostischem, präventivem) Nutzen für den Patienten-Probanden (eigennützige Forschung), andernfalls ist die Forschung rein wissenschaftlicher Art bzw. fremdnützig.[125]*

Als weiteres Ergebnis ist festzuhalten, dass vom so definierten Bereich der biomedizinischen Forschung die unterschiedlichen Formen *medizinischer Praxis* klar unterschieden werden müssen, die besonders dadurch charakterisiert sind, dass sie immer auf das *Wohlergehen eines individuellen Patienten* bezogen sind. Dies ist offenkundig bei der Anwendung von etablierten Standardverfahren zur Prävention, Diagnose oder Therapie der Fall. Zum Bereich der medizinischen Praxis gehört jedoch auch der Einsatz neuartiger oder bisher (für den konkreten Anwendungszweck) nicht erprobter Verfahren, solange die handlungsleitende Absicht des Arztes primär am Wohl des Patienten orientiert ist; in den letztgenannten Fällen handelt es sich um *Heilversuche*. Es ist nicht ausgeschlossen, dass durch solche Heilversuche neue Impulse für die medizinische Forschung gegeben werden, dennoch handelt es sich dabei nicht schon selbst um Forschung.

Auf der Grundlage dieser Definition, die zwar an der *subjektiven Absicht des Arzt-Forschers* orientiert bleibt, jedoch um *objektive Handlungsmerkmale* ergänzt ist, ist es möglich, den Handlungsbereich der biomedizinischen Forschung gegenüber anderen Handlungsbereichen abzugrenzen und damit zugleich den Gegenstandsbereich der Forschungsethik klar zu markieren.

2.   Eine Typologie biomedizinischer Humanexperimente in praktischer Absicht

Mit den vorstehenden Ergebnissen sind gleichsam nur die äußeren Grenzen markiert, die Binnenstruktur des Handlungsbereichs „biomedizinische Forschung" liegt weiterhin im Dunkeln. Gerade im Hinblick auf die Konkretisierung abstrakt-allge-

---

[125] Es ist nicht uninteressant, dass diese Definition als Elemente im Wesentlichen die schon von Aristoteles benannten Handlungsumstände („wer, was, mit Bezug auf welchen Gegenstand / Person, womit, zu welchem Zweck, auf welche Weise") enthält, vgl. oben Anm. 54.

meiner Prinzipien ist eine weitergehende (Binnen-)Differenzierung jedoch unerlässlich.[126] Dadurch werden Strukturen sichtbar werden, die – in Form einer Typologie biomedizinischer Humanexperimente – als wichtige Anknüpfungspunkte für eine Fortbestimmung und Spezifikation von allgemeinen Prinzipien dienen können. Einige normative Aspekte werden sogar schon unmittelbar bei der Entwicklung einer solchen Typologie sichtbar werden. Eine strikte Trennung der Konzeptualisierung des Handlungsbereichs einerseits und der Prinzipienfortbestimmung andererseits ist aufgrund des *wechselseitigen* Verweisungszusammenhangs beider nicht möglich. Dennoch stehen bei der Entwicklung der Typologie *deskriptive* Momente im Vordergrund.

Im Rahmen einer größeren Abhandlung zur Ethik der Forschung am Menschen hat Maio eine Reihe von Merkmalen vorgeschlagen, die zur weiteren Differenzierung von Humanexperimenten herangezogen werden können. Auf einer ersten Gliederungsebene nennt er als Unterscheidungsmerkmale: (1) Ziel des Experiments, (2) Art der Versuchsperson, (3) Art des Eingriffs, (4) Art des Forschungsbereichs, (5) Art des angestrebten Wissens und (6) Art des Risikos, wobei er bei den Zielen noch zwischen nichttherapeutischen Experimenten und therapeutischen Experimenten unterscheidet.[127] Die von Maio benannten Merkmale sollen offenbar im Sinne einer Kriteriologie bei der Zuordnung eines Experiments in eine von mehreren (disjunkten) Klassen Anwendung finden. So führt er beispielsweise unter dem Titel „Art des angestrebten Wissens" drei mögliche Merkmalsausprägungen an, nämlich (a) Basisforschung, (b) diagnostische Methoden und (c) therapeutische Verfahren. Damit sind mögliche Typen benannt, denen ein biomedizinisches Experiment mit Blick auf die Art des angestrebten Wissens zugerechnet werden kann. Problematisch ist diese Annahme hinsichtlich des Kriteriums der „Art der Versuchsperson". Als zusätzliche strukturierende Momente führt Maio hier (a) Gesundheitszustand, (b) Form der Erkrankung, (c) Vulnerabilität und (d) Einwilligungsfähigkeit an. Hierbei handelt es sich augenscheinlich nicht um mögliche disjunkte Merkmalsausprägungen des übergeordneten Kriteriums. Die direkte Verortung von biomedizinischen Humanexperimenten ist daher in diesem Fall nicht möglich. Vermutlich geht Maio davon aus, dass die benannten Kriterien ihrerseits jeweils mehrere mögliche Ausprägungen umfassen. So würde man eine multidimensionale Charakterisierung von biomedizinischen Humanexperimenten erhalten. Bei Maio bleiben die Details des vorgeschlagenen Klassifizierungssystems jedoch letztlich unklar.[128]

---

[126] Vgl. Woopen, *Ethische Aspekte der Forschung an nicht oder teilweise Einwilligungsfähigen*, 52.

[127] Vgl. Maio, *Ethik der Forschung am Menschen*, 48-55.

[128] Maio problematisiert die Kriterien zwar durchaus, insbesondere im Hinblick auf unangemessene Vereinfachungen. Letztlich schaffen seine Ausführungen aber keine Klarheit darüber, wie die Differenzierungskriterien zu verstehen sind. Allerdings weist er selbst darauf hin, dass es sich lediglich um eine „skizzenhafte" Darstellung handelt; vgl. ebd., 53.

Sieht man von den methodischen Problemen ab, dann ist nicht zu bestreiten, dass biomedizinische Humanexperimente anhand der von Maio vorgeschlagenen Kriterien unterschieden werden können. Fraglich erscheint allerdings, ob alle genannten Merkmale gleichermaßen *ethisch relevant* sind, wie Maio behauptet.[129] Mit Bezug auf die Kriterien *Ziel* bzw. *Nutzen*, *Risiko* und *Art der Versuchsperson* wird man die ethische Relevanz kaum in Zweifel ziehen wollen. Ob hingegen die *Art des Forschungsbereichs*, dem ein Experiment zuzurechnen ist, oder die *Art des Wissens*, zu dem ein Experiment beitragen soll, *unabhängig* von den Zielen, dem Nutzen und dem Risiko, die mit einem Experiment verbunden sind, in ethischer Hinsicht wesentliche Differenzierungskriterien darstellen, muss bezweifelt werden. Zwar ist nicht auszuschließen, dass beispielsweise Experimente im Rahmen der medizinischen Grundlagenforschung mit Blick auf einen adäquaten Probandenschutz anders bewertet werden müssen als solche, die unmittelbar der Erforschung von diagnostischen oder therapeutischen Methoden dienen. Eine solche unterschiedliche Bewertung gründet dann jedoch gerade in den Zielen der Forschung. In diesem Fall liegt also zumindest eine gewisse Überschneidung der namhaft gemachten Differenzierungsmerkmale vor. Zu einem ähnlichen Befund wird man mit Blick auf das Merkmal *Art des Eingriffs* kommen. Hier scheint der aus ethischer Sicht maßgebliche Aspekt im unterschiedlichen Risikopotential der Experimente zu liegen. Diese Überlegungen lassen es angeraten erscheinen, bei der Erstellung einer Typologie biomedizinischer Humanexperimente, die als Grundlage für die Spezifizierung ethischer Prinzipien dienen soll, die Komplexität der Differenzierungskriterien im Vergleich zu den von Maio vorgeschlagenen zu verringern. Bei einer überkomplexen Strukturierung des Handlungsbereichs besteht nämlich die Gefahr, dass sie die in ethischer Hinsicht entscheidenden Strukturen eher verdeckt als freilegt.

Bei der Ermittlung relevanter Merkmale kann die phänomenale Struktur des Experiments selbst als wichtige Orientierungshilfe herangezogen werden: Wie im vorangegangenen Abschnitt deutlich geworden ist, stellt sich das Experiment als ein Forschungsinstrument dar, das mit Blick auf ein spezifisches *Erkenntnisziel* ausgewählte *Forschungsobjekte* einer *methodologischen Reduktion* und *aktiven Manipulation* unterwirft. Eine erste Differenzierungsebene kann daran anknüpfend in der Unterscheidung von *Zielen* einerseits und *Mitteln* andererseits bestehen. Eine zweite Differenzierungsebene erwächst im Bereich der Mittel aus der Unterscheidung von *Objekten* und *Verfahren*. In praktischer Absicht – und in Übereinstimmung mit dem oben Gesagten – ergeben sich aus dieser strukturellen Überlegung folgende (übergeordnete) Kriterien für eine weitere Differenzierung: (a) *die Ziele, die mit einem Experiment verfolgt werden, bzw. der damit verbundene Nutzen*, (b) *die beteiligten Probanden (als Forschungsobjekte)* sowie (c) *die verwendeten Verfahren und das damit verbundene Gefahrenpotential*. Natürlich vermag diese Überlegung keine Vollständigkeit im Hinblick auf ethisch relevante Differenzierungsmerkmale des Humanexperiments zu garantieren;

---

[129] Ohne dies weiter auszuführen, stellt Maio fest, er konzentriere sich bei seiner Darstellung auf die „für die Untersuchung wesentlichen Merkmale"; ebd., 48.

gleichwohl entsteht durch das Anknüpfen an die genannten fundamentalen Strukturelemente medizinisch-wissenschaftlicher Forschungshandlungen – Ziele einerseits, Mittel andererseits – eine gewisse systematische Geschlossenheit.[130]

Noch ein weiterer Umstand kann als Argument dafür angeführt werden, dass die drei namhaft gemachten Differenzierungsmerkmale von grundlegender Bedeutung für die weitere Spezifizierung von forschungsethischen Prinzipien sind. Es zeigt sich nämlich, dass sie in einem direkten Verhältnis zu den oben entwickelten allgemein-abstrakten Prinzipien bzw. den ersten Operationalisierungsformen stehen: Das Prinzip des Respekts vor der Selbstbestimmung wie auch das Gerechtigkeitsprinzip hängen unmittelbar mit den in einem Experiment involvierten Probanden zusammen. So stellt sich etwa die Frage nach einer angemessenen Umsetzung des Prinzips der Selbstbestimmung bei Forschung an Personen, bei denen die Fähigkeit, eine vollgültige Einwilligung in die Teilnahme zu geben, (noch) nicht (vollständig) entwickelt ist, in gänzlich anderer Weise als bei Experimenten mit Einwilligungsfähigen. Und mit Blick auf die Forderung nach einer gerechten Probandenauswahl kommt man nicht umhin, die exponierte Stellung bestimmter Personengruppen innerhalb einer Gesellschaft in Rechnung zu stellen. Schließlich wird man konkrete Anforderungen an Schutzmaßnahmen im Hinblick auf die psycho-physische Integrität von Probanden (auch) von den Risiken und dem Nutzen, die mit einem Experiment verbunden sind, bestimmen müssen.

Einem Einwand, der an dieser Stelle möglicherweise erhoben werden könnte, soll unmittelbar begegnet werden: Der Tatsache, dass erst die nähere Aufklärung der Binnenstruktur von Humanexperimenten es ermöglicht, spezifischere Regeln und Normen zu formulieren, widerspricht nicht, dass durch die namhaft gemachten Prinzipien und Regeln schon gewisse Differenzierungskriterien vorgezeichnet sind. Das Verhältnis zwischen dem Bereich der Prinzipien, Regeln und Normen einerseits und dem der ethisch relevanten Strukturelemente biomedizinischer Humanexperimente andererseits stellt sich, das wird hierdurch lediglich deutlich, als ein *wechselseitiges* Verhältnis dar: Jeder der beiden Bereiche hat Einfluss auf die Ausgestaltung des jeweils anderen; so wie die allgemein-abstrakten Prinzipien schon erste Hinweise auf bedeutende Strukturelemente geben, so ermöglicht (erst) die nähere Aufklärung solcher Strukturen die Formulierung spezifischer Regeln und Normen, die ihrerseits dann möglicherweise Anlass dazu geben, in einem weiteren Schritt eine feinere Strukturierung des Handlungsbereiches vorzunehmen. Dieses Wechselspiel zwi-

---

[130] Auch Woopen hat den Versuch unternommen, das Handlungsfeld der biomedizinischen Forschung am Menschen mit Blick auf eine ethische Analyse zu strukturieren. Neben den auch hier genannten Differenzierungsmerkmalen (*Ziele, Methoden / Verfahren, Objekte / Probanden*) führt sie zusätzlich noch *Folgen* sowie *weitere Umstände* an; vgl. Woopen, *Ethische Aspekte der Forschung an nicht oder teilweise Einwilligungsfähigen*, 52-56 und 66. Wie schon mit Blick auf das Schema von Maio soll hier nicht behauptet werden, dass eine solche Einteilung inadäquat ist. Es scheint sachlich jedoch möglich zu sein, sowohl die *Umstände* als auch die *Folgen* den *Verfahren* zuzurechnen.

schen der produktiven Fortbestimmung ethischer Prinzipien und Regeln einerseits und der Strukturanalyse spezifischer Handlungsbereiche andererseits wurde oben gerade als Charakteristikum angewandter Ethik herausgestellt.[131]

Schließlich scheint es auch aus einer ideengeschichtlichen Überlegung heraus nicht verfehlt, die drei genannten Merkmale näher in den Blick zu nehmen. Sie werden nämlich seit dem Beginn der juridischen und ethischen Auseinandersetzung mit der Thematik regelmäßig – in impliziter oder expliziter Weise – zur Fortbestimmung ethischer Prinzipien im Bereich biomedizinischer Humanexperimente herangezogen.[132]

a)   Ziele und Nutzen

i)   Hochrangigkeit

Es ist zweifellos möglich, Humanexperimente anhand der durch sie verfolgten Ziele unterschiedlichen Sachbereichen zuzuordnen. Eine mögliche Unterscheidung ist beispielsweise die zwischen (rein) wissenschaftlichen, medizinisch-angewandten und gesellschaftlichen Zielen.[133] Unter (rein) wissenschaftlichen Zielen würde man etwa solche Projekte fassen, die im Bereich der Grundlagenforschung angesiedelt sind und insofern zunächst einzig darauf abzielen, ein besseres Verständnis vom menschlichen Organismus bzw. seinen Teilen und den darin stattfindenden Prozessen zu erlangen. Natürlich bilden solche Experimente die unerlässliche Voraussetzung für jede Form von angewandter Forschung, d.h. von Forschung, die unmittelbar der Erweiterung bzw. Verbesserung der therapeutischen, diagnostischen und präventiven Möglichkeiten dient. Dessen ungeachtet erscheint es sachlich angemessen, Grundlagenforschung nicht nur als Wegbereiterin der angewandten Forschung zu begreifen, sondern als einen eigenständigen Bereich mit distinkten Zielsetzungen. Ebenso kann man einen Bereich von Forschungsaktivitäten benennen, der gesellschaftlichen Zielsetzungen verpflichtet ist. Hier wären etwa Maßnahmen zur Effizienzsteigerung und Kostenreduktion zu verorten. Natürlich können auch sie mittelbar – beispielsweise über die Freistellung finanzieller Ressourcen im Gesund-

---

[131] Vgl. oben II.8.

[132] Statt weiterer Nachweise sei an dieser Stelle nur auf den Umstand verwiesen, dass schon die *Reichsrichtlinien zur Forschung am Menschen* von 1931 differenzierte Regelungen hinsichtlich der Ziele bzw. des Nutzens (fremdnützig / probandennützig), der involvierten Probanden (Kinder, Sterbende) und der Methoden bzw. Risiken enthielten. Diese Unterscheidungen setzen sich mehr oder weniger deutlich in allen einschlägigen Kodizes zur biomedizinischen Forschung am Menschen sowie in der dem Thema gewidmeten Fachliteratur fort.

[133] Vgl. zu dieser Einteilung Fleischhauer / Hermerén, *Goals of Medicine in the Course of History and Today*, insbesondere 119. Dort wird zwischen „basic or fundamental medical research", „clinical research", „applied and industrial medical research" und „operational and military medical research" unterschieden.

heitswesen – medizinischen Zwecken dienen. Aber auch dabei handelt es sich um Zielsetzungen eigener Art, die unterschieden werden können von unmittelbar medizinisch-angewandten Zielen. Bestimmte Formen der medizinisch-angewandten Forschung wird man ebenfalls systematisch überzeugender dem Bereich der gesellschaftlichen Zielsetzungen zurechnen müssen, zum Beispiel die Entwicklung von Impfstoffen zur Vermeidung von Epidemien oder Schutzmaßnahmen gegen biologische und chemische Kriegsführung. Die Erforschung und Entwicklung von biologischen Waffensystemen wird man wissenschaftssystematisch wohl ebenfalls im Bereich biomedizinischer Forschung mit gesellschaftlicher Zielsetzung verorten müssen – allerdings dürfte es schwer fallen, ein Argument beizubringen, dass solche Unternehmungen ethisch rechtfertigen würde; insbesondere gilt dies natürlich für Humanexperimente zu solchen Zwecken. Auch wenn es also möglich ist, anhand der verfolgten Ziele, diese drei Bereiche zu identifizieren, ist davon auszugehen, dass viele Forschungsprojekte nicht klar einem Bereich zugerechnet werden können. Vielfältige Überlappungen können eine eindeutige Zuordnung im konkreten Einzelfall erschweren oder sogar unmöglich machen.

In ethischer Hinsicht ist eine solche, an Zielsetzungen orientierte Klassifikation ohnehin nur von nachgeordnetem Interesse. Bedeutsamer erscheint eine Klassifikation der Ziele anhand des *zu erwartenden Nutzens,* auch wenn sich der Nutzen, der mit biomedizinischen Humanexperimenten verbunden ist, naturgemäß einer einfachen Einteilung in diskrete, klar abgrenzbare Klassen entzieht. Am ehesten ist eine Zuordnung zu klar definierten Nutzenklassen noch im Bereich der medizinisch-angewandten Forschung möglich. Hier lassen sich verfügbare Therapie-, Präventions- und Diagnoseverfahren – oder Placebos, falls keine Standardtherapien existieren – mit neuen, unerprobten Methoden im Hinblick auf den mit ihnen voraussichtlich verbundenen Nutzen sowie die Risiken für den Patienten-Probanden vergleichen. Aber schon in diesem Bereich sind einfache Klassifizierungen der Art „A ist besser als B" nicht immer möglich. Ein größerer therapeutischer Effekt kann beispielsweise mit mehr oder gravierenderen Nebenwirkungen verbunden sein, oder eine Maßnahme kann zwar minimale Vorteile bieten, dafür aber um ein Vielfaches teurer sein oder schwieriger zu applizieren. Noch weitaus problematischer gestaltet sich eine derartige einteilende Bewertung bei solchen Forschungsprojekten, in denen grundlagenwissenschaftliche Ziele verfolgt werden. Eine Nutzenanalyse ist in diesem Bereich in ungleich höherem Maße auf spekulative Annahmen im Hinblick auf langfristig erfolgreiche Forschungsstrategien angewiesen.[134]

Diese wenigen Überlegungen deuten an, wie komplex sich die (prospektive) Bewertung des Nutzens von biomedizinischen (Human-)Experimenten darstellt. Die

---

[134] Natürlich müssen hier auch und in besonderem Maße relevante Daten aus Tierexperimenten oder *In-vitro*-Versuchen als wissenschaftliche Grundlage für ein Experiment vorliegen. Schon die *Reichsrichtlinien* aus dem Jahr 1931 haben „jedes grund- oder planlose Experimentieren am Menschen" verboten; vgl. Reichsminister des Inneren, *Reichsrichtlinien zur Forschung am Menschen*, Nr. 12 lit. b.

graduellen Abstufungen im Hinblick auf den zu erwartenden Nutzen eines Forschungsprojekts bzw. Experiments in diskreten Klassen zu fassen, um so zu einer Differenzierung von Humanexperimenten zu gelangen, erscheint vor diesem Hintergrund aussichtslos. Stattdessen bietet sich die Verwendung eines *Schwellenkriteriums* an: Besteht die begründete Hoffnung, dass der Nutzen, der mit einem Forschungsvorhaben verbunden ist, hinreichend groß ist, dann kann dieses bzw. können die darin verfolgten Ziele als *hochrangig* gelten. Dabei erscheint eine grundsätzliche Priorisierung medizinisch-angewandter Forschung gegenüber solchen Forschungsvorhaben, die (rein) wissenschaftliche oder gesellschaftliche Ziele verfolgen, unbegründet. Es ist nämlich davon auszugehen, dass in allen genannten Bereichen hochrangige Forschungsziele anzutreffen sind, die einen bedeutsamen Fortschritt bzw. Nutzen in Aussicht stellen. Auch wenn also eine Differenzierung von Experimenten anhand der mit ihnen verfolgten Ziele möglich ist, so muss das *ethisch primäre* Unterscheidungskriterium in dem zu erwartenden Nutzen erblickt werden. Statt Experimente auf einer kontinuierlichen Nutzenskala einzuordnen oder diskrete Nutzenklassen festzulegen, wird eine einfache Zweiteilung entlang des Kriteriums der Hochrangigkeit der Ziele als der überzeugendste Ansatz gelten müssen.

Damit ergibt sich eine erste Differenzierung biomedizinischer Humanexperimente: In praktischer Absicht ist zu unterscheiden zwischen solchen Experimenten, deren *Zielsetzung als hinreichend hochrangig* einzustufen sind, und solchen, die dieses Kriterium nicht erfüllen. Hieran knüpft sich unmittelbar ein ethisches Gebot an: Forschungsprojekte, in denen Humanexperimente vorgesehen sind, müssen auf ihre Hochrangigkeit hin überprüft werden. Gesetzt den Fall, ein Forschungsvorhaben erfüllt dieses Schwellenkriterium nicht, muss es – unabhängig von allen weiteren Faktoren – als ethisch unvertretbar gelten. So unbestritten dieser Zusammenhang sein dürfte, so wird sich der systematische Ort der zugrunde liegenden Prinzipienfortbestimmung doch erst im nächsten Kapitel vollends klären.

ii)   Potentielle Nutznießer

Im vorangegangenen Abschnitt ist das Humanexperiment als ein methodisches Instrument charakterisiert worden, das *primär* dazu dient, einen wissenschaftlichen Erkenntnisgewinn zu erzielen. Damit ist nicht – wie oben wiederholt deutlich gemacht wurde – ausgeschlossen, dass die Teilnahme an einem Humanexperiment (auch) mit einem unmittelbaren medizinischen Nutzen für den Probanden-Patienten verbunden sein *kann*. Entsprechend lassen sich Forschungsprojekte danach unterscheiden, *ob* ein *medizinischer Nutzen* für die beteiligten Probanden zu erwarten ist oder nicht. Mit Blick auf die ethische Bewertung biomedizinischer Humanexperimente kommt diesem Aspekt natürlich eine außerordentliche Bedeutung zu. Auch wenn es eine Vereinfachung darstellt, so kann man doch in erster Näherung sagen: Je weniger Nutzen die Teilnehmer selbst aus einer Studie ziehen, umso größer ist die moralische Begründungslast gegenüber den Probanden, die als Forschungsobjekte in die Experimentalsituation gebracht werden.

Zunächst lassen sich drei Kategorien unterscheiden: (1) Experimente mit unmittelbarem medizinischen Nutzen für die Probanden; (2) Experimente mit zumindest mittelbarem medizinischen Nutzen für die Probanden und (3) Experimente mit keinem (unmittelbaren oder mittelbaren) Nutzen für die Probanden.[135] Experimente der ersten und zweiten Art können auch – in einem umfassenden Sinne – *probandennützig* genannt werden, solche der dritten Art hingegen sind *rein fremdnützig*. Zu Schwierigkeiten kann es mit Blick auf die Zuordnung zu den Kategorien 2 (mittelbarer Nutzen für den Probanden) bzw. 3 (kein Nutzen für den Probanden) kommen. Dass ein Proband zwar nicht *zum Zeitpunkt des Versuchs,* aber doch *zu einem späteren Zeitpunkt* zum Kreis der Nutznießer gehören könnte, mag oftmals zutreffend sein, etwa bei der Toxizitätsprüfung von Impfstoffen. Der Begriff „mittelbarer Nutzen" kann indessen leicht konturlos werden: Auch Grundlagenforschung kann aktuellen Probanden in Zukunft möglicherweise einmal in Form von neuen Therapieoptionen, die auf ihrer Basis entwickelt wurden, d.h. „mittelbar" persönlich zu Gute kommen. So verstanden droht der Begriff freilich jede differenzierende Funktion zu verlieren. Eine nähere Bestimmung, etwa durch einen Zeitindex wäre erforderlich, um dieses Problem zu umgehen. Stellt man diese konzeptionellen Probleme in Rechnung, dann spricht einiges dafür, nur zwei Kategorien zu unterscheiden, nämlich *fremdnützige Experimente* einerseits und *eigennützige Experimente* andererseits. Experimente, die lediglich mittelbar einen Nutzen für die Probanden in Aussicht stellen, müssen entsprechend als fremdnützig gelten.

Neben der genannten Dreiteilung werden häufig innerhalb der Klasse der (rein) fremdnützigen Forschung solche Humanexperimente speziell gekennzeichnet, von denen Mitglieder der *gleichen Gruppe* profitieren werden.[136] Die Gruppenzugehörigkeit kann dabei etwa durch das Leiden an einer Krankheit begründet sein (z.B. die Gruppe der Alzheimerpatienten) oder durch das Lebensalter (z.B. die Gruppe der Kinder). In Abgrenzung gegen rein fremdnützige Forschung wird in diesem Fall von *gruppennütziger* Forschung gesprochen. Der Grund für diese zusätzliche Unterscheidung liegt in der Annahme, dass aus der Zugehörigkeit zu einer Gruppe erwachse ein besonderes Solidaritätsgefühl mit anderen Gruppenmitgliedern, oder

---

[135] Diese Einteilung ist nicht unüblich, allerdings finden sich vielfach auch leicht abgewandelte Taxonomien des Nutzens: Helmchen und Lauter unterscheiden beispielsweise zwischen „quantitativen" und „qualitativen Verbesserungen"; vgl. Helmchen / Lauter, *Dürfen Ärzte mit Demenzkranken forschen?,* 48. Woopen hingegen differenziert zwischen „überwiegend probandennützig", „überwiegend fremdnützig" und „ausschließlich fremdnützig"; vgl. Woopen, *Ethische Aspekte der Forschung an nicht oder teilweise Einwilligungsfähigen,* 52 f.

[136] Verwiesen sei hier nur exemplarisch auf Council of Europe, *Convention on Human Rights and Biomedicine,* Art. 17 Abs. 2; Zentrale Ethikkommission (ZEKO), *Forschung mit Minderjährigen,* A 1614; neuerdings auch *Arzneimittelgesetz (AMG),* § 41 Abs. 2 Nr. 2.

dieses dürfe unterstellt werden.[137] Dieses Solidaritätsgefühl wird dann gleichsam als „mildernder Umstand" in solchen Fällen angeführt, in denen rein fremdnützige Forschung für ethisch unvertretbar gehalten wird. Auch wenn der Begriff der gruppennützigen Forschung zur Bezeichnung einer eigenständigen Kategorie zunehmend Verwendung findet, kann seine sachliche Angemessenheit durchaus in Zweifel gezogen werden. Nachdrücklich hat dies Freier getan, indem er schreibt: „Nichts bindet den Patienten und seine höchstpersönlichen Rechte gleichsam naturwüchsig besonders an gegenwärtige oder zukünftige Leidensgenossen. Niemand, der an einer (nicht ansteckenden) Krankheit leidet, trägt ohne weiteres Verantwortung für die Gesundung anderer, nur weil er zufällig (!) an der gleichen Krankheit leidet."[138] Und selbst wenn man davon ausgeht, dass bestimmte Krankheiten eine solidaritätsstiftende Wirkung entfalten, die so stark ist, dass auch aus der Perspektive von Probanden, die keinen unmittelbaren oder mittelbaren Nutzen von einem Forschungsprojekt haben, die Teilnahme an einem solchen Projekt nicht mehr als *rein fremdnützig* erscheint, so reicht dies doch keinesfalls aus, um *grundsätzlich* gruppennützige und rein fremdnützige Forschungsprojekte als distinkte Kategorien zu begreifen.

Fasst man die vorstehenden Überlegungen zusammen, dann müssen bei der Fortbestimmung von ethischen Prinzipien bezogen auf den Kreis der potentiellen Nutznießer von biomedizinischen Humanexperimenten zwei Klassen unterschieden werden: *probandennützige* und *fremdnützige Forschung.*

b)   Probanden

i)   Einwilligungsfähigkeit

Weitere Möglichkeiten der Kategorisierung biomedizinischer Humanexperimenten in praktischer Absicht ergeben sich aus dem Status der Probanden, die als Forschungsobjekte herangezogen werden sollen. Eine erste wichtige Differenzierung leitet sich dabei aus dem Prinzip der Selbstbestimmung ab. Demzufolge ist zu unterscheiden, ob bzw. in welchem Maße die vorgesehenen Probanden über die Fähigkeit verfügen, eine *informierte Einwilligung* zu erteilen. Für eine weitere Kategorisierung sind besonders zwei Strukturmerkmale der Einwilligungsfähigkeit von entscheidender Wichtigkeit: (1) die *Relationalität* und (2) die *Gradualität.*

(1) Vor dem Hintergrund der Diskussion um die Zulässigkeit der Forschung an Einwilligungsunfähigen kann man leicht den Eindruck gewinnen, eine Reihe von

---

[137] In diesem Sinne wird etwa bei Helmchen und Lauter festgestellt: „Das Gefühl der Solidarität gilt naturgemäß in erster Linie den Patienten, die an derselben Krankheit leiden, und motiviert infolgedessen vor allem die Teilnahme an Forschungsvorhaben, die dieser Krankheit gelten." (Helmchen / Lauter, *Dürfen Ärzte mit Demenzkranken forschen?*, 28).

[138] Freier, *Kindes- und Patientenwohl in der Arzneimittelforschung am Menschen – Anmerkungen zur geplanten Novellierung des AMG*, 611. Schon Ramsey hat in diesem Zusammenhang zutreffend bemerkt: „A child is not a piece of ‚childhood'." (Ramsey, *The Patient as Person*, 28).

unterschiedlichen, einigermaßen fest umrissenen Personengruppen würden unter diesem Begriff angesprochen.[139] Genannt werden hier üblicherweise Minderjährige, geistig Behinderte, Demenzpatienten (bei einem fortgeschrittenen Stadium der Erkrankung) und Menschen mit schweren psychischen Störungen, Komatöse sowie gewisse Notfallpatienten. Eine derart pauschalisierende Betrachtung verdeckt jedoch, dass es sich bei dem Begriff der Einwilligungsfähigkeit um einen *relationalen* Begriff handelt.[140] Einer *bestimmten Person* kommt nur *mit Blick auf einen bestimmten Sachverhalt* und – gegebenenfalls – *zu einem konkreten Zeitpunkt* die Fähigkeit zu, eine informierte Einwilligung zu geben. Buchanan und Brock weisen auf den für diesen Zusammenhang zentralen Umstand hin, dass auch der Begriff „competence" nur entscheidungs-relativ verstanden werden kann: „The statement that a particular individual is (or is not) competent is incomplete. Competence is always competence *for some task* – competence *to do something*. [...] Hence competence is to be understood as *decision-making capacity*. But the notion of decision-making capacity is itself incomplete until the nature of the choice as well as the conditions under which it is to be made are specified. Thus, competence is decision-relative, not global."[141] Damit soll nicht in Abrede gestellt werden, dass es Menschen gibt, denen diese Fähigkeit gänzlich fehlt, beispielsweise sehr kleine Kinder oder Komatöse. Dessen ungeachtet ist die pauschalisierende Rede von Einwilligungsunfähigen *schlechthin* insofern irreführend, als dass sie den relationalen Charakter des Begriffs verdeckt.

(2) Auf das zweite wichtige Strukturmerkmal weist Woopen hin, wenn sie feststellt, bei der Einwilligungsfähigkeit handele es sich um eine „dimensionale" und nicht um eine „kategoriale" Größe.[142] Damit beschreibt sie den Umstand, dass sich die Frage nach der Einwilligungsfähigkeit einer Person auch bezogen auf einen konkreten Sachverhalt oftmals nicht einfach mit Ja oder Nein beantworten lässt, sondern *graduelle* Abstufungen erforderlich macht. Folglich, so Woopen, sei es angemessener von „voller, teilweiser und fehlender Einwilligungsfähigkeit" zu sprechen, statt von einer strikten Zweiteilung auszugehen.[143] Der Terminus „Dimensionalität"

---

[139] Auch Maio hält eine Dichotomoisierung in einwilligungsfähige und nicht einwilligungsfähige Personen für problematisch, glaubt aber dennoch, dass „es Gute Gründe gibt, verschiedene nicht einwilligungsfähige Patientengruppen gemeinsam zu diskutieren, weil auf diese Weise der Grundkonflikt, der der Forschung an diesen Personengruppen zugrunde liegt, deutlicher herausgearbeitet werden kann." (Maio, *Ethim der Forschung am Menschen*, 23). Es ist aber durchaus fraglich, ob es – abgesehen vielleicht von Komatösen und sehr kleinen Kindern – überhaupt Personen*gruppen* gibt, die pauschal als einwilligungsunfähig gelten dürfen.

[140] Vgl. Amelung, *Über die Einwilligungsfähigkeit (Teil II)*, 829 ff. Im schweizerischen Recht ist, wie Steffen und Guillod berichten, die „Relativität der Urteilsfähigkeit" fest anerkannt; vgl. Steffen / Guillod, *CH – Landesbericht Schweiz*, 363 f.

[141] Buchanan / Brock, *Deciding for others*, 18.

[142] Vgl. Woopen, *Ethische Aspekte der Forschung an nicht oder teilweise Einwilligungsfähigen*, 55.

[143] Zustimmend zu Woopen auch Maio, *Ethik der Forschung am Menschen*, 22 f.; vgl. ferner § 2 der *Marburger Richtlinien zur Forschung mit einwilligungsunfähigen und beschränkt einwilli-*

führt hier freilich etwas in die irre. Treffender ist es wohl, von der Gradualität als zweitem Strukturmerkmal der Einwilligungsfähigkeit zu sprechen. Diese weitere Differenzierung trägt dem Umstand Rechnung, dass sich etwa Kinder ab einem gewissen Entwicklungsgrad durchaus eine reflektierte Meinung zu einem Sachverhalt bilden können und insofern von Säuglingen oder schwerst Demenzkranken zu unterscheiden sind. Gleichwohl verfügen sie häufig (noch) nicht *in vollem Umfang* über die Fähigkeiten, die für eine informierte Einwilligung erforderlich sind. Würde man von der Zweiteilung „einwilligungsfähig / einwilligungsunfähig" ausgehen, dann würde dieser bedeutsame Unterschied außer Acht bleiben.

Auch wenn die terminologische Dreiteilung „einwilligungsfähig – beschränkt einwilligungsfähig – einwilligungsunfähig" durchaus verbreitet ist, kann man Zweifel daran hegen, ob sie gut gewählt ist. Maio macht zu Recht geltend, dass so auf der semantischen Ebene das Fehlen von Fähigkeiten in den Vordergrund gerückt wird, statt vorhandene Fähigkeiten zu betonen.[144] Darüber hinaus wird durch diese Begriffe keine Verbindung zur ebenfalls üblichen Unterscheidung zwischen „Einwilligung" und „Zustimmung" hergestellt, die in Deutschland zur Differenzierung einer vollgültigen und verbindlichen bzw. eingeschränkten Willensbekundung mittlerweile als etabliert gelten kann.[145] Legt man diese Terminologie zugrunde, dann bietet es sich an, statt von beschränkter Einwilligungsfähigkeit von (bloßer) *Zustimmungsfähigkeit* zu sprechen. Damit wird eine Fähigkeit „unterhalb" der (vollen) Einwilligungsfähigkeit, jedoch „oberhalb" der Einwilligungsunfähigkeit benannt.

Schließlich wird man noch eine weitere Differenzierung vornehmen müssen. Denn auch kleine Kinder und Säuglinge oder schwerst Demenzkranke können durchaus eine dezidierte Ablehnung zu einer sie betreffenden Handlung zum Ausdruck bringen, wenn nicht durch Worte, so doch durch Laute, Gesten oder sonstige Reaktionen.[146] Dies unterscheidet sie etwa von Komatösen, die auch zu solchen

---

gungsfähigen Personen (Freund / Heubel, *Forschung mit einwilligungsunfähigen und beschränkt einwilligungsfähigen Personen*, 348). Fröhlich hingegen vertritt die Auffassung, eine weitere Unterscheidung jenseits der (situationsabhängigen) Aufteilung „einwilligungsfähig / -unfähig" sei – zumindest aus juristischer Sicht – entbehrlich; vgl. Fröhlich, *Forschung wider Willen?*, 122.

[144] Maio, *Ethik der Forschung am Menschen*, 22 f. Maio selbst bietet allerdings trotz der Kritik keine begriffliche Alternative an.

[145] In der englischsprachigen Debatte wird schon länger zwischen „consent" und „assent" unterschieden. Eine erhellende Definition des Begriffs „assent" findet sich im US-amerikanischen *Code of Federal Regulations*: „‚Assent' means a child's affirmative agreement to participate in research. Mere failure to object should not, absent affirmative agreement, be construed as assent." (45 CFR § 46.402 lit. b) In diesem Sinne wird der Begriff „assent" – im Unterschied zu „consent" – auch verwendet in World Medical Association, *Declaration of Helsinki (2000)*, Nr. 25; Council for International Organizations of Medical Sciences (CIOMS), *International Ethical Guidelines for Biomedical Research Involving Human Subjects (2002)*, Guideline 14.

[146] Vgl. Fröhlich, *Forschung wider Willen?*, 180 sowie 57 und 202 f.

Reaktionen nicht fähig sind. Folglich erscheint es angezeigt, neben Einwilligungsfähigkeit und Zustimmungsfähigkeit noch die Kategorie der *Ablehnungsfähigkeit* einzuführen.[147] Die Ablehnungsfähigkeit setzt nur ein Minimum an kognitiven und voluntativen Fähigkeiten voraus.[148] Auch sie ist „oberhalb" der Einwilligungsunfähigkeit angesiedelt, aber „unterhalb" der Zustimmungsfähigkeit. Der weitaus größte Teil nicht-zustimmungsfähiger Personen wird hier verortet werden müssen. Von einer vollständigen Unfähigkeit zu bewusst-ablehnendem Verhalten wird man nämlich nur in Ausnahmefällen ausgehen müssen, etwa bei Komatösen.

Die Einführung neuer Begriffe sollte nicht leichtfertig erfolgen. Sie birgt immer die Gefahr von Verwirrung und Unklarheit. Dennoch erscheint im vorliegenden Fall das Abweichen von der verbreiteten Begrifflichkeit der „beschränkten Einwilligungsfähigkeit" durch eine größere sachliche Angemessenheit gerechtfertigt. Mit den Begriffen „Zustimmungsfähigkeit" bzw. „Ablehnungsfähigkeit" werden gerade die aus ethischer Sicht entscheidenden Fähigkeiten auch semantisch in den Vordergrund gestellt. Außerdem wird so an den Terminus der Zustimmung, der zur Kennzeichnung einer „schwächeren" Form von Einwilligung wohletabliert ist, angeknüpft. Der neue Begriff der Ablehnungsfähigkeit trägt schließlich dem Umstand Rechnung, dass es auch jenseits von Einwilligung und Zustimmung relevante Willensäußerungen gibt. Personen, die zu solchen – in der Regel nonverbalen – Äußerungen fähig sind, sollten nicht einfach als „einwilligungsunfähig" bezeichnet werden, da dies ihre vorhandenen Fähigkeiten zu beachtlichen Willensäußerungen verdeckt.

Allerdings gilt es zu beachten, dass durch die vorgeschlagenen terminologischen Festlegungen der Begriff „einwilligungsunfähig" eine gewisse Doppeldeutigkeit erhält: Er kann nun in einem engeren Sinne diejenigen Personen bezeichnen, die auch zu bewusst-ablehnendem Verhalten nicht befähigt sind, zum anderen kann er – in einem weiteren Sinne – auch all diejenigen Personen umfassen, die nicht über

---

[147] Zum Begriff „Ablehnungsfähigkeit" vgl. die Feststellung von Mieth: „Man darf Nicht-Zustimmungsfähigkeit nicht mit Nicht-Ablehnungsfähigkeit gleichsetzen." (Mieth, *Klinische Versuche an Kindern – Ethische Aspekte*, 70).

[148] Die „Ablehnungsfähigkeit" ist zu unterscheiden von der „Vetofähigkeit", die nach Ulsenheimer der vollen eigenen Entscheidungskompetenz vorausgeht (vgl. Ulsenheimer, *Die fahrlässige Körperverletzung*, 1117). Auch Amelung hat, wenn er über das „Vetorecht" spricht, augenscheinlich eher den Kreis der Personen im Blick, die hier als zustimmungsfähig bezeichnet werden, vgl. Amelung, *Über die Einwilligungsfähigkeit (Teil I)*, 534 f. und 557. Allerdings führt Amelung aus, dass die Anforderungen für die Vetofähigkeit abhängig vom Kontext bestimmt werden müssen. Er kommt zu dem Schluss: „Vetorechte können aber auch den Sinn haben, die Berechtigten einfach davor zu bewahren, daß sie wie Tiere überwältigt und schwerwiegenden körperlichen Eingriffen unterworfen werden; in diese Richtung weisen die Widerspruchsrechte bei der Sterilisation." (*Über die Einwilligungsfähigkeit (Teil II)*, 832). Dieser letzte Sinn von Vetorecht bzw. Vetofähigkeit kommt der hier beschriebenen Ablehnungsfähigkeit nahe.

die Fähigkeiten verfügen, die für eine vollgültige informierte Einwilligung erforderlich sind. Aus dem jeweiligen Kontext sollte indessen leicht klar werden, in welcher Bedeutungsvariante der Begriff gerade verwendet wird.

Geht man von der Unterteilung in einwilligungsfähige, zustimmungsfähige, ablehnungsfähige und einwilligungsunfähige Personen aus, dann wird die Frage virulent, welche *Kriterien* genau erfüllt sein müssen, damit eine Person (mit Blick auf einen bestimmten Sachverhalt) einer der vier Kategorien zugeordnet werden kann. Um eine Klärung hat sich hier auch und gerade die Rechtsprechung bemüht, nicht zuletzt weil der Begriff der Einwilligungsfähigkeit in einer Reihe von Gesetzen – unter anderem im *Arzneimittelgesetz* – explizit Erwähnung findet. Einer vom *Bundesgerichtshof* geprägten und weit verbreiteten Formel zufolge ist für die Wirksamkeit einer Einwilligung entscheidend, dass der Einwilligende „Wesen, Bedeutung und Tragweite" der in Frage stehenden Handlung (in seinen Grundzügen) erkannt hat.[149] Ob damit allerdings eine hinreichende Auslegung des Begriffs geleistet ist, insbesondere mit Blick auf praktische Einzelfallprüfungen, erscheint fraglich. Amelung merkt dazu kritisch an: „Der Begriff ‚Tragweite' erscheint hierbei als Hinweis auf die faktischen Folgen der Handlung zwar einigermaßen klar – aber was fügt die ‚Bedeutung' der Tragweite und was das ‚Wesen' der Bedeutung hinzu?"[150] Er selbst hat, ausge-

---

[149] Bundesgerichtshof, *Urteil vom 10. Juli 1954 (Az. VI ZR 45/54)*, so auch Bundesgerichtshof, *Entscheidung vom 13. Mai 1969 (Az. 2 StR 616/68)*. Auf die Trias „Wesen, Bedeutung und Tragweite" hebt auch das *Arzneimittelgesetz (AMG)* in § 40 Abs. 1 Nr. 3 ab. Vgl. ferner Bundesgerichtshof, *Urteil vom 5. Dezember 1958 (Az. VI ZR 266/57)*, wo ausgeführt wird, ein Minderjähriger könne wirksam in einen ärztlichen Eingriff einwilligen, wenn er „nach seiner geistigen und sittlichen Reife die Bedeutung und Tragweite des Eingriffs und seiner Gestaltung zu ermessen vermag." (Ebd., 36). Eine ähnliche, jedoch ausführlichere Bestimmung findet sich schließlich in einem höchstrichterlichen Urteil aus dem Jahr 1963, in dem die Richter feststellen: „Einwilligung in diesem Sinne ist die im Augenblick der Tat vorhandene, freiwillige, ernstliche und sittengemäße zustimmende Willensrichtung des betroffenen Rechtsgutträgers zu einer bestimmten Rechtsgutsverletzung. [...] Diese Einwilligung setzt die Erkenntnis des Eingriffs sowie das Erkennen der Sachlage und damit die Erkenntnisfähigkeit für Art und Bedeutung des Eingriffs voraus. Dafür ist kein bestimmtes Alter erforderlich und unerheblich, ob der Betroffene unter Vormundschaft oder Pflegschaft steht; es ist nur notwendig, daß der Betroffene die natürliche Einsichtsfähigkeit und Urteilskraft zur Erkenntnis der Tragweite des Eingriffs besitzt. Es genügt also eine ausreichende Einsichtsfähigkeit, nämlich eine solche verstandesmäßige, geistige und sittliche Reife, die es gestattet, die Bedeutung und Tragweite des Eingriffs zu erkennen, sowie die Urteilskraft, um das Für und Wider abzuwägen, und die Fähigkeit, das Handeln nach dieser Einsicht zu bestimmen." (Bundesgerichtshof, *Urteil vom 2.12.1963 (Az. III ZR 222/62)*, 323). Im Übrigen sei hier lediglich erwähnt, dass der Begriff der „Einwilligungsfähigkeit" (im juridischen Sinne) nicht mit dem der „Geschäftsfähigkeit" in eins fällt; vgl. dazu Amelung, *Über die Einwilligungsfähigkeit (Teil I)*, 526 ff.

[150] Ebd., 537.

hend von entscheidungstheoretischen Überlegungen, eine gehaltvollere Definition des Begriffs der Einwilligungsunfähigkeit vorgelegt: „1. Einwilligungsunfähig ist, wer wegen *Minderjährigkeit*, geistiger *Behinderung* oder geistiger *Erkrankung* nicht erfassen kann, (a) welchen *Wert* oder welchen *Rang* die von der Einwilligungsentscheidung berührten Güter und Interessen für ihn haben oder (b) welche *Folgen* oder *Risiken* sich aus der Einwilligungsentscheidung ergeben oder (c) welche *Mittel* es zur Erreichung der mit der Einwilligung erstrebten Ziele gibt, die ihn *weniger* belasten. 2. Das gleiche gilt, wenn der Minderjährige, geistig Behinderte oder geistig Erkrankte zwar die erforderliche Einsicht hat, aber nicht in der Lage ist, sich nach ihr zu *bestimmen*."[151] Amelung formuliert damit eine Reihe von *Kriterien*, die es (auch) im Rahmen biomedizinischer Humanexperimente ermöglichen zu entscheiden, ob *ein individueller Proband* mit Blick auf *ein bestimmtes Forschungsprotokoll* als einwilligungsfähig gelten kann oder nicht.

Aus den von Amelung für die Einwilligungsfähigkeit formulierten Kriterien lassen sich unmittelbar ebensolche auch für die oben benannte Kategorie der Zustimmungsfähigkeit ableiten: Zustimmungsfähig ist demzufolge eine Person dann, wenn sie die genannten Kriterien zum Teil oder in Ansätzen erfüllt, d.h. wenn sie zumindest partiell erfassen kann, welchen Wert oder Rang die betroffenen Güter haben, welche Folgen und Risiken sich aus einer Zustimmung ergeben und welche weniger belastenden Mittel zur Erlangung der Ziele es geben könnte, und wenn sie sich nach diesen Einsichten zumindest partiell bestimmen kann. Für die Ablehnungsfähigkeit sind demgegenüber nur minimale Fähigkeiten erforderlich; insbesondere sind tiefere Einsichten in den Wert der betroffenen Güter oder gar über alternative Mittel für eine Ablehnung entbehrlich.

Schwierig dürfte es im Einzelfall sein, eine wirkliche Ablehnung von „normalem" Abwehrverhalten zu unterscheiden. Fröhlich ist hier sicher zuzustimmen, wenn er bemerkt, dass beispielsweise „sichtbare Zeichen des Unwohlseins" beim Anblick einer Spritze nicht vorschnell als Ablehnung interpretiert werden müssten, gleichwohl aber von einer „niedrigen Anforderungsschwelle an die Feststellung ablehnenden Verhaltens" auszugehen sei; „deutliche körperliche oder seelische Reaktionen wie Aggressivität, Angst oder Zittern" müssen als Ablehnung gewertet werden.[152] Die schwierige Interpretation kann im Zweifelsfall nur durch einen Spezialisten erfolgen, bei Kindern etwa durch einen Kinderarzt oder Kinderpsychologen.

Als Ergebnis kann festgehalten werden, dass der Begriff „einwilligungsfähig" aufgrund seines relationalen Charakters keinen fixen Personenkreis definiert. Dieser Umstand impliziert freilich nicht, dass mit Bezug auf die Spezifikation ethischer Regeln eine Aufteilung entlang der durch ihn – in jedem Einzelfall – markierten Linie unmöglich oder sinnlos wäre. Allerdings ist eine weitere Differenzierung in die

---

[151] Ebd., 558; siehe auch die weiteren Ausführungen in Amelung, *Über die Einwilligungsfähigkeit (Teil II)* sowie Helmchen / Lauter, *Dürfen Ärzte mit Demenzkranken forschen?*, 42 ff.

[152] Fröhlich, *Forschung wider Willen?*, 180.

Kategorien „einwilligungsfähig", „zustimmungsfähig", „ablehnungsfähig" und „einwilligungsunfähig" angezeigt. Forschungsprojekte mit (bloß) zustimmungsfähigen, (bloß) ablehnungsfähigen oder (vollständig) einwilligungsunfähigen Probanden werfen im Vergleich zu solchen mit einwilligungsfähigen Probanden besondere ethische Probleme auf, sodass sie im Rahmen einer praktischen Typologie biomedizinischer Humanexperimente als gesonderte Kategorien behandelt werden müssen. Die Grenzlinie zwischen einwilligungsfähig und zustimmungsfähig ist allerdings weder situationsunabhängig bestimmbar, noch kann sie einfach mit anderen Merkmalsgrenzen identifiziert werden: Minderjährige, Demenzpatienten oder auch geistig Behinderte dürfen nicht *grundsätzlich* als einwilligungsunfähig gelten. Abhängig von den in Frage stehenden Maßnahmen, zu denen eine Einwilligung angestrebt wird, bzw. von den mit diesen Maßnahmen assoziierten Gefahren wird man in jedem Einzelfall prüfen müssen, ob eine Person die (kognitiven und voluntativen) Fähigkeiten besitzt, eine Einwilligung oder zumindest eine Zustimmung zu erteilen.[153]

Die Vierteilung „einwilligungsfähig – zustimmungsfähig – ablehnungsfähig – einwilligungsunfähig" allein reicht nicht aus, um alle ethisch relevanten Faktoren für eine praktische Typologie biomedizinischer Humanexperimente im Zusammenhang der Einwilligungsfähigkeit abzudecken. Unberücksichtigt bleibt bei dieser Kategorisierung vor allem, *warum* eine Person (in einem konkreten Fall) als (bloß) zustimmungsfähig oder (bloß) ablehnungsfähig gelten muss. Mindestens vier Konstellationen müssen hierbei unterschieden werden: (1) die Person kann *noch nicht* (in eine bestimmte Maßnahme) einwilligen, wird aber zu einem späteren Zeitpunkt über die erforderlichen Fähigkeiten verfügen; (2) die Person kann *nicht mehr* (in eine bestimmte Maßnahme) einwilligen, hat aber zu einem früheren Zeitpunkt über die erforderlichen Fähigkeiten verfügt; (3) die Person hat *weder* zu einem früheren Zeitpunkt die Fähigkeit besessen (in eine bestimmte Maßnahme) einzuwilligen, *noch* wird sie diese Fähigkeit zu einem späteren Zeitpunkt besitzen; (4) die Person kann *lediglich vorübergehend* nicht (in eine bestimmte Maßnahme) einwilligen, konnte dies aber zu einem früheren Zeitpunkt und wird es auch zu einem späteren Zeitpunkt wieder können. Die erste Konstellation beschreibt die Situation, in der sich Kinder befinden; die zweite stellt beispielsweise die Situation von Menschen dar, die an der Alzheimerschen Krankheit in einem fortgeschrittenen Stadium leiden; die dritte trifft auf Menschen zu, die bedingt durch eine Behinderung zu keinem Zeitpunkt

---

[153] Vgl. Zentrale Ethikkommission (ZEKO), *Zum Schutz nicht-einwilligungsfähiger Personen in der medizinischen Forschung*, A 1012. Maio weist auf die Gefahr hin, dass „der Begriff der Einwilligungsfähigkeit im Interesse der Forschung zu weit ausgelegt werden könnte." (Maio, *Ethik der Forschung am Menschen*, 159). Man könnte argumentieren, gerade die hier in den Vordergrund gestellte Notwendigkeit einer Einzelfallprüfung, leiste dieser Gefahr Vorschub. Auch wenn dieser Einwand nicht gänzlich unberechtigt sein mag, so blendet er doch aus, dass eine zu pauschale und restriktive Auslegung des Begriffs der Einwilligungsfähigkeit Gefahr läuft, vielen Menschen in unbegründeter Weise das fundamentale Recht auf Selbstbestimmung abzusprechen.

(vollständig) einwilligungsfähig waren, sind oder sein werden, die vierte schließlich benennt etwa die Lage von Notfallpatienten, die aufgrund einer akuten Erkrankung oder Verletzung vorrübergehend als einwilligungsunfähig eingestuft werden müssen. Auch Menschen mit schweren psychischen Störungen können aufgrund ihrer Erkrankung nicht vollständig einwilligungsfähig sein. Je nach Art und Verlauf ihrer Erkrankung müssen sie einer der Kategorien 1, 2, 3 oder 4 zugerechnet werden.

Zwar ist es zutreffend, dass man in jedem der geschilderten Fälle von Einwilligungsunfähigkeit im weiteren Sinne sprechen kann. Dennoch beinhalten die genannten Konstellationen jeweils ethisch relevante Faktoren eigener Art, die es bei einer Prinzipienspezifikation zu berücksichtigen gilt. So zeichnen sich Personen, die in die Kategorie 2 fallen, dadurch aus, dass sie in der Vergangenheit ein *individuelles Wertesystem* entwickelt haben, auf das bei aktuellen Entscheidungssituationen womöglich rekurriert werden kann. Für Minderjährige hingegen (Kategorie 1) ist kennzeichnend, dass die Ausbildung eines solchen Wertesystems noch bevorsteht; dabei kommt den Erziehungsberechtigten eine besondere Rolle zu, die ebenfalls eigens berücksichtigt werden muss. Auch Notfallpatienten (Kategorie 4), denen nur vorübergehend die Fähigkeit zur (vollgültigen) Einwilligung mangelt, haben ein individuelles Wertesystem ausgebildet. Anders als bei Personen der Kategorie 2 sind Handlungen hier jedoch immer im Lichte der Tatsache zu sehen, dass die Person zu einem späteren Zeitpunkt wieder selbständig wird entscheiden können. Eine besondere Konstellation ist schließlich dann gegeben, wenn weder auf ein in der Vergangenheit ausgebildetes Wertesystem rekurriert werden kann noch die Ausbildung eines solchen in der Zukunft zu erwarten ist (Kategorie 3). Bei der Fortbestimmung des Prinzips der Selbstbestimmung müssen diese unterschiedlichen Aspekte berücksichtigt werden.

Fasst man die vorangegangenen Überlegungen zum relational-graduellen Begriff der Einwilligungsfähigkeit sowie zu den unterschiedlichen Bedingungsfaktoren für eine vorübergehende oder dauerhafte Einwilligungsunfähigkeit (im weiteren Sinne) zusammen, dann ergeben sich für eine praktische Typologie biomedizinischer Humanexperimente zum einen die vier Kategorien „*einwilligungsfähig*“, „*zustimmungsfähig*“, „*ablehnungsfähig*“ und „*einwilligungsunfähig*“ (im engeren Sinne). Zum anderen lässt sich eine Kategorisierung anhand der Bedingungsfaktoren für eine nicht vollständige Einwilligungsfähigkeit aufstellen. Demzufolge ist zu unterscheiden zwischen *noch nicht, nicht mehr, vorübergehend nicht* und *niemals einwilligungsfähigen Personen*. Abhängig davon, wie der Status der beteiligten Probanden aufgrund dieser Kategorien einzustufen ist, wird man in praktischer Absicht von unterschiedlichen Typen von Experimenten ausgehen und dies bei der Fortbestimmung und Anwendung von ethischen Prinzipien in Rechnung stellen müssen.

ii)   Vulnerabilität

Im Zusammenhang mit möglichen Probanden gewinnt noch ein weiterer Aspekt Bedeutung für eine Unterscheidung von Humanexperimenten, der zumeist unter dem Stichwort „Vulnerabilität" angesprochen wird.[154] In erster Näherung bezeichnet der Begriff „a distinctive precariousness in the condition of the subject: a state of being laid open or especially exposed to something injurious or otherwise undesirable."[155] Eine solche (außergewöhnliche) Verletzbarkeit kann durchaus unterschiedliche Ursachen haben: Sie kann sich beispielsweise aus dem gesellschaftlichen oder sozialen Umfeld ergeben und somit eher struktureller Natur sein, sie kann aber genauso in individuellen Dispositionen einzelner Personen begründet sein.[156] Im Kontext biomedizinischer Humanexperimente stehen natürlich solche Aspekte im Vordergrund, die dazu führen, dass potentielle Probanden bezogen auf die Rekrutierung oder die Durchführung eines Experiments in besonderer Weise gefährdet und verletzbar sind.[157] Dies darf freilich nicht dahingehend missverstanden werden, dass Humanexperimente mit besonders vulnerablen Probanden zwangsläufig und unter allen Umständen ethisch zu beanstanden wären. Im Rahmen einer praktischen Typologie müssen sie jedoch speziell gekennzeichnet werden, damit ethisch relevante Probleme in den Blick treten.

Ein wesentlicher Punkt, den es bei der Bewertung der Vulnerabilität speziell im Kontext biomedizinischer Forschung zu berücksichtigen gilt, ist mit der Einwilligungsunfähigkeit schon benannt worden. Darüber hinaus müssen aber noch weitere Personengruppen als vulnerabel gelten. Zu nennen sind hier etwa *gesellschaftliche Minderheiten* und *Randgruppen*, die besonders gefährdet sind im Hinblick auf ungerechte Lastenverteilungen oder gar ausbeuterische Praktiken innerhalb einer Gesellschaft,[158] aber auch *Menschen in Entwicklungsländern*, für die dies gewissermaßen in

---

[154] Vgl. Council for International Organizations of Medical Sciences (CIOMS), *International Ethical Guidelines for Biomedical Research Involving Human Subjects (2002)*, insbesondere Guideline 13; World Medical Association, *Declaration of Helsinki (2000)*, Nr. 8.

[155] Kipnis, *Vulnerability in Research Subjects: A Bioethical Taxonomy*, G-5.

[156] Kipnis unterscheidet insgesamt sechs Arten von Vulnerabilität, nämlich „cognitive", „juridic", „deferential", „medical", „allocational" und „infrastructural" vulnerability; vgl. ebd., G-6 ff.

[157] Den *CIOMS Guidelines* zur biomedizinischen Forschung am Menschen liegt etwa die folgende Definition zugrunde: „Vulnerable persons are those who are relatively (or absolutely) incapable of protecting their own interests. More formally, they may have insufficient power, intelligence, education, resources, strength, or other needed attributes to protect their own interests." (Council for International Organizations of Medical Sciences (CIOMS), *International Ethical Guidelines for Biomedical Research Involving Human Subjects (2002)*, Guideline 13).

[158] Obwohl es sich weder um eine Minderheit noch um eine Randgruppe handelt, können in diesem Zusammenhang bisweilen auch *Frauen* als besonders vulnerable Gruppe gelten, wie etwa Macklin zu Recht bemerkt: „Although it is surely a mistake to construe

globaler Perspektive zutrifft.[159] Des Weiteren müssen Personengruppen gesondert berücksichtigt werden, die aufgrund ihrer persönlichen Lage einem gesteigerten äußeren Druck ausgesetzt sind oder sich zumindest einem solchen Druck ausgesetzt fühlen können, der eine wirksame Einwilligung erschwert oder sogar unmöglich macht. In der Geschichte biomedizinischer Humanexperimente sind dies vor allem *Gefangene* und *medizinisches Personal* sowie *Medizinstudenten* gewesen. Auch wenn es sich hierbei zweifellos um sehr unterschiedliche Personengruppen handelt, so ist ihnen doch gemeinsam, dass sie asymmetrischen Machtverhältnissen ausgesetzt sind, die einer freien und informierten Einwilligung in die Teilnahme an biomedizinischen Humanexperimenten entgegenstehen können. Der Status der besonderen Verletzbarkeit kann schließlich durch die gesundheitliche Situation von Menschen begründet sein. *Kranke* sind, wenn sie bei einem Arzt um Hilfe ersuchen, in doppelter Weise vulnerabel: Zum einen kann eine Krankheit bzw. ein Leidenszustand dazu führen, dass eine Person nur eingeschränkt eine selbstbestimmte Entscheidung zu treffen im Stande ist, zum anderen kann die besondere Garantenstellung des Arztes dazu führen, dass ein Patient sich den Ratschlag zur Teilnahme an einem Humanexperiment unreflektiert zu Eigen macht. Einen Sonderfall bilden schließlich *Schwangere*, denen durch die Verbundenheit zum und Verantwortung für das heranwachsende Kind ein besonderer Schutz gebührt.[160]

---

women in general as a class of human beings who are vulnerable, it remains sadly true that women in many parts of the world not only lack power and self-determination within the family and in the culture in which they reside, but they are also subject to the grossest forms of physical harm and psychological degradation." (Macklin, *Bioethics, Vulnerability and Protection*, 480 f.). Siehe dazu auch Council for International Organizations of Medical Sciences (CIOMS), *International Ethical Guidelines for Biomedical Research Involving Human Subjects (2002)*, Guideline 16.

[159] Kottow hat, vornehmlich mit Blick auf die Problematik biomedizinischer Forschung in Entwicklungsländern, den Begriff der Vulnerabilität als inadäquat zurückgewiesen. Seiner Meinung nach gilt es zwischen „vulnerable" und „susceptible" klar zu unterscheiden. Gerade weil Vulnerabilität wesentlich zur menschlichen Existenz schlechthin gehöre, dürfe der Begriff nicht zugleich auch zur Kennzeichnung eines „state of deprivation that makes the affected liable to additional harm" verwendet werden. Dies führe nämlich dazu, dass eine besondere Verantwortung gegenüber den „susceptible" geleugnet werden könne; vgl. Kottow, *The Vulnerable and the Susceptible* sowie grundlegender Kottow, *Vulnerability: What kind of principle is it?* Zum Problem der Forschung in Entwicklungsländern siehe ausführlich unten V.3.

[160] Die Frage, ob Frauen in gebärfähigem Alter grundsätzlich von biomedizinischen Versuchen ausgeschlossen werden sollten, ist Gegenstand kontroverser Auseinandersetzungen gewesen. Die US-amerikanische Food and Drug Administration (FDA) hat im Jahr 1993 zu dieser Problematik eine Richtlinie mit dem Titel *Guidelines for the Study and Evaluation of Gender Differences in the Clinical Evaluation of Drugs* veröffentlicht. Darin ist festgelegt, dass die Zusammensetzung der Probanden einer klinischen Studie den späteren Anwenderkreis eines zu testenden Medikaments widerspiegeln muss; vgl. ebd., Teil C,

Ohne Anspruch auf Vollständigkeit zu erheben, sind damit Personengruppen benannt, die in unterschiedlicher Weise als außergewöhnlich verletzbar gelten müssen. Im Zuge einer Differenzierung in praktischer Absicht müssen Humanexperimente, die derart vulnerable Personen als Probanden miteinbeziehen, als mit je eigenen Problemen behaftet angesehen werden, was angemessene Regelspezifizierungen nach sich ziehen muss.

c)   Verfahren

i)   Methodische Qualität und Alternativlosigkeit

Geht man davon aus, dass die Verwendung von Menschen als Versuchsobjekten im Rahmen von biomedizinischen Humanexperimenten aus ethischer Sicht *grundsätzlich rechtfertigungsbedürftig* ist, dann kann – das haben die vorangegangenen Überlegungen ergeben – mit Blick auf die Ziele von Humanexperimenten das Kriterium der Hochrangigkeit als Schwellenkriterium angesetzt werden.[161] Dadurch wird eine erste wichtige, strukturierende Unterscheidung des Handlungsfeldes ermöglicht, die unmittelbar ethische Implikationen nach sich zieht: Jene Forschungsprojekte bzw. Experimente, die das Kriterium der Hochrangigkeit nicht erfüllen, müssen prinzipiell als unvertretbar gelten. Eine analoge Fundamentalunterscheidung zieht die grundsätzliche Rechtfertigungsbedürftigkeit auch bezogen auf das Humanexperiment als Forschungs*instrument* nach sich: Versuche mit Menschen sind ethisch überhaupt nur dann vertretbar, wenn die *methodische Qualität* eines Experiments gewährleistet ist. Hier ist vor allem die Wahl eines angemessenen methodischen Designs von großer Bedeutung. Zwar gelten randomisierte klinische Studien als „gold standard" der biomedizinischen Forschung, in vielen Fällen stellen sie dennoch nicht das optimale methodische Instrument dar und sind oftmals überhaupt nicht anwendbar.[162] Mit der Wahl des Studiendesigns verbunden sind zahlreiche Detailfragen, etwa hinsichtlich der Festlegung und (statistischen) Auswertung von Zielkriterien,[163] der erfor-

---

„Inclusion of Both Genders in Clinical Studies". Damit hat die FDA eine frühere aus dem Jahr 1977 stammende Richtlinie, die den grundsätzlichen Ausschluss von Frauen aus klinischen Studien vorsah, außer Kraft gesetzt. Sowohl die *International Ethical Guidelines for Biomedical Research Involving Human Subjects (2002)* des Council for International Organizations of Medical Sciences (CIOMS) (Guideline 17) als auch das *Additional Protocol to the Convention on Human Rights and Biomedicine Concerning Biomedical Research* (Art. 18) sehen vor, dass schwangere und stillende Frauen unter verschärften Schutzmaßnahmen als Probanden in Protokolle aufgenommen werden können. Vgl. zu dieser Problematik auch Breithaupt-Grögler et al., *Klinische Arzneimittelprüfung an Frauen.*

[161]   Vgl. oben III.1.a.(i).

[162]   Einen guten Überblick über die vielfältigen Aspekte des Designs klinischer Studien geben Schumacher und Schulgen in dem Band *Methodik klinischer Studien*. Siehe dazu auch unten V.2.a.

[163]   Vgl. Schumacher / Schulgen, *Methodik klinischer Studien*, insbesondere Kap. 3-7 und 9.

derlichen Probandenzahl,[164] des Datenmanagements[165] sowie des Qualitätsmanagements,[166]

Neben der methodischen Qualität bildet die *Alternativlosigkeit* von Forschungsprojekten ein weiteres wichtiges Kriterium. Mit Alternativlosigkeit ist der Umstand bezeichnet, dass ein angestrebtes Erkenntnisziel nicht auch mit anderen Mittel als Humanexperimenten realisierbar ist. Dies beinhaltet insbesondere, dass die Anwendung von Tierversuchen und *In-vitro*-Modellen ausgeschöpft sein muss.[167] Wiederum können Versuche mit Menschen nur dann als ethisch vertretbar gelten, wenn das Kriterium der Alternativlosigkeit erfüllt ist.

Wie das Kriterium der Hochrangigkeit, so fungieren auch die *methodische Qualität* und die *Alternativlosigkeit* als vorgelagerte *Schwellenkriterien*: Sie teilen das Handlungsfeld gleichsam jeweils in zwei Klassen auf, nämlich einerseits in die der qualitativ hochwertigen bzw. alternativlosen Experimente und andererseits in diejenigen Experimente, für die andere Methoden mit vergleichbarem erkenntnissteigerndem Wert zur Verfügung stehen bzw. die in methodischer Hinsicht suboptimal sind. Erneut setzt sich diese Strukturierung direkt in ein ethisches Gebot um: Forschungsprojekte, in denen Humanexperimente vorgesehen sind, müssen sorgfältig daraufhin überprüft werden, ob sie in methodischer Hinsicht überzeugend geplant und unverzichtbar sind. All jene Projekte, die diese wissenschaftlich-methodische Hürde nicht passieren, müssen als ethisch unvertretbar gelten. Diese einleuchtende Forderung lässt sich auf die schlichte Formel bringen: Nur wissenschaftlich-methodisch gute und alternativlose Forschung ist ethisch vertretbare Forschung.

ii)   Risiken und Belastungen

Die aktive Manipulation der Forschungsobjekte im Experiment wirft unmittelbar die Frage nach der *Eingriffstiefe* sowie den *Risiken* dieser Manipulationen auf.[168] Auch hier ist, wie schon beim Nutzen, von einer Abstufung auszugehen, die nur ungenü-

---

[164] Vgl. ebd., Kap. 10.

[165] Vgl. ebd., Kap. 13.

[166] Vgl. ebd., Kap. 14-15.

[167] Schon die *Reichsrichtlinien* aus dem Jahre 1931 beinhalteten diese Forderung; vgl. Reichsminister des Inneren, *Reichsrichtlinien zur Forschung am Menschen*, Nr. 4 Abs. 3, Nr. 12 lit. b. Für weitere Verweise auf aktuelle forschungsethische Kodizes siehe unten IV.3.a.

[168] Diese Risiken müssen nicht auf die Forschungsobjekte, d.h. auf die Probanden beschränkt sein. Es ist durchaus denkbar, dass mit einem Humanexperiment auch Risiken für andere Menschen oder die außermenschliche Natur verbunden sind. Bei einer Risikoanalyse dürfen solche Aspekte nicht unberücksichtigt bleiben; vgl. World Medical Association, *Declaration of Helsinki (2000)*, Nr. 12. Woopen hat in ihrer Beschreibung des Handlungsfelds „biomedizinischer Humanexperimente" dafür den Titel „Folgen" gewählt, der gegenüber den „Risiken" für die Probanden eigenständig ist; vgl. oben Anm. 130.

gend durch diskrete Klassen abgebildet werden kann. Dennoch haben sich zumindest zwei besondere Risikokategorien in der Diskussion um biomedizinische Humanexperimente herausgebildet, die mittlerweile als etabliert, wenngleich nicht unumstritten gelten können: *minimales Risiko* („minimal risk") und *geringfügig mehr als minimales Risiko* („minor increase over minimal risk").[169]

Schon die National Commission hat im *Belmont Report* auf den Umstand hingewiesen, dass bei der Bezeichnung von Risikoklassen oftmals nicht klar genug zwischen zwei, im Begriff des Risikos verbundenen Aspekten unterschieden wird: Die Begriffe „geringes" oder „hohes Risiko" können sich nämlich, so stellt die Kommission fest, sowohl auf die *Eintrittswahrscheinlichkeit eines Schadens* als auch auf den *Schweregrad einer möglichen Schädigung* beziehen.[170] Belässt man es bei einer abstrakten Begriffsdefinition, dann bleibt beispielsweise unklar, ob unter den Begriff „geringes Risiko" sowohl leichte Schädigungen mit einer mittleren Eintrittswahrscheinlichkeit als auch schwere Schädigungen mit einer sehr geringen Eintrittswahrscheinlichkeit fallen oder nur einer der beiden Fälle, und wenn ja, welcher. Wohl nicht zuletzt vor dem Hintergrund der Gefahr einer Mehrdeutigkeit wird in den US-amerikanischen Regulierungen zur Forschung am Menschen der Begriff „minimal risk" näher definiert, dort heißt es: „Minimal risk means that the probability and magnitude of harm or discomfort anticipated in the research are not greater in and of themselves than those ordinarily encountered in daily life or during the performance of routine physical or psychological examinations or tests."[171] Kopelman hat argumentiert, dass auch diese Definition unzureichend sei. Der erste Teil lasse, so Kopelman, drei Deutungsweisen zu: „(A) all the risks ordinary people encounter; or (B) the risks all people ordinarily encounter; or (C) the minimal risks all ordinary people ordinarily encounter."[172] Alle drei Lesarten seien jedoch problematisch, da sie entweder durchaus erhebliche Risiken zuließen (A), was ethisch nicht vertretbar sei, oder inhaltlich

---

[169]   Bedeutung haben die Begriffe „minimal risk" und „minor increase over minimal risk" vor allem durch den Bericht der National Commission zur Forschung an Kindern erlangt; vgl. National Commission for the Protection of Human Subjects of Biomedical and Behavioral Research, *Research Involving Children*, Recommendation 3 und 5; siehe dazu auch den Wortlaut der US-amerikanischen Richtlinien zur Forschung an Menschen in 45 CFR § 46.102 lit. i und 45 CFR § 46.406 lit. a. Im Rahmen der ethischen Diskussion um Forschung an einwilligungsunfähigen Personen ist der Begriff „minimal risk" seither nachgerade zu einem „Schlüsselbegriff" geworden, wie Wiesemann zutreffend feststellt; vgl. Wiesemann, *Die ethische Bewertung fremdnütziger Forschung in der Kinder- und Jugendmedizin*, 77.

[170]   National Commission for the Protection of Human Subjects of Biomedical and Behavioral Research, *The Belmont Report*, 15; vgl. auch Beauchamp / Childress, *Principles of Biomedical Ethics*, 199 ff. Zur genaueren Kenzeichnung der beiden Dimensionen von Risiko sind die Begriffe „Eintrittswahrscheinlichkeit" und „Schadensausmaß" gebräuchlich; vgl. etwa Gethmann / Kloepfer, *Handeln unter Risiko im Umweltstaat*, insbesondere 57 ff.

[171]   *Code of Federal Regulations*, 45 CFR § 46.102 lit. i.

[172]   Kopelman, *When is the Risk Minimal Enough for Children to be Research Subjects?*, 95.

unterbestimmt blieben (B) oder auf eine Tautologie hinausliefen (C).[173] Auch der zweite Teil der Definition muss nach Kopelman zurückgewiesen werden. Routineuntersuchungen stellten für viele Menschen eine „source of anxiety" dar, die so erheblich sei, dass damit vergleichbare Forschungsprojekte durchaus als unvertretbar eingestuft werden könnten.[174] Hier scheint Kopelman allerdings ihrerseits den Begriff des Risikos mit dem nicht weniger wichtigen Begriff der *Belastung* vorschnell in eins zu setzen. *Subjektiv* können medizinische Eingriffe als erhebliche Belastung empfunden werden, obgleich mit ihnen *objektiv* keine oder nur geringe Gefährdungen verbunden sind.[175] Kopelmans Einwand ist jedoch insofern berechtigt, als er den Blick darauf lenkt, dass eine Klassifizierung von biomedizinischen Humanexperimenten ausschließlich anhand *objektiver Risiken* inadäquat ist. Neben diesen müssen auch die vom Patienten-Probanden *subjektiv empfundenen Belastungen* eines Verfahrens gesondert in Rechung gestellt werden.[176]

Gegen Kopelmans Kritik haben Freedman, Fuks und Weijer ferner geltend gemacht, sie missdeute den Bezug auf das „risk of everyday life", indem sie es als *quantitatives* Konzept verstehe.[177] Tatsächlich handele es sich jedoch um ein *kategoriales* Konzept. Sie verdeutlichen dies durch das Beispiel einer Mutter, die entscheiden muss, ob ihr Kind erstmalig mit Freunden über Nacht zelten darf. Die Frage, die sich die Mutter hier vorlegen muss, laute: „Is the child ready for this? Should the child approach this by stages? Are the risks sufficently similar to those in my child's everyday life that I should allow this experience at this time?"[178] Damit zeigen Freedman, Fuks und Weijer ohne Zweifel eine interessante Deutungsmöglichkeit auf. Vor allem wird so anschaulich, dass auch der Begriff des „minimal risk" ein relationaler, kontextabhängiger Begriff ist, worauf die Autoren nachdrücklich hinweisen. Allerdings stellt sich die Frage, wie – um bei dem Beispiel der Autoren zu bleiben – die Mutter zu einer Antwort auf ihre Frage gelangt. Man darf wohl unterstellen, dass Eltern bzw. Erziehungsberechtigte bei derartigen Entscheidungen häufig eher intuitiv verfahren. Im Kontext elterlicher Entscheidungen ist dies nicht zwangsläufig problematisch. Bei der Bewertung von biomedizinischen Humanexperimenten kann ein solches Vorgehen jedoch kaum überzeugen. Hier ist eine *objektive*

---

[173] Vgl. ebd., 96.

[174] Vgl. ebd., 97.

[175] Vgl. die Ausführungen zur „risk perception" in Beauchamp / Childress, *Principles of Biomedical Ethics*, 202.

[176] Dies darf mittlerweile wohl als allgemein anerkannt gelten; siehe beispielsweise Council of Europe, *Additional Protocol to the Convention on Human Rights and Biomedicine Concerning Biomedical Research*, Art. 17; World Medical Association, *Declaration of Helsinki (2000)*, Nrn. 7, 16, 18 und 29 sowie Council for International Organizations of Medical Sciences (CIOMS), *International Ethical Guidelines for Biomedical Research Involving Human Subjects (2002)*, Commentary to Guideline 8.

[177] Vgl. Freedman / Fuks / Weijer, *In Loco Parentis*, 16.

[178] Ebd.

oder zumindest *diskursive* Entscheidungsfindung erforderlich, die ein klares Schema zur Risikoklassifizierung voraussetzt.

Ein Ansatz, die abstrakte Klassifizierung von Risiken und Belastungen inhaltlich zu füllen und so für die Praxis handhabbar zu machen, besteht darin, durch die Angabe von Beispielen einen Bezug zu lebensweltlichen Erfahrungen herzustellen. In diesem Sinne hat etwa die Zentrale Ethikkommission bei der Bundesärztekammer in ihrer Stellungnahme *Zum Schutz nicht-einwilligungsfähiger Personen in der medizinischen Forschung* den Versuch unternommen, Verfahren und Eingriffsarten zu benennen, die mit lediglich minimalen Risiken verbunden sind. Dazu zählen der Kommission zufolge die Entnahme von geringen Mengen von Körperflüssigkeit oder Gewebe (im Rahmen von ohnehin notwendigen diagnostischen Maßnahmen oder Operationen), Sonographie, transkutane Gewebemessungen, sowie bestimmte psychologische Untersuchungen (Fragebogen-Interviews, Tests, Verhaltensbeobachtungen).[179]

Ohne Zweifel kann die Angabe von beispielhaften Eingriffen und Methoden für bestimmte Risikostufen helfen, klarere und vor allem auch für den medizinischen Laien verständliche Kategorisierungen zu etablieren. Ferner kann dieses Verfahren eine heuristische Funktion bei der Risikoklassifizierung übernehmen. Eine detaillierte und vor allem kontextsensitive Risikoanalyse einzelner Verfahren kann es indessen nicht ersetzen. Wie schwierig allein die Bestimmung eines *angemessenen Rahmens* für ein solches Unterfangen ist, hat Maio verdeutlicht.[180] Er benennt insgesamt sechs Faktoren, die es bei einer Evaluation zu berücksichtigen gilt: (a) Wahrscheinlichkeit, (b) Schwere, (c) Dauer, (d) Reversibilität, (e) Früherkennung und (f) Schwere des Schadens.[181] Es ist aber nicht allein die Komplexität dieser Faktoren, die den Risikobegriff schwer bestimmbar macht. Dazu komme noch, so Maio, dass in ihn notwendig auch subjektive und kontextabhängige Aspekte einflössen, die die Möglichkeit einer objektiven Risikoanalyse letztlich höchst zweifelhaft erscheinen lassen. Die Ergebnisse, zu denen Maio mit Bezug auf den Begriff des Risikos gelangt, wird man *a fortiori* auf den Begriff der Belastungen übertragen müssen: Risiken und mehr noch Belastungen entziehen sich zumindest zum Teil einer objektiven, allgemein verbindlichen Bestimmung.[182]

---

[179] Vgl. Zentrale Ethikkommission (ZEKO), *Zum Schutz nicht-einwilligungsfähiger Personen in der medizinischen Forschung*, A 1012, Anm. 1. In den *CIOMS Guidelines* werden Beispiele für Maßnahmen genannt, mit denen geringfügig mehr als nur minimales Risiko verbunden ist; vgl. Council for International Organizations of Medical Sciences (CIOMS), *International Ethical Guidelines for Biomedical Research Involving Human Subjects (2002)*, Commentary to Guideline 9.

[180] Vgl. Maio, *Ethik der Forschung am Menschen*, 99 ff.; siehe auch Maio, *Zur Philosophie der Nutzen-Risiko-Analyse in der ethischen Diskussion um die medizinische Forschung.*

[181] Vgl. Maio, *Ethik der Forschung am Menschen*, 110 f.

[182] Janofsky und Starfield haben im Jahr 1981 eine seither vielzitierte Studie vorgelegt. In einem Fragebogen sollten Leiter von pädiatrischen Abteilungen sowie Direktoren von pädiatrischen Forschungszentren die Risiken von bestimmten Eingriffen in Abhängig-

Trotz der genannten Schwierigkeiten wird man weder auf die Begriffe „Risiko" und „Belastungen" noch auf eine Abstufung im Rahmen einer praktischen Typologie biomedizinischer Humanexperimente verzichten können. Eine möglichst genaue wissenschaftliche Risikoanalyse ist dabei die Grundvoraussetzung. Die von Maio vorgeschlagenen Faktoren bieten dafür wichtige Orientierungspunkte. Die Einordnung eines Forschungsprotokolls in eine bestimmte Risikoklasse aufgrund einer solchen Analyse darf jedoch nicht dazu führen, dass spezifische Rahmenbedingungen unberücksichtigt bleiben.

Stimmt man dieser Grundannahme zu, dann stellt sich die Frage, wie viele Risikokategorien im Rahmen einer praktischen Typologie zweckmäßig sind; insbesondere ist zu überlegen, ob die im US-amerikanischen Regelwerk gebräuchliche Kategorie des „minor increase over minimal risk" eine wichtige Struktur innerhalb des Handlungsfeldes „biomedizinischer Humanexperimente" darstellt oder ob sie eher als entbehrlich gelten muss. Geht man davon aus, dass eine angemessene Risikoklassifizierung ohnehin mit enormen Schwierigkeiten verbunden ist, dann liegt das Argument nahe, gerade die Differenzierung zwischen „minimalem" und „geringfügig mehr als minimalem Risiko" verkompliziere die Grenzziehung zusätzlich. Dagegen erscheint eine eigene Kategorie für solche Experimente angezeigt, die mit besonders großen Belastungen bzw. mit so großen Risiken verbunden sind, dass sie nicht oder zumindest nur unter besonderen Bedingungen legitim erscheinen.

Fasst man die vorstehenden Überlegungen mit Blick auf die Typologisierung biomedizinischer Humanexperimente zusammen, dann ergeben sich jeweils drei Kategorien für Risiken und Belastungen, die es zu unterscheiden gilt: *minimal, eindeutig mehr als minimal*[183] und *hoch.*

3. Die Typologie biomedizinischer Humanexperimente als Grundlage für die Spezifizierung ethischer Prinzipien

Auf der Grundlage der im Vorangegangenen dargestellten Differenzierungsmerkmale, die an die beiden fundamentalen Strukturelemente medizinisch-wissenschaftlicher Forschungshandlungen (Ziele und Mittel) anknüpfen, ergibt sich ein differenziertes Bild des Handlungsfeldes „biomedizinische Forschung mit Menschen". Die

---

keit vom Kindesalter bestimmen. Das Ergebnis der Studie belegt eindrucksvoll, dass die Risikobewertung selbst innerhalb einer relativ homogenen Gruppe von Fachleuten höchst unterschiedlich ausfallen kann; vgl. Janofsky / Starfield, *Assessment of risk in research on children.* Zu einem ähnlichen Ergebnis kommt auch eine neuere Studie von Shah und Kollegen, in der die Risikoklassifizierung von Vorsitzenden von Institutional Review Boards verglichen worden ist; vgl. Shah et al., *How Do Institutional Review Boards Apply the Federal Risk and Benefit Standards for Pediatric Research?*

[183] Vgl. zu dieser Terminologie Helmchen / Lauter, *Dürfen Ärzte mit Demenzkranken forschen?*, 48.

dargestellten Differenzierungsparameter bilden gleichsam die Koordinaten für eine Typologie biomedizinischer Humanexperimente, wobei es sich – zumindest primär – um eine *Typologie in praktischer Absicht* handelt, die ethisch weniger relevante Merkmale bewusst ausblendet.

Die Anzahl möglicher Kombinationen der benannten ethisch relevanten Differenzierungsmerkmale verdeutlicht die enorme Komplexität des in Frage stehenden Handlungsfeldes. Selbst wenn man in Rechnung stellt, dass bei weitem nicht alle denkmöglichen Kombinationen – etwa aufgrund von Überschneidungen oder gegenseitigem Ausschluss bestimmter Merkmale[184] – auch sachlich sinnvoll sind, ist die Anzahl der zu unterscheidenden Konstellationen sehr groß. Betrachtet man – vereinfachend – alle benannten Merkmale als kombinierbar, dann ergibt eine einfache Multiplikation die Gesamtzahl aller Merkmalskombinationen:

Nutznießer (2) * Einwilligungsfähigkeit (4) * Vulnerabilität (6) * Risikostufen (3) * Belastungsstufen (3) = 432.[185]

Dieses Rechenbeispiel soll freilich nicht den eigentlichen Charakter der entwickelten Typologie biomedizinischer Humanexperimente in den Hintergrund drängen. Ziel war es, ethisch relevante Binnenstrukturen im Gegenstandsbereich der Ethik biomedizinischer Humanexperimente sichtbar zu machen, die bei der Spezifizierung von ethischen Prinzipien berücksichtigt werden können und müssen. Eine bloß mechanische Kombinatorik ist dabei offenkundig wenig hilfreich. Ebenso wenig kann eine Diskussion *aller* (sachlich relevanten) Kombinationsmöglichkeiten als geeignetes Mittel gelten, um zu spezifischeren ethischen Regeln und Normen zu gelangen. Eine Fortbestimmung der allgemein-abstrakten Prinzipien anhand jeder einzelnen Fallkonstellation könnte leicht dazu führen, dass der systematische Zusammenhang aus dem Blick gerät. Sinnvoller erscheint es daher, sich bei der Fortbestimmung ethischer Prinzipien auf zentrale Strukturen der entwickelten Typologie zu konzentrieren. In der folgenden Abbildung 2 sind die Differenzierungskriterien, die im Rahmen des vorangegangenen Versuchs einer praktischen Typologisierung biomedizinischer Humanexperiment entwickelt worden sind, noch einmal in einer schematischen Übersicht zusammengestellt.

---

[184] Überschneidungen gibt es vor allem zwischen dem Merkmal der Einwilligungsunfähigkeit und der Vulnerabilität. Man könnte sogar versucht sein, Einwilligungsunfähigkeit als besondere Form der Vulnerabilität anzusehen. Allerdings drohen dadurch wesentliche Unterschiede bei der ethischen Bewertung eher verdeckt als erhellt zu werden.

[185] Nicht berücksichtigt sind in dieser Rechnung die vier Kategorien, die sich aus den unterschiedlichen Bedingungsfaktoren für eine nicht vollständige Einwilligungsfähigkeit ergeben. Würde man sie noch hinzunehmen, dann erhielte man eine noch deutlich größere Zahl an Kombinationsmöglichkeiten. Ebenfalls unberücksichtigt sind die Kategorien der Hochrangigkeit sowie der methodischen Qualität und Alternativlosigkeit, die die Menge aller Humanexperimente zusätzlich strukturieren.

Forschungsziele		Forschungsmittel			
Ziele und Nutzen		**Probanden**		**Verfahren**	
Hochrangigkeit	Potentielle Nutznießer	Einwilligungs-fähigkeit	Vulnerabilität	Methodische Qualität und Alternativlosig-keit	Risiken und Belastungen
nicht hochrangig	eigennützig	einwilligungs-unfähig	Minderheiten	nicht gewähr-leistet	minimal
hochrangig	fremdnützig	ablehnungs-fähig	Menschen aus Entwicklungs-ländern	gewährleistet	eindeutig mehr als minimal
		zustimmungs-fähig	Gefangene		hoch
		einwilligungs-fähig	medizinisches Personal		
			Schwangere		
			Kranke		

Abbildung 2

Zwar hat die Suche nach ethisch relevanten Unterscheidungsmerkmalen vereinzelt schon konkrete Hinweise auf Regeln erbracht, die aus ethischer Sicht bei biomedizinischen Humanexperimenten Beachtung finden müssen, im Vordergrund stand jedoch eher die Beschreibung des Handlungsfeldes, die im folgenden Kapitel als Grundlage für eine Fortbestimmung spezifisch forschungsethischer Prinzipien dienen soll.

IV. Fortbestimmung und Spezifizierung ethischer Prinzipien für die biomedizinische Forschung am Menschen

In den vorangegangenen Kapiteln sind die Grundlagen für eine kritische Forschungsethik gelegt worden. Methodisch sind dabei zunächst die drei bzw. vier, von der National Commission im *Belmont Report* und im Anschluss daran von Beauchamp und Childress formulierten, allgemeinen Prinzipien („respect for persons", „beneficence", „nonmaleficence" und „justice") aufgegriffen und als *materiale Derivate* eines *formalen Würdeprinzips* (um-)gedeutet worden. Zugleich wurden mit den Maßgaben der informierten Einwilligung, der Nutzen-Risiko-Analyse sowie der gerechten Probandenauswahl schlaglichtartig erste, in der Praxis wohletablierte Operationalisierungsformen dieser Prinzipien für die biomedizinische Forschung am Menschen benannt. Sodann ist das Handlungsfeld „biomedizinische Humanexperimente" selbst einer strukturellen Analyse unterzogen worden. Dabei sind zahlreiche ethisch relevante Faktoren in den Blick geraten. Zusammengenommen ergeben diese Faktoren eine *normativ-praktische Typologie biomedizinischer Humanexperimente*, die bei der produktiven Fortbestimmung und Spezifizierung abstrakt-allgemeiner ethischer Prinzipien für die Forschung am Menschen zugrunde gelegt werden kann.

Angesichts der hohen Komplexität erscheint ein Aufgreifen aller Einzelelemente dieser Typologie im Rahmen der Fortbestimmung und Spezifizierung ethischer Prinzipien indessen kaum angeraten. Eine vollständige Ausarbeitung sämtlicher Typen biomedizinischer Humanexperimente, die sich durch die Variation der relevanten Differenzierungsmerkmale ergeben, läuft nämlich Gefahr, den Blick auf den systematischen Gesamtzusammenhang zu verstellen und zu einer bloß akribistischen Detailschau zu verkommen. Aus diesem Grund sollen im Weiteren zunächst diejenigen Prinzipienspezifizierungen diskutiert werden, die oben, im Anschluss an den *Belmont Report*, als erste Operationalisierungsformen („informed consent", „risk / benefit assessment", „fair subject selection") bereits kurz thematisiert worden sind.[1] Die drei Operationalisierungsformen können zugleich zur Strukturierung des Spezifizierungsprozesses herangezogen werden.[2] Zur Fortbestimmung werden

---

[1] Vgl. oben II.9.

[2] Ein anderes Strukturschema verwendet Fröhlich in seiner Untersuchung. Er unterscheidet (1) *objektive* Schutzkriterien, (2) auf das *Selbstbestimmungsrecht* ausgerichtete Kriterien und (3) *verfahrensförmige* Sicherungen; vgl. Fröhlich, *Forschung wider Willen?*, 126. Diese Gruppierung von Schutzprinzipien ist durchaus zweckmäßig; dennoch wird im Folgenden eine auf den *Belmont Report* zurückgreifende Gliederung favorisiert – der argumentative Gesamtzusammenhang der vorangegangenen Kapitel legt dies nahe. Allerdings sollen *prozedurale* Prinzipien, die sich nicht eindeutig einem der drei bzw. vier Prinzipien

diese Operationalisierungformen auf zentrale Elemente der in Kapitel III entwickelten *Typologie* bezogen, um weitere, konkrete Regeln und Normen für das Handlungsfeld der biomedizinischen Humanexperimente zu entwickeln. In einem anschließenden Schritt werden sodann einige besonders kontrovers diskutierte Problemkomplexe aus dem Bereich der Ethik der Forschung am Menschen behandelt (Kapitel V). Vor dem Hintergrund der zuvor entwickelten Typologie können diese Problemkomplexe mit *speziellen Typen von Humanexperimenten* identifiziert und so innerhalb des Gesamthandlungsfeldes verortet werden. Ziel der Analyse dieser speziellen Problemstellungen wird es sein, die zunächst isoliert entwickelten Prinzipienspezifizierungen *in ihrem Zusammenwirken* bei der ethischen Bewertung von konkreten Sachzusammenhängen auszuwerten. Dazu werden weiterhin kontrovers diskutierte Problemstellungen herangezogen, deren Analyse für sich genommen schon lohnend ist. Zugleich soll aber so die Anwendung der Theorie auf paradigmatische Weise illustriert werden, was eine Übertragung auf andere, nicht thematisierte Problemzusammenhänge ermöglicht.

1.   Vorbemerkung: Zum Verhältnis von einzelnen Prinzipienspezifizierungen und dem ethischen Gesamtgefüge

Bei den folgenden Ausführungen gilt es zu beachten, dass die einzelnen Prinzipienspezifizierungen nur als *Elemente eines Gesamtgefüges* verstanden werden dürfen, das durch das formale Würdeprinzip normativ konstituiert wird.[3] Dem widerspricht nicht, dass zunächst einzelne Prinzipienspezifierungen isoliert in den Blick genommen und spezifische Konkretisierungen formuliert werden. In der *Anwendung*, d.h. bei der ethischen Evaluation spezieller Fälle bzw. Problemkonstellationen dürfen die Prinzipien hingegen *nicht* einzeln und unabhängig voneinander verwendet werden, sondern müssen immer als normatives Gesamtgefüge verstanden werden. Abhängig vom jeweiligen Kontext wird dabei das eine oder andere Element dieses Gesamtgefüges mehr oder weniger bedeutsam sein, dies jedoch nur *in Relation* zu den anderen Elementen. Dieses Verhältnis von einzelnen Prinzipienspezifierungen und dem ethischen Gesamtgefüge folgt unmittelbar aus der Systematik, die in Kapitel II entwickelt worden ist: Dort hat sich erwiesen, dass die materialen Prinzipien mittlerer

---

zuordnen lassen, unter einer eigenen Überschrift thematisiert werden, wie Fröhlich es vorschlägt; vgl. unten IV.5.

[3]   Von der Notwendigkeit eines „(kumulativen) Zusammenwirkens" unterschiedlicher Schutzmechanismen geht auch Taupitz aus; vgl. Taupitz, *Forschung an Nichteinwilligungsfähigen*, 3 und Taupitz / Brewe / Schelling, *D – Landesbericht Deutschland*, 418; siehe auch Hübner, *Art. „Humanexperiment"*, der von vier miteinander verknüpften Legitimationskriterien ausgeht. Für den Fall, dass nicht alle vier Kriterien erfüllt sind, formuliert Hübner Modifikationen der Ausgangskriterien, was genau dem kontextabhängigen Zusammenwirken von Prinzipien entspricht.

Ebene als *gleichursprüngliche* Prinzipien verstanden werden müssen. Insbesondere kann keines dieser Prinzipien aus sich heraus als übergeordneter Geltungsmaßstab dienen.[4]

Mit Blick auf die Anwendung der hier entwickelten Theorie auf Probleme der Forschungsethik bedeutet dies auch, dass einzelne Spezifizierungen, die sich vorderhand möglicherweise als (kontextabhängige) Relativierungen darstellen, nicht für sich betrachtet werden dürfen, sondern immer im Zusammenspiel mit anderen Spezifizierungen für den jeweiligen Kontext gesehen werden müssen. Es wäre ein Missverständnis, wenn man in diesem Vorgehen den Versuch erblicken würde, unterschiedliche Standards in Geltung zu setzen, durch die das Schutzniveau – etwa für bestimmte Personenkreise – herabgesenkt würde. Dieser Ansatz trägt lediglich der Einsicht Rechung, dass abhängig davon, um welchen *Typ von Humanexperiment* es sich handelt, spezifische ethische Aspekte mehr oder weniger bedeutsam sind. Die *Relativierung* eines Aspekts wird daher immer mit der *stärkeren Betonung* eines anderen Aspekts verbunden sein. Bei einer isolierten Betrachtung können diese Verbindungen nicht oder zumindest nur unzureichend in den Blick kommen mit dem Ergebnis, dass leicht der falsche Eindruck von unterschiedlichen Schutzstandards entstehen kann.

2.   Das Prinzip der Selbstbestimmung: Die informierte Einwilligung und verwandte Spezifizierungen

Es lässt sich kaum bestreiten, dass die Maßgabe der informierten Einwilligung eine herausragende Stellung im Rahmen der Forschungsethik einnimmt.[5] Es besteht ein breiter Konsens darüber, dass es sich – möglicherweise abgesehen von einigen wenigen, klar bestimmten Ausnahmen – um eine notwendige Voraussetzung dafür handelt, dass biomedizinische Forschung am Menschen überhaupt als ethisch vertretbar gelten kann.[6] Diese Auffassung findet ihren Niederschlag nicht zuletzt darin,

---

[4]   Vgl. oben II.5.b.

[5]   Auf die besondere Stellung des Einwilligungsprinzips in der Diskussion weist auch Maio hin; vgl. Maio, *Ethik der Forschung am Menschen*, 59 f. Er vertritt dort allerdings die Auffassung, dass nicht allein „philosophische Überlegungen" die besondere Bedeutung des Einwilligungsprinzips zu erklären vermögen; vielmehr gelte es, auch historische Bedingtheiten zu berücksichtigen: „Die Betonung der Einwilligung als Lösung für das Problem der Forschung am Menschen ist somit auch Ausdruck einer bestimmten Kultur – der amerikanischen Kultur des Individualismus." (Ebd., 61). Sowohl mit Blick auf die historische Entwicklung der Forschungsethik als auch in ethisch-systematischer Hinsicht ist diese starke These mehr als fraglich.

[6]   Zur historischen Ausbildung dieses weitgehenden Anerkenntnisses vgl. oben I.5-I.8.

dass in allen einschlägigen forschungsethischen Kodizes die informierte Einwilligung einen zentralen Platz einnimmt.[7]

Bemerkenswert ist nun, dass trotz der weitgehenden Anerkennung der grundsätzlichen Bedeutung der informierten Einwilligung gerade zu diesem Themenkomplex eine kaum noch überschaubare Menge an Literatur existiert.[8] Ein Grund dafür besteht wohl darin, dass – wie Beauchamp und Childress bemerken – weiterhin kein Einvernehmen über das Wesen, den Geltungsbereich und die legitimatorische Stärke („nature, scope and strength") der informierten Einwilligung besteht.[9] Ohne

---

[7]   So auch Beauchamp und Childress: „Virtually all prominent medical and research codes and institutional rules of ethics now hold that physicians and investigators must obtain the informed consent of patients and subjects prior to any substantial intervention." (Beauchamp / Childress, *Principles of Biomedical Ethics*, 77). Hier sei exemplarisch nur auf die einschlägigen Passagen in den wichtigsten (gegenwärtigen) forschungsethischen Kodizes verwiesen: Council of Europe, *Additional Protocol to the Convention on Human Rights and Biomedicine Concerning Biomedical Research*, Art. 13 und 14; Council for International Organizations of Medical Sciences (CIOMS), *International Ethical Guidelines for Biomedical Research Involving Human Subjects (2002)*, Guidelines 4-6; World Medical Association, *Declaration of Helsinki (2000)*, Nr. 22. Hinsichtlich der *Declaration of Helsinki* besteht Uneinigkeit, ob die letzte Fassung aus dem Jahr 2000 zusammen mit den beiden „Notes of Clarification" (2002, 2004) als maßgeblich angesehen werden soll. Von zahlreichen deutschen Ärztekammern und Ethik-Kommissionen wird die grundlegende Revision von Edinburgh als Verschlechterung gegenüber der Fassung von 1996 betrachtet und daher als Referenztext abgelehnt; siehe dazu Richter / Bussar-Maatz, *Standard ärztlicher Ethik*. Doppelfeld berichtet, dass für die US-amerikanische Food and Drug Administration (FDA) sogar die Fassung von 1989 den entscheidenden Bezugstext darstelle; vgl. Doppelfeld, *Helsinki – noch kein gutes Ende*, A 2924. Einen ausführlichen Vergleich der Fassungen von 1996 und 2000 hat Taupitz in seinem Beitrag *Die neue Deklaration von Helsinki* vorgenommen; siehe auch Carlson / Boyd / Webb, *The revision of the Declaration of Helsinki: past, present and future*. Trotz der anhaltenden Kontroverse um die Neufassung der *Declaration of Helsinki* wird hier auf die Fassung aus dem Jahr 2000 (Edinburgh) verwiesen.

[8]   Die Bioethik-Literaturdatenbank BELIT des Deutschen Referenzzentrums für Ethik in den Biowissenschaften (DRZE) führt derzeit [Januar 2006] über 2500 Titel zum Stichwort „informed consent" bzw. „informierte Einwilligung"; vgl. URL *http://www.drze.de/belit*.

[9]   Beauchamp / Childress, *Principles of Biomedical Ethics*, 57. Brody weist allerdings in einem Beitrag darauf hin, dass gegenwärtig die Möglichkeit von Ausnahmen vom Erfordernis der informierten Einwilligung im Mittelpunkt der Debatte stehen, was gleichwohl auf die Ungeklärtheit der Frage nach Wesen, Geltungsbereich und legitimatorischer Stärke zurückverweist; vgl. Brody, *A historical introduction to the requirement of obtaining informed consent from research participants*, 7. Um diese Fragen drehen sich im Kern auch die übrigen Beiträge in dem von Doyal und Tobias im Jahre 2001 herausgegebenen Band *Informed Consent in Medical Research*, in dem eine Debatte des *British Medical Journal* dokumentiert und vertieft wird, die die Frage der Veröffentlichung von medizinischen Studien, bei

ein klares Verständnis der theoretischen Grundlagen muss indessen auch die praktische Anwendung auf spezifische Handlungstypen im Sinne einer produktiven Fortbestimmung von Prinzipien zu konkreteren Regeln und Normen unklar bleiben. Die
in den vorangegangenen Kapiteln entwickelten ethischen Grundlagen und Struktur-
analysen des Experiments sollen daher im Folgenden als theoretischer Bezugsrah-
men dienen, um das Konzept der informierten Einwilligung zu beleuchten.

a)   Informierte Einwilligung

Es entspricht einer moralischen Grundintuition, dass Menschen nicht – wie andere
(unbelebte)[10] Forschungsobjekte – *ohne weiteres* im Rahmen eines Experiments in
Dienst genommen und zur Befriedigung eines Forschungsinteresses benutzt werden
dürfen, selbst wenn die in Frage stehende Forschungshypothese von großem (ge-
sellschaftlichem) Nutzen sein sollte. Diese Grundintuition kann ausgehend von der
ethischen Fundamentalkategorie der *Selbstzweckhaftigkeit des Menschen* wie folgt rekonstruiert werden: Eine vollständige Instrumentalisierung des Menschen lässt sich,
folgt man diesem Ansatz, ethisch niemals rechtfertigen, weil und insofern dadurch
gerade der Status des Menschen als sittliches Subjekt, dem (absolute) Würde zukommt und nicht bloß ein (relativer) Wert, negiert wird. Es ist nun naheliegend, eine
(bedingungslose) Indienstnahme eines Menschen im Rahmen eines biomedizinischen Experiments gleichsam als einen paradigmatischen Fall einer vollständigen
Instrumentalisierung anzusehen. Die im Vorangegangenen erarbeitete Strukturanalyse der *Objektivierung* und *Reduktion* zum Zwecke des Erkenntnisgewinns, die das
strenge Experiment charakterisieren, unterstützt diese Argumentation.

i)   Einwilligung als Neutralisierung von entpersonalisierender Objektivierung

Eine einflussreiche Deutungsweise des Prinzips der informierten Einwilligung hat
Hans Jonas in seiner Schrift *Philosophical Reflections on Experimenting with Human Subjects* aus dem Jahre 1969 vorgelegt.[11] Dort bezieht er die informierte Einwilligung

---

denen eine informierte Einwilligung von den Probanden nicht eingeholt worden war,
zum Gegenstand hatte.

[10]   Das weite und schwierige Problemfeld der Verwendung von Tieren im Rahmen
biomedizinischer Experimente kann hier nicht thematisiert werden. Es ist jedenfalls
einleuchtend, dass auch Tiere nicht *ohne weiteres* als Forschungsobjekte herangezogen
werden können, wie dies etwa mit unbelebter Materie möglich ist. Die Frage, welche
Bedingungen im Einzelnen erfüllt sein müssen, damit die Verwendung von Versuchstie-
ren gerechtfertigt ist, liegt allerdings jenseits des thematischen Fokus der vorliegenden
Untersuchung.

[11]   Dabei handelt es sich vermutlich um einen der meistzitierten Beiträge zur Ethik der
Forschung am Menschen überhaupt. Eine wirkliche Auseinandersetzung mit dem Ar-
gumentationsgang von Jonas findet sich allerdings selten. Für eine kritische Würdigung

unmittelbar auf den Aspekt der Objektivierung: Das ethische Grundproblem des Humanexperiments, so stellt Jonas zu Beginn seiner Ausführungen fest, sei die Reduktion des Menschen darauf, ein „Ding" zu sein, das nicht mehr selbst aktives, handelndes Subjekt ist, sondern bloß noch passives Objekt, an dem gehandelt wird.[12] Dieses moralische Skandalon könne nur durch eine *autonome und vollständige Identifizierung* des Subjekts mit dem Forschungszweck vermieden werden.[13] Erst ein souveräner und authentischer Willensakt, durch den sich der Proband den Zweck des Experiments, der ihm zunächst rein äußerlich ist, zu eigen macht, bewahre seine Personhaftigkeit in der an sich entpersonalisierenden Situation des Experiments.[14] Die informierte Einwilligung in die Teilnahme an einem biomedizinischen Experiment müsse als Approbierung des Forschungszwecks in das eigene Zweckschema der Person („the approbation of the research purpose into the person's scheme of ends") verstanden werden.[15] Nur wenn der Proband die Indienstnahme als Versuchsobjekt im emphatischen Sinne *selbst will*, und nicht bloß *erlaubend hinnimmt*, verliere sie ihren objektivierenden Charakter, der mit dem Gedanken der Selbstzweckhaftigkeit unvereinbar ist. Diese Deutungsweise gipfelt im Motiv des „Heroischen", das Jonas anklingen lässt, wenn es um die freiwillige Teilnahme an einem Experiment zum Nutzen der Gemeinschaft geht.[16]

Das Jonassche Verständnis der informierten Einwilligung hat Auswirkungen, vor allem hinsichtlich der Frage, welche Bedingungen erfüllt sein müssen, damit eine

---

siehe Schafer, *Experimentation with human subjects: a critique of the views of Hans Jonas* sowie Fethe, *Beyond voluntary consent: Hans Jonas on the moral requirements of human experimentation.*

[12] Vgl. Jonas, *Philosophical Reflections on Experimenting with Human Subjects*, 3. Vielfach wird nicht die *Objektivierung* von Menschen als moralisch problematisch betrachtet, sondern eine *(vollständige) Instrumentalisierung*. Jonas hingegen stellt ausdrücklich den Aspekt der Verdinglichung in den Vordergrund. Zu Instrumentalisierungen des Menschen komme es, so Jonas, andauernd im sozialen Leben. Man kann freilich argumentieren, dass sowohl eine vollständige Objektivierung als auch eine vollständige Instrumentalisierung dem Würdeprinzip widersprichen. Auch wenn beide Begriffe nicht streng synonym sind, erscheint es der sprachlichen Einfachheit halber vertretbar, nur von Instrumentalisierung oder Objektivierung zu sprechen, auch wenn das Spektrum beider Begriffe gemeint ist. Eine *partielle Instrumentalisierung* ist im Übrigen auch nach Kant moralisch nicht zu beanstanden. Allerdings wird dieser Umstand oftmals übersehen, mit der systematisch fatalen Folge, dass *jede* Instrumentalisierung des Menschen als Verstoß gegen das Würdeprinzip bzw. den kategorischen Imperativ kritisiert wird.

[13] Vgl. ebd., 17.

[14] Jonas wörtlich: „The ruling principle in our consideration is that the ‚wrong' of reification can only be made ‚right' by such authentic identification with the cause that it is the subject's as well as the researcher's cause – whereby his role in its service is not just permitted by him, but *willed*. That sovereign will of his which embraces the end as his own restores his personhood to the otherwise depersonalizing context." (Ebd., 19).

[15] Vgl. ebd.

[16] Vgl. ebd., 6 f., 14 f. und 16 ff.

Einwilligung überhaupt als gültig angesehen werden kann. Offenkundig stellt Jonas hohe Anforderungen nicht nur an den Aufklärungsprozess, sondern auch an die Person des Einwilligenden selbst. Nimmt dieser nämlich mögliche Risiken lediglich zur Kenntnis und billigt daraufhin eine Teilnahme, ohne sich die darin verfolgten Zwecke zu Eigen zu machen, dann liegt nach Jonas keine wirksame Einwilligung vor; es mangelt an der *Identifizierung* mit den Forschungszwecken, die den objektivierenden Charakter des Experiments neutralisiert. Da nun eine solche Identifizierung ein hohes Maß an (Fach-)Wissen und Bildung erfordert, formuliert Jonas eine Regel der „absteigenden Reihe": Es sind vor allem die (zahlenmäßig geringen) gesellschaftlichen Eliten, die die Voraussetzung für eine ethisch zureichende Einwilligung in vollem Umfang erfüllen.[17] Nur sie sind dazu im Stande, sich mit den hochkomplexen Forschungsprojekten wahrhaft und ohne äußere Einflussnahme zu identifizieren. Zu allererst richtet sich der Aufruf zur Teilnahme an medizinischen Experimenten daher auch an die Forscher selbst. Die legitimierende Kraft der Einwilligung nimmt in dem Maße ab, in dem der Bildungs- und Unabhängigkeitsgrad möglicher Probanden abnimmt. Es handelt sich also, wie Jonas bemerkt, bei seiner Regel um das Gegenteil eines „social utility standard", um die Umkehrung der Ordnung nach „availability and expendability"[18]. Die legitimierende Kraft der Einwilligung nimmt allerdings im Verständnis von Jonas nicht abrupt ab, sondern in kontinuierlicher Weise, sodass eine „Lockerung" der allerhöchsten Anforderung möglich ist, ohne dass die Einwilligung damit direkt ethisch wertlos würde. Das Bewusstsein für die zunehmende moralische Brisanz muss dabei gleichwohl präsent bleiben.

Auf den ersten Blick scheint sich die Argumentation von Jonas, in der er die informierte Einwilligung direkt mit der ethischen Fundamentalkategorie der Selbstzweckhaftigkeit des sittlichen Subjekts in Beziehung setzt, nahtlos in den deontologischen Theorierahmen einzufügen, wie er in Kapitel II dargelegt worden ist. Seine Deutung des Konzepts knüpft zudem mit der Objektivierung explizit an ein Strukturelement des Experiments an, dessen große Bedeutung im vorangegangenen Kapitel herausgearbeitet worden ist. Dennoch stellen sich bei genauerer Überlegung Zweifel ein, ob das Jonassche Verständnis der informierten Einwilligung zu überzeugen vermag. Insbesondere stellt sich die Frage, ob Jonas mit seiner Deutung die Anforderungen an eine vollgültige Einwilligung nicht zu hoch ansetzt, mit der Folge, dass einerseits protektive Elemente gegenüber dem Recht auf Selbstbestimmung überbetont werden, andererseits aber kaum argumentativer Raum für „objektive" Einschränkungen einer einmal als gültig anerkannten Einwilligung – verstanden als Integration von externen Zwecken in das eigene Zweckschema – bleibt.

Zwar behauptet Jonas nicht explizit, dass eine mangelnde Identifizierung ein Teilnahmeverbot an biomedizinischen Humanexperimenten unmittelbar nach sich zieht. In letzter Konsequenz laufen seine Ausführungen jedoch auf diesen Schluss

---

[17] Jonas verweist in diesem Zusammenhang auch auf die Regel „noblesse oblige"; vgl. ebd., 20.

[18] Ebd.

hinaus: Wenn ein Proband sich mit einem Forschungsvorhaben nicht (in hinrei-
chendem Maße) identifizieren kann oder will, dann hat seine bloß „formale" Einwilligung ethisch keinen Wert; seine Aufnahme in ein Versuchsprotokoll muss
folglich als unvertretbar gelten.[19] Damit schränkt Jonas den möglichen Teilnehmer-
kreis für Forschungsvorhaben, aber auch und vor allem den Handlungsspielraum
jedes einzelnen potentiellen Probanden erheblich ein. Er tut dies offenkundig mit
der Absicht, einen größtmöglichen Schutz für Probanden zu gewährleisten. Dennoch stellt sich die Frage, ob nicht gerade aus dem Personenstatus des Menschen
ein Recht auf freiheitliche Selbstbestimmung folgt, welches auch beinhaltet, in die
Teilnahme an einem Humanexperiment einzuwilligen, unabhängig davon, ob eine
(vollständige oder teilweise) Identifizierung mit den im Experiment verfolgten Zwecken erfolgt ist. Ferner ist zu fragen, ob eine vollständige Identifizierung, wie Jonas
sie fordert, nicht so viel ethisches Gewicht erhält, dass sie ihrerseits kaum mehr
durch objektive Grenzen beschränkt werden kann.[20] Begreift man eine vollgültige
Einwilligung nämlich als Integration von fremden Zwecken in das eigene Zweckschema und sieht dieses wiederum in unmittelbarer Verbindung zur Selbstzweckhaftigkeit von Personen, worauf die Jonassche Argumentation zumindest im Umkehrschluss hindeutet, dann droht eine Einschränkung der Einwilligung gleichsam
die Person selbst in Frage zu stellen.[21] Damit leistet Jonas – gewiss unfreiwillig –
einer liberalistischen Auffassung Vorschub, die in der informierten Einwilligung
nicht nur eine *notwendige*, sondern zugleich auch eine *hinreichende* Bedingung für die
Legitimierung grundsätzlich rechtsverletzender Handlungen Dritter sehen.[22] Es

---

[19]   Als Beleg für diese Interpretation kann auch die folgende Textpassage dienen: „But here
we must realize that the mere issuing of the appeal, the calling for volunteers, with the
moral and social pressures it inevitably generates, amounts even under the most me-
ticulous rules of consent to a sort of *conscripting*. And some soliciting is necessary involved. [...] And this is why ‚consent', surely a non-negotiable minimum requirement, is
not the full answer to the problem. Granting then that soliciting and therefore some degree of conscripting are part of the situation, who may conscript and who may be con-
scripted?" (Ebd., 17).

[20]   Eine ähnliche Kritik an Jonas hat Fethe formuliert: „The kinds of motives which Jonas
appeals to and would set up as the moral foundation of an authentic choice are quite
powerful motives, easily associated with fanatism; [...] for although this restriction would
prohibit solicitation of those who are uncertain or hesitant to make a commitment, it
would not protect those whose commitment is the result of morally dubious emotional
states which drive people towards self-sacrifice." (Fethe, *Beyond voluntary consent: Hans
Jonas on the moral requirements of human experimentation*, 102).

[21]   Sehr deutlich wird dies in der folgenden Passage: „By himself, the scientist is free to
obey his obsession, to play his hunch, to wager on chance, to follow the lure of ambi-
tion. It is all part of the ‚divine madness' that somehow animates the ceaseless pressing
against frontiers." (Jonas, *Philosophical Reflections on Experimenting with Human Subjects*, 18).

[22]   O'Neill hat kritisch auf eine „libertarian tendency" im Verständnis der informierten Einwilligung in der Medizinethik hingewiesen, der zufolge diese zunehmend als *hinreichende*

muss jedoch aus ethischer Sicht als höchst zweifelhaft gelten, dass eine Person prinzipiell zu allem eine legitimierende Einwilligung geben kann. Denn würdeverletzende Handlungen kann der Mensch als sittliches Subjekt nicht nur *gegen andere*, sondern auch *gegen sich selbst* verüben.[23]

Aus der Kritik am Einwilligungskonzept im Verständnis von Jonas erwächst die Frage, wie ein alternatives Verständnis aussehen kann, das den beschriebenen Effekt des „zu viel und zugleich zu wenig" vermeidet. Ruft man sich die fundamentalethischen Überlegungen aus Kapitel II in Erinnerung, dann liegt es nahe, den Ursprung der aufgezeigten Probleme in der *direkten* Verbindung von Objektivierung und Einwilligung zu erblicken, die Jonas herstellt. Damit koppelt er die Einwilligung unmittelbar an die Idee der Subjekthaftigkeit bzw. die Gefahr der entpersonalisierenden Objektivierung im experimentellen Vollzug. Auch wenn man die Überzeugung teilt, dass die *vollständige* Objektivierung des Menschen im Rahmen eines Experiments *immer* als Entpersonalisierung moralisch zu beanstanden ist, so stellt sich doch die Frage, ob bei einer *konsentierten* Teilnahme an einem Humanexperiment ohne gleichzeitige Identifizierung mit den Zielen des Experiments von einer vollständigen Objektivierung die Rede sein kann oder zumindest sein muss. Man könnte gegen Jonas also geltend machen, dass schon das einfache Erfordernis der (informierten) Einwilligung – also nicht im emphatischen Sinne Jonas' verstanden – als Anerkenntnis des Rechts auf Selbstbestimmung – und damit auch des potentiellen Probanden als Rechtsträger – einer *absoluten* Objektivierung wirksam entgegensteht oder doch zumindest entgegenstehen kann. Bejaht man dies, dann verortet man damit die Einwilligung systematisch an einen gänzlich anderen Ort als Jonas es tut, nämlich im Zusammenhang mit einem freiheitlichen Abwehrrecht gegen Eingriffe in die personale Selbstbestimmung, d.h. als Konkretisierung bzw. Operrationalisierung des materialen Prinzips der Selbstbestimmung. Sie stellt sich damit zugleich als ein Element neben anderen dar, die auf einer *geltungstheoretisch nachgeord-*

Voraussetzung für sämtliche Handlungsweisen angesehen wird; vgl. O'Neill, *Some limits of informed consent*, 5.

[23] Folgt man der Kantischen Systematik, dann fällt die Normierung der *Pflichten gegen selbst* in den Bereich der *Tugendlehre*; Kant, *Metaphysische Anfangsgründe der Tugendlehre*, insbesondere VI, 421 ff. Man könnte nun einwenden wollen, dass sich Tugendpflichten gerade dadurch gegenüber Rechtspflichten auszeichnen, dass sie sich einer Durchsetzung durch Dritte entziehen und damit im vorliegenden Zusammenhang überhaupt nicht wirksam zu werden vermögen. Tatsächlich zielt das Argument, eine informierte Einwilligung habe nicht immer eine legitimierende Wirkung, aber nicht darauf ab, dass eine Tugendpflichtverletzung von außen zwangsweise verhindert werden soll. Im Falle extrem gefährlicher Experimente beispielsweise kann eine erteilte informierte Einwilligung aufgrund der Tugendpflichtverletzung gewissermaßen als „moralisch kontaminiert" gelten. Es ist diese „Kontamination", die in der Folge verhindert, dass die Einwilligung eine legitimierende Außenwirkung entfalten kann.

neten Ebene angesiedelt sind und die ihrerseits durch das Würdeprinzip normativ rückgebunden sind.

Den bisherigen Überlegungen folgend muss man zudem davon ausgehen, dass die oben benannten Prinzipien immer ein *(kontextabhängiges) Zusammenwirken unterschiedlicher Schutzmechanismen* erforderlich machen. Wie dargelegt worden ist, geht das Würdeprinzip gerade *nicht* in einem einzigen der nachgeordneten materialen Prinzipien vollständig auf. Vielmehr muss den unterschiedlichen Dimensionen, die sich durch die Anwendung des Würdeprinzips auf die Grundverfasstheit des Menschen ergeben, grundsätzlich Rechung getragen werden. Dies bedeutet allerdings auch, dass je nach Art des Handlungskontextes das Prinzip auf Selbstbestimmung bzw. die (informierte) Einwilligung lediglich eine nachgeordnete Rolle neben anderen Prinzipien spielen kann.

ii)   Einwilligung als Realisierung von freiheitlicher Selbstbestimmung durch
       Autorisierung von Handlungen

Der Weg zu einem vom Jonasschen unterschiedenen Verständnis der informierten Einwilligung eröffnet sich, wenn man die fundamentalethischen Überlegungen zum Verhältnis von Würdeprinzip und anthropologischen Grundbestimmungen erneut in den Blick nimmt: Die Fähigkeit, Zwecke zu setzen und selbstgesetzte Zwecke aktiv zu verfolgen, mithin das Vermögen der Selbstbestimmung, muss – wie oben herausgestellt worden ist – als ein für die Existenzweise des Menschen wesentliches Charakteristikum angesehen werden. Gerade unter Berücksichtigung *dieser* anthropologischen Grundbestimmung vermag das formale Würdeprinzip das Prinzip der Selbstbestimmung zu begründen. Dieses begründet seinerseits einen Anspruch gegen Eingriffe in die personale Freiheitssphäre im Sinne eines *(negativen) Abwehrrechts*[24]: Menschen als Personen zu respektieren, bedeutet demzufolge anzuerkennen,

---

[24] Der Übergang von *Prinzipien* zu *Rechten* kann als eine Form der Konkretisierung begriffen werden, da Rechte ihrer normativen Struktur nach „praxisnähere" Gebilde sind als Prinzipien. Im Gegensatz zu Prinzipien, denen eher eine begründende Funktion zukommt, bestimmen Rechte in unmittelbarerer Weise menschliche Praxis. Um eine Konkretisierung handelt es sich aber auch insofern, als die drei bzw. vier bisher namhaft gemachten materialen Prinzipien sich nicht unmittelbar und eindeutig in Rechte übersetzen lassen; vielmehr begründen sie jeweils eine Reihe von unterschiedlichen Rechten. In dieser Bedeutung verwenden auch Beauchamp und Childress den Begriff „Rechte" („rights"): „As such, *legal* rights are claims that are justified by legal principles and rules, and *moral* rights are claims that are justified by moral principles. A moral right, then, is a justified claim or entitlement, warranted by moral principles and rules." (Beauchamp / Childress, *Principles of Biomedical Ethics*, 357). Diese terminologische Festlegung lässt freilich Raum für eine, durch den Zusammenhang ersichtliche, unspezifische Verwendung des Begriffs „ethisches Prinzip": In diesem weiteren Sinne kann auch eine „praxisnahe" Struktur als Prinzip bezeichnet werden, etwa wenn die Rede vom „Prinzip der informierten Einwilligung" ist.

dass sie einen Anspruch darauf haben, ihre persönlichen Zwecke zu verfolgen, ohne dabei von anderen behindert zu werden. Anders formuliert: Personen haben ein *Recht auf Selbstbestimmung*[25] *und freie Entfaltung der Persönlichkeit.* Dabei ist klar, dass es sich bei diesem Recht nicht um ein absolutes und schrankenloses Recht handeln kann, sondern dass die Freiheitssphäre jedes anderen Menschen im Sinne einer reziproken Begrenzung limitierende Wirkung entfaltet.[26] Der fundamentale Geltungsanspruch des Rechts auf freie Entfaltung der Persönlichkeit und Selbstbestimmung findet nicht zuletzt darin seinen Niederschlag, dass es zum anerkannten Kanon der *Menschenrechte* zählt.[27]

---

[25] Das Konzept der *Selbstbestimmung* steht hier im Mittelpunkt, nicht das Konzept der *Autonomie.* Insbesondere in der US-amerikanischen Literatur werden die Begriffe weitgehend synonym verwendet. So führen beispielsweise Faden und Beauchamp aus: „A fundamental condition of personal autonomy is that actions, like the actions of autonomous states, are free of – that is independent of, not governed by – controls on the person, especially controls presented by others that rob the person of self-directedness. The close connection between these conditions and autonomy is semantically obvious in that autonomy, self-governance, and self-determination are all treated in dictionaries as synonymous with independence from control by others." (Faden / Beauchamp, *A History and Theory of Informed Consent,* 256). Wörtlich bedeutet Autonomie jedoch nicht Selbst*bestimmung,* sondern Selbst*gesetzgebung* (von gr. *autos,* selbst und *nomos,* Gesetz). Es ist nun gerade eine der zentralen Einsichten, zu denen Kant in seiner Ethik gelangt, dass nicht alles, wodurch der Einzelne sich selbst *bestimmen* kann, die Form eines (allgemeinen und notwendigen) Gesetzes hat; vgl. etwa Kant, *Grundlegung zur Metaphysik der Sitten,* IV, 427. Das Kantische Konzept der Autonomie ist demgemäß ein *genuin normatives* Konzept; unter Selbstbestimmung hingegen kann jede Form von absichtsvollem, aufgeklärtem und ungezwungenem („intentionality, understanding, noncontrol"; Faden / Beauchamp, *A History and Theory of Informed Consent,* 238) Handeln verstanden werden. Zu Recht bemerkt daher O'Neill: „Contemporary accounts of autonomy have lost touch with their Kantian origins, in which the links between autonomy and respect for persons are well argued; most reduce autonomy to some form of individual independence, and show little about its ethical importance." (O'Neill, *Some limits of informed consent,* 5). In diesem Sinne auch Macklin, *Autonomy, Beneficence, and Child Development,* 98.

[26] Den grundlegenden Gedanken einer reziproken Freiheitsbegrenzung und damit zugleich Freiheitsgewährleistung stellt schon Kant an den Anfang seiner *Rechtslehre:* „Freiheit (Unabhängigkeit von eines Anderen nöthigender Willkür), sofern sie mit jedes Anderen Freiheit nach einem allgemeinen Gesetz zusammen bestehen kann, ist dieses einzige, ursprüngliche, jedem Menschen, kraft seiner Menschheit, zustehende Recht." (Kant, *Metaphysische Anfangsgründe der Rechtslehre,* VI, 237).

[27] Vgl. United Nations General Assembly, *Universal Declaration of Human Rights,* Art. 3. Als verfassungsmäßig garantiertes Grundrecht ist das Recht auf freie Entfaltung der Persönlichkeit für Deutschland in Art. 2 Abs. 1 *Grundgesetz (GG)* kodifiziert: „Jeder hat das Recht auf die freie Entfaltung seiner Persönlichkeit, soweit er nicht die Rechte anderer verletzt und nicht gegen die verfassungsmäßige Ordnung oder das Sittengesetz verstößt." Weitere freiheitliche Grundrechte wie etwa die Meinungs- und Redefreiheit, die

Geht man vom Recht auf Selbstbestimmung als einem aus dem Prinzip der Selbstbestimmung abgeleitetem *Grundrecht* aus, dann lässt sich die Frage nach dem „Wesen" des Prinzips der Einwilligung wie folgt beantworten: Indem ein Mensch in eine ihn betreffende Handlungsweise eines anderen einwilligt, durch die sein Recht auf Selbstbestimmung an sich verletzt würde, *autorisiert* er diese Handlung und nimmt ihr dadurch den Charakter des Unrechtmäßigen. Dieses Verständnis entspricht der Auffassung, die Faden und Beauchamp in ihrer grundlegenden Arbeit *A History and Theory of Informed Consent* vertreten. Bezogen auf medizinische Handlungszusammenhänge charakterisieren die Autoren die informierte Einwilligung dort als eine Form der Autorisierung durch eine selbstbestimmte Handlung.[28] Die Einwilligung zielt gerade darauf ab, einen an sich bestehenden (Schutz-)Anspruch freiwillig preiszugeben.[29] Durch die Einwilligung erweitert der Einwilligende den legitimen Handlungsspielraum eines anderen, insofern dieser nun seinerseits Handlungen vollziehen darf, die an sich eine Rechtsverletzung des Einwilligenden dargestellt hätten.[30] Mit der Einwilligung gerät die in Frage stehende Handlung zugleich auch in den *Verantwortungsbereich* – nicht zu verwechseln mit dem „eigenen Zweckschema" im Jonasschen Sinne – des Einwilligenden: Für die Verletzung seines (ursprünglichen) Schutzanspruchs kann der Einwilligende den Handelnden nach erfolgter Einwilligung nicht mehr verantwortlich machen bzw. in Haftung nehmen. Die letzte Überlegung liegt schon dem klassischen, auf Ulpian zurückgehenden Rechtsgrundsatz „volenti non fit iniuria" („dem Wollenden geschieht kein Unrecht") zugrunde.[31]

Versammlungsfreiheit und die Berufsfreiheit sind ebenfalls in diesem Begründungszusammenhang zu verorten.

[28] Vgl. Faden / Beauchamp, *A History and Theory of Informed Consent*, insbesondere 277 ff; siehe auch Beauchamp / Childress, *Principles of Biomedical Ethics*, 77 ff.

[29] Diesen Punkt hat schon Veatch in einem Gutachten für die National Commission herausgestellt und damit sowohl eine „patient benefit theory" als auch eine „social benefit theory" der informierten Einwilligung zurückgewiesen; vgl. Veatch, *Three Theories of Informed Consent: Philosophical Foundations and Policy Implications*.

[30] Arzt betont, wie wichtig die Möglichkeit der Preisgabe von Rechten ist: „Gäbe es die Einwilligung nicht, würden die betreffenden Rechtsgüter für den Rechtsinhaber zum Danaergeschenk. Rechtsgüter wie Eigentum, Briefgeheimnis, aber auch körperliche Unversehrtheit haben für den Inhaber erst Wert, wenn er über sie verfügen kann." (Arzt, *Willensmängel bei der Einwilligung*, 42).

[31] Über die rechtsdogmatische Stellung dieses Grundsatzes und seine Bedeutung im modernen (deutschen) Privatrecht informiert ausführlich Ohly, *„Volenti non fit iniuria"*. Dabei geht der Autor gelegentlich auch auf den Bereich des Medizinrechts und der diesbezüglichen Rechtssprechung ein; vgl. insbesondere ebd. 39 ff. (zur Rechtssprechung) und 238 ff. (zur rechtsdogmatischen Einordnung). Ferner finden sich dort einige interessante Ausführungen zur historischen Entwicklung des Prinzips ausgehend vom römischen Recht; siehe ebd., 25-34. Stellt man den rechtswissenschaftlichen Ursprung in Rechung, dann verwundert es nicht, dass das Einwilligungsprinzip als legitimatorische Voraussetzung für medizinische Eingriffe überhaupt zunächst durch die Jurisprudenz und

Folgt man den bisherigen Überlegungen, dann wird deutlich, dass das Recht, einen an sich unrechtmäßigen Eingriff in die eigene Freiheitssphäre – oder auch die Verletzung eines anderen grundsätzlich bestehenden Rechts[32] – zu legitimieren, selbst wieder in den Bereich der zu respektierenden Selbstbestimmung fällt. Denn „Einwilligen" gehört ohne Zweifel in den weiten Bereich menschlicher Handlungen.[33] Und insofern wird auch der Akt des „Einwilligens" selbst durch das Recht auf freie Selbstbestimmung geschützt. Freilich handelt es sich bei Einwilligungen um menschliche Handlungen spezieller Art, nämlich solche, durch die (Schutz-)Ansprüche preisgegeben werden. Dessen ungeachtet gilt: Ebenso wenig wie eine Person – grundlos – daran gehindert werden darf, sich von einem Ort zu einem anderen zu bewegen, mit anderen Menschen zu kommunizieren oder sonst irgendwelche selbstgesetzten Zwecke aktiv zu verfolgen, ebenso wenig darf eine Person – grundlos – daran gehindert werden, eine Einwilligung zu erteilen, d.i. auf einen prinzipiell gewährten Schutzanspruch zu verzichten.

Bezieht man diese Überlegungen auf das Handlungsfeld der biomedizinischen Humanexperimente, dann ergibt sich folgendes Bild: Eine nicht-konsentierte Verwendung eines Menschen zu (Versuchs-)Zwecken missachtet in fundamentaler Weise das Recht, über die eigene Lebensführung bzw. dazu konstitutive Zwecksetzungen selbst zu bestimmen, auch wenn keine oder nur minimale physische oder

---

Rechtswissenschaft eingeführt worden ist; vgl. oben I.6. Dort wird die Einwilligung im Allgemeinen und mit Bezug auf den ärztlichen Eingriff im Speziellen im Kern als „Zurechnungsausschlussgrund" begriffen: „Ein Verhalten, das sich ohne die Einwilligung als Übergriff einer Person auf den Rechtskreis einer anderen dargestellt hätte, wird aufgrund der Einwilligung dem Organisationskreis des Betroffenen zugerechnet." (Ebd., 77). Das *Selbstbestimmungsrecht* des Einzelnen wird damit zum einen affirmiert, zugleich wird aber auch die *Selbstverantwortung* des Einwilligenden hervorgehoben: Wer in eine Handlungsweise eingewilligt hat, der kann anschließend nur noch in sehr eingeschränkter Weise ein ihm (vermeintlich) angetanes Unrecht reklamieren; vgl. ebd., 77 ff. Nur am Rande sei schließlich noch darauf hingewiesen, dass im Strafrecht nach herrschender Meinung zwischen „Einwilligung" und „Einverständnis" unterschieden wird, wobei letzteres sogar *tatbestandsausschließende* Wirkung hat; vgl. Jescheck / Weigend, *Lehrbuch des Strafrechts*, § 34 (371-389).

[32]   Einwilligungen können prinzipiell zu einer Vielzahl von (rechtsverletzenden) Handlungen erteilt werden; als Beispiele seien der Gebrauch von Eigentum oder die Verletzung der psycho-physischen Integrität genannt; siehe dazu O'Neill, *Some limits of informed consent*, 4. Entsprechend kann die Einwilligung auf unterschiedliche Rechte bezogen sein. Im Hinblick auf die Einwilligung zur Teilnahme an einem biomedizinischen Experiment stehen das Recht auf Selbstbestimmung sowie das Recht auf Wahrung der psycho-physischen Integrität, als diejenigen, die potentiell verletzt zu werden drohen, im Mittelpunkt des Interesses.

[33]   So auch Faden und Beauchamp: „Just as choices, consents, and refusals are species of the larger category of *actions* [...]." (Faden / Beauchaump, *A History and Theory of Informed Consent*, 277).

psychische Schäden durch einen medizinischen Versuch zu erwarten sind.[34] Durch die Einwilligung autorisiert der Einwilligende die Handlung und nimmt ihr so den rechtsverletzenden Charakter. Die Einwilligung ist somit als Spezifizierung des Prinzips der Selbstbestimmung von zentraler Bedeutung für die Forschungsethik: In ihr kommt zum Ausdruck, dass Menschen keine Objekte sind, über die andere Menschen nach Belieben disponieren können.

Mit Blick auf Gesamtsystematik ist es wichtig, sich den Unterschied zwischen dem Jonasschen Verständnis, das die Einwilligung *unmittelbar* mit der Kategorie der Selbstzweckhaftigkeit kurzschließt, und demjenigen, das die Einwilligung als Autorisierung und damit zugleich als Realisierung von Selbstbestimmung begreift, klar vor Augen zu führen. Bei Jonas wird die Einwilligung zu einem notwendigen Mittel zur Neutralisierung der entpersonalisierenden Objektivierung. Versteht man sie hingegen als Erfordernis, das sich aus dem Prinzip der Selbstbestimmung ableitet, dann dient sie „nur" zur Realisierung des Selbstbestimmungsrechts.

Man könnte an dieser Stelle den Einwand erheben, das letztere Verständnis der Einwilligung als Realisierung von Selbstbestimmung stelle eine legalistische Verkürzung des *ethischen* Prinzips der Einwilligung dar. Diese Kritik würde jedoch auf einem Missverständnis beruhen. Bei dem Recht auf Selbstbestimmung handelt es sich (auch) um eine *ethische Fundamentalkategorie*, die nicht notwendig deckungsgleich ist mit einer positiv-rechtlichen Implementierung. In diesem Sinne weisen Faden und Beauchamp zu Recht drauf hin, dass der Begriff „informed consent" auch in einem (positiv-)rechtlich Sinne als „effective consent" verstanden werden kann. Ein solcher „effective consent" liegt dann vor, wenn kodifizierte Kriterien erfüllt sind. Auch wenn ein solches Kriterienset vollends erfüllt ist, ist nicht automatisch gewährleistet, dass eine wahrhaft selbstbestimmte Preisgabe von Schutzansprüchen vorliegt, ebenso wie das Nichterfülltsein bestimmter Kriterien nicht zwangsläufig impliziert, dass eine im ethischen Sinne selbstbestimmte Entscheidung nicht vorliegt.[35] Freilich stuft diese systematische Einordnung die Einwilligung ihrem „ethischen Rang" nach, verglichen mit dem Verständnis von Jonas, herab. Die „Maximalforderung" der Identifizierung als Bedingung für eine gültige Einwilligung entfällt. Zugleich erweitert sie jedoch den argumentativen Raum für objektive Einschränkungen der Einwilligung. Mit anderen Worten, die oben skizzierten Prob-

---

[34]   Bei der Einwilligung geht es primär nicht darum, einer möglichen Schädigung der psycho-physischen Integrität des Probanden vorzubeugen. Dies wird durch zwei einfache Überlegungen deutlich: Zum einen ist nicht ausgeschlossen, dass ein Proband im Zuge der Einwilligung bestimmte Risiken bewusst akzeptiert. Zum anderen könnte ein effektiver Probandenschutz auch durch eine Risikoanalyse gewährleistet werden, die die Willensäußerung des Probanden selbst nicht mit einbezieht. Es ist demnach die Verletzung des Selbstbestimmungsrechts, die durch das Einholen einer Einwilligung verhindert werden soll und muss.

[35]   Vgl. Faden / Beauchamp, *A History and Theory of Informed Consent*, 274 ff.

leme, die sich aus dem Jonasschen Ansatz ergeben, können auf der Grundlage dieser systematischen Einordnung vermieden werden.[36]

iii)   Voraussetzungen und Grenzen der informierten Einwilligung

Indem das Recht auf Selbstbestimmung seinerseits die Möglichkeit umfasst, eigene Rechte und Ansprüche zugunsten anderer aufzugeben, offenbart sich eine latent widersprüchliche Struktur: Das Recht, auf eigene Rechte zu verzichten, kann sich in letzter Konsequenz selbst aufheben. Zu denken ist hier besonders an zwei Fälle: Zum einen an die konsentierte dauerhafte Unterwerfung unter einen anderen Willen, d.i. Sklaverei, zum anderen an die Einwilligung in die eigene Tötung.[37] Aber auch jenseits von diesen Extremfällen kann die Einwilligung eine besondere Brisanz bekommen, nämlich immer dann, wenn Schutzansprüche von besonderer moralischer Dignität – etwa das Recht auf Selbstbestimmung selbst oder das Recht auf körperliche und seelische Unversehrtheit – durch sie tangiert werden. Aus diesem Befund leiten sich zwei Forderungen ab: Einerseits muss das Prinzip der Selbstbe-

---

[36]   Oberflächlich betrachtet könnte man Eindruck gewinnen, die direkte Kopplung der informierten Einwilligung an die Kategorie der Selbstzweckhaftigkeit, wie Jonas sie vornimmt, sei nur noch von geringer Bedeutung im gegenwärtigen bioethischen Diskurs. Tatsächlich ist, jenseits aller Kontroversen über Detailfragen, die Deutung der Einwilligung als einer durch das Selbstbestimmungsrecht begründeten Maßgabe dominierend. Der grundlegende Unterschied der beiden Ansätze wird jedoch kaum zur Kenntnis genommen – Faden und Beauchamp etwa gehen in ihrer Untersuchung überhaupt nicht auf Jonas ein. Ansätze einer von Jonas inspirierten Deutung finden sich hingegen häufig bei Autoren, die im Grunde den Autorisierungs-Ansatz verfolgen. Besonders einflussreich ist die Jonassche Argumentationslinie da, wo die Vertretbarkeit von Forschung an (sogenannten) „Einwilligungsunfähigen" in Frage steht: Vielfach wird in diesem Zusammenhang von mangelnder Einwilligungsfähigkeit direkt auf eine drohende (vollständige) Instrumentalisierung und Objektivierung etwaiger Probanden geschlossen und nicht etwa „nur" auf einen Konflikt mit dem Selbstbestimmungsrecht. Explizit rekurriert beispielsweise Laufs – in einem rechtswissenschaftlichen Kontext – auf Jonas, wenn er die Randomisierung bei Versuchen mit Einwilligungsunfähigen kategorisch ablehnt; vgl. Laufs, *Die ärztliche Aufklärungspflicht*, 482 sowie Laufs, *Die neue europäische Richtlinie zur Arzneimittelprüfung und das deutsche Recht*, 585. Bisweilen deutet sich der nach wie vor starke Einfluss von Jonas auf das Verständnis des „informed consent" aber auch lediglich in markanten Formulierungen an, wie etwa bei Capron, der schreibt, ein Proband habe nur dann „truly consented to participate", wenn er die Ziele einer Studie als *seine eigenen* angenommen habe; vgl. Capron, *Protection of Research Subjects*, 168.

[37]   Schon Mill hat die widersprüchliche Struktur des Freiheitsprinzips im Zusammenhang mit dem freiwilligen Eintritt in die Sklaverei herausgestellt und zum Anlass für eine Begrenzung der Verfügungsgewalt des Einzelnen über sich selbst genommen: „The principle of freedom cannot require that he [d.i. derjenige, der sich selbst in die Sklaverei verkaufen will, B.H.] should be free not to be free. It is not freedom, to be allowed to alienate his freedom." (Mill, *On Liberty*, 116).

stimmung einer *objektiven Begrenzung* unterworfen werden. In Handlungen, die absehbar die Einwilligungsfähigkeit einer Person dauerhaft eliminieren oder gravierend beeinträchtigen würden, kann diese nicht wirksam einwilligen. Andererseits muss innerhalb dieser Grenzen gewährleistet sein, dass die Preisgabe von Schutzansprüchen wirklich dem Willen des Einwilligenden entspricht. Es besteht nämlich die Gefahr, dass der Einwilligende leichtfertig oder ohne sich über die Konsequenzen seines Handelns in vollem Umfang bewusst zu sein, die für einen anderen handlungserweiternde Verletzung seines Rechts legitimiert. Aus diesem Grund ist es angezeigt, in Fällen, in denen hochrangige Schutzansprüche auf dem Spiel stehen – wie es bei der Teilnahme an biomedizinischen Experimenten ohne Zweifel der Fall ist –, an eine Einwilligung eine *qualifizierende Bedingung* zu knüpfen, damit sie als *gültig* anerkannt wird. Weder durch die Begrenzung noch durch Formulierung einer solchen Bedingung wird das Recht auf Selbstbestimmung des Einzelnen indessen grundsätzlich in Frage gestellt.

Nicht zuletzt die geschichtliche Erfahrung der Missbrauchsfälle belegt, dass die Forderung nach einer zusätzlichen Qualifizierung der Einwilligung im Hinblick auf die Teilnahme an biomedizinischen Experimenten wohlbegründet ist. Eine „einfache" Einwilligung erscheint angesichts der Erheblichkeit der zur Disposition stehenden Güter bzw. Rechte keine hinreichende Legitimationsgrundlage darzustellen. Angesichts der oftmals hohen Komplexität der Sachzusammenhänge ist die Gefahr groß, dass der Einwilligende die Indienstnahme als Versuchsobjekt letztlich doch nicht autorisieren wollen würde, wenn er nur hinreichende Kenntnis aller (für ihn) relevanten Umstände hätte oder äußerer Zwang ihn in seiner Willensbildung nicht beeinflussen würde.

Die zusätzliche qualifizierende Bedingung dafür, dass eine Einwilligung zur Teilnahme an einem biomedizinischen Humanexperiment als *gültige Einwilligung* anerkannt wird, besteht darin, dass die Einwilligung *informiert* und *freiwillig* erfolgt. Durch die Bereitstellung von Informationen über Hintergründe, Begleitumstände und Konsequenzen eines Experiments soll sichergestellt werden, dass die Handlungsermächtigung nicht leichtfertig oder irrtümlich erteilt wird.[38] Ferner gilt es, äußere Einflussnahmen durch Zwang und Manipulation auszuschließen. Während Irrtümer und Missverständnisse einer wahrhaft selbstbestimmten Handlung gewissermaßen indirekt entgegenstehen, haben Manipulation und Zwang eine direkte Fremdbestimmung geradezu zum Ziel. In beiden Fällen kann eine faktisch erteilte Einwilli-

---

[38]   Ähnlich auch Levine: „It is through informed consent that the investigator and the subject enter into a relationship, defining mutual expectations and their limits. This relationship differs from ordinary commercial transactions in which each party is responsible for informing himself or herself of the terms and implications of any of their agreements. Professionals who intervene in the lives of others are held to higher standards. They are obligated to inform the lay person of the consequences of their mutual agreements." (Levine, *Ethics and Regulation of Clinical Research*, 98).

gung jedenfalls nicht als wahrhaft selbstbestimmte Handlung gelten.[39] Dies hat zur Folge, dass die intendierte legitimatorische Wirkung der Einwilligung ausbleibt. Schließlich soll durch die Forderung einer besonderen Qualifizierung aber auch der Gefahr begegnet werden, dass sich ein Proband schlicht voreilig oder leichtfertig zur Verfügung stellt und dies im Nachhinein bereut.

Als Konsequenz aus der Qualifizierungserfordernis ergibt sich, dass dem freiwilligen Verzicht des Probanden auf Information („waiver") gewisse Grenzen gesetzt sind bzw. werden müssen: Zumindest den Umstand, dass er als Forschungsobjekt im Rahmen eines Experiments verwendet wird, muss er zur Kenntnis nehmen, andernfalls wäre eine Einwilligung überhaupt nicht denkbar. Ob bzw. in welchem Maße er eine weitere Aufklärung zur Ermöglichung einer qualifizierten Einwilligung, verweigern kann, wird man vor allem von den (absehbaren) Gefahren und Belastungen des jeweiligen Experiments abhängig machen müssen. Eine enge Begrenzung des zulässigen Risiko- und Belastungsprofils erscheint hier in jedem Fall geboten. Diese Proportionalitätsregel findet ihre Begründung darin, dass bei Experimenten mit nur minimalen Risiken und Belastungen für den Probanden eine voreilig erteilte Einwilligung als weniger schlimm gelten kann. Sind die Risiken und Belastungen jedoch hoch, dann ist die Preisgabe von Rechten sehr viel bedeutsamer. Folglich muss größere Sorgfalt darauf verwendet werden sicherzustellen, dass eine Einwilligung dem tatsächlichen Willen des Einwilligenden entspricht. Wenn es der Versuchsaufbau zwingend erforderlich macht, dass die Probanden über Details des experimentellen Designs uninformiert bleiben – wie es gerade bei psychologischen Studien häufig der Fall ist[40] –, und die absehbaren Risiken und Belastungen als gering eingestuft werden können, dann wird man immer noch fordern müssen, dass die Probanden *in die Teilnahme an einem Experiment mit für sie unbekannten Aspekten* einwilligen.[41]

---

[39] Für diesen Sachzusammenhang instruktiv sind die drei *konstitutiven Elemente einer selbstbestimmten Handlung*, die Faden und Beauchamp im Rahmen ihrer Untersuchung zur informierten Einwilligung benennen: „intentionality", „understanding" und „noncontrol"; vgl. Faden / Beauchamp, *A History and Theory of Informed Consent*, 241 ff.

[40] Vgl. zu dieser Problematik etwa Korn, *Illusions of Reality: A History of Deception in Social Psychology*.

[41] Bei psychologischen Experimenten kann selbst dies aus methodischen Gründen bisweilen nicht möglich sein. In ihren Richtlinien formuliert beispielsweise die American Psychological Association Bedingungen für diesen Fall: „8.07 Deception in Research. (a) Psychologists do not conduct a study involving deception unless they have determined that the use of deceptive techniques is justified by the study's significant prospective scientific, educational, or applied value and that effective nondeceptive alternative procedures are not feasible. (b) Psychologists do not deceive prospective participants about research that is reasonably expected to cause physical pain or severe emotional distress. (c) Psychologists explain any deception that is an integral feature of the design and conduct of an experiment to participants as early as is feasible, preferably at the conclusion of their participation, but no later than at the conclusion of the data collection, and

Mit der Forderung nach Information und Aufklärung ist einstweilen nur eine abstrakte Anforderung formuliert, mit der unmittelbar noch keine konkreten Gestaltungsvorschriften für den Informationsprozess gegeben sind. Es ist daher nicht verwunderlich, dass es eine intensive Diskussion mit Blick auf die Frage gibt, wie genau gewährleistet werden kann, dass eine Einwilligung tatsächlich als *informiert* und damit zugleich als in legitimatorischer Hinsicht hinreichend gelten kann. In der einschlägigen Literatur ist ausführlich die Frage nach dem *Standard* für die Art und den Umfang der erforderlichen Informationen diskutiert worden. Dabei werden zumeist drei Ansätze unterschieden: (1) der „professional standard", (2) der „reasonable person standard" und (3) der „subjective standard".[42] Um in dieser Frage klar zu sehen, muss man sich vor Augen führen, dass eine *selbstbestimmte Handlung* nicht gleichgesetzt werden kann mit einer *Handlung im wohlverstandenen Eigeninteresse*. Selbstbestimmtes Handeln kann auch da vorliegen, wo Eigeninteressen verletzt werden, und selbst dann, wenn gewisse Rationalitätsbedingungen nicht erfüllt werden. Gerade weil aber Selbstbestimmung wesentlich *individuell* ist, kann ein *überpersonaler* Standard, der sich an den Begriffen des wohlverstandenen Eigeninteresses und des Vernünftigen orientiert, nur im Sinne einer objektiven Minimalforderung verstanden werden, der mit Blick auf die Bedürfnisse einzelner Probanden ergänzt werden muss. Stellt man die systematische Funktion der Einwilligung in Rechnung, dann wird man das Ziel der *Information* dahingehend bestimmen müssen, eine möglichst große *Transparenz* mit Bezug auf die Hintergründe, Begleitumstände und (sichere sowie mögliche) Folgen eines in Frage stehenden Experiments herzustellen.[43] Der Begriff der Transparenz deutet an, dass es nicht einfach um ein Offenlegen bestimmter Fakten zu tun ist, sondern dass ein Forschungsvorhaben für mögliche Probanden *durchsichtig* gemacht werden muss, sodass ein eigenständiges Urteil im Hinblick auf eine etwaige Teilnahme ermöglicht wird. Im Dialog zwischen Forscher und Proband müssen zugrunde liegende Ziele, geplante Verfahren, Risiken und involvierte Interessen in einer Weise thematisiert werden, die im Ergebnis dazu führt,

---

permit participants to withdraw their data." (American Psychological Association, *Ethical Principles of Psychologists and Code Of Conduct*). Der Frage, ob es überhaupt Fälle gibt, in denen diese Bedingungen erfüllt sind, kann hier nicht weiter nachgegangen werden.

[42]   Vgl. zu dieser Einteilung etwa Faden / Beauchamp, *A History and Theory of Informed Consent*, 30 ff.

[43]   Im Zusammenhang der Aufklärungspflicht bei „primary care" hat Brody einen „transparency standard" vorgeschlagen; vgl. Brody, *Transparency: Informed Consent in Primary Care*. Aufgrund des anderen Sachzusammenhangs sind seine Überlegungen nicht unmittelbar auf die hier vorliegende Problematik übertragbar. Seine Idee, den Begriff der Transparenz als Operationalisierung des Dialogmodells zwischen Arzt und Patient fruchtbar zu machen, ist freilich auch hier leitend. Siehe dazu auch Wear, *Informed Consent*, 282 ff.

dass der Proband *seine eigene Entscheidung* treffen kann.[44] Dazu ist eine schriftliche Aufklärung allein prinzipiell nicht ausreichend. Zwar können schriftlich und graphisch aufbereitete Informationen den Aufklärungsprozess ergänzen. Aber nur im direkten Austausch hat der Proband die Möglichkeit, seinen individuellen Bedürfnissen entsprechend Fragen zu stellen.[45]

Als Prüfstein dafür, ob ein Experiment hinreichend transparent dargestellt worden ist, kann die Frage dienen, ob es Aspekte gibt, die – wären sie dem Probanden bekannt – diesen an seiner Entscheidung zweifeln lassen könnte. Anders formuliert: Die im Dialog zwischen Forscher und Proband nicht kommunizierten Informationen dürfen keinen (erkennbaren) Anlass für eine spätere Revision der Entscheidung des Probanden bieten. Der eigentliche normative Anspruch der informierten Einwilligung kann daher auch, wie O'Neill es tut, auf den Punkt gebracht werden: „Our aim in seeking others' consent should be not to deceive or coerce those on the other end of a transaction or relationship: these are underlying reasons for taking informed consent seriously."[46] Die Forderung, das Ziel des Informationsprozesses müsse in der Herstellung von Transparenz bestehen, vermag natürlich nicht zu verhindern, dass *irrtümlich* oder *versehentlich* relevante Informationen oder solche, die aus der Perspektive eines einzelnen Probanden als relevant eingestuft werden, nicht offen gelegt werden. Gerade der *offene Dialog* zwischen Proband und Forscher als primäre Aufklärungsform kann die Gefahr einer solchen versehentlichen bzw. irrtümlichen Vorenthaltung von Informationen, die ein einzelner Proband für sich als relevant eingestuft hätte, auf ein Mindestmaß reduzieren. Mit Blick auf die Frage nach dem erforderlichen Umfang der Aufklärung wird man entsprechend zu dem Ergebnis kommen, dass kein *inhaltlicher*, sondern nur ein *prozeduraler* Standard formuliert werden kann.

Ungeachtet dessen erscheint es sinnvoll, eine Reihe *objektiver Kriterien* bezüglich des Inhalts und der Form eines Informationsgesprächs zu formulieren. Eine solche Liste kann als Grundlage für den individuellen Aufklärungsprozess herangezogen werden. Eine umfassende Zusammenstellungen dieser Art mit 26 Einzelpunkten hat beispielsweise der Council for International Organizations of Medical Sciences (CIOMS) in seinen *International Ethical Guidelines for Biomedical Research Involving Human*

---

[44]   In eine ähnliche Richtung scheint auch O'Neill mit ihrem Konzept des „genuine consent" zu zielen: „Genuine consent is apparent where patients can *control* the amount of information they receive, and what they allow to be done." (O'Neill, *Some limits of informed consent*, 6).

[45]   Vgl. Fröhlich, *Forschung wider Willen?*, 134 f. Eine US-amerikanische Untersuchung hat zudem ergeben, dass schriftliche Einwilligungsformulare häufig in einer für viele Probanden unverständlichen Form abgefasst sind; vgl. Ogloff / Otto, *Are Research Participants Truly Informed? Readability of Informed Consent Forms Used in Research*.

[46]   O'Neill, *Some limits of informed consent*, 6.

Subjects vorgelegt.[47] Als allgemeine Orientierungspunkte sind solche Kriterien sowohl für Forscher als auch für die prüfenden Ethik-Kommissionen unerlässlich. Nicht zuletzt sind Standards hilfreich, um in Streitfällen eine (juristische) Überprüfung zu ermöglichen. Allerdings kann das Erfordernis der Informierung und Aufklärung durch solche objektiven Kriterien niemals vollständig erfasst werden. Insbesondere darf die Festlegung bestimmter Rahmenvorgaben nicht davon ablenken, dass sich die Transparenzforderung zunächst und zumeist an den informierenden und aufklärenden Forscher richtet und seinen Umgang mit dem individuellen (potentiellen) Probanden. Für den Forscher muss es das handlungsleitende Ziel sein, jeden einzelnen potentiellen Probanden in die Lage zu versetzen, eine selbstbestimmte Entscheidung hinsichtlich der Teilnahme oder Nichtteilnahme an einem Humanexperiment zu treffen. Aus ethischer Sicht – die gerade in dieser Hinsicht wohlunterschieden von der juridischen ist – kommt es dabei nicht zuletzt auf die Einstellung dessen an, der informiert und aufklärt: Die Pflicht des Forschers erschöpft sich aus ethischer Sicht nämlich nicht darin, eine vorgegebene Liste von zu kommunizierenden Fakten abzuarbeiten oder gar eine Unterschrift unter ein Einwilligungsformular einzuholen, welches die vorgeschriebenen Fakten enthält. Entscheidend ist vielmehr die Absicht, Hintergründe, Begleitumstände und Folgen eines Humanexperiments für jeden einzelnen möglichen Probanden offen zu legen, sodass eine selbstbestimmte Entscheidung für oder gegen eine Teilnahme möglich wird.[48]

Schließlich wird die große Bedeutung der formalen Gestaltung des Aufklärungsprozesses durch eine Reihe von empirischen Untersuchungen belegt.[49] Es hat sich gezeigt, dass die Aufbereitung und Darstellung von Informationen einen nicht zu unterschätzenden Einfluss auf das Entscheidungsverhalten potentieller Probanden hat. Als ein nahezu klassischer Beleg kann in diesem Zusammenhang die Studie *Obtaining Informed Consent* von Epstein und Lasagna aus dem Jahre 1968 gelten. Die beiden Forscher hatten das Einwilligungsverhalten von Probanden anhand einer fingierten Studie untersucht, wobei verschiedene Gruppen Informationsmaterialien

---

[47] Vgl. Council for International Organizations of Medical Sciences (CIOMS), *International Ethical Guidelines for Biomedical Research Involving Human Subjects (2002)*, Guideline 5 („Obtaining informed consent: Essential information for prospective research subjects"); siehe auch Council of Europe, *Additional Protocol to the Convention on Human Rights and Biomedicine Concerning Biomedical Research*, Art. 13 („Information for Research Participants"), insbesndere Abs. 2 sowie im US-amerikanischen *Code of Federal Regulations* den Paragraphen 45 CFR § 46.116 („Informed Consent Checklist – Basic and Additional Elements").

[48] Vgl. O'Neill, *Some limits of informed consent*, 6.

[49] Einen Überblick über die zahlreichen empirischen Untersuchungen zur informierten Einwilligung im Zusammenhang mit medizinisch-praktischen sowie experimentellen Eingriffen gibt Sugarman et al., *Empirical Research on Informed Consent: An Annotated Bibliography*.

von unterschiedlicher Ausführlichkeit ausgehändigt bekamen. Im Ergebnis zeigte sich, dass kurze und konzise Darstellungen am ehesten geeignet waren, die Probanden über die Umstände einer Studie zu informieren, während bei sehr detaillierten Ausführungen entscheidende Informationen leicht verdeckt zu werden scheinen. Schon damals kamen die Autoren zu dem Ergebnis: „The results of this study reveal how important the way in which information is presented can be in determining comprehension and providing truly ‚informed‘ consent."[50] Wie schwierig es ist, dieses Ziel zu erreichen und vor allem ein adäquates Verständnis der Risiken einer Studie zu vermitteln, wird daraus ersichtlich, dass 21 der 66 Studienteilnehmer sich weigerten, zwei Tabletten des „neuartigen Kopfschmerzmittels" einzunehmen, nachdem sie die Informationsmaterialien zur Kenntnis genommen hatten. Tatsächlich handelte es sich bei dem „neuartigen Mittel" um Aspirin und das ausgehändigte Informationsmaterial enthielt die Beschreibungen möglicher Nebenwirkungen von Aspirin aus einem pharmakologischen Standardwerk. Im Nachhinein befragt äußerten alle 66 Studienteilnehmer die Auffassung, bei Aspirin handele es sich um ein „sicheres Medikament". Man kann also davon ausgehen, dass die schriftlichen Informationsmaterialen nicht dazu geeignet waren, die Risiken auf eine für die potentiellen Probanden fassliche Weise darzustellen, d.h. die für eine wahrhaft informierte Einwilligung erforderliche Transparenz herzustellen.[51]

Die strikte Einhaltung von formalen Vorgaben bezüglich des Aufklärungsprozesses allein garantiert demzufolge noch nicht, dass die Bedingungen und Umstände eines Humanexperiments für potentielle Probanden transparent werden. Daher sollten im Zuge der Ausbildung von Forschern, die mit der Durchführung von biomedizinischen Humanexperimenten betraut sein können, kommunikative Fähigkeiten gezielt geschult werden. Denkbar wäre auch, dass Forscher, zu deren Aufgaben die Probandenaufklärung gehört, einen speziellen Kursus absolvieren, in dem sie lernen, medizinisch-naturwissenschaftliche Sachverhalte in einer für Laien verständlichen Weise zu vermitteln. Bedenkt man, wie wichtig eine transparente Darstellung der Ziele und Verfahren eines Experiments für eine wahrhaft informierte Einwilligung von Probanden ist, dann erscheint es nicht übertrieben, eine solche spezielle Schulung zu einer notwendigen Qualifikationsbedingung für Forscher zu machen.

*   *   *

Fasst man die Überlegungen zum Prinzip der informierten Einwilligung zusammen, dann lassen sich folgende Eckpunkte festhalten: Als *Spezifizierung* des Prinzips der Selbstbestimmung kann die informierte Einwilligung als *Autorisierung* einer zunächst

---

[50]   Epstein / Lasagna, *Obtaining Informed Consent*, 684.
[51]   Es ist natürlich auch möglich, dass einige der Befragten Aspirin zwar für ein hinreichend sicheres Medikament hielten, jedoch nicht bereit waren, die bestehenden Risiken im Rahmen eines *Experiments* auf sich zu nehmen.

unrechtmäßigen – weil die Freiheitssphäre eines anderen verletzenden – Handlung verstanden werden. In dieser (indirekten) Weise ist sie auf das formale Würdeprinzip bezogen. Eine *direkte* Kopplung der informierten Einwilligung mit dem Gedanken der zu vermeidenden Objektivierung, wie Jonas sie vornimmt, erweist sich demgegenüber als problematisch. Insbesondere vermeidet die Einordnung der informierten Einwilligung auf einer systematisch nachgeordneten Ebene sowohl die Gefahr, zu hohe Anforderungen an potentielle Probanden zu stellen, als auch das Problem, dass Einwilligungen kaum noch durch objektive Kriterien beschränkt werden können. Angesichts der moralischen Dignität der Güter, die bei biomedizinischen Humanexperimenten zur Disposition stehen, erscheint eine *einfache* Einwilligung zudem nicht ausreichend. Volle legitimatorische Wirkung wird man einer Einwilligung nur dann zusprechen, wenn sie die zusätzliche Bedingung der *Informiertheit* erfüllt, d.h. wenn sichergestellt ist, dass der Einwilligende in Kenntnis aller (für ihn) relevanten Faktoren sowie ohne (äußeren) Zwang in die Teilnahme an einem Experiment einwilligt. Ziel des Aufklärungsprozesses muss es daher sein, größtmögliche *Transparenz* hinsichtlich des in Frage stehenden Experiments herzustellen. Nur im offenen Dialog zwischen Proband und Patient kann dies erreicht werden.

b)   Weitere Spezifizierungen des Selbstbestimmungsprinzips: Uninformierte Ablehnung und Rücknahme der Einwilligung

Die informierte Einwilligung kann ohne Zweifel als wichtigste Spezifizierung des Prinzips der Selbstbestimmung angesehen werden. Sie ist indessen keineswegs die einzig relevante Fortbestimmung mit Blick auf das Handlungsfeld „biomedizinischer Humanexperimente". Zwei weitere Maßgaben, die allerdings eng mit der informierten Einwilligung verbunden sind, leiten sich aus dem Prinzip der Selbstbestimmung ab: Zum einen *das Recht der uninformierten Ablehnung* und zum anderen *das Recht, eine bereits erteilte Einwilligung in die Teilnahme an einem Experiment jederzeit zurückzuziehen.*[52]

In beiden Fortbestimmungen kommt eine Asymmetrie zum Tragen: Während die Einwilligung in die Preisgabe eines Schutzanspruchs zumindest in Fällen, in denen Ansprüche von hoher moralischer Dignität betroffen sind, berechtigterweise an eine zusätzliche Qualifizierung – nämlich die der Informiertheit – geknüpft wird, um zu verhindern, dass der Einwilligende leichtfertig oder unter Druck seine Schutzansprüche aufgibt, verbietet sich umgekehrt bei Inanspruchnahme des Abwehrrechts jede qualifizierende Bedingung. Im Gegenteil, die Inanspruchnahme eines Schutzan-

---

[52] Vgl. World Medical Association, *Declaration of Helsinki (2000)*, Nr. 22; Council for International Organizations of Medical Sciences (CIOMS), *International Ethical Guidelines for Biomedical Research Involving Human Subjects (2002)*, Guideline 5 Nr. 2; Council of Europe, *Additional Protocol to the Convention on Human Rights and Biomedicine Concerning Biomedical Research*, Art. 14 Abs. 1 und 2. Auch positiv-rechtlich ist das Recht auf Rücknahme einer Einwilligung verankert, für Deutschland beispielsweise im *Arzneimittelgesetz (AMG)*, § 40 Abs. 2.

spruchs muss durch die Person nicht einmal begründet werden. Die einfache (uninformierte) Ablehnung der Teilnahme an einem Humanexperiment stellt eine Realisierung von Selbstbestimmung dar, selbst dann, wenn objektiv betrachtet gute Gründe für eine Teilnahme – großer Nutzen bei minimalem Risiko – sprechen. Die Asymmetrie besteht also darin, dass die Aufgabe von Schutzansprüchen eine *qualifizierte* Einwilligung erforderlich macht, selbst wenn *rationale* Beweggründe angenommen werden können, wohingegen eine *unqualifizierte* Ablehnung auch dann ausreichend ist, wenn *keine rationalen* Beweggründe vorliegen.[53]

Ebenso wie die Ablehnung der Teilnahme ist die Rücknahme einer Einwilligung, d.h. die Wiederinanspruchnahme eines Schutzanspruchs nicht begründungsbedürftig. Entsprechend muss es Probanden jederzeit möglich sein, die Teilnahme an einem Humanexperiment abzubrechen. Auf diese Möglichkeit muss im Rahmen des Aufklärungsprozesses deutlich hingewiesen werden. Von großer Wichtigkeit ist in diesem Zusammenhang, dass dem Probanden, der eine weitere Teilnahme verweigert, keine nachteiligen Konsequenzen aus seiner Entscheidung erwachsen dürfen.[54] Solche Nachteile würden als Formen äußerer Zwangseinwirkung selbstbestimmtem Handeln entgegenwirken. Damit ist natürlich nicht ausgeschlossen, dass ein Versuchsleiter das abrupte Ausscheiden aus einem Experiment verweigern kann, wenn damit absehbar schwere gesundheitliche Risiken für den Probanden verbunden wären.

Schließlich gilt es, noch einen weiteren wichtigen Umstand zu beachten: Die Einwilligung des Probanden hat nur so lange Bestand, wie die im Rahmen des Aufklärungsprozesses kommunizierten Informationen Gültigkeit haben. Liegen Zwischenergebnisse eines Experiments vor, die zu einer veränderten Einschätzung der Gesamtlage oder auch nur einzelner Aspekte Anlass geben, so müssen die Probanden über diese Entwicklung informiert und um eine weitere, an den neuen Gegebenheiten orientierte Einwilligung ersucht werden. Oder anders gewendet: Die ursprüngliche Einwilligung hat nur so lange Geltung, wie die im Vorfeld der Einwilligung erteilten Informationen Bestand haben.[55]

---

[53] Die hier behauptete Asymmetrie setzt freilich einen minimalen Rationalitätsstandard voraus. Auf eine andere Asymmetrie machen Helmchen und Lauter aufmerksam: Bei einer etablierten Heilbehandlung wird die Frage nach der Einwilligungsfähigkeit in der Regel erst bei einer Ablehnung virulent, bei einem Humanexperiment hingegen bei der Zustimmung; vgl. Helmchen / Lauter, *Dürfen Ärzte mit Demenzkranken forschen?*, 49 f.

[54] Es stellt natürlich keinen Nachteil in diesem Sinne dar, wenn ein Proband eine vereinbarte Aufwandsentschädigung für eine Versuchsteilnahme nach einem vorzeitigen Ausscheiden nur anteilmäßig ausgezahlt bekommt; durch sein Ausscheiden entfällt ja auch der weitere Aufwand.

[55] Sehr deutlich wird dieser Umstand im *Additional Protocol to the Convention on Human Rights and Biomedicine Concerning Biomedical Research* des Council of Europe herausgestellt. Dort heißt es in Art. 24 („New Developments"): „1. Parties to this Protocol shall take measures to ensure that the research project is re-examined if this is justified in the light of

c)   Informationelle Selbstbestimmung und Datenschutz

Das Recht auf Selbstbestimmung umfasst nicht nur die physisch-materiale Dimension menschlicher Existenz. Unter den Vorzeichen der modernen Informationsgesellschaft gewinnt die Kontrolle persönlicher Daten zunehmend an Bedeutung für eine selbstbestimmte Lebensführung. Dies hat nicht zuletzt das Bundesverfassungsgericht in seiner wegweisenden Entscheidung zur Volkszählung aus dem Jahre 1983 anerkannt: „Individuelle Selbstbestimmung setzt aber – auch unter den Bedingungen moderner Informationsverarbeitungstechnologien – voraus, daß dem Einzelnen Entscheidungsfreiheit über vorzunehmende oder zu unterlassende Handlungen einschließlich der Möglichkeit gegeben ist, sich auch entsprechend dieser Entscheidung tatsächlich zu verhalten. Wer nicht mit hinreichender Sicherheit überschauen kann, welche ihn betreffende Informationen in bestimmten Bereichen seiner sozialen Umwelt bekannt sind, und wer das Wissen möglicher Kommunikationspartner nicht einigermaßen abzuschätzen vermag, kann in seiner Freiheit wesentlich gehemmt werden, aus eigener Selbstbestimmung zu planen oder zu entscheiden."[56] Aus diesem Befund leitet das Gericht das Recht auf „informationelle Selbstbestimmung" ab, das heute als Grundrecht weitgehend anerkannt sein dürfte.

Mit der Einwilligung in die Teilnahme an einem biomedizinischen Humanexperiment stimmt ein Proband natürlich auch der Erhebung von Daten zu – darin besteht nachgerade der Sinn eines Experiments. Allerdings bezieht sich diese Einwilligung nur auf die im Forschungsprotokoll festgeschriebenen Zwecke. Eine darüber hinausgehende Verwertung oder Weitergabe würde das Recht auf informationelle Selbstbestimmung des Probanden verletzen.[57] Entsprechend sind im Rahmen von biomedizinischen Humanexperimenten datenschutztechnische Maßnahmen von großer Wichtigkeit.[58] Dem gelegentlich geäußerten Vorschlag, ein spezielles „medizinisches Forschungsgeheimnis"[59] – analog der ärztlichen Schweigepflicht –

---

scientific developments or events arising in the course of the research. [...] 3. Any new information relevant to their participation shall be conveyed to the research participants, or, if applicable, to their representatives, in a timely manner."

[56]   Bundesverfassungsgericht, *Urteil des Ersten Senats vom 15. Dezember 1983 (Az. 1 BvR 209, 269, 362, 420, 440, 484/83)*, 42 f.

[57]   Ein anderer Fall liegt freilich vor, wenn Patientenakten in anonymisierter Form im Rahmen von epidemiologischen Studien analysiert werden. Auf die, vor allem im Kontext sogenannter „Biobanken" vieldiskutierte Frage, ob eine „Blanko-Einwilligung" aus ethischer Sicht vertretbar ist, soll hier nicht weiter eingegangen werden.

[58]   Vgl. World Medical Association, *Declaration of Helsinki (2000)*, 21; Council of Europe, *Additional Protocol to the Convention on Human Rights and Biomedicine Concerning Biomedical Research*, Art. 25; Council for International Organizations of Medical Sciences (CIOMS), *International Ethical Guidelines for Biomedical Research Involving Human Subjects (2002)*, Guideline 5 Nr. 14.

[59]   Vgl. Bochnik, *Ein „medizinisches Forschungsgeheimnis" im Datenschutzgesetz könnte deutsche Forschungsblockaden beseitigen.*

einzuführen, um so datenschutzrechtliche Bestimmungen im Zusammenhang mit Forschungsprojekten zu lockern, muss mit Skepsis begegnet werden. Zum einen verhindern Maßgaben des Datenschutzes Forschungsprojekte fast nie,[60] zum anderen betrifft das Recht auf informationelle Selbstbestimmung aber auch ein so hohes Gut, dass es nicht einfach durch den pauschal erhobenen Einwand der „Forschungsblockade" ausgestochen werden darf.[61]

Der Council of Europe führt in seinem Zusatzprotokoll zur Forschung mit der Maßgabe des Datenschutzes noch ein „right to information" ein. Er bezieht dies auf krankheitsrelevante Daten und andere persönliche Informationen, die von einem Probanden im Rahmen eines Experiments erhoben werden.[62] Auch hierin kann eine Fortbestimmung des Rechts auf (informationelle) Selbstbestimmung erkannt werden. Dieses umfasst nach verbreiteter Meinung allerdings nicht nur ein „Recht auf Wissen", sondern auch ein „Recht auf Nichtwissen". Daher sollte vor Studienbeginn mit den Probanden eine Verfahrensweise festgelegt werden für den Fall, dass bislang unbekannte Erkrankungen entdeckt werden. Es ist durchaus möglich, dass ein Mensch solche Informationen bewusst nicht erhalten will. Eine spätere Klärung der Frage würde, selbst wenn die krankheitsrelevanten Informationen nicht unmittelbar offenbart würden, immer den Verdacht heraufbeschwören, dass eine bislang unbekannte Erkrankung entdeckt worden ist.

d)   Das Recht auf Selbstbestimmung bei nicht vollständig Einwilligungsfähigen

Als Maßgabe, die sich aus dem Prinzip der Selbstbestimmung ableitet, ist die informierte Einwilligung eng mit dem Vermögen, Zwecke zu setzen und selbstgesetzte Zwecke aktiv zu verfolgen, verknüpft. Daher stellt sich die Frage, wie das Prinzip der Selbstbestimmung im Hinblick auf Menschen, die aufgrund eingeschränkter kognitiver oder voluntativer Fähigkeiten nur bedingt oder gar nicht zu einer selbständigen Lebensführung und -planung in der Lage sind, sinnvoll fortbestimmt werden kann. Zur Beantwortung dieser Frage kann auf die kategoriale Unterscheidung von *Einwilligungsfähigkeit, Zustimmungsfähigkeit, Ablehnungsfähigkeit* und *Einwilligungsunfähigkeit* (im engeren Sinne) zurückgegriffen werden, die im Rahmen der *Typologie biomedizinischer Humanexperimente* in Kapitel III herausgearbeitet wurde.[63] Dabei ist wiederum der *relationale* Charakter des Begriffs der Einwilligungsfähigkeit zu beachten, der einer einfachen und kontextunabhängigen Identifizierung von bestimmten Personengruppen mit dem Attribut einwilligungsunfähig entgegensteht: Einwilligungsfähig ist eine Person mit Bezug auf *einen konkreten Sachverhalt.*

---

[60] Vgl. Weichert, *Datenschutz und medizinische Forschung – Was nützt ein „medizinisches Forschungsgeheimnis"?*, 258.

[61] Vgl. dazu ausführlich ebd., 258, 260 f.

[62] Vgl. Council of Europe, *Additional Protocol to the Convention on Human Rights and Biomedicine Concerning Biomedical Research*, Art. 26.

[63] Vgl. oben III.2.b.(i).

Wie oben bereits dargelegt wurde, begründet das Prinzip der Selbstbestimmung ein (negatives) *Abwehrrecht* gegen Eingriffe in die personale Freiheitssphäre.[64] Als grundlegendes Abwehrrecht entfaltet das Recht auf freiheitliche Selbstbestimmung seine Schutzwirkung immer dann, wenn persönliche Zwecksetzungen durch Handlungen anderer bedroht sind. Von zentraler Bedeutung für die folgende Prinzipienfortbestimmung ist nun die an sich triviale Tatsache, dass *jeder Mensch* Rechtsträger dieses Abwehrrechtes ist, nicht nur der einsichts- und einwilligungsfähige Erwachsene. Überdies ist die Inanspruchnahme des Abwehrrechts gegen Eingriffe in das Recht auf Selbstbestimmung nicht an Bedingungen geknüpft; dies würde dem Gedanken des Schutzanspruchs nachgerade zuwiderlaufen.[65] Es gilt daher, nach Möglichkeiten Ausschau zu halten, wie der Anspruch auf Selbstbestimmung angesichts eingeschränkter kognitiver bzw. voluntativer Fähigkeiten und zugleich das erhöhte Schutzbedürfnis angemessen berücksichtigt werden kann.

Es steht wohl außer Frage, dass Willensäußerungen einer Person mit eingeschränkter Einsichtsfähigkeit dann unbeachtet bleiben können bzw. müssen, wenn sie ihrem Wohl bzw. wohlverstandenen Eigeninteresse in fundamentaler Weise widersprechen. Es liegt in dieser Logik, dass in bestimmten Handlungskontexten es geradezu ein *Gebot* des Würdeprinzips sein kann, dem Prinzip der Selbstbestimmung nur geringe Bedeutung beizumessen und das Nichtschadenprinzip als primär zu betrachten.[66] Dabei wird man die Grenzen dafür, was als dem Eigeninteresse objektiv widerstreitend zu gelten hat, durchaus eng ziehen können. Das bedeutet jedoch nicht, dass das Recht auf Selbstbestimmung grundsätzlich und für alle Lebensbereiche bzw. Handlungssituationen außer Kraft gesetzt werden darf.

Bezogen auf die Teilnahme an biomedizinischen Humanexperimenten könnte man dennoch für einen *prinzipiellen* Ausschluss nicht vollständig einwilligungsfähiger Personen votieren. Man könnte geltend machen, dass das Recht auf Selbstbestimmung dadurch keineswegs in Zweifel gezogen werde. Lediglich der Vollzug *bestimmter* Handlungen werde nicht vollständig einwilligungsfähigen Personen – in protektiver Absicht – verwehrt, nämlich solche, die auf die Preisgabe von Schutzrechten abzielen. Ob dieses Argument einen generellen Ausschluss zu begründen vermag, muss jedoch bezweifelt werden. Durch eine vollständige Aufhebung des Rechts auf Selbstbestimmung bei Menschen mit eingeschränkten kognitiven oder voluntativen Fähigkeiten – auch und gerade mit Blick auf die Möglichkeit, eine Einwilligung zu erteilen – würde der legitime Anspruch auf Selbstbestimmung in zu weitgehender Weise beschränkt. Nicht vollständig einwilligungsfähige Menschen würden so gerade nicht als Personen anerkannt und respektiert. Dieses rein negative Ergebnis

---

[64] Vgl. oben IV.2.a.(ii).

[65] Nur am Rande sei daran erinnert, dass auch bei einsichtsfähigen Erwachsenen das Nichterteilen einer Einwilligung nicht begründungsbedürftig ist.

[66] Dies gilt bisweilen auch für vollständig Einwilligungsfähige, wie die oben angeführten Beispiele der Selbsttötung und der Sklaverei belegen.

lässt die Frage, wie eine problemadäquate Prinzipienspezifizierung aussehen könnte, freilich noch unbeantwortet.

i) Informierte Zustimmung

Zunächst kann man die Frage der Prinzipienspezifikation bezogen auf Menschen stellen, die zwar – mit Blick auf einen konkreten Sachverhalt – nicht in vollem Umfang einwilligungsfähig sind, aber doch partiell die Kriterien für die Einwilligungsfähigkeit erfüllen, also *zustimmungsfähig* sind. In diesem Fall wird die Frage virulent, in welchem Maße einer solchen *Zustimmung* legitimierende Kraft zukommt. Speziell muss geklärt werden, wie eine weitere Qualifizierung der Zustimmung – analog der Qualifizierung durch Informierung der einfachen Einwilligung bei Einwilligungsfähigen – erfolgen kann. Dabei liegt es gerade im Wesen der (bloßen) Zustimmungsfähigkeit, dass die erforderliche Qualifizierung nicht durch die betroffene Person selbst erfolgen kann.

Eine Lösung für dieses Problem liegt darin, die Zustimmung der betroffenen Person durch eine (informierte) *Erlaubnis* eines Stellvertreters zu ergänzen. Der Schutzgedanke der Qualifizierung geht dabei auf diese Stellvertreterentscheidung über. Als unmittelbarer Ausdruck von Selbstbestimmung bleibt die Zustimmung indes die im Prinzip der Selbstbestimmung begründete Legitimationsinstanz für die Aufnahme in ein Versuchsprotokoll; die Erlaubnis des Vertreters ist eine zusätzliche sekundäre Legitimations- bzw. Protektionsinstanz, die ihren Geltungsgrund *nicht* im Prinzip der Selbstbestimmung hat, sondern im Nichtschadenprinzip. Aus diesem Ansatz folgt unmittelbar, dass (auch) die betroffene Person selbst *ihren Fähigkeiten entsprechend* aufgeklärt werden muss. Dabei gelten grundsätzlich dieselben Maßgaben wie für den Aufklärungsprozess vollständig Einwilligungsfähiger. Ziel muss es auch hier sein, das geplante Forschungsprojekt bzw. die den Probanden betreffenden Aspekte transparent zu machen. Gleichwohl wird man hinsichtlich der Komplexität der Informationen die jeweiligen Fähigkeiten der Probanden berücksichtigen müssen. Damit einher geht, dass der Aufbereitung der Informationen eine noch größere Bedeutung zukommt. Gegebenenfalls muss dabei auf die Kompetenz von Spezialisten, etwa Pädagogen zurückgegriffen werden.[67]

Das hier herangezogene Prinzip der Erlaubnis darf nicht mit dem der *stellvertretenden Einwilligung* („proxy consent") verwechselt werden. Die stellvertretende Einwilligung wird gemeinhin als Fortbestimmung des Prinzips der Selbstbestimmung vorgestellt, was systematisch indessen kaum überzeugend ist. *Selbstbestimmung* liegt bei einer *Stellvertreterentscheidung* gerade nicht vor.[68] Zur deutlichen Unterscheidung wird

---

[67] Ähnliches gilt für den Fall, dass potentielle Probanden Analphabeten sind: An die Stelle von schriftlich aufbereiteten Informationsmaterialien können etwa graphische oder filmische Darstellungen treten; vgl. Dein / Bhui, *Issues concerning informed consent for medical research among non westernized ethics minority patients in the UK*, 355 f.

[68] Vgl. Fröhlich, *Forschung wider Willen?*, 180.

daher hier der Begriff der (informierten) *Erlaubnis* verwendet. Als *ergänzendes* Schutzprinzip hat es seinen geltungstheoretischen Grund im Nichtschadenprinzip. Als *Ergänzung* kann die Erlaubnis eines Vertreters auch nicht die *entscheidende* Instanz für eine Legitimierung *im Sinne des Prinzips der Selbstbestimmung* darstellen. Stellt man die Begründung im Nichtschadenprinzip in Rechnung, dann ist es begrifflich daher präziser, statt von stellvertretender Einwilligung von Erlaubnis zu sprechen, wie es die National Commission in ihrem Bericht *Research Involving Children* aus dem Jahre 1977 tut.[69] Bei (bloß) zustimmungsfähigen Personen ist es der Wille der betroffenen Person selbst, der vorrangig zu beachten ist. Bei seiner Erlaubnis bleibt der Vertreter zunächst und zumeist an die Willensäußerung dessen gebunden, den er vertritt – jede Abweichung davon ist als ein Außerkraftsetzen des Selbstbestimmungsrechts begründungsbedürftig. Aus dem Schutzcharakter der stellvertretenden Einwilligung folgt, dass dabei nur eine mögliche Verletzung elementarer Interessen der zustimmenden Person als Argument dienen kann. Durch diese Terminologie wird der elementare Unterschied zur Einwilligung, die im Prinzip der Selbstbestimmung ihren geltungstheoretischen Grund hat, deutlicher zum Ausdruck gebracht.[70]

Ein positives Votum zur Teilnahme an einem Experiment, dem eine an den Fähigkeiten der betroffenen Person entsprechende Aufklärung vorausgegangen ist, kann bzw. muss durch einen Stellvertreter dann aufgehoben werden, wenn mit dem Experiment objektive Gefahren verbunden sind, die die betroffene Person nicht zu überblicken im Stande ist und die auf der Grundlage des wohlverstandenen Eigeninteresses der Person als unverhältnismäßig eingestuft werden müssen. Überdies ist es nicht unplausibel, grundsätzlich das als akzeptabel eingestufte Gefahrenpotential von Experimenten mit (bloß) zustimmungsfähigen Personen deutlich geringer zu veranschlagen als bei vollständig Einwilligungsfähigen.[71] Die *objektiven Schranken der Einwilligung*, die auch für zu voller Selbstbestimmung fähige Personen prinzipiell bestehen, werden dadurch an das höhere Schutzbedürfnis von Menschen angepasst,

---

[69]   Vgl. National Commission for the Protection of Human Subjects of Biomedical and Behavioral Research, *Research Involving Children*, Recommendation 3 und 7. Diese Terminologie findet sich auch in den geltenden Regelungen zum Probandenschutz im US-amerikanischen *Code of Federal Regulations;* vgl. 45 CFR § 46.408 („Requirements for permission by parents or guardians and for assent by children.").

[70]   Zu dieser Einschätzung kommt auch VanDeVeer: „The use of ‚parental permission' is less likely to perpetuate the fiction that the standard requirement of informed consent on the part of the subject is met when parents *permit* research involving their child." (VanDeVeer, *Experimentation on Children and Proxy Consent*, 288). Auch der Council of Europe verwendet in seinem *Additional Protocol to the Convention on Human Rights and Biomedicine Concerning Biomedical Research* nicht den Begriff „proxy consent", sondern spricht stattdessen von „authorisation"; vgl. ebd., Art. 15 und 16.

[71]   Vgl. ebd., Art. 15 Abs. 2 Nr. ii, Art. 17, Art. 18 Abs. 1 Nr. iii, Art. 19 Abs. 2 Nr. iv, Art. 20 Nr. iii; Council for International Organizations of Medical Sciences (CIOMS), *International Ethical Guidelines for Biomedical Research Involving Human Subjects (2002)*, Guideline 9.

die nicht in vollem Maße einsichtsfähig sind, ohne dass damit ihr Recht auf Selbstbestimmung grundsätzlich außer Kraft gesetzt würde.

ii) Uninformierte Ablehnung

Aus ethischer Perspektive gesondert zu betrachten ist der Fall, dass sich die Selbstbestimmung einer nicht vollständig einsichtsfähigen Person in negativer Form manifestiert, d.h. als *Ablehnung* einer Teilnahme an einem Humanexperiment.[72] Als Ausdruck des Rechts auf Selbstbestimmung muss eine solche Ablehnung jederzeit respektiert werden, auch wenn die betroffene Person nicht vollständig einwilligungsfähig ist, und auch wenn Dritte sich für eine Fortführung aussprechen.[73] Damit der explizite Wille einer Person gerechtfertigterweise außer Kraft gesetzt werden darf, muss ein übergeordnetes *Eigeninteresse* der Person selbst auf dem Spiel stehen. Für die Teilnahme an einem (primär) auf Erkenntnisgewinn abzielenden Humanexperiment liegt ein solches Eigeninteresse jedoch *per definitionem* nicht vor.[74] Gegen den erklärten Willen einer nicht vollständig einwilligungsfähigen Person kann daher – wenn überhaupt – nur ein individueller Heilversuch durchgeführt werden, also ein Abweichen vom Therapiestandard, der gerade nicht in (primär) erkenntniserweiternder Absicht durchgeführt wird, sondern zum Nutzen des individuellen Patienten, wenn keine etablierten Verfahren (mehr) zur Verfügung stehen.[75] Und selbst unter dieser Voraussetzung ist es keineswegs offensichtlich, dass eine dezidierte Ablehnung einer nicht vollständig einwilligungsfähigen Person *ohne weiteres* missachtet werden darf.

Es ist im Rahmen der praktischen Typologie bereits dargelegt worden, dass die Anforderungen an die Fähigkeiten zur Ablehnung deutlich niedriger angesetzt werden müssen als für eine (informierte) Zustimmung: Als *ablehnungsfähig* können – abgesehen von wenigen Sonderfällen wie etwa Komatöse[76] – alle Menschen gelten.

---

[72] Dies hat schon Veatch in seinem Gutachten für die National Commission betont; vgl. Veatch, *Three Theories of Informed Consent: Philosophical Foundations and Policy Implications.*

[73] So auch Fröhlich: „Auch wenn die Einwilligung als solche rechtlich keinen Bestand hat, muß der Arzt im Rahmen von Forschungsvorhaben *ablehnendes* Verhalten des Einwilligungsunfähigen stets respektieren. Das grundrechtlich gesicherte Selbstbestimmungsrecht schützt insoweit auch den Nichteinwilligungsfähigen und zwingt den Arzt, den natürlichen Willen des Betroffenen zu beachten, wenn dies nicht zu gesundheitlichen Nachteilen für den Einwilligungsunfähigen führen kann." (Fröhlich, *Forschung wider Willen?*, 57); vgl. auch Council of Europe, *Additional Protocol to the Convention on Human Rights and Biomedicine Concerning Biomedical Research*, Art. 15 Abs. 1 Nr. v.

[74] Anders kann es sich freilich verhalten, wenn eine experimentelle Therapie nur im Rahmen eines Experiments verfügbar ist. Vgl. zu dieser aus ethischer Sicht nicht unproblematischen Situation unten IV.3.c.

[75] Vgl. Fröhlich, *Forschung wider Willen?*, 179.

[76] Auch schwerst geistig Behinderte müssen vermutlich als vollständig einwilligungsunfähig gelten. Bei Kindern stellt sich die Frage, ab wann eine verlässliche Unterscheidung

Insbesondere können Ablehnungen auch auf nonverbale Art, durch Laute, Gesten oder sonstige Reaktionen erfolgen.[77] Das bedeutet jedoch nicht, dass automatisch alle Abwehrhaltungen als Ablehnung interpretiert werden müssen. Eine *Ablehnung* muss nur dann angenommen werden, wenn die Reaktionen ein alters- bzw. krankheitsabhängiges Normalmaß überschreiten. Ist eine Ablehnung in diesem Sinne zu konstatieren, dann muss ein Experiment umgehend abgebrochen werden. Gegebenenfalls ist auch ein aktives Erfragen erforderlich, wenn der Verdacht besteht, dass aus Angst oder Schüchternheit eine Ablehnung unterdrückt wird.[78]

Gegen diesen Ansatz kann man kritisch einwenden, er leiste der Gefahr von Missbrauch dadurch Vorschub, dass er einen Interpretationsspielraum eröffne, der leicht zum Nachteil (bloß) ablehnungsfähiger Probanden gewendet werden könne. Dieser Einwand ist durchaus berechtigt und kann nur durch die Implementierung strenger Verfahrensvorgaben entkräftet werden.[79] Es erscheint nicht übertrieben, zumindest bei (bloß) ablehnungsfähigen Probanden neben dem Forscher selbst die Anwesenheit des gesetzlichen Vertreters sowie einer weiteren, an der Forschung nicht beteiligten Person zu fordern. Für Forschungsprojekte an Kindern könnten Kinderärzte oder Kinderpsychologen diese Funktion übernehmen, bei schwer Demenzkranken Fachärzte für Demenzerkrankungen oder besonders ausgebildete Psychologen. Auch ein Vormundschaftsrichter ist als zusätzliche Kontrollinstanz denkbar. Ist einer der mindestens drei beteiligten Personen der Auffassung, dass der Proband eine Ablehnung äußert, dann sollte ein Experiment abgebrochen werden. Insbesondere sollte auch das Votum von Erziehungsberechtigten oder anderen anwesenden vertrauten Personen, ein Experiment weiterzuführen, dann keine Beachtung finden, wenn der durchführende Arzt oder der unabhängige Beobachter eine Ablehnung registrieren. Gerade eine besondere (familiäre) Nähe zum Probanden kann einer objektiven Einschätzung bisweilen entgegenstehen. Zwar bringt dieses Verfahren einen hohen personellen und organisatorischen Aufwand mit sich, die Gefahr einer Verletzung des Selbstbestimmungsrechts von (bloß) ablehnungsfähigen Personen durch eine zu weite Interpretation von „normalem" Abwehrverhalten bei biomedizinischen Experimenten rechtfertigt dies jedoch.

---

zwischen „normalen" Abwehrreaktionen und Ablehnung getroffen werden dann; vgl. unten V.1.c.

[77] Vgl. Fröhlich, *Forschung wider Willen?*, 180 sowie 57 und 202 f.

[78] Vgl. Wendler / Shah, *Should Children Decide Whether They are Enrolled in Nonbeneficial Research?*, 5.

[79] Dahl und Wiesemann haben in sieben Punkten Empfehlungen für einen Mindeststandard bei der ethischen und rechtlichen Regelung der Forschung an Kindern und Jugendlichen formuliert. Unter Punkt fünf fordern sie zu Recht die Entwicklung von verbindlichen Handlungsstrategien dafür, wie die Zustimmung des Kindes gesucht werden bzw. die Ablehnung eines Kindes berücksichtigt werden muss; vgl. Dahl / Wiesemann, *Forschung an Minderjährigen im internationalen Vergleich*, 108.

Ob eine Beteiligung von (bloß) ablehnungsfähigen Personen an biomedizinischen Humanexperimenten als vertretbar gelten kann, ist damit freilich noch nicht entschieden. Dem Prinzip der uninformierten Ablehnung ist lediglich als (negatives) Ergebnis zu entnehmen, unter welchen Bedingungen ein Experiment *abgebrochen* werden muss. Die Frage, ob ein solches Experiment überhaupt *begonnen* werden darf, bleibt davon unberührt. Insbesondere reicht das Prinzip der uninformierten Ablehnung als Fortbestimmung des Prinzips der Selbstbestimmung zur Legitimation von Forschung an (bloß) Ablehnungsfähigen allein nicht aus. Eine vertiefte Analyse dieser Problematik wird im nächsten Kapitel paradigmatisch für den Fall der (rein fremdnützigen) Forschung an Kindern erfolgen.

iii)   Antizipierte Einwilligung

Die Fortbestimmungen der informierten Zustimmung und der uninformierten Ablehnung orientieren sich am Grad der Einwilligungsfähigkeit. Daneben können für eine Fortbestimmung des Prinzips der Selbstbestimmung auch noch die Bedingungsfaktoren für die nicht vollständige Einwilligungsfähigkeit aufgegriffen werden, die im Rahmen der *Typologie* herausgearbeitet worden sind.[80]

Mit Blick auf solche Personen, bei denen die Einwilligungsfähigkeit in einem (relativ) langsamen Prozess abnimmt,[81] kann die „antizipierte Einwilligung"[82] als ein mögliches Instrument zur Wahrung von Selbstbestimmung bei (in weiterem Sinne) Einwilligungsunfähigen gelten. Der entscheidende Unterschied zu einer „normalen" informierten Einwilligung besteht hierbei darin, dass sich die Einwilligung auf eine Handlung bezieht, die nicht unmittelbar, sondern erst zu einem zukünftigen Zeitpunkt durchgeführt werden soll, und zwar dann, wenn die Person in den Zustand der Einwilligungsunfähigkeit eingetreten sein wird. Insbesondere in der Demenzforschung könnte dieses Modell Anwendung finden, da es gerade hier oftmals für die Durchführung des Experiments erforderlich ist, dass potentielle Probanden ihre kognitiven Fähigkeiten weitgehend eingebüßt haben.

Ein möglicher Einwand gegen die antizipierte Einwilligung besteht darin, dass nicht sicher ist, ob der Wille der einwilligenden Person über die Zeit stabil bleibt.[83] Dieses Argument wird regelmäßig gegen vorausgreifende Willenserklärungen vorgebracht, insbesondere im Zusammenhang mit der sogenannten Patientenverfügung. Tatsächlich können sich Wertvorstellungen und Wünsche von Personen über die Zeit ändern. Eine in der Vergangenheit erteilte Einwilligung könnte daher zum Zeitpunkt ihres Inkrafttretens nicht mehr dem aktuellen Willen der Person entsprechen. Brisant wird dies natürlich besonders dann, wenn die Person aktuell nicht

---

[80]   Vgl. oben III.2.b.(i).

[81]   Vgl. oben III.2.b.(i), 2. Fallgruppe.

[82]   Vgl. Helmchen / Lauter, *Dürfen Ärzte mit Demenzkranken forschen?*, 52 ff. In der *Declaration of Helsinki* ist – unter der Nr. 26 – die Rede von „advanced consent".

[83]   Vgl. Lauter, *Die Bedeutung der Einwilligung für die Legitimation ärztlichen Handelns*, 75.

mehr in der Lage ist, eine klare und deutliche Willensäußerung zu geben, und ihr damit die Möglichkeit zur Revision einer früheren Willensäußerung genommen ist. Zumindest im vorliegenden Sachzusammenhang kann dieser Einwand jedoch durch zwei Argumente entschärft werden: Zum einen wird man das zulässige Risikoprofil von Experimenten, in deren Durchführung vorgreifend eingewilligt wird, sehr gering veranschlagen. Eine tatsächliche Schädigung sowie eine starke Belastung muss ausgeschlossen werden. Folglich sind die Handlungen, in die vorausgreifend eingewilligt wird, weit weniger schwerwiegend als bei der Patientenverfügung, wo es im Wesentlichen um Bedingungen für die Beendigung von therapeutischen Maßnahmen geht. Reagiert die Person dennoch in der konkreten Situation mit deutlicher Ablehnung, greift der Grundsatz der zu respektierenden Ablehnung natürlich auch in diesem Fall, und die zuvor erteilte Einwilligung muss als nichtig angesehen werden.[84] Zum anderen ist aber gerade dann mit einer gewissen Stabilität von Willensentscheidungen zu rechnen, wenn diese auf einer intensiven Auseinandersetzung mit einer Thematik gründen. Dies kann bei Patientenverfügungen nicht immer hinreichend sichergestellt werden. Durch den Aufklärungsprozess, der der informierten, antizipierten Einwilligung zur Teilnahme an einem Experiment vorausgehen muss, kann hingegen gerade dies in hohem Maße gewährleistet werden. Das letztgenannte Argument greift indessen nur, wenn die antizipierte Einwilligung sich auf ein relativ klar umrissenes Forschungsprojekt bezieht. Eine „pauschale", d.h. unspezifizierte Einwilligung zur Teilnahme an Experimenten wird man daher nicht als ausreichend ansehen können, auch wenn dies die Anwendungsmöglichkeit des Modells sicher einschränkt.

Auch für Forschung an Notfallpatienten[85] ist eine ähnliche Lösung denkbar, wenngleich nur in einem eng gesteckten Rahmen. Das Hauptproblem besteht hier darin, dass Notfallsituationen sich ihrem Wesen nach zumeist nicht antizipieren lassen und daher auch antizipierte Einwilligungen zumeist ausscheiden. Anders kann sich die Situation jedoch mit Bezug auf Personen darstellen, die ein deutlich erhöhtes Risiko für bestimmte Erkrankungen aufweisen, etwa Herzinfarkte. Hier ist eine

---

[84]   Es handelt sich, wie Dickens bemerkt, bei einer antizipierten Einwilligung nicht um einen „Ulysses contract": Anders als im Falle des Helden der griechischen Mythologie hebt eine Ablehnung in der konkreten Situation – ob verbal oder nonverbal geäußert – die ursprüngliche Einwilligung mit sofortiger Wirkung auf; vgl. Dickens, *Substitute Consent to Participation of Persons with Alzheimer's Disease in Medical Research: Legal Issues*, 72 ff. Karlinsky und Lennox heben zudem die Verantwortung von Forschern hervor, ablehnendes Verhalten von Probanden zu registrieren: „Neither an advance directive nor the presence of substitute consent should ever override a research subject's contemporaneous objections to participation. For the more impaired individuals with Alzheimer's disease, investigators must remain vigilant for even slight evidence of resistance interpretable as an unwillingness to participate." (Karlinsky / Lennox, *Assessment of Competency of Persons with Alzheimer's Disease to Provide Consent for Research*, 83).

[85]   Vgl. oben III.2.b.(i), 4. Fallgruppe.

antizipierte Einwilligung denkbar, die im Rahmen einer ärztlichen Betreuung für die in Frage stehende Krankheit erteilt werden könnte.[86] Es muss allerdings berücksichtigt werden, dass der Aufklärungsprozess im Vorfeld der informierten Einwilligung gerade in diesem Fall besonders problematisch sein kann. Es obliegt hier dem Arzt, dafür Sorge zu tragen, dass die Antizipation eines möglichen Notfalls den Patienten nicht übermäßig belastet und dass die Auseinandersetzung mit der Thematik nicht – im schlimmsten Fall – den Charakter einer „self-fulfilling prophecy" annimmt.

Grundsätzlich keine Anwendung kann die antizipierte Einwilligung hingegen dann finden, wenn die betroffenen Personen überhaupt nicht oder zumindest noch nicht über die notwendigen Fähigkeiten zur Einwilligung verfügen.[87] Insbesondere bei Kindern vor Erreichen eines gewissen Entwicklungsstandes und Menschen mit schweren angeborenen geistigen Behinderungen ist dies der Fall. Hier kann nur auf das Prinzip der uninformierten Ablehnung zurückgegriffen werden.

iv)   Mutmaßliche Einwilligung

Ein anderes Modell, das mit Blick auf Einwilligungsunfähige als Fortbestimmung des Prinzips der Selbstbestimmung in Frage kommt, ist die „mutmaßliche" Einwilligung.[88] Hierbei wird nicht auf eine explizite Willensäußerung in der Vergangenheit Bezug genommen, sondern ein aktueller Wille *unterstellt*. Eine solche Unterstellung kann entweder durch in der Vergangenheit geäußerte *Wertvorstellungen und Überzeugungen* einer Person gestützt sein oder durch *allgemeine Rationalitätserwägungen*, wobei die erste Art der Mutmaßung natürlich nur dann möglich ist, wenn die Person zu einem früheren Zeitpunkt einwilligungsfähig gewesen ist und eigene Überzeugungen und Wertvorstellungen entwickelt und kommuniziert hat.

Gerechtfertig erscheint der Rekurs auf die mutmaßliche Einwilligung ohne Zweifel in solchen Fällen, in denen eine *medizinische Versorgung* dringend erforderlich ist, eine Person aufgrund ihrer akuten Verfassung in die Anwendung von Maßnahmen jedoch nicht ausdrücklich einwilligen kann. Können Vertraute der Person anhand ihrer „Wertgeschichte" begründete Annahmen über den Willen der Person in der konkreten Situation machen, dann ist dies bei der Unterstellung einer mutmaßlichen Einwilligung unbedingt zu berücksichtigen. Bestehen hingegen Zweifel hinsichtlich dessen, was die Person gewollt haben würde, oder ist – wie etwa bei Kindern – der Bezug auf Wertvorstellungen und Überzeugungen nicht möglich, dann können auch

---

[86] Vgl. Council for International Organizations of Medical Sciences (CIOMS), *International Ethical Guidelines for Biomedical Research Involving Human Subjects (2002)*, Guideline 6 (Commentary). Die CIOMS Richtlinien sehen weitgehende Ausnahmen von der informierten Einwilligung für die Notfallforschung vor, die aus ethischer Sicht durchaus problematisch erscheinen.

[87] Vgl. oben III.2.b.(i), 1. und 3. Fallgruppe.

[88] Vgl. Michael, *Forschung an Minderjährigen*, 43 f.

allgemeine Rationalitätserwägungen herangezogen werden.[89] So erscheint es durchaus begründet, anzunehmen, dass ein Unfallopfer eine notwendige medizinische Versorgung wünscht, auch wenn es möglicherweise Menschen gibt, die aufgrund religiöser Überzeugungen bestimmte Maßnahmen tatsächlich ablehnen würden. In Notsituationen kann und muss hier zunächst davon ausgegangen werden, dass eine Versorgung dem Willen der Person entspricht. Folglich kann eine mutmaßliche Einwilligung in die für eine ärztliche Versorgung erforderlichen Eingriffe angenommen werden.

Im Kontext biomedizinischer Humanexperimente stellt sich die mutmaßliche Einwilligung ungleich problematischer dar. Zwar kann es als moralisch wünschenswert – und in einem schwachen Sinne auch als rational – gelten, dass Menschen sich bereit erklären, an Experimenten teilzunehmen, um so den medizinischen Fortschritt zu befördern. Daraus folgt jedoch keineswegs, dass dies auch dem tatsächlichen Willen einer Person entspricht. Inwieweit eine altruistische Haltung auf dem Wege einer kontrafaktischen Unterstellung für eine Einwilligung herangezogen werden darf, ist umstritten und hängt wesentlich von ethischen Grundannahmen ab. Legt man das Würdeprinzip zugrunde, dann kann eine kontrafaktisch unterstellte Einwilligung jedenfalls nur in sehr begrenztem Maße legitimatorische Wirkung entfalten. Eine unbedingte Inanspruchnahme dieser Logik würde nämlich eine Unterordnung von individuellen Abwehrrechten unter Anspruchsrechte anderer oder unter das Kollektivinteresse bedeuten und, wie VanDeVeer zu Recht bemerkt, eine „policy of ‚forced samaritanism'" in Geltung setzen.[90]

e)   *Informierte Einwilligung und kulturelle Differenz*

Unter dem Stichwort des „ethical imperialism" ist Kritik gegen eine einfache Übertragung des Prinzips der informierten Einwilligung in nicht-westliche Kulturkreise

---

[89]   Zu diesem Ergebnis ist der Bundesgerichthof auch im sogenannten „Kemptener Urteil" gelangt, in dem er über die Frage der Zulässigkeit von Sterbehilfe vor Einsetzen des Sterbevorgangs zu entscheiden hatte. Das Gericht hob zwar hervor, dass „[o]bjektive Kriterien, insbesondere die Beurteilung einer Maßnahme als gemeinhin ‚vernünftig' oder ‚normal' sowie den Interessen eines verständigen Patienten üblicherweise entsprechend [...] keine eigenständige Bedeutung [haben]", sondern „lediglich Anhaltspunkte für die Ermittlung des individuellen Willens sein [können]." Entscheidend sei der mutmaßliche Wille des Patienten im Tatzeitpunkt, wobei frühere mündliche oder schriftliche Äußerungen bei der Abwägung aller Umstände zu berücksichtigen seien. Ließen sich jedoch „auch bei der gebotenen sorgfältigen Prüfung konkrete Umstände für die Feststellung des individuellen mutmaßlichen Willens des Krankens nicht finden, so kann und muß auf Kriterien zurückgegriffen werden, die allgemeinen Wertvorstellungen entsprechen." Allerdings, so wird ausdrücklich betont, sei bei diesem Vorgehen „Zurückhaltung" geboten, im Zweifel habe der Schutz menschlichen Lebens Vorrang; vgl. Bundesgerichtshof, *Urteil vom 13. September 1994 (Az. 1 StR 357/94)*, 263.

[90]   VanDeVeer, *Experimentation on Children and Proxy Consent*, 286.

vorgebracht worden. Das Prinzip der Selbstbestimmung respektive seine Konkretisierung in der Maßgabe der informierten Einwilligung basiere, so das Kernargument, auf einem speziellen Verständnis des *Konzepts der Person*, das in westlichen Kulturen als allgemein anerkannt gelten dürfe, jedoch keineswegs *universelle* Gültigkeit beanspruchen könne. In diesem Sinne hat etwa Christakis darauf hingewiesen, dass gerade in Afrika eher relationale Deutungsweisen des Personenbegriffs vorherrschend seien.[91] Folglich könne die Anwendung des Prinzips der informierten Einwilligung nach westlichem Standard nicht überzeugen: „It may be necessary to secure the consent of a subject's family or social group instead of or even in addition to the consent of the subject himself."[92] Allerdings wendet sich auch Christakis ausdrücklich gegen einen kulturell motivierten ethischen Relativismus: „This is not to assert that standards for research ethics should be culturally relative, but rather that they should be culturally *relevant*."[93] Er mahnt entsprechend einen „ethischen Pluralismus" an,[94] der eine *kultursensitive* Implementierung des Prinzips der informierten Einwilligung beinhalte. Diese müsse neben den soziokulturellen Besonderheiten insbesondere dem verbreiteten Analphabetismus in Entwicklungsländern sowie tradierten Verständnissen von Krankheit Rechnung tragen. Eine stärkere Gewichtung der Gemeinschaftsinteressen gegenüber denen des Einzelnen dürften vor dem Hintergrund kultureller Differenz nicht grundsätzlich als illegitim abgelehnt werden.[95] Auch könnten Handlungen, die unter westlichen Vorzeichen als Zwang erscheinen, in nicht-westlichen Gesellschaften als Formen von Kooperation und Gruppenidentifikation verstanden werden. Es komme, schließt Christakis, nicht darauf an, dass weltweit dieselben ethischen Standards Anwendung fänden, sondern: „What is essential is that the research manifest a culturally sensitive and ethically sophisticated concern for the wellbeing of subjects throughout the world."[96]

Christakis' Versuch, einen Mittelweg zwischen einer „autocracy of universalism" einerseits und einer „anarchy of relativism" zu finden,[97] liegt der zutreffende Befund zugrunde, dass ethische Prinzipien, Regeln und Normen immer in bestehende kulturelle Deutungssysteme eingebettet sind. Auch bei der produktiven Fortbestimmung und Spezifizierung (neuer) ethischer Prinzipien müssen folglich kulturelle Parameter in Rechnung gestellt werden. *Dass* es kulturinvariante ethische Prinzipien gibt, die dem modifizierenden Zugriff von lokalen Sitten und Gebräuchen entzogen bleiben

---

[91]   Christakis, *The Ethical Design of an AIDS Vaccine Trial in Africa*, 34.
[92]   Ebd.
[93]   Ebd., 36.
[94]   Vgl. Christakis, *The Distinction Between Ethical Pluralism and Ethical Relativism*, insbesondere 268 ff.
[95]   Vgl. Christakis, *The Ethical Design of an AIDS Vaccine Trial in Africa*, 35.
[96]   Ebd., 36. In eine ähnliche Richtung zielt auch Levine mit seiner Kritik an internationalen Kodizes, vgl. Levine, *International Codes and Guidelines for Research Ethics*.
[97]   Vgl. Christakis, *The Distinction Between Ethical Pluralism and Ethical Relativism*, 276.

müssen, stellt auch Christakis bei seiner Kritik nicht in Zweifel.[98] Fraglich ist somit nur, *in welchem Maße* kulturelle Anpassungen möglich sind, ohne dass der „normative Kern" eines als gültig ausgewiesenen ethischen Prinzips angegriffen wird. Kritiker machen geltend, dass gerade die Umdeutung des Prinzips der informierten Einwilligung einer inakzeptablen Relativierung gleichkomme.

Dieser Einwand kann auf der Grundlage von zwei – scheinbar – unterschiedlichen Ansätzen gemacht werden: Zum einen kann in Zweifel gezogen werden, dass der *normative Gehalt* des Prinzips der Selbstbestimmung wirklich bewahrt wird, wenn etwa Stammesführer anstelle der Betroffenen selbst eine informierte Einwilligung zur Teilnahme an einem Humanexperiment erteilen. Zum anderen kann sich die Kritik darauf beziehen, dass die *kulturellen Parameter* unzutreffend bewertet werden, sodass etwa Formen der Unterdrückung fälschlich als kulturelle Eigenheiten angesehen werden. Während es sich im ersten Fall um eine genuin moralphilosophische Argumentationsstrategie handelt, bewegt sich die zweite – zunächst – im Bereich der empirischen Sozialwissenschaften bzw. Kulturanthropologie.

Explizit den letztgenannten Weg haben IJsselmuiden und Faden bei ihrer Kritik einer (partiellen) Abkehr vom „first-person informed consent" eingeschlagen.[99] Sie argumentieren, die von Christakis vorgeschlagene kultursensitive Umsetzung des Prinzips der Selbstbestimmung müsse auch und gerade für Forschung in Afrika und anderen nicht-westlichen Kulturkreisen als inakzeptabel zurückgewiesen werden, weil die zugrunde liegenden soziokulturellen Annahmen unzutreffend seien oder jedenfalls nicht dazu benützt werden könnten, das Prinzip der informierten Einwilligung in seinen Grundlagen außer Kraft zu setzen.[100] Hier stellt sich freilich die Frage, wie eine angemessene, d.h. nicht ihrerseits kulturell-verkürzte, Einschätzung kultureller Differenz überhaupt erzielt werden kann. IJsselmuiden und Faden greifen dazu offensichtlich auf *normative* Argumente zurück, indem sie zu zeigen versuchen, dass bestimmte soziokulturelle Strukturen *irrelevant* oder *unterbestimmt* sind für

---

[98] Wörtlich bemerkt er: „Some ethical standards can and should be met worldwide." (Christakis, *The Ethical Design of an AIDS Vaccine Trial in Africa*, 36).

[99] Dies wird etwa deutlich, wenn sie ausführen: „Although we are sympathetic to this position, our arguments in this paper do not turn on claims about universal morality or criticism of cultural relativism. Instead, our aim is to argue the inapplicability of arguments that appeal to cultural relativism on factual grounds, rather than the unjustifiability of such arguments on moral grounds." (IJsselmuiden / Faden, *Research and Informed Consent in Africa*, 830); vgl. auch IJsselmuiden / Faden, *Medical Research and the Principles of Respect for Persons in Non-Western Cultures*.

[100] Vgl. IJsselmuiden / Faden, *Research and Informed Consent in Africa*, 830 f.; IJsselmuiden / Faden, *Medical Research and the Principles of Respect for Persons in Non-Western Cultures*, 288 ff. Die Autoren kritisieren noch zwei weitere Argumente, die zu einer partiellen Suspendierung des „first-person informed consent" herangezogen werden, nämlich die hohe medizinische Dringlichkeit und die mangelnde Kompetenz potentieller Probanden. Auch sie sind, so das Fazit der Autoren, nicht dazu geeignet, in nicht-westlichen Kulturen vom Standard der persönlichen informierten Einwilligung abzurücken.

eine kultursensitive Umsetzung. Somit führt auch die von IJsselmuiden und Faden eingeschlagene soziokulturelle Argumentation unweigerlich zur Frage nach dem invarianten *normativen Gehalt* des Prinzips der Selbstbestimmung.[101]

Eine für den vorliegenden Problemzusammenhang befriedigende Minimalbestimmung könnte in dem Grundsatz bestehen, dass die Frage, ob es sich bei gegebenen soziokulturellen Rahmenbedingungen um eine *authentische kulturelle Differenz* handelt, nur vom Betroffenen selbst beantwortet werden kann. Praktisch würde dies bedeuten, dass eine *vollständige* Preisgabe des „first-person informed consent" tatsächlich als inakzeptabel zurückgewiesen werden müsste. Dieser Überlegung zufolge muss jeder potentielle Proband zumindest in die Delegierung der Einwilligung zur Teilnahme an einem Experiment selbständig einwilligen. Im Ergebnis scheint dies der Position von IJsselmuiden und Faden durchaus nahe zu kommen. Auch sie gehen nämlich davon aus, dass eine kultursensitive Implementierung des Prinzips der informierten Einwilligung dazu führen kann, dass neben der betroffenen Person auch andere Personen eine wesentliche Rolle im Einwilligungsprozess einnehmen können, allerdings nur, wenn das grundsätzliche Recht der betroffenen Person, für sich selbst zu entscheiden, anerkannt wird und die (partielle) Delegierung als Ausdruck von Selbstbestimmung und Respekt verstanden werden kann.[102] Eine (noch) weitergehende Übertragung der Einwilligungsbefugnis auf Dritte, die dazu führt, dass der potentielle Proband selbst lediglich das Recht zu einem „manifest refusal to participate"[103] erhält, wie Christakis vorschlägt, wird dem normativen Gehalt des Prinzips der Selbstbestimmung indessen nicht mehr gerecht. Der berechtigte und

---

[101] Wörtlich bemerken sie: „What the anthropological argument maintains is that there are differences between Western and non-Western cultures. What it should demonstrate further, but fails to do adequately, is that the extent of these differences is sufficiently important to warrant substantial modifications to first-person informed consent, that the character of these differences determines what modifications should be effected, and that there are reasonable alternatives available. It does not provide guidance on who should decide about these changes." (Ebd., 290). Auch ihre Kritik kann freilich nicht allein von „factual grounds" aus erfolgen.

[102] An der entscheidenden Stelle führen die Autoren aus: „The challenge to the researcher in this view is one of making the Western steps of the informed consent process more culturally appropriate, by using local language or dialect, by using locally understandable symbolism, and by respecting the local traditions such as informing the village leader of the impending research [...]. Cultural sensitivity understood in this way is crucial to respect for individuals and groups, and often to the quality of cross-cultural research being undertaken. In terms of ethical reasoning, such modifications to the practice of informed consent enhance the understanding and decision making ability of study participants, and hence, their autonomy. [...] Even if the result of this process is that a research subject prefers that someone else – such as a husband, relatives, or village leader – make the final decision, the dignity of that person, as well as her or his authority to decide for her- or himself has been acknowledged in important respects." (Ebd., 285).

[103] Christakis, *The Ethical Design of an AIDS Vaccine Trial in Africa*, 35.

wichtige Hinweis auf einen sensiblen Umgang mit kulturellen Eigenarten, die auch bei der Fortbestimmung ethischer Prinzipien Beachtung finden müssen, darf nicht dazu führen, dass dem Einzelnen die Entscheidungshoheit darüber, in welchem Maße Strukturen, Sitten und Gebräuche bedeutsam sind bzw. sein sollen, gänzlich entzogen wird. Nur wenn der Einzelne für sich entschieden hat, dass die informierte Einwilligung durch die Familie, die Gemeinschaft etc. erteilt werden soll, kann dieser legitimierende Kraft zukommen. Eine bewusste Delegierung muss freilich möglich sein – auch sie stellt eine mögliche Form von Selbstbestimmung dar.

Die Möglichkeit einer Verständigung auf einen „middle-of-the road view"[104], der in der aufgezeigten Weise zwischen einem „ethical universalism" einerseits und einem „ethical pluralism" andererseits angesiedelt ist, sollte indessen nicht den Blick darauf verstellen, dass angesichts schwierigster sozialer Verhältnisse ein großes Problem in vielen Entwicklungsländern in der *praktischen Umsetzung* von Prinzipien und Standards besteht, deren Gültigkeit *theoretisch* durchaus anerkannt wird.[105] Ein mangelhaftes Bildungsniveau und eine damit einhergehende unkritische oder gar autoritätsgläubige Einstellung gegenüber Ärzten können einer wahrhaft informierten Einwilligung faktisch entgegenstehen.[106] Aber auch das Fehlen von „ethischer Infrastruktur" kann eine effektive Umsetzung ethischer Prinzipien und Standards verhindern.[107]

3.   Das Nichtschadenprinzip: Objektive Schutzbestimmungen für Probanden

Die Grundlage für das Prinzip der Selbstbestimmung und der daraus abgeleiteten Spezifikationen ist der Status des sittlichen Subjektseins in Verbindung mit der dem Menschen wesentlichen Fähigkeit, Zwecke zu setzen und selbstgesetzte Zwecke zu verfolgen. Die aus dem Prinzip der Selbstbestimmung abgeleiteten Regeln und Normen für die biomedizinische Forschung am Menschen zielen allesamt darauf ab, die Freiheitssphäre etwaiger Probanden vor illegitimen (Zwangs-)Eingriffen zu schützen. Komplementär dazu verhält sich das Nichtschadenprinzip, insofern es *objektive Schutzbestimmungen* begründet, die ganz oder teilweise (auch) der Verfügungsgewalt des betroffenen Subjekts entzogen sind.[108] Die für den Menschen als

---

[104] Osuntokun, *Individual Consent: A Perspective of Developing Countries*, 27.

[105] Dies wird etwa aus den Ausführungen von Meda in seinem Beitrag *HIV / AIDS clinical research in Africa: ethical aspects* deutlich.

[106] Vgl. Dein / Bhui, *Issues concerning informed consent for medical research among non westernized ethics minority patients in the UK*, 355.

[107] Vgl. unten IV.5.a.(vi).

[108] Die objektive Beschränkung der freiheitlichen Selbstbestimmung im Hinblick auf die Legitimierung von Schädigungen der psycho-physischen Integrität ist auch positiv-rechtlich anerkannt und kodifiziert. Der § 228 („Einwilligung") des *Strafgesetzbuches*

psycho-physisches Wesen charakteristische Fragilität bildet die Grundlage für ethische Grenzziehungen, die auch mit ausdrücklicher Einwilligung des Betroffenen selbst nicht überschritten werden dürfen. Mit der Komplementarität der beiden Prinzipien verbunden ist, dass sie in einem gewissen Spannungsverhältnis zueinander stehen, das sich schließlich zu der Frage verdichtet, in welchem Maße ein (ärztlicher) Paternalismus als gerechtfertigt oder gar erforderlich gelten muss.[109] Dies kann als weiterer Beleg dafür genommen werden, dass es sich um *zwei Elemente eines Gesamtgefüges von Prinzipien* handelt, deren Verhältnis zueinander sich nur kontextabhängig und in normativer Rückkopplung an das Würdeprinzip bestimmen lässt.

Wie im Rahmen der Strukturanalyse medizinisch-naturwissenschaftlicher Forschungshandlungen bereits herausgestellt wurde, zeichnet sich das der neuzeitlichen Wissenschaftstheorie verpflichtete „strenge" Experiment durch eine planvolle Faktorenreduktion und aktive Faktorenvariation aus.[110] Die Manipulation von Forschungsobjekten – d.h. im vorliegenden Sachzusammenhang: das Einwirken des Forschers auf den Probanden etwa in Form von Medikamentengaben oder Untersuchungen – birgt in vielen Fällen die Gefahr einer Schädigung.[111] Angesichts dieses Befundes könnte es den Anschein haben, als begründe das Nichtschadenprinzip ein generelles Verbot biomedizinischer Humanexperimente. Eine solche Argumentation vermag indessen nicht zu überzeugen: Sie trägt dem Umstand nicht gebührend Rechnung, dass auch das Nichtschadenprinzip *nur ein Element* neben anderen in einem Gesamtgefüge von Prinzipien ist, die im Würdeprinzip ihre gemeinsame normative Verankerung haben. Insbesondere würde ein generelles Verbot biomedizinischer Humanexperimente das Prinzip der Selbstbestimmung missachten, dem zufolge ein Proband für sich entscheiden kann, gewisse Risiken und Belastungen in Kauf zu nehmen. Ziel einer produktiven Fortbestimmung des Nichtschadenprinzips muss es daher sein, Grenzen zu benennen, jenseits derer das Risiko einer Schädigung (im weitesten Sinne) nicht mehr als akzeptabel gelten kann. Diese Grenzen können zum einen die Form von *absoluten Grenzen* annehmen, die situations*un*abhängige Geltung beanspruchen; zum anderen kann es sich um *relative* bzw. *kontextabhängige Grenzen* handeln. Ferner können sich die Grenzen auf (das Risiko von) *Schädigungen* oder *Belastungen* beziehen.

(StGB) sieht vor, dass auch eine konsentierte Körperverletzung nur dann *nicht* strafbar ist, wenn sie nicht gegen die guten Sitten verstößt. Zudem ist die Tötung auf Verlangen nach § 216 *StGB* strafbewehrt.

[109] Die objektiven Schutzbestimmungen, die sich im Rahmen der Forschungsethik aus dem Nichtschadenprinzip ableiten, ähneln in gewisser Weise der *Indikation* im Bereich der medizinischen Praxis: auch durch sie werden Grenzen (für das ärztliche Handeln) festgesetzt, die nicht vom Willen des Patienten abhängig sind. Insbesondere darf ein Arzt auch auf ausdrücklichen Wunsch eines Patienten eine Handlung dann nicht durchführen, wenn sie kontraindiziert ist.

[110] Vgl. oben III.1.a.

[111] Vgl. oben III.2.c.

a)   Die Prinzipien der methodischen Qualität, Alternativlosigkeit und Hochrangigkeit als erste Spezifizierungen des Nichtschadenprinzip

Im Rahmen der praktischen Typologie biomedizinischer Humanexperimente hat sich erwiesen, dass eine ethisch relevante Unterscheidungslinie von Forschungsprojekten entlang den Kriterien der methodischen Qualität, der Alternativlosigkeit und der Hochrangigkeit gezogen werden kann.[112] Diese Kriterien lassen sich im Kontext der biomedizinischen Forschung am Menschen nun als erste Fortbestimmungen des Nichtschadenprinzips begreifen. Systematisch konnten sie zunächst streng genommen nur als deskriptive Klassifizierungskriterien etabliert werden – wenngleich in normativer Absicht. Das Nichtschadenprinzip begründet nun, dass Experimente, die diesen drei Kriterien nicht genügen, als ethisch unvertretbar gelten müssen. Sind nämlich alternative Forschungsmethoden verfügbar oder sind die angestrebten Erkenntnisse lediglich von geringer wissenschaftlicher oder praktischer Bedeutung oder ist das methodische Design mangelhaft, dann ist der grundsätzlich erforderliche Rechtfertigungsgrund für eine etwaige Schädigung von Probanden nicht gegeben. Als *Schwellenkriterien* bilden die Prinzipien der methodischen Qualität, Alternativlosigkeit und Hochrangigkeit *notwendige und kontextunabhängige* Voraussetzungen für ethisch vertretbare Humanexperimente. Dies bedeutet, dass *methodisch defizitäre* sowie *nicht zwingend erforderliche Experimente mit Menschen*, insofern sie immer zumindest eine minimale Gefährdung der Probanden darstellen, als nicht gerechtfertigter Verstoß gegen das Nichtschadenprinzip begriffen werden müssen. Des Weiteren dürfen auch nur minimale Risiken und Gefährdungen dann *nicht* als legitim gelten, wenn die verfolgten Ziele wissenschaftlich bedeutungslos oder nur von nachgeordneter Wichtigkeit sind.[113]

---

[112] Vgl. oben III.2.a.(i) bzw. III.2.c.(i).

[113] In deutlicher Form wird das Prinzip der Hochrangigkeit schon in den *Reichsrichtlinien* von 1931 angesprochen. Dort wird unter Nr. 12 lit. b ausdrücklich „jedes grund- oder planlose Experimentieren am Menschen" untersagt. Eine ähnliche Formulierung enthält der *Nuremberg Code* unter Nr. 2: „The experiment should be such as to yield fruitful results for the good of society, unprocurable by other methods or means of study, and not random and unnecessary in nature." In neueren Kodizes kommt die Hochrangigkeit als *absolutes Prinzip* nicht vor; gefordert wird lediglich, dass die Wichtigkeit des Forschungsgegenstandes in einem *sinnvollen Verhältnis* zu den Risiken steht; vgl. etwa World Medical Association, *Declaration of Helsinki (2000),* Nr. 18. Diese Beschränkung auf ein *relatives Prinzip* ist nicht unproblematisch, da so streng genommen auch gänzlich sinnlose Forschungsprojekte als ethisch vertretbar gelten können, wenn sie keine nennenswerten Risiken beinhalten. Zum Prinzip der methodischen Qualität siehe Council of Europe, *Additional Protocol to the Convention on Human Rights and Biomedicine Concerning Biomedical Research*, Art. 8 sowie World Medical Association, *Declaration of Helsinki (2000)*, Nr. 11. Das Prinzip der Alternativlosigkeit findet sich am klarsten formuliert im *Additional Protocol to the Convention on Human Rights and Biomedicine Concerning Biomedical Research* des Council of Europe: „Research on human beings may only be undertaken if there is no alternative

Eng verbunden mit dem Prinzip der methodischen Qualität bzw. der Alternativlosigkeit sind solche Maßgaben, die eine wissenschaftlich umfassende Vorabklärung einer Forschungshypothese zum Gegenstand haben. Zu nennen sind hier insbesondere das intensive Studium bereits veröffentlichter Resultate sowie – soweit möglich – *In-vitro-* und Tier-Experimente.[114] Nur wenn diese Forschungsmittel zur Beantwortung einer hochrangigen wissenschaftlichen Fragestellung erschöpft sind, kann ein Humanexperiment die durch das Nichtschadenprinzip begründeten Bedingungen erfüllen.

b)   Weitere Beschränkungen biomedizinischer Humanexperimente durch das Nichtschadenprinzip im Sinne von absoluten Grenzen

Wann immer die psycho-physische Integrität eines Menschen dauerhaft und schwerwiegend beschädigt zu werden droht und eine solche Schädigung nicht mit einem größeren Nutzen *für den Betroffenen* verbunden ist, entfaltet das Nichtschadenprinzip eine *objektiv-begrenzende Wirkung*.[115] Für das Handlungsfeld der biomedizinischen Humanexperimente bedeutet dies vor allem: Solche Experimente, die vermutlich eine schwerwiegende Schädigung des Probanden nach sich ziehen werden, müssen als ethisch unvertretbar gelten; *a fortiori* gilt dies für Experimente, die absehbar zum Tode eines Probanden führen können. Schließlich leitet sich aus dem Nichtschadenprinzip die Forderung ab, ein Experiment dann abzubrechen, wenn unerwartete Komplikationen auftreten, die zu nachhaltigen gesundheitlichen Schäden von Probanden führen könnten.[116]

So unbestritten die genanten Forderungen sein mögen, so schwierig stellt sich die nähere Bestimmung der darin verwendeten Begriffe „vermutlich" und „absehbar"

---

of comparable effectiveness." (Art. 5); vgl. auch Council for International Organizations of Medical Sciences (CIOMS), *International Ethical Guidelines for Biomedical Research Involving Human Subjects (2002)*, Commentary to Guideline 1.

[114] World Medical Association, *Declaration of Helsinki (2000)*, Nr. 11; Council for International Organizations of Medical Sciences (CIOMS), *International Ethical Guidelines for Biomedical Research Involving Human Subjects (2002)*, Guideline 1.

[115] Die Einschränkung des „gleichzeitigen größeren Nutzens für den Betroffenen" greift insbesondere bei medizinisch-therapeutischen Eingriffen, die medizinisch indiziert und dennoch mit iatrogenen Schädigungen verbunden sind.

[116] Es ist wohl auf den historischen Entstehungskontext des *Nuremberg Code* zurückzuführen, dass sich dieser Aspekt dort am klarsten formuliert findet: „No experiment should be conducted where there is an a priori reason to believe that death or disabling injury will occur [...]." (Nr. 5); ethisch problematisch ist allerdings der Nachsatz „except, perhaps, in those experiments where the experimental physicians also serve as subjects." Abgehen davon, dass auch selbstschädigendes Verhalten ethisch hoch problematisch sein kann, lässt sich diese Klausel so deuten, dass ein Forscher das Leben von anderen Menschen dann riskieren darf, wenn er sein eigenes ebenfalls riskiert – dies ist offenkundig falsch.

einerseits, „schwerwiegend" und „nachhaltig" andererseits dar. Dabei kommen unterschiedliche Aspekte zum Tragen: Zum einen ist eine objektive (Vorab-)Bestimmung von Risiken und Belastungen – wie oben bereits ausgeführt wurde[117] – mit enormen theoretischen wie praktischen Schwierigkeiten verbunden. Zum anderen wird hier die Frage virulent, ob bzw. in welchem Maße selbstschädigendes Verhalten durch das Prinzip der Selbstbestimmung legitimiert werden kann. Man wird dies grundsätzlich in Abhängigkeit von kontextuellen Parametern, insbesondere der Verfasstheit potentieller Probanden und dem zu erwartenden Nutzen eines Experiments, bestimmen müssen. Dabei handelt es sich dann jedoch nicht um *absolute*, sondern um *relative* Grenzbestimmungen. Zumindest markieren aber diejenigen *relativen* Grenzen, die man für voll einwilligungsfähige Erwachsene gleichsam als „maximal zulässig" für verbindlich erklärt, zugleich die *absoluten* Grenzen für andere Probandengruppen, für die ein höheres Schutzniveau veranschlagt werden muss.

Eine klare, auf quantitative Kategorien zurückgreifende Festsetzung erscheint auch hier aussichtslos. Es bleibt eine Aufgabe der *praktischen Urteilskraft* zu bestimmen, ob das Risiko eines bestimmten Experiments jenseits der durch das Nichtschadenprinzip gezogenen Grenze zu verorten ist. Das bedeutet jedoch nicht, dass die Begriffe „absehbar", „vermutlich", „schwerwiegend" und „nachhaltig" nutzlos wären. Sie verweisen auf die im Rahmen der Typologie etablierten Kategorien, die als verbindliche Kategorien für die im Einzelfall notwendige Zuordnung dienen. Zweierlei ist damit klar: Sowohl *dass* eine Zuordnung von Experimenten zu Risiko- und Belastungskategorien erfolgen muss, als auch *welche Kategorien* dafür verwendet werden müssen. Lediglich die Frage, ob eine *bestimmte* Zuordnung plausibel erscheint, lässt sich auf einer prinzipiellen Ebene nicht beantworten. Das bedeutet jedoch nicht, dass die Beurteilung im Einzelfall der Beliebigkeit preisgegeben ist. Zur Unterstützung der Urteilsbildung im Einzelfall kann die Entwicklung einer Kasuistik hilfreich sein. Diese darf indes nicht als rein medizinisch-naturwissenschaftliches Projekt verstanden werden. Vielmehr ist ein breiter Diskurs erforderlich, an dem unterschiedliche Disziplinen – neben der Medizin etwa die Psychologie, Soziologie, Rechtswissenschaften und Ethik – sowie die Öffentlichkeit beteiligt werden. Nur so kann ein tragfähiger Konsens darüber erzielt werden, was als *minimales, deutlich mehr als minimales* und *hohes* Risiko (bzw. Belastungen) zu gelten hat.

c)   Relative Begrenzungen als Fortbestimmungen des Nichtschadenprinzips

Neben *absoluten Grenzen* lässt sich das Nichtschadenprinzip auch im Sinne von *relativen Grenzen* für die Vertretbarkeit von Risiken und Belastungen für Probanden fortbestimmen. Der relationale Charakter ergibt sich daraus, dass verschiedene Klassifizierungsfaktoren der Typologie dabei in ein Verhältnis gesetzt werden. Näherhin bestimmen sich Grenzziehungen in Abhängigkeit von dem *zu erwartenden Nutzen eines*

---

[117] Vgl. oben III.2.c.(ii).

Experiments,[118] dem *Kreis der potentiellen Nutznießer,*[119] den *beteiligten Probanden,*[120] sowie den *Risiken und Belastungen.*[121]

Stellt man die Tatsache in Rechnung, dass sich das Prinzip der Selbstbestimmung und das Nichtschadenprinzip komplementär zueinander verhalten, dann lässt sich eine *erste Grundformel* für relative Grenzziehungen formulieren:

(1) Der Grad der Einwilligungsfähigkeit (und gegebenenfalls die Vulnerabilität) beteiligter Probanden einerseits und das tolerierbare Risiko sowie die tolerierbaren Belastungen eines Experiments andererseits müssen in einem umgekehrt proportionalen Verhältnis zueinander stehen.

Hinzu tritt eine *zweite Grundformel,* die sich ergibt, wenn man das *Utilitätsprinzip* – als systematisch nachgeordnetes, prudentielles Prinzip – zur Spezifizierung heranzieht:

(2) Die Risiken und Belastungen und der voraussichtliche Nutzen eines Experiments müssen in einem rationalen Verhältnis zueinander stehen.[122]

Es ist zu beachten, dass die Logik der ersten Grundformel nicht beliebig weit greift: Dagegen stehen gerade die *absoluten* Grenzen, die durch das Nichtschadenprinzip markiert werden. Mit Bezug auf die zweite Grundformel ist festzuhalten, dass zwischen dem *direkten medizinischen Nutzen für die Probanden* und dem *medizinisch-wissenschaftlichen Nutzen* eines Experiments als Mittel zum Erkenntnisgewinn differenziert werden muss.

Ein möglicher *direkter medizinischer Nutzen* für die beteiligten Probanden entwickelt im Rahmen einer Abwägung zweifellos ungleich stärkere rechtfertigende Wirkung als ein wissenschaftlicher Nutzen, der vielleicht später zu einem medizinischen Nutzen für Patienten führt. Vor diesem Hintergrund gilt die Unterscheidung von Forschung mit bzw. ohne *direkten medizinischen Nutzen* für die beteiligten Probanden vielen – vor allem in Deutschland – gleichsam als moralische Scheidemarke: Während *probandennützige* Experimente, also solche, die *auch* einen Nutzen für die Teilnehmer in Aussicht stellen, als ethisch weniger problematisch gelten, werden *rein fremdnützige* Experimente grundsätzlich wesentlich kritischer beurteilt. Eine Beteiligung von nicht vollständig Einwilligungsfähigen an solchen Projekten wird häufig sogar kategorisch abgelehnt.[123] Stellt man die vorangegangenen Überlegungen zur

---

[118] Vgl. oben III.2.a.(i).

[119] Vgl. oben III.2.a.(ii).

[120] Vgl. oben III.2.b.

[121] Vgl. oben III.2.c.(ii).

[122] Es muss sich nicht unbedingt aus der Perspektive der Probanden um ein „positives" Verhältnis handeln, d.h. ein solches, in dem der voraussichtliche Eigennutzen die Risiken und Belastungen überwiegt. Eine solche Forderung würde (fremdnützige) Forschung mit gesunden Probanden grundsätzlich unmöglich machen, da hier *per definitionem* kein Nutzen für die beteiligten Probanden zu erwarten ist.

[123] Dewitz stellt in seinem Gutachten für die Enquete-Kommission „Recht und Ethik der modernen Medizin" fest: „Eine *rechtliche* Grauzone ist m.E. nicht gegeben, wenn man die Frage, ob fremdnützige (bzw. gruppennützige) Forschung mit Nichteinwilligungsfä-

Unterscheidung der *Logik des Heilens* und der *Logik der Forschung* sowie zur Unterscheidung von medizinischer Forschung und Praxis in Rechnung, dann ist fraglich, ob eine solche Position zu überzeugen vermag: Auch Forschung mit einem möglichen direkten medizinischen Nutzen für die beteiligten Probanden folgt zunächst und zumeist der *Logik der Forschung* – der unmittelbare medizinische Nutzen ist lediglich ein *sekundärer* Effekt. Zudem werden bei solchen Experimenten naturgemäß zahlreiche Untersuchungen ausschließlich aus Gründen der wissenschaftlich-statistischen Datenerhebung durchgeführt.[124] Anders verhält es sich bei individuellen Heilversuchen, die primär der *Logik des Heilens* verpflichtet sind – freilich mit der Folge, dass sich der wissenschaftliche Ertrag, wenn überhaupt, als sekundärer Effekt einstellt und regelmäßig wesentlich geringer ausfällt.

Es soll nun keineswegs bestritten werden, dass die Aussicht eines direkten medizinischen Nutzens für die beteiligten Probanden moralisches Gewicht hat. Es handelt sich jedoch bei der Differenzierung von *Experimenten* mit bzw. ohne direkten Nutzen für die beteiligten Probanden nicht um eine *kategoriale* Unterscheidung, die eine grundsätzlich unterschiedliche ethische Bewertung rechtfertigen könnte. In beiden Fällen handelt es sich um Human*experimente*, deren primärer Zweck es ist, einen Erkenntnisgewinn zu erzielen.[125] Die Verkennung dieses Umstandes führt

---

higen rechtmäßig ist, mit der (derzeit noch) überwiegenden Meinung in der Rechtsliteratur verneint." (Dewitz, *Forschung an Nichteinwilligungsfähigen*, 3); zur rechtswissenschaftlichen Literatur vgl. auch Dewitz / Luft / Pestalozza, *Ethikkommissionen in der medizinischen Forschung*, 277, Anm. 362. Allerdings vertreten, wie Dewitz weiter ausführt, die Interessenverbände und die meisten Ethik-Kommissionen die Gegenposition.

[124] Bezeichnend für die verquere Diskussion ist die Bemerkung von Kaufman: „Other painful or invasive procedures that are required by an experimental protocol also should be conducted in concert with procedures required for medical care to minimize added suffering or risk caused by the research." (Kaufmann, *Scientific Issues in Biomedical Research with Children*, 33). Der suggestive Begriff „Minimierung" verschleiert hier, dass es sich *aus der Sicht des Patienten* um eine *zusätzliche Belastung* handelt. Von Minimierung kann nur dann die Rede sein, wenn man einen fiktiv-überpersönlichen Standpunkt einnimmt. Dies spricht nicht gegen die Überlegung, experimentelle Untersuchungen mit Eingriffen im Rahmen der medizinischen Versorgung zu kombinieren. Man sollte sich jedoch gelegentlich vor Augen führen, dass das Minimierungsargument einen Perspektivwechsel beinhaltet.

[125] Es ist wichtig, sich klar zu machen, dass auch ein generelles Verbot von *Experimenten* an nicht vollständig Einwilligungsfähigen keineswegs implizieren würde, dass diesen Personen eine *Behandlung* mit neuen, nicht zugelassenen Verfahren verwehrt würde. Eine Anwendung wäre im Rahmen *individueller Heilversuche* auch dann jederzeit möglich. Richtig ist, dass so die Aussichten auf einen wissenschaftlichen oder wirtschaftlichen Erfolg deutlich verringert würden, mit der wahrscheinlichen Folge, dass weit weniger Diagnostika und Therapeutika entwickelt würden. Argumente für sogenannte „therapeutische" und gegen rein fremdnützige Versuche an nicht vollständig Einwilligungsfähigen hängen nun oftmals wesentlich von der Prämisse ab, dass ohne solche wissenschaftli-

dazu, dass ein möglicher direkter medizinischer Nutzen für die Probanden in seiner legitimierenden Kraft oftmals überbewertet wird.[126] Man darf wohl vermuten, dass dieser Umstand mit der – zumindest in Deutschland – verbreiteten strikten Ablehnung rein fremdnütziger Forschung an nicht vollständig Einwilligungsfähigen in Verbindung steht. Würde man nämlich nicht von einer kategorialen Unterscheidung ausgehen, dann müsste auch die Vertretbarkeit von Forschung mit einem möglichen direkten Nutzen an nicht vollständig einwilligungsfähigen Personen fraglich werden. Da aber wohl niemand auf diese Möglichkeit der Forschung etwa mit Kindern oder Demenzkranken verzichten will, wird der bestehende Unterschied (über-)betont. Ein Zweites kommt hinzu: Die Anwendung von neuartigen, nicht getesteten medizinischen Verfahren im Rahmen individueller Heilversuche ist nicht nur aus wissenschaftlich-methodischer Sicht problematisch. Gerade bei Verfahren, die mit einem substantiellen Risiko verbunden sind, will man auf das hohe Schutzniveau der Forschungsethik und besonders auf die Begutachtung durch eine Ethik-Kommission – die auch immer eine Form der Verantwortungsteilung darstellt – aus guten Gründen nicht verzichten. Dennoch sollten praktische Erwägungen dieser Art nicht dazu führen, dass der kategoriale Unterschied zwischen medizinischer Forschung und Praxis negiert wird. Ein überzeugenderes Konzept könnte darin bestehen, dass – unter genauer zu bestimmenden Bedingungen – auch rein fremdnützige Forschung an nicht vollständig Einwilligungsfähigen als ethisch vertretbar eingestuft wird.[127] Ferner wäre – wie bereits oben ausgeführt worden ist – zu überlegen, ob individuelle Heilversuche in bestimmten Fällen als „kontrollierte Heilversuche" einem externen Begutachtungsverfahren unterzogen werden müssen.[128]

Gerade in Fällen, in denen von hohen Risiken und Belastungen ausgegangen werden muss, kann die Anwendung einer neuartigen Therapie ausschließlich im Rahmen eines *individuellen Heilversuchs* angezeigt sein, bei dem wissenschaftliche Zwecksetzungen nur nachgeordnet und in eingeschränktem Maße Berücksichtigung finden. Der geringere wissenschaftliche Ertrag, den retrospektive Einzelfallanalysen im Gegensatz zu „strengen" Experimenten erbringen, kann nicht als ausschlagge-

---

chen oder wirtschaftlichen Anreize keinerlei Entwicklung in diesem Bereich stattfinden würde. So zutreffend diese Prämisse faktisch sein mag, so sehr relativiert sie das Pathos des „Helfen-wollens", das mit dem Plädoyer für „therapeutische" Versuche an nicht vollständig Einwilligungsfähigen bisweilen einhergeht.

[126] Auch Maio stellt fest, dass „der forschungslegitimierende Charakter des therapeutischen Nutzens insgesamt überbewertet wird." (Maio, *Ethik der Forschung am Menschen*, 83). Er stellt sogar in Frage, ob es sich überhaupt um eine sachlich angemessene Dichotomisierung handelt, mit Blick auf die praktischen Konsequenzen spricht er sich jedoch für eine Beibehaltung aus; vgl. ebd., 74-86.

[127] Vgl. unten V.1.

[128] Vgl. oben III.1.d.

bendes Argument gegen ein derartiges Vorgehen angeführt werden.[129] Es liegt schlicht in der *Logik der Würde*, dass die *Logik der Forschung* nicht uneingeschränkt auf den Menschen als Forschungsobjekt angewendet werden darf. Auch der Einwand, neuartige Therapeutika seien für Kranke oftmals nur im Rahmen von klinischen Studien verfügbar, kann hier nicht überzeugen. Er verweist jedoch darauf, dass die Praxis klinischer Studien ethisch mitunter problematisch ist. Aus wissenschaftlich-methodischen Gründen wird hier nämlich das Interesse individueller Patienten dem der Gesamtgesellschaft untergeordnet. Zusätzlich verschärft sich die Problematik dann, wenn es ein Missverhältnis zwischen potentiellen Interessenten für die Teilnahme an einer Studie und der im Studienprotokoll vorgesehenen Anzahl von Probanden gibt. Auch wenn man ein individuelles Anspruchsrecht auf Teilnahme an einer klinischen Studie kaum ethisch begründen können wird, ist eine Verweigerung von möglicherweise wirksamen, jedoch noch nicht zugelassenen Medikamenten zumindest dann problematisch, wenn es sich um Krankheiten mit tödlichem Verlauf handelt, für die überhaupt keine etablierten therapeutischen Optionen zur Verfügung stehen.[130] Sogenannte „compassionate use"-Programme, in denen bislang nicht zugelassene Medikamente parallel zu laufenden klinischen Studien kontrolliert an Schwerkranke abgegeben werden, stellen eine mögliche Lösung für dieses Problem dar.[131]

Im Kontext von biomedizinischen Humanexperimenten gilt es, so lässt sich festhalten, die relativen Grenzen für etwaige Schädigungen und Belastungen in jedem Einzelfall genau zu überprüfen. Das Nichtschadenprinzip fordert zwar keine vollständige Eliminierung von Risiken und Belastungen – dann wären biomedizinische Humanexperimente grundsätzlich abzulehnen. Es begründet aber doch das Gebot einer Begrenzung und Reduzierung, wobei die beiden genannten Grundformeln,

---

[129] Intensiv diskutiert worden ist diese Problematik vor allem im Zusammenhang mit neuen AIDS-Medikamenten. Gegen eine ausgedehnte Anwendung neuer Wirkstoffe außerhalb von klinischen Studien ist eingewendet worden, dass dadurch eine wissenschaftliche Überprüfung neuartiger Therapien erschwert, wenn nicht gar verhindert werde; vgl. Freedman / Boston Research Group, *Nonvalidated Therapies and HIV Disease*, 16.

[130] Im Fall von AIDS war die Teilnahme an einer klinischen Studie für lange Zeit die einzige Möglichkeit, neue, nicht zugelassene Medikamente zu erhalten. Zugleich überstieg die Anzahl der Erkrankten, die daran interessiert waren, auf dem Wege der Studienteilnahme Zugang zu den Medikamenten zu erhalten, bei weitem die Zahl der vorgesehenen Probanden; vgl. ebd., 15. Siehe zu diesem Problemkomplex auch Schüklenk / Hogan, *Patient Access to Experimental Drugs and AIDS Clinical Trial Design: Ethical Issues* sowie Schüklenk, *Ethische Probleme des Designs und der Zugangsvoraussetzungen klinischer AIDS-Versuchsreihen.*

[131] Vgl. dazu *Arzneimittelgesetz (AMG)*, § 21 Abs. 2 Nr. 6, sowie den Art. 83 der *Verordnung (EG) Nr. 726/2004*, auf den im Gesetz verwiesen wird; für die USA ist eine entsprechende Regelung im *Code of Federal Regulations* 21 CFR § 312.34 („Treatment use of an investigational new drug") niedergelegt.

zusammen mit einer Kasuistik von beispielhaften Fällen und Verfahren, zur Orientierung bei Abwägungen herangezogen werden können.

d)   *Die Minimierung von Schaden und Belastung als kontinuierlich-begleitende Maßgabe bei biomedizinischen Humanexperimenten*

Die überwiegende Mehrzahl der bislang diskutierten Prinzipienspezifizierungen zeichnen sich dadurch aus, dass sie eine Praxisregulierung *vor Beginn* eines Humanexperiments zum Gegenstand haben. Einzig im Zusammenhang mit der informierten Einwilligung ergab sich das Erfordernis einer Erneuerung für den Fall, dass sich *im Verlauf des Experiments* Zwischenergebnisse einstellen, durch die die Gültigkeit der ursprünglichen Einwilligung obsolet wird.[132] Die aus dem Nichtschadenprinzip abgeleiteten Begrenzungen müssen hingegen auch im Sinne von *kontinuierlich-begleitenden Maßgaben* für biomedizinische Humanexperimente verstanden werden. Die Evaluierung von Risiken und Belastungen kann nicht *abschließend* vor Durchführung eines Experiments erfolgen, sondern muss als *fortwährender Prozess* auch während des Experiments weitergeführt werden. Zu diesem Zweck sollte – zumindest bei Experimenten, die mit mehr als nur minimalen Risiken verbunden sind – ein *unabhängiges Data Monitoring Committee* eingerichtet werden.[133] Wegen der speziellen fachlichen Anforderungen erscheint es kaum sinnvoll, eine „gewöhnliche" Ethik-Kommission mit dieser Aufgabe zu betrauen. Vielmehr sollte eine Expertengruppe, der sowohl ein spezialisierter Arzt-Forscher als auch ein Biostatistiker angehören muss, benannt werden, die ihre Resultate der zuständigen Ethik-Kommission zur Diskussion vorlegt.[134]

---

[132]   Vgl. oben IV.1.b.

[133]   Vgl. Council for International Organizations of Medical Sciences (CIOMS), *International Ethical Guidelines for Biomedical Research Involving Human Subjects (2002)*, Guideline 2 und Guideline 8 (Commentary); siehe auch Council of Europe, *Additional Protocol to the Convention on Human Rights and Biomedicine Concerning Biomedical Research*, Art. 24, insbesondere Abs. 2 Nr. i. Die *Declaration of Helsinki* spricht in Nr. 13 nur davon, dass Ethik-Kommissionen ein Recht hätten, laufende Studien zu überwachen. Obwohl somit in den einschlägigen Kodizes Data Monitoring als wichtige ethische Maßgabe benannt wird, spielt sie in forschungsethischen Überlegungen bisher eher eine untergeordnete Rolle. Umso mehr ist es zu begrüßen, dass die European Medicines Agency (EMEA) eigens Richtlinien zu dieser Thematik veröffentlicht hat; vgl. European Medicines Agency (EMEA) / Committee for Medicinal Products for Human Use (CHMP), *Guideline on Data Monitoring Committees*.

[134]   Baum, Houghton und Abrams bemerken kritisch, es seien die Data Monitoring Committees, die die Aufgabe übernommen hätten, Probanden vor dem „zeal of the trialist" zu bewahren. Weiter schreiben sie: „These Data Monitoring Committees have, therefore, adopted the role that the hospital ethics committees neither have the stomach or the necessary statistical skills with which to cope." (Baum / Houghton / Abrams, *Early Stopping Rules – Clinical Perspectives and Ethical Considerations*, 1460). Selbst wenn diese

Einem solchen Data Monitoring Committee kommt vor allem die Aufgabe zu, Interimanalysen von vorläufigen Daten anzufertigen. Tritt dabei eine deutliche Erhöhung von Risiken und Belastungen gegenüber der Ausgangseinschätzung zu Tage, muss eine ethische Neubewertung des Experiments erfolgen. Hat diese zum Ergebnis, dass die durch das Nichtschadenprinzip markierten (absoluten oder relativen) Grenzen überschritten sind, ist der Abbruch des Experiments geboten.[135] Ebenso können unerwartet positive Ergebnisse den Abbruch eines Experiments erforderlich machen.[136] Neben Datenanalysen gehört auch eine fortwährende Kontrolle der einschlägigen Literatur zu den Aufgaben eines Data Monitoring Committee.[137] Es ist nämlich durchaus möglich, dass Ergebnisse anderer Experimente unmittelbare Konsequenzen für die Bewertung eines überwachten Experiments haben und ein Abbruch schon auf der Grundlage fremder Ergebnisse erwogen werden muss.

Ob schon im Forschungsprotokoll klar definierte „stopping rules" festgeschrieben werden sollen oder ob die Möglichkeit, flexibel entscheiden zu können, besser geeignet ist, um einen möglichst hohen Probandenschutz zu gewährleisten, ist umstritten. Baum, Houghton und Abrams plädieren für ein flexibles Modell, Burke hebt in seinem Kommentar hingegen hervor, dass unter Umständen vorher festgelegte Regeln Vorteile haben können.[138] Entscheidend ist jedenfalls, dass ein Data Monitoring Committee bzw. eine Ethik-Kommission das Recht haben muss, eine

---

Einschätzung stimmen sollte, darf nicht übersehen werden, dass es sich nicht um rein statistische Fragen handelt, sondern um *normative*, zu deren Beantwortung eine statistische Expertise allein nicht ausreicht.

[135] Ein aktuelles Beispiel für die Aussetzung eines Experiments aufgrund einer begleitenden Risikoevaluation stellt die „Adenoma Prevention with Celecoxib" (APC) Studie dar. Die ursprünglich auf fünf Jahre angelegte, multizentrische Studie des US-amerikanischen National Cancer Institute wurde am 17. Dezember 2004 durch die National Institutes of Health suspendiert, nachdem eine begleitende Datenanalyse durch ein unabhängiges Data Safety and Monitoring Board (DSMB) ein um den Faktor 2,5 erhöhtes Risiko für schwerwiegende kardiovaskuläre Zwischenfälle („major fatal and non-fatal cardiovascular events") für Probanden im Verumarm der Studie im Vergleich zur Placebokontrollgruppe ergeben hatte; vgl. National Cancer Institute (NCI), *NIH Halts Use of COX-2 Inhibitor in Large Cancer Prevention Trial* sowie Solomon et al., *Cardiovascular Risk Associated with Celecoxib in a Clinical Trial for Colorectal Adenoma Prevention.* Dieser Fall belegt, dass eine initiale Risikoevaluation eines Experiments allein nicht ausreichend ist; auch der Verlauf eines Experiments kann Erkenntnisse zu Tage fördern, die eine Fortführung aus ethischer Sicht verbieten.

[136] Vgl. die Beispiele in Baum / Houghton / Abrams, *Early Stopping Rules – Clinical Perspectives and Ethical Considerations.* Die Autoren verdeutlichen ferner, dass Zwischenanalysen auch Auswirkungen auf die weitere Rekrutierung von Probanden haben können.

[137] Vgl. ebd., 1460.

[138] Vgl. ebd., 1468 sowie Burke, *Discussion of ‚Early Stopping Rules – Clinical Perspectives and Ethical Considerations',* 1471.

Studie im Zweifel auch gegen den Willen von Forschern oder Sponsoren vor der ursprünglich geplanten Beendigung abzubrechen.

Ein nach wie vor kontrovers diskutiertes Problem im Rahmen der Ethik der Forschung am Menschen stellt der Fall dar, dass eine begleitende Datenanalyse eine *positive Tendenz* eines Medikaments gegenüber dem Kontrollpräparat erkennen lässt, ohne dass die Datenlage aus statistischer Sicht schon als gesichert angesehen werden kann. Diese seit den 1970er Jahren unter dem Stichwort „Equipoise" diskutierte Problematik soll im nächsten Kapitel als ein weiterer paradigmatischer Problemkomplex einer eingehenderen Analyse unterzogen werden.

e)   Probandenversicherung

Auch bei sorgfältiger Planung und Durchführung kann nicht ausgeschlossen werden, dass ein Proband durch die Teilnahme an einem biomedizinischen Humanexperiment zu Schaden kommt. Zwar deuten die Erfahrungen der vergangenen Jahrzehnte darauf hin, dass die Wahrscheinlichkeit relativ gering ist; gleichwohl muss auch dieser Fall im Rahmen einer kritischen Forschungsethik berücksichtigt werden.

Dass eine Verpflichtung zur Wiedergutmachung eines Schadens, der in Folge eines Humanexperiments eintritt, besteht, darf mittlerweile wohl als allgemein anerkannt gelten.[139] Dies findet seinen Niederschlag in der Maßgabe, dass vor Beginn eines Humanexperiments spezielle *Probandenversicherungen* durch den Leiter eines Forschungsvorhabens bzw. durch den Sponsor abgeschlossen werden müssen.[140] Hier kann nicht weiter auf die komplizierten juristischen und versicherungstechnischen Details – etwa die Frage nach der Beweispflicht dafür, dass ein Schaden auf die Teilnahme an einem Experiment zurückzuführen ist – im Zusammenhang mit Pro-

---

[139] Besonders hervorgehoben wird dieser Aspekt in Council for International Organizations of Medical Sciences (CIOMS), *International Ethical Guidelines for Biomedical Research Involving Human Subjects (2002)*, Guideline 19; siehe auch Council of Europe, *Additional Protocol to the Convention on Human Rights and Biomedicine Concerning Biomedical Research*, Art. 13 Abs. 2 Nr. vi.

[140] So ist etwa in § 40 Abs. 1 Nr. 8 des deutschen *Arzneimittelgesetzes (AMG)* festgeschrieben, dass eine Probandenversicherung abgeschlossen werden muss. § 40 Abs. 3 legt näherhin fest: „Die Versicherung nach Absatz 1 Satz 3 Nr. 8 muss zugunsten der von der klinischen Prüfung betroffenen Personen bei einem in einem Mitgliedstaat der Europäischen Union oder einem anderen Vertragsstaat des Abkommens über den Europäischen Wirtschaftsraum zum Geschäftsbetrieb zugelassenen Versicherer genommen werden. Ihr Umfang muss in einem angemessenen Verhältnis zu den mit der klinischen Prüfung verbundenen Risiken stehen und auf der Grundlage der Risikoabschätzung so festgelegt werden, dass für jeden Fall des Todes oder der dauernden Erwerbsunfähigkeit einer von der klinischen Prüfung betroffenen Person mindestens 500.000 Euro zur Verfügung stehen. Soweit aus der Versicherung geleistet wird, erlischt ein Anspruch auf Schadensersatz."

bandenversicherungen eingegangen werden.[141] Aus ethischer Perspektive ist allein festzuhalten, dass eine solche Versicherung gewährleisten muss, dass Probanden im Schadensfall abgesichert sind und nicht neben etwaigen gesundheitlichen Schäden auch noch in materieller Hinsicht durch die Teilnahme an einem biomedizinischen Humanexperiment geschädigt werden.

f)   Nonmaleficence und Beneficence in der medizinischen Forschung

Wie zu Beginn von Kapitel II referiert wurde, haben die Autoren des *Belmont Report* unter dem Begriff „Beneficence" zwei unterschiedliche Prinzipien vereint, nämlich das Benefizenz- oder Fürsorgeprinzip und das Nichtschadenprinzip.[142] Beauchamp und Childress haben in ihrer Weiterentwicklung des Principlism diese systematisch problematische Vereinigung aufgegeben und gehen in ihrem Ansatz von zwei irrreduziblen Prinzipien aus.[143]

Im Gegensatz zur medizinischen Ethik kommt dem Fürsorgeprinzip im Rahmen der Forschungsethik indessen nur eine nachgeordnete Bedeutung bei der Prinzipienfortbestimmung zu. Der Grund liegt darin, dass weder eine *Pflicht zur medizinischen Forschung*[144] auf Seiten der Arzt-Forscher noch ein patientenseitiges (individuelles) *Recht auf medizinische Forschung*[145] als begründet ausgewiesen werden kann. Das bedeutet natürlich nicht, dass *im Zuge* biomedizinischer Forschung die beteiligten Arzt-Forscher keinerlei Pflichten gegenüber den Probanden hätten, die auf dem Fürsorgeprinzip respektive auf der anthropologischen Tatsache, dass der Mensch grundsätzlich ein *bedürftiges Wesen* ist, gründen. *Spezielle Pflichten*, die allgemeine, für jeden verbindliche Hilfspflichten übersteigen, scheinen hier jedoch nur als Bestandteile der *Logik des Heilens* ins Spiel zu kommen. Bei einer Fortbestimmung *forschungsethischer Prinzipien* können sie daher vernachlässigt werden; sie gehören systematisch in den Bereich der *medizinischen Ethik* oder aber der *allgemeinen Ethik*.

---

[141] Die Rechtslage in ausgewählten europäischen Ländern stellen die Beiträge in Dute / Faure / Koziol (eds.), *Liability for and Insurability of Biomedical Research with Human Subjects in a Comparative Perspective* dar; vgl. speziell zur Situation in Deutschland in diesem Band Taupitz, *Liability for and Insurability of Biomedical Research involving Human Subjects Under German Law. Health Law Aspects* sowie Wendehorst, *Liability for and Insurability of Biomedical Research involving Human Subjects Under German Law. Tort Law Aspects*.

[142] Vgl. oben II.1.

[143] Vgl. oben II.2.

[144] Vgl. Hübner, *Gibt es eine Pflicht zur medizinischen Forschung?*.

[145] Vgl. Heinrichs, *Gibt es ein Recht auf medizinische Forschung?*.

4. Das Gerechtigkeitsprinzip: Subsidiarität als Maßgabe für die Probandenauswahl

Die soziale Dimension der menschlichen Existenz bildet den anthropologischen Kern des Gerechtigkeitsprinzips. Weil Menschen – im Allgemeinen – nicht als isolierte Einzelwesen leben, sondern in gesellschaftlichen Verbänden, stellt sich die Frage nach einer *gerechten Verteilung* von Nutzen und Lasten. Mit Blick auf das Handlungsfeld „biomedizinischer Forschung" hat schon die National Commission daraus die Forderung nach einer gerechten Probandenauswahl abgeleitet. Dabei hat sie zwischen einer „individuellen" und einer „sozialen" Ebene unterschieden.[146] Auf der individuellen Ebene geht es darum, dass ein Forscher Probanden nicht nach persönlichen, sachfremden Erwägungen auswählt bzw. abweist. Allein wissenschaftlich-methodische Aspekte, die in Form von formellen Ein- bzw. Ausschlusskriterien im Versuchsprotokoll festgelegt werden müssen, dürfen über die Aufnahme eines Probanden in ein Versuchsprotokoll entscheiden.

Auf der sozialen Ebene hingegen bezieht sich die Forderung nach Gerechtigkeit oder „Fairness"[147] auf Personengruppen. Die zunächst recht vage Forderung nach einer „gerechten" oder „fairen" Probandenauswahl lässt sich vor dem Hintergrund der in Kapitel III entwickelten Typologie zu einem praktischen Prinzip fortbestimmen, das man als *Subsidiaritätsprinzip* bezeichnen kann.[148] Sachlich handelt es sich dabei um eine Verschärfung des Kriteriums der Alternativlosigkeit: Das Subsidiaritätsprinzip fordert, dass bei Forschungsprojekten, die den Einschluss von *vulnerablen Personen*[149] vorsehen, die Alternativlosigkeit in einem engeren, auf die jeweilige Gruppe bezogenen Sinne auszulegen ist: Forschung an Kindern ist dementsprechend beispielsweise nicht schon dann gerechtfertigt, wenn das angestrebte Erkenntnisziel ein Humanexperiment erforderlich macht, sondern nur, wenn Untersuchungen *an Kindern* sachlich notwendig sind.[150] Durch das Subsidiaritätsprinzip wird sichergestellt, dass die Lasten biomedizinischer Forschung soweit möglich durch die

---

[146] National Commission for the Protection of Human Subjects of Biomedical and Behavioral Research, *The Belmont Report*, 18.

[147] Vgl. ebd., 8.

[148] Vgl. Fröhlich, *Forschung wider Willen?*, 81.

[149] Vgl. oben III.2.b.(ii).

[150] Vgl. Council for International Organizations of Medical Sciences (CIOMS), *International Ethical Guidelines for Biomedical Research Involving Human Subjects (2002)*, Guidelines 13-15 sowie Council of Europe, *Additional Protocol to the Convention on Human Rights and Biomedicine Concerning Biomedical Research*, Art. 15 Abs. 1 Nr. ii, Art. 18 Nr. ii, Art. 19 Abs. 2 Nr. i, Art. 20 Nr. i; World Medical Association, *Declaration of Helsinki (2000)*, Nr. 24. Das Subsidiaritätsprinzip darf nicht mit dem Konzept des Gruppennutzens verwechselt werden: Jenes hebt auf die wissenschaftliche Eignung von bestimmten Probanden ab und stellt ein einschränkendes Aufnahmekriterium dar, dieses auf den voraussichtlichen Nutzen und führt diesen als Rechtfertigungsgrund an.

belastbaren Mitglieder einer Gesellschaft getragen werden und nur für den Fall, dass eine solche Lastenverteilung *aus wissenschaftlichen Gründen* unmöglich ist, die Rekrutierung von Probanden aus vulnerablen Personenkreisen erfolgen darf.[151]

Als besonders schwierig erweist sich die Frage, wie die negativen Effekte ethisch zu bewerten sind, die mit einem solchen Schutzmechanismus verbunden sein können. Personen, die als vulnerabel angesehen werden müssen, werden durch den protektiven Ansatz oftmals auch vom Nutzen, der mit biomedizinischer Forschung verbunden ist, ausgeschlossen. Ein vollständiger Ausschluss *in protektiver Absicht* droht seinerseits eine ungerechte Verteilung von Nutzen und Lasten zu manifestieren. Besonders virulent ist diese Problematik mit Blick auf Forschungsprojekte in Entwicklungsländern. Zunächst mag es angezeigt erscheinen, die dort rekrutierten Probanden als vulnerabel anzusehen. Eine Verlagerung von (gefährlichen) Forschungsprojekten in Entwicklungsländer müsste – folgt man dem Subsidiaritätsprinzip – aus ethischer Perspektive demnach grundsätzlich abgelehnt werden, es sei denn, es ließen sich methodische Gesichtspunkte wie etwa die Prävalenz einer besonderen Krankheit für die dortige Durchführung beibringen. Diese strikte Position könnte jedoch zur Konsequenz haben, dass Entwicklungsländer weitgehend vom medizinischen Fortschritt abgeschnitten werden. Sowohl wegen seiner Aktualität als auch wegen seiner weitreichenden Implikationen für die Forschungsethik insgesamt soll auch dieses Problem im folgenden Kapitel einer eingehenderen Analyse unterzogen werden.

5.   Prozedurale Prinzipien

Überblickt man die Geschichte der biomedizinischen Forschung am Menschen, so stellt sich nahezu unweigerlich eine gewisse Skepsis gegenüber der praktischen Wirksamkeit von ethischen Prinzipien ein. Selbst ein weitgehendes Anerkenntnis ethischer Grundsätze und konkreter Regeln und Normen hat nicht verhindern können, dass es wiederholt zu gravierenden Missbrauchsfällen gekommen ist.[152] Vor diesem Hintergrund kann die Auffassung Claude Bernards, der Forscher müsse sein Verhalten nur nach seinem Gewissen richten, nicht (mehr) überzeugen.[153] Als Reaktion auf diesen Befund hat die Forschungsethik neben *inhaltlichen* auch *prozedurale Prinzipien* in Geltung gesetzt. Der Begriff „prozedural" dient hier dazu, den Unterschied zu den bisher entwickelten *inhaltlichen* Prinzipien zu verdeutlichen. Anders als

---

[151] Der Grundgedanke des Subsidiaritätsprinzips kommt schon in Jonas' Regel der „absteigenden Reihe" zum Tragen; vgl. Jonas, *Philosophical Reflections on Experimenting with Human Subjects*, 20.

[152] Das gilt im Übrigen auch für positiv-rechtliche Regelungen: Auch diese haben in der Vergangenheit gravierende Missbrauchsfälle nicht verhindern können.

[153] Vgl. Bernard, *Einführung in das Studium der experimentellen Medizin*, 150.

jene beschreiben die prozeduralen Prinzipien *Verfahren,* welche die *Anwendung* der inhaltlichen Prinzipien gewährleisten sollen.

a)   Die Begutachtung von Forschungsprotokollen durch Ethik-Kommissionen

i)   Begriff und Entstehungsgeschichte

Das für die Forschungspraxis vermutlich spürbarste prozedurale Prinzip sieht die Begutachtung von Forschungsprotokollen durch eine unabhängige Instanz vor. In Deutschland wird diese mit dem (unscharfen[154]) Begriff „Ethik-Kommission" bezeichnet, international ist die Bezeichnung „Research Ethics Committee" gebräuchlich, in den USA spricht man von „Institutional Review Boards (IRB)".[155] Eine konzise – freilich nur für den europäischen Raum verbindliche – (Legal-)Definition des Begriffs enthält die europäische *Richtlinie 2001/20/EG:* „‚Ethik-Kommission' ein unabhängiges Gremium in einem Mitgliedstaat, das sich aus im Gesundheitswesen und in nichtmedizinischen Bereichen tätigen Personen zusammensetzt und dessen Aufgabe es ist, den Schutz der Rechte, die Sicherheit und das Wohlergehen von an einer klinischen Prüfung teilnehmenden Personen zu sichern und diesbezüglich Vertrauen der Öffentlichkeit zu schaffen, indem es unter anderem zu dem Prüfplan, der Eignung der Prüfer und der Angemessenheit der Einrichtungen sowie zu den Methoden, die zur Unterrichtung der Prüfungsteilnehmer und zur Erlangung ihrer Einwilligung nach Aufklärung benutzt werden, und zu dem dabei verwendeten Informationsmaterial Stellung nimmt."[156]

Entwickelt hat sich das Prinzip der unabhängigen Begutachtung von Forschungsprotokollen zunächst in den USA. Schon in den 1950er Jahren haben sich dort vereinzelt solche Kommissionen gebildet. Im Jahre 1966 hat der U.S. Surgeon General dann für jene Forschungsprojekte, die mit Mitteln des staatlichen Public Health Service gefördert wurden, die Begutachtung durch „a committee of [the investigator's] associates" vorgeschrieben.[157] Das erste internationale Dokument, in dem Ethik-Kommissionen als prozedurales Prinzip Erwähnung finden, ist die *Declaration of Helsinki* in ihrer revidierten Fassung von 1975. In Deutschland hat die Einrichtung von Ethik-Kommissionen in den 1970er Jahren begonnen. Im Jahre 1994 ist durch die 5. Novelle des *Arzneimittelgesetzes* dafür eine gesetzliche Grundlage geschaffen worden.[158] Mittlerweile ist die externe Begutachtung von Forschungsproto-

---

[154] Vgl. Doppelfeld, *Genmedizin aus der Sicht der Ethikkommissionen,* 239.

[155] Vgl. Altner, *Art. „Ethik-Kommissionen"* sowie Levine, *Art. „Research Ethics Committees".*

[156] Das Europäische Parlament und der Rat der Europäischen Union, *Richtlinie 2001/20/EG,* Art. 2 lit. k.

[157] Vgl. Levine, *Art. „Research Ethics Committees",* 2267. Zur geschichtlichen Entwicklung in den USA siehe auch Veatch, *Human experimentation committees: professional or representative?,* 31-35.

[158] Vgl. Doppelfeld, *Genmedizin aus der Sicht der Ethikkommissionen,* 241 f. Auf die Besonderheiten des Begutachtungsverfahrens nach dem *Medizinproduktegesetz (MPG)* soll

kollen durch eine Ethik-Kommission als verbindliche Maßgabe in allen wichtigen forschungsethischen Kodizes verankert.[159] Jedes Humanexperiment muss demnach vor seiner Durchführung einem unabhängigen Gremium – in Deutschland sind diese entweder an den Universitätskliniken angesiedelt, von den Landesärztekammern oder den Bundesländern bestellt – zur Begutachtung vorgelegt werden.[160] Seit der Novelle des *Arzneimittelgesetzes (AMG)* im Jahre 2004, die nicht zuletzt durch die oben bereits erwähnte *Richtlinie 2001/20/EG* erforderlich wurde, ist nicht mehr nur eine *beratende Stellungnahme*, sondern ein *positives Votum* einer Ethik-Kommission als Voraussetzung für die Durchführung einer Medikamentenstudie gesetzlich vorgeschrieben.[161]

ii)   Probandenschutz als Aufgabe der akademischen und ärztlichen Selbstkontrolle

Ihrer Entstehungsgeschichte nach waren Ethik-Kommissionen zunächst standesinterne Beratungsgremien, die den forschenden Arzt „durch sachkundige Hilfestellung

---

hier nicht weiter eingegangen werden; vgl. dazu ausführlich Dewitz / Luft / Pestalozza, *Ethikkommissionen in der medizinischen Forschung*, 235-254.

[159]   World Medical Association, *Declaration of Helsinki (2000)*, Nr. 13; Council for International Organizations of Medical Sciences (CIOMS), *International Ethical Guidelines for Biomedical Research Involving Human Subjects (2002)*, Guidelines 2 und 3; Council of Europe, *Additional Protocol to the Convention on Human Rights and Biomedicine Concerning Biomedical Research*, Art. 9-12. Zu den unterschiedlichen Frage- und Problemstellungen im Zusammenhang mit Ethik-Kommissionen sowie zu den historischen Hintergründen vgl. die Beiträge in Toellner (Hg.), *Die Ethik-Kommission in der Medizin* und Wiesing (Hg.), *Die Ethik-Kommissionen*; siehe ferner das ausführliche Gutachten *Ethikkommissionen in der medizinischen Forschung*, das Dewitz, Luft und Pestalozza für die Enquete-Kommission „Ethik und Recht der modernen Medizin" des 15. Deutschen Bundestages erstellt haben.

[160]   Für detaillierte Informationen über die 52 derzeit in Deutschland existierenden Ethik-Kommissionen siehe Dewitz / Luft / Pestalozza, *Ethikkommissionen in der medizinischen Forschung*, 37 ff. Im Jahre 1983 ist der Arbeitskreis medizinischer Ethik-Kommissionen der Bundesrepublik Deutschland als freiwilliger Zusammenschluss der 50 öffentlich-rechtlichen Ethik-Kommissionen gegründet worden. Er soll in erster Linie als Forum für einen (nationalen wie internationalen) Meinungs- und Erfahrungsaustausch dienen. Über die Internetsite des Arbeitskreises sind die öffentlich-rechtlichen Kommissionen in Deutschland erreichbar; siehe URL *http://www.ak-med-ethik-komm.de*.

[161]   Der § 40 Abs. 1 des *Arzneimittelgesetzes (AMG)* schreibt vor: „Die klinische Prüfung eines Arzneimittels bei Menschen darf vom Sponsor nur begonnen werden, wenn die zuständige Ethik-Kommission diese nach Maßgabe des § 42 Abs. 1 zustimmend bewertet und die zuständige Bundesoberbehörde diese nach Maßgabe des § 42 Abs. 2 genehmigt hat." Siehe auch § 42 („Verfahren bei der Ethik-Kommission, Genehmigungsverfahren bei der Bundesoberbehörde") sowie § 42a („Rücknahme, Widerruf und Ruhen der Genehmigung"); dazu Dewitz / Luft / Pestalozza, *Ethikkommissionen in der medizinischen Forschung*, 187 ff.

bei der Prüfung der ethischen Zulässigkeit seines Forschungsvorhabens" unterstützen sollten.[162] Dieses Verfahren der kritischen Prüfung eigener Denkansätze durch andere, insbesondere Fachkollegen, kann nachgerade als konstitutives Element kritischer Wissenschaft gelten. Die Einrichtung von Ethik-Kommissionen kann – zumindest in der ursprünglichen Form der Kollegialberatung – als Institutionalisierung dieses Prinzips verstanden werden. Es handelt sich demnach um Gremien, in denen ein Grundsatz guter wissenschaftlicher Praxis auf die Prüfung *ethischer* Aspekte von biomedizinischen Forschungsprotokollen angewendet wird: Der Antrag stellende Forscher bzw. das Forscherteam müssen nicht nur die medizinisch-naturwissenschaftlichen Hintergründe ihres Projekts einer kritischen Prüfung durch andere unterwerfen, sondern auch ihre ethischen Überlegungen, insbesondere zum Probandenschutz. Die externe Begutachtung stellt also ein *Verfahren* dar, durch das die Beachtung der *inhaltlichen* Prinzipien der Forschungsethik sichergestellt werden soll. Im kritischen Dialog unter Kollegen sollen – so die vielleicht bisweilen allzu optimistische Idee – auf der Grundlage etablierter Prinzipien Maßnahmen für einen optimalen Probandenschutz im jeweils konkreten Fall erörtert und schließlich ins Werk gesetzt werden – was im Zweifel natürlich auch die Zurückweisung eines Protokolls bedeuten kann. Der Probandenschutz wird somit der akademischen bzw. ärztlichen Selbstkontrolle anheim gestellt.[163]

Schon früh hat man den Kreis der Mitglieder, der anfangs nur aus Medizinern bestand, um andere Fachrichtungen, insbesondere Juristen, aber auch Geisteswissenschaftler ergänzt.[164] Nur ein interdisziplinär zusammengesetztes Gremium schien der gestellten Aufgabe gerecht werden zu können. Vor allem in den USA sind im Laufe der Zeit Laien als Kommissionsmitglieder hinzugekommen. Während die Ethik-Kommissionen Veatch zufolge zunächst rein nach dem „interdisciplinary professional review model" konzipiert waren, trat damit ein anderes Modell als Vorlage hinzu, nämlich das „jury model" oder, hiermit verwandt, das „representative model".[165] Gerade im Hinblick darauf, was aus der Perspektive von Probanden wichtig ist, kann, so die Überlegung, die Einschätzung von „Experten" leicht fehl gehen: „The principle of the reasonable person as the proper judge of what is required for an informed consent and the claim that a professional consensus is not an adequate measure of what the reasonable person would want to know have cru-

---

[162] Vgl. Toellner, *Problemgeschichte: Entstehung der Ethik-Kommissionen*, 16.

[163] Dewitz, Luft und Pestalozza machen deutlich, dass der Probandenschutz keineswegs die einzige Aufgabe von Ethik-Kommissionen ist. Dazu treten der Schutz von Forschern, der Schutz von Sponsoren, der Schutz des Ansehens der medizinischen Forschung in der Öffentlichkeit sowie die Wahrnehmung der Verkehrsaufsichtspflicht von Klinikträgern; vgl. Dewitz / Luft / Pestalozza, *Ethikkommissionen in der medizinischen Forschung*, 135 ff.

[164] Vgl. Levine, *Art. „Research Ethics Committees"*, 2267.

[165] Veatch, *Human experimentation committees: professional or representative?*, 31.

cial significance for the functioning of the human experimentation committee."[166] In Deutschland wird die Beteiligung von Laien zwar ebenfalls verschiedentlich gefordert, bildet in der Praxis jedoch nach wie vor eher die Ausnahme.[167]

iii) Kritik an der Umsetzung des Prinzips der unabhängigen Begutachtung

Vor allem die enorme Arbeitsbelastung von Ethik-Kommissionen[168] und die immer größere Komplexität der zu begutachtenden Protokolle hat in vielen Ländern zu Kritik an der derzeitigen Umsetzung des prozeduralen Prinzips der unabhängigen Begutachtung geführt. Zwar variieren die Organisationsformen von Ethik-Kommissionen von Land zu Land bisweilen erheblich, sodass die vorgebrachten Einwände oftmals nicht einfach aus dem jeweiligen nationalen Zusammenhang, dem sie entstammen, gelöst und auf andere Länder bezogen werden können.[169] Dessen ungeachtet ist die Kritik zum Teil auf Aspekte der Umsetzung des prozeduralen Prinzips der Begutachtung gerichtet, die in vielen nationalen Umsetzungsformen gleichermaßen anzutreffen sind, was eine Übertragung auf andere Kontexte legitim erscheinen lässt.

Das 2002 am Duke University Medical Center eingerichtete Consortium to Examine Clinical Research Ethics hat unlängst in einem Beitrag festgestellt: „The oversight of research involving human participants is widely believed inadequate."[170] In provokativer Weise fasst Ghersi die Auffassungen von anderen zusammen, wenn sie schreibt, Ethik-Kommissionen seien „a group made up of conscientious, sincere,

---

[166] Ebd., 36.

[167] Verschiedene Autoren fordern eine stärkere Beteiligung von Laien in Ethik-Kommissionen. Sie könnten, so ein zentrales Argument, als Repräsentanten der Öffentlichkeit der Gefahr eines „professionellen Halbdunkels" entgegenwirken. Sie würden damit eine ähnliche Rolle übernehmen wie Schöffen bei Gerichtsverfahren. Zugleich könnte so auch ein größeres Vertrauen gegenüber der medizinischen Forschung geschaffen werden; vgl. etwa Flöhl, *Ethikkommissionen – Erwartungen der Öffentlichkeit* sowie Neitzke, *Mitglieder Deutscher Ethik-Kommissionen – Wer sind sie und wer sollten sie sein?* Auch Dewitz, Luft und Pestalozza sprechen sich eindeutig für eine Beteiligung von Laien aus; vgl. Dewitz / Luft / Pestalozza, *Ethikkommissionen in der medizinischen Forschung*, 316.

[168] Dewitz, Luft und Pestalozza haben errechnet, dass die durchschnittliche Beratungsdauer je abschließend beratenem Antrag (in Deutschland im Jahre 2003) durchschnittlich 17,5 Minuten betrug; vgl. ebd., 71. Pentz geht – bezogen auf die Situation in den USA – sogar nur von 10 Minuten aus, die durchschnittlich für eine Begutachtung aufgewendet werden; vgl. Pentz, *Centralized IRBs*, 327.

[169] Einen kurzen Vergleich zwischen der deutschen Situation und der (rechtlichen) Stellung von Ethik-Kommissionen in den USA, Großbritannien und Österreich gibt Dewitz / Luft / Pestalozza, *Ethikkommissionen in der medizinischen Forschung*, 332 ff.

[170] Emanuel et al., *Oversight of Human Participants Research: Identifying Problems to Evaluate Reform Proposals*, 282. Siehe auch das Gutachten von Wood, Grady und Emanuel für den US-amerikanischen President's Council on Bioethics *The Crisis in Human Participants Research: Identifying the Problems and Proposing Solutions.*

and disinterested amateurs who are reviewing too much, too quickly, with too little expertise."[171] Und speziell mit Blick auf die Situation in Deutschland hat Dewitz bemerkt, in vielen Fällen könne „von einer rechtsstaatlichen Grundsätzen genügenden Überwachung medizinischer Forschung am Menschen durch Ethikkommissionen nicht gesprochen werden."[172]

Vor dem Hintergrund dieser Kritik fordern viele eine grundlegende Reform der Ethik-Kommissionen. Dabei darf freilich nicht übersehen werden, dass Veränderungen der Organisationsstruktur von Ethik-Kommissionen schon vollzogen worden sind – in Deutschland nicht zuletzt durch die 12. Novelle des *Arzneimittelgesetzes*, seit der ein positives Votum von Ethik-Kommissionen zwingend erforderlich ist, damit ein Forschungsprojekt beginnen kann.[173] Dies gibt der Tätigkeit von Ethik-Kommissionen (endgültig) den Charakter eines Verwaltungsaktes;[174] die Kommissionen selbst sind nicht nur von einem „Instrument der Selbstkontrolle" zu einem „Instrument der Fremdkontrolle" geworden,[175] sondern zu Behörden oder (unselbständigen) Teilen von Behörden.[176] Dieser Veränderung stehen die Ethik-Kommissionen ihrerseits scheinbar skeptisch gegenüber.[177]

iv)   Möglichkeiten zur Verbesserung der Arbeit von Ethik-Kommissionen

Trotz – oder vielleicht sogar gerade wegen – des bereits vollzogenen Funktionswandels von Ethik-Kommissionen in Deutschland bleiben die Einwände gegen die derzeitige Arbeits- und Organisationsform bestehen. Ein effektiver Probandenschutz, so der Kern der Kritik, sei auf der Basis des bestehenden Systems nicht gewährleistet. Will man Möglichkeiten zur Verbesserung der Arbeit von Ethik-Kommissionen ausloten, dann müssen zwei Fragen beantwortet werden, nämlich (1) Welchen Charakter soll die Prüfung durch Ethik-Kommissionen haben? und (2) Welche strukturellen Bedingungen müssen erfüllt sein, damit Ethik-Kommissionen den an sie gerichteten Auftrag erfüllen können? Während die zweite Frage eher auf organisatorische und administrative Probleme abhebt, die zwar faktisch großen Ein-

---

[171] Ghersi, *Research ethics committees and the changing research environment*, 325.

[172] Dewitz, *Stellungnahme zum Gesetzentwurf der Bundesregierung „Entwurf eines Zwölften Gesetzes zur Änderung des Arzneimittelgesetzes (Bundestagsdrucksache 15/2109 v. 01.12.2003)"*, 15.

[173] Vgl. Dewitz / Luft / Pestalozza, *Ethikkommissionen in der medizinischen Forschung*, 309.

[174] Vgl. ebd., 187 ff.

[175] Vgl. Classen, *Ethikkommissionen zur Beurteilung von Versuchen am Menschen: Neuer Rahmen, neue Rolle*, 148 f. Siehe auch Dewitz, Luft und Pestalozza: „Durch die Neuregelung des Arzneimittelrechts in Folge der Umsetzung der Richtlinie 2001/20/EG haben die Ethik-Kommissionen ihre Aufgabe als Kollegialberatungsorgan weitgehend eingebüßt. An die Stelle lokaler Beratung ist eine verfahrensrechtlich ausdifferenzierte Überwachungstätigkeit einer Ethik-Kommission je Klinischer Prüfung getreten." (Dewitz / Luft / Pestalozza, *Ethikkommissionen in der medizinischen Forschung*, 234).

[176] Vgl. ebd., 185 ff.

[177] Vgl. Doppelfeld, *Medizinische Ethik-Kommissionen im Wandel*, 20.

fluss auf die Arbeitsweise haben können, jedoch kaum konzeptionelle Erwägungen erforderlich machen, zielt die erste auf die grundsätzliche Organisationsform von Ethik-Kommissionen ab; sie muss folglich zuerst geklärt werden.

Grob lassen sich zwei alternative Modelle der Begutachtung unterscheiden, einerseits das (ursprüngliche) Modell der akademischen bzw. ärztlichen Selbstkontrolle, andererseits das Modell der behördlichen Aufsicht (analog zu anderen staatlichen Aufsichtsbehörden). Für jedes der Modelle lassen sich Argumente anführen, in Reinform überzeugen sie jedoch beide nicht. Vor allem das hohe Arbeitsaufkommen legt eine Professionalisierung durch Einrichtung einer „Probandenschutzbehörde" nahe. Auch der Gefahr von Loyalitätskonflikten könnte so möglicherweise besser begegnet werden.[178] Die Installierung von reinen „Probandenschutzbehörden" wäre jedoch auch mit großen Problemen behaftet. Eine vollständige Loslösung der ethischen Prüfung von Forschungsprotokollen aus dem ärztlichen bzw. akademischen Feld erscheint schon deshalb nicht sinnvoll, weil gerade dort die Expertise angesiedelt ist, die für eine qualifizierte Prüfung erforderlich ist. Selbst wenn Mediziner und Naturwissenschafter als Angestellte einer „Probandenschutzbehörde" tätig würden, so hätten sie doch keine direkte Verbindung zum aktuellen Forschungsgeschehen mehr.

Gewichtiger als diese Aspekte ist indessen der Einwand, eine weitgehende Professionalisierung könnte das Begutachtungsverfahren in der Sicht von Forschern endgültig zur rein bürokratischen Hürde verkommen lassen. Damit verbunden ist die Gefahr, ein solches Verfahren könnte dem Anschein Vorschub leisten, der einzelne Forscher sei der Verpflichtung, sein eigenes Handeln ethisch zu bewerten, enthoben. Anders als beim Modell der wissenschaftsinternen Kritik des eigenen Urteils könnte die behördlich institutionalisierte Überwachung als vollständige Delegierung der ethischen Evaluation vom Forscher, der ein Experiment plant und durchführt, an eine externe Instanz verstanden werden. Ein „Outsourcing" der normativen Bewertung des eigenen Handelns widerspricht freilich nicht nur der inhärenten Normativität von Wissenschaft, sondern auch dem Grundgedanken des sittlichen Subjektseins des Menschen und ist daher aus ethischer Sicht nicht akzeptabel. Die ethische Beurteilung eines konkreten Experiments anhand der durch die Forschungsethik etablierten Prinzipien kann nicht einfach auf eine externe Kontrollinstanz übergehen. Sie muss zunächst durch den Forscher selbst erfolgen. Er ist es – und insofern behält Bernard mit seiner oben referierten Auffassung Recht –, der sich ein Urteil bilden muss. Dieses muss er jedoch „am Verstande anderer" prü-

---

[178] Vgl. Dewitz / Luft / Pestalozza, *Ethikkommissionen in der medizinischen Forschung*, 139 ff., 312 f.; siehe auch Emanuel et al., *Oversight of Human Participants Research: Identifying Problems to Evaluate Reform Proposals*, 283; Wood / Grady / Emanuel, *The Crisis in Human Participants Research: Identifying the Problems and Proposing Solutions*; Campbell, *Concerns about IRBs in the enterprise of clinical research*.

fen.[179] Damit soll freilich nicht geleugnet werden, dass Ethik-Kommissionen *auch* die Funktion der externen Kontrolle und Überwachung zukommt. Ihre Tätigkeit darf jedoch nicht auf diesen Aspekt reduziert werden.[180]

Folgt man dieser Überlegung, dann wird man zwei Schlussfolgerungen ziehen müssen: Zum einen sollte im Zuge einer generell sicherlich wünschenswerten fortschreitenden Professionalisierung der kollegial-beratende Charakter der Ethik-Kommissionen nicht vollständig preisgegeben werden. Andererseits muss den steigenden Anforderungen an Ethik-Kommissionen natürlich Rechnung getragen werden. Wie genau diese beiden Aspekte in Deckung gebracht werden können, kann hier nicht abschließend erörtert werden. Denkbar wäre aber eine Mischlösung aus den beiden oben genannten Modellen. Zu diesem Ergebnis kommen auch Dewitz, Luft und Pestalozza in ihrer differenzierten Analyse: „Insgesamt erweist sich die Idee einer unabhängigen, interdisziplinär besetzten Ethik-Kommission, die zusätzlich zu weisungsgebundenen Behörden der unmittelbaren Staatsverwaltung z.T. beratend, z.T. entscheidend in die medizinische Forschung eingeschaltet wird, als sinnvoll und ausbaufähig."[181] Im Einzelnen erscheint Dewitz, Luft und Pestalozza ein höheres Maß an Standardisierung angezeigt, sowohl mit Blick auf die Besetzung der Kommissionen sowie die Qualifikation der Kommissionsmitglieder,[182] als auch mit Blick auf die Verfahrensabläufe. Insbesondere sollten Voten ihrer Meinung nach grundsätzlich begründet werden müssen.[183] Darüber hinaus erscheint es den Autoren sinnvoll, dass jede Ethik-Kommission einen hauptberuflichen Mitarbeiterstab

---

[179] Nach Kant ist es, wie er in seiner Anthropologieschrift ausführt, für jeden, der die Unart des „Egoismus des Verstandes" oder „logische Egoismus" vermeiden will, unerlässlich, die Kritik anderer zu suchen: „Der logische Egoist hält es für unnöthig, sein Urtheil auch am Verstande Anderer zu prüfen; gleich als ob er dieses Probirsteins (criterium veritatis extrenum) gar nicht bedürfte. Es ist aber gewiß, daß wir dieses Mittel, uns der Wahrheit unseres Urtheils zu versichern, nicht entbehren können, daß es vielleicht der wichtigste Grund ist, warum das gelehrte Volk so dringend nach der Freiheit der Feder schreit; weil, wenn diese verweigert wird, uns zugleich ein großes Mittel entzogen wird, die Richtigkeit unserer eigenen Urtheile zu prüfen, und wir dem Irrthum preis gegeben werden." (Kant, *Anthropologie in pragmatischer Hinsicht*, VII, 128 f.).

[180] Schon Toellner hat betont, Ethik-Kommissionen könnten das ärztliche Gewissen nicht vertreten, geschweige denn ersetzen: „Die sittliche und rechtliche Verantwortung bleibt notwendig beim entscheidenden und handelnden Arzt und Forscher [...]. Geschaffen und geeignet aber sind Ethik-Kommissionen dazu, das ärztliche Gewissen zu wecken, zu leiten und zu schärfen, aber auch es zu vergewissern und zu erleichtern." (Toellner, *Problemgeschichte: Entstehung der Ethik-Kommissionen*, 15).

[181] Dewitz / Luft / Pestalozza, *Ethikkommissionen in der medizinischen Forschung*, 331.

[182] Vgl. ebd., 316.

[183] Vgl. ebd., 315.

erhält.[184] Neben administrativen Mitarbeitern wäre hier vor allem an Juristen und Biostatistiker zu denken, da diese Expertise bei der Prüfung nahezu aller Forschungsprotokolle erforderlich ist.[185] Zusätzlich sollte es – wie bisher – einen Kreis von auf Zeit ernannten oder gewählten Kommissionsmitgliedern geben; darunter sollten neben Medizinern zumindest auch Vertreter der Pflegeberufe sein. Bedenkenswert ist darüber hinaus die (stärkere) Beteiligung von (medizinischen) Laien.[186] Schließlich sollte die Möglichkeit bestehen, Sachverständige hinzuzuziehen.[187]

In ihrem Reformvorschlag für das US-amerikanische IRB-System haben Wood, Grady und Emanuel die Notwendigkeit von studienbegleitenden Überwachungen durch Ethik-Kommissionen hervorgehoben. Insbesondere verlangen sie, Kommissionen sollten das Recht haben „site visits" durchzuführen.[188] Bedenkt man die zentrale Rolle der informierten Einwilligung und damit verbunden der Aufklärung von Probanden, dann erscheinen stichprobenartige Kontrollen dieses Prozesses durchaus sinnvoll.

Besonders heikel ist die Frage, wo die Ethik-Kommissionen angesiedelt sein sollten. Vor dem Hintergrund der gewandelten Aufgabenlage merken Dewitz, Luft und Pestalozza dazu in ihrem Gutachten an: „Dieser Wandel verlangt nach einem *neutralen* Ort, an dem das pluralistisch besetzte und vom Sachverstand beherrschte Gremium Ethik-Kommission angesiedelt und tätig wird. Als ein solcher Ort bietet sich heute die unmittelbare Staatsverwaltung – sei es auf Landesebene (etwa nach Bremer Vorbild), sei es auf Bundesebene (etwa nach dem Vorbild der Zentralen Ethik-Kommission für Stammzellenforschung) – eher an als die berufsständische oder akademische Selbstverwaltung, um deren Ureigenes es hier gar nicht geht. Sachverstand ist an Sitz- und Sitzungsorte nicht gebunden, und die organisatorische Distanz zum Hort der Fachbruderschaft kann förderlich sein. Auch aus der Sicht der Selbstverwaltungen dürfte sich eine Verlagerung ‚nach draußen' eher empfehlen. Für die Kammern geht es jenseits der berufsrechtlichen und -ethischen Beratung um eine eigentlich ‚fremde', heute zudem zunehmend riskante Aufgabe. Für die Hochschulen läuft es häufig genug auf ‚In-sich-Geschäfte' hinaus, die geeignet sein

---

[184] Vgl. ebd., 316. Vielerorts sind bereits Geschäftsstellen eingerichtet worden, die administrative Tätigkeiten übernehmen; vgl. Doppelfeld, *Medizinische Ethik-Kommissionen im Wandel*, 13 f.

[185] Vgl. Dewitz / Luft / Pestalozza, *Ethikkommissionen in der medizinischen Forschung*, 316. Die feste Installierung von Biostatistikern bei den Ethik-Kommissionen würde auch das Problem der begleitenden Datenanalyse entschärfen; vgl. oben IV.3.d. Gerade hier ist der gegenwärtige Zustand unbefriedigend, da in vielen Ethik-Kommissionen überhaupt keine Biostatistiker vertreten sind; vgl. ebd., 68 f.

[186] Vgl. ebd., 316.

[187] Vgl. ebd., 316 f. Diese Möglichkeit besteht allerdings heute schon; vgl. Doppelfeld, *Genmedizin aus der Sicht der Ethikkommissionen*, 243.

[188] Wood / Grady / Emanuel, *The Crisis in Human Participants Research: Identifying the Problems and Proposing Solutions*.

können, die gebotene Neutralität und Schutzfunktion der Kommission anzutasten."[189] Gegen diese Lösung kann freilich der Einwand erhoben werden, die Begutachtung von Forschungsprotokollen solle – wie bisher – *vor Ort* geschehen, weil nur dann kontextspezifische Faktoren angemessen berücksichtigt werden können. Wood, Grady und Emanuel haben indessen geltend gemacht, der Wert der Einbeziehung solcher Faktoren für den Probandenschutz sei niemals wirklich bewiesen worden.[190] Eine Verbindung zu den Strukturen vor Ort könne, so ihr Vorschlag, auch durch Verbindungsbüros hergestellt werden.[191] Institutionelle Besonderheiten könnten so berücksichtigt werden, ohne dass damit automatisch die Gefahr von Loyalitätskonflikten verbunden wäre.

Biomedizinische Forschung ist längst zu einer globalen Unternehmung geworden. Große Studien werden an vielen Orten parallel – multizentrisch – durchgeführt. Daher ist nicht nur eine Veränderung der Organisationsstruktur von Ethik-Kommissionen angezeigt, sondern auch eine stärkere Vernetzung der Kommissionen untereinander. Die *Richtlinie 2001/20/EG* sieht bereits vor, dass für multizentrische Studien im Hoheitsgebiet eines einzigen Mitgliedstaats dieser ein Verfahren festlegen muss „wonach für den betreffenden Mitgliedstaat ungeachtet der Anzahl der Ethik-Kommissionen eine einzige Stellungnahme abgegeben wird."[192] Wird eine Studie in mehreren Ländern durchgeführt, kommt es dennoch zu einer Vielzahl von Voten. Dies kann beispielsweise dann zu einem Problem werden, wenn Ethik-Kommissionen widersprüchliche Änderungswünsche anmelden. Eine stärkere Kooperation zwischen den Kommissionen ist daher unerlässlich. Diese könnte etwa durch eine virtuelle Plattform gefördert werden, die es Ethik-Kommissionen ermöglicht, auch über große Distanzen hinweg in einen intensiven Austausch zu treten. Dabei wäre insbesondere auch der schnelle Austausch über „adverse events" im Rahmen von Studien wünschenswert. Mit dem Arbeitskreis Medizinischer Ethik-Kommissionen besteht in Deutschland natürlich bereits ein Forum für den Austausch. Fraglich ist jedoch, ob angesichts der skizzierten Anforderungen nicht eine engere Vernetzung erforderlich ist, die nicht mehr den Charakter eines bloß freiwilligen Zusammenschlusses hätte.

---

[189] Dewitz / Luft / Pestalozza, *Ethikkommissionen in der medizinischen Forschung*, 310 f.

[190] Wood / Grady / Emanuel, *The Crisis in Human Participants Research: Identifying the Problems and Proposing Solutions.*

[191] Die Autoren propagieren in ihrem Gutachten für den President's Council on Bioethics ein System von Regional Ethics Boards (REB) anstelle der Institutional Review Boards (IRB). Dabei gilt es allerdings zu bedenken, dass Schätzungen zufolge in den USA derzeit 4.000 bis 6.000 IRB existieren. Eine regionale Konzentration erscheint daher wesentlich eher geboten als in Deutschland, wo die Zahl der Kommissionen mit 52 durchaus überschaubar ist.

[192] Das Europäische Parlament und der Rat der Europäischen Union, *Richtlinie 2001/20/EG*, Art. 7.

v)   Forschungsethik als integraler Bestandteil der medizinisch-
naturwissenschaftlichen Ausbildung

Aus der unaufgebbaren Verpflichtung des Forschers, sein eigenes Handeln in ethischer Hinsicht zu bewerten – und diese Bewertung vor einer Ethik-Kommission
darzulegen –, folgt aber noch eine weitere Konsequenz: Das (prozedurale) Prinzip
der externen Begutachtung muss ergänzt werden durch ein zweites Prinzip, dass auf
die *Ausbildung ethischer Urteilskompetenz auf der Seite der Forscher* abzielt: Forschungsethik muss zu einem *integralen Bestandteil der medizinisch-naturwissenschaftlichen Ausbildung*
werden.[193] Denn für eine kritische Selbstvergewisserung des eigenen Handelns reichen moralische Intuitionen angesichts der Komplexität forschungsethischer Frage-
und Problemstellungen oftmals nicht aus. Ziel einer curricularen Vermittlung von
Forschungsethik muss es daher sein, Forscher mit den methodischen Instrumenten
vertraut zu machen, die für eine umfassende ethische Reflexion erforderlich sind.
Erst auf der Grundlage einer ethischen Selbstvergewisserung ist es möglich, die externe Begutachtung tatsächlich als Gelegenheit zur Prüfung des eigenen ethischen
Urteils „am Verstande anderer" zu begreifen. Ist dies hingegen gewährleistet, dann
wird die externe Begutachtung durch eine Ethik-Kommission auch nicht lediglich
als pflichtmäßige Kontrolle und Überwachung oder gar als forschungshemmende
Hürde (miss-)verstanden. Das Faktum der externen Begutachtung begründet gleichsam die *Notwendigkeit* für den Forscher, eine eigene reflektierte ethische Position
auszubilden. Die Vermittlung von zentralen Inhalten und Methoden der Forschungsethik gibt ihm dazu die *Möglichkeit*. Dieses Zusammenspiel kann verhindern,
dass das prozedurale Prinzip der externen Begutachtung dazu führt, dass sich Forscher der eigenen ethischen Bewertung für enthoben halten. Man darf wohl annehmen, dass dies auch der Beachtung forschungsethischer Prinzipien zugute käme.
Denn selbst wenn man davon ausgeht, dass ein prinzipienbasierter Ansatz für die
Forschungsethik adäquat ist, kann die Einhaltung von ethischen Prinzipien durch
externe Kontrolle allein kaum gewährleistet werden. So wird man denn auch Henry

---

[193] Vgl. Heinrichs et al., *Forschungsethik als integrativer Bestandteil der medizinisch-
naturwissenschaftlichen Ausbildung.* Es ist nicht nur von historischem Interesse, dass bereits
die *Reichsrichtlinien zur Forschung am Menschen* aus dem Jahre 1931 eine ähnliche Forderung
enthalten: „Schon im akademischen Unterricht soll bei jeder geeigneten Gelegenheit auf
die besonderen Pflichten hingewiesen werden, die dem Arzte bei Vornahme einer neuen
Heilbehandlung oder eines wissenschaftlichen Versuchs sowie auch bei der Veröffentlichung ihrer Ergebnisse obliegen." (Reichsminister des Inneren, *Reichsrichtlinien zur Forschung am Menschen,* Nr. 14). Gleichwohl stellt die Integration forschungsethischer Lehr-
inhalte in die medizinisch-naturwissenschaftliche Ausbildung weiterhin ein Desiderat
dar; vgl. Eisen / Berry, *The Absent Professor: Why We Don't Teach Research Ethics and What
to Do about it.*

K. Beecher zustimmen können, der bemerkt hat: „A far more dependable safeguard than consent is the presence of a truly *responsible* investigator."[194]

vi)   Der Aufbau einer „ethischen Infrastruktur"

Neben den Industrieländern werden auch zunehmend Entwicklungsländer zum Durchführungsort von biomedizinischen Humanexperimenten.[195] Dies ist unter anderem deshalb aus ethischer Perspektive nicht unproblematisch, weil dort die für einen effektiven Probandenschutz erforderliche „ethische Infrastruktur" oftmals kaum entwickelt ist. Der Council for International Organizations of Medical Sciences (CIOMS) trägt diesem Umstand dadurch Rechnung, dass er in seinen Richtlinien zur Forschung am Menschen die Notwendigkeit zum „capacity building" nicht nur mit Blick auf „research capacity", sondern auch bezogen auf eine „ethische Infrastruktur" eigens herausstellt.[196] Und auch Macpherson kommt zum dem Ergebnis: „In conclusion, IRBs in developing nations require expertise to get started, and local institutional and government support to be sustainable."[197] Es ist vor diesem

---

[194] Beecher, *Ethics and Clinical Research*, 1355. Der bisweilen diskreditierte Begriff „Gesinnung" erscheint in diesem Zusammenhang nicht ungeeignet, um die besondere moralische Dimension der Tätigkeit des Forschers zu kennzeichnen. Max Weber hat bekanntermaßen den Begriff der Gesinnungsethik gegen den der Verantwortungsethik gestellt; vgl. Weber, *Politik als Beruf*, 237 ff. Gerade gegen Kant wird unter dem Schlagwort der Gesinnungsethik eingewendet, im Rahmen seiner Moralphilosophie würden Handlungsfolgen nicht auf angemessene Weise in die moralische Bewertung einer Handlung einbezogen. Schmucker weist indessen zu Recht darauf hin, dass der Begriff der Gesinnung nicht die Bedeutungslosigkeit von Handlungsfolgen anzeigt, sondern lediglich, dass eine Handlung ihren sittlichen Wert aus dem sittlich guten Willen erhält und nicht umgekehrt; vgl. Schmucker, *Der Formalismus und die materialen Zweckprinzipien in der Ethik Kants*, 114. Im ethisch sensiblen Bereich biomedizinischer Humanexperimente wird die bloße Beachtung von Gesetzen und Richtlinien „dem Buchstaben nach" nicht hinreichen. Ohne die „richtige Gesinnung" der Forscher dürfte eine verantwortungsvolle Forschungspraxis kaum realisierbar sein. Dessen ungeachtet sind gesetzliche Regelungen natürlich notwendig. So auch Wiesemann: „Dies trägt der Tatsache Rechnung, dass ethische Normen allein noch keine Garantie für ihre Einhaltung geben. Dazu bedarf es besonderer Maßnahmen der Befähigung, Motivation und – wo diese nicht ausreichen – auch der Kontrolle." (Wiesemann, *Ethische Probleme und rechtliche Regelung der Forschung mit Kindern und Jugendlichen*, 133). Im Übrigen sei darauf hingewiesen, dass die Regelungslage in Deutschland bisher nur bedingt befriedigen kann, insbesondere weil viele Formen biomedizinischer Forschung überhaupt nicht durch Spezialgesetze geregelt sind; zudem sind die einschlägigen Paragraphen des *Arzneimittelgesetzes* in Formulierung und Aufbau an Unklarheit kaum zu überbieten.

[195] Vgl. unten V.3.

[196] Vgl. Council for International Organizations of Medical Sciences (CIOMS), *International Ethical Guidelines for Biomedical Research Involving Human Subjects (2002)*, Guideline 20.

[197] Macpherson, *IRBs in developing countries*, 329.

Hintergrund zu begrüßen, dass sich Organisationen wie die UNESCO intensiv um den Aufbau entsprechender Strukturen in Entwicklungsländern bemühen.[198] Ohne finanzielle Unterstützung (aus den Industrieländern) werden solche Bemühungen freilich kaum erfolgreich sein können.[199] Es muss daher als ein wichtiger Bestandteil internationaler Wissenschaftskooperationen gelten, den Aufbau von Ethik-Kommissionen in Entwicklungsländern sowohl ideell als auch materiell zu fördern.

b)   Das Dokumentationsprinzip

Bereits in den *Reichsrichtlinien* von 1931 ist mit der Verpflichtung zur umfassenden *Dokumentation* ein weiteres prozedurales Prinzip enthalten. Festzuhalten sind demnach „der Zweck der Maßnahme, ihre Begründung und die Art ihrer Durchführung" sowie ein Vermerk über die informierte Einwilligung des Probanden nach vorangegangener Aufklärung.[200] Neuere forschungsethische Kodizes legen explizit fest, dass die informierte Einwilligung der Probanden dokumentiert werden muss.[201] Forschungsprotokolle, in denen die Hintergründe, Zwecke, Durchführungsmodalitäten etc. beschrieben werden, müssen in Schriftform bei Ethik-Kommissionen eingereicht werden.[202] Das Dokumentationsprinzip steht somit in enger Verbindung zum Prinzip der externen Begutachtung. Es stellt sicher, dass die Einhaltung der inhaltlichen Prinzipien jederzeit überprüft werden kann. Gleichzeitig dient es natürlich auch der Entlastung des Arzt-Forschers, insofern er anhand der Dokumentation die Befolgung ethischer Standards belegen kann.

---

[198] Vgl. United Nations Educational, Scientific and Cultural Organization (UNESCO), *Teaching of Ethics* sowie United Nations Educational, Scientific and Cultural Organization (UNESCO), *Establishing Bioethics Committees*. Zu dieser Thematik siehe ferner National Bioethics Advisory Commission, *Ethical and Policy Issues in International Research: Clinical Trials in Developing Countries*, insbesondere Recommendation 5.7 sowie Nuffield Council on Bioethics, *The ethics of research related to healthcare in developing countries*, insbesondere §§ 10.36-10.41.

[199] Vgl. Nuffield Council on Bioethics, *The ethics of clinical research in developing countries*, 10.

[200] Reichsminister des Inneren, *Reichsrichtlinien zur Forschung am Menschen*, Nr. 10. Auch in der *Anweisung* aus dem Jahr 1900 wird bereits darauf hingewiesen, dass „bei jedem derartigen Eingriff die Erfüllung der Voraussetzungen [...] sowie alle näheren Umstände des Falles auf dem Krankenblatt zu vermerken sind." (Minister der geistlichen, Unterrichts- und Medizinal-Angelegenheiten, *Anweisung an die Vorsteher der Kliniken, Polikliniken und sonstigen Krankenanstalten*, 189).

[201] Vgl. Council for International Organizations of Medical Sciences (CIOMS), *International Ethical Guidelines for Biomedical Research Involving Human Subjects (2002)*, Guideline 4 (Commentary); World Medical Association, *Declaration of Helsinki (2000)*, Nr. 22.

[202] Vgl. den ausführlichen Appendix I der *International Ethical Guidelines for Biomedical Research Involving Human Subjects (2002)* des Council for International Organizations of Medical Sciences (CIOMS), der 48 Einzelpunkte enthält, die in einem Forschungsprotokoll dokumentiert werden sollen.

c)   Das Publikationsprinzip

Ebenfalls in engem Zusammenhang mit den beiden genannten Prinzipien steht ein prozedurales Prinzip, das als *Publikationsprinzip* bezeichnet werden kann. In mehr oder weniger deutlicher Form wird es in den „aktuellen" forschungsethischen Kodizes aufgeführt.[203] Ungeachtet dieses weitgehenden Anerkenntnisses der Bedeutung steht die praktische Umsetzung des Publikationsprinzips – anders als bei der Maßgabe der externen Begutachtung – allerdings noch weitgehend aus.[204]

Den normativen Kern bildet hierbei *das Nichtschadenprinzip* bzw. *das Alternativlosigkeitsprinzip* (als Spezifizierung des ersteren): Wenn Humanexperimente grundsätzlich rechtfertigungsbedürftig sind und nur unter der Bedingung als ethisch legitim gelten, dass keine alternativen Forschungsstrategien einen vergleichbaren Erkenntnisgewinn ermöglichen, dann muss alles daran gesetzt werden, dass bereits gewonnene Erkenntnisse sowohl für Forscher als auch für Ethik-Kommissionen verfügbar gemacht werden.[205] Nur so kann eine fundierte Bewertung der Alternativlosigkeit erfolgen. Bleiben hingegen bereits gewonnene Erkenntnisse unveröffentlicht, besteht die Gefahr, dass gleiche oder ähnliche Experimente wiederholt durchgeführt werden.[206] Folgt man dieser Überlegung, dann ist klar, dass sich das *Publikationsprinzip* nicht nur auf die Veröffentlichung von „positiven", „wissenschaftlich interessanten" oder gar „erwünschten" Ergebnissen bezieht.[207] Auch und gerade die

---

[203] Vgl. Council of Europe, *Additional Protocol to the Convention on Human Rights and Biomedicine Concerning Biomedical Research*, Art. 28; World Medical Association, *Declaration of Helsinki (2000)*, Nr. 27; Council for International Organizations of Medical Sciences (CIOMS), *International Ethical Guidelines for Biomedical Research Involving Human Subjects (2002)*, Appendix 1, Nrn. 45-47.

[204] Vgl. Manheimer / Anderson, *Survey of public information about ongoing clinical trials funded by industry*; Dickersin / Rennie, *Registering Clinical Trials*; zu einer neueren Entwicklung siehe Steinbrook, *Public Registration of Clinical Trials*; Steinbrook, *Registration of Clinical Trials – Voluntary or Mandatory* sowie die folgenden Ausführungen.

[205] Man könnte das *Publikationsprinzip* insofern auch als Fortbestimmung des *Nichtschadenprinzips* ansehen. Der *prozedurale* Charakter des Prinzips legt es indessen nahe, es systematisch im Bereich der *prozeduralen Prinzipien* zu verorten. Auf eine weitere Dimension weisen Dewitz, Luft und Pestalozza hin: „Eine Studie, deren Ergebnisse nicht veröffentlicht werden sollen, kann keinen Nutzen für die Heilkunde haben. Insoweit muss vonseiten einer Ethik-Kommission eine Veröffentlichungspflicht für Studienergebnisse über die Nutzenbewertung verlangt werden." (Dewitz / Luft / Pestalozza, *Ethikkommissionen in der medizinischen Forschung*, 272).

[206] Daneben besteht natürlich die Gefahr, dass Probanden im Rahmen von klinischen Studien oder auch Patienten im Rahmen der medizinischen Praxis eine bereits als suboptimal erkannte medizinische Versorgung erhalten und dadurch zu Schaden kommen; vgl. Savulescu / Chalmers / Blunt, *Are research ethics committees behaving unethically?*, 1390; Dickersin / Rennie, *Registering Clinical Trials*, 517 f.

[207] Für die Veröffentlichung wissenschaftlich interessanter Ergebnisse ist wohl kaum ein ethisches Gebot erforderlich, entspricht es doch gerade dem kompetitiven Charakter

Veröffentlichung sogenannter „Negativresultate" wird durch das Publikationsprinzip gefordert. Es erscheint sogar nicht verfehlt, die verbreitete Praxis der Nichtveröffentlichung von Negativresultaten[208] als Form von wissenschaftlichem Fehlverhalten anzusehen.[209] Ebenso müssen Verträge zwischen Forschern und Sponsoren einer Studie als inakzeptabel gelten, die Ersteren die wissenschaftliche Auswertung und Publikation von Studienergebnissen ohne Einwilligung der Letzteren unmöglich machen.[210]

Aber auch eine Fokussierung auf die Ergebnisse von Experimenten ist problematisch; neben den Resultaten müssen die methodischen Hintergründe eines Experiments offen gelegt werden, da sonst der epistemische Status der Ergebnisse – oder ihr Informationswert – unklar bleibt.[211] Diese Einsicht hat eine Reihe von Autoren dazu veranlasst, im Jahre 1996 das CONSORT *(Consolidated Standards of Reporting Trials) Statement* zu veröffentlichen, in dem für den Bereich randomisierter klinischer Studien festgeschrieben wird, welche methodischen Fakten bei der Veröffentlichung einer Studie dargelegt werden müssen. Die mittlerweile von vielen Fachzeitschriften verwendete Checkliste umfasst in der revidierten Fassung aus dem Jahre 2001 unter anderem folgende Punkte: Art der Zuordnung zu Therapiegruppen, wissenschaftlicher Hintergrund, Einschlusskriterien, Ort der Durchführung, Ausgangshypothese, primäre und sekundäre Zielkriterien, geplante Zwischenanalysen, Randomisierungs- und Verblindungsmethode, statistische Auswertungsverfahren, Anzahl der Probanden, Zeitraum der Rekrutierung, demographische und klinische Charakteristika aller Gruppen, Anzahl der ausgewerteten Probanden, Ergebnisse und Schätzmethoden, unerwünschte Wirkungen, Generalisierbarkeit, Diskussion und Interpretation der

---

der Wissenschaft, ein Ergebnis als erster erzielen zu wollen. Einen Erfolg in dieser Hinsicht wird man den übrigen „Wettbewerbern" entsprechend zeitnah auf dem Wege der Publikation kundtun wollen.

[208] Empirisch belegt wird dies etwa durch eine Studie von Krzyzanowska, Pintilie und Tannock, der zufolge von 510 untersuchten Phase III-Studien, die bei Treffen der American Society of Clinical Oncology präsentiert wurden, letztlich immerhin 26% nach einer Frist von fünf Jahren nicht publiziert worden waren. Dabei betrug der Anteil veröffentlichter Studien mit signifikanten Ergebnissen 81%, der mit nicht-signifikanten Ergebnissen hingegen lediglich 68%; vgl. Krzyzanowska / Pintilie / Tannock, *Factors Associated With Failure to Publish Large Randomized Trials Presented at an Oncology Meeting.* Siehe dazu auch die aktuelle Studie *Fate of biomedical research protocols and publication bias in France: retrospective cohort study* von Decullier, Lhéritier und Chapuis, die ebenfals bestätigt, dass Studien mit „positiven" Ergebnissen häufiger und auch schneller veröffentlicht werden als solche mit „negativen" Ergebnissen.

[209] Vgl. Chalmers, *Underreporting Research Is Scientific Misconduct.*

[210] Das International Committee of Medical Journal Editors (ICMJE) hat diesen Aspekt nachdrücklich in einer Stellungnahme aus dem Jahre 2001 betont; vgl. Davidoff et al., *Sponsorship, Authorship, and Accountability.*

[211] Vgl. oben III.1.a, wo bereits die Bedeutung des Versuchsprotokolls als „Anleitung zur Reproduktion" thematisiert worden ist.

Ergebnisse sowie eine Bewertung der Evidenz.[212] Auch wenn nicht für alle Arten von (Human-)Experimenten eine vergleichbare Checkliste ohne weiteres festgeschrieben werden kann, so sollte doch generell gelten, dass bei der Veröffentlichung von Ergebnissen auch die methodischen Hintergründe transparent gemacht werden, sodass eine adäquate Einschätzung von Ergebnissen ermöglicht wird.

Eine wesentlich weitergehende Forderung haben Chalmers und Altman im Zusammenhang mit dem Publikationsprinzip in die Diskussion eingebracht. Sie verlangen, dass Forschungsprotokolle vor Beginn einer Studie veröffentlicht werden. Diese Praxis würde die nachträgliche Veränderung von Studienzielen und Analysemethoden verhindern.[213] Sogar ein offenes Reviewverfahren ist erwogen worden, in dem Experten gemeinsam an der Verbesserung von Forschungsprotokollen arbeiten, um so ein optimales Studiendesign zu erzielen.[214] Allerdings waren entsprechende Initiativen in der Vergangenheit nicht erfolgreich. Eine Veröffentlichung von bereits begutachteten Protokollen hingegen ist durchaus praktikabel, wie das Beispiel der Fachzeitschrift *The Lancet* zeigt, die mit der Veröffentlichung von Zusammenfassungen von Forschungsprotokollen im Jahre 1997 begonnen hat.[215] Chalmers und Altman glauben, dass die Möglichkeiten, die durch elektronische Fachzeitschriften und den schnellen Zugriff über das World Wide Web eröffnet werden, diese Praxis befördern könnten. Sie stellen sich vor, dass die Veröffentlichung eines Protokolls lediglich das erste Element im Rahmen einer „sequence of ‚threaded‘ electronic publications" darstellt, welche durch weitere Berichte, die Veröffentlichung der Ergebnisse und schließlich sogar der kompletten Datensätze fortgesetzt würde.[216] Sowohl in medizinisch-wissenschaftlicher als auch in ethischer Hinsicht kann eine derartige Ausweitung des Publikationsprinzips nur begrüßt werden. Die Annahme erscheint durchaus begründet, dass dadurch die Qualität von Forschungsprotokollen erhöht, Dopplungen vermieden und die Zusammenarbeit zwischen Forschern befördert werden könnte. All dies würde auch dem Probandenschutz zu Gute kommen.

Aus ethischer Sicht besonders zu betonen ist schließlich noch die Verpflichtung, etwaige Interessenkonflikte der beteiligten Forscher offen zu legen. Dies umfasst insbesondere die Angabe der Sponsoren einer Studie sowie anderer ökonomischer

[212] Vgl. Moher / Schulz / Altman, *The CONSORT Statement: Revised Recommendations for Improving the Quality of Reports of Parallel-Group Randomized Trials*, 659 (Table). Übersetzungen des Statements in zahlreiche Sprachen sind über die Internetseite URL *http://www.consort-statement.org* verfügbar.

[213] Vgl. Chalmers / Altman, *How can medical journals help prevent poor medical research?*, 491.

[214] Vgl. ebd., 490.

[215] Näheres unter URL *http://www.thelancet.com/journals/lancet/misc/protocol.*

[216] Vgl. Chalmers / Altman, *How can medical journals help prevent poor medical research?*, 492.

oder institutioneller Verbindungen, die der unvoreingenommenen Durchführung eines Forschungsprotokolls entgegenstehen könnten.[217]

Als mögliche praktische Implementierung des Publikationsprinzips wird seit langem eine (verpflichtende) Registrierung von klinischen Studien gefordert.[218] Auf diesem (indirekten) Wege soll sichergestellt werden, dass Studien, deren Ausgang „uninteressante" oder gar für den Durchführenden nachteilige Ergebnisse liefern, nicht einfach verheimlicht werden können. Tatsächlich existiert bereits eine Vielzahl von unterschiedlichen nationalen und internationalen Registern.[219] Dessen ungeachtet bleibt ein Großteil durchgeführter Studien nach wie vor unregistriert.[220] Im Jahre 1997 haben mehr als 100 medizinische Fachzeitschriften eine „amnesty for unpublished trials" initiiert und diese mit der nachdrücklichen Aufforderung verbunden, Informationen über unpublizierte Studien an sie zu leiten.[221] Nach einem Jahr gestanden die Initiatoren jedoch ein, dass der Aufruf nicht die erhoffte Wirkung gehabt habe. Lediglich 165 Studien wurden gemeldet – „a drop in the ocean of unpublished research", wie die Initiatoren resigniert feststellten.[222]

Einen wichtigen Schritt hin zur praktischen Umsetzung des Publikationsprinzips hat das International Committee of Medical Journal Editors (ICMJE) im Jahre 2004 vollzogen, indem es eine „trials-registration policy" in Geltung gesetzt hat.[223] Demnach werden von Juli 2005 an von den beteiligten Fachzeitschriften – darunter das *Journal of the American Medical Association,* das *New England Journal of Medicine* sowie *The Lancet* – nur noch Ergebnisse von klinischen Studien zur Publikation angenommen, wenn diese *vor Studienbeginn* in einem *öffentlichen Studienregister* angemeldet wurden.[224] Die Herausgeber legen kein bestimmtes Register fest, nennen jedoch Kriterien, die ein Register im Sinne ihrer Richtlinie erfüllen muss: Öffentlicher und kostenloser

---

[217] Vgl. World Medical Association, *Declaration of Helsinki (2000)*, Nr. 27; Council for International Organizations of Medical Sciences (CIOMS), *International Ethical Guidelines for Biomedical Research Involving Human Subjects (2002)*, Commentary to Guideline 2.

[218] Vgl. dazu die tabellarische Übersicht bei Dickersin / Rennie, *Registering Clinical Trials*, 518 (Table 1). Aus ethischer Sicht kann eine Beschränkung auf klinische Studien – oder gar Phase II / III-Studien – nicht überzeugen. Wie die übrigen ethischen Prinzipien, so muss auch das Publikationsprinzip mit Bezug auf *alle* Humanexperimente Anwendung finden.

[219] Vgl. ebd., 518 f.; Manheimer / Anderson, *Survey of public information about ongoing clinical trials funded by industry*, 529 f.

[220] Vgl. Dickersin / Rennie, *Registering Clinical Trials*, 517

[221] Vgl. Smith / Roberts, *An amnesty for unpublished trials.*

[222] Roberts, *An amnesty for unpublished trials,* 763.

[223] Befördert wird die Idee einer verbindlichen Registrierung klinischer Studien nicht zuletzt wohl auch durch eine Klage gegen GlaxoSmithKline wegen Zurückhaltung von ungünstigen Studienergebnissen; vgl. Dyer, *GlaxoSmithKline to set up comprehensive clinical trial register.*

[224] Vgl. De Angelis et al., *Clinical Trial Registration: A Statement from the International Committee of Medical Journal Editors.*

Zugang, Verfügbarkeit für alle zukünftigen Studien und Verwaltung durch eine Non-Profit-Organisation. Ferner wird ein Mechanismus zur Überprüfung der Daten gefordert sowie das Vorhandensein einer elektronischen Suchfunktion.[225] Mit Blick auf die Informationen über eine Studie, die ein Register mindestens enthalten muss, fordern die Herausgeber „a unique identifying number, a statement of the intervention (or interventions) and comparison (or comparisons) studied, a statement of the study hypothesis, definitions of the primary and secondary outcome measures, eligibility criteria, key trial dates (registration date, anticipated or actual start date, anticipated or actual date of last follow-up, planned or actual date of closure to data entry, and date trial data considered complete), target number of subjects, funding source, and contact information for the principal investigator."[226] Durch diese Maßnahme erhofft sich das ICMJE, die Praxis des „selective reporting" einzudämmen. Den möglichen Einwand, eine verpflichtende Registrierung stelle einen unnötigen bürokratischen Aufwand dar und sei nicht vereinbar mit einer Medikamentenforschung im marktwirtschaftlich organisierten Wettbewerb, lässt das ICMJE nicht gelten.[227] Das erhöhte Vertrauen der Öffentlichkeit werde, so die Entgegnung der Herausgeber, die Kosten einer vollständigen Offenlegung ausgleichen. Außerdem habe die Forschung eine „obligation to conduct research ethically and to report it honestly."[228]

Auch wenn die Initiative des ICMJE als Schritt hin zu einer besseren praktischen Umsetzung des *Publikationsprinzips* angesehen werden muss, so kann es dennoch nicht schon als abschließende und befriedigende Lösung gelten. Zunächst wird damit das Problem des „selective reporting" nicht direkt angegangen, denn auch eine Vorab-Registrierung garantiert noch nicht die spätere Veröffentlichung von Ergebnissen. Dennoch erscheint es nicht unplausibel, dass ein solcher „indirekter" Weg eine effektive Maßnahme gegen das Verheimlichen von unliebsamen Studienresultaten darstellt.[229] Schwerwiegender ist der Einwand, dass industriell geförderte Medi-

---

[225] Auch wenn sich die Herausgeber nicht auf ein spezielles Register festlegen, so stellen sie doch fest, dass von den existierenden Registern lediglich *ClinicalTrials.gov* den geforderten Bedingungen entspricht.

[226] Ebd., 1251.

[227] Kritisch zu diesen Einwänden auch schon Dickersin / Rennie, *Registering Clinical Trials*, 519 ff.

[228] Vgl. De Angelis et al., *Clinical Trial Registration: A Statement from the International Committee of Medical Journal Editors*, 1250. Auch das *British Medical Journal (BMJ)* hat der vom ICMJE in Geltung gesetzten „trials-registration policy" grundsätzlich zugestimmt. Wie schwierig es sein wird, eine umfassende internationale Regelung zu erzielen, zeigt sich indessen darin, dass das *BMJ ClinicalTrials.gov* als Register ablehnt und auch die vom ICMJE aufgestellten Kriterien nicht vollständig teilt; vgl. Abbasi, *Compulsory registration of clinical trials*. Ein „Meta-Register", das unterschiedliche nationale und internationale Register verbindet, könnte eine pragmatische Lösung darstellen; vgl. Dickersin / Rennie, *Registering Clinical Trials*, 522.

[229] Vgl. ebd., 518.

kamentenforschung, die nach Schätzungen etwa 60% der gesamten Forschungsaktivität ausmacht,[230] von einer solchen Regulierung nur unzureichend erfasst wird. Wissenschaftliche Anerkennung durch die Publikation in angesehenen Fachzeitschriften steht hier nämlich keineswegs im Vordergrund. Solange die *Zulassung* von Medikamenten ohne eine Registrierung möglich ist, werden Pharmafirmen das Publikationsprinzip kaum ernst nehmen.[231] Nur eine gesetzlich verankerte Regelung, die es verpflichtend macht, *jedes* Humanexperiment vor Beginn der Durchführung in einem öffentlich zugänglichen Register anzumelden, vermag der im Publikationsprinzip formulierten Verpflichtung praktische Wirkung zu verleihen.[232] Sinnvoll erscheint in diesem Zusammenhang der Vorschlag, ein dem System der International Standard Book Number (ISBN) vergleichbare Kennzeichnungssystematik zu etablieren.[233] Ob möglicherweise Teile eines solchen Registers, die wettbewerbsrelevante Informationen enthalten, nur den Mitgliedern von Ethik-Kommissionen zugänglich sein sollten, wäre zu klären. Stellt man die fundamentale Bedeutung forschungsethischer Prinzipien in Rechnung, dann können solche, zweifellos ernst zu nehmenden Probleme letztlich jedoch nicht als Argument gegen eine verpflichtende Veröffentlichung zählen.[234]

Es erscheint naheliegend, die Kontrolle der Registrierung in den Prozess der externen Begutachtung zu integrieren und somit eine direkte (auch institutionelle) Verbindung zwischen den beiden prozeduralen Prinzipien zu etablieren. Es wäre demnach Aufgabe der Ethik-Kommissionen zu überprüfen, ob ein eingereichtes Forschungsprotokoll angemeldet wurde; eine fehlende Registrierung sollte als Ab-

---

[230] Vgl. ebd., 519.

[231] Selbst eine gesetzliche Regelung zur Registrierung, wie sie in den USA für bestimmte Studien bereits besteht, bleibt – das zeigt die Erfahrung dort – wirkungslos, solange keine Mechanismen zur zwangsweisen Durchsetzung vorgesehen sind; vgl. ebd., 520.

[232] Zu diesem Ergebnis kommen auch Manheimer und Anderson: „Mandatory registration is the only sure route for obtaining information about ongoing and completed clinical trials by industry." (Manheimer / Anderson, *Survey of public information about ongoing clinical trials funded by industry*, 531).

[233] Vgl. Dickersin / Rennie, *Registering Clinical Trials*, 518; Steinbrook, *Public Registration of Clinical Trials*, 316.

[234] So auch das Fazit von Dewitz, Luft und Pestalozza in ihrem Gutachten für die Enquete-Kommission: „Danach sprechen die besseren Argumente für ein *öffentliches* Register. Eine solche Verpflichtung stellt einen Eingriff in die Grundrechte des jeweiligen Urheberrechtsinhabers (= Forschers, Pharmazeutischen Unternehmers) dar, welcher durch vorrangige auch grundrechtlich geschützte Interessen anderer (insbesondere der Studienteilnehmer, aber auch der übrigen am Gesundheitswesen derzeit und künftig Beteiligten) und der Gemeinschaft gerechtfertigt ist, soweit der Ausgleich der beteiligten Grundrechte i.S. einer praktischen Konkordanz schonend und das heißt vor allem: unter Berücksichtigung berechtigter patentrechtlicher Interessen erfolgt." (Dewitz / Luft / Pestalozza, *Ethikkommissionen in der medizinischen Forschung*, 318).

lehnungsgrund festgeschrieben werden.[235] Savulescu, Chalmers und Blunt vertreten sogar die Auffassung, Ethik-Kommissionen würden ihrerseits unmoralisch agieren, wenn sie die Einhaltung des Publikationsprinzips nicht einfordern und überwachen.[236] Im Sinne eines effektiven und umfassenden Probandenschutzes müssten Ethik-Kommissionen ihrer Meinung nach fünf Aufgaben erfüllen: „(1) Require systematic review of existing research before approving research"; „(2) Require that a summary of relevant systematic reviews be made available to potential participants"; „(3) Require registration of clinical trials at inception as a condition of approval"; „(4) Require a commitment to ensure that research results are made publicly accessible as a condition of approval"; und „(5) Audit the reporting of results of research previously approved".[237] Es zeigt sich, dass die Autoren hier Forderungen formulieren, die unmittelbar aus dem Alternativlosigkeitsprinzip und dem – damit eng verbundenen – Publikationsprinzip folgen. Vor dem Hintergrund der bisherigen Überlegungen kann man daher nur zum Ergebnis kommen, dass es sich um zentrale Maßgaben der Ethik der Forschung am Menschen handelt, deren Einhaltung zunächst in der Verantwortung der Forscher liegt und deren Kontrolle tatsächlich Aufgabe der Ethik-Kommissionen ist. Aus der Perspektive der Forschungsethik erscheint es daher nicht verfehlt, ein Nichterfüllen dieser Aufgaben – ob seitens des Forschers oder seitens der Ethik-Kommissionen – als ethisches Fehlverhalten zu werten. Zwar kann die Feststellung von Savulescu, Chalmers und Blunt, die Existenzberechtigung von Ethik-Kommissionen sei zweifelhaft, wenn sie diese Aufgaben nicht erfüllten, als rhetorische Zuspitzung zählen – sie weisen damit aber zu Recht auf den Umstand hin, dass Ethik-Kommissionen selbst als Kontrollinstanzen wie auch als Partner der Forscher bei der ethischen Urteilsbildung eine große Verantwortung tragen.[238] Angesichts der zivilrechtlichen Komplexität kann die

---

[235] Vgl. Dickersin / Rennie, *Registering Clinical Trials*, 521 f.; Chalmers, *Underreporting Research Is Scientific Misconduct*, 1407. Das bedeutet freilich nicht, dass die Herausgeber von Fachzeitschriften oder andere, die im weiteren Sinne am Prozess der biomedizinischen Forschung beteiligt sind, *keinerlei* Verantwortung für die Einhaltung von ethischen Grundsätzen tragen.

[236] Savulescu / Chalmers / Blunt, *Are research ethics committees behaving unethically?*, 1390.

[237] Ebd., 1391 f.

[238] Diese Verantwortung ist nicht gleichzusetzen mit (zivilrechtlicher) Haftung, die Savulescu, Chalmers und Blunt unter dem Stichwort „accountability" für Ethik-Kommissionen zu fordern scheinen: „As the most independent bodies regulating the practice of research, we believe that research ethics committees should be held accountable if, in the light of present understanding of the importance and principles of research synthesis, they continue to allow two forms of scientific malpractice to occur: the execution of unnecessary, sometimes harmful, research and the failure to ensure that the results of research are publicly accessible." (Savulescu / Chalmers / Blunt, *Are research ethics committees behaving unethically?*, 1392).

Haftungsfrage hier nicht weiter vertieft werden.[239] Der Forderung nach *persönlicher* Haftung der Kommissionsmitglieder sollte indes mit Skepsis begegnet werden, jedenfalls bei der gegenwärtigen Organisationsform der Ethik-Kommissionen.[240] Eine Änderung der Organisationsform hin zu reinen behördlichen Kontrollorganen mit hauptberuflich agierenden Mitgliedern würde indessen – wie bereits erwähnt – den Charakter der Begutachtung entscheidend verändern und eine Reihe neuer Probleme aufwerfen. Insbesondere muss es fraglich erscheinen, ob eine solche Umstrukturierung nicht einer genuin *ethischen* Beurteilung entgegensteht.[241]

Aus der Verknüpfung des Prinzips der externen Begutachtung und des Publikationsprinzips erwächst schließlich die Frage, ob auch die Voten und Begründungen von Ethik-Kommissionen ihrerseits unter das Publikationsprinzip fallen. Zumindest scheint auch für diesen Bereich eine größere Transparenz wünschenswert, nicht zuletzt aus der Perspektive der Forscher.[242] Als Vorbild für die Publikation von Voten von Ethik-Kommissionen könnte die Veröffentlichungspraxis von Gerichtsentscheidungen dienen.[243] Demnach müssten nicht unbedingt alle Voten von Ethik-Kommissionen *in extenso* publiziert werden. Neben einem allgemeinen (jährlichen) Tätigkeitsbericht könnten die Kommissionen selbst solche Voten zur Publikation auswählen, die sie für besonders interessant oder richtungsweisend halten. Die Stellungnahmen müssten zum Schutz der Beteiligten anonymisiert werden. Um Wettbewerbsnachteile zu vermeiden, könnte es darüber hinaus erforderlich sein, auch inhaltliche Details des Versuchsprotokolls von der Veröffentlichung auszuschließen. In Zweifelsfällen müsste hier eine pragmatische Abwägung zwischen den berechtigten Ansprüchen von Forschern und Sponsoren auf Geheimhaltung einerseits und einem optimalen Probandenschutz andererseits erfolgen.

---

[239] Vgl. dazu Dewitz / Luft / Pestalozza, *Ethikkommissionen in der medizinischen Forschung*, 159 ff. sowie 314 f.

[240] Vgl. die Kritik an Savulescu / Chalmers / Blunt von Goodman / MacGowan, *If committees were sued who would be liable?*

[241] Vgl. oben IV.5.a.(iv).

[242] Vgl. die Kritik von Dewitz: „Die Ethikkommissionsarbeit ist bislang vollkommen intransparent, da die Arbeit nicht überwacht, die Voten nicht veröffentlicht, noch sonst die Entscheidungsmaßstäbe durch Tätigkeitsberichte dargelegt werden." (Dewitz, *Stellungnahme zum Gesetzentwurf der Bundesregierung „Entwurf eines Zwölften Gesetzes zur Änderung des Arzneimittelgesetzes (Bundestagsdrucksache 15/2109 v. 01.12.2003)"*, 14).

[243] Vgl. zur Veröffentlichung von Gerichtsurteilen das *Urteil des Sechsten Senats vom 26. Februar 1997 (Az. 6 C 3/96)* des Bundesverwaltungsgerichts. Das Gericht hat dort festgestellt: „Die Veröffentlichung von Gerichtsentscheidungen ist eine öffentliche Aufgabe. Es handelt sich um eine verfassungsunmittelbare Aufgabe der rechtsprechenden Gewalt und damit eines jeden Gerichts. Zu veröffentlichen sind alle Entscheidungen, an deren Veröffentlichung die Öffentlichkeit ein Interesse hat oder haben kann. Veröffentlichungswürdige Entscheidungen sind durch Anonymisierung bzw. Neutralisierung für die Herausgabe an die Öffentlichkeit vorzubereiten." (Ebd., 105).

Ein unangemessener Zwang zur Vereinheitlichung der Entscheidungspraxis von Ethik-Kommissionen ist durch eine solche Veröffentlichungspraxis nicht zu befürchten. Wie Gerichte entscheiden auch Ethik-Kommissionen immer über einen *konkreten Einzelfall* und sind insofern durch vorangegangene Entscheidungen über *andere Fälle* nicht gebunden. Dessen ungeachtet wäre die Herausbildung einer gewissen Kasuistik durchaus positiv zu bewerten. Sie würde es den Mitgliedern von Ethik-Kommissionen, aber auch Forschern und Sponsoren erlauben, ein bestimmtes Forschungsprotokoll vor dem Hintergrund bereits erfolgter Begutachtungen ähnlicher Fälle auf ethische Probleme hin zu überprüfen. Es spricht vieles dafür, dass dies die Arbeit aller Beteiligten auf Dauer erleichtern und dabei zugleich einen hohen Standard beim Schutz von Probanden begünstigen würde.

6. Übergang zur Analyse spezieller Probleme der Ethik der biomedizinischen Forschung am Menschen

Mit den im Vorangegangenen entwickelten Prinzipienspezifikationen sind weitere zentrale Elemente einer ethischen Theorie biomedizinischer Humanexperimente benannt. Zusammen mit den Theoriestücken, die in den Kapitel II und III erarbeitet worden sind, liegen nun die wesentlichen Teile einer solchen Theorie vor.[244] Abbildung 3 stellt die Gesamtsystematik des Ansatzes noch einmal schematisch dar.

Nun wird auch erkennbar, wie die *Logik der Würde* als Vermittlungsinstanz zwischen dem Schutzanspruch von Probanden einerseits und dem Wunsch nach medizinischem Fortschritt andererseits wirksam wird: Auf dem Wege der Prinzipienspezifizierung erwachsen aus dem formalen Würdeprinzip konkretere Prinzipien und Regeln, die die Unterwerfung des Menschen unter die Forschungslogik strikt begrenzen. Diese Begrenzung wirkt jedoch nicht nur *negativ-limitierend*, sondern auch *positiv-ermöglichend*, indem sie Bedingungen vorgibt, unter denen biomedizinische Humanexperimente als ethisch vertretbar gelten können. In dem durch das Würdeprinzip eröffnetem Maße kann und darf der Mensch den methodischen Maßgaben der *Logik der Forschung* unterworfen werden. Oder anders formuliert: Forschung am

---

[244] Emanual, Wendler und Grady haben ebenfalls den Versuch unternommen, ein „systematic and coherent framework" zur ethischen Bewertung biomedizinischer Forschung zu entwickeln; vgl. Emanuel / Wendler / Grady, *What makes Clinical Research Ethical?*. Ihr Ansatz umfasst insgesamt sieben „ethical requirements", die erfüllt sein müssen, damit Forschung mit Menschen als legitim gelten kann. In vielen Punkten ähnelt der Ansatz von Emanuel, Wendler und Grady der hier entwickelten Systematik. Die Autoren verzichten allerdings darauf, eine fundamentalethische Begründung für ihre „requirements" zu geben. So bleibt nicht nur das geltungstheoretische Verhältnis der „requirements" untereinander unklar, dem Ansatz fehlt damit auch ein übergeordneter Deutungshorizont, dem entnommen werden kann, wie eine kontextabhängige Implementierung erfolgen soll.

Menschen ist so lange ethisch vertretbar, wie das Würdeprinzip – und daraus abgeleitete Prinzipien und Regeln – als unverrückbare normative Begrenzungen anerkannt werden.

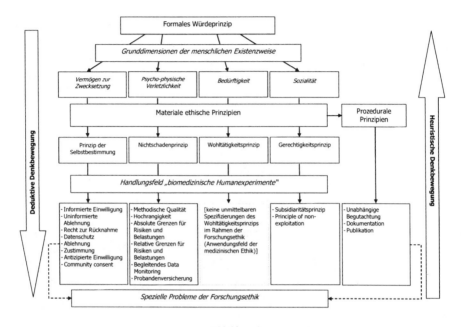

Abbildung 3

Im Folgenden sollen nun spezielle Frage- bzw. Problemstellungen in den Blick genommen werden, die innerhalb der aktuellen forschungsethischen Diskussion kontrovers diskutiert werden. Mit dieser „Anwendung" der Theorie findet die Gesamtsystematik ihren Abschluss. Dass es sich dabei nicht um einen Appendix handelt, der nicht mehr zur eigentlichen Theorie gehört, sollte aus der bisherigen Darstellung ersichtlich geworden sein: Erst jetzt kann das *Zusammenwirken* der einzelnen Prinzipienspezifikationen im Hinblick auf bestimmte Typen von Humanexperimenten und die damit verbundenen Probleme aufgezeigt werden. Bisher standen die Einzelprinzipien sowie ihre (kontextabhängigen) Fortbestimmungen isoliert nebeneinander. Als ein entscheidender Aspekt der *Logik der Würde* hat sich jedoch erwiesen, dass keines der materialen Prinzipien allein zur ethischen Bewertung ausreicht. Nur im Verbund und in Rückkopplung an das formal-formgebende Würdeprinzip entfalten die nachgeordneten materialen Prinzipien ihre evaluative Kraft.

V. Spezielle Probleme der Ethik der Forschung am Menschen

Im vorangegangenen Kapitel sind spezifische Prinzipien der Forschungsethik als Fortbestimmungen allgemein-abstrakter ethischer Prinzipien entwickelt worden. Zur Lösung vieler ethischer Frage- und Problemstellungen der biomedizinischen Forschung reichen diese Prinzipien und Regeln bereits aus. Insbesondere für den „einfachen" Fall, dass einwilligungsfähige, nicht besonders vulnerable Erwachsene als Probanden für ein biomedizinisches Humanexperiment herangezogen werden sollen, bietet das vorgestellte Set von spezifischen Prinzipien ein hinreichendes Regelungssystem. Dennoch sind die einzelnen Prinzipienspezifizierungen bislang nur isoliert in den Blick genommen worden, und zwar unter der Perspektive ihres geltungstheoretischen Ortes innerhalb der entwickelten Gesamtsystematik. Freilich kann dieser Ortsbestimmung schon viel über die Anwendungsweise der konkreten Prinzipien und Regeln sowie ihr Zusammenspiel entnommen werden, eine Auswertung der Theorie im Hinblick auf *spezielle* Probleme der Forschung am Menschen steht jedoch noch aus.

Drei besonders wichtige Probleme sind im Zuge der Prinzipienfortbestimmung identifiziert worden, nämlich (1) Forschung mit Minderjährigen, (2) Forschung in Entwicklungsländern und (3) die sogenannte „equipoise"-Problematik bei randomisierten klinischen Studien. Sie sollen nun näher in den Blick genommen werden. Damit wird zugleich das eingelöst, was am Ende des ersten Kapitels als Kriterium für den Wert einer fundamentalethischen Revision der Ethik der Forschung am Menschen formuliert worden ist: Es muss sich erweisen, dass eine solche Revision dazu führt, dass die Theorie ein größeres Problemlösungspotential besitzt als bestehende Ansätze.

1. Forschung mit Minderjährigen

a) *Forschung mit Minderjährigen als ethisches Problem*

Die Frage nach der ethischen Vertretbarkeit von biomedizinischer Forschung mit Minderjährigen stellt ein außerordentlich schwieriges Problem innerhalb der Forschungsethik dar und wird entsprechend seit langem intensiv diskutiert.[1]

---

[1] Kaum eine andere Thematik innerhalb der Forschungsethik ist derart ausgiebig bearbeitet worden. Im Folgenden wird nicht der Versuch unternommen, alle entwickelten Positionen und Argumente im Einzelnen zu rekonstruieren und darzustellen. Vielmehr wird es darum gehen, die Frage nach der ethischen Vertretbarkeit von biomedizinischen Experimenten mit Minderjährigen im Lichte der zuvor entwickelten Systematik zu beantworten. Einen Überblick über die Diskussion geben beispielsweise Kopelman, *Art.*

Die besondere Schwierigkeit des Problems liegt darin begründet, dass zwei widerstreitende moralische Intuitionen aufeinander stoßen: Einerseits müssen Minderjährige als besonders schutzbedürftig gelten, was ein generelles Verbot oder zumindest eine weitgehende Beschränkung von biomedizinischen Humanexperimenten im Bereich der Pädiatrie plausibel erscheinen lässt. In der *Anweisung an die Klinikvorsteher* aus dem Jahre 1900 findet dies seinen Niederschlag in einem generellen Verbot von Forschung mit Minderjährigen.[2] Nicht zuletzt einige Forschungsskandale des 20. Jahrhunderts – etwa der Lübecker Impfskandal oder die Experimente an der Willowbrook State School[3] – haben diese Auffassung zusätzlich bestärkt. Andererseits impliziert eine weitgehende Beschränkung pädiatrischer Forschung einen deutlich langsameren Fortschritt der Medizin in diesem Bereich, wenn nicht gar einen Stillstand.

Kritiker weisen immer wieder auf den Mangel an effektiven Medikamenten für Minderjährige hin, der unter anderem auf das Fehlen klinischer Studien zurückzuführen ist.[4] Im Jahre 1962 hat Harry Shirkey den Begriff der „therapeutic or pharmaceutical orphans" in die Debatte eingeführt, um auf die Vernachlässigung von Minderjährigen bei der Arzneimittelforschung hinzuweisen.[5] Die medikamentöse Behandlung von Minderjährigen erfolgt nach wie vor häufig mit „off label" oder gar „off licence" Produkten, d.h. mit Präparaten, für die wegen fehlender klinischer Studien entweder gar keine Zulassung für den Einsatz in der Pädiatrie vorliegt

---

„Children: III. Health-Care and Research Issues"; Grodin / Glantz (eds.), *Children as Research Subjects*; Koren (ed.), *Textbook of Ethics in Pediatric Research*; Maio, *Ethik der Forschung am Menschen*, 160 ff. (mit einer konzisen Zusammenfassung der sogenannten Ramsey-McCormick-Debatte); Dahl / Wiesemann, *Forschung an Minderjährigen im internationalen Vergleich: Bilanz und Zukunftsperspektiven.* Nach wie vor lesenswert ist das erste Kapitel „Consent as a Canon of Loyalty with Special Reference to Children in Medical Investigations" aus Ramseys Monographie *The Patient as Person* aus dem Jahre 1970, in dem er seine ablehnende Haltung gegenüber (rein fremdnütziger) Forschung an Minderjährigen begründet. Eine Übersicht über die Fachliteratur gibt die Bibliographie *Ethical and Legal Aspects on Clinical Trials with Children*, die Mitglieder des European Information Network Ethics in Medicine and Biotechnology (eureth.net) im Oktober 2004 zusammengestellt haben.

[2]   Vgl. Minister der geistlichen, Unterrichts- und Medizinal-Angelegenheiten, *Anweisung an die Vorsteher der Kliniken, Polikliniken und sonstigen Krankenanstalten*, Nr. I Abs. 1.

[3]   Vgl. oben I.8.a bzw. I.8.c.

[4]   Neben ethisch-rechtlichen Gründen hat dies jedoch auch andere Ursachen, insbesondere ökonomische; vgl. Boos, *Probleme und Chancen klinischer Studien in der Pädiatrie*, 56 f.

[5]   Vgl. Shirkey, *Therapeutic Orphans*. Es ist eine seltsame historische Fügung, dass dies nicht zuletzt eine Konsequenz verschärfter Richtlinien ist, die als Reaktion auf den Thalidomid-Skandal erlassen worden sind.

oder zumindest für den konkreten Anwendungsbereich eine entsprechende Zulassung fehlt.[6]

Es ist unbestritten, dass zur Weiterentwicklung von diagnostischen, präventiven und therapeutischen Methoden für die Pädiatrie Forschung mit Minderjährigen zwingend erforderlich ist. Minderjährige sind keine kleinen Erwachsenen – dieser bekannte Grundsatz gilt auch und gerade für die Medizin, und hier speziell für die Pharmakotherapie.[7] Und nicht einmal die allgemeine Rede von „Minderjährigen" ist aus entwicklungsphysiologischer Sicht angemessen. Zumeist werden fünf Phasen oder Stadien innerhalb der kindlichen Entwicklung unterschieden: (1) das Frühgeborene, (2) das Neugeborene, (3) das Kleinkind, (4) das Schulkind und (5) der Adoleszent.[8] Seyberth hebt hervor: „In jeder dieser Entwicklungsphasen, die kontinuierlich ineinander übergehen, sind spezifische entwicklungsphysiologische Besonderheiten zu berücksichtigen, und es treten spezifische Gesundheitsprobleme auf, für die eine entsprechende Pharmakotherapie benötigt wird."[9] Ein gutes Beispiel dafür, wie gefährlich die unkritische Verwendung von Medikamenten bei Kindern sein kann, die bei Erwachsenen erfolgreich eingesetzt werden, ist das sogenannte „grey baby syndrome", das erstmals 1959 beschrieben wurde.[10] Bei Neugeborenen, die mit dem Antibiotikum Chloramphenicol behandelt worden waren, kam es zu unerwarteten toxischen Reaktionen. Klinische Symptome des Syndroms sind unter anderem eine progrediente Graufärbung der Haut – daher der Name –, eine Verschlechte-

---

[6] Vgl. Conroy et al., *Survey of unlicensed and off label drug use in paediatric wards in European countries.* Die Autoren stellten bei ihrer Untersuchung sogar fest, dass 46% der von ihnen registrierten Verschreibungen „off label" oder „off licence" Produkte waren und 67% der in der Studie berücksichtigten kindlichen Patienten solche Produkte erhalten hatten. Die Erhebung wurde im Jahre 1998 in pädiatrischen Abteilungen von fünf Krankenhäusern in europäischen Ländern (Großbritannien, Schweden, Deutschland, Italien, Niederlande) durchgeführt. Insgesamt wurden 2262 Verschreibungen für 624 Minderjährige analysiert.

[7] Vgl. Seyberth, *Pharmakologische Besonderheiten im Kindes- und Jugendalter,* 37. In abgewandelter Form ist dieser Befund auch aus ethischer Sicht zutreffend: Minderjährige sind nicht einfach gleichzusetzen mit einwilligungsunfähigen oder lediglich beschränkt einwilligungsfähigen Erwachsenen. In der deutschen Debatte hat sich diese Einsicht erst spät durchgesetzt, vgl. Maio, *Ethik der Forschung am Menschen,* 170 f. sowie Wiesemann, *Ethische Probleme und rechtliche Regelung der Forschung mit Minderjährigen und Jugendlichen,* 130.

[8] Vgl. Seyberth, *Pharmakologische Besonderheiten im Kindes- und Jugendalter,* 37 f.

[9] Vgl. ebd., 38; zu Details hinsichtlich der physiologischen, pharmakologischen und toxikologischen Besonderheiten in den einzelnen Entwicklungsphasen siehe ebd., 38-43. Interessante Einzelheiten zur kindlichen Entwicklung, zu Besonderheiten bei der Ausbildung von Krankheiten sowie zur Therapieentwicklung finden sich auch in Kaufmann, *Scientific Issues in Biomedical Research with Children,* insbesondere 29 f., 34 ff., 37 ff.

[10] Vgl. McIntyre / Choonara, *Drug Toxicity in the Neonate,* 218 f. Die Autoren geben in ihrem Beitrag noch weitere einschlägige Beispiele für Medikamententoxizität bei Neugeborenen.

rung von Kreislauf und Atmung und schließlich der Tod der Kinder durch Atem- und Herzstillstand. Pharmakokinetische Studien ergaben, dass es aufgrund eines eingeschränkten Metabolismus zu einer Akkumulation von Chloramphenicol im Plasma von Neugeborenen kommt. Durch eine Dosisreduktion und sorgfältige Überwachung der Konzentration des Medikaments im kindlichen Organismus kann das „grey baby syndrome" jedoch vermieden werden.

Um die Sicherheit von Medikamenten für Kinder sowie eine Weiterentwicklung der Pädiatrie insgesamt zu gewährleisten, sind, das wird deutlich, biomedizinische Experimente mit Minderjährigen in allen Entwicklungsstadien erforderlich. Geht man davon aus, dass eine möglichst gute medizinische Versorgung von Minderjähri- gen als moralisch ausgezeichnetes Ziel anerkannt wird, dann liegt es nahe, von der „Notwendigkeit" medizinischer Forschung mit Minderjährigen als Mittel zur Erlan- gung dieses Ziels zu sprechen.

Im Gegensatz zu Erwachsenen können Minderjährige aufgrund (noch) einge- schränkter kognitiver und voluntativer Fähigkeiten oftmals keine (vollgültige) Ein- willigung geben. Damit fällt eines der zentralen Legitimationsprinzipien der For- schungsethik – partiell – aus. Aus diesem Grund liegt es nahe, in der Verwendung kindlicher Probanden im Rahmen (rein fremdnütziger[11]) biomedizinischer For- schung einen unheilbaren Verstoß gegen das Würdeprinzip zu erblicken. Eine un- konsentierte Inanspruchnahme eines Menschen, so das *prima facie* überzeugende Argument, lasse sich ethisch niemals rechtfertigen. Aus der Unmöglichkeit einer persönlichen Einwilligung des Minderjährigen folge demnach notwendig die Un- vertretbarkeit von Forschung mit Minderjährigen.

Stellt man diese beiden Aspekte in Rechnung, dann muss man zu dem unbefrie- digenden Befund kommen, dass ein *umfassender Schutz* von Minderjährigen durch ein generelles Verbot medizinischer Forschung eine *anhaltende Gefährdung* durch eine suboptimale medizinische Versorgungslage nach sich zieht.[12] Oder anders formu- liert: In dem Maße, in dem Minderjährige *als potentielle Probanden* geschützt werden, in dem Maße gefährdet man sie *als Patienten*. Angesichts der Problemkonstellation konstatiert Kopelman ein Dilemma.[13] Ob dieser Begriff seiner eigentlichen Bedeu- tung nach für die Problemlage treffend ist, muss indes bezweifelt werden, da dafür zwei *gleichermaßen kategorische Verpflichtungen* gegeneinander stehen müssten.[14] Einen *individuellen Anspruch* auf medizinische Forschung wird man jedoch kaum ethisch begründen können; lediglich für einen *überindividuellen Anspruch* lassen sich überzeu-

---

[11]   Oben ist bereits dargelegt worden, dass die Annahme eines *kategorialen* Unterschiedes zwischen rein fremdnütziger Forschung und probandennütziger Forschung durchaus problematisch ist; vgl. oben IV.3.c.

[12]   Vgl. Wiesemann, *Ethische Probleme und rechtliche Regelung der Forschung mit Minderjährigen und Jugendlichen*, 131.

[13]   Vgl. Kopelman, *Children as Research Subjects: A Dilemma*.

[14]   Vgl. oben II.6.a sowie II.7.b.

gende Gründe beibringen.[15] Damit ist klar, dass dem Schutzanspruch etwaiger (kindlicher) Probanden kein gleichrangiges Recht auf Forschung von (minderjährigen) Patienten gegenübersteht und eine *direkte* Abwägung immer zugunsten der Abwehrrechte der Probanden ausfallen müsste.

Die gelegentlich anzutreffende Rede von einer „Notwendigkeit" medizinischer Forschung mit Minderjährigen[16] kann allerdings schnell dazu verleiten, unter der Hand doch ein individuelles Anspruchsrecht auf medizinische Forschung zu statuieren. Die konstatierte „instrumentelle" Notwendigkeit aus medizinisch-naturwissenschaftlicher Perspektive darf jedoch nicht in Eins gesetzt werden mit einer „ethischen" Notwendigkeit, d.h. mit einem unbedingten ethischen Geltungsanspruch. Ein solcher unbedingter Geltungsanspruch besteht mangels individuellen Anspruchs auf medizinische Forschung gerade nicht.[17] Das bedeutet natürlich nicht, dass eine Fortentwicklung präventiver, diagnostischer und therapeutischer Verfahren in der Pädiatrie nicht moralisch wünschenswert wäre; sie stellt ohne Zweifel ein ausgezeichnetes Ziel menschlichen Strebens dar. Dennoch kommt ihr nur ein nachgeordneter geltungstheoretischer Status zu. Medizinische Forschung kann nur als „bedingt notwendig" eingestuft werden, wobei eine wesentliche Bedingung gerade darin besteht, dass das Würdeprinzip und aus ihm abgeleitete Prinzipien und Rechte nicht verletzt werden dürfen.

Das Anerkenntnis dieser grundsätzlichen Rechtshierarchie ändert indessen nichts daran, dass es sich bei der Frage nach der ethischen Vertretbarkeit von Forschung mit Minderjährigen um ein überaus schwieriges moralisches Problem handelt, das durch widerstreitende moralische Intuitionen gekennzeichnet ist und von dem Mieth wohl zu Recht annimmt, es werde „uns nicht mehr loslassen"[18]. Die allgemeine Frage nach ethischen Möglichkeiten und Grenzen biomedizinischer Humanexperimente, die eine kritische Forschungsethik beantworten muss, stellt sich also unter den besonderen Bedingungen minderjähriger Probanden auf eine qualitativ neue und zugespitzte Weise.

Geht man von einer lediglich bedingten „ethischen Notwendigkeit" von Forschung mit Minderjährigen innerhalb der Medizin aus, dann erscheint es – wie bereits festgestellt wurde – zunächst nahe liegend, den besonderen Status von Minderjährigen (Schutzwürdigkeit, eingeschränkte Einwilligungsfähigkeit) als ausschlaggebendes Argument *gegen* biomedizinische Humanexperimente mit minderjährigen Probanden anzusehen. Eine Vermittlung, so lässt sich diese Position kurz zusammenfassen, ist mit Blick auf dieses spezielle Problem nicht möglich, weil die Ver-

---

[15] Vgl. Heinrichs, *Gibt es ein Recht auf medizinische Forschung?*, insbesondere 34 ff.

[16] So beispielsweise Zentrale Ethikkommission (ZEKO), *Forschung mit Minderjährigen*, A 1614.

[17] Selbst wenn man ein *individuelles Anspruchsrecht* annehmen würde, würden wohl immer noch im direkten Vergleich die *Abwehrrechte* der Probanden die *Anspruchsrechte* der Patienten ausstechen.

[18] Mieth, *Klinische Versuche an Minderjährigen – Ethische Aspekte*, 72.

wendung minderjähriger Probanden unweigerlich mit der Verletzung elementarer ethischer Prinzipien verbunden ist.

Als nachgerade klassischer Vertreter der These von der ethischen Unvertretbarkeit kann Paul Ramsey gelten. Im ersten Kapitel seines Buches *The Patient as Person* begründet Ramsey ebenso klar wie sprachgewaltig, warum Minderjährige nicht als Probanden für biomedizinische Humanexperimente herangezogen werden dürfen. Im Zentrum seiner Argumentation steht die Annahme, dass das Selbstbestimmungsrecht ein zentrales Rechtfertigungselement für jedes Humanexperiment bilden müsse; ein Schutz vor psycho-physischen Schädigungen allein reiche nicht aus. Er hat dies in dem viel zitierten Diktum zusammengefasst: „This surely is the morality of the matter: a subject can be wronged without being harmed."[19] Ausgehend von dieser Prämisse bestimmt er die informierte Einwilligung als einen „canon of loyalty", der Arzt-Forscher und Patient-Proband vereine. Sie allein bilde eine hinreichende Bedingung dafür, dass es einem Forscher gestattet sei, ein Experiment an einem anderen Menschen durchzuführen. Da nun aber Minderjährige eine solche informierte Einwilligung nicht zu geben im Stande seien, müssten sie als mögliche Probanden ausscheiden.[20] Den Eltern spricht er das Recht ab, stellvertretend für ihre Kinder in die Teilnahme an einem Experiment einzuwilligen, da sie dem Wohl ihrer Kinder unbedingt verpflichtet seien. Folglich könnten sie nur in solche Handlungen gültig einwilligen, die mit einem direkten diagnostischen oder therapeutischen Nutzen für die Minderjährigen verbunden sind.[21] Rein fremdnützige Forschung mit Minderjährigen stelle hingegen eine „sanitized form of barbarism"[22] dar und müsse als solche strikt abgelehnt werden.

---

[19] Ramsey, *The Patient as Person*, 39.

[20] Wörtlich führt Ramsey aus: „The principle of an informed consent is the cardinal *canon of loyalty* joining men together in medical practice and investigation." (Ramsey, *The Patient as Person*, 5) „No man is good enough to experiment upon another without his consent." (Ebd., 7). „Stripped of the requirement of a reasonably free and adequately informed consent, experimentation and medicine itself would speedily become inhumane." (Ebd., 11). „From consent as a canon of loyalty in medical practice it follows that children, who cannot give a mature informed consent, or adult incompetents, should not be made the subjects of medical experiments unless, other remedies having failed to relieve their grave illness, it is reasonable to believe that the administration of a drug as yet untested or insufficiently tested on human beings, or the performance of an untried operation, may further *the patient's own recovery*." (Ebd., 11 f.). Hier kündigt sich im Übrigen schon die Kehrseite von Ramseys kategorischer Ablehnung rein fremdnütziger Forschung an, nämlich eine recht permissive Einstellung gegenüber „therapeutischer" Forschung, also solcher, die einen direkten medizinischen Nutzen für die Probanden in Aussicht stellt. In geradezu paradigmatischer Weise verkennt er dabei den grundlegenden Unterschied zwischen medizinischer Forschung, die primär einem Erkenntnisinteresse folgt, und medizinischer Praxis, die primär am Wohl eines individuellen Patienten orientiert ist.

[21] Vgl. ebd., 13.

[22] Vgl. ebd., 12.

b)   Drei Lösungsansätze

Auch wenn man Ramseys strikte Ablehnung für unbefriedigend hält, so stellt seine Position doch gleichsam die ethische „Null-Hypothese" dar, deren Widerlegung mit Blick auf die Wünschbarkeit eines schnelleren medizinischen Fortschritts in der Pädiatrie in Angriff genommen werden muss.[23] In der internationalen Diskussion sind zahlreiche diesbezügliche Versuche unternommen worden. Trotz der enormen Komplexität und Vielschichtigkeit der Debatte lassen sich drei Hauptargumentationsmuster identifizieren.[24] Alle drei Argumentationsmuster werden im Folgenden nur skizzenhaft dargestellt, um eine argumentative Grundlage für die anschließende Beurteilung der Problematik biomedizinischer Forschung mit Minderjährigen *im Lichte der Logik der Würde* zu bereiten.

Allen Argumentationsmustern gemein ist die Grundannahme, dass die mangelnde Einwilligungsfähigkeit von Minderjährigen durch eine stellvertretende Einwilligung der Erziehungsberechtigten kompensiert werden müsse. Es wird davon ausgegangen, dass Erziehungsberechtigten – unter bestimmten Voraussetzungen – das Recht zukomme, an Stelle ihrer Kinder über deren Teilnahme an einem Humanexperiment zu entscheiden. Die *persönliche* Einwilligung als zentrale Legitimationsgrundlage wird unter den speziellen Bedingungen als entbehrlich angesehen.

Kritiker wie Ramsey haben gegen diese Grundannahme geltend gemacht, eine entsprechende Entscheidungskompetenz komme den Erziehungsberechtigten nur zu, wenn sie zum „Wohl des Kindes"[25] agierten. Dann und nur dann habe die stellvertretende Einwilligung eine hinreichend legitimierende Wirkung. Bedenkt man, dass die stellvertretende Einwilligung von Erziehungsberechtigten *nicht* dem Prinzip der Selbstbestimmung folgt, sondern dem Nichtschaden- bzw. Fürsorgeprinzip, dann leuchtet diese Kritik unmittelbar ein. Unstreitig ist die Entscheidungskompe-

---

[23]   Deutlich wird dies etwa, wenn Wiesemann feststellt: „Wer sich mit den ethischen Problemen der Forschung an Minderjährigen und Jugendlichen befasst, muss sich zunächst die Frage stellen, ob Forschung mit dieser Personengruppe überhaupt gerechtfertigt sein kann." (Wiesemann, *Ethische Probleme und rechtliche Regelung der Forschung mit Minderjährigen und Jugendlichen*, 130).

[24]   Vgl. Maio, *Ethik der Forschung am Menschen*, 170. Er unterscheidet zwischen dem „Einwilligungsmodell" (Ramsey), dem Argument der stellvertretenden Einwilligung in Kombination mit der Annahme eines hypothetischen Willens (McCormick) und dem Argument des sekundären Nutzens (Bartholome). Als viertes nennt er das „Risikominimierungsmodell", das er sich selbst zu eigen macht; vgl. ebd., 178.

[25]   In Deutschland spielt der Begriff „Wohl des Kindes" vor allem in der juristischen Auseinandersetzung eine zentrale Rolle. Der Grund dafür liegt in den einschlägigen Normen des *Bürgerlichen Gesetzbuches (BGB)*, insbesondere im § 1627, der festlegt: „Die Eltern haben die elterliche Sorge in eigener Verantwortung und in gegenseitigem Einvernehmen zum Wohl des Kindes auszuüben. Bei Meinungsverschiedenheiten müssen sie versuchen, sich zu einigen." Vgl. zur rechtswissenschaftlichen Debatte Michael, *Forschung an Minderjährigen*, insbesondere 105 f.

tenz von Erziehungsberechtigten für die ihnen Anvertrauten entsprechend etwa mit Bezug auf therapeutische Maßnahmen.[26] Bei Humanexperimenten steht das Wohl des Minderjährigen aber gerade nicht im Mittelpunkt, sondern wird bestenfalls als sekundäres Handlungsziel verfolgt. Folglich ist es problematisch davon auszugehen, dass Erziehungsberechtigte das Recht haben, eine entsprechende Einwilligung für ihre Kinder abzugeben.

Von dieser Argumentationslage aus werden nun im Wesentlichen drei Wege beschritten: (1) Der sekundäre Nutzen als Rechtfertigungsgrund, (2) das Konzept des „minimalen Risikos" und (3) die unterstellte Einwilligung des Minderjährigen.

i)   Der sekundäre Nutzen als Rechtfertigungsgrund

Der Kern des ersten Ansatzes besteht darin, dass in einem ersten Schritt die *reine Fremdnützigkeit* von biomedizinischen Humanexperimenten ohne *direkten medizinischen* Nutzen für die minderjährigen Probanden bestritten wird. Neben dem medizinischen könne die Teilnahme an einem Humanexperiment für Minderjährige auch einen *edukativen* Nutzen haben, insofern durch eine solch altruistische Handlung ihre soziale Entwicklung positiv beeinflusst werde. Der zweite Argumentationsschritt besteht dann in folgender Überlegung: Wenn Humanexperimente, bei denen kein direkter medizinischer Nutzen für die Probanden zu erwarten ist, nicht als rein fremdnützig eingestuft werden müssen, dann müssen für sie permissivere Regeln in Geltung gesetzt werden, vergleichbar denen, die für Humanexperimente mit direktem *medizinischen* Nutzen für die Probanden bestehen. Insbesondere sollte es Erziehungsberechtigten erlaubt sein, für die ihnen Anvertrauten stellvertretend in die Teilnahme einzuwilligen. Zur weiteren Untermauerung wird von Vertretern dieser Position darauf hingewiesen, dass Erziehungsberechtigte fortwährend derartige Stellvertreterentscheidungen für ihre Kinder fällen und dass dies in anderen Lebensbereichen keinen Anlass für Kritik darstellt.

Als Vertreter der skizzierten Position kann etwa Bartholome gelten, der – zumindest bei Minderjährigen ab fünf Jahren – von „moral benefits" durch die Teilnahme an medizinischen Studien ausgeht. Näherhin führt er aus: „In order that children may become sensitive to moral obligations and develop a disposition toward choosing that which is good, they must experience situations in which that sensitivity is required and which enhance this disposition. I argue that involvement in ‚no risk' clinical research *can* be such an experience."[27]

---

[26]   Vgl. VanDeVeer, *Experimentation on Children and Proxy Consent*, 287 ff.

[27]   Bartholome, *Parents, Children, and the Moral Benefits of Research*, 44. Den rechtfertigenden Charakter eines nicht-medizinischen Nutzens affirmieren auch Freier, *Kindes- und Patientenwohl in der Arzneimittelforschung am Menschen – Anmerkungen zur geplanten Novellierung des AMG*, 613 f. und Wiesemann / Dahl, *Forschung mit Minderjährigen und Jugendlichen: Ist eine neue rechtliche Regelung notwendig?*, 272 ff. Brock geht bei seinen Überlegungen von drei Arten des Nutzens aus, die Forschung mit Minderjährigen zu rechtfertigen vermögen, nämlich (1) direkter medizinischer Nutzen („Medical Benefit to the Child"), (2) edukati-

Gegen diese Position lässt sich zunächst zweierlei einwenden: Zum einen kann der postulierte edukative Wert der Teilnahme an einem Humanexperiment schlicht in Zweifel gezogen werden. Zumindest in bestimmten Konstellationen – etwa dann, wenn die Minderjährigen noch klein sind und die altruistische Dimension der Handlung nicht einzuschätzen vermögen – erscheint die Annahme als unbegründet. Folglich ließen sich so jedenfalls nicht alle Arten von Experimenten mit Minderjährigen ethisch rechtfertigem. Zum anderen muss fraglich erscheinen, ob ein edukativer Wert – wenn er denn vorliegt – tatsächlich ausreichend ist, um der Stellvertreterentscheidung der Erziehungsberechtigten die erforderliche legitimatorische Kraft zu verleihen. Zwar ist es zutreffend, dass Erziehungsberechtigte im Zuge der Erziehung ihrer Kinder Entscheidungen treffen, die diese – auch in ihren Freiheitsrechten – unmittelbar betreffen. Ob jedoch die Teilnahme an einem biomedizinischen Humanexperiment in diesen Bereich der Erziehungskompetenz fällt, ist damit keineswegs erwiesen und kann durchaus bezweifelt werden.

Wichtiger als diese Einwände ist jedoch, dass bei diesem Ansatz das Prinzip der Selbstbestimmung vollständig preisgegeben zu werden droht. Stellt man die Eingriffstiefe in Rechnung, die mit der Teilnahme an einem biomedizinischen Humanexperiment auch dann verbunden ist, wenn mit ihm keine größeren Risiken und Belastungen verbunden sind, dann kann diese Vernachlässigung des Prinzips der Selbstbestimmung kaum befriedigen, denn auch Minderjährige sind Träger des Grundrechts der freien Selbstbestimmung.[28] Das bedeutet freilich nicht, dass dieses Recht nicht in begründeten Fällen eingeschränkt werden könnte.[29] Ob ein möglicher edukativer Nutzen durch die Teilnahme an einem biomedizinischen Humanexperiment einen solchen begründeten Fall darstellt, ist aber höchst zweifelhaft.

---

ver Nutzen („Nonmedical Benefit to the Child") und (3) Nutzen für andere („Benefit to Others"), wobei er im letzten Fall ein Fairness-Argument hinzuzieht; vgl. Brock, *Ethical Issues in Exposing Children to Risk in Research*, 86 ff.

[28] In diesem Sinne hat das Bundesverfassungsgericht in seinem Beschluss vom 29. Juli 1968 festgestellt: „Das Kind ist ein Wesen mit eigener Menschenwürde und dem eigenen Recht auf Entfaltung seiner Persönlichkeit im Sinn der Art. 1 Abs. 1 und Art. 2 Abs. 1 GG." (Bundesverfassungsgericht, *Beschluß des Ersten Senats vom 29. Juli 1968 (Az. 1 BvL 20/63, 31/66 und 5/67)*, 144). Juristisch umstritten ist indes, ob von der *Grundrechtsfähigkeit* eine *Grundrechtsmündigkeit* unterschieden werden muss; siehe dazu Michael, *Forschung an Minderjährigen*, 88 ff.

[29] Bei genauerem Hinsehen erweist sich, dass bei Bartholome eine derartige Preisgabe des Prinzips der Selbstbestimmung nicht stattfindet. Im Gegenteil, er fordert neben zahlreichen anderen Bedingungen auch, dass kindliche Probanden *selbst* in die Teilnahme an einem Humanexperiment einwilligen sollten; vgl. Bartholome, *Parents, Children, and the Moral Benefits of Research*, 45. Unter diesen Bedingungen fällt auf den „moral benefit" aber kaum noch eine Rechtfertigungslast ab. Es wird sogar fraglich, ob die Konstruktion überhaupt noch erforderlich ist.

ii)   Das Konzept des „minimalen Risikos"

Vor allem für den US-amerikanischen Diskurs ist ein zweiter Ansatz von großer Bedeutung.[30] Er hebt wesentlich auf das *Risikoprofil* des Humanexperiments ab, an dem Minderjährige als Probanden teilnehmen sollen. Unter dem Stichwort „Research not involving greater than minimal risk" wird in § 46.404 des Title 45 des US-amerikanischen *Code of Federal Regulations* ausgeführt: „HHS [= United States Department of Health & Human Services, B.H.] will conduct or fund research in which the IRB finds that no greater than minimal risk to children is presented, only if the IRB finds that adequate provisions are made for soliciting the assent of the children and the permission of their parents or guardians, as set forth in § 46.408." Die dieser Regelung zugrunde liegende Überlegung kann man wie folgt rekonstruieren: Wenn das zu erwartende Risiko eines Humanexperiments lediglich „minimal" ist, dann können Erziehungsberechtigte stellvertretend für einen Minderjährigen eine gültige Einwilligung erteilen.[31] Eine Entscheidung gegen das Wohl des Minderjährigen liegt in diesem Fall, so die argumentative Pointe, angesichts des nur minimalen Risikos nicht vor, weil das Wohl des Minderjährigen nicht bedroht ist. Innerhalb der deutschen Debatte hat Maio unlängst diese Position vertreten. Seiner Auffassung nach ist das „Risikominimierungsmodell" die überzeugendste argumentative Strategie, um Forschung mit Minderjährigen zu rechtfertigen.[32]

Legt man diese Argumentationslinie zugrunde, dann hängt vieles davon ab, wie der Begriff des minimalen Risikos näherhin bestimmt wird. Tatsächlich kreist denn auch ein Großteil der US-amerikanischen Diskussion um eben diese Frage.[33] Über-

---

[30]   Vgl. Dahl / Wiesemann, *Forschung an Minderjährigen im internationalen Vergleich: Bilanz und Zukunftsperspektiven*, 92 f.

[31]   Grundsätzlich gilt als weitere Voraussetzung, dass das Kind seine Zustimmung zur Teilnahme erteilt. Die Notwendigkeit der Zustimmung des Kindes wird durch 45 CFR § 46.408 lit. a jedoch deutlich relativiert. Dort heißt es: „If the IRB determines that the capability of some or all of the children is so limited that they cannot reasonably be consulted or that the intervention or procedure involved in the research holds out a prospect of direct benefit that is important to the health or well-being of the children and is available only in the context of the research, the assent of the children is not a necessary condition for proceeding with the research." Das Konzept des minimalen Risikos liegt auch dem in Deutschland umstrittenen Art. 17 Abs. 2 der *Convention on Human Rights and Biomedicine* des Council of Europe zugrunde; vgl. auch Council of Europe, *Additional Protocol to the Convention on Human Rights and Biomedicine Concerning Biomedical Research*, Art. 15 Abs. 2. Allerdings findet sich der Begriff des minimalen Risikos mittlerweile auch im deutschen *Arzneimittelgesetz (AMG)*, siehe dort § 41 Abs. 2 Nr. 2 lit. d.

[32]   Maio, *Ethik der Forschung am Menschen*, 178.

[33]   Vgl. etwa Freedman / Fuks / Weijer, *In Loco Parentis*; kritisch Kopelman, *When is the Risk Minimal Enough for Children to be Research Subjects?* sowie Kopelman, *Children as Research Subjects: A Dilemma*.

blickt man die Debatte und bedenkt man zudem die zahlreichen Probleme, die bei der Entwicklung der Typologie in Kapitel III im Zusammenhang mit dem Risikobegriff aufbrachen, dann muss es zweifelhaft erscheinen, ob er als Schlüsselbegriff für eine ethische Rechtfertigung geeignet ist. Aber selbst wenn man von dieser Problemdimension absieht – was insofern nicht gänzlich unbegründet ist, als auch andere Ansätze niemals um den Risikobegriff gänzlich herumkommen werden –, dann bleibt immer noch als schwerwiegender Einwand bestehen, dass auch ein nur minimales Risiko ein Risiko darstellt und als solches dem Wohl des Minderjährigen widerspricht. Es ist ein argumentativer Trick, wenn von „bloß minimalem Risiko" auf „nicht gegen das Wohl des Minderjährigen" geschlossen wird. Warum die Entscheidungskompetenz der Erziehungsberechtigten plötzlich auch Handlungen umfasst, die nicht dem Wohl des Minderjährigen dienen, bleibt nämlich letztlich unbegründet.

Wichtiger als diese „interne" Kritik ist jedoch, dass das Prinzip der Selbstbestimmung auch in diesem Ansatz weitgehend preisgegeben wird. Mehr noch als beim Argument des edukativen Nutzens bleibt auch hier unklar, warum das Recht auf Selbstbestimmung des Minderjährigen unbeachtlich sein sollte. Gerade Ramsey hatte ja betont, dem Kind könne auch dann ein Unrecht zugefügt werden, wenn es nicht – im psycho-physischen Sinne – verletzt werde.

iii)   Die unterstellte Einwilligung des Minderjährigen

Eine dritte Argumentationslinie hat McCormick in direkter Auseinandersetzung mit Ramsey entwickelt.[34] Er macht gegen Ramsey geltend, man dürfe – kontrafaktisch – von der Einwilligung des Minderjährigen ausgehen. McCormick argumentiert, weil das Kind aus moralischen Gründen teilnehmen *solle*, müsse man unterstellen, dass es auch teilnehmen *wolle*. Nur so werde man dem Status des Minderjährigen als moralischem Wesen gerecht: „And an ethics of consent finds its roots in a solid natural-law tradition which maintains that there are basic values that define our potential as human beings; that we ought (within limits and with qualifications) to choose, support, and never directly suppress these values in our conduct; that we can know, therefore, what others would choose (up to a point) because they ought; and that this knowledge is the basis for a soundly grounded and rather precisely limited

---

[34]   Gegen Ramseys Position, wie er sie in *The Patient as Person* dargelegt hat, hat McCormick zunächst in dem Aufsatz *Proxy Consent in the Experimentation Situation* aus dem Jahre 1974 Stellung bezogen. Er bildete dann den Ausgangspunkt für eine weitere schriftliche Auseinandersetzung der beiden Autoren, die in den Jahren 1976 und 1977 im Hastings Center Report stattfand: Ramsey, *The enforcement of morals: nontherapeutic research on children* (1976); McCormick, *Experimentation in children: Sharing in sociality* (1976), Ramsey, *Children as Research Subjects: A Reply* (1977); siehe dazu auch VanDeVeer, *Experimentation on Children and Proxy Consent* sowie Maio, *Ethik der Forschung am Menschen*, 162 ff.

proxy consent."[35] In Verbindung mit dieser kontrafaktisch angenommenen Einwilligung sei die stellvertretende Einwilligung der Erziehungsberechtigten schließlich hinreichend, um die Teilnahme von Kindern an biomedizinischen Humanexperimenten zu rechtfertigen.

McCormicks Position erscheint auf den ersten Blick möglicherweise als diejenige, die am wenigsten Überzeugungskraft entwickelt. Im Gegensatz zu den beiden anderen Positionen nimmt er jedoch das kindliche Recht auf Selbstbestimmung ernst. Zwar geht er davon aus, dass Minderjährige *faktisch* keine Einwilligung geben können. Daraus schließt er jedoch nicht, dass ihre Einwilligung – aus was für Gründen auch immer – entbehrlich sei. Sowohl beim Argument des edukativen Nutzens als auch bei dem des nur minimalen Risikos wird das Selbstbestimmungsrecht des Minderjährigen weitgehend preisgegeben. An seine Stelle treten Überlegungen, die im Fürsorgeprinzip bzw. im Nichtschadenprinzip ihre geltungstheoretische Verankerung haben. McCormick dagegen hält am Prinzip der Selbstbestimmung fest. Lediglich das *faktische* Vorliegen hält er für weniger wichtig, wenn aus moralischen Gründen das Vorliegen einer Einwilligung unterstellt werden kann.

Auch wenn man also McCormick zugestehen muss, dass er am Prinzip der Selbstbestimmung als unaufgebbarem Rechtfertigungsbestandteil auch bei minderjährigen Probanden festhält, so scheint seine Konstruktion einer moralisch begründeten, kontrafaktischen Unterstellung – „Das Kind will, weil es soll!" – durchaus gewagt. Insbesondere widerspricht sie der weithin geteilten Überzeugung, dass moralisches – anders als rechtskonformes – Handeln nur auf freiwilliger Basis erfolgen könne und sich jede zwangsweise oder quasi-zwangsweise Durchsetzung verbiete. An anderer Stelle hat McCormick indes klar gemacht, dass er durchaus von einer *Pflicht zur Teilnahme an medizinischer Forschung* ausgeht und eine zwangsweise Durchsetzung auch bei einwilligungsfähigen erwachsenen Probanden nicht grundsätzlich ausgeschlossen werden könne. Allein, solange freiwillig Probanden in ausreichender Zahl zur Verfügung ständen, sei das Einholen einer Einwilligung der bessere Weg.[36] Diese starke Position lässt sich jedoch kaum aufrechterhalten. Damit fällt freilich auch seine argumentative Strategie zur Rechtfertigung von Forschung an Minderjährigen.

---

[35] McCormick, *Proxy Consent in the Experimentation Situation*, 20. Neuerdings haben Holm und Harris die Argumentationslinie von McCormick erneut stark gemacht: „There is [...] little doubt that children share the obligation to participate in medical research. If a parent does not take this into account when making decisions for the child that parent displays one of the following attitudes; either the attitude that the child is not (and need not to be) a serious moral agent at all, or the even more problematic attitude that the child is so deeply fallen in moral turpitude that it is not willing to discharge any of its moral obligations. [...] Parents are therefore justified in assuming that the person they are making decisions for is a moral person, who wants to discharge his or her moral obligation." (Harris / Holm, *Should we presume moral turpitude in our children?*, 125 f.).

[36] Vgl. McCormick, *Experimental Subjects*.

* * *

Zusammenfassend muss man also zu dem Schluss kommen, dass keiner der drei Argumentationsansätze gegen die ethische „Null-Hypothese" von der Unvertretbarkeit biomedizinischer Forschung mit Minderjährigen vollends überzeugen kann. Sowohl das Argument des sekundären Nutzens als auch das Risikominimierungsmodell verorten die Einwilligung der Erziehungsberechtigten an einer prinzipientheoretisch falschen Stelle, nämlich in der Nähe des Prinzips der Selbstbestimmung.[37] Sie wird als Ersatz für die Entscheidung des Minderjährigen und damit für sein Selbstbestimmungsrecht konzipiert, was jedoch selbstwidersprüchlich ist.[38] Da Erziehungsberechtigte bei Stellvertreterentscheidungen für Minderjährige anerkanntermaßen deren Wohl verpflichtet sind, zielen beide Ansätze darauf ab zu erweisen, dass sich auch eine Einwilligung in die Teilnahme an einem Humanexperiment konsistent unter dieses Prinzip fügt. Ein Mangel beider Positionen besteht darin, dass sie den fundamentalen Einwand der Vernachlässigung des Selbstbestimmungsrechts von Minderjährigen nicht zu entkräften vermögen. Ramseys zentrales Argument des „wronged without being harmed" bleibt im Kern unwiderlegt. Deutlich wird dies etwa bei Maio, wenn er feststellt: „Wie man das minimale Risiko auch definieren mag, ihm kommt gerade im Umgang mit Kindern eine besondere Bedeutung zu. Denn dadurch, daß das Kind bis zu einem bestimmten Alter nicht als sittliches Subjekt betrachtet werden kann, besteht das zu schützende Gut weniger in der Wahlfreiheit des Kindes als vielmehr in der Gewährung eines ausreichenden Schutzes des Kindes vor Fremdinteressen und vor ungerechtfertigten Risiken. Die Vertretung der Interessen des Kindes muß daher vornehmlich nicht als Eintreten für Verwirklichungsinteressen interpretiert werden."[39]

---

[37] Dem zugrunde liegenden Missverständnis wird dadurch Vorschub geleistet, dass die informierte Einwilligung bei Einwilligungsfähigen *auch* als Schutzmechanismus gegen Verletzungen der psycho-physischen Integrität fungiert, schlicht weil Menschen im Allgemeinen auf ihr körperliches und seelisches Wohlbefinden bedacht sind. Diese *prudentielle* Dimension der Einwilligung kann leicht dazu führen, dass ihr eigentliches Wesen verkannt wird.

[38] Vgl. Rothärmel / Wolfslast / Fegert, *Informed Consent, ein kinderfeindliches Konzept?*, 296.

[39] Maio, *Ethik der Forschung am Menschen*, 177. Maio geht sogar davon aus, dass in den westlichen Ländern weitgehend Einigkeit über die Modalitäten der Einwilligung bei Forschung mit Minderjährigen erzielt worden sei. Dissens bestehe hingegen über das Ausmaß des Risikos, welches bei einer stellvertretenden Einwilligung toleriert werden könne. Auch wenn möglicherweise Tendenzen hin zu einer Favorisierung des „Risikominimierungsmodells" auszumachen sind, erscheint es übertrieben, von einer „Einigkeit" in dieser Hinsicht zu sprechen. Anders als Maio geht Wiesemann davon aus, dass mittlerweile in der deutschen Debatte Fragen der Zustimmung im Vordergrund stehen; vgl. Wiesemann, *Ethische Probleme und rechtliche Regelungen der Forschung an Minderjährigen und Jugendlichen*, 130.

Eine dezidiert andere Position vertritt McCormick. Er nimmt Minderjährige als sittliche Subjekte ernst. Die stellvertretende Einwilligung der Erziehungsberechtigten begreift er richtigerweise als Schutzmechanismus, also in der Umgebung des Nichtschadenprinzips.[40] An den moralischen Status des Minderjährigen knüpft er dann jedoch eine fragwürdige Verpflichtung zur Teilnahme an Humanexperimenten, die so stark sein soll, dass sie dazu berechtigt, eine Einwilligung kontrafaktisch zu unterstellen.

c) Forschung mit Minderjährigen im Lichte einer kritischen Forschungsethik

Ungeachtet der Kritik an den drei vorgebrachten Positionen bleibt die moralische Intuition bestehen, dass auch ein vollständiges Verbot von Forschung mit Minderjährigen wegen der forschungshemmenden Konsequenzen moralisch problematisch ist. Aus der Analyse der drei vorgestellten Widerlegungsversuche der ethischen „Null-Hypothese" von der Unvertretbarkeit medizinischer Forschung mit Minderjährigen deutet sich jedoch an, wo eine alternative Strategie ansetzen kann: Ramseys Generalthese – die von den Kritikern seiner Position übernommen wird – von der Unfähigkeit des Minderjährigen, eine (vollgültige) Einwilligung zu geben, blockiert gleichsam das Prinzip der Selbstbestimmung. Kann aber das Selbstbestimmungsrecht des Minderjährigen nicht einmal im Ansatz berücksichtigt werden, dann ist tatsächlich nicht zu sehen, wie medizinische Forschung mit Minderjährigen ethisch zu rechtfertigen sein soll. Geht man nämlich davon aus, dass auch Minderjährige Träger von Grundrechten sind und insbesondere auch ihnen ein Recht auf freie Entfaltung der Persönlichkeit zukommt, dann missachtet eine unkonsentierte Verwendung minderjähriger Probanden ein unhintergehbares ethisches Prinzip.[41] Nimmt man die These vom unauflöslichen Gesamtgefüge forschungsethischer Prinzipien ernst, dann wäre die Ablehnung von Forschung mit Minderjährigen unausweichlich. Dass ein gehaltvoller Kern des Prinzips der Selbstbestimmung auch mit Blick auf minderjährige Probanden fruchtbar gemacht werden kann, erscheint indessen keineswegs aussichtslos.

Anhand von eigenen empirischen Untersuchungen zur Einwilligungs- und Entscheidungsfähigkeit von Kindern und Jugendlichen sowie einem Review zahlreicher weiterer Studien kommen Weithorn und Scherer zu dem Schluss, dass es keine em-

---

[40] In der Entgegnung auf Ramsey stellt er explizit fest: „But the further question remains: what precisely is the function of this proxy consent? It is not, in my judgment, *constitutive* of the legitimacy of these experimental procedures. It is merely *protective*." (McCormick, *Experimentation in Children: Sharing in Sociality*, 46).

[41] Zu Recht bemerkt die Zentrale Ethikkommission zur Wahrung ethischer Grundsätze in der Medizin und ihren Grenzgebieten bei der Bundesärztekammer: „Das Grundrecht auf Selbstbestimmung setzt nicht erst mit Volljährigkeit ein." (Zentrale Ethikkommission (ZEKO), *Forschung mit Minderjährigen*, A 1616). Die Forderung, die die Zentrale Ethikkommission aus diesem Befund ableitet, nämlich Minderjährige „in die Entscheidungsfindung einzubeziehen" (ebd., A 1617), ist jedoch zu schwach.

pirische Grundlage für die Annahme gibt, dass Minderjährige generell einwilligungsunfähig sind. Ferner muss davon ausgegangen werden, dass Minderjährige zumeist über ausreichende Fähigkeiten verfügen, um auch zu komplexen Sachverhalten, die sie selbst betreffen, eine Zustimmung zu erteilen.[42] Sie bestätigen somit auch, was schon im Rahmen der in Kapitel III entwickelten Typologie zur Sprache kam, nämlich dass die pauschale Rede von ethischen Problemen der biomedizinischen Forschung mit Minderjährigen als sachlich unangemessen gelten muss. Statt unter einem einzigen Titel ethisch überaus heterogene Problemkomplexe zu vereinigen, erscheint die Orientierung am *Grad der Einwilligungsfähigkeit* der jeweils betroffenen Probanden sinnvoll, wenngleich der wichtige Aspekt der *Kindlichkeit* der Probanden bei dieser Herangehensweise nicht aus dem Blick geraten darf. Schon oben ist darauf hingewiesen worden, dass neben dem reinen „Dass" der Einwilligungsunfähigkeit (im weiteren Sinne) auch immer das „Warum" mitberücksichtigt werden muss, nicht zuletzt, weil es wichtige Hinweise für eine adäquate Fortbestimmung des Prinzips der Selbstbestimmung gibt. Zudem gilt es, im Gedächtnis zu behalten, dass es sich bei der Einwilligungsfähigkeit um einen *relationalen Begriff* handelt und dass folglich die vier Kategorien „einwilligungsfähig", „zustimmungsfähig", „ablehnungsfähig", „einwilligungsunfähig" nicht ohne Bezug auf einen *individuellen Probanden* und ein *konkretes Forschungsvorhaben* angewendet werden können.[43] Für den vorliegenden Problemzusammenhang von besonderer Wichtigkeit ist, dass auch eine starre Bindung der Einwilligungsfähigkeit an eine Altersgrenze unmöglich ist.[44] Das Alter kann bestenfalls als „erstes Indiz"[45] oder als „Hinweis"[46] dienen. Entsprechend, und unter Inanspruchnahme von entwicklungspsychologischen Erkenntnissen, werden häufig die Altersgrenzen 7 Jahre – für die Zustimmungsfähigkeit – und 14 Jahre – für die Einwilligungsfähigkeit – als Richtwerte betrachtet.[47] So hilfreich solche Mar-

---

[42] Vgl. Weithorn / Scherer, *Children's Involvement in Research Participation Decisions: Psychological Considerations*, insbesondere 146 ff. Siehe auch Leikin, *Minors' Assent, Consent, or Dissent to Medical Research*.

[43] Vgl. oben III.2.b.(i).

[44] Vgl. dazu Amelung: „Die Abhängigkeit der Einwilligungsfähigkeit von den betroffenen Gütern und der uneinheitliche Verlauf der individuellen Reifungsprozesse lassen es nicht zu, eine einheitliche Altersgrenze anzusetzen." (Amelung, *Über die Einwilligungsfähigkeit (Teil II)*, 830); siehe auch Michael, *Forschung an Minderjährigen*, 36 ff. In Übereinstimmung damit sieht der US-amerikanische *Code of Federal Regulations* in 45 CFR § 46.408 lit. a vor: „In determining whether children are capable of assenting, the IRB shall take into account the ages, maturity, and psychological state of the children involved. This judgment may be made for all children to be involved in research under a particular protocol, or for each child, as the IRB deems appropriate."

[45] Vgl. Fröhlich, *Forschung wider Willen?*, 30 f.

[46] Vgl. Steffen / Guillod, *CH – Landesbericht Schweiz*, 363.

[47] Vgl. Weisstub / Verdun-Jones / Walker, *Biomedical Experimentation With Children*, 402 ff.; auch andere Altersgrenzen finden als Richtwerte Verwendung, so etwa 10 bzw. 15 Jahre in der Schweiz; vgl. Steffen / Guillod, *CH – Landesbericht Schweiz*, 363. Grisso schließlich

ken für die Praxis auch sein mögen, so bergen sie doch die Gefahr, dass sie faktisch als feststehende Werte fungieren, die eine intensive Einzelfallprüfung ersetzen. Sinnvoll erscheint daher ein Verfahren, bei dem allgemeine Richtwerte als Entscheidungshilfe herangezogen werden – etwa um eine Vorauswahl von Probanden treffen zu können –, die dann jedoch um individualisierte Prüfungen der Einwilligungsfähigkeit bzw. Zustimmungsfähigkeit ergänzt werden.[48] Nur im Rahmen einer solchen *individualisierten Prüfung* können personelle und situative Faktoren, die auf die Einwilligungs- bzw. Zustimmungsfähigkeit von Minderjährigen einen enormen Einfluss haben können, adäquat berücksichtigt werden.[49] Tymchuk hat dazu einen detaillierten Ablaufplan vorgeschlagen, der den Prozess von der Überprüfung der Einwilligungsfähigkeit über die Aufklärung bis zur Nachkontrolle in elf Einzelschritte gliedert.[50] Seinem Vorschlag zufolge sollte das chronologische Alter als Ausgangspunkt für diesen Prozess herangezogen werden: Ist eine Person (im legalen Sinne) minderjährig, in der Regel also jünger als 18 Jahre, dann besteht der nächste Schritt darin zu prüfen, ob es sich um einen „mature minor"[51] handelt. Ist dies der Fall, dann folgt der weitere Prozess den „normalen" Regeln für erwachsene (einwilligungsfähige) Probanden. Andernfalls muss auf die Konstruktion der kindlichen *Zustimmung* zusammen mit der *Erlaubnis* der Erziehungsberechtigten zurückgegriffen werden.[52] Um dem kindlichen Selbstbestimmungsrecht gerecht zu werden, sieht Tymchuk im Folgenden eine Überprüfung der kindlichen Fähigkeiten vor, wobei physische Vermögen wie Sehen und Hören ebenso umfasst sind wie intellektuelle

---

nennt das Alter von 13 Jahren als Wendepunkt, ab dem Jugendliche einen kognitiven und sozialen Entwicklungsstand erreicht haben, der es ihnen erlaubt, in die Teilnahme an einem (psychologischen) Humanexperiment selbständig einzuwilligen; vgl. Grisso, *Minors' Assent to Behavioral Research Without Parental Consent*, 121. Wendler und Shah haben das 14. Lebensjahr als Grenze für die *Zustimmungsfähigkeit* vorgeschlagen; vgl. Wendler / Shah, *Should Children Decide Whether They are Enrolled in Nonbeneficial Research?*

[48] Die Notwendigkeit einer Prüfung der Einwilligungsfähigkeit bzw. Zustimmungsfähigkeit im Einzelfall betonen auch Weithorn / Scherer, *Children's Involvement in Research Participation Decisions: Psychological Considerations*, 137, 147 ff. sowie Leikin, *Minors' Assent, Consent, or Dissent to Medical Research*, 4 f.

[49] Vgl. Weithorn / Scherer, *Children's Involvement in Research Participation Decisions: Psychological Considerations*, 155 ff.

[50] Tymchuk, *Assent Processes*, 132 ff. Bei der folgenden Darstellung werden einige Details, die Tymchuk speziell berücksichtigt – etwa die Frage, ob es sich um einen Militärangehörigen handelt –, vernachlässigt.

[51] Die Doktrin des „mature minor" ist im Common Law entwickelt worden. Sie besagt, dass ein einwilligungsfähiger Minderjähriger selbständig eine rechtsverbindliche Einwilligung in ihn betreffende Handlungen geben kann; siehe dazu Macklin, *Autonomy, Beneficence, and Child Development*, 97 f.

[52] Tymchuk selbst spricht von „parent or guardian consent" und nicht von „permission", wie hier im Anschluss an die National Commission vorgeschlagen worden ist.

Fähigkeiten (Lesen) und die Befähigung, Entscheidungen zu treffen.[53] Auf der Grundlage dieser Untersuchung werden anschließend Inhalt und Form der Materialien für die Probandenaufklärung gewählt. Dabei ist sicherzustellen, dass Minderjährige einem ihrem jeweiligen Entwicklungsstand angemessenen Informationsstand erhalten. Im Anschluss an die „eigentliche" Aufklärung der minderjährigen Probanden sowie der Erziehungsberechtigten sieht Tymchuk eine Überprüfung des Verständnisses vor, das beide durch den Aufklärungsprozess von dem in Frage stehenden Experiment erlangt haben. Sind wesentliche Bestandteile nicht verstanden worden, ist eine Modifikation der Materialien erforderlich. Abschließend sieht Tymchuk noch ein „Follow-up" vor, durch das sichergestellt werden soll, dass sowohl wesentliche Aspekte des Experiments bei den Beteiligten präsent als auch eine initiale Entscheidung zur Teilnahme stabil bleiben.

Geht man von der großen Bedeutung aus, die dem Recht auf Selbstbestimmung im Kontext biomedizinischer Humanexperimente zukommt bzw. zukommen muss, dann wäre zu überlegen, ob ein solcher oder ähnlicher Ablaufplan zumindest für Forschung mit Kindern verbindlich festgeschrieben wird.[54] Dabei müssten nicht unbedingt alle Einzelschritte mit allen Probanden durchgeführt werden. Denkbar wäre etwa, dass in einer Art Pilotphase die Geeignetheit von Aufklärungsmaterialien an wenigen potentiellen Probanden getestet wird bevor sie zum Einsatz kommen. Die Überprüfung der Fähigkeiten der potentiellen Probanden ist natürlich nur auf individueller Ebene möglich. Gegen das Erfordernis eines solch aufwendigen Rekrutierungs- und Aufklärungsprozesses wird sicher eingewendet, der organisatorische Aufwand für Forschungsprojekte werde dadurch so groß, dass die praktische Durchführbarkeit nicht mehr gewährleistet sei, vor allem wenn eine große Zahl von Probanden beteiligt werden soll. Dieser Einwand kann indes nicht überzeugen: Zum einen handelt es sich beim Recht auf Selbstbestimmung um ein fundamentales Grundrecht, das auch mit Blick auf kindliche Probanden nicht durch rein pragmatische Erwägungen relativiert werden kann. Zum anderen ist ein analoger Einwand der praktischen Undurchführbarkeit vielfach auch vorgebracht worden, als die externe Begutachtung von Forschungsprotokollen verbindlich festgeschrieben worden ist. Die Praxis hat indessen gezeigt, dass biomedizinische Forschung trotz dieser Maßgabe erfolgreich durchgeführt werden kann.

Auch Minderjährige können sich, das ist festzuhalten, durchaus selbst eine reflektierte Meinung zu Handlungsoptionen bilden. Wie und in welchem Maße sie über diese Fähigkeit verfügen, hängt vom individuellen Entwicklungsstand ab. Ramseys These einer generellen Einwilligungsunfähigkeit muss daher zurückgewiesen werden. Vielmehr ist Laor zuzustimmen, der bereits 1987 gefordert hat, dass die

---

[53] Mit Blick auf den letztgenannten Aspekt erachtet Tymchuk – erstaunlicherweise – auch einen Rekurs auf das Alter für legitim.

[54] Tymchuk selbst geht davon aus, dass ein solches Vorgehen nicht nur für Forschung mit Kindern sinnvoll, in diesem Bereich aber besonders dringlich ist; vgl. Tymchuk, *Assent Processes*, 132.

Teilnahme von Minderjährigen an klinischer Forschung in erster Linie *durch deren eigene Einwilligung bzw. Zustimmung* gerechtfertigt werden sollte.[55] Dies entspricht im Übrigen auch Art. 12 Abs. 1 der *Convention on the Rights of the Child*, wo festgeschrieben ist: „States Parties shall assure to the child who is capable of forming his or her own views the right to express those views freely in all matters affecting the child, the views of the child being given due weight in accordance with the age and maturity of the child."[56] Die vier Kategorien „einwilligungsfähig", „zustimmungsfähig", „ablehnungsfähig", „einwilligungsunfähig" bieten die Gliederungsfolie für eine weitergehende Analyse.

i)   Einwilligungsfähige Minderjährige

Geht man von den vier genannten Kategorien der Einwilligungsfähigkeit aus, die im Rahmen der praktischen Typologie unterschieden worden sind, dann kommt als erstes der Fall des *einwilligungsfähigen Minderjährigen* in den Blick. Empirische Befunde belegen, dass Minderjährige vor Erreichen der Volljährigkeit einen Entwicklungsgrad erlangen, der es ihnen erlaubt, verantwortungsvolle Entscheidungen für ihr Leben selbständig zu treffen.[57] Auch in vielen Bereichen der lebensweltlichen Praxis treffen Minderjährige mit zunehmendem Alter – genauer: Entwicklungsstand – Entscheidungen für sich, ohne dazu der Erlaubnis ihrer Erziehungsberechtigten zu bedürfen. Man würde es in vielen Fällen sogar für unangemessen halten, wenn Minderjährige eine ständige Überprüfung und Rückversicherung bei den Erziehungsberechtigten suchten. Es ist daher nicht einzusehen, warum der Bereich der biomedizinischen Forschung hier grundsätzlich eine Ausnahme bilden sollte. Zwar spricht vieles dafür, das tolerierte Risikoprofil von Experimenten, in die (einwilligungsfähige) Minderjährige selbständig einwilligen können, gegenüber dem bei Erwachsenen abzusenken, weil sie aufgrund mangelnder Lebenserfahrung in spezieller Weise *vulnerabel* sind. Eine aus dem Nichtschadenprinzip abgeleitete absolute Grenzziehung erfolgt auch bei Forschung mit Erwachsenen. Es erscheint sinnvoll, diese Grenzziehung stufenweise zu gestalten und erst dem erfahrenen Erwachsenen die

---

[55]   Vgl. Laor, *Toward Liberal Guidelines for Clinical Research with Children*, 133 f.

[56]   United Nations General Assembly, *Convention on the Rights of the Child*, Art. 12 Abs. 1. Der Bundestag und der Bundesrat der Bundesrepublik Deutschland haben der *UN-Kinderrechtskonvention* am 26. Januar 1990 zugestimmt, sie ist für Deutschland am 5. April 1992 in Kraft getreten.

[57]   Koren und seine Kollegen weisen darauf hin, dass es in den USA und Kanada üblich ist, dass Minderjährige im Alter zwischen zehn und zwölf einen Babysitter-Kursus besuchen, der sie in die Lage versetzen soll, auf andere Minderjährige aufzupassen. Die Autoren machen geltend, dass es sich dabei um eine durchaus verantwortungsvolle Tätigkeit handele. Es stelle sich, so folgern sie, die Frage, ob die Einsichts- und Verantwortungsfähigkeit, die man Minderjährigen in unterschiedlichen Lebensbereichen zugesteht, konsistent seien; vgl. Koren et al., *Maturity of children to consent to medical research: the babysitter test*.

Teilnahme an risikoreichen Experimenten zu erlauben, während einwilligungsfähigen Kindern sowie jungen Erwachsenen – als *vulnerablen* Personen – nur die Teilnahme an Experimenten mit einem geringeren Risikoprofil gestattet wird.[58]

Geht man von einer derartigen Anpassung bei Forschung mit einwilligungsfähigen Minderjährigen aus, dann ist nicht ersichtlich, warum es diesen nicht erlaubt sein sollte, über die Teilnahme an einem Humanexperiment selbständig und ohne zusätzliche Erlaubnis durch die Erziehungsberechtigten zu entscheiden.[59] Gesteht man einwilligungsfähigen Minderjährigen dieses Recht zu, dann handelt es sich bei dem Prinzip der informierten Einwilligung auch nicht, wie Rothärmel, Wolfslast und Fegert meinen, um ein untaugliches Konzept zum Schutz Minderjähriger.[60] Im Gegenteil, in Kombination mit dem Nichtschadenprinzip und dem Gerechtigkeitsprinzip – in Form des Subsidiaritätsprinzips –, ist es durchaus geeignet, Minderjährige zu schützen und zugleich als Personen zu respektieren.[61] Weitere Schutzmechanismen oder Konstruktionen zur ethischen Rechtfertigung von Forschung mit *einwilligungsfähigen* Minderjährigen sind, folgt man dieser Argumentation, nicht erforderlich.

ii)   Zustimmungsfähige Minderjährige

Zustimmungsfähige Minderjährige zeichnen sich dadurch aus, dass sie zwar ein gewisses Verständnis von der sie betreffenden Handlungsweise haben und sich insofern auch eine eigene diesbezügliche Meinung bilden können, die als Grundlage für eine selbstbestimmte Entscheidung dienen kann, dass aber nicht gewährleistet ist, dass bei dieser Entscheidung alle Aspekte adäquat berücksichtigt worden sind.[62] Insbesondere kann nicht ausgeschlossen werden, dass die Inkaufnahme eines – wenn auch nur minimalen – Risikos bzw. einer Belastung wirklich dem Willen der betroffenen Person entspricht. Die bei Erwachsenen zur Sicherstellung herangezogene zusätzliche Qualifizierung in der Form der *informierten Einwilligung* ist bei (bloß) Zustimmungsfähigen gerade nur in eingeschränkter Weise möglich. Es wäre nun aber verfehlt, würde man daraus ableiten, das Prinzip der Selbstbestimmung verlöre hier gänzlich an Bedeutung. Ebenso verfehlt wäre es, würde man im Instrument der *stellvertretenden* Einwilligung einen überzeugenden Ersatz für die Forderung des Prin-

---

[58]   Man kann dies als eine systematisch *nachgeordnete* Inanspruchnahme des „Risikominimierungsmodell" verstehen, wobei freilich das Problem einer adäquaten Risikoklassifizierung wiederum virulent wird.

[59]   Unabhängig von dieser Einschätzung stellt sich die Frage, ob aus juristischer Sicht eine zusätzliche Einwilligung der Eltern erforderlich ist, beispielsweise im Hinblick auf die Geschäftsfähigkeit des Kindes.

[60]   Vgl. Rothärmel / Wolfslast / Fegert, *Informed Consent, ein Kinderfeindliches Konzept?*, 297.

[61]   Ein bloßer „Anspruch auf Information", wie ihn Rothärmel, Wolfslast und Fegert anmahnen, reicht demgegenüber dazu nicht aus; vgl. ebd..

[62]   Vgl. Weithorn / Scherer, *Children's Involvement in Research Participation Decisions: Psychological Considerations*, 143 ff.

zips der Selbstbestimmung erblicken. Vielmehr muss auch in diesem Fall das Recht auf Selbstbestimmung respektiert werden. Entsprechend kommt der persönlichen Zustimmung von minderjährigen Probanden eine entscheidende Bedeutung zu. Nur wenn ein Minderjähriger *selbst* der Teilnahme an einem biomedizinischen Humanexperiment zustimmt, kann dieses als ethisch gerechtfertigt gelten. Ist dies der Fall, dann ist das Prinzip der Selbstbestimmung in hinreichender Weise berücksichtigt. Daraus folgt unmittelbar, dass der Aufklärungsprozess den speziellen Bedürfnissen des Minderjährigen angepasst werden muss. Weithorn und Scherer haben dazu detaillierte Überlegungen vorgelegt: So ist es nicht nur erforderlich, für Minderjährige unverständliche Fachbegriffe zu vermeiden. Die Gesamtanlage des Aufklärungsprozesses muss so angelegt werden, dass die Fähigkeiten des Minderjährigen bestmöglich genutzt werden.[63]

Außerdem muss neben der *Zustimmung des Minderjährigen* die *Erlaubnis der Erziehungsberechtigten* als notwendiger Legitimationsfaktor gefordert werden.[64] Bei ihrer Entscheidung sind die Erziehungsberechtigten zunächst dem Willen des zustimmungsfähigen Minderjährigen verpflichtet und dürfen diesen nur in besonderen Fällen außer Kraft setzen. Wenn die Erziehungsberechtigten beispielsweise Grund zu der Annahme haben, dass der Minderjährige nur aus der Dynamik der Situation heraus eine Teilnahme zusagt, dies aber später bereuen wird, sollten sie zumindest ein vorübergehendes Veto einlegen und mit ihm im Gespräch eine Klärung suchen.

Die Konstruktion, dass das Prinzip der Selbstbestimmung bzw. eine daraus abgeleitete Forderung in spannungsreicher Weise durch das Nichtschadenprinzip ergänzt oder komplementiert wird, ist aus anderen Problemzusammenhängen der Forschungsethik wohl bekannt. Auch bei der Forschung mit vollständig einwilligungsfähigen Erwachsenen überzeugt ein ausschließlicher Rückzug auf das Prinzip der Selbstbestimmung im Sinne einer hinreichenden Bedingung nicht. Zu den Einschränkungen, die dort etwa durch Ethik-Kommissionen formuliert werden, tritt im Falle (bloß) zustimmungsfähiger Minderjähriger die zusätzliche Kontrolle der Erziehungsberechtigten hinzu. Dies erscheint nicht zuletzt deshalb wichtig, weil in einem intakten Eltern-Kind-Verhältnis die Eltern mehr sind als eine „anonyme Schutzinstanz". Wäre dies nicht so, dann ließe sich Forschung an (bloß) zustimmungsfähigen Minderjährigen auch durch besonders qualifizierte Ethik-Kommissionen in derselben Weise implementieren. Das (idealerweise bestehende) Vertrauensverhältnis zwischen Eltern und Kind bzw. allgemeiner zwischen Erziehungsberechtigten und Minderjährigem kann aber gerade dazu genutzt werden, dass der Minderjährige im Dialog mit seinen Erziehungsberechtigten allererst ergründet, ob er an einem Hu-

---

[63] Vgl. ebd., 166 ff. Tymchuk vertritt sogar die Auffassung, dass bei Minderjährigen der Aufklärungsprozess auf die *individuellen Bedürfnisse* jedes einzelnen Probanden abgestimmt werden müsse; eine generische Vorgehensweise sei hier ungeeignet; vgl. Tymchuk, *Assent Processes*, 138.

[64] Dies entspricht der Konstruktion im US-amerikanischen *Code of Federal Regulations*, 45 CFR § 46.408 lit. a.

manexperiment teilnehmen möchte.[65] Umgekehrt ermöglicht dieser Dialog es den Erziehungsberechtigten abzuschätzen, ob es wirklich dem Willen des Minderjährigen entspricht, an dem Humanexperiment teilzunehmen, ob er etwaige Belastungen richtig einschätzt etc. Allerdings besteht die Gefahr, dass gerade die Abhängigkeit von den Erziehungsberechtigten Minderjährige daran hindert, ihren eigenen Willen zu bekunden. Im Zuge des Aufklärungsprozesses müssen Forscher daher besonders sensibel auf entsprechende Anzeichen achten.[66] Schließlich gilt es zu bedenken, dass Forscher als Autoritätspersonen einen starken Einfluss auf Minderjährige ausüben können.[67] Da die beteiligten Forscher nun selbst ein starkes Eigeninteresse an der Teilnahme der minderjährigen Probanden haben, kann es angezeigt sein, dass ein unabhängiger Sachverständiger den Aufklärungsprozess mitbegeleitet.[68]

Im Rahmen eines überzeugenden Zusammenspiels der unterschiedlichen Prinzipien muss die probandenbedingte Einschränkung des Prinzips der Selbstbestimmung durch eine Verstärkung des Nichtschadenprinzips kompensiert werden. Das bedeutet, dass überhaupt nur für solche Experimente um eine Zustimmung ersucht werden darf, die mit nur minimalen Risiken und Belastungen verbunden sind. Ferner ist auf eine „kindgerechte" Durchführung des Experiments zu achten. Was dies alles beinhalten kann, wird aus dem Bericht über eine epidemiologische Studie – den Kinder- und Jugendgesundheitssurvey (KJS) – von Bergmann und Kollegen deutlich. Im Rahmen des KJS war unter anderem eine venöse Blutentnahme vorgesehen, die als mit nur minimalem Risiko verbunden eingestuft wird. Ungeachtet dieser Klassifizierung wurden weitere Maßnahmen ergriffen, um Risiken und Belastungen für die teilnehmenden Kinder und Jugendlichen so gering wie möglich zu halten. Dazu wurde beispielsweise festgelegt, dass nur ein Punktionsversuch unternommen werden durfte und die Probemenge auf maximal 1% des Blutvolumens des Probanden beschränkt wurde. Außerdem konnten Kinder bei der Blutentnahme auf dem Schoß ihrer Mutter sitzen und die Injektionsstelle mit einem EMLA-Pflaster selbst anästhesieren.[69] Solche vermeintlich nebensächlichen Aspekte können für die teilnehmenden kindlichen Probanden von großer Bedeutung sein. Es folgt aus dem

---

[65] Vgl. Leikin, *Minors' Assent, Consent, or Dissent to Medical Research*, 5; Weisstub / Verdun-Jones / Walker, *Biomedical Experimentation With Children*, 393 ff.

[66] Vgl. Weithorn / Scherer, *Children's Involvement in Research Participation Decisions: Psychological Considerations*, 161 ff.

[67] Vgl. ebd., 158 ff. Die Autoren weisen indes zu Recht darauf hin, dass diese Gefahr auch bei Erwachsenen besteht, wie nicht zuletzt die umstrittenen Milgram-Experimente gezeigt haben.

[68] Vgl. die Empfehlung der Zentralen Ethikkommission, *Forschung an Minderjährigen*, A 1617. Hier soll eine „unabhängige Person", die das Vertrauen des Kindes genießt, jedoch eher zur Minimierung etwaiger Belastung während des Experiments beitragen.

[69] Vgl. Bergmann et al., *Ethische und rechtliche Aspekte der epidemiologischen Forschung mit Kindern und Jugendlichen am Beispiel des Kinder- und Jugendgesundheitssurveys*, 26.

Nichtschadenprinzip, dass sie bei der Planung eines Experiments angemessen berücksichtigt werden müssen.

Schließlich leitet sich aus dem Gerechtigkeitsprinzip bzw. dem Subsidiaritätsprinzip die Forderung ab, nur dann (bloß) zustimmungsfähige Minderjährige als Probanden für ein Humanexperiment zu rekrutieren, wenn eine Durchführung mit einwilligungsfähigen Minderjährigen aus methodischen Gründen nicht möglich ist.

iii)   Ablehnungsfähige Minderjährige

Auch im Recht auf Ablehnung kommt das Prinzip der Selbstbestimmung zum Ausdruck, wenngleich in einer negativen Minimalform. Geht man, wie es die systematischen Erwägungen aus Kapitel II nahe legen, von einem Zusammenwirken verschiedener materialer Prinzipien aus, dann scheint es nicht aussichtslos, auch unter dieser Bedingung eine hinreichende Legitimationsgrundlage zumindest für bestimmte biomedizinische Humanexperimente zu finden. Dazu müssen, soviel ist von vornherein klar, die Spezifizierungen des Nichtschadenprinzips und des Gerechtigkeitsprinzips entsprechend verstärkt werden: Risiken und Belastungen dürfen ein Minimum keinesfalls überschreiten, wobei die spezifische Wahrnehmung der beteiligten Personen in Rechnung gestellt werden muss. Des Weiteren muss das Subsidiaritätsprinzip in einem strikten Sinne ausgelegt werden, d.h. es muss dargelegt werden, dass aus methodischen Gründen Forschung mit einwilligungsfähigen oder zustimmungsfähigen Minderjährigen nicht möglich ist.

Allerdings bleibt auch dann eine legitimatorische Lücke bestehen: Während nämlich Einwilligung und Zustimmung als *prospektive* Realisierungen des Prinzips der Selbstbestimmung ihre Schutzwirkung vor Durchführung einer Handlung entfalten können, kann das Recht auf Ablehnung grundsätzlich erst *reaktiv* wirksam werden. Zwischen Beginn eines Experiments und möglicher Ablehnung klafft somit eine *Legitimationslücke*. Anders formuliert: Hält man daran fest, dass das Prinzip der Selbstbestimmung zumindest in einer minimalen Form im Legitimationsgefüge enthalten sein muss und erwägt eine Konstruktion über das Recht auf Ablehnung, das auch Personen wahrnehmen können, die weder einwilligungs- noch zustimmungsfähig sind, dann sieht man sich dem Problem gegenüber, dass eine Ablehnung erst als Reaktion auf eine Handlung erfolgen kann und damit eine etwaige Verletzung der Freiheitssphäre immer schon erfolgt ist. Eine Möglichkeit, die beschriebene legitimatorische Lücke zu schließen, liegt im Konstrukt der mutmaßlichem Einwilligung. Zwar ist oben darauf hingewiesen worden, dass ein Rückgriff auf diese Konstruktion im Zusammenhang mit biomedizinischer Forschung überaus problematisch ist. Dies gilt indes nur, wenn die mutmaßliche Einwilligung eine dauerhafte und tragende Begründungsfunktion übernehmen soll. Eine solche Funktion kann sie im Forschungskontext tatsächlich nicht übernehmen – zumindest dann nicht, wenn man eine starke Pflicht zur Teilnahme an biomedizinischer Forschung ablehnt. Im Zusammenhang mit dem Recht auf Ablehnung fungiert die mutmaßliche Einwilligung jedoch nur als temporäres Rechtfertigungsglied, das die Lücke zwischen dem Beginn eines Experiments und der Möglichkeit zur Ablehnung überbrückt. Statt von einer Ablehnung auszugehen, die erst durch eine Einwilligung aufgehoben wird, geht man nun zunächst von einer Zustimmung aus, die jedoch jederzeit durch Ablehnungsbekundung aufgehoben werden kann.[70] Stellt man die hohen Anforderungen in Rechung, die durch das verschärfte Subsidiaritätsprinzip sowie durch die aus dem Nichtschadenprinzip abgeleiteten absoluten und relativen Grenzen für Risiken und Belastungen gesetzt werden, dann wird man diese Umkehrung der Grundannahme als eine begründete und vertretbare Spezifizierung des Prinzips der Selbstbestimmung ansehen können. Sie trägt den besonderen Bedingungen Rechung, die mit (bloß) ablehnungsfähigen Probanden verbunden sind. Statt in eine einfache Ablehnung zu flüchten, und die daraus resultierenden Probleme – das Hindernis für die Erforschung neuer therapeutischer, diagnostischer und präventiver Maßnahmen für Minderjährige – einfach hinzunehmen, kann dies als eine Lösung gelten, durch die der normative Kern des Würdeprinzips als unaufgebbar verteidigt wird, mit der jedoch zugleich eine Vermittlung der widerstreitenden Forderungen angestrebt wird. Bei der praktischen Umsetzung ist – wie oben bereits betont worden ist – besonders darauf zu achten, dass durch eine allzu weite Interpretation des Begriffs der Ablehnung (im Gegensatz zu natürlichem Abwehrverhalten) nicht das Recht auf Ablehnung faktisch unterminiert wird.[71] Dem wird man nur durch die bereits skizzierte Verfahrensvorgabe effektiv entgegenwirken können, dass neben dem Forscher und mindestens einem Elternteil bzw. Erziehungsberechtigten noch ein unabhängiger Dritter, vorzugsweise ein Kinderpsychologe oder Kinderarzt, experimentelle Eingriffe begleiten muss und im Zweifel einen Abbruch veranlassen kann. Selbst wenn dies mit nicht unerheblichem organisatorischem und personellem Aufwand verbunden ist, kann eine solche Absicherung kaum als übertrieben erscheinen.

Gegen den dargestellten Ansatz könnte freilich eingewendet werden, er führe einen nicht zu rechtfertigenden Doppelstandard in die Forschungsethik ein: Während bei einwilligungsfähigen (erwachsenen) Probanden das Prinzip der persönlichen informierten Einwilligung als unbedingt erforderlich angesetzt wird, werde bei Minderjährigen auf dieses Prinzip verzichtet. Der besondere Schutzanspruch von Minderjährigen werde so nicht nur missachtet, sondern im Gegenteil werde bei ihnen ein grundlegendes ethisches Prinzip im Namen des medizinischen Fortschritts außer Geltung gesetzt. Wenn man es für unvertretbar halte, bei – weniger schutzbedürftigen – einwilligungsfähigen Erwachsenen auf das Prinzip der informierten Einwilligung zu verzichten, dann könne ein solcher Verzicht auch bei Minderjährigen nicht in Betracht kommen. So plausibel dieser Einwand zunächst vielleicht auch klingen

---

[70] In ähnlicher Weise haben auch Wendler und Shah ein „dissent requirement" für fremdnützige Forschung an Kindern vorgeschlagen: „Under the dissent requirement, the investigators would then proceed with the research procedure without asking for the child's positive agreement, while carefully monitoring the child for any signs of distress." (Wendler / Shah, *Should Children Decide Whether They are Enrolled in Nonbeneficial Research?*, 5).

[71] Vgl. oben IV.2.e.(ii).

mag, so verkennt er doch, dass die Annahme verschiedener „Standards" in der Forschungsethik nicht nur möglich, sondern geradezu zwingend erforderlich ist: Die Beschränkung auf einen einzigen „Standard" wird der Komplexität des Handlungsfeldes nämlich nicht gerecht. Nur durch eine differenzierte Prinzipienspezifizierung auf der Grundlage der praktischen Typologie können die unterschiedlichen ethischen Problemkonstellationen adäquat berücksichtigt werden. Die skizzierte Kritik geht des Weiteren davon aus, dass für Minderjährige ein niedrigeres Schutzniveau etabliert werden solle. Das Gegenteil ist jedoch der Fall. Dies kommt in der Beschränkung auf nur minimale Risiken sowie in der Anwendung des verschärften Subsidiaritätsprinzips zum Ausdruck. Eine derartige Einschränkung wird bei Humanexperimenten mit einwilligungsfähigen Probanden gerade nicht vorgenommen. Im Ergebnis muss die Kritik des Doppelstandards daher als unzutreffend zurückgewiesen werden.

iv)   Einwilligungsunfähige Minderjährige

Nimmt man das Würdeprinzip als unaufhebbaren normativen Kern ernst, dann kann und muss das Gesamtgefüge der nachgeordneten Prinzipien zwar den jeweiligen Handlungskontexten entsprechend abgestimmt werden, die völlige Preisgabe eines Prinzips des Gesamtgefüges ist jedoch problematisch. Dies würde nämlich bedeuten, dass ein Aspekt der Existenzweise des Menschen bei der Fortbestimmung ausgeblendet wird, was ihrer Unhintergehbarkeit und Gleichursprünglichkeit entgegensteht. Setzt man dies voraus, dann ist biomedizinische Forschung mit einwilligungsunfähigen Minderjährigen ethisch nicht zu rechtfertigen. Weder besteht hier die Möglichkeit, das Prinzip der Selbstbestimmung auch nur in einer negativen Minimalform des Rechts auf Ablehnung zu berücksichtigen, noch kann – wie etwa bei Demenzpatienten – durch eine antizipierte Einwilligung vorab der Wille des Probanden Berücksichtigung finden.[72]

Diese Position impliziert keineswegs einen völligen Stillstand im Bereich der Pädiatrie. Zwar würde auch diese Konsequenz an der ethischen Unbegründbarkeit nichts ändern, sie entspricht aber faktisch kaum den Tatsachen. Richtig ist nur, dass der methodisch strenge Weg des systematischen Experiments in diesem Bereich aus ethischen Gründen versperrt ist. Möglich sind aber retrospektive Einzelfallanalysen, in denen Heilversuche *ex post* ausgewertet werden. Auch wenn das Wohl des Patienten als unbedingter Primat anerkannt wird, ist die Dokumentation von Behandlungsverläufen möglich, die wissenschaftlich ausgewertet werden können. Als se-

---

[72]   Weithorn und Scherer halten einen Verzicht auf die Zustimmung dann für vertretbar, wenn das in Frage stehende Experiment einen individuellen medizinischen Nutzen für den kindlichen Probanden in Aussicht stellt und dieser Nutzen nicht außerhalb eines experimentellen Kontextes zu erhalten ist; vgl. Weithorn/Scherer, *Children's Involvement in Research Participation Decisions: Psychological Considerations*, 154. Darauf, dass eine solche Konstellation aus ethischer Sicht überaus fragwürdig ist, ist bereits hingewiesen worden.

kundärer Nebeneffekt können so durchaus wertvolle Erkenntnisse über therapeutische, diagnostische und präventive Maßnahmen gewonnen werden. Dass dieser Weg sicherlich langwieriger ist als derjenige des systematischen Experiments, ist unbestritten. Es ist jedoch der einzige, der mit der *Logik der Würde* als letztverbindlicher Handlungslogik für menschliches Tun vereinbar ist. Im Übrigen erscheinen die Möglichkeiten der retrospektiven Einzelfallanalyse angesichts der Möglichkeiten, die durch moderne Datenverarbeitung und Kommunikationsmittel eröffnet sind, keineswegs ausgeschöpft zu sein. Denkbar wäre etwa eine größere Vernetzung pädiatrischer Abteilungen, sodass zumindest individuelle Erfahrungswerte für Dosierungen u.ä. im größeren Maßstab miteinander verglichen und auf diesem Wege optimiert werden können. Für den Fall, dass risikoreiche neue Methoden zur Anwendung gebracht werden sollen, wäre zudem über das Instrument des „kontrollierten Heilversuchs" nachzudenken, der zwar im Bereich der medizinischen Praxis angesiedelt ist (d.h. primäre Ausrichtung am Wohl des Patienten, nur sekundäre wissenschaftliche Auswertung), bei dem aber forschungsethische Schutzprinzipien (insbesondere die Begutachtung durch eine Ethik-Kommission) herangezogen werden.

*   *   *

Fasst man die Überlegungen zum Problemkomplex der Forschung mit Minderjährigen zusammen, dann ergibt sich ein differenziertes Bild. Einfache Antworten können, das ist deutlich geworden, nicht überzeugen. Will man trotzdem eine komprimierte Antwort geben, dann bietet sich dafür gleichsam als Folie die Frage „Who speaks for the child?" an.[73] Die Antwort einer kritischen Forschungsethik muss heißen: Zunächst und zumeist das Kind selbst![74] Freilich ist das „Für sich Sprechen" des Kindes bzw. des Minderjährigen oftmals nicht in der Weise möglich wie beim einwilligungsfähigen Erwachsenen. Folglich kann es in vielen Fällen nicht im selben

---

[73] Vgl. den gleichnamigen von Gaylin und Macklin im Jahre 1982 herausgegebenen Band *Who speaks for the Child*.

[74] Wenngleich noch in unbefriedigender Weise hat dieser Gedanke inzwischen auch seinen Niederschlag im deutschen *Arzneimittelgesetz (AMG)* gefunden; dort heißt es in § 40 Abs. 4 Nr. 3: „Die Einwilligung wird durch den gesetzlichen Vertreter abgegeben, nachdem er entsprechend Absatz 2 aufgeklärt worden ist. Sie muss dem mutmaßlichen Willen des Minderjährigen entsprechen, soweit ein solcher feststellbar ist. Der Minderjährige ist vor Beginn der klinischen Prüfung von einem im Umgang mit Minderjährigen erfahrenen Prüfer über die Prüfung, die Risiken und den Nutzen aufzuklären, soweit dies im Hinblick auf sein Alter und seine geistige Reife möglich ist; erklärt der Minderjährige, nicht an der klinischen Prüfung teilnehmen zu wollen, oder bringt er dies in sonstiger Weise zum Ausdruck, so ist dies zu beachten. Ist der Minderjährige in der Lage, Wesen, Bedeutung und Tragweite der klinischen Prüfung zu erkennen und seinen Willen hiernach auszurichten, so ist auch seine Einwilligung erforderlich. Eine Gelegenheit zu einem Beratungsgespräch nach Absatz 2 Satz 2 ist neben dem gesetzlichen Vertreter auch dem Minderjährigen zu eröffnen."

Maße als Legitimationsgrundlage für Forschung dienen. Dennoch verlangt das Prinzip der Selbstbestimmung auch den minderjährigen Probanden als Rechteinhaber ernst zu nehmen. Man kann daher Wiesemann nur beipflichten, wenn sie feststellt, es komme „nicht ausschließlich darauf an, ob das Kind – wie es in der juristischen Formulierung heißt – in der Lage ist ‚Wesen, Tragweite und Bedeutung' des Versuchs zu verstehen. Vielmehr muss es darum gehen, das Kind in allen Entwicklungsstufen als Partner zu respektieren und nicht ausschließlich als Forschungsobjekt zu behandeln."[75] Nur da, wo die Gefahr besteht, dass das Kind sein eigenes Wohl voreilig oder übermäßig aufs Spiel setzt, muss – in stärkerem Maße als bei einwilligungsfähigen Erwachsenen – das Nichtschadenprinzip in seiner limitierenden Wirkung verschärft werden. Zusätzlich verlangt das Gerechtigkeitsprinzip, Kinder als besonders schutzbedürftige Wesen dann und nur dann als Probanden für biomedizinische Humanexperimente zu rekrutieren, wenn dies methodisch zwingend erforderlich ist.

Aus ethischer Perspektive muss Forschung mit Minderjährigen keineswegs rundherum abgelehnt werden. Im Gegenteil, eine solche Position würde nicht zuletzt das kindliche Recht verletzen, sich selbstbestimmt und in altruistischer Absicht in biomedizinischer Forschung zum Nutzen anderer zu engagieren. Zugleich muss auch klar sein, dass das Würdeprinzip Forschung mit Minderjährigen im Vergleich zur Forschung mit einwilligungsfähigen Erwachsenen in zahlreichen Punkten erschwert und ihr bisweilen sogar entgegensteht. Geht man von den vorangegangenen Überlegungen zur Spezifikation des Prinzips der Selbstbestimmung aus und trägt zudem die einzelnen Prinzipienspezifikationen aus Kapitel IV zusammen und wertet sie mit Blick auf die Frage nach der ethischen Vertretbarkeit von biomedizinischer Forschung mit Minderjährigen aus, dann kann abschließend eine Liste von Bedingungen benannt werden, die aus ethischer Sicht unbedingt beachtet werden müssen.[76]

(1) Prinzip der Selbstbestimmung

(a) Sofern es die Fähigkeiten des Minderjährigen erlauben, muss er nach entsprechender Aufklärung seine *informierte Einwilligung* zur Teilnahme an einem Humanexperiment geben.

(b) Ist eine persönliche informierte Einwilligung des Minderjährigen aufgrund eingeschränkter Fähigkeiten nicht möglich, dann muss er nach entsprechender Aufklärung seine *Zustimmung* zur Teilnahme geben. Der *Aufklärungsprozess* ist nach Form und Inhalt auf die Bedürfnisse und Fähigkeiten des minderjährigen

---

[75]   Wiesemann, *Ethische Probleme und rechtliche Regelung der Forschung mit Minderjährigen und Jugendlichen*, 130.

[76]   Viele der folgenden Punkte finden sich auch in der Empfehlung von Dahl und Wiesemann, die diese für eine ethische und rechtliche Regelung der biomedizinischen Forschung mit Minderjährigen formuliert haben; vgl. Dahl / Wiesemann, *Forschung an Minderjährigen im internationalen Vergleich: Bilanz und Zukunftsperspektiven*, 107 ff.

Probanden auszurichten. Gegebenenfalls sollte die Tauglichkeit der verwendeten Materialien empirisch überprüft werden.

(c)   Kann ein Minderjähriger mangels entsprechender Fähigkeiten auch keine Zustimmung zur Teilnahme an einem Humanexperiment geben, so kann in begründeten Fällen die Erlaubnis der Erziehungsberechtigten allein ausreichen.

(d)   In jedem Fall ist die verbal oder non-verbal artikulierte *Ablehnung* der (weiteren) Teilnahme an einem Humanexperiment durch einen Minderjährigen zu respektieren und insbesondere auch für die Erziehungsberechtigten bindend. Bei bloß ablehnungsfähigen Minderjährigen sollte ein *unabhängiger Experte* während der Durchführung experimenteller Handlungen zugezogen werden, der gegebenenfalls eine Ablehnung feststellen kann.

(2) Nichtschadenprinzip

(a)   Minderjährige dürfen grundsätzlich nur für Experimente als Probanden rekrutiert werden, die aus medizinisch-wissenschaftlicher Perspektive als *besonders hochrangig* einzustufen sind.

(b)   Experimente mit minderjährigen Probanden, die (bloß) zustimmungsfähig oder ablehnungsfähig sind, dürfen nur mit minimalen Risiken und Belastungen verbunden sein. Einwilligungsfähige Minderjährige sollen nicht als Probanden für Experimente mit hohen Risiken und Belastungen herangezogen werden. Zur Verdeutlichung des Begriffs „minimale Risiken und Belastungen" sollten *Handlungsbeispiele* herangezogen werden. Bei der Klassifizierung einzelner Handlungen müssen das Alter, der Entwicklungsstand sowie etwaige sonstige relevante Faktoren berücksichtigt werden.

(c)   Aus den Bedingungen 2.a und 2.b folgt, dass das *Verhältnis von Nutzen und Risiken bzw. Belastungen* bei Experimenten mit Minderjährigen immer positiv ausfallen muss. Insbesondere sind Experimente auch dann ethisch unvertretbar, wenn sie zwar mit keinem nennenswerten Risiko verbunden sind, der wissenschaftliche Ertrag aber gering ist. Das Abwägungskalkül erlaubt es indessen auch, Experimente mit höheren Graden an Risiken und/oder Belastungen durchzuführen, wenn ein *unmittelbarer medizinischer Nutzen* für die minderjährigen Probanden zu erwarten ist. Es ist im Einzelfall jedoch zu prüfen, ob nicht ein *kontrollierter Heilversuch* angezeigt ist.

(d)   Zusätzlich zur Zustimmung des Minderjährigen müssen die Erziehungsberechtigten nach entsprechender Aufklärung ihre *Erlaubnis* zur Teilnahme erteilen. Bei ihrer Entscheidung sind sie dem *Wohl des Minderjährigen* verpflichtet, was – soweit möglich – auch eine Respektierung des kndlichen Selbstbestimmungsrechts beinhaltet. Sie sollen, so weit möglich, in einem *offenen Dialog* mit ihrem Kind etwaige Risiken und Belastungen diskutieren. Mit zunehmender Reife des Minderjährigen nimmt die Bedeutung der Erlaubnis der Erziehungsberechtigten ab.

(3) Gerechtigkeitsprinzip

(a)   Bei Experimenten mit Minderjährigen ist das *Subsidiaritätsprinzip* in einem engen Sinne auszulegen, d.h. sie sind nur dann ethisch vertretbar, wenn keine alternativen experimentellen Methoden zur Verfügung stehen, mit denen vergleichbare Ergebnisse erzielt werden könnten. Insbesondere muss die Durchführung des Experiments mit Erwachsenen aus wissenschaftlich-methodischen Gründen unmöglich sein. Bei Experimenten mit zustimmungsfähigen bzw. bloß ablehnungsfähigen Minderjährigen ist zu prüfen, ob einwilligungsfähige bzw. zustimmungsfähige Minderjährige ebenso gut als Probanden fungieren könnten.

(4) Prozedurale Prinzipien

(a)   Jedes Experiment mit Minderjährigen muss einer *unabhängigen Ethik-Kommission* zur Begutachtung vorgelegt werden, in der zumindest ein *Pädiater* vertreten ist. Die *Einwilligungsfähigkeit* bzw. *Zustimmungsfähigkeit* der minderjährigen Probanden ist, gegebenenfalls unter Hinzuziehung eines Kinderpsychologen, individuell festzustellen.

(b)   Das Versuchsprotokoll, das Votum der Ethik-Kommission, die Einwilligungen bzw. Zustimmungen der Minderjährigen sowie die Erlaubnisse der Erziehungsberechtigten, die Feststellung der Einwilligungs- bzw. Zustimmungsfähigkeit, der Versuchsverlauf, etwaige Widerrufe der Einwilligung/Zustimmung oder Erlaubnis sowie geäußerte Ablehnungen und die Versuchsergebnisse müssen schriftlich und gegebenenfalls filmisch *dokumentiert* werden.

(c)   Positive wie negative Versuchsergebnisse müssen an geeigneter Stelle *publiziert* werden. Gegebenenfalls sollte die zuständige Ethik-Kommission ihr Votum oder zumindest für andere Studienprotokolle relevante Passagen ebenfalls veröffentlichen.

Die vorstehenden Regeln sollten wohlgemerkt bei *jeder Form* von biomedizinischen Humanexperimenten mit Minderjährigen beachtet werden, nicht nur für Arzneimittel- und Medizinproduktstudien. Dass nach derzeitig geltendem deutschem Recht nur für diese beiden Bereiche spezialgesetzliche Regelungen existieren, ist von unterschiedlicher Seite zu Recht als Missstand kritisiert worden.[77] Eine umfassende und klare Regelung, die Forschung auf der Grundlage der genannten ethischen Prinzipien ermöglicht, würde den Schutz minderjähriger Probanden ohne Zweifel erhöhen und zugleich die medizinische Forschung in diesem Bereich befördern.

---

[77]   Vgl. etwa Wiesemann / Dahl, *Forschung mit Minderjährigen und Jugendlichen: Ist eine neue rechtliche Regelung notwendig?*; Lenk et al., *Non-therapeutic research with minors: how do chairpersons of German research ethics committees decide?*; Zentrale Ethikkommission (ZEKO), *Forschung mit Minderjährigen*; Dewitz / Luft / Pestalozza, *Ethikkommissionen in der medizinischen Forschung*, 328 ff.

Der Umstand, dass biomedizinischer Forschung insgesamt und insbesondere solcher mit minderjährigen Probanden ethische Grenzen gesetzt sind bzw. werden müssen, entspricht der Einsicht, zu der schon Hans Jonas in seinen Überlegungen zu biomedizinischen Humanexperimenten gelangt ist: „Let us also remember that a slower progress in the conquest of disease would not threaten society, grievous as it is to those who have to deplore that their particular disease be not yet conquered, but that society would indeed be threatened by the erosion of those moral values whose loss, possibly caused by too ruthless a pursuit of scientific progress, would make its most dazzling triumphs not worth having them."[78]

2.   Randomisierte klinische Studien

a)   Randomisierte klinische Studien als methodisches Instrument der experimentellen Medizin

Randomisierte klinische Studien (engl. randomized clinical trial = RCT) stellen ein relativ spät entwickeltes methodisches Instrument der experimentellen Medizin dar. Häufig wird die Streptomycin-Studie zur Behandlung von pulmonaler Tuberkulose, die im Auftrag des britischen Medical Research Council im Jahre 1946 begonnen wurde und deren Ergebnisse im Jahre 1948 im *British Medical Journal* veröffentlicht wurden,[79] als erster Anwendungsfall dieser Methode angesehen.[80] Doll berichtet indessen, dass einige Monate zuvor bereits eine methodisch ähnlich angelegte Studie zur Immunisierung gegen Keuchhusten gestartet worden war, deren Resultate jedoch erst 1951 publiziert wurden, was erklärt, warum die Streptomycin-Studie bisweilen – fälschlich – als erste randomisierte Studie der Medizingeschichte dargestellt wird.[81]

Mit dem Begriff „klinische Studie" oder „clinical trial"[82] bezeichnet man prospektive experimentelle Längsschnittstudien im Bereich der biomedizinischen For-

---

[78] Jonas, *Philosophical Reflections on Experimenting with Human Subjects*, 28.

[79] Vgl. Medical Research Council Streptomycin in Tuberculosis Trials Committee, *Streptomycin treatment for pulmonary tuberculosis*.

[80] Vgl. beispielsweise Porter, *Die Kunst des Heilens*, 531.

[81] Vgl. Doll, *Controlled trials: the 1948 watershed*, 1218. Zur Streptomycin-Studie des Medical Research Council siehe auch Yoshioka, *Use of randomisation in the Medical Research Council's clinical trial of streptomycin in pulmonary tuberculosis in the 1940s*.

[82] Der Begriff „clinical trial" wurde Kaptchuk zufolge erstmals im Jahre 1931 in der medizinischen Fachzeitschrift *The Lancet* verwendet; vgl. Kaptchuk, *Intentional Ignorance: A History of Blind Assessment and Placebo Controls in Medicine*, 423. Bei dem Beitrag, auf den Kaptchuk verweist, handelt es sich um eine „Annotation", die unter dem Titel *Clinical Trials of New Remedies* im zweiten Band des Jahrgangs 1931 auf Seite 304 erschienen ist. Es wird kurz darüber informiert, dass der Medical Research Council ein „Therapeutic Trials Committee" eingerichtet hat, das den Council in Fragen der klinischen Testung neuer Produkte beraten soll.

schung.[83] Unter „Randomisierung" versteht man die zufällige Aufteilung von Probanden auf verschiedene Gruppen innerhalb einer klinischen Studie. Im einfachsten Fall erhält eine Gruppe von Probanden eine neuartige Therapieform, deren Wirksamkeit überprüft werden soll (Verumgruppe), während eine andere Probandengruppe mit der etablierten Therapieform behandelt wird oder ein Placebo erhält (Kontrollgruppe). Es sind aber auch Studien mit mehr als zwei Gruppen oder „Armen" möglich. Die randomisierte Zuweisung erfolgt – wiederum im einfachsten Fall – mit Hilfe von Zufallszahlen. Sie dient dazu, Fehler durch unbekannte externe Faktoren sowie durch eine (bewusste oder unbewusste) Voreingenommenheit der Forscher zu minimieren.[84]

Bereits lange vor den Studien des Medical Research Council hat es Ansätze zur zufälligen Gruppenzuweisung von Probanden gegeben, wenngleich nicht in methodisch strenger Weise.[85] So hat der dänische Arzt Johannes A. G. Fibiger in den Jahren 1896 und 1897 eine Studie zur Serumtherapie bei Diphtherie durchgeführt, bei der die Zuweisung der Patienten zur Verum- bzw. Kontrollgruppe davon abhing, an welchem Tag sie ins Krankenhaus eingeliefert wurden. Fibigers explizites Ziel war es, auf diese Weise zufällige Störfaktoren sowie die Voreingenommenheit des Forschers als Fehlerquellen so weit wie möglich auszuschließen.[86] Seine ausführlichen Anmerkungen zum Studienverlauf dokumentieren, welch hohe Bedeutung Fibiger methodischen Aspekten beimaß.[87] Seine Überlegungen blieben einstweilen allerdings ohne großen Einfluss auf die klinische Forschung. So kom-

---

[83]   Vgl. Schaffner, Art. „Research Methodology: I. Conceptual Issues", 2275. Im Online-Glossar der National Institutes of Health (NIH) wird definiert: „Clinical Trial: A clinical trial is a research study to answer specific questions about vaccines or new therapies or new ways of using known treatments. Clinical trials (also called medical research and research studies) are used to determine whether new drugs or treatments are both safe and effective." (URL http://www.clinicaltrials.gov/ct/info/glossary, zugegriffen am 07.11.2005). Das deutsche Arzneimittelgesetz (AMG) legt – seinem Regelungsgegenstand entsprechend – bei der Legaldefinition des Begriffs „klinische Prüfung" ein engeres, auf „klinische oder pharmakologische Wirkungen von Arzneimittel" beschränktes Verständnis zugrunde; vgl. ebd. § 4 Abs. 23.

[84]   Über methodische Details informiert kurz, aber konzise Beller / Gebski / Keech, Randomisation in clinical trials, ausführlicher Schumacher / Schulgen, Methodik klinischer Studien, Kap. 11.

[85]   Zur historischen Entwicklung siehe Chalmers, Comparing like with like: some historical milestones in the evolution of methods to create unbiased comparison groups in therapeutic experiments; Bull, The Historical Development of Clinical Therapeutic Trials; Hróbjartsson / Gøtzsche / Gluud, The controlled clinical trial turns 100 years: Fibiger's trial of serum treatment of diphtheria; Olsen, Use of randomisation in early clinical trials.

[86]   Vgl. Hróbjartsson / Gøtzsche / Gluud, The controlled clinical trial turns 100 years: Fibiger's trial of serum treatment of diphtheria, 1244.

[87]   Hróbjartsson, Gøtzsche und Gluud stellen nicht ohne Bewunderung fest: „Such accurateness in reporting is rare today." (Ebd.).

men Hróbjartsson, Gøtzsche und Gluud bei ihrer Hommage an Fibiger zu dem Ergebnis: „Unfortunately, Fibiger's methodological innovation had surprisingly little impact. The importance of random allocation was first fully recognised after the contributions of Fisher in 1925 and Bradford Hill in 1948."[88]

Die Verwendung von Kontrollgruppen in der medizinischen Forschung datiert noch wesentlich weiter zurück. Eines der ersten Beispiele dafür dürfte die Studie zur Behandlung von Skorbut sein, die der Marinearzt James Lind im Jahre 1747 an Bord der HMS Salisbury durchführte.[89] Seit den 1920er Jahren nahm die Zahl von Berichten, in denen alternierende oder „zufällige" Gruppenzuweisungen von Patienten-Probanden beschrieben wurden, deutlich zu.[90] Durch diese Methode war eine – bewusste oder unbewusste – Einflussnahme des Forschers auf die Gruppenzuweisung jedoch keineswegs ausgeschlossen: „The technique of alternation had one major disadvantage: the investigator knew which treatment the next patient was going to receive and could be – and indeed often was – biased by knowing what the next treatment would be when deciding whether or not a patient was suitable for inclusion in the trial. Even blinding the investigator to the nature of the given treatment, which was often possible, by presenting the treatments in similar forms labeled A and B did not get over the difficulty completely; the investigator could quickly get the impression that one treatment was superior to the other and subsequently be biased in deciding on the next patient's eligibility."[91] Der Epidemiologe und Statistiker Austin Bradford Hill hatte dieses Problem erkannt und für die beiden genannten Studien des Medical Research Council ein neues, auf Zufallszahlen basierendes Zuweisungsschema vorgesehen.[92] Die entscheidende Weiterentwicklung von einer alternierenden zu einer randomisierten Zuweisung der Patienten zur Verum- bzw.

---

[88]   Ebd., 1245. Ronald A. Fisher veröffentlichte im Jahre 1925 sein wirkmächtiges Buch *Statistical Methods for Research Workers*, in dem er zentrale Elemente moderner statistischer Analyseverfahren entwickelte.

[89]   Vgl. oben I.3; siehe auch Chalmers, *Comparing like with like: some historical milestones in the evolution of methods to create unbiased comparison groups in therapeutic experiments*, 1158 ff. Schon im Jahre 1662 hat der flämische Arzt Jean Baptiste Van Helmont den Vorschlag an seine Kollegen gerichtet, Patienten in Gruppen aufzuteilen, um den Erfolg von unterschiedlichen Behandlungsmethoden beurteilen zu können; vgl. ebd., 1157 ff.

[90]   Vgl. ebd., 1161.

[91]   Doll, *Controlled trials: the 1948 watershed*, 1217; vgl. Beller / Gebski / Keech, *Randomisation in clinical trials*, 566 f.

[92]   Zu den methodischen Überlegungen trat als weiterer Bedingungsfaktor hinzu, dass die Menge des verfügbaren Streptomycin begrenzt war – Großbritannien hatte nur 50kg von den USA geliefert bekommen. Es wurde damit auch ein *Verteilungsproblem* virulent. Yoshioka betont jedoch: „It seems that methodological ends motivated Bradford Hill to conceive his technique, and pressure to distribute streptomycin in a fair manner enabled its implementation." (Yoshioka, *Use of randomisation in the Medical Research Council's clinical trial of streptomycin in pulmonary tuberculosis in the 1940s*, 1221).

Kontrollgruppe bestand also darin, dass auf diese Weise für den Forscher verborgen blieb, in welche Gruppe ein Patient kommen würde.[93]

Seit den 1940er Jahren ist die Methode der randomisierten klinischen Studien weiterentwickelt worden. Schon bald wurde das Konzept der Randomisierung ergänzt durch das der „Blindheit" oder „Doppelblindheit". Damit wird der Umstand bezeichnet, dass entweder nur die Patienten-Probanden („blind") oder auch die Arzt-Forscher und das Pflegepersonal („doppelblind") nicht erfahren, welche Gruppe das Verum erhält und welche die Standardtherapie oder ein Placebo.[94] Zwar reicht die Idee einer „intentional ignorance" in der Medizin, wie Kaptchuk in einer eingehenden Untersuchung gezeigt hat, sehr viel weiter zurück, aber erst in Kombination mit der Randomisierung wurde sie zu einem festen Bestandteil der experimentellen Methode klinischer Forschung: „The impetus for the swift adoption of blind assessment into a post-World War II mantra of modern experimentation was intimately tied to the rapid introduction, acceptance, and wholesale assimilation of the fully randomized research design of R. A. Fisher (1890-1962). Blind assessment was perceived as the corollary and companion of a new methodology that could make medicine into a full-fledged ‚hard' science."[95] Die randomisierte Doppelblindstudie stellt seither das methodische Maximum an Fehlerminimierung und Fehlerkontrolle dar.[96]

Nicht zuletzt aus ethischen Überlegungen heraus sind Methoden der zufälligen Zuordnung vorgeschlagen worden, bei denen Behandlungspräferenzen der Patienten-Probanden berücksichtigt werden können. Eine der bekanntesten Ansätze dieser Art stellt Zelens Modell der „Prerandomization" dar.[97] Dabei werden potentielle Probanden zunächst zufällig auf zwei Gruppen verteilt. Patienten der ersten Gruppe erhalten die Standardbehandlung; Patienten der zweiten Gruppe werden über das Studiendesign aufgeklärt und gefragt, ob sie in die Behandlung mit der neuen experimentellen Therapieform einwilligen. Lehnen sie dies ab, erhalten auch sie die Standardbehandlung. Bei der abschließenden Datenanalyse werden die Pati-

---

[93]   Die eigentliche methodische Pointe liegt also nicht primär in der Zufälligkeit der Zuordnung, sondern darin, dass die Voreingenommenheit des Arztes sich nicht auf die Gruppenzuweisung der Patienten auswirken kann; vgl. Chalmers, *Why transition from alternation to randomisation in clinical trials was made*, 1372 sowie Chalmers, *Comparing like with like: some historical milestones in the evolution of methods to create unbiased comparison groups in therapeutic experiments*, 1157.

[94]   Vgl. Schumacher / Schulgen, *Methodik klinischer Studien*, 186 ff.

[95]   Kaptchuk, *Intentional Ignorance: A History of Blind Assessment and Placebo Controls in Medicine*, 427.

[96]   Neben der „einfachen" Randomisierung gibt es mittlerweile auch komplexere Verfahren, die es erlauben, zufällige Faktoren noch effektiver zu begrenzen, beispielsweise die „permuted block randomisation" oder die „stratified allocation" sowie dynamische Randomisierungsverfahren; vgl. Beller / Gebski / Keech, *Randomisation in clinical trials*, 566 sowie Schumacher / Schulgen, *Methodik klinischer Studien*, 181 ff.

[97]   Vgl. Zelen, *A new design for randomized clinical trials*.

enten der ersten Gruppe mit denen der zweiten Gruppe verglichen, unabhängig davon welche Therapieform diese bekommen haben. Ein etwaiger Verlust statistischer Aussagekraft soll durch eine Erhöhung der Probandenzahlen kompensiert werden. Zelen versucht mit seiner Methode, die methodischen Vorzüge randomisierter Studien mit einem Höchstmaß an Probandenaufklärung und -selbstbestimmung zu verbinden.[98]

Das Verfahren der zufälligen Zuweisung von Patienten an zwei Gruppen, wobei eine das zu testende Verum, die andere eine bereits verfügbare Standardtherapie oder ein Placebo erhält, stellt also ein methodisches Instrument dar, das sowohl Fehler durch zufällige Störfaktoren als auch durch die Voreingenommenheit des Forschers minimieren kann. Zugleich erlaubt es die Anwendung statistischer Analyseverfahren zur quantitativen Fehlerkontrolle. Mit der Einführung dieses methodischen Instruments hat Hill einen Beitrag zur experimentellen Medizin geleistet, der kaum zu hoch eingeschätzt werden kann.[99] Seither gelten randomisierte (Doppelblind-)Studien – zumindest in der Arzneimittelprüfung – als methodischer „gold standard". Sie stellen – so sehen es viele, wenngleich keineswegs alle Forscher – den ultimativen Prüfstein für neue Therapieansätze dar.[100] Dessen ungeachtet gibt es zahlreiche andere methodische Ansätze, die in der experimentellen Medizin Anwendung finden. Berücksichtigt man auch diese, dann lassen sich randomisierte klinische Studien als ein Element innerhalb des folgenden Methodenschemas verstehen.[101]

---

[98] Weitere Konzepte dieser Art sind in die Diskussion eingebracht worden. Kopelman unterscheidet insgesamt sieben Formen der Randomisierung; vgl. Kopelman, *Consent and Randomized Clinical Trials: Are There Moral or Design Problems?*, 331-341.

[99] Chalmers und andere vertreten sogar die Auffassung, Bradford Hill hätte für diesen Beitrag den Nobelpreis verdient; vgl. Chalmers, *Why transition from alternation to randomisation in clinical trials was made*, 1372. Siehe dazu auch die Kritik in Breslow, *Are Statistical Contributions to Medicine Undervalued?*, 3.

[100] Eine interessante Kritik an der uneingeschränkten Rede vom „gold standard" haben Grossman und Mackenzie in ihrem Beitrag *The Randomized Controlled Trial: gold standard, or merely standard?* vorgetragen. Dabei stellen sie nicht in Frage, dass randomisierte klinische Studien in vielen Fällen das methodisch optimale Instrument zur Klärung einer medizinisch-wissenschaftlichen Frage darstellen. Sie bezweifeln jedoch, dass randomisierte Studien *unter allen Umständen* besser sind als andere methodische Ansätze, was insbesondere von einigen Vetrtretern der „evidence-based medicine" behauptet wird.

[101] Das Schema ist entnommen aus Schaffner, *Ethical Problems in Clinical Trials*, 298.

Interval of Data Collection	Longitudinal				Cross-Sectional
Sampling/Pursuit of Subjects	Retrospective **Case Control**	Prospective			
Initiation of Maneuver		Experimental Clinical Trial		**Spontaneous Cohort**	
Concurrent Comparison Group(s)		One or more		Non **Uncontrolled Trial**	
Assignment of Subjects		Non-random **Non-Randomized Controlled Trial**	Random **Randomized Controlled Trial**		

Abbildung 4

b)   Randomisierte klinische Studien als ethisches Problem

Schon früh ist die Frage der Legitimität randomisierter klinischer Studien virulent geworden.[102] Bradford Hill selbst hat im Jahre 1963 in einem Beitrag für das *British Medical Journal* ethische Aspekte dieses methodischen Ansatzes thematisiert: „If the clinical trial is the method of choice then the question becomes in what circumstances can the doctor withhold (or give) a treatment while preserving the high ethical standards demanded of his profession?"[103] Obwohl er die Auffassung vertritt, dass ethische Überlegungen nur „within the particular circumstances of the trial"[104] sinnvoll seien, skizziert er einige allgemeine Leitfragen, die abhängig vom jeweiligen Kontext beantwortet werden müssten. So argumentiert er beispielsweise, die Beantwortung der Frage nach der Sicherheit einer Studie könne nur in Abhängigkeit von vorhandenen Therapien und der Schwere einer Erkrankung beantwortet werden.[105] Auch darüber, ob das Zurückhalten eines neuen Medikaments oder auch einer Standardtherapie legitim sei, könne nur in Anbetracht der Schwere einer Erkrankung entschieden werden.[106] Er betont jedoch, dass die Verantwortung des Arztes für den individuellen Patienten auch in klinischen Studien bestehen bleibe. Folglich müssen wissenschaftliche Erwägungen hinter dem Wohl des einzelnen Kranken im Zweifel zurückstehen: „In this trial, *as in all controlled trials*, it was implicit that the doctor must do for his patient whatever he really believes to be essential for that patient to restore him to health. If he believes that it is essential for the patient's well-being that he removes him from a comparative group on an orthodox treatment (or vice versa), then surely it is his basic duty so to remove him. While such removals may seriously weaken, or even destroy, the value of a trial there can be no

---

[102] Wiederum sollen im Folgenden nicht alle Facetten der vielschichtigen Debatte referiert werden; es wird erneut darum gehen, den Diskussionstand so darzulegen, dass eine Bewertung der Problematik im Lichte einer kritischen Forschungsethik ermöglicht wird.

[103] Hill, *Medical Ethics and Controlled Trials*, 1045.

[104] Ebd., 1045.

[105] Vgl. ebd., 1046.

[106] Vgl. ebd., 1046 f.

other means of meeting the ethical situation."[107] Für weniger wichtig hält er hingegen die Aufklärung der Patienten-Probanden. Sei es möglich, so fragt er skeptisch, dem Patienten die Situation einer randomisierten klinischen Studie so zu beschreiben, dass dieser einerseits eine wirkliche informierte Einwilligung erteilen könne und andererseits nicht das Vertrauen in den behandelnden Arzt verliere?[108] Hill bezweifelt dies augenscheinlich und hält eine Aufklärung nur in wenigen Fällen für angezeigt, etwa wenn gesunde Probanden zur Teilnahme an einer Studie eingeladen werden.[109] Für den Beginn einer randomisierten klinischen Studie stellt er die folgende ethische Bedingung auf: Der Arzt muss sich in einem „state of ignorance" hinsichtlich der Frage befinden, welche von zwei (oder mehr) Therapieoptionen die bessere ist. Dann kann er, ohne seine Verantwortung gegenüber dem Patienten zu verletzen, diesen in eine Studie aufnehmen. Hill bringt dies auf die Formel: „If the treatment is a matter of indifference, then how we distribute the patients to each treatment is equally a matter of indifference."[110] Zurückhaltend äußert er sich hingegen zur Verwendung von Placebos. Ihr Einsatz sei, so Hill, bisweilen sinnvoll und auch ethisch vertretbar, allerdings müsse man die kritische Frage stellen, in welchem Maße eine exakte Kontrolle wirklich erforderlich sei.[111] In seinem Beitrag aus dem Jahre 1963 formuliert Hill der Sache nach ein Konzept, das spätestens seit den 1970er Jahren mit dem Begriff „equipoise" bezeichnet wird.

i)   Die „equipoise"-Bedingung

Eine ebenso fundamentale wie einflussreiche ethische Untersuchung randomisierter klinischer Studien hat Charles Fried in seinem Buch *Medical Experimentation: Personal Integrity and Social Policy* (1974) unternommen. Seine Analyse beleuchtet den Konflikt, der zwischen randomisierten klinischen Studien als wissenschaftlicher Methode einerseits und der ärztlichen Heilverpflichtung andererseits aufbricht. Er schreibt: „The traditional concept of the physician's relation to his patient is one of unquali-

---

[107] Ebd., 1043. Es ist eine bemerkenswerte historische Anekdote, dass ein erkrankter Arzt des Medical Research Council nicht in die Streptomycin-Studie von 1946 aufgenommen wurde, sondern das neuartige Medikament außerhalb des Studienprotokolls erhielt; vgl. Yoshioka, *Use of randomisation in the Medical Research Council's clinical trial of streptomycin in pulmonary tuberculosis in the 1940s*, 1223.

[108] Vgl. Hill, *Medical Ethics and Controlled Trials*, 1046.

[109] Vgl. ebd., 1047 f.

[110] Ebd., 1047.

[111] Vgl. ebd., 1048. Die spezielle Problematik von Placebokontrollen soll hier nicht weiter verfolgt werden. Sie ist in letzter Zeit erneut kontrovers diskutiert worden, nicht zuletzt wegen der „Note of Clarification" zum Paragraphen 29 der *Declaration of Helsinki*, die die World Medical Association im Jahre 2002 in Washington beschlossen hat. Zu diesem Problemkomplex vgl. beispielsweise den „Target Article" Miller / Brody, *What Makes Placebo-Controlled Trials Unethical* im *American Journal of Bioethics* sowie die zahlreichen „Open Peer Commentaries" im selben Band.

fied fidelity to that patient's health. He may certainly not do anything that would impair the patient's health and he must do everything in his ability to further it. The conduct of a patient's doctor in an RCT appears to conflict with these traditional norms."[112] Ausgehend von diesem Befund wendet sich Fried einem Argument zu, welches zugunsten von randomisierten Studien vorgebracht wird: „The argument is frequently made that where the balance of opinion is truly in equipoise, there is no sense to the accusation that the prescribing of one or the other of the equally eligible treatments can constitute a withholding of anything or can constitute less than one's best (the alternative being no better)."[113] Im Anschluss an Fried spricht man seither von „equipoise" als einer Bedingung, die erfüllt sein muss, damit randomisierte Studien als ethisch vertretbar gelten können.[114] In nachgerade klassischer Weise hat Freedman die „equipoise"-Bedingung gefasst: „The ethics of clinical research requires equipoise – a state of genuine uncertainty on the part of the clinical investigator regarding the comparative therapeutic merits of each arm in a trial."[115] Wäre dies nämlich nicht der Fall, so die einfache Überlegung, dann würde der Arzt-Forscher einen Teil seiner Patienten-Probanden wissentlich mit einer suboptimalen Therapie behandeln und damit gegen seine ärztliche Heilverpflichtung, die auf das Wohl des individuellen Patienten abhebt, verstoßen.[116] Können hingegen beide Präparate als gleichermaßen wirksam – oder unwirksam – gelten, dann wird keine der beiden Studiengruppen (wissentlich) benachteiligt. Eine Verletzung der ärztlichen Heilverpflichtung liegt – unabhängig davon, welche Therapieoption ein Patient-Proband (zufällig) erhält – nicht vor.

Fried meint zwar, es handele sich um die stärkste Verteidigung, die zugunsten von randomisierten Studien vorgebracht werden könne, bezeichnet sie aber den-

---

[112] Fried, *Medical Experimentation: Personal Integrity and Social Policy*, 50 f.

[113] Ebd., 51; siehe auch ebd., 153.

[114] Immer wieder ist zu lesen, Fried habe den Terminus „equipoise" geprägt. Tatsächlich behandelt Fried in seinem Buch die Problematik ausführlich und verwendet dabei auch den Begriff „equipoise", allerdings in einer Weise, die auf einen bereits verbreiteten Gebrauch schließen lässt. Und wirklich verwendet beispielsweise bereits Ramsey den Begriff im Zusammenhang mit Impfstudien an Minderjährigen: „Yet there may have been an equipoise between the hazards of contracting rubella or other damages from the vaccine and the hazards of contracting it if not vaccinated. [...] These considerations, we may suppose, produced the quandary in the conscience of the investigator that was partially relieved by giving the unrelated Salk vaccine to the control group. Such equipoise alone would warrant – and it would sufficiently warrant – a parent or guardian in consenting that his child or ward be used for these research purposes." (Ramsey, *The Patient as Person*, 16).

[115] Freedman, *Equipoise and the Ethics of Clinical Research*, 141.

[116] Im Anschluss an Marquis spricht man von der „therapeutic obligation" des Arztes; vgl. Marquis, *Leaving Therapy to Chance*, 42.

noch als „unsatisfactory".[117] Sein Haupeinwand lautet, dass ein wirklicher Gleichgewichtszustand zumindest im Hinblick *auf einen individuellen Patienten* selten vorkommen dürfte.[118] Folglich sei die „equipoise"-Bedingung nicht erfüllt und die erforderliche Entlastung des Arzt-Forschers liege nicht vor. Zwar stellt Fried wenig später fest, dass eine Erfüllung der Bedingung womöglich doch häufig genug der Fall sei „to justify a significant number of RCT's"[119], ein skeptischer Grundton gegen das Argument bleibt indessen bestehen. Insgesamt kommt er zu dem Ergebnis, dass randomisierte klinische Studien zwar nicht rundherum abgelehnt werden müssten, dass dieses methodische Instrument vor dem Hintergrund der ärztlichen Heilverpflichtung jedoch grundsätzlich ethisch bedenklich sei.

Eine einfache Lösung für die Problematik ist Frieds Meinung nach nicht in Sicht.[120] Er schlägt stattdessen eine Reihe von Strategien vor, insbesondere eine vermehrte Anwendung alternativer Forschungsmethoden,[121] eine personelle Trennung von behandelndem und forschendem Arzt[122] sowie eine stärkere Integration von Probanden in den Forschungsprozess.[123] Sehr deutlich wendet sich Fried entsprechend gegen Argumente, die darauf abzielen, eine umfassende Aufklärung der Patienten-Probanden als nicht erforderlich auszuweisen: „Finally, the failure to make full disclosure is problematic even in cases where the two treatments are really in equipoise for the particular patient, with his particular life plan and physical charac-

---

[117] Vgl. Fried, *Medical Experimentation: Personal Integrity and Social Policy*, 51 f. Liest man Frieds Ausführungen aufmerksam, dann mutet es durchaus seltsam an, wie oft er als Begründer und Verfechter des „equipoise"-Konzepts bezeichnet wird; siehe ausführlicher dazu unten V.2.b.(iv).

[118] Wörtlich schreibt Fried: „Is it ever likely to be the case that in a complex medical situation the balance of harms and benefits discounted by their appropriate probabilities really does appear on the then available evidence to be in equipoise? Or even approximately enough in equipoise to make the argument go through? I would concede that as to a particular medical condition, even quite carefully defined, viewed across a general population there might be a number of cases where the balance between treatments was equal; but I would suppose that in many of these situations this equipoise would not exist in respect to a particular patient." (Fried, *Medical Experimentation: Personal Integrity and Social Policy*, 52).

[119] Ebd., 53.

[120] Vgl. ebd., 171. Insbesondere bedeutet dies auch, dass die „equipoise"-Bedingung keine (befriedigende) Lösung für das Problem darstellt.

[121] Vgl. ebd., 157 ff.

[122] Vgl. ebd., 160 ff.

[123] Vgl. ebd., 165 ff. Insbesondere wendet sich Fried gegen eine unvollständige Aufklärung der Probanden über das experimentelle Design (vgl. ebd., 152 ff.) und gegen den Umstand, dass eine experimentelle Therapie für einen Patienten nur im Rahmen einer Studie verfügbar ist (vgl. ebd., 156).

teristics."[124] Gegen eine volle Aufklärung ist wiederholt das Argument stark gemacht worden, Probanden würden sich dann nicht bereit erklären, an klinischen Studien teilzunehmen.[125] Das Ziel, solche „disastrous consequences for medical research" zu vermeiden, rechtfertige zwar keine „policy of concealment", hat etwa Schafer argumentiert, wohl aber eine „policy of honest disclosure to patients of the conflict, and to the extent to which there will be nondisclosure."[126] Fried nimmt hier eine andere Position ein: Selbst wenn es objektiv nur eine rationale Wahl gebe, habe ein Patient-Proband ein berechtigtes Interesse daran, über „processes that touch some of his most vital interests" informiert zu werden und daran beteiligt zu werden.[127] Ein Patient-Proband habe einen Anspruch auf volle Offenlegung sowie darauf, dass er nicht gegen seinen Willen an einem Experiment teilnimmt.[128]

ii) Freedmans „clinical equipoise"

Ausgehend von dem Befund, dass die (einfache) „equipoise"-Bedingung unbefriedigend sei, hat Freedman im Jahre 1987 eine viel beachtete Weiterentwicklung vorgeschlagen, die er unter dem Begriff „clinical equipoise" vorgestellt hat.[129] Er hält das ursprüngliche Konzept aus verschiedenen Gründen für unzureichend. Es sei, so sein erster Kritikpunkt, nur auf „einfache" Forschungshypothesen anwendbar, versage hingegen, wenn komplexere Fragestellungen untersucht werden sollten. Des Weiteren sei es abhängig von der Aufmerksamkeit und Wahrnehmung des einzelnen Forschers. Sobald dieser einen Unterschied zwischen den Therapieoptionen wahrnehme, sei die geforderte Bedingung nicht mehr erfüllt – unabhängig davon, ob ein Unterschied *wirklich existiere*. Damit eng verbunden erweise sich das Konzept als „personal and idiosyncratic", d.h. es sei empfindlich für persönliche Präferenzen und Vorlieben des Forschers, die nicht notwendigerweise wissenschaftlich fundiert sein müssten.[130] Verschiedene Lösungsansätze, die Freedman in der Diskussion vorfindet, hält er allesamt für „frank counsels of desperation", weil sie die genannten Probleme einfach durch eine Preisgabe der „equipoise"-Bedingung zu lösen versuchten.[131]

Anders als „theoretical equipoise" – so Freedmans Bezeichnung für das ursprüngliche Konzept – hebt „clinical equipoise" nun nicht auf die Meinung des in-

---

[124] Ebd., 56. Menikoff erblickt in der Zurückweisung solcher Argumente geradezu das eigentliche Ziel von Frieds gesamter Untersuchung; vgl. Menikoff, *Equipoise: Beyond Rehabilitation?*, 348.

[125] In diesem Sinne hatte sich, wie oben referiert wurde, schon Hill in seinem Beitrag aus dem Jahr 1963 geäußert.

[126] Schafer, *The Randomized Clinical Trial: For Whose Benefit?*, 6.

[127] Vgl. Fried, *Medical Experimentation: Personal Integrity and Social Policy*, 56.

[128] Vgl. ebd., 157.

[129] Vgl. Freedman, *Equipoise and the Ethics of Clinical Research*, 143 ff.

[130] Vgl. ebd., 143.

[131] Vgl. ebd., 142.

dividuellen Arzt-Forschers ab, sondern auf das Meinungsbild innerhalb der *gesamten* „clinical commuity": „We may state the formal conditions under which such a trial would be ethical as follows: at the start of the trial, there must be a state of clinical equipoise regarding the merits of the regimens to be tested, and the trial must be designed in such a way as to make it reasonable to expect that, if it is successfully conducted, clinical equipoise will be disturbed. In other words, the result of a clinical trial should be convincing enough to resolve the dispute among clinicians."[132] An die Stelle der instabilen und subjektiven Meinung des Einzelnen soll also eine robuste und objektive Mehrheitsmeinung treten.[133] Damit seien, so Freedmans Überzeugung, die konzeptionellen Probleme der „theoretical equipoise" gebannt. Klinische Studien sind, folgt man Freedmans Überlegungen, genau dann ethisch vertretbar, wenn es eine wissenschaftlich-überindividuelle Ungewissheit hinsichtlich der unterschiedlichen Therapieoptionen gibt.[134] Ist diese einmal beseitigt, dann stellen klinische Studien ein unnötiges Verfahren dar, zu dem aus ethischen Gründen keine menschlichen Probanden herangezogen werden dürfen. Ziel einer randomisierten klinischen Studie ist es gerade, diesen Zustand herbeizuführen, d.h. die „clinical equipoise" zu beseitigen.[135]

---

[132] Ebd., 144.

[133] Gifford hat bemerkt, treffender als Freedmans Terminologie („clinical equipoise" vs. „theoretical equipoise") seien die Begriffe „community equipoise" und „individual equipoise"; vgl. Gifford, *Community-Equipoise and the Ethics of Randomized Clinical Trials,* insbesondere Anm. 15. Darüber hinaus macht Gifford eine zweite Bedeutungsebene aus, die treffend mit dem Begriffspaar „theoretical / clinical equipoise" gekennzeichnet werden könne; vgl. dazu ausführlich Gifford, *Freedman's ‚Clinical Equipoise' and ‚Sliding-Scale All-Dimensions-Considered Equipoise',* insbesondere 405 ff.

[134] Oftmals übersehen wird, dass sich auch bei Fried eine ähnliche Überlegung findet: „The somewhat strained contention that in each of the RCT's summarized above the choice between the two therapies was in equipoise becomes considerably more plausible when viewed in conjunction with the concept of professional knowledge. One or the other of the two therapies may not seem quite equally eligible to the patient's doctor, but then as a good professional he would demur, saying that professionally he had no basis for preferring one to the other, and thus was justified in viewing them as being in equipoise." (Fried, *Medical Experimentation: Personal Integrity and Social Policy,* 152 f.).

[135] Vgl. Freedman, *Equipoise and the Ethics of Clinical Research,* 144. Freedman begreift den Aspekt, dass eine klinische Studie darauf abzielen muss, die medizinische Praxis zu ändern, als wesentlichen Bestandteil seines Konzepts. Miller und Weijer haben darauf hingewiesen, dass dies bei Phase I- und II-Studien regelmäßig nicht der Fall ist. (Miller / Weijer, *Rehabilitating Equipoise,* 107). Sie glauben jedoch, dass auch solche Studien unter Verwendung des Konzepts gerechtfertigt werden können, wenn erwiesen werden kann, dass sie notwendige Schritte auf dem Weg hin zu einer Änderung der medizinischen Praxis darstellen.

iii)   Kritik am Konzept des „clinical equipoise"

Freedmans Konzept hat großen Einfluss auf die Diskussion gehabt. Viele erblicken darin bis heute eine überzeugende Lösung für das Problem, das durch randomisierte klinische Studien aufgeworfen wird.[136] Sein Ansatz ist indessen keineswegs unwidersprochen geblieben. Zahlreiche Kritiker haben geltend gemacht, dass auch Freedmans Fokusverschiebung hin zur kollektiven Überzeugung der „clinical community" nicht geeignet sei, die ethischen Probleme im Zusammenhang mit randomisierten klinischen Studien zu beheben.

Zunächst lassen sich einige konzeptionelle Unklarheiten des Ansatzes konstatieren.[137] So ist etwa unausgeführt, wer genau zur „clinical community" gehört und wessen Meinung damit Relevanz besitzt. Des Weiteren wäre zu klären, wann genau ein wissenschaftlicher Disput als beigelegt gelten darf. Legte man die „equipoise"-Bedingung so aus, dass ein Disput erst dann beigelegt ist, wenn *kein* Arzt oder zumindest *kein* Facharzt für ein bestimmtes Gebiet mehr eine von der Mehrheitsmeinung abweichende Auffassung vertritt, dann wäre sie wohl nahezu immer erfüllt und damit als normatives Kriterium wertlos. Nur in einer engeren Auslegung kann die Kollektivmeinung als Referenzgröße dienen. Wie eine solche Auslegung genau aussehen könnte, ist jedoch schwer auszumachen.[138] Miller und Weijer verweisen auf eine analoge Konstellation bei Schadenersatzklagen, bei denen ein Gericht klären muss, ob eine durchgeführte Behandlung *lege artis* erfolgte.[139] Auch in solchen Fällen könnten die Ansichten von Minderheiten unter Umständen als vertretbar eingestuft werden. Entscheidend sei, so Miller und Weijer, dass es sich hier wie auch im Falle von „clinical equipoise" um ein „qualitative judgment" handele.[140] Insofern sei es sachlich angemessen, kein quantifiziertes Mehrheitsverhältnis festzulegen, ab dem eine Therapieoption allgemein als überlegen angesehen werden dürfe. Ob ein

---

[136] So stellen beispielsweise Weijer, Shapiro und Glass fest: „In short, clinical equipoise supports a pragmatic approach to the design of randomised controlled trials." (Weijer / Shapiro / Glass, *For and against: clinical equipoise and not the uncertainty principle is the moral underpinning of the randomised controlled trial*, 757).

[137] Zu dieser Kritik vgl. Gifford, *Community-Equipoise and the Ethics of Randomized Clinical Trials*, 135 ff.

[138] In einer empirischen Studie haben Johnson, Lilford und Brazier untersucht, ab welchem Mehrheitsverhältnis der Expertenmeinungen potentielle Probanden die Durchführung einer randomisierten klinischen Studien für inakzeptabel halten. Sie kommen zu dem Schluss: „In general, these findings suggest that trials are perceived as unethical when equipoise is disturbed beyond 70:30. In other words, when 70 per cent of experts favour treatment A, then 50 per cent of subjects would prefer that treatment A be administered rather than subjected to critical assessment." (Johnson / Lilford / Brazier, *At what level of collective equipoise does a clinical trial become ethical?*, 32 f.). Auch hier bliebe freilich zu klären, wem der Status des „Experten" zukommt.

[139] Vgl. Miller / Weijer, *Rehabilitating Equipoise*, 105 f.

[140] Vgl. ebd., 106.

derart „weiches" Kriterium ausreicht, um *prospektiv* fragwürdige Studien zu unterbinden, muss allerdings fraglich erscheinen.[141]

Aber selbst wenn man von diesen Unklarheiten absieht, bleibt fraglich, ob Freedmans Ansatz geeignet ist, die ethischen Probleme im Kontext randomisierter Studien zu lösen. Geht man davon aus, dass das ethische Kernproblem randomisierter klinischer Studien im Konflikt zwischen der Heilverpflichtung des Arztes und der Zufälligkeit der Gruppenzuweisung von Probanden besteht, dann bietet auch „clinical equipoise" keine dauerhafte Lösung.[142] So können etwaige Präferenzen von Patienten-Probanden nicht berücksichtigt werden, was als überaus problematisch angesehen werden muss. Aber selbst wenn man davon ausgeht, dass hinreichend viele potentielle Patienten-Probanden (zunächst) keine Präferenzen hinsichtlich einer Therapieoption haben und bereit sind, beide Optionen einer Studie zu akzeptieren, oder dass durch Methoden der Prärandomisierung dieses Problem gelöst werden könnte, bleibt das Problem, dass sich im Verlauf einer Studie ein statistischer Trend entwickelt. Die „scientific community" akzeptiert in der Regel ein Ergebnis erst bei einem Signifikanzniveau von 5%.[143] Für einen behandelnden Arzt muss dies aber keineswegs gelten. Er wird seine Therapiewahl in der Regel nicht von diesem – per Konvention festgelegten – wissenschaftlichen Standard abhängig machen. Warum er dazu ausgerechnet im Falle einer klinischen Studie berechtigt sein soll, wird aus Freedmans Ansatz nicht ersichtlich.[144] Gerade dies müsste ein Lösungsansatz

---

[141] Eine ähnliche Kritik könnte man freilich gegen die in IV.3.a formulierten Prinzipien der methodischen Qualität, Alternativlosigkeit und Hochrangigkeit wenden. Vor allem bei der Hochrangigkeit handelt es sich um eine Einschätzung, die innerhalb der „scientific community" variieren kann. Auch die regulative Wirkung dieses Prinzips ist damit begrenzt. Allerdings sind alle drei Prinzipien innerhalb des theoretischen Gesamtgefüges an einem ganz anderen systematischen Ort angesiedelt; sie übernehmen eine weit weniger zentrale Funktion, als Freedman sie dem „clinical equipoise"-Konzept zuweist.

[142] Vgl. Gifford, *The Conflict Between Randomized Clinical Trials and the Therapeutic Obligation*, 347 f.

[143] Unter dem Signifikanzniveau α eines Tests versteht man die akzeptierte Wahrscheinlichkeit, mit der ein Fehler erster Art (α-Fehler) begangen wird, d.h. die Wahrscheinlichkeit dafür, dass die Nullhypothese fälschlicherweise verworfen wird, obwohl sie zutreffend ist; vgl. Schumacher / Schulgen, *Methodik klinischer Studien*, 38.

[144] In diesem Sinne hat Gifford gegen Freedman geltend gemacht: „The reason the RCT dilemma exists in the first place is that there is a difference between the amount of evidence needed to justify decisions to act at the present patient and policy levels. And that difference remains even when we have moved from individual to community judgments. For this and other reasons, the CE [= clinical equipoise, B.H.] solution to the RCT dilemma is far from unproblematic." (Gifford, *Community-Equipoise and the Ethics of Randomized Clinical Trials*, 147). Er führt darüber hinaus noch ein weiteres Argument gegen Freedman ins Felde: „Finally, even on the most favorable interpretations, community equipoise will ‚run out' long before we get to the point when our knowledge is secure enough to base policy on it." (Ebd., 148).

aber leisten, wenn man – wie Freedman – an einer strikten Heilverpflichtung des Arztes im Rahmen randomisierter klinischer Studien festhalten will.

iv) Ein Rehabilitierungsversuch des „equipoise"-Konzepts

Miller und Weijer haben argumentiert, Frieds „equipoise"-Bedingung und Freedmans „clinical equipoise" sollten nicht als konkurrierende, sondern eher als komplementäre Konzepte verstanden werden.[145] Beide Konzepte, so die Autoren, beträfen „different areas of moral concern", nämlich zum einen den Bereich der Fürsorgepflicht des Arztes und zum anderen den Komplex der Zustimmung von Ethik-Kommissionen. Während Frieds Konzept von „equipoise" eine zentrale Rolle bei der Rechtfertigung des einzelnen Arztes spiele, komme die Bedeutung von Freedmans „clinical equipoise" da zum Tragen, wo Ethik-Kommissionen über die Bedeutung einer Studie und ihre ethische Vertretbarkeit insgesamt entscheiden müssen.[146] Entsprechend könne eine Verletzung von „Frieds equipoise" auch nicht zum Abbruch einer Studie führen, wohl aber dazu, dass ein einzelner Patient aus einer Studie genommen werden müsse.[147] Isoliert betrachtet seien die beiden Konzepte, so Miller und Weijer, nicht geeignet, die ethischen Probleme randomisierter klinischer Studien zu lösen.[148] Lege man indessen ihre Interpretation zugrunde, dann – so der Schluss der Autoren – könnten beide Konzepte zusammen sehr wohl eine zentrale Rolle bei der Rechtfertigung randomisierter klinischer Studien spielen.[149]

Im Anschluss an den Beitrag von Miller und Weijer hat sich ein Streit über die richtige Interpretation von Frieds ursprünglicher Position entzündet, in dem Menikoff gegen Miller und Weijer eingewendet hat, sie würden Fried fälschlich unterstellen, er habe die „equipoise"-Bedingung als Legitimation von randomisierten klinischen Studien affirmiert. Im Gegenteil, so Menikoff weiter, sei Fried überaus kritisch gegenüber dem Konzept gewesen und habe es als Rechtfertigung randomisierter klinischer Studien letztlich abgelehnt. Folglich sei Fried kein geeigneter Gewährsmann für Millers und Weijers Versuch einer Rehabilitierung der „equipoise"-Bedingung.[150]

---

[145] Vgl. Miller / Weijer, *Rehabilitating Equipoise*, 113 ff. Einen nicht unerheblichen Teil ihres Artikels widmen Miller und Weijer der Frage nach der richtigen Interpretation der Konzepte. Insbesondere weisen sie eine „absolutist interpretation" von „Fried's equipoise" zurück (vgl. ebd., 103). Sie zeigen dann, dass unter Verwendung ihrer Interpretation die beiden Konzepte miteinander kompatibel sind.

[146] Vgl. ebd., 110 ff., 112 f. Den letzteren Aspekt könnte man vielleicht auch mit dem Begriff „Hochrangigkeit" fassen.

[147] Vgl. ebd., 114.

[148] Vgl. ebd., 109.

[149] Vgl. ebd., 115 f.

[150] Menikoff wörtlich: „Fried's book compellingly marshals arguments to show that equipoise is an inadequate justification for failing to tell patients what is happening to them. Thus, Fried was in no way promoting the concept of equipoise. Quite the opposite, he

In einer Erwiderung haben Miller und Weijer gegen Menikoff vorgebracht, seine Lesart betone die informierte Einwilligung als liberales Abwehrrecht in einer Weise, die Frieds Position nicht gerecht werde. Fried unterstreiche gerade die besonderen Pflichten des Arztes, die durch eine informierte Einwilligung des Patienten-Probanden nicht einfach ausgehebelt werden könnten.[151] Zwar mag es zutreffend sein, dass auch Menikoff seinerseits Fried bisweilen in seinem Sinne auslegt. Damit bleibt der ursprüngliche Einwand, Fried vertrete die „equipoise"-Bedingung selbst nicht, freilich unausgeräumt. Eine gründliche Lektüre von Frieds Ausführungen lässt wohl nur den Schluss zu, dass Menikoffs Kritik im Kern berechtigt ist. Frieds Grundhaltung gegenüber randomisierten klinischen Studien ist durchaus kritisch, und es lassen sich keine Anhaltspunkte dafür finden, dass er die „equipoise"-Bedingung als hinreichende ethische Rechtfertigung klinischer Studien angesehen hat.

Von diesen Interpretationsfragen abgesehen erscheint Millers und Weijers Versuch einer Kombination von Frieds (vermeintlicher) „equipoise"-Bedingung und Freedmans „clinical equipoise" auch sachlich problematisch. Es gelingt ihnen nicht, zentrale Kritikpunkte gegen beide Konzepte im Zuge ihres Rehabilitierungsversuchs auszuräumen. Insbesondere bleibt unklar, warum ein deutlicher statistischer Trend, der jedoch noch jenseits des wissenschaftlich geforderten Niveaus liegt, nicht dazu führen muss, dass alle Patienten-Probanden aus einer Studie genommen werden, da ihre jeweiligen Ärzte sich nicht mehr im „state of uncertainty" befinden. Wenn dies aber zutrifft, dann würde Freedmans „clinical equipoise" gegenstandslos mit der Folge, dass zahlreiche klinische Studien beendet werden müssten, lange bevor ein wissenschaftlich akzeptiertes Resultat vorliegt.

v)   Die Unterscheidung von „similarity position" und „difference position"

Einen interessanten Beitrag zur Thematik haben Miller und Brody in die Diskussion eingebracht.[152] In einem ersten Schritt analysieren sie die beiden Handlungsbereiche „medizinische Praxis" und „medizinische Forschung". Im Anschluss an die National Commission und in Übereinstimmung mit den Ergebnissen, welche die Strukturanalyse in Kapitel III erbracht hat, kommen sie zu dem Schluss, dass zwei durchaus unterschiedliche Handlungsbereiche vorliegen.[153] Von diesem Befund ausge-

---

was criticizing those who thought it very useful." (Menikoff, *Equipoise: Beyond Rehabilitation?*, 348). Und weiter: „Ultimately, Miller and Weijer would like to impose upon Fried their own belief that a doctor, offering a patient enrollment in a study, should never be proposing something that may not be in the best interest of the patient. [..] His work deserves to be understood for its true merits, and not as a promotion for a concept in which he rightly put little faith." (Ebd., 350).

[151] Vgl. Miller / Weijer, *Will the Real Charles Fried Please Stand Up?*, insbesondere 356 f.

[152] Vgl. Miller / Brody, *A Critique of Clinical Equipoise* sowie Brody / Miller, *The Clinician-Investigator: Unavoidable but Manageable Tension*.

[153] Wörtlich führen sie aus: „Clinical medicine aims at providing optimal medical care for individual patients. [...] Clinical research, in contrast, is not a therapeutic activity de-

hend argumentieren Miller und Brody, die Unterschiedlichkeit der Handlungsfelder müsse ihren Niederschlag in unterschiedlichen normativen Ansätzen finden: „The basic goal and nature of the activity determines the ethical standard that ought to apply."[154] Das bedeute nicht, so versichern die Autoren, dass ein Bereich in ethischer Hinsicht grundsätzlich mehr oder weniger problematisch sei, sie seien schlicht unterschiedlich.[155] Die Auffassung, dass medizinische Forschung und medizinische Praxis strukturell unterschiedlich sind und entsprechend Forschungsethik und ärztliche Ethik des Heilens („the ethics of therapeutic medicine") unterschieden werden müssen, kennzeichnen Miller und Brody mit dem Begriff „difference position".[156] Ihr setzen sie eine „similarity position" entgegen, die für beide Bereiche einen gemeinsamen ethischen Ansatz in Stellung bringt.[157]

Von dieser Differenzierung ausgehend argumentieren Miller und Brody in einem zweiten Schritt, nur wenn man die „similarity position" zugrunde lege, würden randomisierte klinische Studien überhaupt zu einem besonderen ethischen Problem, und nur dann entstünde die Notwendigkeit für eine (vermeintliche) Lösung wie die „equipoise"-Bedingung.[158] Denn nur unter dieser Voraussetzung könne ein Konflikt zwischen der Methodik des Randomisierens und der ärztlichen Heilverpflichtung

---

voted to the personal care of patients. It is designed for answering a scientific question, with the aim of producing ‚generalizable knowledge‘." (Miller / Brody, *A Critique of Clinical Equipoise*, 21). In einem Kommentar kritisieren Weijer und Miller gerade diesen Punkt; sie fragen: „But why can't clinical research aim both to generate knowledge and provide care for the patient?" (Weijer / Miller, *Therapeutic Obligation in Clinical Research*, 3). Die Antwort auf diese Frage ist vor dem Hintergrund der Ergebnisse des Kapitels III freilich klar: weil mit einer Handlung nur eine *primäre* Intention verfolgt werden kann, die sie als Handlung einer bestimmten Art ausweist.

[154] Miller / Brody, *A Critique of Clinical Equipoise*, 22.

[155] Vgl. ebd., 21 f.

[156] Vgl. ebd., 20.

[157] Vgl. ebd.

[158] Miller und Brody diagnostizieren hiermit zugleich eine erstaunliche Inkonsistenz im (US-amerikanischen) bioethischen Diskurs: „The anomaly therefore exists that much of today's bioethical thinking accepts clinical equipoise as an outgrowth of the similarity position, while the Federal regulations grew out of the work of the National Commission, which largely endorsed the difference position. One would imagine that sooner or later proponents of clinical equipoise would realize the need to defend this doctrine from the charge that it conflates the ethics of clinical trials with the ethics of medical care. But this is precisely what has not yet happened." (Ebd., 24). Eine zentrale Referenz für die „similarity position" stellt nach Ansicht der Autoren die *Declaration of Helsinki* dar. Weijer und Miller gestehen in ihrem Kommentar zwar zu, dass die National Commission eine klare Trennung von medizinischer Praxis und Forschung propagiere, bestreiten indessen, dass die Kommission auch unterschiedliche normative Ansätze für die beiden Bereiche gefordert habe; vgl. Weijer / Miller, *Therapeutic Obligation in Clinical Research*, 3.

aufbrechen. Gerade diese Voraussetzung sei aber falsch. Aufgrund der Unterschied-lichkeit der Handlungsbereiche könne nur die „difference position" überzeugen. Mit der Annahme dieser Grundposition verschwinde aber, so die Pointe des Ansatzes, auch das ursprüngliche Problem, und die „equipoise"-Bedingung werde überflüssig. Ist nämlich die ärztliche Heilverpflichtung überhaupt nicht Bestandteil der For-schungsethik, dann kann der (Arzt-)Forscher auch nicht gegen sie verstoßen, wenn er einen (Patienten-)Probanden in eine randomisierte Studie aufnimmt. Kurzum: „Clinical equipoise is neither necessary nor sufficient for ethically justifiable RCTs."[159] Vielmehr gelte es, ein genuin *forschungsethisches* Rahmenwerk für randomi-sierte klinische Studien zu entwerfen und darauf hin zu befragen, welche Bedingun-gen und Grenzen für diese besondere Form der biomedizinischen Humanexperi-mente angesetzt werden müssen.[160]

c)   Randomisierte klinische Studien im Lichte einer kritischen Forschungsethik

Im Rahmen der Strukturanalyse des Handlungsfeldes „biomedizinische Forschung" wurde dargelegt, dass eine Vermischung der Handlungsfelder „medizinische Praxis" einerseits und „medizinische Forschung" andererseits weder in konzeptioneller noch in normativer Hinsicht überzeugen kann. Eine Vermengung dieser Hand-lungsbereiche wird dem Umstand nicht gerecht, dass die *Logik der Forschung* wohl-unterschieden ist von der *Logik des Heilens.*[161] Entsprechend haben Forschungsethik und ärztliche Ethik unterschiedliche Problemstellungen zum Gegenstand und bein-halten unterschiedliche ethische Prinzipien – was partielle Überschneidungen natür-lich nicht ausschließt.[162] Insbesondere gibt es im Rahmen der Forschungsethik keine spezifischen Fortbestimmungen des Fürsorge-Prinzips.[163] Die „therapeutic obliga-tion", die von Vertretern des „equipoise"-Konzepts immer wieder herangezogen wird, stellt indessen gerade eine Fortbestimmung dieses Prinzips dar.

Folgt man diesen Überlegungen und legt die Terminologie von Miller und Brody zugrunde, dann bedeutet dies: Die „similarity position" muss tatsächlich zurückge-wiesen werden. Daraus ergibt sich zugleich, dass aus der Perspektive der im Voran-gegangenen entwickelten kritischen Forschungsethik der Ansatz von Miller und Brody grundsätzlich überzeugend erscheint. Die „equipoise"-Bedingung stellt weder

---

[159] Miller / Brody, *A Critique of Clinical Equipoise*, 25.

[160] Vgl. ebd., 26 f. Wie ein solches „alternative ethical framework" aussehen könnte, skizzieren Miller und Brody selbst allerdings – unter Rückgriff auf einen Ansatz von Emanuel, Wendler und Grady – nur in aller Kürze.

[161] Vgl. den Definitionsvorschlag am Ende von III.1, der zur Bestimmung und Abgrenzung des Begriffs „biomedizinische Forschung" entwickelt worden ist.

[162] Das gestehen auch Miller und Brody durchaus zu: „By asserting the difference position, we do not intend to deny that this overlap [= between the ethics of clinical research and the ethics of therapeutic medicine, B.H.] exists." (Brody / Miller, *The Clinician-Investigator: Unavoidable but Manageable Tension*, 335).

[163] Vgl. oben IV.3.e.

ein hinreichendes noch ein notwendiges forschungsethisches Konzept dar. Es handelt sich dabei um einen (fragwürdigen) Lösungsversuch für ein Problem, das sich in der Forschungsethik eigentlich gar nicht stellt.

Der Ansatz von Miller und Brody wirft allerdings die Frage nach den genauen Grenzen auf, die die Forschungsethik selbst randomisierten klinischen Studien setzt. Ein wichtiger Anknüpfungspunkt für diese Frage ist die besondere *Vulnerabilität des Kranken*.[164] Krankheit und Leiden machen einen Patienten anfällig für Beeinflussungen und voreilige Entscheidungen, insbesondere wenn der Arzt als Vertrauensperson eine Handlungsoption vorschlägt.[165] Auch ist die psycho-physische Integrität eines kranken Menschen besonders fragil. Aus diesem Grund gilt es aus forschungsethischer Perspektive, besondere Prinzipien für randomisierte klinische Studien zu entwickeln.

i) Besondere Aufklärungspflicht

Spezifische Fortbestimmungen ergeben sich zunächst aus dem Prinzip der Selbstbestimmung. Im Rahmen des Aufklärungsprozesses muss dem potentiellen Patienten-Probanden verdeutlicht werden, dass eine klinische Studie *primär* wissenschaftliche Zwecke verfolgt.[166] Es gilt zu vermeiden, dass Patienten einer „therapeutic misconception" anhängen, d.h. der irrigen Annahme, sie würden im Rahmen einer klinischen Studie eine auf ihre individuellen Bedürfnisse hin optimierte Therapieform erhalten.[167] Es muss vermittelt werden, dass die Ausgestaltung der Therapie einem vorgeschriebenen Forschungsprotokoll folgt und nicht an den individuellen Bedürfnissen des Patienten orientiert ist, was nicht nur die Unmöglichkeit individueller Dosisanpassungen bedeutet, sondern schon die zufällige Zuteilung von Therapiealternativen und gegebenenfalls sogar eine Placebobehandlung beinhalten kann. Bei Doppelblindstudien ist auch explizit zu erwähnen, dass der behandelnde Arzt-Forscher selbst in Unkenntnis darüber bleibt, welche Therapieform ein Patient erhält. Ferner ist darauf hinzuweisen, dass Untersuchungen durchgeführt werden können, die unter rein therapeutischem Gesichtspunkt nicht unbedingt erforderlich wären, und die ihrerseits mit Risiken und Belastungen verbunden sein können. Zudem sollten Arzt-Forscher gegenüber Patienten-Probanden verpflichtet sein, etwaige Interessenkonflikte, insbesondere finanzieller Art, offen zu legen.[168] Bei hochexperimentellen Verfahren dürfen schließlich die Aussichten auf einen direkten

---

[164] Vgl. oben III.2.b.(ii).

[165] Diesen Aspekt hat Jonas in seinem Beitrag aus dem Jahre 1969 bereits betont. Er spricht dort von einem „sacred trust" zwischen Arzt und Patient; vgl. Jonas, *Philosophical Reflections on Experimenting with Human Subjects*, 21.

[166] Vgl. Brody / Miller, *The Clinician-Investigator: Unavoidable but Manageable Tension*, 336 ff.

[167] Vgl. Appelbaum et al., *False Hopes and Best Data: Consent to Research and the Therapeutic Misconception*, insbesondere 20.

[168] Vgl. Morin et al., *Managing Conflicts of Interest in the Conduct of Clinical Trials*, insbesondere 81 ff.

medizinischen Nutzen für die Probanden nicht übertrieben optimistisch dargestellt werden.[169]

Ist der behandelnde Arzt zugleich auch als Forscher an der Studie beteiligt, dann kann es – aufgrund der speziellen Vertrauensstellung, die ein Arzt in der Regel gegenüber seinem Patienten inne hat – angezeigt sein, dass die Aufklärung durch einen „neutral explainer" erfolgt.[170] Diese Trennung kann helfen, die Unterschiedlichkeit der beiden Handlungsbereiche „medizinische Praxis" einerseits und „medizinische Forschung" andererseits gegenüber dem Patienten-Probanden klarer hervorzuheben.[171] Gegebenenfalls sollte es Ärzten sogar verboten sein, gegenüber Patienten, die sie behandeln, auch die Rolle des Forschers einzunehmen.[172] Dabei gilt es zu betonen, dass dem Patienten durch eine Ablehnung keinerlei negative Konsequenzen entstehen und er weiterhin mit derselben Sorgfalt durch seinen Arzt behandelt werden wird.

Bei besonders schweren Erkrankungen, für die keine effektiven Therapiemaßnahmen zur Verfügung stehen, sollte zudem eine Ablehnung der Teilnahme nicht unbedingt dazu führen, dass der Patient eine neuartige Therapieoption nicht erhalten kann.[173] Minogue und Kollegen haben vorgeschlagen, „desperate volunteers" – also Menschen, die an einer tödlichen Krankheit leiden, für die keine Therapie zur Verfügung steht – die Möglichkeit zu eröffnen, entweder an einer randomisierten klinischen Studie teilzunehmen (was bedeutet, dass sie der Kontrollgruppe zugeordnet werden können) oder im Zuge einer „open procedure" das experimentelle Medikament direkt zu erhalten, wobei auch in diesem Fall eine enge medizinische Überwachung stattfindet.[174] Bestehe diese Wahlmöglichkeit nicht, dann könne, so das zentrale Argument der Autoren, nicht von einer wahrhaft freiwilligen Einwilligung in die Teilnahme an einem Experiment gesprochen werden, die „desperate volunteers" würden durch ihre Situation faktisch zur Teilnahme gezwungen.[175] Eine

---

[169] Eine aktuelle Studie belegt, dass die Einwilligungsformulare bei Gentransferstudien durch die Verwendung einer unklaren und bisweilen inkonsistenten Sprache der „therapeutic misconception" weiterhin Vorschub leisten; vgl. King et al., *Consent Forms and the Therapeutic Misconception: The Example of Gene Transfer Research*.

[170] Vgl. Appelbaum et al., *False Hopes and Best Data: Consent to Research and the Therapeutic Misconception*, 23 f.; siehe auch Brody / Miller, *The Clinician-Investigator: Unavoidable but Manageable Tension*, 339.

[171] Vgl. ebd., 339.

[172] Vgl. Annas, *Questing for Grails: Duplicity, Betrayal, and Self-Deception in Postmodern Medical Research*, 327.

[173] Schon Fried hatte argumentiert, es sei inhuman, einem Patienten eine experimentelle Therapie nur im Rahmen einer randomisierten Studie verfügbar zu machen; vgl. Fried, *Medical Experimentation: Personal Integrity and Social Policy*, 156.

[174] Minogue et al., *Individual Autonomy and the Double-Blind Controlled Experiment: The Case of Desperate Volunteers*, insbesondere 50.

[175] Gegen den Vorschlag von Minogue und Kollegen haben Logue und Wear vehement protestiert. Sie halten die These, eine selbstbestimmte und freiwillige Einwilligung sei

andere Möglichkeit zur Behandlung von „desperate volunteers" mit experimentellen Medikamenten stellt das oben skizzierte Konzept des „kontrollierten Heilversuchs" dar. Damit würde die Behandlung in den konzeptionellen und normativen Rahmen der *medizinischen Praxis* verlegt. Untersuchungen, die ausschließlich dem wissenschaftlichen Erkenntnisgewinn dienen, würden nicht durchgeführt, und die Ausgestaltung der Therapie würde sich ausschließlich an den Bedürfnissen des individuellen Patienten orientieren, was nicht ausschließt, dass der klinische Verlauf der Behandlung dokumentiert und wissenschaftlich analysiert wird.

Dass der Aufklärungsprozess bei klinischen Studien, insbesondere mit Blick auf die Gefahr der „therapeutic misconception", nach wie vor deutlich verbessert werden muss, belegt eine Untersuchung, die Lidz, Appelbaum, Grisso und Renaud im Jahre 2004 veröffentlicht haben. Die Autoren haben insgesamt 155 Probanden aus 40 verschiedenen klinischen Studien, die an zwei verschiedenen medizinischen Zentren in den USA durchgeführt wurden, bezüglich ihrer Risikowahrnehmung befragt. Lediglich 13,5 % der Probanden konnten Risiken benennen, die sich aus dem *experimentellen Design* ergaben, wie etwa die Unmöglichkeit einer individuellen Dosisanpassung, oder den Umstand, dass der Prüfarzt aufgrund der Verblindung nicht weiß, welches Medikament sie tatsächlich bekommen.[176] Lidz und seine Kollegen kommen zu dem Ergebnis: „It appears that subjects often sign consents to participate in clinical trials with only the modest appreciation of the risks and disadvantages of participation. The therapeutic misconception appears to be quite pervasively manifested in subjects' appreciation of risks."[177] Zu einem anderen Ergebnis sind unlängst Vitiello und Kollegen gekommen. Sie haben Eltern befragt, deren an Autismus leidende Kinder an einer randomisierten Studie teilgenommen haben. Ihre Daten belegen, dass die Eltern gut über den experimentellen Charakter der Studie informiert waren. Auch waren immerhin 72 % der Befragten darüber im Bilde, dass die Zuweisung der Kinder zu den Gruppen nach dem Zufallsprinzip erfolgt.[178] Umgekehrt bedeutet dies freilich, dass mehr als ein Viertel der Eltern davon ausgingen, die Gruppenzuweisung erfolge auf der Grundlage der individuellen Bedürfnisse des jeweiligen Kindes, wie die Autoren selbst feststellen. Auch wenn die Resultate von Vitiello und Kollegen die Dominanz der „therapeutic misconception" zumindest teilweise in Zweifel ziehen, so muss doch nach wie vor von einer weiten Verbreitung ausgegangen werden. Ist dieser Befund zutreffend, dann liegt darin eine große Herausforderung für die zukünftige Gestaltung von Aufklärungsgesprächen.

---

unter den Bedingungen einer tödlichen Krankheit nicht zu gewährleisten, für falsch. Mehr als dies scheint sie jedoch die (mögliche) Konsequenz des Konzepts zu schrecken, nämlich die Unterminierung des medizinischen Fortschritts; vgl. Logue / Wear, *A Desperate Solution: Individual Autonomy and the Double-Blind Controlled Experiment.*

[176] Vgl. Lidz et al., *Therapeutic misconception and the appreciation of risks in clinical trials.*

[177] Ebd., 1696.

[178] Vgl. Vitiello et al., *Research Knowledge Among Parents of Children Participating in a Randomized Clinical Trial,* 147.

Denn nur wenn Probanden-Patienten *verstehen*, dass sie an einem Experiment teilnehmen sollen, dessen Durchführung nicht oder zumindest nicht primär an ihren
individuellen Bedürfnissen ausgerichtet wird, können sie eine informierte Einwilligung geben, die den ethischen Anforderungen genügt.

Ungeachtet der besonderen Bedeutung, die der informierten Einwilligung gerade
bei randomisierten Studien zukommt, kann auch eine einseitige Überbewertung hier
– wie in der (Forschungs-)Ethik insgesamt – nicht überzeugen. Es ist mehrfach darauf aufmerksam gemacht worden, dass die informierte Einwilligung eine (zumeist)
notwendige, aber keineswegs hinreichende Bedingung für ethisch vertretbare Forschung darstellt. Droht der kranke Patient sich selbst (übermäßig) zu schädigen –
und so eine Verletzung seiner eigenen Würde zu begehen – dann hat seine Einwilligung nur geringe oder – im Extremfall – keinerlei legitimierende Wirkung. Zwar
darf auch der kranke Proband nicht seines Rechts auf Selbstbestimmung beraubt
werden, gleichwohl muss der Arzt-Forscher die Gefahr bedenken, dass eine Zustimmung zur Teilnahme aus der Verzweiflung heraus erwachsen ist und ein Patient
im Grunde nur eine neuartige Behandlungsmethode für sich erhalten möchte. Dies
kann insbesondere dazu führen, dass ein Patient-Proband trotz entsprechender
Aufklärung verkennt, dass es sich nicht um ein Therapieprogramm, sondern um
eine Forschungsstudie handelt, die *primär* wissenschaftliche Zielsetzungen verfolgt.

Die wiederholt geäußerte Befürchtung, eine völlige Offenlegung des Versuchsde-
signs würde potentielle Probanden überfordern oder aber so sehr verunsichern, dass
sie eine Teilnahme verweigern, kann nicht als überzeugendes Argument gegen eine
transparente Offenlegung gewertet werden.[179] Selbst wenn man davon ausgeht –
was keineswegs sicher ist –, dass viele Patienten mit diesem Wissen die Teilnahme
an klinischen Studien ablehnen würden und der Fortgang der medizinischen Entwicklung dadurch signifikant verlangsamt würde, so kann dies nicht als Begründung
dafür dienen, Patienten in Unkenntnis darüber zu lassen, dass sie als Probanden an
Humanexperimenten teilnehmen. Auch hier gilt Jonas' Feststellung, dass die Preisgabe grundlegender Prinzipien dazu führen würde, dass die dadurch erzielten medizinischen Erfolge ihren Wert in ethischer Hinsicht verlören.

ii)   Enge relative Grenzen für Risiken und Belastungen

Die oben formulierten Grundformeln für etwaige Risiken und Belastungen verlangen, dass bei vulnerablen Probanden besonders enge (relative) Grenzen gesetzt

---

[179] In diese Richtung argumentiert etwa Glass in ihrer Antwort auf Miller und Brody; vgl.
Glass, *Clinical Equipoise and the Therapeutic Misconception*, 6. Dieses Argument hat, genau
besehen, sogar etwas Entlarvendes: Wären Arzt-Forscher nämlich davon überzeugt,
dass die Aufnahme von Patienten in randomisierte Studien völlig unproblematisch wäre,
dann müssten sie die Offenlegung nicht fürchten.

werden.[180] Dies bedeutet im vorliegenden Fall freilich nicht, dass nur Experimente mit minimalen Risiken und Belastungen als legitim gelten können. Gerade bei schweren Erkrankungen, für die keine effektiven Therapiemaßnahmen zur Verfügung stehen, kann das Risikoprofil einer neuartigen Therapieform außerordentlich hoch sein. Wenn dem ein (erwarteter) großer Nutzen *für den Probanden* gegenüber steht, erscheint dies durchaus vertretbar. Diese Abwägung ist allerdings wohl unterschieden von der zwischen den Risiken und Belastungen für den Probanden und dem Nutzen für *zukünftige Patienten*. Mit Bezug auf die zweite Abwägung muss angesichts der besonderen Vulnerabilität von Kranken eine strikte Begrenzung erfolgen. Begrenzungen müssen zudem da vorgenommen werden, wo Untersuchungen, die ausschließlich wissenschaftlichen Zwecken dienen, einen kranken Probanden übermäßig belasten würden. Unter Umständen muss hier von der Aufnahme in eine klinische Studie abgesehen werden oder eine kurzfristige Aussetzung des Forschungsprotokolls erfolgen. In jedem Fall ergibt sich die Forderung, dass bei der Bewertung von Risiken und Belastungen der Leidenszustand eines potentiellen Probanden immer in Rechnung gestellt werden muss. Die Vulnerabilität des Patienten-Probanden setzt rein wissenschaftlich-methodisch motivierten Verfahren – Untersuchungen, aber auch der Verhinderung von individuellen Dosisanpassungen oder Therapievariationen – enge Grenzen.[181]

Als weitere spezifische Fortbestimmung des Nichtschadenprinzips ist oben die kontinuierlich-begleitende Überwachung von Risiken und Belastungen fomuliert worden.[182] Diese Maßgabe gewinnt bei randomisierten klinischen Studien eine herausragende Bedeutung. Es ist angezeigt, dass bei der Durchführung klinischer Studien – zumindest wenn sie mehr als minimale Risiken und Belastungen beinhalten und schwerwiegende Erkrankungen zum Gegenstand haben – begleitend ein unabhängiges Data Monitoring Committee (DMC) eingerichtet wird. Diese sollten mit unabhängigen Forschern, die nicht selbst an der Studien beteiligt sind, besetzt sein. Gegebenenfalls sollten schon im Studienprotokoll „stopping rules" definiert

---

[180] Vgl. oben III.3.c. Die in IV.3.a und IV.3.b formulierten *absoluten Grenzen* behalten natürlich auch hier ihre Gültigkeit, sie sind indes *per definitionem* unabhängig von kontextuellen Faktoren und müssen daher hier nicht erneut in den Blick genommen werden.

[181] Ohne dass dies hier weiter ausgeführt werden kann, sollte ersichtlich sein, dass diese Maßgabe die Anwendung von Placebokontrollen zwar nicht grundsätzlich ausschließt, ihr aber doch gewisse Grenzen setzt. Insbesondere muss die Anwendung methodisch erforderlich sein und die Probanden-Patienten dürfen dadurch keinem übermäßigen Risiko ausgesetzt sein. Letzteres kann auch dann der Fall sein, wenn ihnen bewusst wirksame Therapieoptionen vorenthalten werden. Zu einem ähnlichen Ergebnis kommen auch Miller und Brody in ihrem Beitrag *What Makes Placebo-Controlled Trials Unethical*. Die Formulierung der „Note of Clarification" zum Paragraphen 29 der *Declaration of Helsinki* erscheint vor diesem Hintergrund nicht unproblematisch: In ihr werden die beiden Bedingungen – wissenschaftliche Erforderlichkeit und begrenztes Risiko – nämlich durch ein „oder" verknüpft.

[182] Vgl. oben III.3.d.

werden, die einen vorzeitigen Abbruch bei negativen Trends vorsehen. Aber auch für den Fall eines unerwartet *positiven* Verlaufs sollten Abbruchregeln definiert werden. Wenn sich ein deutlicher Trend dahingehend abzeichnet, dass eine neuartige Therapieform wirksamer ist als der etablierte Standard (oder ein Placebo), sollte die Kontrollgruppe vorzeitig aufgelöst werden.[183] Die weitere wissenschaftliche Analyse muss dann anhand einer unkontrollierten Studie erfolgen. Ein striktes Verfolgen eines Studienprotokolls kann nämlich bereits eine Form der Schädigung darstellen, die nicht nur dem ärztlichen Ethos widerspricht, sondern auch den Grenzen, die das Nichtschadenprinzip für die Forschungsethik begründet.[184]

iii)   Subsidiaritätsprinzip

Weil kranke und leidende Probanden als besonders vulnerabel gelten müssen, gilt für sie das Subsidiaritätsprinzip, d.h. sie dürfen nur dann herangezogen werden, wenn dies methodisch erforderlich ist. Dies ist in klinischen Studien freilich regelmäßig der Fall. Besondere Beachtung muss aber eventuellen Binnendifferenzierungen geschenkt werden. Die Ein- bzw. Ausschlusskriterien eines Studienprotokolls müssen berücksichtigen, dass die Belastungen durch die Teilnahme nicht gerade jenen Patienten zugemutet werden, die ohnehin außergewöhnliche Belastungen zu tragen haben. Dies kann freilich auch bedeuten, dass etwa erst solche Patienten rekrutiert werden müssen, für die überhaupt keine alternative Therapieform verfügbar ist. Wenn der Krankheitszustand eines Patienten jedoch bereits so weit fortgeschritten ist, dass auch eine noch so effektive neuartige Therapie kaum Aussicht auf Erfolg hat, die Teilnahme aber mit großen Belastungen verbunden ist, dann ist der verantwortungsvolle (Arzt-)Forscher – aus forschungsethischen Gründen – gehalten, von einer Aufnahme in eine Studie abzusehen, auch wenn der Patient seine Einwilligung erteilt hat. Anders gewendet, das Subsidiaritätsprinzip muss jeweils bezogen auf die jeweiligen Rahmenparameter einer klinischen Studie ausgelegt und angewendet werden.

d)   Forschungsethik und ärztliches Ethos

Der Rückzug auf eine strikte Trennung zwischen dem Bereich der medizinischen Praxis und der medizinischen Forschung, wie er im Vorangegangenen im Anschluss an Miller und Brody zur Lösung der ethischen Probleme im Zusammenhang mit

---

[183] Insbesondere müssen solche Trends den Teilnehmern mitgeteilt werden. Dies folgt allein schon daraus, dass eine informierte Einwilligung bei veränderter Sachlage ihre legitimierende Wirkung verliert; vgl. oben IV.2.b.

[184] Es gibt zahlreiche Beispiele dafür, dass Studien vorzeitig beendet wurden, weil ein positiver Trend in einem Studienarm deutlich erkennbar war; vgl. etwa Havlir et al., *Maintenance Antiretroviral Therapies in HIV-Infected Subjects with Undetectable Plasma HIV RNA after Triple-Drug Therapy* sowie Sandler et al., *A Randomized Trial of Aspirin to Prevent Colorectal Adenomas in Patients with Previous Colorectal Cancer.*

randomisierten klinischen Studien entwickelt worden ist, überzeugt viele Diskussionsteilnehmer nicht. Die *Logik des Heilens* und die damit verbundenen normativen Implikationen behalten, so der Kern des Einwandes, auch im Rahmen klinischer Studien ihre Gültigkeit. Der Arzt bleibe auch in der Rolle des Arzt-Forschers dem ärztlichen Ethos jederzeit verpflichtet.[185] Dies gelte auch und gerade, wenn bezogen auf einen individuellen Patienten eine Personalunion zwischen behandelndem Arzt und forschendem Wissenschaftler bestehe.[186] Dieser Einwand lässt sich auch wie folgt formulieren: Die Einnahme der „difference position" erlaubt zwar die Beantwortung der Frage, wie sich das Problem randomisierter klinischer Studien aus der Perspektive der Forschungsethik darstellt. Sie vermag indessen nicht zu klären, wie sich Forschungsethik und ärztliches Ethos im Einzelfall zueinander verhalten. Die Frage, ob ein Arzt gegen seinen Heilauftrag verstößt, wenn er einen Patienten in eine randomisierte klinische Studie aufnimmt, bleibt damit weiterhin offen.

Auf diese Kritik kann man zunächst erwidern, dass auch die „similarity position" und mit ihr die „equipoise"-Bedingung eine begründete Antwort auf diese Frage schuldig bleibt. Das Argument, der Arzt verstoße dann nicht gegen seinen Heilauftrag, wenn unklar ist, welche Therapieoption objektiv besser ist, berücksichtigt ihrerseits nämlich nicht, dass der Arzt im Rahmen einer klinischen Studie zunächst der *Logik der Forschung* folgt und nicht der *Logik des Heilens*. Der Hinweis auf den „state of ignorance" vermag daran nichts zu ändern. Diese Gegenkritik hilft freilich nicht, den Einwand gegen die „difference position" und den aus ihr abgeleiteten Lösungsansatz auszuräumen.

In der Problematik randomisierter klinischer Studien wird die grundsätzliche Frage – gleichsam wie in einem Brennglas fokussiert – virulent, ob der Arzt überhaupt von der *Logik des Heilens* abweichen darf. Anders gewendet lässt sich auch fragen: Wie ist der Konflikt zwischen der Rolle des Arztes, der der *Logik des Heilens* verpflichtet ist, und der Rolle des Forschers, der der *Logik der Forschung* verpflichtet ist, zu lösen? Miller und Brody haben den Versuch unternommen, auch auf diese Frage, die eigentlich jenseits der Forschungsethik liegt, eine Antwort zu geben. Sie argumentieren, es handele sich ohne Zweifel um einen ernsten Konflikt.[187] Statt diesen aber – wie es die „similarity position" unternehme – eliminieren zu wollen, müsse er *als Konflikt* transparent gemacht werden.[188] Mit großem Nachdruck hat auch Annas auf die gefährliche Verbreitung von „doublespeak concepts" im Rah-

---

[185] So etwa Glass, die feststellt: „Neither law nor ethics allows physicians to ‚opt out' of their professional obligation because they are also researchers, even with the patient's consent." (Glass, *Clinical Equipoise and the Therapeutic Misconception*, 6).

[186] Vgl. ebd., 5 f. sowie Hübner, *Gibt es eine Pflicht zur medizinischen Forschung?*, 45 f.

[187] Vgl. Brody / Miller, *The Clinician-Investigator: Unavoidable but Manageable Tension*, 337.

[188] Wörtlich merken sie an: „Clinical equipoise holds out the hope that if certain conditions are met, the clinician-investigator may be governed by the ethics of fiduciary, therapeutic obligation to the patient and thereby eliminating any disturbing ethical role conflict." (Ebd., 344).

men der biomedizinischen Forschung hingewiesen: Medizinische Experimente werden ohne weiteres mit medizinischer Praxis, Forscher mit Ärzten und Probanden mit Patienten in eins gesetzt.[189] Diese Verwirrung gipfelt, so Annas weiter, im Begriff des „therapeutic research". Er kommt zu dem Schluss: „To confront not only our mortality, but also our morality, we must use language to clarify rather than obscure what we do to one another. Minimally, we must correctly identify and describe roles and responsibilities in human experimentation. In our postmodern world, it may not be realistic to think we can always distinguish research from therapy, physicians from scientists, or subjects from patients. Nonetheless, it is morally imperative to use language to clarify differences because ignoring these differences undermines the integrity of scientific research, the integrity of the medical profession, and the rights and welfare of patients and subjects."[190]

Man kann Miller und Brody daher nur beipflichten, wenn sie eine Praxis wie in der pädiatrischen Onkologie, in der 70% aller Patienten im Rahmen von klinischen Studien „behandelt" werden,[191] kritisieren: „They [= pediatric oncologists, B.H.] view their daily work as patient care, research, and quality assurance all rolled into one. They often speak as if they have simply eliminated any moral tension between roles of clinician and investigator."[192] Das bedeutet freilich nicht, dass die Erprobung von neuen, experimentellen Verfahren in der pädiatrischen Onkologie grundsätzlich abgelehnt werden müsste. Es bedeutet aber sehr wohl, dass die Rollenkonflikte, die dabei unweigerlich aufbrechen, offen gelegt werden müssen. Insbesondere müssen Patienten-Probanden darüber aufgeklärt werden, dass sie *als Probanden an einem Experiment teilnehmen*. Dies entspricht gerade einer der zentralen Maßgaben der Forschungsethik. Wertet man diese Überlegung im Hinblick auf die Frage nach dem Verhältnis von Forschungsethik und ärztlicher Ethik aus, dann muss man zu folgendem Ergebnis kommen: Eine partielle Suspendierung des ärztlichen Ethos im Rahmen klinischer Studien erscheint dann legitim, wenn dies den potentiellen Probanden völlig transparent gemacht wird und diese in Anerkenntnis dieser Sachlage in die Teilnahme an einem Humanexperiment – von dem sie möglicherweise selbst profitieren – informiert einwilligen. Ein striktes Festhalten am ärztlichen Ethos in der Art, dass die „therapeutic obligation" grundsätzlich gegen die Durchführung bzw. Weiterführung von randomisierten klinischen Studien gewendet werden kann, selbst wenn ein Patient-Proband in die Teilnahme an einem *Humanexperiment* einge-

---

[189] Vgl. Annas, *Questing for Grails: Duplicity, Betrayal, and Self-Deception in Postmodern Medical Research*, 314.

[190] Ebd., 327.

[191] Die Zahl von 70% nennen Joffe und Weeks in einem Beitrag aus dem Jahre 2002 und beziehen sich dabei auf die Situation in den USA. Interessanterweise werden den Autoren zu folge nur 1-4% der erwachsenen Krebspatienten im Rahmen von Studien „behandelt"; vgl. Joffe / Weeks, *Views of American Oncologists About the Purposes of Clinical Trials*, 1851.

[192] Brody / Miller, *The Clinician-Investigator: Unavoidable but Manageable Tension*, 331.

willigt hat, kann als Form eines starken Paternalimus nicht überzeugen. Entscheidet sich ein Patient-Proband nach entsprechender Aufklärung zur Teilnahme und ist sichergestellt, dass er nicht im Irrtum der „therapeutic misconception" steht, dann kann er tatsächlich den Arzt (partiell) von dessen Heilverpflichtung befreien. Die einzig konzeptionell klare Alternative zu dieser Position besteht in der Behauptung, dass Humanexperimente an kranken Probanden samt und sonders ethisch unzulässig sind – alles andere impliziert eine Vermengung der *Logik des Heilens* und der *Logik der Forschung*.

*   *   *

Fasst man die vorstehenden Überlegungen zusammen, dann muss man zu dem Schluss kommen, dass randomisierte klinische Studien als wissenschaftliche Methode aus der Sicht einer kritischen Forschungsethik kein unüberwindliches ethisches Problem darstellen. Allerdings setzt die Forschungsethik der Anwendung dieses methodischen Instruments gewisse Grenzen. Diese ergeben sich, wie dargelegt worden ist, aus der kontextabhängigen Fortbestimmung des Prinzips der Selbstbestimmung, des Nichtschadenprinzips sowie des Gerechtigkeitsprinzips unter Berücksichtigung der *Vulnerabilität des Kranken*. Geht man vom Würdeprinzip als übergeordnetem Deutungshorizont aus, vor dem die mittleren Prinzipien allererst ihre normative Bedeutung gewinnen und der insofern immer auch als letzter Referenzpunkt für die Bewertung konkreter forschungsethischer Probleme dienen muss, dann kann als Ergebnis festgehalten werden, dass eine konsequente Implementierung forschungsethischer Prinzipien durchaus einen Möglichkeitsraum eröffnet, innerhalb dessen randomisierte klinische Studien in ethisch vertretbarer Weise durchgeführt werden können. Oder anders gewendet: Werden die im Vorangegangenen entwickelten Prinzipien beachtet, dann können Menschen in klinischen Studien als Probanden dienen, und zugleich kann die letztgültige Maßgabe, nämlich Menschen jederzeit als Selbstzweck zu betrachten und ihre Würde zu respektieren, erfüllt werden.

3.   Forschung in Entwicklungsländern

a)   Ethische Probleme im Zusammenhang mit biomedizinischer Forschung in Entwicklungsländern

Biomedizinische Forschung in Entwicklungsländern[193] wirft eine Reihe ethischer Fragen auf, deren Beantwortung keineswegs einfach ist. Dabei könnte man zunächst

---

[193] Macklin weist zu Recht auf die Unzulänglichkeit der einfachen Dichotomie „entwickelte Länder" und „Entwicklungsländer" hin. Ihrem Beispiel folgend wird im Rahmen dieser

vermuten, diese ethischen Fragen wären alle mit dem Gerechtigkeitsprinzip assoziiert. Es lassen sich jedoch Probleme im Umfeld aller im Vorangegangenen namhaft gemachten Grundprinzipien ausmachen. Im Kontext des *Prinzips der Selbstbestimmung* werden vor allem Fragen zu einer kulturadäquaten Implementierung sowie zur faktischen Umsetzung angesichts eines oftmals niedrigen Bildungsniveaus und schwieriger sozialer Verhältnisse virulent. Hinsichtlich des *Nichtschadenprinzip* ist etwa strittig, ob die Bewertung von Forschungszielen abhängig gemacht werden darf von den faktischen Gegebenheiten lokaler Gesundheitsversorgung; konkret heißt dies beispielsweise: Müssen klinische Studien, wie in entwickelten Ländern, als Referenzgröße den „best proven"-Standard verwenden, oder ist es legitim, einen „best available"-Standard heranzuziehen, was unter Umständen auch bedeuten kann, dass überhaupt keine Therapie verabreicht wird? Im Zusammenhang mit dem *Gerechtigkeitsprinzip* stellt sich zum einen die Frage, ob eine Einstufung von Menschen in Entwicklungsländern als „vulnerabel" angemessen ist. Daran könnte eine verschärfte Auslegung des Subsidiaritätsprinzips geknüpft werden, die der Durchführung von Forschung in Entwicklungsländer enge Grenzen setzen würde. Betroffene Länder deuten dies zum Teil als „paternalistische" Haltung, die die sogenannte „Dritte Welt" vom medizinischen Fortschritt ausschließe. Zum anderen stellen sich Fragen, die in erster Näherung unter das Stichwort „benefit sharing" subsumiert werden können. Besonders kontrovers ist hier, ob Probanden – oder sogar die gesamte Gemeinschaft, aus der die Probanden rekrutiert werden – einen Anspruch auf neue Therapieformen haben sollen, wenn eine klinische Studie deren Überlegenheit gegenüber etablierten Verfahren erwiesen hat. Der letztgenannte Problemkomplex reicht freilich weit über den eigentlichen Horizont der Forschungsethik hinaus und berührt Fragen einer gerechten globalen Güterverteilung. Mit Blick auf *prozedurale Prinzipien* wird schließlich diskutiert, ob eine Doppelbegutachtung durch zwei Ethik-Kommissionen – eine angesiedelt im Land der Durchführung und eine im Land des Hauptsponsors – zum Schutz der Probanden gefordert werden muss oder ob dies als Form eines „ethischen Imperialismus" abgelehnt werden sollte. Plädiert man für eine Doppelbegutachtung – wie es etwa die Richtlinien des Council for International Organizations of Medical Sciences (CIOMS) tun[194] –, dann bricht die Folgefrage auf, wie im Falle widersprechender Voten zu verfahren ist.

Ethische Probleme biomedizinischer Forschung in Entwicklungsländern werden seit etwa zehn Jahren intensiv diskutiert. Insbesondere Studien zur Mutter-zu-Kind-Übertragung von HIV in Afrika und Asien,[195] von denen Macklin bemerkt, es han-

---

Untersuchung dennoch an dieser Begrifflichkeit festgehalten werden; vgl. Macklin, *Double Standards in Medical Research in Developing Countries*, 9 ff.

[194] Vgl. Council for International Organizations of Medical Sciences (CIOMS), *International Ethical Guidelines for Biomedical Research Involving Human Subjects (2002)*, Guideline 3.

[195] Dazu grundlegend Lurie / Wolfe, *Unethical Trials of Interventions to Reduce Perinatal Transmission of the Human Immunodeficiency Virus in Developing Countries*. Eine konzise Darstellung der Problematik gibt Macklin, *Double Standards in Medical Research in Developing*

dele sich um „the most controversial piece of research of the past decade"[196], haben dazu beigetragen, dass eine intensive Debatte der skizzierten Probleme eingesetzt hat. Wiederum wird im Folgenden nicht der Versuch unternommen, diese Diskussion umfassend zu referieren.[197] Mehr noch, es soll nur ein Einzelaspekt der facettenreichen Thematik aufgegriffen und aus der Perspektive der entwickelten Systematik einer kritischen Forschungsethik beleuchtet werden, nämlich der Aspekt der „Vulnerabilität" von Probanden aus Entwicklungsländern und die damit verbundene Frage einer problemadäquaten Fortbestimmung des Gerechtigkeitsprinzips. Dies erscheint insofern legitim, als sich den bisherigen Überlegungen schon entscheidende Anhaltspunkte zur Lösung der übrigen Problemzusammenhänge entnehmen lassen: Im Rahmen der Fortbestimmung des *Prinzips der Selbstbestimmung* ist die Problematik einer kultursensitiven Implementierung bereits thematisiert worden, sodass sie hier nicht erneut aufgegriffen werden muss.[198] Im Zuge der Fortbestimmung des *Nichtschadenprinzips* sind *relative Grenzziehungen* behandelt worden,[199] die im Kontext randomisieter klinischer Studien noch einmal vertieft worden sind.[200] Zwar sind die dort formulierten Prinzipien nicht unmittelbar auf den Problemkomplex „Forschung in Entwicklungsländern" und die hier aufbrechenden Fragen übertragbar, aus ihnen sollte aber doch ersichtlich werden, wie ein Ansatz zur Lösung dieser spezifischen Probleme im Rahmen einer kritischen Forschungsethik aussehen könnte; auf weitere Ausführungen wird daher hier verzichtet. Auch die Diskussion um *prozedurale Prinzipien* soll im Folgenden nicht aufgegriffen werden. Das drängende Erfordernis, eine forschungsethische Infrastruktur in Entwicklungsländern zu etablieren, wurde ebenfalls oben bereits angesprochen.[201] Solange ein verlässlicher Probandenschutz durch heimische Strukturen nicht garantiert ist, besteht zu einer Doppelbegutachtung wohl kaum eine Alternative, zumindest wenn man der externen Begutachtung eine entscheidende Rolle bei der Einhaltung fundamentaler Rechte beimisst, wie es die hier entwickelte Theorie tut. Das Problem widerstreitender Voten bei bereits vorhandenen lokalen Ethik-Kommissionen ist

---

Countries, 13 ff. Sie nennt dort (Chap. 1, Anm. 36) eine Auswahl an einschlägiger Literatur, was angesichts der Fülle von Artikeln, die in diesem Zusammenhang erschienen sind, sehr hilfreich ist.

[196] Ebd., 16.

[197] Vgl. dazu die von Macklin im Jahre 2004 vorgelegte umfassende Studie *Double Standards in Medical Research in Developing Countries*; ferner National Bioethics Advisory Commission (NBAC), *Ethical Policy Issues in International Research: Clinical Trials in Developing Countries*; Nuffield Council on Bioethics, *The ethics of clinical research in developing countries*; Nuffield Council on Bioethics, *The ethics of research related to healthcare in developing countries*; European Group on Ethics in Science and New Technologies (EGE), *Ethical Aspects of Clinical Research in Developing Countries*.

[198] Vgl. oben IV.2.e.

[199] Vgl. oben IV.3.c.

[200] Vgl. oben V.2.c.(ii).

[201] Vgl. oben IV.5.a.(vi).

wohl nur durch einen Dialog der beteiligten Kommissionen zu lösen. Kann auf diesem Wege keine Lösung herbeigeführt werden, dann sollte ein negatives Votum zur Ablehnung eines Forschungsprojekts führen.

b) *Das Subsidiaritätsprinzip im Spannungsfeld zwischen Probandenschutz und Ausschluss vom medizinischen Fortschritt*

i) Das Gerechtigkeitsprinzip in der Forschungsethik

In den *Reichsrichtlinien* aus dem Jahre 1931 wurde darauf hingewiesen, dass das Ausnutzen sozialer Notlagen von potentiellen Probanden mit der „ärztlichen Ethik" nicht zu vereinbaren sei.[202] Darin kann man eine erste Aufnahme des Gerechtigkeitsprinzips in die Forschungsethik erblicken. Die Verfasser des *Belmont Report* haben das Gerechtigkeitsprinzip später als gleichberechtigtes Prinzip neben „respect for persons" und „beneficence" gestellt.[203] Sie haben dabei allerdings schon auf die Schwierigkeit hingewiesen, die mit der weiteren Interpretation dieses Prinzips verbunden ist. Verschiedene Deutungsweisen von „gerecht" scheinen im Rahmen der Forschungsethik gleichermaßen anwendbar zu sein. Entsprechend auslegungsbedürftig ist das Gerechtigkeitsprinzip. Dessen ungeachtet haben die Autoren des *Belmont Report* mit der Fortbestimmung des Gerechtigkeitsprinzips zur Maßgabe einer „fairen" Probandenauswahl einen wichtigen Hinweis darauf gegeben, welchen systematischen Ort das Gerechtigkeitsprinzip im Rahmen der Forschungsethik einnimmt. In diesem Sinne hat der Gerechtigkeitsgrundsatz auch in die *Declaration of Helsinki* Einzug gefunden; dort heißt es unter Nr. 8: „Some research populations are vulnerable and need special protection. The particular needs of the economically and medically disadvantaged must be recognized."[204] Eine besonders gewichtige Rolle spielt das Gerechtigkeitsprinzip schließlich in den *International Ethical Guidelines for Biomedical Research Involving Human Subjects* des Council for International Organizations of Medical Sciences (CIOMS), die ausdrücklich den Fokus auf ethische Fragen der biomedizinischen Forschung in Entwicklungsländern richten.[205]

ii) Soziale Benachteiligung als Form von „Vulnerabilität"?

Im Zuge der vorangegangenen Prinzipienfortbestimmung ist das Gerechtigkeitsprinzip weiter zum Subsidiaritätsprinzip spezifiziert worden. Dieses fordert, dass bei biomedizinischen Humanexperimenten nur dann „vulnerable" Probanden herangezogen werden dürfen, wenn dies aus methodischen Gründen unumgänglich ist.

---

[202] Reichsminister des Inneren, *Reichsrichtlinien zur Forschung am Menschen*, Nr. 7.

[203] Vgl. National Commission for the Protection of Human Subjects of Biomedical and Behavioral Research, *The Belmont Report*, 8 ff.

[204] World Medical Association, *Declaration of Helsinki (2000)*, Nr .8.

[205] Vgl. Council for International Organizations of Medical Sciences (CIOMS), *International Ethical Guidelines for Biomedical Research Involving Human Subjects (2002)*, besonders Guidelines 10, 12 und 13.

Damit bricht die schwierige Frage auf, welche Personen bzw. Gruppen als besonders „verletzlich" und folglich als besonders schutzbedürftig gelten müssen. Im Rahmen der praktischen Typologie biomedizinischer Humanexperimente ist der Versuch unternommen worden, die wichtigsten Personengruppen zu identifizieren.[206] Dort sind unter anderem auch Menschen in Entwicklungsländern als vulnerabler Personenkreis benannt worden. Diese Einordnung erscheint auf den ersten Blick unverdächtig: Ein oftmals sehr geringes Bildungsniveau, Armut, eine nur rudimentäre medizinische Versorgung und mögliche Abhängigkeiten von Stammesführern[207] lassen es mehr als fragwürdig erscheinen, ob eine Probandenrekrutierung, die fundamentalen ethischen Grundsätzen genügt, in diesem Umfeld überhaupt möglich sein kann. Selbst wenn man davon ausgeht, dass die Ausgestaltung des Aufklärungsprozesses dem Bildungsniveau der Probanden angepasst ist, dass eine kultursensitive Implementierung den Spagat zwischen individueller Zustimmung und tradierten Entscheidungsprozessen meistert, sozialer Druck auf Einzelne auf ein akzeptables Mindestmaß reduziert werden kann und schließlich etwaige Aufwandsentschädigungen nicht *de facto* die Teilnahme zu einer bezahlten Dienstleistung machen, so bleibt doch zweifelhaft, ob nicht allein die Bereitstellung einer qualitativ hochwertigen medizinischen Versorgung – freilich im Rahmen eines *Experiments* – einen so hohen Anreiz darstellt, dass von einer *freiwilligen* Teilnahme kaum die Rede sein kann.

Problematisch kann eine pauschale Klassifizierung von Menschen in Entwicklungsländern als vulnerabel dennoch sein. Mit dem protektiven Charakter des Vulnerabilitäts-Konzepts einher geht nämlich zwangsläufig eine partielle Entmündigung. Die einfache Logik ist: Wer als vulnerabel gilt, der kann sich selbst nicht hinreichend vor Ausbeutung, Schädigung etc. schützen. Ein zusätzlicher (externer) Schutz bedeutet, und darin liegt das eigentliche Problem, aber immer auch Freiheitsbeschränkungen und, damit verbunden, Möglichkeitsbeschränkungen. Das Vulnerabilitäts-Konzept entpuppt sich so als janusköpfig: Es schützt Personen einerseits, es beraubt sie zugleich aber auch bestimmter Handlungsoptionen.

Gerade dieser Aspekt wird – nicht zuletzt von Vertretern aus Entwicklungsländern – als Argument gegen eine pauschale Klassifizierung von Menschen in Entwicklungsländern als vulnerabel angeführt. Dadurch würden, so die Kritik, diese Länder kategorisch vom medizinischen Fortschritt abgeschnitten. Der eigentlich protektive Anspruch verkehre sich in sein Gegenteil und führe zu einer ungerechten Benachteiligung der Menschen in Entwicklungsländern. Man könnte somit zu dem – irritierenden – Schluss gelangen, dass es gerade ein Gebot des Gerechtigkeitsprinzips sei, (bestimmte) biomedizinische Forschungsprojekte (auch) in Entwicklungs-

---

[206] Vgl. oben III.2.b.(ii).

[207] Im Bericht des Nuffield Council wird berichtet, dass eine Familie, die sich weigerte, an einem biomedizinischen Humanexperiment teilzunehmen, obwohl die Dorfältesten der Durchführung zugestimmt hatten, des Dorfes verwiesen wurde; Nuffield Council on Bioethics, *The ethics of clinical research in developing countries*, 15, Anm. 29.

ländern durchzuführen; eine strikte Anwendung des Subsidiaritätsprinzips – in protektiver Absicht – sei hingegen ethisch verfehlt.

c) Forschungsethische Maßgaben für die Probandenrekrutierung in Entwicklungsländern

Es gibt eine Reihe von Gründen, warum Forschung in Entwicklungsländern, insbesondere für Pharmakonzerne, attraktiv sein kann: geringere Kosten, einfachere und schnellere Bewilligungsverfahren, unproblematischere Probandenrekrutierung und „naive" Probanden, d.h. solche, die bisher keine oder nur wenige andere Medikamente nehmen oder genommen haben.[208] Dagegen steht aus ethischer Sicht der Umstand, dass der Nutzen solcher Forschung vielfach nicht denen zugute kommt, die ihre Lasten tragen, sondern nur in reichen Industrienationen greifbar wird. Gerade dieses Ungleichgewicht von Nutzen- und Lastenverteilung erscheint mit dem Gerechtigkeitsprinzip kaum vereinbar zu sein. Stimmt man dieser Auffassung grundsätzlich zu, dann darf daraus dennoch kein pauschales Verbot für Forschung in Entwicklungsländern abgeleitet werden. Dieser Schluss wäre tatsächlich der Kritik ausgesetzt, dass so ein nicht zu rechtfertigender Ausschluss vom medizinischen Fortschritt perpetuiert würde. Vielmehr gilt es, einen Ansatz zu finden, der es erlaubt, zwischen Forschungsprojekten zu differenzieren und nur solche als ethisch unvertretbar zu klassifizieren, die durch das beschriebene Ungleichgewicht von Nutzen- und Lastenverteilung gekennzeichnet sind. Wie ein solcher Ansatz näherhin aussehen könnte, ist jedoch keineswegs offensichtlich.

Geht man von den bisher entwickelten Grundsätzen und Prinzipien aus, dann könnte man eine mögliche Lösung darin erblicken, aufgrund der Vulnerabilität der Probanden aus Entwicklungsländern das aus dem Gerechtigkeitsprinzip abgeleitete *Subsidiaritätsprinzip* – analog dem Fall der Forschung mit Minderjährigen – in einem engen Sinne anzuwenden: Forschung mit Probanden aus Entwicklungsländern wäre demnach nur dann ethisch vertretbar, wenn es überzeugende *methodische Argumente* dafür gäbe. Diese könnten beispielsweise in der Prävalenz einer Krankheit oder einer bestimmten Unterart in einer geographischen Region bestehen oder auch in genetischen Unterschieden der Bevölkerungsmehrheit. Ohne Zweifel würde durch eine solche Maßgabe die Art (und Anzahl) der Forschungsprojekte, die in Entwicklungsländern durchgeführt werden könnten, stark eingeschränkt.

---

[208] Im Rahmen klinischer Studien sind sogenannte „naive" Probanden, die bisher keine oder nur wenige andere Medikamente nehmen oder genommen haben, besonders begehrt. Die Testung eines neuen Präparats ist dann einfacher, weil weniger Wechselwirkungen mit anderen Medikamenten auftreten können und ein etwaiger therapeutischer Effekt klarer zugeordnet werden kann. Freilich hat der Ausdruck „naiv" in diesem Zusammenhang einen bitteren Beigeschmack, kann er doch auch auf die Unbefangenheit der Probanden bezogen werden; vgl. Macklin, *Double Standards in Medical Research in Developing Countries*, 7.

Einige wenige Überlegungen machen indessen klar, dass eine Beschränkung durch *methodische* Gründe in ethischer Hinsicht weder hinreichend noch notwendig ist. Dazu sollen zwei Szenarien grob skizziert werden:

(A) Viele Krankheiten treten hauptsächlich in Entwicklungsländern auf, in Industrienationen sind sie hingegen überaus selten. Im Zuge der Entwicklung eines Medikaments für eine solche Krankheit müssen Phase III-Studien an einer großen Zahl von Probanden durchgeführt werden. Um eine hinreichende Zahl von Probanden für eine solche Studie rekrutieren zu können, könnte es daher methodisch erforderlich sein, die Studiendurchführung in einem Entwicklungsland vorzunehmen. Wäre nun aber von vornherein abzusehen, dass das zu prüfende Medikament – sollte es sich als wirksam erweisen – so teuer sein würde, dass der Großteil der Bevölkerung im Land der Durchführung der Studie nicht damit behandelt werden könnten, dann erscheint die Vertretbarkeit einer solchen Studie höchst fragwürdig. *De facto* würden die Menschen im Land der Studiendurchführung allein die Risiken der Testung tragen, ohne am Nutzen zu partizipieren.

(B) In vielen Entwicklungsländern sind effektive Therapien aus finanziellen Gründen nicht verfügbar, die in Industrieländern den „standard of care" bilden. Im Rahmen einer Studie könnte eine neue kostengünstigere Therapieform getestet werden, von der bereits vor Beginn der Studie klar ist, dass sie im Vergleich zur kostenintensiven Standardtherapie suboptimal sein wird. *Methodisch* wäre es möglich, die neue Therapie in Industrieländern zu testen, ethisch wäre dies allerdings fragwürdig, da dort eine bessere Therapie zur Verfügung steht. In Entwicklungsländern hingegen könnte die Durchführung einer solchen Studie durchaus vertretbar sein, wenn so der Versorgungsstandard signifikant verbessert werden könnte.

Die vorstehenden Szenarien machen deutlich, dass das Subsidiaritätsprinzip für den vorliegenden Kontext keine überzeugende Fortbestimmung des Gerechtigkeitsprinzips darstellt. Die auf sozialer Ungleichheit bzw. Unterlegenheit beruhende Form der Vulnerabilität macht augenscheinlich eine andere Spezifizierung des Gerechtigkeitsprinzips erforderlich.

Als konzeptionelle Basis für eine solche Spezifizierung ist verschiedentlich der Begriff der Ausbeutung („exploitation") herangezogen worden. Sowohl die US-amerikanische National Bioethics Advisory Commission (NBAC)[209] als auch der britische Nuffield Council on Bioethics[210] wie auch die European Group on Ethics in Science and New Technologies (EGE)[211] verwenden ihn in ihren Berichten zur

---

[209] Vgl. National Bioethics Advisory Commission (NBAC), *Ethical and Policy Issues in International Research: Clinical Trials in Developing Countries.*

[210] Vgl. Nuffield Council on Bioethics, *The ethics of research related to healthcare in developing countries.*

[211] Vgl. European Group on Ethics in Science and New Technologies (EGE), *Ethical Aspects of Clinical Research in Developing Countries.*

Forschung in Entwicklungsländern. Es soll daher im Folgenden untersucht werden, ob er auch vor dem Hintergrund der hier entwickelten Systematik zur weiteren Fortbestimmung des Gerechtigkeitsprinzips mit Bezug auf den Handlungskontext „Forschung in Entwicklungsländern" fruchtbar gemacht werden kann.

Folgt man Macklin, dann bezeichnet der Begriff „Ausbeutung" Handlungsweisen, durch die „wealthy or powerful individuals or agencies take advantage of the poverty, powerlessness, or dependency of others by using the latter to serve their own ends (those of the wealthy or powerful) without adequate compensating benefits for the less powerful or disadvantaged individuals or groups."[212] Im Zentrum steht somit ein *asymmetrisches Machtverhältnis* zwischen zwei Parteien, das die stärkere Partei zu ihren Gunsten ausnutzt, indem sie die schwächere zum Mittel der eigenen Zweckverfolgung missbraucht. Geht man nun davon aus, dass die vollständige Instrumentalisierung von Menschen grundsätzlich unzulässig ist, insofern sie die Selbstzweckhaftigkeit des Menschen negiert, dann lässt sich das „principle of non-exploitation" als Fortbestimmung des Gerechtigkeitsgrundsatzes im Lichte des Würdeprinzips als formalem Letztprinzip begreifen.[213] Oder anders gewendet: Ausbeutung kann verstanden werden als „human rights violation by virtue of its failure to recognize the inherent dignity of every human being"[214]. Somit wird zwar deutlich, dass sich das Ausbeutungskonzept nahtlos in den bisher entwickelten Theorierahmen einfügen lässt, weiterhin offen ist aber, ob es eine überzeugendere Lösung für die ethischen Probleme im Zusammenhang mit medizinischer Forschung in Entwicklungsländern darstellt. Um dies zu klären, können erneut die beiden oben dargestellten Szenarien herangezogen werden: Im ersten Fall (A) liegt eine Verteilung von Nutzen und Lasten zuungunsten der „schwächeren Partei" vor. Obwohl die Probanden aus dem Entwicklungsland die Risiken der Testung tragen, kommt nur der „stärkeren Partei", d.h. der Bevölkerung in Industrieländern, das Produkt schließlich zugute. Das Forschungsprotokoll kann entsprechend als Form von Ausbeutung gewertet und kritisiert werden. Im zweiten Fall (B) hingegen ist die „schwächere Partei" selbst Nutznießer der Forschung, eine „stärkere Partei", die zur Durchsetzung eigener Zwecke die (soziale) Vulnerabilität der Probanden ausnutzt,

---

[212] Macklin, *Double Standards in Medical Research in Developing Countries*, 101 f. Von einem ganz ähnlichen Begriffsverständnis geht auch die National Bioethics Advisory Commission in ihrem Bericht aus dem Jahre 2001 aus; vgl. National Bioethics Advisory Commission (NBAC), *Ethical and Policy Issues in International Research: Clinical Trials in Developing Countries*, 10 f.

[213] Vgl. Nuffield Council on Bioethics, *The ethics of research related to healthcare in developing countries*, 52 f. Die Autoren des Nuffield Report begreifen das „principle of non-exploitation" allerdings – abweichend von der hier vorgenommenen systematischen Einordnung – als Fortbestimmung des „principle of respect for persons".

[214] National Bioethics Advisory Commission (NBAC), *Ethical and Policy Issues in International Research: Clinical Trials in Developing Countries*, 10.

gibt es in diesem Fall nicht. Folglich handelt es sich nicht um eine Form von Ausbeutung.

Es erscheint also tatsächlich möglich zu sein, mit Hilfe des „principle of non-exploitation" eine ethische überzeugendere Grenzziehung vorzunehmen: Einerseits wird der besonderen Vulnerabilität von Probanden aus Entwicklungsländern Rechnung getragen, andererseits wird eine überprotektive Haltung, die einen Ausschluss von Entwicklungsländern vom medizinischen Fortschritt implizieren würde, vermieden.

Hält man es für überzeugend, dass mit dem Begriff der Ausbeutung eine geeignete Fortbestimmung des Gerechtigkeitsprinzips für die Problematik biomedizinischer Forschung in Entwicklungsländern gegeben ist, dann stellt sich die Folgefrage, anhand welcher *Kriterien* entschieden werden kann, ob eine bestimmte Handlungsweise als Form von Ausbeutung gelten muss. Einen wichtigen Hinweis gibt hier der Bericht des Nuffield Council on Bioethics, der in seinen Empfehlungen fordert: „[...] we consider that all externally-sponsored research should be required to fall within the ambit of the national priorities for research related to health care within developing countries, unless the reason for not doing so can be justified to the appropriate research ethics committee within that country."[215] Es ist, folgt man dieser Überlegung, der unmittelbare Bezug zu *medizinischen Problemen der Gemeinschaft, in der die Forschung stattfinden soll,* der ausbeuterischen Praktiken entgegensteht. Umgekehrt bedeutet dies: Die Gefahr von Ausbeutung besteht vor allem dann, wenn Forschung keinen solchen Bezug hat, weil dann eine problematische Indienstnahme durch Andere für *gemeinschaftsfremde* Zwecke wahrscheinlich ist.

Das erste der beiden oben skizzierten Szenarien (A) legt nahe, dass dieses Kriterium allein noch nicht ausreichend ist. Auch wenn ein Bezug zu medizinischen Problemen der Gemeinschaft besteht, ist keineswegs gewährleistet, dass dieser bei der Nutzenverteilung adäquat berücksichtigt wird. Es erscheint daher erforderlich, neben dem Bezug zu gemeinschaftsrelevanten medizinischen Problemen eine weitere Bedingung zu formulieren, die direkt auf die Verfügbarmachung des Nutzens von Forschung abhebt. Hierbei sind verschiedene Varianten denkbar. Eine starke Form des *Beteiligungskriteriums* (1) würde festlegen, dass die *Resultate* von Forschungsprojekten durch kostenlose oder zumindest kostengünstige Verfügbarmachung auch der Gemeinschaft, in der sie durchgeführt worden sind, zugute kommen müssen. Eine schwächere Variante (2) würde lediglich verlangen, dass die Gemeinschaft, in der ein Forschungsprojekt durchgeführt wird, von der Durchführung pro-

---

[215] Nuffield Council on Bioethics, *The ethics of research related to healthcare in developing countries,* 131; siehe auch ebd., § 10.8-10.10; ähnlich auch National Bioethics Advisory Commission (NBAC), *Ethical and Policy Issues in International Research: Clinical Trials in Developing Countries,* Recommendation 1.3; European Group on Ethics in Science and New Technologies (EGE), *Ethical Aspects of Clinical Research in Developing Countries,* § 2.5; Council for International Organizations of Medical Sciences (CIOMS), *International Ethical Guidelines for Biomedical Research Involving Human Subjects (2002),* Guideline 10.

fitieren muss, jedoch offen lassen, *in welcher Form* eine Nutzenbeteiligung erfolgt. Eine noch schwächere Version (3) würde schließlich nur festlegen, dass vor Begin einer Studie *geklärt* sein muss, ob und in welcher Form Resultate einer Studie der Gemeinschaft, in der sie durchgeführt wurde, zugute kommen werden.

Welche Version des Beteiligungskriteriums aus ethischer Perspektive am ehesten begründet erscheint, ist kontrovers: Die National Bioethics Advisory Commisison (NBAC) befürwortet in ihrem Report zunächst die starke Version (1) des Beteiligungskriteriums: „Research proposals submitted to ethics review committees should include an explanation of how new interventions that are proven to be effective from the research will become available to some or all of the host country population beyond research participants themselves."[216] Allerdings sollten, nach Auffassung der NBAC, Forscher die Möglichkeit haben darzulegen, warum sie von einer Verfügbarmachung absehen wollen. Es könne schließlich nicht Aufgabe von klinischen Studien sein, das Problem einer gerechten globalen Güterverteilung zu lösen.[217] Damit hält die NBAC die Anwendung der schwächsten Version (3) des Beteiligungskriteriums zumindest in bestimmten Fällen für legitim. Die European Group on Ethics in Science and New Technologies (EGE) fordert in ihrer Stellungnahme eine Nutzenbeteiligung der Gemeinschaft (im Sinne von (1)), sie erwähnt aber auch die Möglichkeit des „capacity building" als Form der Nutzenbeteiligung, was in die Richtung der mittleren Variante (2) des Kriteriums tendiert.[218] Die Richtlinien des Council for International Organizations of Medical Sciences (CIOMS) schließlich sehen vor: „Before undertaking research in a population or community with limited resources, the sponsor and the investigator must make every effort to ensure that: [...] any intervention or product developed, or knowledge generated, will be made reasonably available for the benefit of that population or community."[219] Welche Variante des Kriteriums hier für maßgeblich gehalten wird, hängt davon ab, wie man den Begriff „reasonably available" deutet.[220]

---

[216] National Bioethics Advisory Commission (NBAC), *Ethical and Policy Issues in International Research: Clinical Trials in Developing Countries*, Recommendation 4.2; so auch unter Verweis auf den NBAC Report Nuffield Council on Bioethics, *The ethics of research related to healthcare in developing countries*, § 10.48.

[217] Vgl. National Bioethics Advisory Commission (NBAC), *Ethical and Policy Issues in International Research: Clinical Trials in Developing Countries*, Recommendation, x.

[218] Die EGE führt dazu aus: „Moreover, there should be an obligation that the clinical trial benefits the community that contributed to the development of the drug. This can be e.g. to guarantee a supply of the drug at an affordable price for the community or under the form of capacity building." (European Group on Ethics in Science and New Technologies (EGE), *Ethical Aspects of Clinical Research in Developing Countries*, § 2.13).

[219] Council for International Organizations of Medical Sciences (CIOMS), *International Ethical Guidelines for Biomedical Research Involving Human Subjects (2002)*, Guideline 10.

[220] Zur Kritik am Konzept der „reasonable availability" vgl. Participants in the 2001 Conference on Ethical Aspects of Research in Developing Countries, *Moral Standards for Research in Developing Countries*, 17 ff.

Während für die Annahme der starken Variante (1) des Beteiligungskriteriums angeführt werden kann, nur dadurch werde ein Nutzenbeteiligung gewährleistet, spricht für die schwache Variante (3), dass nur sie es erlaubt, situationsspezifische Besonderheiten angemessen zu berücksichtigen. Die hohen Anforderungen, die durch das Beteiligungskriterium in der Variante (1) kategorisch gesetzt werden, können – wie eine strikte Anwendung des Subsidiaritätsprinzips – dazu führen, dass eine überprotektive Regelung letztlich zum Schaden der Menschen in Entwicklungsländern gereicht. Ein möglicher Ausweg besteht im Lösungsmodell des CIOMS. Der Begriff der „reasonable availability" ist deutungsoffen und muss – wie in den Richtlinien explizit hervorgehoben wird – auf einer „case-by-case"-Basis näher spezifiziert werden.[221] Gegen die „reasonable availability"-Klausel der CIOMS-Richtlinien ist wiederum der Einwand erhoben worden, sie beschränke den Gedanken der Nutzenbeteiligung zu sehr auf die Ergebnisse von Studien: „Making the results of research available is one way to provide benefits to a population, but it is not the only way."[222] Stattdessen sei ein „fair benefits"-Ansatz besser geeignet, vielfältige Formen der Nutzenbeteiligung bei medizinischen Forschungsprojekten zu ermöglichen.[223] Allerdings räumen auch die Vertreter dieses Ansatzes ein, dass aus der Praxis heraus ein „fair benefits"-Standard erwachsen müsse.[224] Es bleibt somit vorerst noch ein Desiderat der Forschungsethik, im Wechselspiel von Theorie und Praxis „faire" Bedingungen für die Nutzenbeteiligung bei medizinischer Forschung in Entwicklungsländern zu entwickeln.

Die beiden genannten Kriterien (direkter Bezug zu medizinischen Problemen der Gemeinschaft und Nutzenbeteiligung) dürfen freilich nicht verdecken, dass es *individuelle Probanden* sind, die die Risiken von biomedizinischer Forschung tragen, und nicht Gemeinschaften. Insbesondere darf es auch in Entwicklungsländern nicht dazu kommen, dass einzelne Probanden zum Nutzen der Gemeinschaft „geopfert" werden. In diesem Sinne hebt der Nuffield Council zu Recht hervor: „Not only must the people who are part of that research be treated with respect, but the balance between the interests of these individuals and the interests of the wider community from which they are drawn must be carefully weighed."[225] Bei dieser Gewichtung muss der Grundsatz gelten, den der Council of Europe in Artikel 2 der *Convention on Human Rights and Biomedicine* festgeschrieben hat. „The interests and welfare of the human being shall prevail over the sole interest of society or sci-

---

[221] Council for International Organizations of Medical Sciences (CIOMS), *International Ethical Guidelines for Biomedical Research Involving Human Subjects (2002)*, Commentary to Guideline 10

[222] Participants in the 2001 Conference on Ethical Aspects of Research in Developing Countries, *Moral Standards for Research in Developing Countries*, 22.

[223] Vgl. ebd., 22 ff.

[224] Ebd., 24.

[225] Nuffield Council on Bioethics, *The ethics of research related to healthcare in developing countries*, 131.

ence."[226] Ein Doppelstandard für Entwicklungsländer einerseits und Industrieländer andererseits kann hierbei nicht als akzeptabel gelten.

Durch das „principle of non-exploitation", zusammen mit dem Kriterium des direkten Bezugs auf Gesundheitsprobleme der jeweiligen Gemeinschaft und dem Prinzip der Nutzenbeteiligung, wird die Durchführung von Humanexperimenten in Entwicklungsländern begrenzt. In dieser Begrenzung findet der einfache Gedanke seinen Niederschlag, dass Nutzen und Lasten biomedizinischer Forschung „gerecht" verteilt werden sollten. Wenn die Bevölkerung entwickelter Länder absehbar am stärksten von Forschung profitieren wird, dann muss sie auch die Lasten, die mit dieser Forschung verbunden sind, tragen. Alles andere muss als Form von Ausbeutung gelten, die mit dem Würdeprinzip als übergeordnetem Deutungshorizont der Forschungsethik unvereinbar ist.

---

[226] Council of Europe, *Convention on Human Rights and Biomedicine*, Art. 2.

VI. Zusammenfassung und Ausblick: Elemente einer ethischen Theorie biomedizinischer Humanexperimente

Im Vorangegangenen sind zentrale Elemente einer ethischen Theorie biomedizinischer Humanexperimente entwickelt worden. Dabei hat die Untersuchung neben einer *historisch-systematischen Problemexposition* vier Ebenen durchlaufen:

(1) Zunächst ist in einem *fundamentalethischen Teil* der theoretische Rahmen für eine kritische Forschungsethik gelegt worden. Dazu ist der Ansatz des *Belmont Report* bzw. seine Weiterentwicklung zum Principlism von Beauchamp und Childress unter Rückgriff auf Lehrstücke Kants um ein formales Letztprinzip – das Prinzip der Würde – ergänzt worden, das sowohl als zureichender Geltungsgrund für die (anthropologisch angereicherten) Prinzipien mittlerer Ebene dienen kann als auch einen übergeordneten Deutungshorizont bereitstellt, vor dem Prinzipienkonflikte in einer diskursiven Weise gelöst werden können. Als Folge dieser Ergänzung musste der prinzipientheoretische Ansatz insgesamt einer Neuinterpretation unterzogen werden.

(2) Anschließend ist der Gegenstandsbereich der Forschungsethik – das medizinisch-experimentelle Handeln – einer Strukturanalyse unterzogen worden. Ausgangspunkt dafür war das Konzept des neuzeitlich-strengen Experiments. Diese Analyse hat zwei Ergebnisse erbracht: Zum einen ist es gelungen, eine begrifflich klare *Bestimmung des Handlungsbereichs* der medizinischen Forschung zu formulieren. Insbesondere die Grenzlinie zum Bereich der medizinischen Praxis (Diagnose, Therapie, Prävention) wurde eingehend beleuchtet. Zum anderen konnten zahlreiche ethisch relevante Faktoren benannt werden, die zusammengenommen eine *Typologie biomedizinischer Humanexperimente in praktischer Absicht* ergaben. Eine solche Typologie ist als Grundlage zur produktiven Fortbestimmung ethischer Prinzipien unerlässlich.

(3) Sodann sind der fundamentalethische Teil und die Ergebnisse der Strukturanalyse des Handlungsbereichs zur Fortbestimmung *spezifischer ethischer Prinzipien* für die Forschung mit Menschen aufeinander bezogen worden. Viele der dargelegten Prinzipien sind in der Forschungsethik schon wohletabliert. Dennoch hat die Einordnung in die Gesamtsystematik aufgezeigt, wo Korrekturen und Ergänzungen an herkömmlichen Auffassungen nötig sind.

(4) Schließlich ist die kritische Forschungsethik anhand von drei speziellen Problemen – *Forschung mit Kindern, randomisierte klinische Studien* und *Forschung in Entwicklungsländern* – auf ihr Problemlösungspotential hin überprüft worden. In allen drei Fällen hat sich ergeben, dass die Anwendung der zuvor entwickelten Theorie Lösungsansätze für nach wie vor kontrovers diskutierte Probleme aufzuweisen vermag.

Die untersuchungsleitende Idee, dass ein *systematischer Ansatz*, der Verbindungslinien zwischen fundamentalethischen Problemen einerseits und Fragen der konkreten Anwendung andererseits sichtbar macht, ein größeres Problemlösungspotential besitzt als solche Theoriestücke, die unmittelbar auf der Ebene der Anwendung einsetzen, hat sich als fruchtbar erwiesen. Damit soll keineswegs der Anspruch erhoben werden, dass nun alle Probleme der Forschungsethik gelöst seien. Schon in der Einleitung wurde die Annahme, die Ethik könne – selbst mit Bezug auf einen bestimmten Handlungsbereich – einmal zu einem Abschluss gebracht werden, zurückgewiesen. Auch die vorliegende Untersuchung ändert daran nichts. Es wird weiterhin erforderlich sein, im Zuge einer fortwährenden kritischen Vergewisserung *Möglichkeiten und Grenzen biomedizinischer Humanexperimente* (neu) zu bestimmen. Allerdings hat sich gezeigt, dass eine Theorie, die ein formales Letztprinzip mit materialen praktischen Prinzipien systematisch verbindet, für diese Aufgabe wesentliche Orientierung zu geben vermag. Entsprechend wird auch für noch offene Probleme der Forschungsethik ein Rückgriff auf den hier entwickelten Ansatz einer kritischen Forschungsethik, der das Würdeprinzip als übergeordneten Deutungshorizont begreift, fruchtbar sein.

Vor dem Hintergrund der vorangegangenen Kapitel lassen sich abschließend eine Reihe von Punkten benennen, deren weitere ethische Analyse besonders dringlich erscheint und die daher zum Gegenstand zukünftiger Untersuchungen gemacht werden sollten.

(1) Die nach wie vor weite Verbreitung der „therapeutic misconception" sollte zum Anlass genommen werden, die *Ausgestaltung von Aufklärungsprozessen* erneut kritisch zu überprüfen. Geht man davon aus, dass der informierten Einwilligung eine Schlüsselfunktion bei der Legitimation von biomedizinischen Humanexperimenten zukommt, dann muss alles daran gesetzt werden, dass potentielle Probanden auch wirklich verstehen, dass sie als Probanden an einem Experiment teilnehmen sollen. Insbesondere muss der Unterschied zwischen medizinischer Forschung und Praxis, zwischen *Logik der Forschung* und *Logik des Heilens* klar sichtbar werden.

(2) Eine überzeugende Klassifizierung von Risiken und Belastungen steht derzeit noch aus. Bedenkt man, welch zentrale Rolle vor allem der *Begriff des minimalen Risikos* im Rahmen der Forschungsethik spielt, dann wird man in der genaueren Analyse dieses Begriffs ein weiteres Desiderat erblicken müssen. Zwar wird mehr und mehr anerkannt, dass Handlungsbeispiele zur Einordnung von bestimmten Verfahren sinnvoll sind. Dies allein reicht jedoch nicht aus. Erforderlich ist vielmehr eine elaborierte Kasuistik, in der auch die Verfasstheit der Probanden sowie andere kontextuelle Parameter berücksichtigt werden. Die Ausarbeitung einer solchen Kasuistik darf jedoch nicht als rein medizinisch-naturwissenschaftliches Projekt begriffen werden. Die normative Dimension des Risikobegriffs macht es erforderlich, dass ein gesamtgesellschaftlicher Diskurs darüber geführt wird, welche Verfahren und Maßnahmen mit Bezug auf welche Probanden als „minimal", „eindeutig mehr als minimal" oder sogar „hoch" risikoreich bzw. belastend gelten müssen.

(3) In besonderem Maße entwicklungsbedürftig erscheint der Bereich der prozeduralen Prinzipien. Sowohl in wissenschaftlicher als auch in ethischer Hinsicht kommt dem *Publikationsprinzip* eine kaum zu überschätzende Bedeutung zu. Dennoch findet es in der forschungsethischen Debatte bisher wenig Beachtung. Hier gilt es, Ansätze zu entwickeln, die in globaler Perspektive tragfähig sind. Denkbar ist die Einführung von internationalen Identifizierungsnummern für Experimente in Ver-

bindung mit einer Verpflichtung zur Vorab-Registrierung und abschließenden Publikation von Ergebnissen sowie der verwendeten Methoden, möglicherweise unter Verwendung spezieller elektronischer Plattformen.

Auch die Organisation und Arbeitsweise von *Ethik-Kommissionen* muss überdacht werden. Eine Professionalisierung der ursprünglich als standesinterne Beratungsgremien konzipierten Gremien ist dringend erforderlich. Andererseits gibt es gute Gründe, das Konzept der (erweiterten) Kollegialberatung nicht zugunsten reiner Probandenschutzbehörden aufzugeben. Wie eine Kombination beider Ansprüche im Einzelnen zu bewerkstelligen ist, bedarf weiterer Überlegungen.

Ferner ist eine stärkere Integration von *forschungsethischen Lehrinhalten* in die medizinisch-naturwissenschaftliche Ausbildung angezeigt. Eine ausschließlich „externe" Umsetzung forschungsethischer Prinzipien kann nicht überzeugen. Der Forscher selbst muss in den ethischen Reflexionsprozess über seine Arbeit einsteigen und dazu die erforderlichen Methoden und Inhalte im Rahmen seiner Ausbildung vermittelt bekommen. Dies muss, stärker als bisher, als effektive und nachhaltige Maßnahme zum Probandenschutz begriffen werden.

Besonders wichtig sind die Etablierung von Ethik-Kommissionen sowie die ethische Ausbildung von Arzt-Forschern mit Blick auf Entwicklungsländer. Im Aufbau einer *ethischen Infrastruktur* liegt ein Weg, Probanden auch in weniger entwickelten Ländern mittelfristig effektiv vor Ausbeutung im Rahmen von biomedizinischen Experimenten zu schützen, ohne in eine Form des Paternalismus oder ethischen Imperialismus zu verfallen, dessen Schutzwirkung allzu leicht in (verständlichen) Abwehrreaktionen aus diesen Ländern verpufft. Maßnahmen wie die Projekte der UNESCO zum „capacity building" verdienen vor diesem Hintergrund Unterstützung.

(4) Für Deutschland ist schließlich die Frage zu stellen, wann eine *umfassende rechtliche Regelung* für den Bereich biomedizinischer Humanexperimente vorgelegt wird. Es spricht vieles dafür, dass die Regelungen im *Arzneimittelgesetz* sowie im *Medizinproduktegesetz* nicht ausreichend sind. Vielfältige Formen von Humanexperimenten bleiben dadurch – zumindest auf spezialgesetzlicher Ebene – ungeregelt. Ferner sind beide Normen durch eine kaum zu überbietende konzeptionelle und sprachliche Unklarheit gekennzeichnet, die sowohl einem effektiven Probandenschutz als auch einer effektiven Forschung wenig dienlich ist.

Literaturverzeichnis

1. Kodizes, Richtlinien und Stellungnahmen

Bei den nachstehenden Dokumenten ist – soweit vorhanden – neben dem primären Publikationsort eine weitere, einfacher zugängliche Druckversion sowie eine Veröffentlichungsadresse im Internet angegeben.

AMERICAN PSYCHOLOGICAL ASSOCIATION (APA): *Ethical Principles of Psychologists and Code Of Conduct.* 2002. URL http://www.apa.org/ethics/ [zugegriffen am 2.12.2005].

COUNCIL FOR INTERNATIONAL ORGANIZATIONS OF MEDICAL SCIENCES (CIOMS): *International Ethical Guidelines for Biomedical Research Involving Human Subjects (2002).* Geneva: CIOMS, 2002.
Abgedruckt in: *Jahrbuch für Wissenschaft und Ethik* 8 (2003), 385-429.
Online verfügbar unter: URL http://www.cioms.ch/frame_guidelines_nov_2002.htm [zugegriffen am 22.07.2004].

COUNCIL OF EUROPE: *Convention for the Protection of Human Rights and Dignity of the Human Being with regard to the Application of Biology and Medicine: Convention on Human Rights and Biomedicine.* European Treaty Series No. 164. Oviedo: Council of Europe, 1997.
Abgedruckt (deutsch/englisch) in: *Jahrbuch für Wissenschaft und Ethik* 2 (1997), 285-303.
Online verfügbar unter: URL http://conventions.coe.int/Treaty/en/Treaties/ Html/164.htm [zugegriffen am 16.12.2004].

COUNCIL OF EUROPE: *Additional Protocol to the Convention on Human Rights and Biomedicine Concerning Biomedical Research.* European Treaty Series No. 195. Strassbourg: Council of Europe, 2005.
Online verfügbar unter: URL http://conventions.coe.int/Treaty/en/Treaties/ Html/195.htm [zugegriffen am 14.12.2005].

COUNCIL OF EUROPE: *Explanatory Report to the Additional Protocol to the Convention on Human Rights and Biomedicine Concerning Biomedical Research.* DIR/JUR (2004) 4. Strassbourg: Council of Europe, 2004.
Online verfügbar unter: URL http://www.coe.int/T/E/Legal%5FAffairs/
Legal%5Fco%2Doperation/Bioethics/Activities/Biomedical_research/ ER_Biomedical_research.pdf [zugegriffen am 16.12.2004].

EUROPEAN GROUP ON ETHICS IN SCIENCE AND NEW TECHNOLOGIES (EGE): *Ethical Aspects of Clinical Research in Developing Countries.* Opinion No. 17. URL http://europa.eu.int/comm/european_group_ethics/docs/ avis17_en.pdf [zugegriffen am 27.12.2005].

EUROPEAN MEDICINES AGENCY (EMEA) / COMMITTEE FOR MEDICINAL
PRODUCTS FOR HUMAN USE (CHMP): *Guideline on Data Monitoring Committees.*
Doc. Ref. EMEA/CHMP/EWP/5872/03 Corr. London: EMEA, 2005.
Online verfügbar unter: URL http://www.emea.eu.int/pdfs/human/ewp/ 587203en.pdf [zugegriffen
am 08.11.2005].

FOOD AND DRUG ADMINISTRATION (FDA): *Guidelines for the Study and Evaluation of
Gender Differences in the Clinical Evaluation of Drugs.* Rockville: FDA, 1993
(Docket No. 93D-0236).
Online verfügbar unter: URL http://www.hhs.gov/ohrp/humansubjects/guidance/ 58fr39406.htm
[zugegriffen am 12.10.2004].

MINISTER DER GEISTLICHEN, UNTERRICHTS- UND MEDIZINAL-
ANGELEGENHEITEN: Anweisung an die Vorsteher der Kliniken, Polikliniken
und sonstigen Krankenanstalten. In: *Centralblatt für die gesamte Unterrichts-
Verwaltung in Preußen* 2 (1901). Herausgegeben in dem Ministerium der
geistlichen, Unterrichts- und Medizinal-Angelegenheiten. Berlin: Cotta, 1901,
188-189.
Online verfügbar unter: URL http://www.uni-heidelberg.de/institute/fak5/ igm/g47/eck_e01.htm
[zugegriffen am 22.12.2004].

NATIONAL BIOETHICS ADVISORY COMMISSION (NBAC): *Ethical and Policy Issue in
Research Involving Human Participants. Volume I: Report and Recommendations of the
National Bioethics Advisory Commission.* Bethesda: NBAC, 2001.
In Auszügen abgedruckt in: *Jahrbuch für Wissenschaft und Ethik* 7 (2002), 355-375.
Online verfügbar unter URL http://www.bioethics.gov/reports/past_commissions/
nbac_human_part.pdf [zugegriffen am 24.03.2006].

National Bioethics Advisory Commission (NBAC): *Ethical and Policy Issues in
International Research: Clinical Trials in Developing Countries. Volume I: Report and
Recommendations of the National Bioethics Advisory Commission.* Bethesda: NBAC,
2001.
Online verfügbar unter URL http://www.bioethics.gov/reports/past_commissions/
nbac_international.pdf [zugegriffen am 24.03.2006].

NATIONAL COMMISSION FOR THE PROTECTION OF HUMAN SUBJECTS OF
BIOMEDICAL AND BEHAVIORAL RESEARCH: *The Belmont Report. Ethical
Principles and Guidelines for the Protection of Human Subjects of Research.*
Washington/D.C.: Government Printing Office, 1978 (DHEW Publication
Nr. (OS) 78-0012).
Abgedruckt in: REICH, WARREN T. (ed.): *Encyclopedia of Bioethics.* Revised Edition. Volume 5. New
York: Simon & Schuster Macmillan, 1995, 2767-2773.
Online verfügbar unter: URL http://www.hhs.gov/ohrp/humansubjects/guidance/ belmont.htm
[zugegriffen am 12.10.2004].

NATIONAL COMMISSION FOR THE PROTECTION OF HUMAN SUBJECTS OF
BIOMEDICAL AND BEHAVIORAL RESEARCH: *Research Involving Children.*

Washington/D.C.: Government Printing Office, 1977 (DHEW Publication Nr. (OS) 77-0004).

In Auszügen abgedruckt in: Jonsen, Albert R. / Veatch, Robert M. / Walters, LeRoy (eds.): *Source Book in Bioethics*. Washington/D.C.: Georgetown University Press, 1998, 40-45.

NATIONAL INSTITUTES OF HEALTH (NIH) / NATIONAL LIBRARY OF MEDICINE (NLM): *Glossary of Clinical Trials Terms*. Bethesda: NLM, 2004. URL http://www.clinicaltrials.gov/ct/info/glossary [zugegriffen am 22.09.2004].

NUFFIELD COUNCIL ON BIOETHICS: *The ethics of clinical research in developing countries. A discussion paper*. London: Nuffield Council on Bioethics, 1999.

Online verfügbar unter: URL http://www.nuffieldbioethics.org/fileLibrary/ pdf/clinicaldiscuss1.pdf [zugegriffen am 21.12.2005].

NUFFIELD COUNCIL ON BIOETHICS: *The ethics of research related to healthcare in developing countries*. London: Nuffield Council on Bioethics, 2002.

Online verfügbar unter: URL http://www.nuffieldbioethics.org/fileLibrary/ pdf/errhdc_fullreport001.pdf [zugegriffen am 27.12.2005].

NUREMBERG MILITARY TRIBUNAL: Nuremberg Code. In: *Trials of War Criminals Before the Nuremberg Military Tribunal under Control Council Law 10. Military Tribunal 1, Case 1. United States vs. Karl Brandt et al., October 1946 – April 1949*. Volume 2. Washington/D.C.: U.S. Government Printing Office, 1950, 181-182.

Abgedruckt in: REICH, WARREN T. (ed.): *Encyclopedia of Bioethics*. Revised Edition. Volume 5. New York: Simon & Schuster Macmillan, 1995, 2763-2764.

Online verfügbar unter: URL http://ohsr.od.nih.gov/guidelines/nuremberg.html [zugegriffen am 22.10.2004].

PAUL-EHRLICH INSTITUT: *Regulation of Gene Transfer Medicinal Products in Germany*. Originally prepared for Euregenethy by F. Rosenthal, Cellgenix, Freiburg, and K. Cichutek, Paul-Ehrlich-Institut, Langen. revised by K. Cichutek, 08/2001. URL http://www.pei.de/cln_042/nn_431270/EN/infos-en/fachkreise-en/genther-fach-en/regulation-genther-en.html [zugegriffen am 19.01.2006].

REICHSMINISTER DES INNEREN: Reichsrichtlinien zur Forschung am Menschen. In: *Reichsgesundheitsblatt* 6 (1931), Nr. 55, 174-175.

Abgedruckt in: SASS, HANS-MARTIN (Hrsg.): *Medizin und Ethik*. Stuttgart: Reclam, 1989, 362-366.
Online verfügbar unter: URL http://www.ethik.uni-jena.de/Ebene2/Texte/ ReichsrichtlinienZurForschungAmMenschen31.htm [zugegriffen am 22.12.2004].

UNITED NATIONS EDUCATIONAL, SCIENTIFIC AND CULTURAL ORGANIZATION (UNESCO): Teaching of Ethics. Report of the COMEST Working Group on the Teaching of Ethics. 2003. URL http://portal.unesco.org/shs/en/ file_download.php/303ebb9544bd71d3b4f0801d4de884af TeachingofEthics.pdf [zugegriffen am 26.09.2005].

UNITED NATIONS EDUCATIONAL, SCIENTIFIC AND CULTURAL ORGANIZATION (UNESCO): Establishing Bioethics Committees. (Guide No. 1). Paris: UNESCO, 2005. URL http://portal.unesco.org/shs/en/ file_download.php/49820276d479e3993ac938519bebc386 Bioethics_committees.pdf [zugegriffen am 26.09.2005].

UNITED NATIONS GENERAL ASSEMBLY: Universal Declaration of Human Rights. Doc. A/RES/217 (III) (1948). In: GENERAL ASSEMBLY: *Resolutions adopted by the General Assembly during its third session*. New York: UN, 1948, 71-77.
Online verfügbar unter: URL http://www.un.org/documents/ga/res/3/ares3.htm [zugegriffen am 28.11.2005].

UNITED NATIONS GENERAL ASSEMBLY: International Covenant on Civil and Political Rights. Doc. A/RES/2200 (XXI) (1966). In: GENERAL ASSEMBLY: *Resolutions and Decisions adopted by the General Assembly during its twenty-first session (1966)*. New York: UN, 1966, 49-60.
Online verfügbar unter: URL http://www.un.org/documents/ga/res/21/ares21.htm [zugegriffen am 28.11.2005].

UNITED NATIONS GENERAL ASSEMBLY: Convention on the Rights of the Child. UN Doc. A/RES/44/25/1989). In: GENERAL ASSEMBLY: *Resolutions and Decisions adopted by the General Assembly during its forty-fourth session (1989)*. New York: UN, 1989, 166-173.
Online verfügbar unter: URL http://www.un.org/Depts/dhl/res/resa44.htm [zugegriffen am 28.11.2005].

WORLD MEDICAL ASSOCIATION (WMA): *Declaration of Geneva*. Adopted by the General Assembly of the World Medical Association at Geneva / Switzerland, September 1948.
Abgedruckt in: REICH, WARREN T. (ed.): *Encyclopedia of Bioethics*. Revised Edition. Volume 5. New York: Simon & Schuster Macmillan, 1995, 2746-2747.
Online verfügbar unter: URL http://www.wma.net/e/policy/c8.htm [zugegriffen am 22.10.2004].

WORLD MEDICAL ASSOCIATION (WMA): International Code of Medical Ethics. In: *World Medical Association Bulletin* 1 (1949), Nr. 3, 109-111.
Abgedruckt in: REICH, WARREN T. (ed.): *Encyclopedia of Bioethics*. Revised Edition. Volume 5. New York: Simon & Schuster Macmillan, 1995, 2747-2748.
Online verfügbar unter: URL http://www.wma.net/e/policy/c8.htm [zugegriffen am 22.10.2004].

WORLD MEDICAL ASSOCIATION (WMA): Principles for Those in Research and Experimentation. Adopted by the General Assembly of the World Medical Association 1954. In: *World Medical Journal* 2 (1955), 14-15.
Abgedruckt in: REICH, WARREN T. (ed.): *Encyclopedia of Bioethics*. Revised Edition. Volume 5. New York: Simon & Schuster Macmillan, 1995, 2764.
Online verfügbar unter: URL http://www.iit.edu/departments/csep/PublicWWW/ codes/coe/World_Medical_Association_Principles_for_Those_in_Research _1954.html [zugegriffen am 22.09.2004].

WORLD MEDICAL ASSOCIATION (WMA): Declaration of Helsinki (1964). In: *World Medical Journal* 11 (1964), Nr. 5, 281.

Abgedruckt in: KATZ, J.: *Experimentation with Human Beings. The Authority of the Investigator, Subject, Professions, and State in the Human Experimentation Process.* New York: Russell Sage Foundation, 1972, 312-313.

WORLD MEDICAL ASSOCIATION (WMA): *Declaration of Helsinki. Ethical Principles for Medical Research Involving Human Subjects (2000).* URL http://www.wma.net/e/policy/b3.htm [zugegriffen am 20.10.2004].

ZENTRALE ETHIKKOMMISSION ZUR WAHRUNG ETHISCHER GRUNDSÄTZE IN DER MEDIZIN UND IHREN GRENZGEBIETEN (ZENTRALE ETHIKKOMMISSION) BEI DER BUNDESÄRZTEKAMMER (ZEKO): Zum Schutz nicht-einwilligungsfähiger Personen in der medizinischen Forschung. In: *Deutsches Ärzteblatt* 94 (1997), Nr. 15, A 1011-A 1012.

Online Verfügbar unter: URL http://www.aerzteblatt.de/v4/archiv/pdf.asp?id=5844 [zugegriffen am 22.12.2004].

ZENTRALE ETHIKKOMMISSION ZUR WAHRUNG ETHISCHER GRUNDSÄTZE IN DER MEDIZIN UND IHREN GRENZGEBIETEN (ZENTRALE ETHIKKOMMISSION) BEI DER BUNDESÄRZTEKAMMER (ZEKO): Forschung mit Minderjährigen. In: *Deutsches Ärzteblatt* 101 (2004), Nr. 22, A 1613-A 1617.

Online Verfügbar unter: URL http://www.aerzteblatt.de/v4/archiv/pdf.asp?id=42111 [zugegriffen am 22.12.2004].

2.   Gesetze und Verordnungen

Europäische Richtlinien und Verordnungen sind über *Eur-Lex – das Portal zum Recht der Europäischen Union* (URL *http://europa.eu.int/eur-lex*) online zugänglich. Nahezu alle bundesdeutschen Gesetze und Verordnungen sind unter der URL *http://bundesrecht.juris.de* verfügbar; auf das *Bundesgesetzblatt* kann über die Seite des Bundesanzeigers (URL *http://www.bundesanzeiger.de*) zugegriffen werden. Bei Verweisen auf das *Bundesgesetzblatt* wird – den Üblichkeiten folgend – immer nur die Anfangsseite belegt. Der US-amerikanische *Code of Federal Regulations* ist unter der URL *http://www.gpoaccess.gov/cfr* zugänglich.

a)   Europäische Union

DAS EUROPÄISCHE PARLAMENT UND DER RAT DER EUROPÄISCHEN UNION: Richtlinie 2001/20/EG vom 4. April 2001 zur Angleichung der Rechts- und Verwaltungsvorschriften der Mitgliedstaaten über die Anwendung der guten klinischen Praxis bei der Durchführung von klinischen Prüfungen mit Humanarzneimitteln. In: *Amtsblatt der Europäischen Gemeinschaften* L 121 vom 1. Mai 2001, 34-44.

DAS EUROPÄISCHE PARLAMENT UND DER RAT DER EUROPÄISCHEN UNION:
Verordnung (EG) Nr. 726/2004 vom 31. März 2004 zur Festlegung von
Gemeinschaftsverfahren für die Genehmigung und Überwachung von
Human- und Tierarzneimitteln und zur Errichtung einer Europäischen
Arzneimittel-Agentur. In: *Amtsblatt der Europäischen Gemeinschaften* L 136 vom
30. April 2004, 1-33.

b)   Bundesrepublik Deutschland

Bürgerliches Gesetzbuch (BGB). In: *Reichsgesetzblatt* (1896), 195. Neugefasst durch
Bekanntmachung vom 2. Januar 2002 (*Bundesgesetzblatt* I, 42, 2909; 2003, 738).
In der Fassung vom 07. Juli 2005 (*Bundesgesetzblatt* I, 1970).

Gesetz über den Verkehr mit Arzneimitteln (Arzneimittelgesetz – AMG). In:
Bundesgesetzblatt I (1976), 2445. Neugefasst durch Bekanntmachung vom
11. Dezember.1998 (*Bundesgesetzblatt* I, 3586). In der Fassung vom
12. Dezember 2005 (*Bundesgesetzblatt* I, 3394).

Gesetz über Medizinprodukte (Medizinproduktegesetz – MPG). In: *Bundesgesetzblatt*
I (1994), 1963. Neugefasst durch Bekanntmachung vom 7. August 2002
(*Bundesgesetzblatt* I, 3146. In der Fassung vom 25. November 2003
(*Bundesgesetzblatt* I, 2304).

Grundgesetz für die Bundesrepublik Deutschland (Grundgesetz – GG). In:
Bundesgesetzblatt I (1949), 1. In der Fassung vom 26. Juli 2002 (*Bundesgesetzblatt* I,
2863).

Strafgesetzbuch (StGB). In: *Reichsgesetzblatt* (1871), 127. Neugefasst durch
Bekanntmachung vom 13. November 1998 (*Bundesgesetzblatt* I, 3322). In der
Fassung vom 01. September 2005 (*Bundesgesetzblatt* I, 2674).

Verordnung über den Schutz vor Schäden durch ionisierende Strahlen
(Strahlenschutzverordnung – StrlSchV). In: *Bundesgesetzblatt* I (2001), 1714. In
der Fassung vom 01. September 2005 (*Bundesgesetzblatt* I, 2618).

Verordnung über den Schutz vor Schäden durch Röntgenstrahlen
(Röntgenverordnung – RöV). In: *Bundesgesetzblatt* I (1987), 114. Neugefasst
durch Bekanntmachung vom 30. April 2003 (*Bundesgesetzblatt* I, 604).

c)   Vereinigte Staaten von Amerika

Code of Federal Regulations. Title 45 „Public Welfare". Subtitle A – Department of
Health and Human Services. Part 46 „Protection Of Human Subjects".
Revised June 23, 2005.

Code of Federal Regulations. Title 21 „Food and Drugs". Chapter I – Food And
Drug Administration. Department Of Health And Human Services.

Subchapter D – Drugs For Human Use. Subpart B – Investigational New Drug Application (IND). Revised April 1, 2005.

3. Gerichtsentscheidungen

Wichtige Entscheidungen deutscher Bundesgerichte werden durch das Projekt *Deutschsprachiges Fallrecht (DFR)* unter der URL *http://www.oefre.unibe.ch /law/dfr/dfr_deutschland.html* online verfügbar gemacht.

a) *Bundesrepublik Deutschland*

BUNDESGERICHTSHOF: Urteil vom 10. Juli 1954. Az. VI ZR 45/54. In: *Neue Juristische Wochenschrift* 9 (1956), 1106-1108.

BUNDESGERICHTSHOF: Urteil vom 13. Februar 1956. Az. III ZR 175/54. In: *Entscheidungen des Bundesgerichtshofes in Zivilsachen.* Herausgegeben von Mitgliedern des Bundesgerichtshofes und der Bundesanwaltschaft. Band 20. Köln: Carl Heymanns, 1956 (BHGZ 20), 61-71.

BUNDESGERICHTSHOF: Urteil vom 5. Dezember 1958. Az. VI ZR 266/57. In: *Entscheidungen des Bundesgerichtshofes in Zivilsachen.* Herausgegeben von Mitgliedern des Bundesgerichtshofes und der Bundesanwaltschaft. Band 29. Köln: Carl Heymanns, 1959 (BHGZ 29), 33-37.

BUNDESGERICHTSHOF: Urteil vom 2. Dezember 1963. Az. III ZR 222/62. In: *Juristenzeitung* 19 (1964), 323-324.

BUNDESGERICHTSHOF: Entscheidung vom 13. Mai 1969. Az. 2 StR 616/68. In: *Entscheidungen des Bundesgerichtshofes in Strafsachen.* Herausgegeben von Mitgliedern des Bundesgerichtshofes und der Bundesanwaltschaft. Band 23. Köln: Carl Heymanns, 1969 (BHGSt 23), 1-4.

BUNDESGERICHTSHOF: Urteil vom 13. September 1994. Az. 1 StR 357/94. In: *Entscheidungen des Bundesgerichtshofes in Strafsachen.* Herausgegeben von Mitgliedern des Bundesgerichtshofes und der Bundesanwaltschaft. Band 40. Köln: Carl Heymanns, 1995 (BHGSt 40), 257-272.

BUNDESVERFASSUNGSGERICHT: Beschluß des Ersten Senats vom 29. Juli 1968. Az. 1 BvL 20/63, 31/66 und 5/67. In: *Entscheidungen des Bundesverfassungsgerichts.* Herausgegeben von Mitgliedern des Bundesverfassungsgerichts. Band 24. Tübingen: Mohr Siebeck, 1969 (BVerfGE 24), 119-155.

BUNDESVERFASSUNGSGERICHT: Urteil des Ersten Senats vom 29. Mai 1973. Az. 1 BvR 424/71 und 325/72. In: *Entscheidungen des Bundesverfassungsgerichts.* Herausgegeben von Mitgliedern des Bundesverfassungsgerichts. Band 35. Tübingen: Mohr Siebeck, 1974 (BVerfGE 35), 79-170.

BUNDESVERFASSUNGSGERICHT: Beschluß des Ersten Senats vom 20. Oktober 1982. Az. 1 BvR 1467/80. In: *Entscheidungen des Bundesverfassungsgerichts.* Herausgegeben von Mitgliedern des Bundesverfassungsgerichts. Band 61. Tübingen: Mohr Siebeck, 1983 (BVerfGE 61), 210-259.

BUNDESVERFASSUNGSGERICHT: Urteil des Ersten Senats vom 15. Dezember 1983. Az. 1 BvR 209, 269, 362, 420, 440, 484/83. In: *Entscheidungen des Bundesverfassungsgerichts.* Herausgegeben von Mitgliedern des Bundesverfassungsgerichts. Band 65. Tübingen: Mohr Siebeck, 1984 (BVerfGE 65), 1-71.

BUNDESVERWALTUNGSGERICHT: Urteil des Sechsten Senats vom 26. Februar 1997. Az. 6 C 3/96. In: *Entscheidungen des Bundesverwaltungsgerichts.* Herausgegeben von Mitgliedern des Bundesverwaltungsgerichts. Band 104. Köln: Carl Heymanns, 1998 (BVerwGE 104), 105-115.

REICHSGERICHT: Urteil vom 31. Mai 1894. Az. Rep. 1406/94. („Von welchen rechtlichen Voraussetzungen hängt die Strafbarkeit oder Straflosigkeit von Körperverletzungen ab, welche zum Zwecke des Heilverfahrens von Ärzten bei operativen Eingriffen begangen werden?"). In: *Entscheidungen des Reichsgerichts.* Herausgegeben von Mitgliedern des Gerichtshofs und der Reichsanwaltschaft. Entscheidungen in Strafsachen. Band 25. Leipzig: von Beit & Comp., 1894 (RGSt 25), 375-389.

b)   Vereinigte Staaten von Amerika

COURT OF APPEALS OF NEW YORK: *Schloendorff v. Society of New York Hospital* (March 11, 1914). 211 N.Y. 125; 105 N.E. 92.
Online verfügbar unter: URL http://philosophy.wisc.edu/streiffer/ BioandLawF99Folder/Readings/ SchloendorffvSociety_of_NY.pdf [zugegriffen am 15.12.2004].

4.   Literatur

ABBASI, KAMRAN: Compulsory registration of clinical trials. In: *British Medical Journal* 329 (2004), 637-638.

ABDERHALDEN, EMIL: Versuche am Menschen. In: *Ethik. Sexual- und Gesellschafts-Ethik* 5 (1928), Nr. 1, 13-16.

ACKERMAN, TERRENCE F.: Choosing between Nuremberg and the National Commission: The Balancing of Moral Principles in Clinical Research. In: VANDERPOOL, HAROLD Y. (ed.): *The Ethics of Research Involving Human Subjects. Facing the 21st Century.* Frederick/Maryland: University Publishing Group, 1996, 83-104.

ALTNER, GÜNTER: Artikel „Ethik-Kommissionen". In: KORFF, WILHELM. / BECK, LUTWIN / MIKAT, PAUL (Hrsg.): *Lexikon der Bioethik*. Band 1. Gütersloh: Gütersloher Verlagshaus, 1998, 682-691.

AMELUNG, KNUT: Über die Einwilligungsfähigkeit (Teil I). In: *Zeitschrift für die gesamte Strafrechtswissenschaft* 104 (1992), Nr. 3, 525-558.

AMELUNG, KNUT: Über die Einwilligungsfähigkeit (Teil II). In: *Zeitschrift für die gesamte Strafrechtswissenschaft* 104 (1992), Nr. 4, 821-833.

ANDERSON, JOHN P.: Sophie's Choice. In: *Southern Journal of Philosophy* 35 (1997), Nr. 4, 439-450.

ANNAS, GEORGE J. / GRODIN, MICHAEL A. (eds.): *The Nazi Doctors and the Nuremberg Code. Human Rights in Human Experimentation*. New York: Oxford University Press, 1992.

ANNAS, GEORGE J. / GRODIN, MICHAEL A.: Introduction. In: ANNAS, GEORGE J. / GRODIN, MICHAEL A. (eds.): *The Nazi Doctors and the Nuremberg Code. Human Rights in Human Experimentation*. New York: Oxford University Press, 1992, 3-11.

ANNAS, GEORGE J.: Questing for Grails: Duplicity, Betrayal, and Self-Deception in Postmodern Medical Research. In: MANN, JONATHAN M. / GRUSKIN, SOFIA / GRODIN, MICHAEL A. / ANNAS, GEORGE J. (eds.): *Health and human rights: a reader*. New York: Routledge, 1999, 312-335. [zuerst erschienen in: *Journal of Contemporary Health Law & Policy* 12 (1996), Nr. 2, 297-324].

APPELBAUM, PAUL S. / ROTH, LOREN H. / LIDZ, CHARLES W. / BENSON, PAUL / WINSLADE, WILLIAM: False Hopes and Best Data: Consent to Research and the Therapeutic Misconception. In: *Hastings Center Report* 17 (1987), Nr. 2, 20-24.

ARISTOTELES: *Aristotelis opera*. Edidit Academia Regia Borussica ex recognitione Immanuelis Bekkeri. Berlin: Reimer, 1831 ff.
Deutsche Übersetzung: ARISTOTELES: *Werke*. Begründet von Ernst Grumach. Herausgegeben von Hellmut Flashar. Darmstadt: Wissenschaftliche Buchgesellschaft, 1962 ff.
Englische Übersetzung: ARISTOTLE: *The Works of Aristotle*. Translated into English under the Editorship of John A. Smith and W. David Ross. Oxford: Clarendon Press, 1908 ff.

ARRAS, JOHN D.: Getting Down to Cases: The Revival of Casuistry in Bioethics. In: *Journal of Medicine and Philosophy* 16 (1991), Nr. 1, 29-51.

ARZT, GUNTHER: *Willensmängel bei der Einwilligung*. Frankfurt am Main: Athenäum, 1970.

AUBENQUE, PIERRE / WIELAND, GEORG / HOLZHEY, HELMUT / SCHABER, PETER: Artikel „Prinzip". In: RITTER, JOACHIM (Hrsg.): *Historisches Wörterbuch der Philosophie.* Band 7. Darmstadt: Wissenschaftliche Buchgesellschaft, 1989, Sp. 1336-1371.

AVICENNA: *Liber Canonis.* Avicenne revisus et ab omni errore mendaque purgatus summaque cum diligentia impressus. Translatus a magistro Gerardo Cremonensi in Toledo ab arabico in latinum. Reprographischer Nachdruck der Ausgabe Venedig 1507. Hildesheim: Georg Olms, 1964.

BACON, FRANCIS: *Neues Organon.* Lateinisch-Deutsch. Herausgegeben und mit einer Einleitung von Wolfgang Krohn. Hamburg: Meiner, 1990.

BACON, ROGER: On the Errors of Physicians. Translation of the De erroribus medicorum secundum fratrem Rogerum Bacon de ordine minorum. By Edward Theodore Withington. In: SINGER, CHARLES / SIGERIST, HENRY E. (eds.): *Essays on the History of Medicine.* Presented to Karl Sudhoff on the Occasion of his Seventieth Birthday November 26th 1923. Zürich: Seldwyla, 1924, 139-157.

BALZER, WOLFGANG: *Die Wissenschaft und ihre Methoden. Grundsätze der Wissenschaftstheorie. Ein Lehrbuch.* Freiburg: Alber, 1997.

BARTHOLOME, WILLIAM G.: Parents, Children, and the Moral Benefits of Research. In: *Hastings Center Report* 6 (1976), Nr. 6, 44-45.

BAUM, MICHAEL / HOUGHTON, JOAN / ABRAMS, KEITH: Early Stopping Rules – Clinical Perspectives and Ethical Considerations. In: *Statistics in Medicine* 13 (1994), Nr. 13/14, 1459-1469.

BAUMANNS, PETER: *Kants Ethik. Die Grundlehre.* Würzburg: Königshausen & Neumann, 2000.

BAUMGARTNER, HANS M. / HONNEFELDER, LUDGER / WICKLER, WOLFGANG / WILDFEUER, ARMIN G.: Menschenwürde und Lebensschutz: Philosophische Aspekte. In: RAGER, GÜNTER (Hrsg.): *Beginn, Personalität und Würde des Menschen.* 2. Auflage. Freiburg: Alber, 1998 (Grenzfragen 23), 161-242.

BEAUCHAMP, TOM L.: The Intersection of Research and Practice. In: GOLDWORTH, AMMON / SILVERMANN, WILLIAM / STEVENSON, DAVID K. / YOUNG, ERNLÉ W.D. / RIVERS, RODNEY (eds.): *Ethics and Perinatology.* New York: Oxford University Press, 1995, 231-244.

BEAUCHAMP, TOM L.: Principlism and Its Alleged Competitors. In: *Kennedy Institute of Ethics Journal* 5 (1995), Nr. 3, 181-198.

BEAUCHAMP, TOM L.: The Mettle of Moral Fundamentalism: A Reply to Robert Baker. In: *Kennedy Institute of Ethics Journal* 8 (1999), Nr. 4, 389-401.

BEAUCHAMP, TOM L. / CHILDRESS, JAMES F.: *Principles of Biomedical Ethics.* 5. Edition. Oxford: Oxford University Press, 2001.

BECKERMANN, ANSGAR (Hrsg.): *Analytische Handlungstheorie. Band 2: Handlungserklärungen.* Frankfurt am Main: Suhrkamp, 1977.

BEECHER, HENRY K.: Ethics and Clinical Research. In: *New England Journal of Medicine* 274 (1966), Nr. 24, 1354-1360.

BEECHER, HENRY K.: *Research and the Individual. Human Studies.* Boston: Little, Brown & Co., 1970.

BEECHER, HENRY K.: Tentative Statement Outlining the Philosophy and Ethical Principles Governing the Conduct of Research on Human Beings at the Harvard Medical School. In: KATZ, JAY: *Experimentation with Human Beings. The Authority of the Investigator, Subject, Professions, and State in the Human Experimentation Process.* New York: Russell Sage Foundation, 1972, 848.

BELLER, ELAINE M. / GEBSKI, VAL / KEECH, ANTHONY C.: Randomisation in clinical trials. In: *Medical Journal of Australia* 177 (2002), Nr. 10, 565-567.

BENDER, DENISE: Heilversuch oder klinische Prüfung? Annäherung an eine diffuse Grenze. In: *Medizinrecht* 23 (2005), Nr. 9, 511-516.

BERGDOLDT, KLAUS: *Das Gewissen der Medizin. Ärztliche Moral von der Antike bis heute.* München: Beck, 2004.

BERGMANN, KARL E. / SCHLACK, ROBERT / DEWITZ, CHRISTIAN VON / DIPPELHOFER, ANGELA / KURTH, BÄRBEL-MARIA / EICHSTÄDT, HERMANN: Ethische und rechtliche Aspekte der epidemiologischen Forschung mit Kindern und Jugendlichen am Beispiel des Kinder- und Jugendgesundheitssurveys. In: *Ethik in der Medizin* 16 (2004), Nr. 1, 22-36.

BERNARD, CLAUDE: *Introduction à l'étude de la médicine expérimentale.* Paris: Ch. Delagrave, 1865.
Deutsche Übersetzung: BERNARD, CLAUDE: *Einführung in das Studium der experimentellen Medizin.* Leipzig: Johann Ambrosius Barth, 1961 (Sudhoffs Klassiker der Medizin 35).

BIRNBACHER, DIETER: Ambiguities in the Concept of Menschenwürde. In: BAYERTZ, KURT (ed.): *Sanctity of Life and Human Dignity.* Dordrecht: Kluwer, 1996 (Philosophy and Medicine 52), 107-121.

BLUMGART, HERMAN L.: The Medical Framework for Viewing the Problem of Human Experimentation. In: FREUND, PAUL A. (ed.): *Experimentation with Human Subjects.* London: George Allen & Unwin, 1972, 39-65.

BOCHNIK, HANS JOACHIM: Ein „medizinisches Forschungsgeheimnis" im Datenschutzgesetz könnte deutsche Forschungsblockaden beseitigen. In: *Medizinrecht* 12 (1994), Nr. 10, 398-400.

BÖCKLE, FRANZ: Artikel „Humanexperiment/Heilversuch (2. Recht)". In: ESER, ALBIN / LUTTEROTTI, MARKUS VON / SPORKEN, PAUL (Hrsg.): *Lexikon Medizin – Ethik – Recht.* Freiburg: Herder, 1989, Sp. 496-503.

BOOS, JOACHIM: Probleme und Chancen klinischer Studien in der Pädiatrie. In: BROCHHAUSEN, CHRISTOPH / SEYBERTH, HANNSJÖRG W. (Hrsg.): *Kinder in klinischen Studien – Grenzen medizinischer Machbarkeit?* Münster: Lit, 2005 (Ethik in der Praxis – Kontroversen 14), 55-64.

BRANDT, ALLAN M.: Racism and Research: The Case of the Tuskegee Syphilis Study. In: *Hastings Center Report* 8 (1978), Nr. 6, 21-29.

BREITHAUPT-GRÖGLER, KERSTIN / HEGER-MAHN, DORIS / KLIPPING, CHRISTINE / BUTZER, RAUNHILD / DUIJKERS, INGRID / GEYER, DANIELA / HERMANN, ROBERT / HINZE, CHRISTIAN / MAHLER, MARIANNE / SEIBERT-GRAFE, MONIKA: Klinische Arzneimittelprüfung an Frauen. Überlegungen zum Thema Schwangerschaftsverhütung. In: *Deutsches Ärzteblatt* 94 (1997), Nr. 15, A 991-A 993.

BRESLOW, NORMAN E.: Are Statistical Contributions to Medicine Undervalued? In: *Biometrics* 59 (2003), Nr. 1, 1-8.

BRIEGER, GERT H.: Article „Human Experimentation: I. History". In: REICH, WARREN T. (ed.): *Encyclopedia of Bioethics*. Volume 1. New York: Free Press, 1978, 684-692.

BROCK, DAN W.: Ethical Issues in Exposing Children to Risk in Research. In: GRODIN, MICHAEL A. /GLANTZ, LEONHARD H. (eds.): *Children as Research Subjects. Science, Ethics, and Law.* New York: Oxford University Press, 1994, 81-101.

BRODY, BARUCH A.: Quality of Scholarship in Bioethics. In: *Journal of Medicine and Philosophy* 15 (1990), Nr. 2, 161-178.

BRODY, BARUCH A.: A historical introduction to the requirement of obtaining consent from research participants. In: DOYAL, LEN / TOBIAS, JEFFREY S. (eds.): *Informed Consent in Medical Research*. London: BMJ Books, 2001, 7-14.

BRODY, HOWARD: Transparency: Informed Consent in Primary Care. In: *Hastings Center Report* 19 (1989), Nr. 5, 5-9.

BRODY, HOWARD / MILLER, FRANKLIN G.: The Clinician-Investigator: Unavoidable but Manageable Tension. In: *Kennedy Institute of Ethics Journal* 13 (2003), Nr. 4, 329-346.

BUCHANAN, ALLEN E. / BROCK, DAN W.: *Deciding for others: the ethics of surrogate decision making*. New York: Cambridge University Press, 1990.

BULL, J.P.: The Historical Development of Clinical Therapeutic Trials. In: *Journal of Chronic Disease* 10 (1959), Nr. 3, 218-248.

BURKE, GREGORY: Discussion of „Early Stopping Rules – Clinical Perspectives and Ethical Considerations". In: *Statistics in Medicine* 13 (1994), Nr. 13/14, 1471-1472.

BYNUM, WILLIAM: Reflections on the History of Human Experimentation. In: SPICKER, STUART F. / ALON, ILAI / VRIES, ANDRE DE / ENGELHARDT, H. TRISTRAM (eds.): *The Use of Human Beings in Research.* Dordrecht: Kluwer, 1988 (Philosophy and Medicine 28), 29-46.

CAMPBELL, ERIC G.: Concerns about IRBs in the enterprise of clinical research. In: *The Lancet Oncology* 5 (2004), Nr. 5, 326-327.

CAPLAN, ARTHUR L.: When Evil Intrudes. In: *Hastings Center Report* 22 (1992), Nr. 6, 29-32.

CAPRON, ALEXANDER M.: Human Experimentation. In: VEATCH, ROBERT M. (ed.): *Medical Ethics.* 2. Edition. Boston: Jones and Bartlett, 1997, 135-184.

CAPRON, ALEXANDER M.: Protection of Research Subjects. Do Special Rules Apply in Epidemiology? In: BULGER, RUTH E. / HEITMAN, ELIZABETH / REISER, STANLEY J. (eds.): *The Ethical Dimensions of the Biological and Health Sciences.* 2. Edition. Cambridge: Cambridge University Press, 2002, 164-174.

CARLSON, ROBERT V. / BOYD, KENNETH M. / WEBB, DAVID J.: The revision of the Declaration of Helsinki: past, present and future. In: *British Journal of Clinical Pharmacology* 57 (2004), Nr. 6, 695-713.

CELSUS: *De Medicina.* With an English Translation by Walter G. Spencer. In Three Volumes. London: Heinemann, 1935 (Reprint 1960).

CHALMERS, ALAN F.: *Wege der Wissenschaft. Einführung in die Wissenschaftstheorie.* 5., völlig überarbeitete und erweiterte Auflage. Berlin: Springer, 2001.

CHALMERS, IAIN: Underreporting Research Is Scientific Misconduct. In: *Journal of the American Medical Association* 263 (1990), Nr. 10, 1405-1408.

CHALMERS, IAIN: Why transition from alternation to randomisation in clinical trials was made. In: *British Medical Journal* 319 (1999), 1372.

CHALMERS, IAIN: Comparing like with like: some historical milestones in the evolution of methods to create unbiased comparison groups in therapeutic experiments. In: *International Journal of Epidemiology* 30 (2001), Nr. 5, 1156-1164.

CHALMERS, IAIN / ALTMAN, DOUGLAS G.: How can medical journals help prevent poor medical research? Some opportunities presented by electronic publishing. In: *The Lancet* 353 (1999), 490-493.

CHELALA, CÉSAR: Clinton apologises to the survivors of Tuskegee. In: *The Lancet* 349 (1997), 1529.

CHRISTAKIS, NICHOLAS A.: The Ethical Design of an AIDS Vaccine Trial in Africa. In: *Hastings Center Report* 18 (1988), Nr. 3, 31-37.

CHRISTAKIS, NICHOLAS A.: The Distinction Between Ethical Pluralism and Ethical Relativism: Implications for the Conduct of Transcultural Clinical Research. In: VANDERPOOL, HAROLD Y. (ed.): *The Ethics of Research Involving Human*

Subjects. Facing the 21st Century. Frederick/Maryland: University Publishing Group, 1996, 261-280.

CICHUTEK, KLAUS / SCHWEIZER, MATTHIAS / FLORY, EGBERT / BUCHHOLZ, CHRISTIAN J.: Regulatorische Aspekte der Anwendung von Gentransfer-Arzneimitteln in der Humanmedizin. In: *Bundesgesundheitsblatt – Gesundheitsforschung – Gesundheitsschutz* 44 (2001), Nr. 11, 1083-1089.

CLASSEN, CLAUS DIETER: Ethikkommissionen zur Beurteilung von Versuchen am Menschen: Neuer Rahmen, neue Rolle. In: *Medizinrecht* 13 (1995), Nr. 4, 148-151.

CLOUSER, K. DANNER / GERT, BERNARD: A Critique of Principlism. In: *Journal of Medicine and Philosophy* 15 (1990), Nr. 2, 219-236.

CONROY, SHARON / CHOONARA, IMTI / IMPICCIATORE, PIERO / MOHN, ANGELIKA / ARNELL, HENRIK / RANE, ANDERS / KNOEPPEL, CARMEN / SEYBERTH, HANNSJOERG / PANDOLFINI, CHIARA / RAFFAELLI, MARIA PIA / ROCCHI, FRANCESCA / BONATI, MAURIZIO / 'T JONG, GEERT / DE HOOG, MATTHIJS / VAN DEN ANKER, JOHN: Survey of unlicensed and off label drug use in paediatric wards in European countries. In: *British Medical Journal* 320 (2000), 79-82.

CROMBIE, A. C.: Avicenna's Influence on the Medieval Scientific Tradition. In: WICKENS, G. M. (ed.): *Avicenna: Scientist & Philosopher. A Millenary Symposium.* London: Luzac & Co., 1952, 84-107.

DAHL, MATTHIAS / WIESEMANN, CLAUDIA: Forschung an Minderjährigen im internationalen Vergleich: Bilanz und Zukunftsperspektiven. In: *Ethik in der Medizin* 13 (2001), Nr. 1/2, 87-110.

DAVIDOFF, FRANK / DEANGELIS, CATHERINE D. / DRAZEN, JEFFREY M. / HOEY, JOHN / HØJGAARD, LISELOTTE / HORTON, RICHARD / KOTZIN, SHELDON / NICHOLLS, M. GARY / NYLENNA, MAGNE / OVERBEKE, A. JOHN P. M. / SOX, HAROLD, C. / VAN DER WEYDEN, MARTIN B. / WILKES, MICHAEL S.: Sponsorship, Authorship, and Accountability. In: *Journal of the American Medical Association* 286 (2001), Nr. 10, 1232-1233.

DAVIDSON, DONALD: Handeln. In: MEGGLE, GEORG (Hrsg.): *Analytische Handlungstheorie. Band 1: Handlungsbeschreibungen.* Frankfurt am Main: Suhrkamp, 1977, 282-307.

DAVIS, RICHARD B.: The Principlism Debate: A Critical Overview. In: *Journal of Medicine and Philosophy* 20 (1995), Nr. 1, 85-105.

DE ANGELIS, CATHERINE / DRAZEN, JEFFREY M. / FRIZELLE, FRANK A. / HAUG, CHARLOTTE / HOEY, JOHN / HORTON, RICHARD / KOTZIN, SHELDON / LAINE, CHRISTINE / MARUSIC, ANA / OVERBEKE, A. JOHN P.M. / SCHROEDER, TORBEN V. / SOX, HAL C. / VAN DER WEYDEN, MARTIN B.: Clinical Trial Registration: A Statement from the International Committee of

Medical Journal Editors. In: *New England Journal of Medicine* 351 (2004), Nr. 12, 1250-1251.

DEBRU, ARMELLE: Artikel „Galen". In: BRUNSCHWIG, JACQUES / LLOYD, GEOFFREY E. R. (Hrsg.): *Das Wissen der Griechen. Eine Enzyklopädie.* München: Wilhelm Fink, 2000, 572-581.

DECULLIER, EVELYNE / LHÉRITIER, VÉRONIQUE / CHAPUIS, FRANÇOIS: Fate of biomedical research protocols and publication bias in France: retrospective cohort study. In: *British Medical Journal* 331 (2005), 19-22.

DEGRAZIA, DAVID: Moving Forward in Bioethical Theory: Theories, Cases, and Specified Principlism. In: *Journal of Medicine and Philosophy* 17 (1992), Nr. 5, 511-539.

DEIN, SIMON / BHUI, KAMALDEEP: Issues concerning informed consent for medical research among non westernized ethics minority patients in the UK. In: *Journal of the Royal Society of Medicine* 98 (2005), Nr. 8, 354-356.

DEMARCO, JOSEPH P.: Principlism and moral dilemmas: a new principle. In: *Journal of Medical Ethics* 31 (2005), Nr. 2, 101-105.

DEUTSCH, ERWIN / LIPPERT, HANS-DIETER / RATZEL, RUDOLF: *Medizinproduktegesetz (MPG). Kommentar.* Köln: Carl Heymanns, 2002.

DEUTSCH, ERWIN / SPICKHOFF, ANDREAS: *Medizinrecht. Arztrecht, Arzneimittelrecht, Medizinprodukterecht und Transfusionsrecht.* 5., neu bearbeitete und erweiterte Auflage. Berlin: Springer, 2003.

DEWITZ, CHRISTIAN VON: *Stellungnahme zum Gesetzentwurf der Bundesregierung „Entwurf eines Zwölften Gesetzes zur Änderung des Arzneimittelgesetzes (Bundestagsdrucksache 15/2109 v. 01.12.2003)".* Erstellt im Auftrag des Deutschen Bundestages, 15. Legislaturperiode, Ausschuss für Gesundheit und Soziale Sicherung. Ausschussdrucksache 0438 vom 21.01.2004. URL http://www.bundestag.de/parlament/gremien15/ a13/a13a_anhoerungen/50_Sitzung/Stellungnahmen/ Dewitz_v___Christian.pdf [zugegriffen am 30.06.05].

DEWITZ, CHRISTIAN VON: *Forschung an Nichteinwilligungsfähigen.* Überarbeitete Stellungnahme zum Fragenkatalog der Enquete-Kommission „Ethik und Recht der modernen Medizin" des 15. Deutschen Bundestages. Kommissions-Drucksache 15/55 b. URL http://www.bundestag.de/parlament/ kommissionen/archiv15/ethik_med/anhoerungen1/03_09_22_forschung_ni _fae/stellg_dewitz.pdf [zugegriffen am 2.12.2005].

DEWITZ, CHRISTIAN VON / LUFT, FRIEDRICH C. / PESTALOZZA, CHRISTIAN: *Ethikkommissionen in der medizinischen Forschung. Gutachten im Auftrag der Bundesrepublik Deutschland für die Enquete-Kommission „Ethik und Recht der modernen Medizin" des Deutschen Bundestages, 15. Legislaturperiode.* Kommissions-Drucksache 15/219. Oktober 2004.

URL http://www.bundestag.de/parlament/kommissionen/ethik_med/ gutachten/gutachten01_ethikkommissionen.pdf [zugegriffen am 30.06.2005].

DICKENS, BERNARD M.: Substitute Consent to Participation of Persons with Alzheimer's Disease in Medical Research: Legal Issues. In: BERG, JOSEPH M. / KARLINSKY, HARRY / LOWY, FREDERICK H. (eds): *Alzheimer's Disease Research: Ethical and Legal Issues.* Toronto: Carswell, 1991, 60-75.

DICKERSIN, KAY / RENNIE, DRUMMOND: Registering Clinical Trials. In: *Journal of the American Medical Association* 290 (2003), Nr. 4, 516-523.

DIEMER, ALWIN: *Was heißt Wissenschaft?* Meisenheim am Glan: Anton Hain, 1964.

DIEMER, ALWIN: Der Wissenschaftsbegriff in historischem und systematischem Zusammenhang. In: DIEMER, ALWIN (Hrsg.): *Der Wissenschaftsbegriff. Historische und systematische Untersuchungen. Vorträge und Diskussionen im April 1968 in Düsseldorf und im Oktober 1968 in Fulda.* Meisenheim am Glan: Anton Hain, 1970 (Studien zur Wissenschaftstheorie 4), 3-20.

DIEPGEN, PAUL: Die Bedeutung des Mittelalters für den Fortschritt in der Medizin. In: SINGER, CHARLES / SIGERIST, HENRY E. (eds.): *Essays on the History of Medicine.* Presented to Karl Sudhoff on the Occasion of his Seventieth Birthday November 26th 1923. Zürich: Seldwyla, 1924, 99-120.

DINGLER, HUGO: *Das Experiment. Sein Wesen und seine Geschichte.* München: Ernst Reinhardt, 1928.

DINGLER, HUGO: *Über die Geschichte und das Wesen des Experimentes.* München: Eidos, 1952.

DOLL, RICHARD: Controlled trials: the 1948 watershed. In: *British Medical Journal* 317 (1998), 1217-1220.

DOPPELFELD, ELMAR: Genmedizin aus Sicht von Ethikkommissionen. In: WINTER, STEFAN F. / FENGER, HERMANN / SCHREIBER, HANS-LUDWIG (Hrsg.): *Genmedizin und Recht. Rahmenbedingungen für Forschung, Entwicklung, Klinik, Verwaltung.* München: Beck, 2001, 239-247.

DOPPELFELD, ELMAR: Helsinki – noch kein gutes Ende. Die Kontroversen über die Neufassung der Deklaration von Helsinki gehen weiter. In: *Deutsches Ärzteblatt* 100 (2003), Nr. 45, A 2924-A 2926.

DOPPELFELD, ELMAR: Medizinische Ethik-Kommissionen im Wandel. In: WIESING, URBAN (Hrsg.): *Die Ethik-Kommissionen. Neuere Entwicklungen und Richtlinien.* Köln: Deutscher Ärzte-Verlag, 2003 (Medizin-Ethik 15), 5-23.

DOYAL, LEN / TOBIAS, JEFFREY S. (eds.): *Informed Consent in Medical Research.* London: BMJ Books, 2001.

DUTE, JOS / FAURE, MICHAEL G. / KOZIOL, HELMUT (eds.): *Liability for and Insurability of Biomedical Research with Human Subjects in a Comparative Perspective.* Wien: Springer (Tort and Insurance Law 7).

DÜWELL, MARCUS: Artikel „Angewandte oder Bereichsspezifische Ethik". In: DÜWELL, MARCUS / HÜBENTHAL, CHRISTOPH / WERNER, MICHA H. (Hrsg.): *Handbuch Ethik.* Stuttgart: Metzler, 2002, 243-247.

DYER, OWEN: GlaxoSmithKline to set up comprehensive clinical trial register. In: *British Medical Journal* 329 (2004), 590-591.

ECKART, WOLFGANG U.: *Geschichte der Medizin.* 3., überarbeitete Auflage. Berlin: Springer, 1998.

EDELSON, PAUL J.: Henry K. Beecher and Maurice Pappworth: informed consent in human experimentation and the physicians' response. In: DOYAL, LEN / TOBIAS, JEFFREY: *Informed Consent in Medical Research.* London: BMJ Books, 2001, 20-27.

EDELSTEIN, LUDWIG: The History of Anatomy in Antiquity. In: EDELSTEIN, LUDWIG: *Ancient Medicine. Selected Papers of Ludwig Edelstein.* Edited by Owsei Temkin and C. Lilian Temkin. 1987 Edition. Baltimore: Johns Hopkins University Press, 1987, 247-301.

EDGAR, HAROLD: Outside the Community. In: *Hastings Center Report* 22 (1992), Nr. 6, 32-35.

EISEN, ARRI / BERRY, ROBERTA M.: The Absent Professor: Why We Don't Teach Research Ethics and What to Do about it. In: *American Journal of Bioethics* 2 (2002), Nr. 4, 38–49.

ELKELES, BARBARA: *Der Moralische Diskurs über das medizinische Menschenexperiment im 19. Jahrhundert.* Stuttgart: G. Fischer, 1996 (Medizin-Ethik 7).

ELKELES, BARBARA: Wissenschaft, Medizinethik und gesellschaftliches Umfeld: Die Diskussion um den Heilversuch um 1900. In: FREWER, ANDREAS / NEUMANN, JOSEF N. (Hrsg.): *Medizingeschichte und Medizinethik. Kontroversen und Begründungsansätze 1900 – 1950.* Frankfurt am Main: Campus, 2001 (Kultur der Medizin 1), 21-43.

EMANUEL, EZEKIEL J.: The Beginning of the End of Principlism. In: *Hastings Center Report* 25 (1995), Nr. 4, 37-38.

EMANUEL, EZEKIEL J. / WENDLER, DAVID / GRADY, CHRISTINE: What makes Clinical Research Ethical? In: *Journal of the American Medical Association* 283 (2000), Nr. 20, 2701-2711.

EMANUEL, EZEKIEL J. / WOOD, ANNE / FLEISCHMAN, ALAN / BOWEN, ANGELA / GETZ, KENNETH A. / GRADY, CHRISTINE / LEVINE, CAROL / HAMMERSCHMIDT, DALE E. / FADEN, RUTH / ECKENWILER, LISA / TUCKER MUSE, CARIANNE / SUGARMAN, JEREMY: Oversight of Human Participants

Research: Identifying Problems To Evaluate Reform Proposals. In: *Annals of Internal Medicine* 141 (2004), Nr. 4, 282-291.

ENGELHARDT, DIETRICH VON: Medizinische Forschung: Begriff und Konzeption im Wandel der Neuzeit. In: ENGELHARDT, DIETRICH VON / NOLTE, JÜRGEN (Hrsg.): *Von Freiheit und Verantwortung in der Forschung. Symposium zum 150. Todestag von Lorenz Oken (1779-1851)*. Stuttgart: Wissenschaftliche Verlagsgesellschaft, 2002 (Schriftenreihe zur Geschichte der Versammlungen Deutscher Naturforscher und Ärzte 9), 197-221.

EPSTEIN, LYNN C. / LASAGNA, LOUIS: Obtaining Informed Consent. Form or Substance. In: *Archives of Internal Medicine* 123 (1969), Nr. 6, 682-688.

ESER, ALBIN: Artikel „Humanexperiment/Heilversuch (3. Recht)". In: ESER, ALBIN / LUTTEROTTI, MARKUS VON / SPORKEN, PAUL (Hrsg.): *Lexikon Medizin – Ethik – Recht*. Freiburg: Herder, 1989, Sp. 503-514.

ESSER, ANDREA M.: *Eine Ethik für Endliche. Kants Tugendlehre in der Gegenwart*. Stuttgart-Bad Cannstatt: frommann-holzboog, 2004 (Spekulation und Erfahrung II, 53).

EUROPEAN INFORMATION NETWORK ETHICS IN MEDICINE AND BIOTECHNOLOGY (eureth.net) (ed.): *Ethical and Legal Aspects on Clinical Trials with Children*. Oktober 2004. URL http://www.eureth.net/literature/EthicalLegalAspects.pdf [zugegriffen am 04.10.2005].

FADEN, RUTH R. / BEAUCHAMP, TOM L.: *A History and Theory of Informed Consent*. New York: Oxford University Press, 1986.

FETHE, CHARLES: Beyond voluntary consent: Hans Jonas on the moral requirements of human experimentation. In: *Journal of Medical Ethics* 19 (1993), Nr. 2, 99-103.

FLEISCHHAUER, KURT / HERMERÉN, GÖRAN: *Goals of Medicine in the Course of History and Today*. Stockholm: Kungl. Vitterhets Historie och Antikvitets Akademien, 2006.

FLÖHL, RAINER: Ethikkommissionen – Erwartungen der Öffentlichkeit. In: HELMCHEN, HANFRIED / WINAU, ROLF (Hrsg.): *Versuche mit Menschen in Medizin, Humanwissenschaften und Politik*. Berlin: de Gruyter, 1986, 34-40.

FOSTER, CLAIRE: *The ethics of medical research on humans*. Cambridge: Cambridge University Press, 2001.

FREEDMAN, BENJAMIN: Equipoise and the Ethics of Clinical Trials. In: *New England Journal of Medicine* 317 (1987) Nr. 3, 141-145.

FREEDMAN, BENJAMIN / BOSTON RESEARCH GROUP: Nonvalidated Therapies and HIV Disease. In: *Hastings Center Report* 19 (1989), Nr. 3, 14-20.

FREEDMAN, BENJAMIN / FUKS, ABRAHAM / WEIJER, CHARLES: In Loco Parentis. Minimal Risk as an Ethical Threshhold for Research upon Children. In: *Hastings Center Report* 23 (1993), Nr. 2, 13-19.

FREIER, FRIEDRICH VON: Kindes- und Patientenwohl in der Arzneimittelforschung am Menschen – Anmerkungen zur geplanten Novellierung des AMG. In: *Medizinrecht* 21 (2003), Nr. 11, 610-617.

FREUND, GEORG / HEUBEL, FRIEDRICH: Forschung mit einwilligungsunfähigen und beschränkt einwilligungsfähigen Personen. In: *Medizinrecht* 15 (1997), Nr. 8, 347-350.

FREWER, ANDREAS: *Medizin und Moral in Weimarer Republik und Nationalsozialismus. Die Zeitschrift „Ethik" unter Emil Abderhalden*. Frankfurt am Main: Campus, 2000.

FREY, GERHARD: Artikel „Experiment". In: RITTER, JOACHIM (Hrsg.): *Historisches Wörterbuch der Philosophie*. Band 2. Darmstadt: Wissenschaftliche Buchgesellschaft, 1972, Sp. 868-870.

FRIED, CHARLES: *Medical Experimentation: Personal Integrity and Social Policy*. Amsterdam: North-Holland Publishing Company, 1974 (Clinical Studies 5).

FRÖHLICH, UWE: *Forschung wider Willen? Rechtsprobleme biomedizinischer Forschung mit nichteinwilligungsfähigen Personen*. Berlin: Springer, 1999 (Schriftenreihe Medizinrecht).

FUCHS, MICHAEL: Grenzen der Grenzziehung: Der moralische Dissens in der Bioethik. In: HOGREBE, WOLFRAM (Hrsg.): *Grenzen und Grenzüberschreitungen. XIX. Deutscher Kongreß für Philosophie, 23.-27. September 2002 in Bonn. Sektionsbeiträge*. Bonn: Sinclair Press, 2002, 1143-1150.

GAYLIN, WILLARD / MACKLIN, RUTH (eds.): *Who Speaks for the Child. The Problem of Proxy Consent*. New York: Plenum Press, 1982.

GERT, BERNARD: *Morality: Its Nature and Justification*. New York: Oxford University Press, 1998.

GERT, BERNARD / CULVER, CHARLES M. / CLOUSER, K. DANNER: *Bioethics: A Return to Fundamentals*. New York: Oxford University Press, 1997.

GETHMANN, CARL F. / KLOEPFER, MICHAEL: *Handeln unter Risiko im Umweltstaat*. Berlin: Springer, 1993 (Studien zum Umweltstaat).

GHERSI, DAVINA: Research ethics committees and the changing research environment. In: *The Lancet Oncology* 5 (2004), Nr. 5, 325-329.

GIFFORD, FRED: The Conflict Between randomized Clinical Trials and the Therapeutic Obligation. In: *Journal of Medicine and Philosophy* 11 (1986), Nr. 4, 347-366.

GIFFORD, FRED: Community-Equipoise and the Ethics of Randomized Clinical Trials. In: *Bioethics* 9 (1995), Nr. 2, 127-148.

GIFFORD, FRED: Freedman's „Clinical Equipoise" and „Sliding-Scale All-Dimensions-Considered Equipoise". In: *Journal of Medicine and Philosophy* 25 (2000), Nr. 4, 399-426.

GILLON, RAANAN (ed.): *Principles of Health Care Ethics*. Chichester: Wiley & Sons, 1995.

GLASS, KATHLEEN C.: Clinical Equipoise and the Therapeutic Misconception. In: *Hastings Center Report* 33 (2003), Nr. 5, 5-6.

GOODMAN, NEVILLE W. / MACGOWAN, ALAISDAIR: If committees were sued who would be liable? In: *British Medical Journal* 314 (1997), 676.

GREEN, RONALD M.: What Does it Mean to Use Someone as „A Menas Only": Rereading Kant. In: *Kennedy Institute of Ethics Journal* 11 (2001), Nr. 3, 247-261.

GREGOR, MARY: *Laws of Freedom. A Study of Kant's Method of Applying the Categorical Imperative in the „Metaphysik der Sitten"*. Oxford: Blackwell, 1963.

GREGOR, MARY: Kants System der Pflichten. In: KANT, IMMANUEL: *Metaphysische Anfangsgründe der Tugendlehre. Metaphysik der Sitten. Zweiter Teil*. Neu herausgegeben von Bernd Ludwig, Hamburg: Meiner, 1990, XXIX-LXV.

GREWENIG, MEINRAD MARIA / LETZE, OTTO (Hrsg.): *Leonardo da Vinci. Künstler. Erfinder. Wissenschaftler*. Ostfildern: Gerd Hatje, 1995.

GRIMM, JAKOB / GRIMM, WILHELM: *Deutsches Wörterbuch*. Herausgegeben von der Deutschen Akademie der Wissenschaften zu Berlin. Leipzig: S. Hirzel, 1852 ff.

GRIMM, JAKOB / GRIMM, WILHELM: *Deutsches Wörterbuch*. Neubearbeitung. Herausgegeben von der Berlin-Brandenburgischen Akademie der Wissenschaften und der Akademie der Wissenschaften zu Göttingen. Stuttgart: S. Hirzel, 1983 ff.

GRISSO, THOMAS: Minors' Assent to Behavioral Research Without Parental Consent. In: STANLEY, BARBARA / SIEBER, JOAN E. (eds.): *Social Research on Children and Adolescents. Ethical Issues*. Newbury Park: Sage, 1992, 109-127.

GRODIN, MICHAEL A.: Historical Origins of the Nuremberg Code. In: ANNAS, GEORGE J. / GRODIN, MICHAEL A. (eds.): *The Nazi Doctors and the Nuremberg Code. Human Rights in Human Experimentation*. New York: Oxford University Press, 1992, 121-144.

GRODIN, MICHAEL A. / GLANTZ, LEONHARD H. (eds.): *Children as Research Subjects. Science, Ethics, and Law*. New York: Oxford University Press, 1994.

GROSSMAN, JASON / MACKENZIE, FIONA J.: The Randomized Controlled Trial: gold standard, or merely standard? In: *Perspectives in Biology and Medicine* 48 (2005) Nr. 4, 516-534.

HABERMAS, JÜRGEN: Philosophische Anthropologie (ein Lexikonartikel). In: HABERMAS, JÜRGEN: *Kultur und Kritik. Verstreute Aufsätze.* Frankfurt am Main: Suhrkamp, 1973, 89-111.

HABERMAS, JÜRGEN: *Erläuterungen zur Diskursethik.* Frankfurt am Main: Suhrkamp, 1991.

HABERMAS, JÜRGEN: *Die Zukunft der menschlichen Natur. Auf dem Weg zu einer liberalen Eugenik?* Frankfurt am Main: Suhrkamp, 2001.

HAILER, MARTIN / RITSCHL, DIETRICH: The General Notion of Human Dignity and the Specific Arguments in Medical Ethics. In: BAYERTZ, KURT (ed.): *Sanctity of Life and Human Dignity.* Dordrecht: Kluwer, 1996 (Philosophy and Medicine 52), 91-105.

HARRIS, JOHN / HOLM, SØREN: Should we presume moral turpitude in our children? In: *Theoretical Medicine and Bioethics* 24 (2003), Nr. 2, 121-129.

HART, DIETER: Heilversuch, Entwicklung therapeutischer Strategien, klinische Prüfung und Humanexperiment. Gurndsätze ihrer arzneimittel-, arzthaftungs- und berufsrechtlichen Beurteilung. In: *Medizinrecht* 12 (1994), Nr. 3, 94-105.

HAVLIR, DIANE V. / MARSCHNER, IAN C. / HIRSCH, MARTIN S. / COLLIER, ANN C. / TEBAS, PABLO / BASSETT, ROLAND L. / IOANNIDIS, JOHN P.A. / HOLOHAN, M.K. / LEAVITT, RANDI / BOONE, GLORIA / RICHMAN, DOUGLAS D.: Maintenance Antiretroviral Therapies in HIV-Infected Subjects with Undetectable Plasma HIV RNA after Triple-Drug Therapy. In: *New England Journal of Medicine* 339 (1998), Nr. 18, 1261-1268.

HEGEL, GEORG WILHELM FRIEDRICH: *Grundlinien der Philosophie des Rechts oder Naturrecht und Staatswissenschaft im Grundrisse.* 5. Auflage. Frankfurt am Main. Suhrkamp, 1996 (Werke 7).

HEINEMANN, THOMAS / HEINRICHS, BERT / KLEIN, CHRISTOPH / FUCHS, MICHAEL / HÜBNER, DIETMAR: Der „kontrollierte individuelle Heilversuch" als neues Instrument bei der klinischen Erstanwendung risikoreicher Therapieformen – Ethische Analyse einer somatischen Gentherapie für das Wiskott-Aldrich-Syndrom. In: *Jahrbuch für Wissenschaft und Ethik* 11 (2006), 153-199.

HEINRICHS, BERT: Gibt es ein Recht auf medizinische Forschung? In: *Allgemeine Zeitschrift für Philosophie* 30 (2005), Nr. 1, 27-45.

HEINRICHS, BERT / HÜBNER, DIETMAR / HEINEMANN, THOMAS / FUCHS, MICHAEL: Forschungsethik als integrativer Bestandteil der medizinisch-naturwissenschaftlichen Ausbildung. Zur interdisziplinären Entwicklung eines „Curriculums Forschungsethik". In: *Ethik in der Medizin* 17 (2005), Nr. 1, 39-43.

HELMCHEN, HANFRIED: Ethische Fragen in der Psychiatrie. In: KISKER, K.P. / LAUTER, H. / MEYER, J.-E. / MÜLLER, C. / STRÖMGREN, E. (Hrsg.): *Psychiatrie der Gegenwart. Band 2: Krisenintervention, Suizid, Konsiliarpsychiatrie.* 3. Auflage. Berlin: Springer, 1986, 309-368.

HELMCHEN, HANFRIED: Artikel „Humanexperiment/Heilversuch (1. Medizin)". In: ESER, ALBIN / LUTTEROTTI, MARKUS VON / SPORKEN, PAUL (Hrsg.): *Lexikon Medizin – Ethik – Recht.* Freiburg: Herder, 1989, Sp. 487-496.

HELMCHEN, HANFRIED / LAUTER, HANS (Hrsg.): *Dürfen Ärzte mit Demenzkranken forschen? Analyse des Problemfeldes Forschungsbedarf und Einwilligungsproblematik.* Stuttgart: Georg Thieme, 1995.

HEUBEL, FRIEDRICH: Humanexperimente. In: DÜWELL, MARCUS / STEIGLEDER, KLAUS (Hrsg.): *Bioethik. Eine Einführung.* Frankfurt am Main: Suhrkamp, 2003, 323-332.

HILL, AUSTIN BRADFORD: Medical Ethics and Controlled Trials. In: *British Medical Journal* (1963), Nr. 1, 1043-1049.

HIPPOCRATES: Epidemics I and III. In: HIPPOCRATES. With an English Translation by William H. S. Jones. Volume 1. London: Heinemann, 1923 (Reprint 1962), 146-287.

HIPPOCRATES: The Oath. In: HIPPOCRATES. With an English Translation by William H. S. Jones. Volume 1. London: Heinemann, 1923 (Reprint 1962), 298-301.

HIS, WILHELM H.: Versuche am Menschen: Antwort 2. In: *Ethik. Sexual- und Gesellschafts-Ethik* 5 (1928), Nr. 1, 18-19.

HOERSTER, NORBERT: Zur Bedeutung des Prinzips der Menschenwürde. In: *Juristische Schulung* 23 (1983), Nr. 2, S.93-96.

HÖFFE, OTFRIED: Universalistische Ethik und Urteilskraft: ein aristotelischer Blick auf Kant. In: *Zeitschrift für philosophische Forschung* 44 (1990), Nr. 4, 537-563.

HÖFFE, OTFRIED: Wann ist eine Forschungsethik kritisch? Plädoyer für eine judikative Kritik. In: WILS, JEAN-PIERRE / MIETH, DIETMAR (Hrsg.): *Ethik ohne Chancen? Erkundungen im technologischen Zeitalter.* 2., erweiterte Auflage. Tübingen: Attempto, 1991, 109-129.

HÖFFE, OTFRIED: Transzendentale Interessen: Zur Anthropologie der Menschenrechte. In: KERBER, WALTER (Hrsg.):*Menschenrechte und kulturelle Identität.* München: Kindt (Fragen einer neuen Weltkultur 8), 15-36.

HÖFFE, OTFRIED: Aristoteles. 2., überarbeitete Auflage. München: Beck, 1996.

HÖFFE, OTFRIED: Artikel „Wissenschaftsethik". In: HÖFFE, OTFRIED (Hrsg.): *Lexikon der Ethik.* 6., neubearbeitete Auflage. München: Beck, 2002, 297-301.

HOFFMANN, THOMAS S.: Menschenwürde – ein Problem des konkreten Allgemeinen. In: SCHWEIDLER, WALTER / NEUMANN, HERBERT A. / BRYSCH, EUGEN (Hrsg.): *Menschenleben – Menschenwürde. Interdisziplinäres Symposium zur Bioethik.* Münster: Lit, 2003, 111-127.

HOLZKAMP, KLAUS: *Wissenschaft als Handlung. Versuch einer neuen Grundlegung der Wissenschaftslehre.* Berlin: de Gruyter, 1968.

HONNEFELDER, LUDGER: Güterabwägung und Folgenabschätzung in der Ethik. In: SASS, HANS-MARTIN / VIEFHUES, HERBERT (Hrsg.): *Güterabwägung in der Medizin. Ethische und ärztliche Probleme.* Berlin: Springer, 1991, 44-61.

HONNEFELDER, LUDGER: Das Problem der Philosophischen Anthropologie: Die Frage nach der Einheit des Menschen. In: HONNEFELDER, LUDGER (Hrsg.): *Die Einheit des Menschen. Zur Grundfrage der philosophischen Anthropologie.* Paderborn: Schöningh, 1994, 9-24.

HONNEFELDER, LUDGER: Die ethische Entscheidung im ärztlichen Handeln. Einführung in die Grundlagen der medizinischen Ethik. In: HONNEFELDER, LUDGER / RAGER, GÜNTER (Hrsg.): *Ärztliches Handeln. Grundlegung einer medizinischen Ethik.* Frankfurt am Main: Insel, 1994, 135-190.

HONNEFELDER, LUDGER: Zur ethischen Beurteilung von Forschung am Menschen unter besonderer Berücksichtigung der Forschung an einwilligungsunwilligen Personen. In: FEGERT, JÖRG M. / HÄSSLER, FRANK / ROTHÄRMEL, SONJA (Hrsg.): *Atypische Neuroleptika in der Jugendpsychiatrie.* Stuttgart: Schattauer, 1999, 11-20.

HONNEFELDER, LUDGER: Anwendung in der Ethik und angewandte Ethik. In: *Jahrbuch für Wissenschaft und Ethik* 4 (1999), 273-282.

HOWARD-JONES, NORMAN: Human Experimentation in Historical and Ethical Perspective. In: BANKOWSKI, ZBIGNIEW / HOWARD-JONES, NORMAN (eds.): *Human Experimentation and Medical Ethics. Proceedings of the XVth CIOMS Round Table Conference. Manila, 13-16 September 1981.* Geneva: CIOMS, 1982, 453-495.

HRÓBJARTSSON, ASBJØRN / GØTZSCHE, PETER C. / GLUUD, CHRISTIAN: The controlled clinical trial turns 100 years: Fibiger's trial of serum treatment of diphtheria. In: *British Medical Journal* 317 (1998), 1243-1245.

HÜBNER, DIETMAR: Artikel „Humanexperiment". In: KASPER, WALTER (Hrsg.): *Lexikon für Theologie und Kirche.* Band 11. 3. Auflage. Freiburg: Herder, 2001, Sp. 132.

HÜBNER, DIETMAR: Gibt es eine Pflicht zur medizinischen Forschung? In: *Allgemeine Zeitschrift für Philosophie* 28 (2003), Nr. 1, 21-50.

HUME, DAVID: *Ein Traktat über die menschliche Natur.* In 2 Bänden. Übersetzt, mit Anmerkungen und Register versehen von Theodor Lipps. Mit einer Einführung herausgegeben von Reinhard Brandt. Hamburg: Meiner, 1989.

IBN TUFAIL: *Der Philosoph als Autodidakt. Hayy ibn Yaqzan. Ein philosophischer Insel-Roman.* Übersetzt, mit einer Einleitung und Anmerkungen herausgegeben von Patric O. Schaerer. Hamburg: Meiner, 2004.

IJSSELMUIDEN, CAREL B. / FADEN, RUTH R.: Research and Informed Consent in Africa – Another Look. In: *New England Journal of Medicine* 326 (1992), Nr. 12, 830-834.

IJSSELMUIDEN, CAREL B. / FADEN, RUTH R.: Medical Research and the Principles of Respect for Persons in Non-Western Cultures. In: VANDERPOOL, HAROLD Y. (ed.): *The Ethics of Research Involving Human Subjects. Facing the 21st Century.* Frederick/Maryland: University Publishing Group, 1996, 281-301.

ILTIS, ANA S. (ed.): Specification, Specified Principlism and Casuistry (Issue Title). *Journal of Medicine and Philosophy* 25 (2000), Nr. 3, 271-360.

JANOFSKY, JEFFREY / STARFIELD, BARBARA: Assessment of risk in research on children. In: *Journal of Pediatrics* 98 (1981), Nr. 5, 842-846.

JESCHECK, HANS-HEINRICH / WEIGEND, THOMAS: *Lehrbuch des Strafrechts. Allgemeiner Teil.* 5., vollständig neubearbeitete und erweiterte Auflage. Berlin: Duncker & Humblot, 1996.

JOFFE, STEVEN / WEEKS, JANE C.: Views of American Oncologists About the Purposes of Clinical Trials. In: *Journal of the National Cancer Institute* 94 (2002), Nr. 24, 1847-1853.

JOHNSON, NICHOLAS / LILFORD, RICHARD J. / BRAZIER, WAYNE: At what level of collective equipoise does a clinical trial become ethical? In: *Journal of Medical Ethics* 17 (1991), Nr. 1, 30-34.

JONAS, HANS: Philosophical Reflections on Human Experimentation. In: FREUND, PAUL A. (ed.): *Experimentation with Human Subjects.* London: George Allen & Unwin, 1972, 1-31.

JONAS, HANS: Freedom of Scientific Inquiry and the Public Interest. In: *Hastings Center Report* 6 (1976), Nr. 4, 15-17.

JONES, JAMES H.: The Tuskegee Legacy. AIDS and the Black Community. In: *Hastings Center Report* 22 (1992), Nr. 6, 38-40.

JONES, JAMES H.: *Bad Blood. The Tuskegee Syphilis Experiment.* New and Expanded Edition. New York: Free Press, 1993.

JONES, WILLIAM H.S.: Epidemics I and III: Introduction. In: HIPPOCRATES. With an English Translation by William H.S. Jones. Volume 1. London: Heinemann, 1923 (Reprint 1962), 141-145.

JONSEN, ALBERT R. / TOULMIN, STEPHEN.: *The Abuse of Casuistry. A History of Moral Reasoning.* Berkeley: University of California Press, 1988.

JONSEN, ALBERT R.: Casuistry as Methodology in Clinical Ethics. In: *Theoretical Medicine* 12 (1991), Nr. 4, 295-307.

JONSEN, ALBERT R.: Of Balloons and Bicycles or The Relationship between Ethical Theory and Practical Judgment. In: *Hastings Center Report* 21 (1991), Nr. 5, 14-16.

JONSEN, ALBERT R.: Casuistry: An Alternative or Complement to Principles? In: *Kennedy Institute of Ethics Journal* 5 (1995), Nr. 3, 237-251.

JONSEN, ALBERT R.: Morally Appreciated Circumstances: A Theoretical Problem for Casuistry. In: SUMNER, LEONARD W. / BOYLE, JOSEPH (eds.): *Philosophical Perspectives on Bioethics*. Toronto: University of Toronto Press, 1996, 37-49.

JONSEN, ALBERT R.: *The Birth of Bioethics*. New York: Oxford University Press, 1998.

KAMINSKY, CARMEN: Was ist angewandte Ethik? In: GESANG, BERNWARD (Hrsg.): *Biomedizinische Ethik. Aufgaben, Methoden, Selbstverständnis*. Paderborn: Mentis, 2002, 29-61.

KANT, IMMANUEL: *Kant's Gesammelte Schriften*. Herausgegeben von der Königlichen Preußischen Akademie der Wissenschaften (Bd. 1-22) und später von der Deutschen Akademie der Wissenschaften zu Berlin (Bd. 23) bzw. von der Akademie der Wissenschaften zu Göttingen (ab Bd. 24). Berlin: Georg Reimer (anschließend Berlin: de Gruyter), 1900 ff.

KANT, IMMANUEL: *Kritik der reinen Vernunft*. Nach der ersten und zweiten Original-Ausgabe herausgegeben von Raymund Schmidt. 3. Auflage. Hamburg: Meiner, 1990.

KANT, IMMANUEL: *Vorlesung zur Moralphilosophie*. Herausgegeben von Werner Stark. Berlin: de Gruyter, 2004.

KAPTCHUK, TED J.: Intentional Ignorance: A History of Blind Assessment and Placebo Controls in Medicine. In: *Bulletin of the History of Medicine* 72 (1998), Nr. 3, 389-433.

KARLINSKY, HARRY / LENNOX, A.: Assessment of Competency of Persons with Alzheimer's Disease to Provide Consent for Research. In: BERG, JOSEPH M. / KARLINSKY, HARRY / LOWY, FREDERICK H. (eds): *Alzheimer's Disease Research: Ethical and Legal Issues*. Toronto: Carswell, 1991, 76-90.

KATZ, JAY: *Experimentation with Human Beings. The Authority of the Investigator, Subject, Professions, and State in the Human Experimentation Process*. New York: Russell Sage Foundation, 1972.

KATZ, JAY: The Regulation of Human Experimentation in the United States – A Personal Odyssey. In: *IRB: A Review of Human Subjects Research* 9 (1987), Nr. 1, 1-6.

KATZ, JAY: The Consent Principle of the Nuremberg Code: Its Significance Then and Now. In: ANNAS, GEORGE J. / GRODIN, MICHAEL A. (eds.): *The Nazi Doctors and the Nuremberg Code. Human Rights in Human Experimentation*. New York: Oxford University Press, 1992, 227-239.

KATZ, JAY: Human Experimentation and Human Rights. In: *Saint Louis University Law Journal* 38 (1993), 7-54.

KATZ, JAY: Human Sacrifice and Human Experimentation: Reflections at Nuremberg. In: GALSTON, ARTHUR W. / SHURR, EMILY G. (eds.): *New Dimensions in Bioethics. Science, Ethics and the Formulation of Public Policy*. Boston: Kluwer, 2001, 209-224.

KATZ, JAY: *The Silent World of Doctor and Patient*. With a new foreword by Alexander Morgan Capron. Baltimore: Johns Hopkins University Press, 2002.

KAUFMANN, RALPH E.: Scientific Issues in Biomedical Research with Children. In: GRODIN, MICHAEL A. / GLANTZ, LEONHARD H. (eds.): *Children as Research Subjects. Science, Ethics, and Law*. New York: Oxford University Press, 1994, 29-45.

KEVORKIAN, JACK: A Brief History of Experimentation on Condemned and Executed Humans. In: *Journal of the National Medical Association* 77 (1985), Nr. 3, 215-226.

KING, PATRICIA A.: The Dangers of Difference. In: *Hastings Center Report* 22 (1992), Nr. 6, 35-38.

KING, NANCY M.P.: Experimental Treatment. Oxymoron or Aspiration? In: *Hastings Center Report* 25 (1995), Nr. 4, 6-15.

KING, NANCY M.P. / HENDERSON, GAIL E. / CHURCHILL, LARRY R. / DAVIS, ARLENE M. / CHANDROS HULL, SARA / NELSON, DANIEL K. / PARHAM-VETTER, P. CHRISTY / BLUESTONE ROTHSCHILD, BARBARA / EASTER, MICHELE M. / WILFOND, BENJAMIN S.: Consent Forms and the Therapeutic Misconception: The Example of Gene Transfer Research. In: *IRB: Ethics & Human Research* 27 (2005), Nr. 1, 1-8.

KIPNIS, KENNETH: Vulnerability in Research Subjects: A Bioethical Taxonomy. In: NATIONAL BIOETHICS ADVISORY COMMISSION (NBAC): *Ethical and Policy Issue in Research Involving Human Participants. Volume II: Commissioned Papers and Staff Analysis*. Bethesda: NBAC, 2001, G 1-G 13.

KLEE, ERNST: *Auschwitz, die NS-Medizin und ihre Opfer*. 2. Auflage. Frankfurt am Main: S. Fischer, 2002.

KLOESEL, ARNO / CYRAN, WALTER: *Arzneimittelrecht. Mit amtlichen Begründungen, weiteren Materialien und einschlägigen Rechtsvorschriften sowie Sammlung gerichtlicher Entscheidungen. Kommentar*. Fortgeführt von Karl Feiden und Hermann Josef

Pabel. 3. Auflage. Stuttgart: Deutscher Apotheken Verlag. Loseblattsammlung. Stand: 1. Dezember 2004.

KNOEPFFLER, NIKOLAUS: *Menschenwürde in der Bioethik.* Berlin: Springer, 2004.

KOCH, HANS-GEORG: Artikel „Humanexperiment/Heilversuch/Heilbehandlung (1. Rechtlich)". In: KORFF, WILHELM / BECK, LUTWIN / MIKAT, PAUL (Hrsg.): *Lexikon der Bioethik.* Band 2. Gütersloh: Gütersloher Verlagshaus, 1998, 238-243.

KÖHLER, MICHAEL: Rechtsphilosophische Grundsätze zur Forschung am Menschen. In: PAWLIK, KURT / FREDE, DOROTHEA (Hrsg.): *Forschungsfreiheit und ihre ethischen Grenzen. Referate gehalten auf der Tagung der Joachim Jungius-Gesellschaft der Wissenschaften. Hamburg am 19. und 20. Oktober 2001.* Göttingen: Vandenhoeck & Roprecht, 2002 (Veröffentlichungen der Joachim Jungius-Gesellschaft der Wissenschaften Hamburg 93), 65-85.

KOLAKOWSKI, LESZEK: *Die Philosophie des Positivismus.* München: Pieper, 1971.

KOPELMAN, LORETTA M.: Consent and Randomized Clinical Trials: Are There Moral or Design Problems? In: *Journal of Medicine and Philosophy* 11 (1986), Nr. 4, 317-345.

KOPELMAN, LORETTA M: When is the Risk Minimal Enough for Children to be Research Subjects? In: KOPELMAN, LORETTA M. / MOSKOP JOHN C. (eds.): *Children and Health Care. Moral and Social Issues.* Dordrecht: Kluwer, 1989 (Philosophy and Medicine 33), 89-99.

KOPELMAN, LORETTA M.: What Is Applied About „Applied" Ethics? In: *Journal of Medicine and Philosophy* 15 (1990), Nr. 2, 199-218.

KOPELMAN, LORETTA M.: Article „Children: III. Health-Care and Research Issues". In: REICH, WARREN T. (ed.): *Encyclopedia of Bioethics.* Revised Edition. Volume 1. New York: Simon & Schuster Macmillan, 1995, 357-368.

KOPELMAN, LORETTA M.: Children as Research Subjects: A Dilemma. In: *Journal of Medicine and Philosophy* 25 (2000), Nr. 6, 745-764.

KOREN, GIDEON (ed.): *Textbook of Ethics in Pediatric Research.* Malabar: Krieger, 1993.

KOREN, GIDEON / BIRENBAUM CARMELI, DAPHNA / CARMELI, YORAM S. / HASLAM, ROBERT: Maturity of children to consent to medical research: the babysitter test. In: *Journal of Medical Ethics* 19 (1993), Nr. 3, 142-147.

KORN, JAMES H.: *Illusions of Reality. A History of Deception in Social Psychology.* Albany: State University of New York Press, 1997.

KOTTOW, MICHAEL H.: The Vulnerable and the Susceptible. In: *Bioethics* 17 (2003), Nr. 5/6, 460-471.

KOTTOW, MICHAEL H.: Vulnerability: What kind of principle is it? In: *Medicine, Health Care and Philosophy* 7 (2004), Nr. 3, 281-287.

KRZYZANOWSKA, MONIKA K. / PINTILIE, MELANIA / TANNOCK, IAN F.: Factors Associated With Failure to Publish Large Randomized Trials Presented at an Oncology Meeting. In: *Journal of the American Medical Association* 290 (2003), Nr. 4, 495-501.

LAOR, NATHANIEL: Toward Liberal Guidelines for Clinical Research with Children. In: *Medicine and Law* 6 (1987), 127-137.

LAUFS, ADOLF: Heilversuch und klinisches Experiment. In: LAUFS, ADOLF / UHLENBRUCK, WILHELM / GENZEL, HERBERT / KERN, BERND-RÜDIGER / KRAUSKOPF, DIETER / SCHLUND, GERHARD H. / ULSENHEIMER, KLAUS (Hrsg.): *Handbuch des Arztrechts*. 2., neubearbeitete Auflage. München: Beck, 1999, 1017-1037.

LAUFS, ADOLF: Die ärztliche Aufklärungspflicht. In: LAUFS, ADOLF / UHLENBRUCK, WILHELM / GENZEL, HERBERT / KERN, BERND-RÜDIGER / KRAUSKOPF, DIETER / SCHLUND, GERHARD H. / ULSENHEIMER, KLAUS (Hrsg.): *Handbuch des Arztrechts*. 2., neubearbeitete Auflage. München: Beck, 1999, 455-498.

LAUFS, ADOLF: Die neue europäische Richtlinie zur Arzneimittelprüfung und das deutsche Recht. In: *Medizinrecht* 22 (2004), Nr. 11, 583-593.

LAUTER, HANS: Die Bedeutung der Einwilligung für die Legitimation ärztlichen Handelns – aus medizinisch-psychiatrischer Sicht. In: *Ethik in der Medizin* 8 (1996), Nr. 2, 68-78.

LEIKIN, SANFORD: Minors' Assent, Consent, or Dissent to Medical Research. In: *IRB: A Review of Human Subjects Research* 15 (1993), Nr. 2, 1-7.

LENK, CHRISTINA / RADENBACH, KATRIN / DAHL, MATTHIAS / WIESEMANN, CLAUDIA: Non-therapeutic research with minors: how do chairpersons of German research ethics committees decide? In: *Journal of Medical Ethics* 30 (2004), Nr. 1, 85-87.

LEVINE, ROBERT J.: Clarifying the Concepts of Research Ethics. In: *Hastings Center Report 9* (1979), Nr. 3, 21-26.

LEVINE, ROBERT J.: *Ethics and Regulation of Clinical Research*. 2. Edition. Baltimore: Urban & Schwarzenberg, 1986.

LEVINE, ROBERT J.: Article „Informed Consent: III. Consent Issues in Human Research". In: REICH, WARREN T. (ed.): *Encyclopedia of Bioethics*. Revised Edition. Volume 3. New York: Simon & Schuster Macmillan, 1995, 1241-1250.

LEVINE, ROBERT J.: Article „Research Ethics Committees". In: REICH, WARREN T. (ed.): *Encyclopedia of Bioethics*. Revised Edition. Volume 4. New York: Simon & Schuster Macmillan, 1995, 2266-2270.

LEVINE, ROBERT J.: International Codes and Guidelines for Research Ethics: A Critical Appraisal. In: VANDERPOOL, HAROLD Y. (ed.): *The Ethics of Research Involving Human Subjects. Facing the 21st Century.* Frederick/Maryland: University Publishing Group, 1996, 235-259.

LICHTENTHAELER, CHARLES: *Geschichte der Medizin. Die Reihenfolge ihrer Epochen-Bilder und die treibenden Kräfte ihrer Entwicklung. Ein Lehrbuch für Studenten, Ärzte, Historiker und geschichtlich Interessierte.* 4., durchgesehene Auflage. Köln: Deutscher Ärzte-Verlag, 1987.

LIDZ, CHARLES W. / APPELBAUM, PAUL S. / GRISSO, THOMAS / RENAUD, MICHELLE: Therapeutic misconception and the appreciation of risks in clinical trials. In: *Social Science & Medicine* 58 (2004), Nr. 9, 1689-1697.

LIEK, Erwin: Versuche am Menschen: Antwort 3. In: *Ethik. Sexual- und Gesellschafts-Ethik* 5 (1928), Nr. 1, 19-26.

LIFTON, ROBERT J.: *The Nazi Doctors. Medical Killing and the Psychology of Genocide.* New York: Basic Books, 1986.

LLOYD, GEOFFREY E.R.: Artikel „Beobachtung und Forschung". In: BRUNSCHWIG, JACQUES / LLOYD, GEOFFREY E.R. (Hrsg.): *Das Wissen der Griechen. Eine Enzyklopädie.* München: Wilhelm Fink, 2000, 217-237.

LOGUE, GERALD / WEAR, STEPHEN: A Desperate Solution: Individual Autonomy and the Double-Blind Controlled Experiment. In: *Journal of Medicine and Philosophy* 20 (1995), Nr. 1, 57-64.

LURIE, PETER / WOLFE, SIDNEY: Unethical Trials of Interventions to Reduce Perinatal Transmission of the Human Immunodeficiency Virus in Developing Countries. In: *New England Journal of Medicine* 337 (1997), Nr. 12, 853-856.

MACKLIN, RUTH: Autonomy, Beneficence, and Child Development. An Ethical Analysis. In: STANLEY, BARBARA / SIEBER, JOAN E. (eds.): *Social Research on Children and Adolescents. Ethical Issues.* Newbury Park: Sage, 1992, 88-127.

MACKLIN, RUTH: Dignity is a useless concept. It means no more than respect for persons or their autonomy. In: *British Medical Journal* 327 (2003), 1419-1420.

MACKLIN, RUTH: Bioethics, Vulnerability and Protection. In: *Bioethics* 17 (2003), Nr. 5/6, 472-486.

MACKLIN, RUTH: *Double Standards in Medical Research in Developing Countries.* Cambridge: Cambridge University Press, 2004 (Cambridge Law, Medicine and Ethics 2).

MACPHERSON, CHERYL C.: IRBs in developing countries. In: *The Lancet Oncology* 5 (2004), Nr. 5, 328-329.

MAEHLE, ANDREAS-HOLGER: Zwischen medizinischem Paternalismus und Patientenautonomie: Albert Molls „Ärztliche Ethik" (1902) im historischen

Kontext. In: FREWER, ANDREAS / NEUMANN, JOSEF N. (Hrsg.):
*Medizingeschichte und Medizinethik. Kontroversen und Begründungsansätze 1900 –
1950.* Frankfurt am Main: Campus, 2001 (Kultur der Medizin 1), 44-56.

MAIO, GIOVANNI: Das Humanexperiment vor und nach Nürnberg: Überlegungen
zum Menschenversuch und zum Einwilligungsbegriff in der französischen
Diskussion des 19. Und 20. Jahrhunderts. In: WIESEMANN, CLAUDIA /
FREWER, ANDREAS (Hrsg.): *Medizin und Ethik im Zeichen von Auschwitz. 50 Jahre
Nürnberger Ärzteprozeß.* Erlangen: Palm & Enke, 1996 (Erlanger Studien zur
Ethik in der Medizin 5), 45-78.

MAIO, GIOVANNI: Zum Nutzen des Patienten. Ethische Überlegungen zur
Differenzierung von therapeutischen und nichttherapeutischen Studien. In:
Deutsches Ärzteblatt 97 (2000), Nr. 48, A 3242-A 3246.

MAIO, GIOVANNI: Zur Philosophie der Nutzen-Risiko-Analyse in der ethischen
Diskussion um die medizinische Forschung. In: *Ethica* 8 (2000), Nr. 4, 385-
404.

MAIO, GIOVANNI: Medizinhistorische Überlegungen zur Medizinethik 1900-1950:
Das Humanexperiment in Deutschland und Frankreich. In: FREWER,
ANDREAS / NEUMANN, JOSEF N. (Hrsg.): *Medizingeschichte und Medizinethik.
Kontroversen und Begründungsansätze 1900 – 1950.* Frankfurt am Main: Campus,
2001 (Kultur der Medizin 1), 374-384.

MAIO, GIOVANNI: *Ethik der Forschung am Menschen. Zur Begründung der Moral in ihrer
historischen Bedingtheit.* Stuttgart-Bad Cannstatt: frommann-holzboog, 2002
(Medizin und Philosophie 6).

MANHEIMER, ERIC / ANDERSON, DIANA: Survey of public information about
ongoing clinical trials funded by industry: evaluation of completeness and
accessibility. In: *British Medical Journal* 325 (2002), 528-531.

MARGO, CURTIS E.: When is surgery research? Towards an operational definition of
human research. In: *Journal of Medical Ethics* 27 (2001), Nr. 1, 40-43.

MARQUIS, DON: Leaving Therapy to Chance. In: *Hastings Center Report* 13 (1983),
Nr. 4, 40-47.

MARX, WOLFGANG: Angewandte Ethik. In: BRUDERMÜLLER, GERD (Hrsg.):
Angewandte Ethik und Medizin. Würzburg: Königshausen & Neumann, 1999
(Schriften des Instituts für Angewandte Ethik e.V. 1), 13-21.

MAURACH, REINHARDT / SCHROEDER, FRIEDRICH-CHRISTIAN / MAIWALD,
MANFRED: *Strafrecht. Besonderer Teil. Ein Lehrbuch. Teilband 1: Straftaten gegen
Persönlichkeits- und Vermögenswerte.* 8., neubearbeitete Auflage. Heidelberg:
Müller, 1995.

MATTHES, MAX: Versuche am Menschen: Antwort 1. In: *Ethik. Sexual- und
Gesellschafts-Ethik* 5 (1928), Nr. 1, 16-17.

MCCARTHY, CHARLES R.: Article „Research Policy: I. General Guidelines". In: REICH, WARREN T. (ed.): *Encyclopedia of Bioethics*. Revised Edition. Volume 4. New York: Simon & Schuster Macmillan, 1995, 2285-2289.

MCCARTHY, CHARLES R.: Challenges to IRBs in the Coming Decades. In: VANDERPOOL, HAROLD Y. (ed.): *The Ethics of Research Involving Human Subjects. Facing the 21st Century*. Frederick/Maryland: University Publishing Group, 1996, 127-144.

MCCONNELL, TERRANCE: Article „Moral Dilemmas". In: ZALTA, EDWARD N. (ed.): *Stanford Encyclopedia of Philosophy*. URL http://plato.stanford.edu/entries/moral-dilemmas/ [zugegriffen am 15.12.2004].

MCCORMICK, RICHARD A.: Proxy Consent in the Experimentation Situation. In: *Perspectives in Biology and Medicine* 18 (1974), Nr. 1, 2-20.

MCCORMICK, RICHARD A.: Experimentation in Children: Sharing Sociality. In: *Hastings Center Report* 6 (1976), Nr. 6, 41-46.

MCCORMICK, RICHARD A.: Experimental Subjects. Who Should They Be? In: *Journal of the Amerian Medical Association* 235 (1976), Nr. 20, 2197.

MCINTYRE, JOHN / CHOONARA, IMTI: Drug Toxicity in the Neonate. In: *Biology of the Neonate* 86 (2004), Nr. 4, 218-221.

MEDA, NICOLAS: HIV/AIDS clinical research in Africa: ethical aspects. In: EUROPEAN COMMISSION / SECRETARIAT OF THE EGE (eds.): *The ethical aspects of biomedical research in developing countries. Proceedings of the Round Table Debate*. Luxembourg: Office for Official Publications of the European Communities, 2003, 33-41.

MEDICAL RESEARCH COUNCIL STREPTOMYCIN IN TUBERCULOSIS TRIALS COMMITTEE: Streptomycin treatment for pulmonary tuberculosis. In: *British Medical Journal* (1948), Nr. 2, 769-782.

MEGGLE, GEORG (Hrsg.): *Analytische Handlungstheorie. Band 1: Handlungsbeschreibungen*. Frankfurt am Main. Suhrkamp, 1977.

MENIKOFF, JERRY: Equipoise: Beyond Rehabilitation? In: *Kennedy Institute of Ethics Journal* 13 (2003), Nr. 4, 347-351.

MICHAEL, NADJA: *Forschung an Minderjährigen. Verfassungsrechtliche Grenzen*. Berlin: Springer, 2004 (Veröffentlichungen des Instituts für Deutsches, Europäisches und Internationales Medizinrecht, Gesundheitsrecht und Bioethik der Universitäten Heidelberg und Mannheim 19).

MIETH, DIETMAR: Klinische Versuche an Kindern – Ethische Aspekte. In: BROCHHAUSEN, CHRISTOPH / SEYBERTH, HANNSJÖRG W. (Hrsg.): *Kinder in klinischen Studien – Grenzen medizinischer Machbarkeit?* Münster: Lit, 2005 (Ethik in der Praxis – Kontroversen 14), 67-73.

MILL, JOHN STUART: *On Liberty*. New York: Prometheus Books, 1986.

MILLER, FRANKLIN G. / BRODY, HOWARD: What makes Placebo-Controlled Trials Unethical? In: *American Journal of Bioethics* 2 (2002), Nr. 2, 3-9.

MILLER, FRANKLIN G. / BRODY, HOWARD: A Critique of Clinical Equipoise. Therapeutic Misconception in the Ethics of Clinical Trials. In: *Hastings Center Report* 33 (2003), Nr. 3, 19-28.

MILLER, PAUL B. / WEIJER, CHARLES: Rehabilitating Equipoise. In: *Kennedy Institute of Ethics Journal* 13 (2003), Nr. 2, 93-118.

MILLER, PAUL B. / WEIJER, CHARLES: Will the Real Charles Fried Please Stand Up? In: *Kennedy Institute of Ethics Journal* 13 (2003), Nr. 4, 353-357.

MITSCHERLICH, ALEXANDER / MIELKE, FRED (Hrsg.): *Medizin ohne Menschlichkeit. Dokumente des Nürnberger Ärzteprozesses.* 16. Auflage. Frankfurt am Main: S. Fischer, 2004.

MINOGUE, BRENDAN P. / PALMER-FERNANDEZ, GABRIEL / UDELL, LARRY / WALLER, BRUCE N.: Individual Autonomy and the Double-Blind Controlled Experiment: The Case of Desperate Volunteers. In: *Journal of Medicine and Philosophy* 20 (1995), Nr. 1, 43-55.

MOHER, DAVID / SCHULZ, KENNETH F. / ALTMAN, DOUGLAS G.: The CONSORT Statement: Revised Recommendations for Improving the Quality of Reports of Parallel-Group Randomized Trials. In: *Annals of Internal Medicine* 134 (2001), Nr. 8, 657-662.

MOLL, ALBERT: *Ärztliche Ethik. Die Pflichten des Arztes in allen Beziehungen seiner Thätigkeit.* Stuttgart: Ferdinand Enke, 1902.

MOORE, GEORGE E.: *Principia Ethica.* Erweiterte Ausgabe. Aus dem Englischen übersetzt und herausgegeben von Burkhard Wisser. Stuttgart: Reclam, 1996.

MORENO, JONATHAN D.: Abandon All Hope? The Therapeutic Misconception and Informed Consent. In: *Cancer Investigation* 21 (2003), Nr. 3, 481-482.

MORENO, JONATHAN D. / LEDERER, SUSAN E.: Revising the History of Cold War Research Ethics. In: *Kennedy Institute of Ethics Journal* 6 (1996), Nr. 3, 223-237.

MORIN, KARINE / RAKATANSKY, HERBERT / RIDDICK, FRANK A. / MORSE, LEONARD J. / O'BANNON, JOHN M. / GOLDRICH, MICHAEL S. / RAY, PRISCILLA / WEISS, MATTHEW / SADE, ROBERT M. / SPILLMANN, MONIQUE A.: Managing Conflicts of Interest in the Conduct of Clinical Trials. In: *Journal of the American Medical Association* 287 (2002), Nr. 1, 78-84.

MÜLLER, OTFRIED: Versuche am Menschen: Antwort 4. In: *Ethik. Sexual- und Gesellschafts-Ethik* 5 (1928), Nr. 2, 110-114.

NATIONAL CANCER INSTITUTE (NCI): *NIH Halts Use of COX-2 Inhibitor in Large Cancer Prevention Trial.* 17. Dezember 2004. URL http://www.cancer.gov/ newscenter/pressreleases/APCtrialCOX2 [zugegriffen am 13. April 2005].

NEITZKE, GERALD: Mitglieder Deutscher Ethik-Kommissionen – Wer sind sie und wer sollten sie sein? In: WIESING, URBAN / SIMON, ALFRED / ENGELHARDT, DIETRICH VON (Hrsg.): *Ethik in der medizinischen Forschung.* Stuttgart: Schattauer, 2000 (Jahrbuch Medizinethik 13), 108-125.

NESS, PETER H. VAN: The Concept of Risk in Biomedical Research Involving Human Subjetcs. In: *Bioethics* 15 (2001), Nr. 4, 364-370.

NIDA-RÜMELIN, JULIAN: Theoretische und angewandte Ethik: Paradigmen, Begründungen, Bereiche. In: NIDA-RÜMELIN, JULIAN (Hrsg.): *Angewandte Ethik. Die Bereichsethiken und ihre theoretische Fundierung. Ein Handbuch.* Stuttgart: Kröner, 1996, 3-77.

NISTER, THOMAS: *Akzidentien der Praxis. Thomas von Aquins Lehre von den Umständen menschlichen Handelns.* Freiburg: Alber, 1992 (Symposion 93).

NUSSBAUM, MARTHA: In Defense of Universal Values. In: KAMPITZ, PETER / WEINBERG, ANJA (Hrsg.): *Angewandte Ethik. Akten des 21. Internationalen Wittgenstein-Symposiums. 16. bis 22. August 1998, Kirchberg am Wechsel (Österreich).* Wien: öbv & hpt, 1999, 373-393.

OBERER, HARIOLF: Sittengesetz und Rechtsgesetz a priori. In: OBERER, HARIOLF (Hrsg.): *Kant: Analysen – Probleme – Kritik.* Band 3. Würzburg: Königshausen & Neumann, 1997, 157-200.

OGLOFF, JAMES R. P. / OTTO, RANDY K.: Are Research Participants Truly Informed? Readability of Informed Consent Forms Used in Research. In: *Ethics & Behavior* 1 (1991), Nr. 4, 239-252.

OHLY, ANSGAR: *„Volenti non fit iniuria". Die Einwilligung im Privatrecht.* Tübingen: Mohr Siebeck, 2002 (Jus Privatum 73).

OLSEN, SJÚRDUR F.: Use of randomisation in early clinical trials. In: *British Medical Journal* 318 (1999), 1352.

O'NEILL, ONORA: Some limits of informed consent. In: *Journal of Medical Ethics* 29 (2003), Nr. 1, 4-7.

OSUNTOKUN, BENJAMIN O.: Individual Consent: A Perspective of Developing Countries. In: BANKOWSKI, ZBIGNIEW / LEVINE, ROBERT J. (eds.): *Ethics and Research on Human Subjects. International Guidelines. Proceedings of the XXVIth CIOMS Round Table Conference. Geneva, Switzerland 5-7 February 1992.* Geneva: CIOMS, 1982, 25-35.

PAPPWORTH, MAURICE H.: *Human Guinea Pigs. Experimentation on Man.* London: Routledge & Paul, 1967.

PARKER, M. / ASHCROFT, R. / WILKIE, A.O.M. / KENT, A.: Ethical review of research into rare genetic disorders. In: *British Medical Journal* 329 (2004), 288-289.

PARTICIPANTS IN THE 2001 CONFERENCE ON ETHICAL ASPECTS OF RESEARCH IN DEVELOPING COUNTRIES: Moral Standards for Research in Developing Countries. From „Reasonable Availabilty" to „Fair Benefits". In: *Hastings Center Report* 34 (2004), Nr. 3, 17-27.

PELLEGRIN, PIERRE: Artikel „Medizin". In: BRUNSCHWIG, JACQUES / LLOYD, GEOFFREY E.R. (Hrsg.): *Das Wissen der Griechen. Eine Enzyklopädie.* München: Wilhelm Fink, 2000, 371-387.

PENTZ, REBECCA: Centralized IRBs. In: *The Lancet Oncology* 5 (2004), Nr. 5, 327-328.

PERCIVAL, THOMAS: *Medical ethics. Or, a Code of Institutes and Precepts, Adapted to the Professional Conduct of Physicians and Surgeons.* Manchester: S. Russell, 1803.

PESCHKE, KARL-HEINZ: Artikel „Quellen der Moralität". In: ROTTER, HANS / VIRT, GÜNTER (Hrsg.): *Neues Lexikon der christlichen Moral.* Innsbruck: Tyrolia, 1990, 621-626.

PESIC, PETER: Proteus Unbound: Francis Bacon's Successors and the Defense of Experiment. In: *Studies in Philology* 98 (2001), Nr. 4, 428-456.

PETTIT, PHILIP: Instituting a Research Ethic: Chilling and Cautionary Tales. In: *Bioethics* 6 (1992), Nr. 2, 89-112.

PLATON: *Werke in acht Bänden.* Griechisch und Deutsch. Herausgegeben von Gunther Eigler. Darmstadt: Wissenschaftliche Buchgesellschaft, 1990.

PLESSNER, HELMUTH: *Die Stufen des Organischen und der Mensch. Einleitung in die philosophische Anthropologie.* 3., unveränderte Auflage. Berlin: de Gruyter, 1975.

POPPER, KARL R.: *Logik der Forschung.* 10., verbesserte und vermehrte Auflage. Tübingen: Mohr Siebeck, 1994 (Die Einheit der Gesellschaftswissenschaften 4).

POPPER, KARL R.: Die Evolution und der Baum der Erkenntnis. In: POPPER, KARL R.: *Objektive Erkenntnis. Ein evolutionärer Entwurf.* 3. Auflage. Hamburg: Hoffmann & Campe, 1995, 268-297.

PORTER, ROY: Medical Science. In: PORTER, ROY (ed.): *The Cambridge Illustrated History of Medicine.* Cambridge: Cambridge University Press, 1996, 154-201.

PORTER, ROY: *Die Kunst des Heilens. Eine medizinische Geschichte der Menschheit von der Antike bis heute.* Heidelberg: Spektrum, 2000.

QUANTE, MICHAEL / VIETH, ANDREAS: Angewandte Ethik oder Ethik in Anwendung? Überlegungen zur Weiterentwicklung des principlism. In: *Jahrbuch für Wissenschaft und Ethik* 5 (2000), 5-34.

QUANTE, MICHAEL / VIETH, ANDREAS: Welche Prinzipien braucht die Medizinethik? Zum Ansatz von Beauchamp und Childress. In: DÜWELL, MARCUS / STEIGLEDER, KLAUS (Hrsg.): *Bioethik. Eine Einführung.* Frankfurt am Main: Suhrkamp, 2003, 136-151.

RAMSEY, PAUL: The enforcement of morals: nontherapeutic research on children. In: *Hastings Center Report* 6 (1976), Nr. 4, 21-30.

RAMSEY, PAUL: Children as Research Subjects: A Reply. In: *Hastings Center Report* 7 (1977), Nr. 2, 40-42.

RAMSEY, PAUL: *The Patient as Person. Exploration in Medical Ethics.* 2. Edition. New Haven: Yale University Press, 2002.

RAWLS, JOHN: *Eine Theorie der Gerechtigkeit.* 10. Auflage. Frankfurt am Main: Suhrkamp, 1998.

REICHENBACH, HANS: *Elements of Symbolic Logic.* New York: Free Press, 1947.

REVERBY, SUSAN M.: More than Fact and Fiction. Cultural Memory and the Tuskegee Syphilis Study. In: *Hastings Center Report* 31 (2001), Nr. 5, 22-28.

RICHARDSON, HENRY S.: Specifying Norms as a Way to Resolve Concrete Ethical Problems. In: *Philosophy and Public Affairs* 19 (1990), Nr. 4, 279-310.

RICHARDSON, HENRY S.: Specifying, Balancing, and Interpreting Bioethical Principles. In: *Journal of Medicine and Philosophy* 25 (2000), Nr. 3, 285-307.

RICHTER, CHRISTOPH / BUSSAR-MAATZ, ROSWITHA: Standard ärztlicher Ethik. Plädoyer für eine klare und einheitliche Richtlinie zur Anwendung der Deklaration. In: *Deutsches Ärzteblatt* 102 (2005), Nr. 11, A 730-A 734.

ROBERTS, IAN: An Amnesty for unpublished trials. In: *British Medical Journal* 317 (1998), 763-764.

ROELLECKE, GERD: Wissenschaft als institutionelle Garantie? In: *Juristenzeitung* 24 (1969), Nr. 22, 726-733.

ROSS, W. DAVID: *The Right and the Good.* Oxford: Clarendon Press, 2002.

ROTHÄRMEL, SONJA / WOLFSLAST, GABRIELE / FEGERT, JÖRG MICHAEL: Informed consent, ein kinderfeindliches Konzept? Von der Benachteiligung minderjähriger Patienten durch das Informed Consent-Konzept am Beispiel der Kinder und Jugendpsychiatrie. In: *Medizinrecht* 17 (1999), Nr. 7, 293-298.

ROTHMAN, DAVID J.: Were Tuskegee & Willowbrooks „Studies in Nature"? In: *Hastings Center Report* 12 (1982), Nr. 2, 5-7.

ROTHMAN, DAVID J.: Ethics and Human Experimentation. Henry Beecher Revisited. In: *New England Journal of Medicine* 317 (1987), Nr. 5, 1195-1199.

ROTHMAN, DAVID J.: Article „Research, Human: Historical Aspects". In: REICH, WARREN T. (ed.): *Encyclopedia of Bioethics*. Revised Edition. Volume 4. New York: Simon & Schuster Macmillan, 1995, 2248-2258.

SANDLER, ROBERT S. / HALABI, SUSAN / BARON, JOHN A. / BUDINGER, SUSAN / PASKETT, ELECTRA / KERESZTES, ROGER / PETRELLI, NICHOLAS / PIPAS, J. MARC / KARP, DANIEL D. / LOPRINZI, CHARLES L. / STEINBACH, GIDEON / SCHILSKY, RICHARD: A Randomized Trial of Aspirin to Prevent Colorectal Adenomas in Patients with Previous Colorectal Cancer. In: *New England Journal of Medicine* 348 (2003), Nr. 10, 883-890.

SASS, HANS-MARTIN: Reichsrundschreiben 1931: Pre-Nuremberg German Regulations Concerning New Therapy and Human Experimentation. In: *Journal of Medicine and Philosophy* 8 (1983), Nr. 2, 99-111.

SAUERTEIG, LUTZ: Ethische Richtlinien, Patientenrechte und ärztliches Verhalten bei der Arzneimittelerprobung (1892-1931). In: *Medizinhistorisches Journal* 35 (2000), Nr. 3/4, 303-334.

SAVULESCU, JULIAN / CHALMERS, IAIN / BLUNT, JENNIFER: Are research ethics committees behaving unethically? Some suggestions for improving performance and accountability. In: *British Medical Journal* 313 (1996), 1390-1393.

SCHAFER, ARTHUR: The Randomized Clinical Trial: For Whose Benefit? In: *IRB: A Review of Human Subjects Research* 7 (1985), Nr. 2, 4-6.

SCHAFER, ARTHUR: Experimentation with human subjects: a critique of the views of Hans Jonas. In: *Journal of Medical Ethics* 9 (1983), Nr. 2, 76-79.

SCHAFFNER, KENNETH F.: Ethical Problems in Clinical Trials. In: *Journal of Medicine and Philosophy* 11 (1986), Nr. 4, 297-315.

SCHAFFNER, KENNETH F.: Article „Research Methodology: I. Conceptual Issues". In: REICH, WARREN T. (ed.): *Encyclopedia of Bioethics*. Revised Edition. Volume 4. New York: Simon & Schuster Macmillan, 1995, 2270-2278.

SCHAUPP, WALTER: *Der ethische Gehalt der Helsinki Deklaration. Eine historisch-systematische Untersuchung der Richtlinien des Weltärztebundes über biomedizinische Forschung am Menschen.* Frankfurt am Main: Lang, 1994 (Forum Interdisziplinäre Ethik 7).

SCHAUPP, WALTER: Artikel „Humanexperiment/Heilversuch/Heilbehandlung (2. Ethisch)". In: KORFF, WILHELM. / BECK, LUTWIN / MIKAT, PAUL (Hrsg.): *Lexikon der Bioethik*. Band 2. Gütersloh: Gütersloher Verlagshaus, 1998, 243-246.

SCHELER, MAX: *Der Formalismus in der Ethik und die materiale Wertethik. Neuer Versuch der Grundlegung eines ethischen Personalismus.* 7., durchgesehene und überarbeitete Auflage. Bonn: Bouvier, 2000 (Gesammelte Werke 2).

SCHMUCKER, JOSEF: Der Formalismus und die materialen Zweckprinzipien in der Ethik Kants. In: OBERER, HARIOLF (Hrsg.): *Kant: Analysen – Probleme – Kritik.* Band 3. Würzburg: Königshausen & Neumann, 1997, 99-156.

SCHÜKLENK, UDO / HOGAN, CARLTON: Patient Access to Experimental Drugs and AIDS Clinical Trial Design: Ethical Issues. In: *Cambridge Quarterly of Healthcare Ethics* 5 (1996), Nr. 3, 400-409.

SCHÜKLENK, UDO: Ethische Probleme des Designs und der Zugangsvoraussetzungen klinischer AIDS-Versuchsreihen. In: *Ethik in der Medizin* 9 (1997), Nr. 1, 15-30.

SCHUMACHER, MARTIN / SCHULGEN, GABI: *Methodik klinischer Studien. Methodische Grundlagen der Planung, Durchführung und Auswertung.* Berlin: Springer, 2002 (Statistik und ihre Anwendung).

SEYBERTH, HANNSJÖRG W.: Pharmakologische Besonderheiten im Kinder-Jugendalter. In: BROCHHAUSEN, CHRISTOPH / SEYBERTH, HANNSJÖRG W. (Hrsg.): *Kinder in klinischen Studien – Grenzen medizinischer Machbarkeit?* Münster: Lit, 2005 (Ethik in der Praxis – Kontroversen 14), 37-50.

SHAH, SEEMA / WHITTLE, AMY / WILFOND, BENJAMIN / GENSLER, GARY / WENDLER, DAVID: How Do Institutional Review Boards Apply the Federal Risk and Benefit Standards for Pediatric Research? In: *Journal of the American Medical Association* 291 (2004), Nr 4, 476-482.

SHIMKIN, MICHAEL B.: The Problem of Experimentation on Human Beings. I. The Research Worker's Point of View. In: *Science* 117 (1953), 205-207.

SHIRKEY, HARRY: Therapeutic Orphans. In: *Journal of Pediatrics* 72 (1968), Nr. 1, 119-120.

SIEP, LUDWIG: Ethik und Anthropologie. In: BARKHAUS, ANNETTE / MAYER, MATTHIAS / ROUGHLEY, NEIL / THÜRNAU, DONATUS (Hrsg.): *Identität, Leiblichkeit, Normativität. Neue Horizonte anthropologischen Denkens.* Frankfurt am Main: Suhrkamp, 1996, 274-298.

SIMPSON, JOHN A. / WEINER, EDMUND S.C.: *The Oxford English Dictionary.* 2. Edition. Oxford: Clarendon Press, 1989.

SKERRETT, P.J.: Parallel Track: Where Should It Intersect Science? In: *Science* 250 (1990), 1505-1506.

SMITH, RICHARD / ROBERTS, IAN: An amnesty for unpublished trials. In: *British Medical Journal* 315 (1997), 622.

SOLOMON, SCOTT D. / MCMURRAY, JOHN J.V. / PFEFFER, MARC A. / WITTES, JANET / FOWLER, ROBERT / FINN, PETER / ANDERSON, WILLIAM F. / ZAUBER, ANN / HAWK, ERNEST / BERTAGNOLLI, MONICA: Cardiovascular Risk Associated with Celecoxib in a Clinical Trial for Colorectal Adenoma Prevention. In: *New England Journal of Medicine* 352 (2005), Nr. 11, 1071-1080.

STAAK, MICHAEL: Wesen und Bedeutung der Unterscheidung zwischen therapeutischen und rein wissenschaftlichen Versuchen. In: DEUTSCH, ERWIN / TAUPITZ, JOCHEN (Hrsg.): *Forschungsfreiheit und Forschungskontrolle in der Medizin. Zur geplanten Revision der Deklaration von Helsinki.* Berlin: Springer, 2000 (Veröffentlichungen des Instituts für Deutsches, Europäisches und Internationales Medizinrecht, Gesundheitsrecht und Bioethik der Universitäten Heidelberg und Mannheim 2), 273-287.

STEFFEN, GABRIELLE / GUILLOD, OLIVER: CH – Landesbericht Schweiz. In: TAUPITZ, JOCHEN (Hrsg.): *Das Menschenrechtsübereinkommen zur Biomedizin des Europarates – Taugliches Vorbild für eine weltweit geltende Regelung?* Berlin: Springer, 2002 (Veröffentlichungen des Instituts für Deutsches, Europäisches und Internationales Medizinrecht, Gesundheitsrecht und Bioethik der Universitäten Heidelberg und Mannheim 7), 351-394.

STEINBROOK, ROBERT: Public Registration of Clinical Trials. In: *New England Journal of Medicine* 351 (2004), Nr. 14, 315-317.

STEINBROOK, ROBERT: Registration of Clinical Trials – Voluntary or Mandatory? In: *New England Journal of Medicine* 351 (2004), Nr. 18, 1820-1822.

SUGARMAN, JEREMY / MCCRORY, DOUGLAS C. / POWELL, DONALD / KRASNY, ALEX / ADAMS, BETSY / BALL, ERIC / CASSELL, CYNTHIA: Empirical Research on Informed Consent: An Annotated Bibliography. In: *Hastings Center Report* 29 (1999), Nr. 1 (Special Supplement), 1-42.

TASHIRO, ELKE: *Die Waage der Venus. Venerologische Versuche am Menschen zwischen Fortschritt und Moral.* Husum: Matthiesen, 1991 (Abhandlungen zur Geschichte der Medizin und der Naturwissenschaften 64).

TAUPITZ, JOCHEN: Die neue Deklaration von Helsinki. Vergleich mit der bisherigen Fassung. In: *Deutsches Ärzteblatt* 98 (2001), Nr. 38, A 2413-A 2420.

TAUPITZ, JOCHEN (Hrsg.): *Das Menschenrechtsübereinkommen zur Biomedizin des Europarates – taugliches Vorbild für eine weltweit geltende Regelung?* Berlin: Springer, 2002 (Veröffentlichungen des Instituts für Deutsches, Europäisches und Internationales Medizinrecht, Gesundheitsrecht und Bioethik der Universitäten Heidelberg und Mannheim 7).

TAUPITZ, JOCHEN: *Biomedizinische Forschung zwischen Freiheit und Verantwortung. Der Entwurf eines Zusatzprotokolls über biomedizinische Forschung zum Menschenrechtsübereinkommen zur Biomedizin des Europarates.* Berlin: Springer, 2002 (Veröffentlichungen des Instituts für Deutsches, Europäisches und Internationales Medizinrecht, Gesundheitsrecht und Bioethik der Universitäten Heidelberg und Mannheim 8).

TAUPITZ, JOCHEN: *Forschung an Nichteinwilligungsfähigen. Stellungnahme zu dem Fragenkatalog der Enquete-Kommission „Ethik und Recht der modernen Medizin" – Sitzung am 22.09.2003, Berlin.* Kommissions-Drucksache 15/50.

URL http://www.bundestag.de/parlament/kommissionen/
ethik_med/anhoerungen1/03_09_22_forschung_ni_fae/stellg_taupitz.pdf
[zugegriffen am 21.03.2005].

TAUPITZ, JOCHEN: Liability for and Insurability of Biomedical Research involving
Human Subjects Under German Law. Health Law Aspects. In: DUTE, JOS /
FAURE, MICHAEL G. / KOZIOL, HELMUT (eds.): *Liability for and Insurability of
Biomedical Research with Human Subjects in a Comparative Perspective*. Wien: Springer
(Tort and Insurance Law 7), 151-191.

TAUPITZ, JOCHEN / FRÖHLICH, UWE: Dürfen Pflegekräfte eigenständig klinisch
forschen? In: *Medizinrecht* 16 (1998), Nr. 6, 257-261.

TAUPITZ, JOCHEN / BREWE, MANUELA /SCHELLING, HOLGER: D – Landesbericht
Deutschland. In: TAUPITZ, JOCHEN (Hrsg.): *Das Menschenrechtsübereinkommen
zur Biomedizin des Europarates – Taugliches Vorbild für eine weltweit geltende Regelung?*
Berlin: Springer, 2002 (Veröffentlichungen des Instituts für Deutsches,
Europäisches und Internationales Medizinrecht, Gesundheitsrecht und
Bioethik der Universitäten Heidelberg und Mannheim 7), 409-485.

TAYLOR, TELFORD: Opening Statement of the Prosecution. December 9, 1946. In:
*Trials of War Criminals Before the Nuremberg Military Tribunal under Control Council
Law 10. Military Tribunal 1, Case 1. United States vs. Karl Brandt et al., October 1946
– April 1949*. Volume 1. Washington/D.C.: U.S. Government Printing Office,
1950, 27-74. Wieder abgedruckt in: ANNAS, GEORGE J. / GRODIN, MICHAEL
A. (eds.): *The Nazi Doctors and the Nuremberg Code. Human Rights in Human
Experimentation*. New York: Oxford University Press, 1992, 67-93.

TERTULLIAN (QUINTUS SEPTIMIUS FLORENS TERTULLIANUS): *Über die Seele*.
Eingeleitet, übersetzt und erläutert von Jan H. Waszink. Zürich: Artemis, 1980
(Werke 1).

TIMMONS, MARK (ed.): *Kant's Metaphysics of Morals. Interpretative Essays*. New York:
Oxford University Press, 2002.

THOMAS VON AQUIN: *Summa Theologica*. Die Deutsche Thomas-Ausgabe.
Vollständige, ungekürzte deutsch-lateinische Ausgabe der Summa Theologica.
Herausgegeben von der Albertus-Magnus-Akademie Walberberg bei Köln.
Heidelberg: F.H. Kerle, 1933 ff.

TOELLNER, RICHARD: Problemgeschichte: Entstehung der Ethik-Kommissionen.
In: TOELLNER, RICHARD (Hrsg.): *Die Ethik-Kommission in der Medizin.
Problemgeschichte, Aufgabenstellung, Arbeitsweise, Rechtsstellung und Organisationsformen
Medizinischer Ethik-Kommissionen*. Stuttgart: Gustav Fischer, 1990 (Medizin-
Ethik 1), 3-18.

TOELLNER, RICHARD (Hrsg.): *Die Ethik-Kommission in der Medizin. Problemgeschichte,
Aufgabenstellung, Arbeitsweise, Rechtsstellung und Organisationsformen Medizinischer
Ethik-Kommissionen*. Stuttgart: Gustav Fischer, 1990 (Medizin-Ethik 1).

TOULMIN, STEPHEN: The Tyranny of Principles. In: *Hastings Center Report* 11 (1981), Nr. 6, 31-39.

TOULMIN, STEPHEN: How Medicine Saved the Life of Ethics. In: *Perspectives in Biology and Medicine* 25 (1982), 736-750. In Auszügen wiederabgedruckt in: JECKER, NANCY S. / JONSEN, ALBERT R. / PEARLMAN, ROBERT A. (eds.): *Bioethics. An Introduction to the History, Methods, and Practice.* Boston: Jones & Bartlett, 1997, 101-109.

TYMCHUK, ALEXANDER J.: Assent Processes. In: STANLEY, BARBARA / SIEBER, JOAN E. (eds.): *Social Research on Children and Adolescents. Ethical Issues.* Newbury Park: Sage, 1992, 128-139.

TYSON, JON: Dubious Distinctions Between Research and Clinical Practice Using Experimental Therapies. In: GOLDWORTH, AMMON / SILVERMANN, WILLIAM / STEVENSON, DAVID K. / YOUNG, ERNLÉ W.D. / RIVERS, RODNEY (eds.): *Ethics and Perinatology.* New York: Oxford University Press, 1995, 214-230.

ULSENHEIMER, KLAUS: Die fahrlässige Körperverletzung. In: LAUFS, ADOLF / UHLENBRUCK, WILHELM / GENZEL, HERBERT / KERN, BERND-RÜDIGER / KRAUSKOPF, DIETER / SCHLUND, GERHARD H. / ULSENHEIMER, KLAUS (Hrsg.): *Handbuch des Arztrechts.* 2., neubearbeitete Auflage. München: Beck, 1999, 1106-1129.

VANDERPOOL, HAROLD Y. (ed.): *The Ethics of Research Involving Human Subjects. Facing the 21st Century.* Frederick/Maryland: University Publishing Group, 1996.

VANDERPOOL, HAROLD Y.: Introduction and Overview: Ethics, Historical Case Studies, and the Research Enterprise. In: VANDERPOOL, HAROLD Y. (ed.): *The Ethics of Research Involving Human Subjects. Facing the 21st Century.* Frederick/Maryland: University Publishing Group, 1996, 1-30.

VANDERPOOL, HAROLD Y.: Introduction to Part I. In: VANDERPOOL, HAROLD Y. (ed.): *The Ethics of Research Involving Human Subjects. Facing the 21st Century,* Frederick/Maryland: University Publishing Group, 1996, 33-44.

VANDEVEER, DONALD: Experimentation on Children and Proxy Consent. In: *Journal of Medicine and Philosophy* 6 (1981), Nr. 3, 281-293.

VEATCH, ROBERT M.: Human experimentation committess: professional or representative? In: *Hastings Center Report* 5 (1975), Nr. 5, 31-40.

VEATCH, ROBERT M.: Three Theories of Informed Consent: Philosophical Foundations and Policy Implications. In: NATIONAL COMMISSION FOR THE PROTECTION OF HUMAN SUBJECTS OF BIOMEDICAL AND BEHAVIORAL RESEARCH: *The Belmont Report. Ethical Principles and Guidelines for the Protection of Human Subjects of Research. Appendix Volume II.* Washington/D.C.: Government Printing Office, 1978 (DHEW Publication Nr. (OS) 78-0014), (26)1-66.

VEATCH, ROBERT M.: Resolving Conflict Among Principles: Ranking, Balancing, and Specifying. In: *Kennedy Institute of Ethics Journal* 5 (1995), Nr. 3, 199-218.

VEATCH, ROBERT M.: From Nuremberg Through the 1990s: The Priority of Autonomy. In: VANDERPOOL, HAROLD Y. (ed.): *The Ethics of Research Involving Human Subjects. Facing the 21st Century.* Frederick/Maryland: University Publishing Group, 1996, 45-58.

VEATCH, ROBERT M.: Contract and the Critique of Principlism: Hypothetical Contract as Epistemological Theory and as Method of Conflict Resolution. In: KOPELMAN, LORETTA M. (ed.): *Building Bioethics. Conversations with Clouser and Friends on Medical Ethics.* Dordrecht: Kluwer, 1999 (Philosophy and Medicine 62), 121-143.

VEATCH, ROBERT M. / SPICER, CAROL M. (eds.): Theories and Methods in Bioethics: Principlism and Its Critics (Special Issue). In: *Kennedy Institute of Ethics Journal* 5 (1995), Nr. 3, 181-286.

VERESSAYEV, VIKENTY: The Memoirs of a Physician. Auszüge abgedruckt in: KATZ, JAY: *Experimentation with Human Beings. The Authority of the Investigator, Subject, Professions, and State in the Human Experimentation Process.* New York: Russell Sage Foundation, 1972, 284-291.

VIETH, ANDREAS: *Intuition, Reflexion, Motivation. Zum Verhältnis von Situationswahrnehmung und Rechtfertigung in antiker und moderner Ethik.* Freiburg: Alber, 2004 (Symposion 123).

VITIELLO, BENEDETTO / AMAN, MICHAEL G. / SCAHILL, LAWRENCE / MCCRACKEN, JAMES T. / MCDOUGLE, CHRISTOPHER J. / TIERNEY, ELAINE / DAVIES, MARK / ARNOLD, EUGENE: Research Knowledge Among Parents of Children Participating in a Randomized Clinical Trial. In: *Journal of the American Academy of Child and Adolescent Psychiatry* 44 (2005), Nr. 2, 145-149.

VOLLMANN, JOCHEN: „Therapeutische" versus „nicht-therapeutische" Forschung – eine medizinethisch plausible Differenzierung? In: *Ethik in der Medizin* 12 (2000), Nr. 2, 65-74.

VOLLMANN, JOCHEN / WINAU, ROLF: History of informed medical consent. In: *The Lancet* 347 (1996), 410.

VOLLMANN, JOCHEN / WINAU, ROLF: Informed consent in human experimentation before the Nuremberg code. In: *British Medical Journal* 313 (1996), 1445-1447.

WAGNER, HANS: *Philosophie und Reflexion.* 3. unveränderte Auflage. München: Reinhardt, 1980.

WAGNER, HANS: *Die Würde des Menschen. Wesen und Normfunktion.* Würzburg: Königshausen & Neumann, 1992.

WEAR, STEPHEN: Informed Consent. In: KHUSHF, GEORGE (ed.): *Handbook of Bioethics: Taking Stock of the Field from a Philosophical Perspective*. Dordrecht: Kluwer, 2004 (Philosophy and Medicine 78), 251-290.

WEBER, MAX: Politik als Beruf. In: WEBER, MAX: *Wissenschaft als Beruf (1917/1919). Politik als Beruf (1919)*. Herausgegeben von Wolfgang J. Mommsen und Wolfgang Schluchter. Tübingen: Mohr Siebeck, 1992 (Gesamtausgabe. Abteilung I, Band 17), 113-252.

WEICHERT, THILO: Datenschutz und medizinische Forschung – Was nützt ein „medizinisches Forschungsgeheimnis"? In: *Medizinrecht* 14 (1996), Nr. 6, 258-261.

WEIJER, CHARLES / SHAPIRO, STANLEY /GLASS, KATHLEEN C.: For and against: clinical equipoise and not the uncertainty principle is the moral underpinning of the randomised controlled trial. In: *British Medical Journal* 321 (2000), 756-757.

WEIJER, CHARLES / MILLER, PAUL B.: Therapeutic Obligation in Clinical Research. In: *Hastings Center Report* 33 (2003), Nr. 3, 3.

WEISSTUB, DAVID N. / VERDUN-JONES, SIMON N. / WALKER, JANET: Biomedical Experimentation With Children: Balancing the Need for Protective Measures With the Need to Respect Children's Developing Ability to Make Significant Life Decisions for Themselves. In: WEISSTUB, DAVID N. (ed.): *Research on Human Subjects. Ethics, Law and Social Policy*. Oxford: Pergamon, 1998, 380-404.

WEITHORN, LOIS A. / SCHERER, DAVID G.: Children's Involvement in Research Participation Decisions: Psychological Considerations. In: GRODIN, MICHAEL A. /GLANTZ, LEONHARD H. (eds.): *Children as Research Subjects. Science, Ethics, and Law*. New York: Oxford University Press, 1994, 133-179.

WENDEHORST, CHRISTIANE: Liability for and Insurability of Biomedical Research involving Human Subjects Under German Law. Tort Law Aspects. In: DUTE, JOS / FAURE, MICHAEL G. / KOZIOL, HELMUT (eds.): *Liability for and Insurability of Biomedical Research with Human Subjects in a Comparative Perspective*. Wien: Springer (Tort and Insurance Law 7), 192-228.

WENDLER, DAVID / SHAH, SEEMA: Should Children Decide Whether They are Enrolled in Nonbeneficial Research? In: *American Journal of Bioethics* 3 (2003), Nr. 4, 1-7.

WETZ, FRANZ J.: *Die Würde des Menschen ist antastbar. Eine Provokation*. Stuttgart: Klett-Cotta, 1998.

WIELAND, WOLFGANG: *Diagnose. Überlegungen zur Medizintheorie*. Berlin: de Gruyter, 1975.

WIELAND, WOLFGANG: Pro Potentialitätsargument: Moralfähigkeit als Grundlage von Würde und Lebensschutz. In: DAMSCHEN, GREGOR / SCHÖNECKER,

DIETER (Hrsg.): *Der moralische Status menschlicher Embryonen. Pro und contra Spezies-, Kontinuums-, Identitäts- und Potentialitätsargument.* Berlin: de Gruyter, 2003, 149-168.

WIESEMANN, CLAUDIA: Die ethische Bewertung fremdnütziger Forschung in der Kinder- und Jugendmedizin. In: WIESING, URBAN / SIMON, ALFRED / ENGELHARDT, DIETRICH VON (Hrsg.): *Ethik in der medizinischen Forschung.* Stuttgart: Schattauer, 2000 (Jahrbuch Medizinethik 13), 71-81.

WIESEMANN, CLAUDIA: Ethische Probleme und rechtliche Regelung der Forschung mit Kindern und Jugendlichen. In: *Zeitschrift für medizinische Ethik* 51 (2005), Nr. 2, 129-138.

WIESEMANN, CLAUDIA / DAHL, MATTHIAS: Forschung mit Kindern und Jugendlichen: Ist eine neue gesetzliche Regelung notwendig? In: WIESEMANN, CLAUDIA / DÖRRIES, ANDREA / WOLFSLAST, GABRIELE / SIMON, ALFRED (Hrsg.): *Das Kind als Patient. Ethische Konflikte zwischen Kindeswohl und Kindeswille.* Frankfurt am Main: Campus, 2003 (Kultur der Medizin 7), 264-280.

WIESING, URBAN (Hrsg.): *Die Ethik-Kommissionen. Neuere Entwicklungen und Richtlinien.* Köln: Deutscher Ärzte-Verlag, 2003 (Medizin-Ethik 15).

WIKLER, DANIEL: The Central Ethical Problem in Human Experimentation and Three Solutions. In: *Clinical Research* 26 (1978), Nr.6, 380-383.

WILDES, KEVIN WM.: The Priesthood of Bioethics and the Return of Casuistry. In: *Journal of Medicine and Philosophy* 18 (1993), Nr. 1, 33-49.

WINAU, ROLF: Medizin und Menschenversuch. Zur Geschichte des „informed consent". In: WIESEMANN, CLAUDIA / FREWER, ANDREAS (Hrsg.): *Medizin und Ethik im Zeichen von Auschwitz. 50 Jahre Nürnberger Ärzteprozeß.* Erlangen: Palm & Enke, 1996 (Erlanger Studien zur Ethik in der Medizin 5), 13-29.

WOHLGENANNT, RUDOLF: *Was ist Wissenschaft?* Braunschweig: Vieweg, 1969 (Wissenschaftstheorie, Wissenschaft und Philosophie 2).

WOOD, ANNE / GRADY, CHRISTINE / EMANUEL, EZEKIEL J.: *The Crisis in Human Participants Research: Identifying the Problems and Proposing Solutions.* September 2002. URL http://www.bioethics.gov/background/ emanuelpaper.html [zugegriffen am 04.01.2006].

WOOD, ALLEN W.: *Kant's Ethical Thought.* Cambridge: Cambridge University Press, 1999.

WOOPEN, CHRISTIANE: Ethische Aspekte der Forschung an nicht oder teilweise Einwilligungsfähigen. In: *Zeitschrift für Ethik in der Medizin* 45 (1999), Nr. 1, 51-69.

YOSHIOKA, ALAN: Use of randomisation in the Medical Research Council's clinical trial of streptomycin in pulmonary tuberculosis in the 1940s. In: *British Medical Journal* 317 (1998), 1220-1223.

ZELEN, MARVIN: A new design for randomized clinical trials. In: *New England Journal of Medicine* 300 (1979), 1242-1245.

ZIMAN, JOHN: *Real Science. What it is, and what it means.* Cambridge: Cambridge University Press, 2000.

Personenindex

Index der zitierten Gesetze, Urteile, Richtlinien etc.